Media
TECHNOLOGY
传媒典藏

音频技术与录音艺术译丛

Designing SOUND
设计声音

［英］安迪·法内尔（Andy Farnell） 著

夏田 译 童雷 审

人民邮电出版社

北 京

图书在版编目（CIP）数据

设计声音 ／（英）安迪·法内尔（Andy Farnell）著；
夏田译. -- 北京 ：人民邮电出版社，2017.6（2022.6重印）
（音频技术与录音艺术译丛）
ISBN 978-7-115-44748-7

Ⅰ. ①设… Ⅱ. ①安… ②夏… Ⅲ. ①音质设计
Ⅳ. ①TN912.1

中国版本图书馆CIP数据核字(2017)第026947号

版权声明

◆ 著　　　　［英］安迪·法内尔（Andy Farnell）

译　　　　夏　田

审　　　　童　雷

责任编辑　宁　茜

责任印制　周昇亮

◆ 人民邮电出版社出版发行　　北京市丰台区成寿寺路 11 号
邮编　100164　　电子邮件　315@ptpress.com.cn
网址　https://www.ptpress.com.cn
涿州市京南印刷厂印刷

◆ 开本：880×1230　1/16
印张：26.75　　　　　　　　2017 年 6 月第 1 版
字数：893 千字　　　　　　　2022 年 6 月河北第 8 次印刷
著作权合同登记号　图字：01-2013-6217 号

定价：168.00 元
读者服务热线：(010)81055493　印装质量热线：(010)81055316
反盗版热线：(010)81055315
广告经营许可证：京东市监广登字 20170147 号

本书能让学生和专业声音设计师了解并能从零基础创建音响效果。本书的论题是任何声音都能在分析与合成的指引下通过基本原理生成出来的。本书以从业者的视角，运用一种非常容易获得的免费软件，对普通的日常声音的基本原理进行探讨。读者使用 Pure Data（Pd）语言构建**声音对象**，这是比录音更为灵活更为有用的东西。声音被看成是一个过程，而不是数据——有时候这种方法被称为"过程式音频"。过程式声音是一种活的音响效果，能够作为计算机代码运行，并能根据不可预知的事件进行实时改变。这种过程式声音的应用领域包括视频游戏、电影、动画和把声音作为交互过程一部分的各种媒体。

本书采用了一种实用的系统的方法来论述这个主题，通过示例和提供背景信息进行讲授，这为本书的实用主义态度提供了坚实的理论环境。很多示例都遵循同样一种叙述模式：最开始先讨论一个声音的本质和物理过程，接下来开发各个模型，并对示例进行实现，最后为所需声音制作出 Pure Data 程序。全书对不同的合成方法进行了讨论、分析和精心改进。在掌握了书中呈现的各种技术以后，学生将能够为交互应用和其他项目搭建自己的声音对象。

本书作者安迪·法内尔（Andy Farnell）拥有伦敦大学学院的计算机科学与电子工程学位，现在专门从事数字音频信号处理工作。他曾经在 BBC 广播电视部门担任音响效果编程人员，并为产品搜索和数据存储的服务器端的应用程序进行过编程。

特别说明：本书中所有网站链接在与国外版权方授权合同期内有效。

谨以此书献给 Kate

本书献给我挚爱的始终给予我支持和鼓励的伴侣凯特，也为了纪念在本书写作期间过世的我的父亲本杰明·法内尔。

感谢给我鼓励让我完成本书的朋友和家人，Joan 和 John Hiscock，我和蔼耐心的姐姐 Vicky 和姐夫 Jonathan Bond，感谢他们提供的所有支持。也感谢 Lembit Rohumaa，他是一位慷慨热情的人，在 20 世纪 90 年代就建立了 Westbourne 工作室。感谢这间工作室里我曾经有幸共事的所有同仁，我从他们的聪明才智和思想里学到了很多关于声音的东西。感谢各个论坛社区里的那些提供帮助的朋友们——没有这些开源软件社区提供的不知疲倦的帮助，本书将无法完成。感谢所有校对者、专家顾问，还有以数不清的方式对本书做出贡献的所有人。他们包括 pd-list 邮件列表和论坛的各位成员，music-dsp 邮件列表的各位成员，以及雅虎声音设计邮件列表的各位成员，感谢你们的耐心、建议和真诚的批评。感谢 Openlab 的姑娘小伙儿们，你们分享的啤酒时不时能把我从精神错乱中拯救出来。

对于我忘记提到的任何人，我真诚地说声对不起。感谢你们所有人。

Andrew Bucksbarg（电信），Andrew Wilkie（音乐人、程序员），Andy Mellor（音乐人、程序员），Andy Tuke（程序员），Angela Travis（演员），Anthony Hughes（DJ），Augusta Annersley（心理学），Bart Malpas（音乐人），Carl Rohumaa（音乐人），Charles B. Maynes（声音设计师），Charles Henry（信号计算专家），Chris McCormick（游戏设计），Christina Smith（音乐人），Chun Lee（作曲，程序员），Claude Heiland-Allen（数字艺术家、程序员），Coll Anderson（声音设计师），Conor Patterson（数字艺术家），Cyrille Henry（交互音乐），Daniel James（编创、程序员），Darren Brown（音乐人），David Randall [Randy] Thom（声音设计师），Derek Holzer（Pure Data），Domonic White（电子学、音乐人），Farella Dove（动画师，VJ），Frank Barknecht（程序员、作家），Gavin Brockis（音乐人），Geoff Stokoe（物理），Grant Buckerfield（音乐制作人、声音设计师），Hans-Christoph Steiner（Pure Data），Ian（调试），Hathersall（电影制作人、程序员），Jim Cowdroy（音乐人），Jo Carter（教师），Julie Wood（音乐人），Karen Collins（游戏音频），Kate Brown（心理治疗师、音乐），Kees van den Doel（过程式音频），Keith Brown（化学家），Leon Van Noorden（心理声学），Marcus Voss（数字艺术家），Marius Schebella（Pure Data），Martin Peach（Pure Data），Mathieu Bouchard（数学），Mike Driver（物理），Miller Puckette（计算机音乐），Nick Dixon（音乐人、程序员），Norman Wilson（程序员），Patrice Colet（Pure Data），Patricia Allison（剧场），Paul Weir（作曲），Paul[Wiggy] Neville（制作人，音乐人），Paul Wyatt（音乐人），Peter Plessas（Pure Data），Peter Rounce（电子工程师），Peter Rudkin（化学家），Philippe-Aubert Gauthier（声学），Rob Atwood（物理学、程序员、艺术家），Rob Munroe（数字艺术家），Sarah Class（作曲），Sarah Weatherall（电影与广播），Shane Wells（电子学），Simon Clewer（程序员、物理学），S[Jag] Jagannathan（数字艺术家、程序员），Steffen Juul（Pure Data），Steve Fricker（声音），Steven W. Smith（编创、DSP），Steven Hodges（电子学、计算），Timothy Selby（电子学）。

所用软件包括：Pure Data，Nyquist，Csound，Xfig，Inkscape，Gnu Octave，Gnuplot，LaTeX。

目　录

第三部分　技术

第四部分 实战

第 1 章

绪论

这是一本为那些希望了解并能够从零开始创建音响效果的读者准备的教科书。本书把声音看作一种过程，而不是一种数据，这个话题有时候被称为"过程式音频（procedural audio）"。本书的论题是任何声音都可以从最初的基本原理出发，在分析与合成的指引下最终产生出来。由此衍生出一个概念：在某些方面，以这种方式构建的声音要比那些录音更具真实感也更有用，因为它们捕捉了行为特性。虽然要想创建出在真实感方面能够与录音相匹敌的合成声音需要相当可观的工作量，但回报也是惊人的。那些不可能被录制下来的声音也变得能够实现了。当现有的任何效果处理过程都无法达到目的时，各种变换可以让事情成为可能。幻想类的声音可以用合乎逻辑的外推来创建。这显著扩大了传统声音设计师的声音调色板，超越了对现有素材进行混音和运用效果器使设计师们能够构建和操纵各种虚拟声音对象。由此，设计师们获得了某种具有非凡属性的东西，这种东西具有顺从的形式。过程式声音是一种活的音响效果，能够作为计算机代码来运行，并能根据各种不可预知的事件进行实时改变。对于视频游戏来说这种优势是巨大的，并且它同样激发了其在动画和其他现代媒体中的应用。

1.1 关于本书

目标

本书的目标是探索使用计算机以及可以轻松获得的免费软件来制作的普通日常声音的基本原理。我们使用 Pure Data（Pd）语言来构建**声音对象（sound objects）**，与对声音的录音不同，这些对象在日后可以用一种灵活的方式来使用。本书将通过实例讲授制作过程式音频的一种实用且系统的方法，并辅以背景知识来提供整个过程的来龙去脉。由此，具有技术倾向的艺术家可以创建出他们自己的声音对象，用于交互式应用和其他项目。虽然本书并没有打算写成一本

Pure Data 手册，但书中对 Pure Data 的接线图进行了充分的入门介绍，足以让读者完成各个练习。本书提供了关于声音和计算机音频方面的各种参考文献和外部资料源，包括其他重要的教科书、网站、应用、科研文献以及对本书开发的素材构成支持的研究。

读者

在游戏、电影、动画和媒体中，声音是互动过程的一个组成部分，对于在这类领域中工作的现代声音设计师们本书是有用的。那些使用传统方法，但正在寻求一种更深层次的理解，并希望在工作中进行更精细控制的设计师们也会从本书中获益。书中不涉及音乐制作、传统录音、编曲、混音或运用采样样本库工作等内容。本书假定读者已经熟知了这些概念，并能够使用各种多轨编辑器，如 Ardour 和 Pro Tools，同时还具备一些更宽泛的声音设计所要求的各种必备知识。本书并不是完全为初学者编写的，但力图让读者循序渐进地经历数字信号处理（DSP）和声音合成那条陡峭的学习曲线。学习数字音频、声音制作、音乐技术、电影和游戏声音的学生，以及音频软件的开发者，都能在本书中找到一些感兴趣的内容。本书要求读者了解一点编程知识，但并不需要读者具备编程能力。

1.2 使用本书

要求

本书不是 Pure Data 完整的入门介绍，也不是声音合成理论的概要。声音设计师需要具有广博的背景知识、经验、想象力和耐心。掌握日常物理学对于分析和理解声音过程是很有帮助的。本书有一个宏伟的目标，那就是用非常少的数学来讲授合成声音的制作。只要有可能，我就会尽量仅使用文字和图形来解释信号处理理论的各个部分。不过，有时候也要用代

1

码或方程来解释某一点，特别是在最开始的那些理论章节中会给出一些公式作为参考。

虽然"利用若干数字制作出声音"本身就是一个数学过程，但幸运的是现在有很多工具能够把信号编程的烦冗细节隐藏起来，用可视化的代码进行更为直接的表达。为了发挥本书的最大功效，认真的读者应该着手进行数字音频和 DSP 理论方面的基础知识的学习。作为实际的底线，读者应该熟悉简单的算术、三角、逻辑和图形。

曾经在 Pure Data 或 Max/MSP 中使用过接线图的读者将具备一定的领先优势，但即使没有此类经验，这些基本原理也是很容易学习的。虽然 Pure Data 是讲授这一课题的主要工具，但在讨论基本原理时我将尽量采用一种不明确指定具体应用程序的方式。一些内容可以在不需要其他资源的情况下读懂并提供资讯，但为了最大限度地运用它，读者应该用一台装配成音频工作站的计算机进行工作，并完成各个实战示例。大多数示例对于系统的最低要求是：500 MHz CPU、256 MB 内存、声卡、音箱或耳机、Pure Data 程序。能够处理微软 .wav 或苹果 .aiff 格式的简单波形文件的编辑器——比如 Audacity——将会很有用。

结构

书中所举的很多例子都遵循同一个模式。首先讨论一个声音的本性和物理原理，并讨论我们的目标和受到的各种限制。接下来我们将探讨理论并为开发合成模型收集素材。在选择一套方法以后，每个例子将被实现，通过几个逐渐改进的阶段为所需声音制作出一个 Pure Data 音色接线图。为了最大限度地利用空间并避免重复，我有时仅会给出发生变动的音色接线图

的细节。作为潜台词，我们将讨论、分析和改进我们使用的各种不同的合成技术。所以你不用手动输入每个 Pure Data 接线图，这些示例都可以通过网络下载：http://mitpress.mit.edu/designingsound。读者如果无法使用 Pure Data，这里还有音频示例可以帮助你理解书中的内容。

写作惯例

Pure Data 被缩写为 Pd，而且由于有其他类似的 DSP 接线工具，你可能喜欢把 Pd 当作广义的"接线图"。对于大多数命令，键盘快捷键都会以组合键 Ctrl+S 或 Return 这样的形式给出。请注意，对于 Mac 用户，Ctrl 指的是"command"键，并且 right click 或 left click 是有具体定义的，你应该使用恰当的键盘与鼠标点击相配合。数字在所有地方几乎都被写成了浮点小数，特别是当它们用来表示信号的时候，你始终要注意，在 Pd 中所有数字都是浮点形式的。在其他语境中，普通的整数也同样会使用。图表用来展示信号，这些图表通常被归一化到 -1.0 ～ +1.0，但不必过分严肃地对待绝对标度或数值，除非相关的讨论就是在针对这些数值。为了简洁清晰，缩放比例通常都是为了让图形能够恰好显示这个信号。当我们在行文中提到一个 Pd 对象时，通常都会用一个小容器块来表示，比如 metro 。这个块中的内容就是这个对象的名称，比如现在这个例子就是一个节拍器（metronome）。Pd 的座右铭是"图就是程序"。Pd 的作者米勒·帕克特（Miller Puckette）秉承这一理想，把 Pd 做得非常适合用于出版与教学，因为仅仅通过观察这些接线图就可以实现各个示例。

第一部分　理论

第 2 章

理论介绍

不及某些聪明家伙的一半。

——Ian Dury

2.1 声音设计的三个支柱

我们要带上一份蓝图开始我们的征程。计算机是一种很棒的工具，能够把我们带到各种令人惊讶的地方，但若没有理论的支撑，计算机就是一辆没有路线图的汽车。计算机不能给我们指示目的地或路线，它们仅仅是一种交通工具。作为声音设计师，我们是在一片巨大的疆域中工作的，这是一片丰饶得让人难以置信的境地，它包含了物理学、数学、心理学和文学。声音设计的历史可以回溯到古希腊和罗马之前[①]，伴随它的是一整套术语和理论，很容易让人迷失。由于我们关注的是一般情况下的声音，所以本书不会详述乐器、乐曲和音阶等内容，也不会回顾模拟电子理论在数字电子理论出现之前将近五十年的发展。接下来的章节将进行一番快速浏览，所涉及的内容即使不能装满整个书架，也能轻松填满好几本教科书。为了能用一个现代视角把这些基础理论捆绑在一起，我希望读者能够在阅读本书时把图 2.1 牢记在心。这幅图揭示了声音设计的结构，它是由三个支柱支撑的，它们是物理学、数学和心理学三套知识。

物理学

首先我们把声音看作是一种物理现象，它是材料中的各种振动，这涉及能量的交换。这些是力学、材料动力学、振荡器和声学方面的课题，将在第 3、4、5 章介绍，这部分也将会出现一些方程，但大体上会采用一种定性分析的方法。

数学

在理解"数字计算机如何能够摹写出真实世界的动态变化"方面，数学扮演了一个至关重要的角色。第 7 章将对数字音频信号进行概述。虽然我们将会进入计算机科学领域来看一看是如何表述和变换这些信号的，但我们将保持内容的轻松，并避免难度较大的分析。

心理学

由于声音是一种感知，是一种人类的体验，因此需要用心理声学帮助我们理解人类是如何感知物理声音的，如何从这些声音中提取出特征和含义，以及如何对它们进行分类和记忆。这是第 6 章的话题。我们每个人的经验往往是主观的，很难客观地对各种内部编码进行映射。不过，本书呈现的各种概念被证明是对大多数人都成立的，并且已经从认知心理学中得到了坚实的实验印证。

技术与设计

把这三个支撑学科——物理学、数学和心理学——集合到一起，就到达了这部分的最后一些章节——对技术的处理。这里将研究各种方法，根据声音的物理基础和对这些声音的体验来解构它们。这将揭示与感知过程相符合的物理过程。最后，将看到如何把这些分析模型转变成具有我们想要的行为特征的新声音，并且看看如何运用各种信号处理技术来控制它们。

[①] 人们认为，乐器的先驱是人类祖先制作的那些能够产生噪声的设备，它们可以用来吓跑恶鬼。

图 2.1   声音设计技术的理论支柱

　　正如你所预期的那样，这些话题中的每一个话题都与其他话题相互交叠，因为它们都是一幅更大画卷中的一部分。例如，生理声学把心理声学与声音的物理学联系在一起。如果你在接下来的几章中发现自己有所迷失的话，请记得回来看一看图 2.1，你会获得一个更开阔的视野。

物理的声音

3.1　初等物理学

能量

　　能量是宇宙的一个参考点，也许它是所有事物最基础的东西，我们用符号 E 表示它。它是一个恒量，在其他东西变化时保持不变，并且它有很多形式。只要有某件事情发生——从石块滚下山坡到恒星爆炸，就会有某些能量改变了形式。但是能量的总量——即所有形式的能量的总和——仍旧保持不变。能量的形式包括：运动物体所拥有的动能，炽热物体中的热能，电池、燃料或食物中的化学势能，被压缩的弹簧或放在书架上的书中蕴含的势能。我们说一个物体**包含**着能量，或者说能量是物体的一种**性质**。炽热的烟火和下落的岩石都包含能量——表现为热能或动能的形式。衡量能量的单位是焦耳（Joule，J），但不能直接确定能量，只能观察能量的变化。

力

　　力（force）是能量为了产生运动而进行的尝试，我们把它记为 F。力的单位是牛顿，记为 N。所以，为了描述一个 10 牛顿的力，我们说 $F=10$N。在水库中，水对水坝施加了一个很大的力，但是因为水坝非常坚固，所以水并没有运动，也没有发生能量变化。水施加给水坝一个力，水坝也施加给水一个力。这就是牛顿第三定律：只要一个物体 A 施加给另一个物体 B 一个力，那么 B 将施加给 A 一个大小相等方向相反的力。我们说它们处于**平衡状态**（equilibrium）。

压强

　　当一个力作用在一个物体表面时，我们说这个表面经受了**压强**（pressure），记为 p，其单位为帕斯卡（Pa）[①]。1 帕 =1 牛 / 米²，所以压强是一个力除以一个

面积，即

$$p = \frac{F}{A} \qquad (3.1)$$

　　式中力 F 的单位为 N，面积 A 的单位为 m²。在地球的海平面上，始终有一个 101325 Pa 的环境压强，称为一个标准大气压，所以我们通常测量的是任意声学压强相对于这个静止的背景压强的比值，而不是测量绝对压强值。我们不考虑压强作用的方向，所以它是一个标量，作用在所有方向上。

功

　　因为能量可以移动，所以我们可以控制并引导它**做功**（work），记为 W。功是能量的变化，单位也是焦耳。所以，能量的另一个定义是"做功的能力"。它可以引起物体变热、移动、发出光或无线电波。它的一种移动方式是作为声音进行运动的，所以声音也可以被看成是正在变化的能量。我们使用符号 Δ 表示一个变化，并且可以用下述公式把功表示为能量的一个变化：

$$W=\Delta E \qquad (3.2)$$

系统

　　在物理学中，我们讨论能量的守恒（以及动量和角动量的守恒）。在一个封闭系统——即与宇宙的其余部分相隔离的系统——中，能量始终会保持恒定。但这样的系统是不存在的。在现实中，所有事物都是相互联系在一起的，即使在太空中，也没有任何物体能够逃脱引力和电磁力的作用。在这种情形中，声音必须作为一个相互联系的系统中的一部分来考虑。在地球上，各个物体在彼此的顶部静止放置，或是被空气或其他流体所包围。这些联系可以把能量从一个物体传递到另一个物体上。声音可以被解释成系统中能量的流动：从声源开始传递，到系统中它能达到的最远地方结束，在那里声能最终变成了热。在这个系统中的某个位置上，我们的耳朵或话筒可以感觉到这些

---

①　为了纪念法国物理学家、数学家布莱兹·帕斯卡（Blaise Pascal）。

正在变化的能量模式图样。

功率

　　功率用瓦特（W）作单位进行衡量，它是做功的速率。一瓦特等于一焦耳每秒（1 焦 / 秒），或是每秒有多少能量改变了状态。在产生声音时，我们以某一速率把一种能量转变为另一种能量。在小号或小提琴中，空气的力或琴弓的运动被转化为辐射出去的声能。在电子放大器与音箱中，声音由电能产生。一个完美的 100 W 放大器和音箱在每秒都能够把 100 J 的电能转换为声音。

能量源

　　为了产生声音，能量从哪里来？小号演奏者胸部的肌肉？小提琴手早餐吃的食物？在地球上体验到的大多数能量都来自于太阳，一小部分来自于地球内部的裂变（重元素——比如铁、硅和铀——炽热的液体会在地核中经历一个缓慢的核反应）。我们听到的每个声音最终都是由这些能量源做功而引起的。当一个树枝从树上掉下来时，它释放了生长过程中通过光合作用存储的重力势能，生长出树枝的这个过程是在缓慢且稳定地做功以抵抗重力。随着木头的断裂和树枝的哗啦一下掉下，一些能量变成了声音。能量始终都在试图从一个高状态走向一个低状态，这个想要移动的倾向让它很有用。它能从任何能量高的地方移动到任何能量低的地方，或是**自由度**（degrees of freedom）更多的地方，以试图让自己在宇宙中尽可能稀薄地散布开。这被称为**热力学第二定律**。

物质与质量

　　宇宙中有一些部分是由物质构成的，这是一种能量被浓缩的形式。我们都是由物质构成的，我们居住的这颗行星也是由物质构成的。所有物质都有质量，单位为千克（kg），而当物质处于一个重力场中时，它也具有重量。通常理解认为物质是在一个没有质量的空间中由看不见的具有质量的原子构成的。另一种模型把物质看成是材料的一种连续体，但没有明显的急剧的边界。这两种看法在一定程度上都是正确的。物质是由相互联系的各个场构成的一种像海绵一样的东西，它可以运动并包含能量。但单一的原子是稀有之物，在一些材料（比如金属和晶体）中，原子被打包在一起变成了一个格形结构。除了单原子的气体或液体以外，我们通常发现原子被分组编排成为**分子**（molecule）。当几种不同类型的原子组成了一个分

子时，我们称它为**化合物**（compound），比如晶体盐就是由钠原子和氯原子构成的。对于用一种简单的方式理解声音来说，原子模型或分子模型是很有用的，即把声音看成是各个小质量点相互碰撞的结果。你可以想一下台球桌或是牛顿的摇篮玩具，并把声音想象成从一个球传递给另一个球的运动。

力、距离和加速度

　　除非作用在一个物体上的各个力是相互平衡的，否则就会发生一个变化。一个机械力会产生运动并做功，$W=F \times d$，其中 d 为距离。我们用米（m）来衡量距离，还有其他两个概念也是很重要的：距离的变化率——被称为**速度**（velocity，或更常见的 **speed**），以及速度的变化率——被称为**加速度**（acceleration）。速度用符号 v 表示，单位为米每秒，记为米 / 秒（m/s）。加速度用符号 a 表示，记为米 / 秒^2（m/s^2）。

　　牛顿的各个运动定律都是很重要的，因为它们从根本上解释了空气是如何运动来产生声音的。这些定律中最重要的是第二定律，它指出力等于质量乘以加速度：$F=ma$。很快我们就会看到它如何引起各种振荡，一种名为**简谐运动**（simple harmonic motion）的运动形式是支撑很多声音的基础。1 N 的力将让质量为 1 kg 的物体以 1 m/s^2 进行加速。其他类型的力有重力（它会对有质量的物体进行加速）、磁力和电力（它们也能让物体加速并引起物体的运动）。如果你理解了这些基本概念，也就拥有了与声音有关的其他所有东西的物理基础。

位移、运动和自由度

　　分子位置的微小扰动是形成声音的原因。**静止位置**（rest point）或**平衡位置**（equilibrium position）是指某一物质不受任何振动扰动的位置，这是我们测量位移时的参考位置。物体能够运动的方向的数量决定了它的**自由度**（degree of freedom）。大多数实物都有三个平移自由度（通俗地说就是上下、左右、前后），以及三个转动自由度（俯仰、滚动、偏转）。但对于很多声音模型来说，我们希望事情得到简化，假设一根弦上的各个点仅有一个自由度。位移是一个距离，所以它的单位为米（m）。不过，更严格地讲，位移是一个矢量，因为位移的方向也是很重要的。

激励

　　激励点（excitation point）是传递给物体功率的位置。它可以是小提琴琴弓刮擦运动那样的摩擦，也

可以是碰撞中的一个冲量。物体可以被其周围湍流的空气所激励，或是被引起运动的一个突然的物理释放所激励，就像拨动琴弦那样。物体在断裂或变形时可以被其内部的应力所激励，比如受热的钢梁会吱吱作响。如果物体是由铁磁性的金属构成的，那么当该物体被放置在一个磁场中时，它将受到一个力，比如一个扬声器，或是一根可以用来演奏电吉他的电琴弓（e-bow）。强电场中的带电物体可以在电场强度改变时发生偏转，这就是静电扬声器的基本原理。但是，大多数激励都要经历简单的耦合，即来自于另外一个与其相连且正在振动的物体所施加的直接的力。把能量带给系统的物体被称为**激励者（excitor）**，产生振动的物体被称为**受激（excited）**。受激物体可以是一个**共振器/谐振器（resonator）**，我们稍后将研究这一概念。在现实中，根据牛顿第三定律可知，激励物体和受激物体通常都会对声音有所贡献，所以这两个物体的属性都是很重要的。锤子敲击钉子的声音是无法从被敲击的钉子的声音中分离出来的[①]。

3.2　材料

我们对材料的定义是：在真实世界中能够找到的有任何实际形式的物质。它可以是玻璃、木头、纸张、岩石或剪刀，它也可以是蒸汽、水或冰。它强调的是材料的第一个重要属性，即**状态（state）**[②]：固态、液态和气态。这些状态反映了物质被力结合在一起的方式。把所有物质结合在一起的力被称为**化学键（bond）**，它有几种类型，有些类型的键要强于其他类型。表 3.1 给出了五种类型的键以及它们的强度。作为一种粗略的指引，这些键把所有物质分成了五类：高熔点的固体和晶体化合物、金属、低熔点的液体和固体化合物、有机化合物（比如油和塑料）、大分子化合物（比如纤维素和橡胶）。每个分子都在空间中被固定，因为来自于周围分子的相互吸引和排斥的静电结合力形成了受力平衡。牛顿第三定律能帮助我们理解为什么这会影响声音。对于每个作用力，都会有一个相等且反向的反作用力，记为 $F_a=-F_b$，这意味着因为它们被结合在一起，所以如果分子 a 施加一个力在另一个分子 b 上，那么 b 将提供一个大小相等方向

相反的力给 a 作为抵补。如果一个分子与它的邻居距离太远，那么它将被拉回；类似地，如果它与邻居离得太近，它将被推开。因此，在这种静电结合的结构中引起一连串的质量运动从而使声音在物体中传播。分子聚集得越近，结合力越强，声音通过物体的效果就越好，速度就越快。声音能够非常好地通过钢铁，并且速度很快，约为 5000 m/s，这是因为铁原子紧密地聚集在一起，并且被非常好地连接起来。温度会影响这些相互结合的键，随着物体的状态从固态到液态再到气态的改变，声音也会发生变化。冰的声音听起来与水的声音不同。在二氧化碳气体中，距离较远的各个分子之间的力相对较弱，声音移动的速度较慢，大约为 259 m/s。在 118 种化学元素中，有 63 种是金属。这能够为范围很宽的各种物理属性做出解释，并且如果将合金考虑在内还可以解释更多的物理属性。大多数金属都是有弹性的、坚硬的、致密的，并且能够非常好地进行声学传导。

表 3.1　　　　　　　　　　　物质的键

类型	例子	杨氏模量（GPa，即 10^9 Pa）
共价键	晶体固体	200～1000
金属键	金属	60～200
离子键	可溶矿物质	30～100
氢键	塑料	2～10
范德华力	橡胶、木头	1～5

弹性与复原

除了质量以外，另外一个让物质能够存储机械能并让声音振动成为可能的物理性质是**弹性（elasticity）**。图 3.1 对表 3.1 进行了详细阐述，展示了一些材料的弹性。弹性有多个名字，有时候被称为材料的**杨氏模量（Young's Modulus，E）**或**体积模量（bulk modulus，K）**，而在讨论气体时又被称为**可压缩性（compressibility）**。我们很快就会看到这些不同的定义。最开始，各个分子之间的所有力都相互平衡，它们处于平衡状态。如果物质中的一个点在空间中被扰动，它就会改变与邻居们的相互关系。这个物质的行为就像一块吸收机械能的临时海绵，吸引力和排斥力的增长和减少会让这个排布重新回到平衡状态。随着该物质回到其原始的结构，所有东西又移动回到它的静止位置，所有留存的能量被释放，该物质**就被复原**了。

---

① 不过，通过各种高超的频谱分析技术，我们可以隔离每个部分的声音（参见 Cook 2002，p. 94）。

② 我们避免使用物理学中的另一个术语"**相（phase）**"，这个词在声音中有特殊的含义。

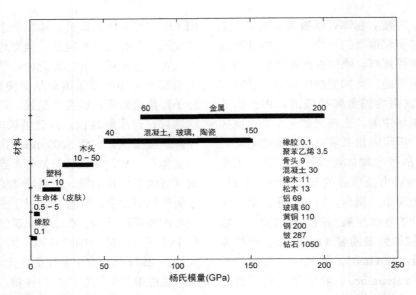

图 3.1　一些常见材料的弹性（杨氏）模量（GPa）

更为平常的是一个材料的**硬度（stiffness，k）**，它取决于 E 和物体的维度。硬度是材料的局部在一个给定力（**压力**）作用下进行弹性位移的距离（**应变**）。对于相同的形状，坚硬的材料（比如钢或钻石）具有很高的 E 值，受到很大的力时只会产生一点点变形，而**弹性**材料（比如橡胶）具有较低的 E 值，会轻易地伸展。为了计算一根弦或棒的硬度，我们有：

$$k = \frac{AE}{l} \tag{3.3}$$

式中 A 为截面积，l 为总长度。硬度的单位为 N/m，所以如果一个力施加到一个物体上，使它移动了 x m，则：

$$k = \frac{F}{x} \tag{3.4}$$

工程技术人员把这两个方程结合起来，在设计机械设备或建筑物时用于对运动与负荷进行预测。我们可以用这些公式得到硬度，用于计算声音的各个频率。当然，并非所有东西都恰好是弦或细棒。对于三维物体，我们也想知道体积模量 K，这是该材料在某一压力下会减小多大的体积。为了得到体积模量，我们还需要知道材料的"挤压度"。如果你拉伸一根橡皮筋，它会在中部变细；如果你按压一块雕塑黏土，它会在你挤压它的时候变胖。这个挤压度被称为**泊松比（Poisson ratio）** ν，图 3.2 给出了一些常见材料的泊松比。有了泊松比 ν 和杨氏模量 E，就可以计算体积模量 K：

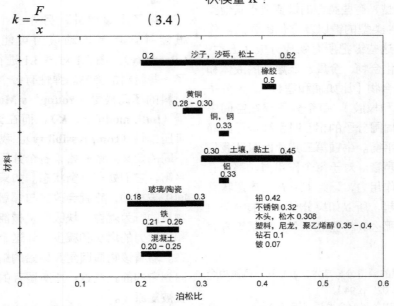

图 3.2　一些常见材料的泊松比（挤压系数）（无单位）

$$K = \frac{E}{3 \times (1 - 2\nu)} \qquad (3.5)$$

当我们计算声音在某种材料中的传播速度时，这个公式会派上用场。

密度

材料的密度是指该材料中的各个质量点被多么紧密地包裹在一起。放在一个小体积中的大质量具有较大的密度，比如钻石。同样的质量散布在一个较大的体积中则具有较小的密度，比如木炭，即使两者是由同一种元素——碳——构成的。密度 ρ 是质量 m（kg）除以体积 V（m³），所以

$$\rho = \frac{m}{V} \qquad (3.6)$$

其单位为千克每立方米（kg/m³）。图 3.3 所示为一些常见材料的密度。

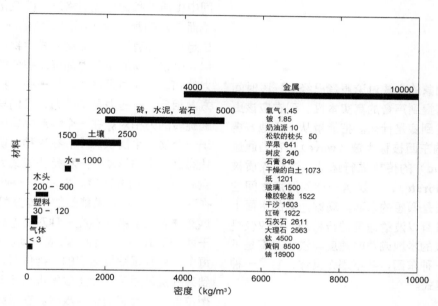

图 3.3 一些常见材料的密度 ×1 kg/m³

塑性

当一个质点弹性地存储了能量，那么该能量是可以恢复的，并且它被存储在一个力中。如果材料以一种塑性的方式运动或**弯曲**，就没有能量被存储，这个能量被转化成热。塑性与弹性正好相反。塑性物质具有的那些点不会回到它们的原始位置，并且彼此进行了相对移动以后，它们仍旧保持着被变形的状态。这类物质会**吸收**声音并衰减振荡。当你搭建一串多米诺骨牌并推倒最后一块骨牌时，它会启动一个连锁反应。每块骨牌都会扑倒与其相邻的那块骨牌，那块骨牌又接着推倒下一块相邻的骨牌，依此类推。能量的运动就是对无弹性能量转移的一个很好的近似。在整个事件发生以后，当每个东西再次静止时，物理结构就已经被永久性地移动或变形了。类似于这样的物质就被称为是**塑性的**（**plastic**）。很多材料都是热塑性的，当它们被加热时，它们会变软且变得更有塑性。从冰箱里拿出来的蜡烛掉在地上听上去像一块木头或金属棒，而一根温热的被软化的蜡烛掉在地上则听上去是沉闷的砰声。其他**热固**（**thermosetting**）材料则会随着温度的升高而变硬并变得更有弹性。

结构与强度

材料可以在多种层面上具有不同的结构。金属和玻璃中有规则的晶体结构，石墨或黏土中有混乱的分散的结构。世界上存在着各种复杂的结构，比如在木头中看到的那些结构，由纤维素构成的纤维束交织成管束，用来容纳空气或水分。在原子和微观结构层面上，金属具有非常统一的结构，而木头则不是，玻璃或陶瓷介于这两者之间。均质结构（即材料中的每点在很大程度上都与其他点完全相同）倾向于比异质结构（即材料由多个不同的点混合而成）会给出更纯的纯音。在水中以玉米淀粉形式存在的纤维素（比如生面团或奶油蛋糕）要比数量相同但排布成像木头似的纤维素具有少得多的弹性。这里的差别在于材料的**强度**。弹性仅仅在各个键没有被拉伸得太远时起作用，它受制于两个因素。一个因素是每种材料都有的一个常量系数，这个常量没有单位，它是一个比率，是由

弹性和塑性在两种模式（压缩与拉紧）下构成的一个非基本单位。另一个因素是温度，它会改变强度。由于大多数物体都是热塑性的，所以它们会在变热时失去强度。可以破裂、裂成碎片或变形的材料能永久改变它的结构。与塑性一样，如果材料破裂，任何弹性势能连同用于振动的势能都会一起消散。如果材料是**坚硬**的，比如钻石或铍，那么各个键会足够强，能够让声音非常快速地传播，就好像整个结构在一起运动一样。

3.3　波

我们用一种抽象的方式讨论声音已经有一段时间了，但一直都没有提到声音的真实本性。现在应该更近距离地观察声音到底是什么。把能量从一个地方携带到另一个地方的东西被称为**波（wave）**，它们通过**某种媒质（medium）**的传播进行运动。这个媒质被强迫进行**振动（vibrate）**，它是居于空间两点之间的任何居间材料。波是假想的东西。观察池塘的水面上波的运动，水并没有以波的速度进行移动，它仅仅是上升和下落。媒质的本地或瞬时速度与波的速度是不同的。波是另外一种东西，并不那么具体，它是一种向外散播的变化模式。

波的模型

如果波是假想的，那么如何感知它？我们不能直接看到力或加速度，它们的存在是为了帮助我们理解事物。不过，通过观察某个物体的位置，我们可以清楚地看到并测量出位移，比如当池塘中的水泛起波纹的时候。为了有助于形象化地表示波，我们创建一些假想的**质点（point）**作为一种数学工具。由于原子或分子太小，不适合我们进行实际的思考，所以对于振动物体的模型需要较少的质点，每个质点代表了更多的物质。它们没有尺寸但有质量，并且被我们安放在相互分离的空间、平面或线上，并用键连接。通过思考这些假想质点的运动，可以更容易理解波。

力的交换

让我们回到弹性材料的数学模型上，即在三维空间中由质点和键构成的格形，就像化学中为了描述分子而使用的那些涂了不同颜色的球－弹簧模型一样。这是用一种有弹性的颤动方式对物质如何运动进行近似。引起振动的所有力都可以被分解成一些更简单的力的和。一些力是推力，另一些是拉力，它们的作用方向相反。一些力是切向力，它们与那些以另一种方式旋转的力相对。在一个振动物体中，这些力都存在于一个**动态平衡**状态中。在这种平衡中，能量在两种状态之间来回移动，一种是势能或力，一种是动能在空间中的运动或速度。振动是一种临时的动态平衡，在这种平衡中存在着能量的**平均分配（equipartition）**。这意味着能量被保存在一种双稳态状态中，交替存在于两种形式中的一种：力或运动。在受到激励以后，每个质点都试图抵达它的平衡位置，因为质点是在受到某种扰动后离开静止位置进行运动的，当它到达平衡位置时，会感到最为放松。在最终回到静止位置停止运动之前（即声音停止时），质点会一直在静止位置周围来回运动，为力交互运动。正是这些振动产生了声音。我们听到的振动来自于物体的外表面，这些振动与空气相接触。图 3.4 所示为一个被移位的质点随着时间的前进所发生的运动（沿着图向下）。请注意那个作用方向与位移方向相反的力。

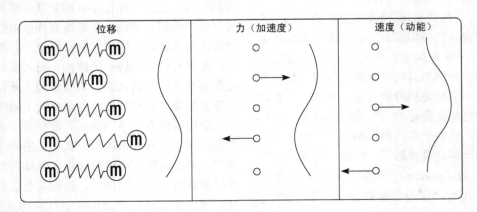

图 3.4　横波（固体弯曲波）在另一个固体边界的动作

传播

如果我们对一个质点施加一个力并令其产生位移，则该质点会相对于它周围的质点产生运动，其他质点很快就会与被位移的质点排成一队，要么被拉入到位移之后所留下的空间中，要么被它前面的压力向前推。接下来它们又给相邻的质点施加力，让这些质点在空间中被推来推去或拉来拉去。这个效应会以波阵面的形式在媒质中传播下去，把传播路径上的所有其他点都带到振动中。在一个无界的媒质中，波可以永远向外传播。在一个有界的振动固体中，因为边界条件的存在，我们将很快看到，声音会在该材料中来回跳荡，就像池塘中的波纹一样。这个运动的波阵面效果就是一个波，运动的振动时间模式图样被称为一个波形（waveform）。材料中各质点被聚在一起成为更高密度的地方被称为一个**密部**（compression），相反，各质点被更分散地散布的地方被称为一个**疏部**（rarefaction）。在气体中声波是纵向的，这意味着物质质点在与传播方向相同的方向上来回运动。为了形象地表示纵向传播，可以握住一个较长的玩具弹簧的一端并前后拉动它，这模拟了气体这样的弹性媒质。被压缩的各个质点向外推，试图让弹性媒质恢复到它的原始位置。因为更多的密部在波阵面后面抵达，所以它倾向于向阻力最小的地方运动，即媒质中密度均一的地方或媒质中具有最大自由度的地方。波的这种向前运动就是**传播**（propagation）。图 3.5 所示为波的传播图形。

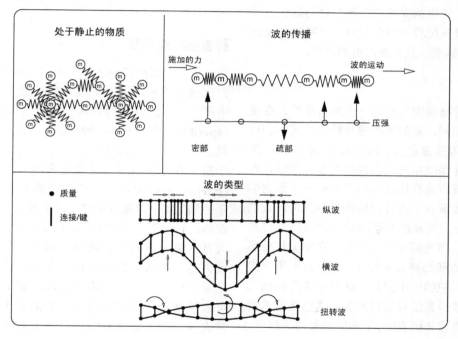

图 3.5 波的传播

在位移的峰值位置，媒质并没有移动。现在，材料的弹性开始起作用，它把各个质点向它们的原始位置拉回，这个波所携带的力等于材料的恢复力。因为恢复力把被移位的各个质点拉回来，它们以相反方向进行移动的速度很快，所以会越过它们的原始位置。当恢复力反比于位移时，我们就得到了**简谐运动**（simple harmonic motion），此时被移位的部分会在其静止位置周围来回摆动。

波的类型

根据运动方向可以把波划分为几种类型。我们已经看到，纵波使媒质产生的位移处在与波的运动方向相同的轴线上。而**横波**（transverse wave）则在与媒质位移方向相垂直的方向上运动。横波与我们在水面上看到的波一样[1]。如果抓住一根弹簧的一端并摇晃它，就能很容易地看到横波的传播：波从发生位移的质点向弹簧的静止端运动。尽管在空气中传播的声波是纵向传播的，但振动的固体（比如铃铛或金属板）既可能出现纵波也可能出现横波。这里还有第三种

---

[1] 水波实际上是瑞利波，它在一些小圆形中运动，在水面看到的效果是这些运动中的横向分量。

波，即扭转波。为了描绘**扭转波**（torsion wave），可以想象一下让一个绳梯自旋。每当在**声学**背景下研究空气或其他流体中的声波时，我们指的就是纵向位移波。当讨论固体中的振动时，我们既可以指横波，也可以指纵波。

幅度

请小心对待这个术语，因为在使用幅度时可以用很多单位，而且至少有两种经常容易混淆的变体。波的幅度是在某个质点上的一个可以**被测量**的数值。通常，用米来测量位移。但我们可以选择测量任何属性，比如压强或速度。在所有情况中，幅度相对于静止位置既有正值，也有负值。对于声波来说，一个正的幅度值对应着媒质的一个密部，一个负的幅度值对应着一个疏部。正常的幅度是在零位移与峰值位移之间。一个波的最正位移与最负位移之差被称为**值域**（range）或峰 - 峰幅度，是**常规幅度的两倍**。

速度

对于在同一种材质中出现的一个声音事件，在该声音的整个存续期间，波的速度通常都是恒定的。在空气中，声波的传播速度为 340 m/s，在液体中，声速会快一些，而在固体中声速会快得更多。所以，作为一种简化，所有声波在均质材料中具有一个固定的速度，这个速度仅取决于这种材料的各种属性，我们把这个速度记为 c。声波在不同的材质之间运动或在温度发生变化时，声速都会发生变化。在罕见和极端情况中（比如爆炸和超声波音爆），以及对于所有实际（非理想）材料中的一小部分，这并不是完美地准确，但对于大多数声音工程应用来说，这已经足够精确了。更深入的物理分析表明，c 也略微取决于幅度。我们可以用弹性和密度计算出声音在某一特定材料中的速度。这个公式对于固体很合适，但对于橡胶和液体的效果就要稍微差一些，而对于气体，我们需要加入一个额外的部分来考虑对气体的压缩实际上会令该气体变热。我不在这里给出这个公式，仅给出适用于固体的一般公式。作为一个很好的近似，声速为

$$c = \sqrt{K/\rho} \qquad (3.7)$$

为了展示该公式的用途，可以用一些数字来试验。我们打算使用钢，因为钢的属性已经得到了很好的证明，并且是各种声音设计实例中常见的一种材料。假设将在一块体积很大的钢中计算声速，而不是在一根很细的钢棒或钢丝中计算。对于很细的固体，

我们可以直接使用硬度，但对于具有一定体积的固体，首先我们需要找到体积弹性模量：

钢的杨氏模量 = 200×10^9 N/m²

钢的密度 = 7900 kg/m³

钢的泊松比 = 0.3

由于

$$K = \frac{E}{3 \times (1 - 2v)} \qquad (3.8)$$

代入各个数值，得到：

$$K = \frac{200 \times 10^9}{3 \times (1 - 0.6)} = 1.67 \times 10^{11}$$

所以，运用声速公式：

$$c = \sqrt{\frac{K}{\rho}} = \sqrt{\frac{1.67 \times 10^{11}}{7900}} = 4597 \text{(m/s)}$$

群速度和相速度

早先人们把波描述为一种"假想中的"东西，我们也已经看到，通过传播小的质点可以在一种媒质中传送功率。这会导致对**速度**（velocity）和**速率**（speed）这两个词的一种有趣但有时也是不明确的使用。在考虑质点运动时，我们有时候感兴趣的是一个质点在任意瞬间移动得有多快，称其为**质点速度**（particle velocity）。我们很快将看到，这决定了黏滞损失的量。在图 3.6 中，质点速度用颜色较淡的点表示，它是上下运动的[①]。在某一时刻，质点速度较大且在某一方向上，接下来的某一个时刻，它的速度为零，然后它的速度将变为负，依此类推。在每个周期中，质点速度两次为零。如果幅度增大，你可以看到每个周期内通过的距离变大，所以质点的最大速度也会增大。因此，质点的最大速度取决于频率和幅度。

在其他时候，我们感兴趣的是波通过媒质的速度，就像先前计算的那样。为了消除它与质点速度之间的歧义，我们称其为**相速度**（phase velocity）。它是波形移动的速度。在图 3.6 中，波三次通过静止的观察者（t1、t2、t3），在图中，传播的相速度用颜色较深的圆点表示，在向前运动时，它遵循着某一特性（在同一相位）。在讨论"声音的速度"时，我们始终都是在讨论相（波）速度。

---

① 为了让图清晰，在这里把它展示成横波，但事实上它有一个纵向相速度，其方向在与波的运动方向相同的轴线上。

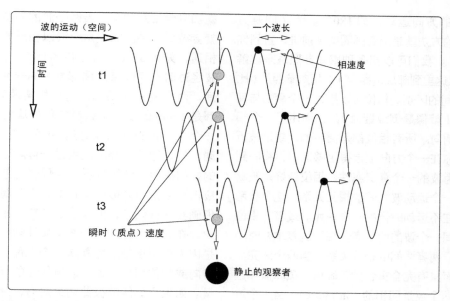

图 3.6　一个运动的波的速度和波长

另一类波速被称为**群速度（group velocity）**，这是能量传播的速度。对于大多数声学情况下，相速度与群速度相等。群速度是一个常量，它取决于媒质的属性，池塘中的水波纹展示了这个效果。在一个扰动以后，一组水波向外传播，但在这个水波组中，我们看到各个独立的水波似乎要比整个编组移动得更快，单个水波出现在一串水波的后面，然后向前移动，消失在这串水波的前缘。有时候，当群速度和相速度并不完全相等时，我们会在波的传播过程中观察到波的扭曲失真。在这种情况下，我们说这个媒质是**弥散的（dispersive）**，波的传播速度取决于频率，因为它的各个成分之间的相位关系发生了变化（Graff 1991，p.59）所以包含多个频率的一个波将会改变形状。水波冲刷海岸就是这方面的一个例子，相速度试图比群速度更快地向前移动，所以波浪会发生卷曲并落在自己身上。

波长

由于波需要花一些时间才能在空间中传播一定的距离，所以在空间中不同的位置测量一个波的周期会引入一个延时。其实，这就是我们如何能够定位一个声音源的位置，因为来自于一个振动物体的波抵达每只耳朵的时间并不相同。因为波以一个有限的速度传播，所以我们有时候会用一种可比较的方式讨论空间与时间，这就引入了**波长（wavelength）**的概念。从字面上讲，它衡量的是一个波有多长，单位是米，通过测量具有相同位移且运动方向一致的距离最近的两个质点的距离，就可以确定波长。我们用希腊字母 λ

表示波长。一个运动波的波长如图 3.6 所示。

频率与周期

某个质点所经历的"被移位，回到并通过静止位置，过冲，然后又返回来再次通过其静止位置"的运动就是一个**循环周期（cycle）**，完成这些运动所花费的时间就是周期（T），单位为 s。同样的事情从倒数的角度去看，就是衡量这种运动在一秒钟内发生多少次，这就是**频率（frequency，f）**。周期和频率的关系为 $f=1/T$，f 的单位为赫兹（Hz）。

简单的波算术

你可能已经想到了，速度、波长和频率都可以用一个方程连接起来。我们可以从频率和波长计算出相速度：

$$c=f\lambda \tag{3.9}$$

当知道速度与频率时，可以用下式得到波长：

$$\lambda=c/f \tag{3.10}$$

当然，再整理一下就可以在知道 c 和 λ 的时候得到频率：

$$f=c/\lambda \tag{3.11}$$

在空气中可闻波长的范围从对应于高频的 **20 mm** 到对应于最低频的 **17 m**。实际波速 c 的范围可以从很重气体的 **100 m/s** 到铍的 **12.8km/s**。

相位

如果你在环形道路上兜圈子的话，当走了半圈以后，你将向相反的方向运动，即180°。为了回避方向的改变，最好的方法就是沿着圆圈继续前进，直到你运动了整个360°。我们可以用各种感知参照系来理解绝对关系（比如从这里到邮局的距离）与相对参照系（比如"半 - 满"）之间的区别。相位可以描述一个事物与其自身的相对关系（就像颠倒或翻面），它描述了一个相对于先前朝向的朝向。所有相位都是循环的，或是被折回的，所以如果你在一个方向上走得足够远，你将回到开始的地方。作为波的一个真实属性，相位最好是被看成一个参考点与一个运动波之间的相互关系，这个参考点实际上是该波在不运动时候的一个快照。或者，相位也可以被看作是同一个波的两个完全相同的复本在时间上被间隔开以后，两者之间的相互关系。当两个波完美匹配时——即两者具有完全重合的正峰值、负峰值和过零点，我们说这两个波是**同相的**（in phase）。当一个波的正值部分与另一个完全一样的波的负值部分重合时，我们说这两个波是**异相的**（out of phase），或相位是**反转的**（inverted）。相位可以用度来衡量，也可以用弧度来衡量。再看一下图3.4，请注意加速度与速度的相位相差90°，速度是从速度公式中得出的，而加速度则用力与质量来表示的。

叠加与相位对消

叠加是把各个波加在一起。把两个波在某一瞬间或空间上的某一点加在一起得到一个新波，新波的幅度就是这两个波单独幅度的和。两个频率相同的波若具有完全相同的相位，则两者会完美地匹配，它们在叠加时会相互加强；若两个波的相位相反，两者相加就会彼此对消。如果两个波以相反方向运动并在某点相遇，如图3.7所示，则它们会彼此**干涉**。干涉是当波经过时在空间某点局部发生的一种现象。在某一瞬间，两个波彼此相加，而且如果两者的幅度 A_a 和 A_b 都是1 mm的话，那么当它们的峰值重合时，就得到一个 $A_a+A_b=2$ mm的峰值。此后，它们继续各自的运动，就好像什么都没发生过一样。这似乎是违反直觉的，如果两个波正好反相结果会是怎么样呢？它们不应该相互抵消并彼此摧毁对方？嗯，在某一瞬间它们确实这样做了，但仅仅是在它们相遇的那个点上如此，在此之后，这两个波又如往常一样继续前进。这是因为波所携带的能量是一个标量，所以不管它们的方向或相位如何，每个波所包含的都是一个正值的能量。如果它们能够彼此消灭对方，那么能量就会被破坏，这是不可能的。所以，叠加是一个局部现象。你可以在图3.7的右侧框中看到叠加，它展示了由两个相互毗邻的源以同一个频率振动所产生的干涉图样。每个源都在向外散发着波，亮环对应的是正幅度（密部），暗环表示的是负幅度（疏部）。对于任意给定的频率和传播速度，它都会有一个静止的明暗斑点图样，即波在局部彼此加强或抵消。当你摆好一对音箱，播放一个频率约为80 Hz的恒定低频正弦波时，就可以听到这种现象。把你的头从一侧移动到另一侧，你将听到有些地方的声音似乎比其他地方更大一些。如果你把一个声道的相位反转过来，那么在两个音箱的正中间，声音会变为零。

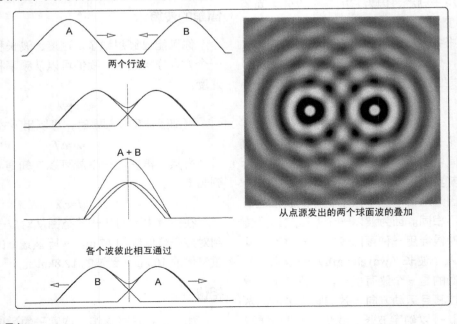

两个行波

A + B

各个波彼此相互通过

从点源发出的两个球面波的叠加

图 3.7 运动波的叠加

3.4 界面

界面是在波的传播路径上所出现的材料或材料属性的任何变化。它可能是一块振动木块的表面，此时媒质是木头，界面物质是空气；它也可能是一个山洞的墙，此时媒质是空气，界面是岩石。在一个界面可能会发生三件事，它们取决于媒质与界面物质之间的差异。这个差异可以被称为**界面模量（boundary modulus）**，它是这两种物质的弹性和密度比。当两种物质完全相同时，这个模量为 1，此时没有反射发生；当两种媒质相差极大时（比如水和空气），声音中有很大一部分被反射，很小一部分被传导。对于水和空气，这个比率约为 **99%**，因此在水面上的声音并不会真正穿透到水面以下，而水下的声音在上方的空气中也非常微弱。人们还发现，入射角会影响反射波的强度。对于光波和声波，有一个非常敏感的角度**布鲁斯特角（Brewster's angle）**，它能引起反射突然消失（参见 Elmore 与 Heald 1969，第 159 页）。

在考虑界面处发生的变化时，需要搞清楚我们是否在讨论波质点的速度、位移或压强，以及是在考虑固体中的横向弯曲波还是在考虑纵向声压波，因为这两者具有不同的行为特征。

在固体界面处弯曲波的相位

对于固体中的弯曲振动，如果界面是坚硬致密的材料，那么波会被反射回来，并且其相位被反转（见图 3.8）；如果界面是致密但有弹性的材料，则波会被同相反射回来。牛顿第三定律可以解释这个现象，波击中界面上的那个点受到一个力，但如果它不能移动，则它会对位于该点的媒质施加一个大小相等方向相反的力。在界面处的位移为零，这产生了一个新的波向相反方向运动，并且相位也相反。在一个弹性固体材料中，界面可以跟随媒质运动。它吸收来自于波的力，并把它存储为势能，然后又把这个存储的能量释放回媒质中。这个新的波的运行方向将与入射波相反，但相位相同。在一个固体中被反射的波的速度将与入射波相同，因为它们是在同一种媒质中运动的。在考虑各种材料相互耦合时（比如鼓皮或音棒座架）这些效应都是很重要的，我们接下来就要讨论它们。

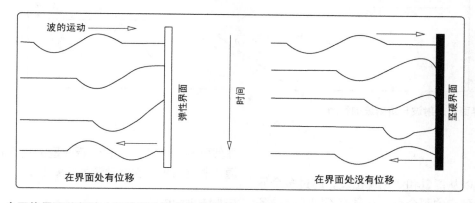

图 3.8　在另一个固体界面处行波（固体弯曲波）的行为

在这两种情况中，波并没有全部地被完美反射。在实际材料中，波的一部分将被传播到界面物质中。当然，实际发生的事情是以上所有这些情况的一个混合。一些能量透过界面被传导，并继续传播，一些能量被同相反射，一些能量被异相反射。因为存在耗散和传导，所以反射波的幅度始终小于入射波的幅度，但反射波与入射波具有相同的波长和波速，因为它们在同一个媒质中传播。另一方面，被传导的波将具有一个不同的波长，因为新媒质的密度不一样，所以传播的速度也不一样（见图 3.9）。最后，考虑传播的方向。如果入射波在界面以 90° 入射（**法线入射**，如图 3.10 中的右图），则该入射波将被反射回入射的方向。但是，与光线和镜子一样，如果这个波以角度 θ 击中界面，则它将被反射到法线的另一侧，角度仍为 θ。并且，与光线从一种媒质进入另一种媒质会发生折射一样，声音也会产生折射。图 3.10 中被折射的波遵循斯涅耳法则，即折射角的正弦值与入射角的正弦值之比等于两种媒质中的波速比。与光波不同，低频的声音具有较长的波长，只要一个声音的波长与界面尺寸相比较小，则这些规则就会被遵守，但当界面很小或者波长很大时，结果就会改变。当声音被一个障碍物**遮挡**时，我们会听到这些改变，一些频率会绕过障碍物而另一些频率则被阻止。在我们日后考虑驻波及振动模态、混响和空间声学时，所有这些现象都很重要。

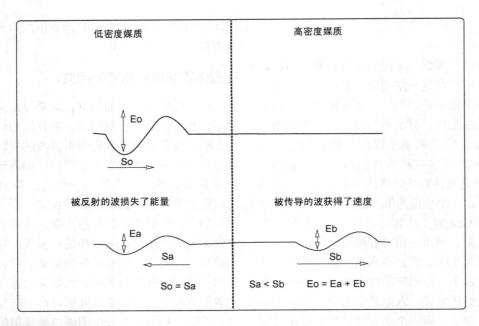

图 3.9   在跨越界面时波速发生改变

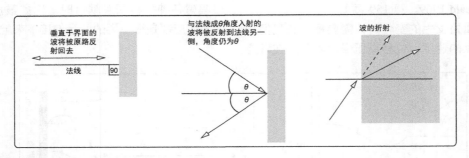

图 3.10   在一个界面，反射波与折射波的行为

耦合

　　一个声音可以从能量和激励源出发，跨过多个界面，抵达我们听到它的那个点。在具有不同性质的各种材料之间存在着界面，比如在吉他琴桥中有两种类型的木头。一些耦合被很好地用物理方式连接起来，但另一些耦合却不那么明显，距离很远，很松散，或者仅仅是瞬间耦合。它们形成了一个链路的一部分，在这条链路上，每一环都会引起另外一环发生振动。车辆的声音就包含了大量的耦合，这将作为日后的一个设计练习实例。单独的引擎声并不是一辆汽车的声音。为了恰当地模拟出整个汽车的声音，我们必须把排气管、传动噪声、车身共振和很多其他因素也包含进来。为了处理这种复杂情况，每个部分都应被当作一个相互连接的整体中的一个单独对象。松散耦合可以是**不连续的**，比如当两个玻璃酒杯被放到一起。我们可以用两种方式看待它们：要么把它们看成是一种非线性耦合，要么把它们看成是截然不同的新激励的源（通常它出现在驱动源的频率上）。

反射和驻波

　　反射波会遇到以相反方向传播的其他的波阵面，并与它们发生干涉。两个波是相互加强还是相互抵消取决于它们的相对相位和频率。如果具有正确频率的波在一个物体的两个面之间反弹，并且该波的波长或波长的整数倍恰好等于反射之间的距离，那么就会产生**驻波（standing wave）**。对于一个驻波来说，最好把它当成两个以相反方向运行的波来看待，这两个波的密部和疏部彼此相互加强。驻波取决于振动物体的几何形状。物体某些特定长度将会促进波在某些特定频率出现，并且会涌现出**共振 / 谐振（resonance）**或**振动模态（mode）**。因为大多数的实际物体都不是规则的，所以很多不同的频率会组合成一个复杂的动态过程。从一个物体中显露出来的声音振动的模式图样由这些共振构成，即在材料中弹来弹去的各个波。

振动模态

驻波的各种模式图样趋向于物体能量最低的那些振动模态，这些模态能在最少的能量输入下产生最大幅度的振动。不使用大量的数学是很难描述这一动态过程的，所以我们采用类比的方法。把这些波想象成一个城市中心的人们在进行一天的购物。早晨，只有很少人出来购物的时候，只在主要街道上有人。后来，到了下午，城市里到处都是人，游客散布在各条街道上，光顾那些更为偏僻的商店或走进彼此的家中。一些游客迷路了，走入了不太可能走入的小巷，这与各种振动模态或声波沿着一个物体的形状行进的路径很相似。在物体中的能量越多，能够探索的自由度就越高。一些自由度比另外一些自由度具备更高的可能性。主要街道是最容易走的路，我们称其为**主模态（primary mode）**。它是声能可以轻松进行运动的路径，用于产生该物体的基频。其他较小的购物街道

形成了第二条和第三条路径，这些对应于声音中的其他频率。一个能量波选取第二或更高路径的可能性与声音的能量水平有关。如果它包含大量的能量，那么声波就会使用所有路径进行散播。到了晚上，游客离开了城市（一些波变成了热，其他波作为声音辐射出去了），小街道空了，生活恢复到主要街道上。这对应于声音在阻尼或辐射过程中能量的衰减。能量可以从第三和第二模态回到基频上，直到最终只剩下一个强谐波。在一些物体中，当我们使用沙砾或闪光灯时，可以清晰地揭示驻波的形状。图3.11所示为鼓皮上的一些振动模态（因为用它可以得到一个有趣的演示），从技术上说，鼓皮就是一个圆形的膜被嵌在一个圆周上。主模态被记为0:0，它被称为"雨伞"模态，在这种模态中，中间部分会上下运动。它对应于半波长被束缚在圆周的边缘。其他模态也用数字给出，用来进行区分——比如1:2表示第一个圆形模态加上第二个直径模态。所有振动的物体（比如铃、弦或飞机机翼）都能用这些振动模态来分析。振动模态取决于材料、声音在材料中的速度，以及物体的形状。

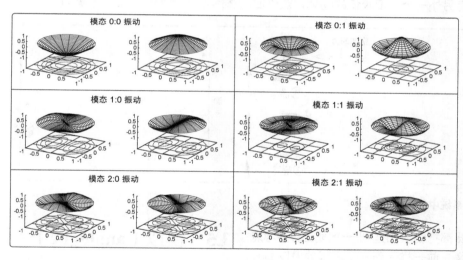

图3.11 鼓皮的几种振动模态

对声波进行可视化

如果你握住一条很窄的纸或头发，让它靠近一个正在以某一低频振动的音箱，那么这条纸或头发能展示出空气分子正在被移位。惠斯登（Wheatstone）在1827年发明了一种方法，能够用他的"示振器（kaleidophone）"让声波变得可见，这是一根金属棒，棒的一端有一颗像镜子一样的小珠子。有了这种设备，惠斯登看到声波像光的利萨茹图样那样。他继续了克拉德尼（Chladni）通过在盘子上放置沙子来研

究振动的工作。孔特（Kundt）进行了一项实验，能够可视化地显示出管腔中的纵向驻波，这也是经常在学校物理课上使用的实验。该实验把一些细小的沙子放到管腔中，这些沙子将聚在一起，揭示出高压和低压的各个点。巴克敏斯特·富勒（Buckminster Fuller）和汉斯·詹妮（Hans Jenny）发现，放置在表面的湿染料能够把它们自己排布成模式图样，它揭示球体或立方体等固体中的驻波。使用闪光灯可以拍摄振动的照片或动态影像，就仿佛振动是在慢速进行似的。用

这种方法，受到高频声场激励的水滴可以揭示出它们不同的球形模态。

形状

如果有一些用不同材料做成的鼓或铃铛，并把它们放在一起聆听，我们很快会得出结论：声音中有一些东西是由物体的形状而非材料决定的，形状能赋予这些物体某种相似的特征。正是这些形状让它们成为了鼓和铃铛，而不是厚木板或瓶子。换言之，我们可以听出形状，因为它决定了物体的长度、界面之间的距离以及在材料内部和沿材料表面的各条模态的路径。形状会影响各个频率建立和衰减的方式，以及哪些频率在物体振动时会成为最强的频率。

熵与热

声音可以看成是能量"做功并走向熵（entropy）"这一生中的一个阶段。熵会随着能量的散布而增多，并会追寻更多的自由。熵不会被摧毁，但我们已经失去了它，它变成了随机或混乱，不能做功。这就是背景热。如果我们有另外一个温度较低的物体，热仍旧可以做功，较热的物体可以在它们冷却时产生声音。热也会像水或电一样从高势能流到低势能。在这个大框架中，宇宙似乎就像一个发条在松劲儿中的时钟。当宇宙达到它的最大尺寸时，所有存在的能量都将以能够达到的最低温度进入这个让熵最大的状态，这时所有事物都将停止。在此之前，始终都有一些东西是可以让人快乐的，因为有足够多的能量处在高势能状态，因此，能量流动、做功，产生声音和生活都有足够多的可能。

耗散与阻尼

到目前为止，我们已经考察了一个完美的系统，它的能量始终在动能和势能之间交换。在这样一个系统里，处于振动中的物体将永远持续振动，波也会永远传播下去。但是，由于熵的原因，真实的宇宙并不是这样的。图 3.12 中有我们熟悉的物块与弹簧对，它代表了材料的一个质点和一个弹性键，还有一个新的元件被连接到物块上，它代表了阻尼器，或是机械阻抗。这根棒子被假想成一个活塞，它与其下方的粗糙材料相互摩擦，产生了摩擦力。

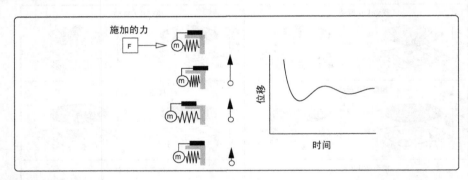

图 3.12　一个力学系统中的耗散

弹簧和阻尼器都把物块相连到一个固定的参考点上，并且该物块像先前一样受到一个短暂的力以后开始运动。这一次，它没有永远地来回振荡下去，而是每次运动的幅度都在逐渐衰减。阻尼器本身代表了所有实际材料中导致损耗的成分。如同我们已经研究过的那样，能量永远不会真正消失，它是在做功的过程中变得无用了，虽然我们说"**损失**了声能"，但它实际上变成了热。如果你演奏一件乐器，比如小号或大提琴，那么你可能已经知道：任何物体产生声音的时候，它就会变得热一点。为了确定这种损失的数量，我们注意到摩擦和耗散正比于分子速度：质量移动的速度越快，能量耗散得越多。

3.5　模拟（analogue）

你已经听说过模拟合成器和模拟电路了，甚至可能还听说过模拟计算机。但模拟这个词到底意味着什么？从它的希腊语词源来说，**ana** 意味着向着或在其上，**logos** 意味着原因或逻辑，**analogue** 就是一种合乎逻辑的或系统的方法。在现代用法中，它意味着一个能够连续测量的系统，但它的重要内涵是**模拟类比（analogy）**，可以借助其他某个类似系统进行推理，而这个系统有着我们想要描述的一些特征。模拟电路的根源来自于 20 世纪 20 年代到 20 世纪 50 年代之间的控制论和计算机，当时的电路是用**类比**力学系统的方式搭建的。它们可以对各种振动系统进行电学、力学和声学类比。一个类比的系统将具有相同形式的方程，只不过使用不同的量。不过，这并不局限于力学、声学和电子学，还可以运用到化学、静电学、社会学和经济学的各种方程上，当然，这些内容与我们手头的任务并无直接关系。

我们现在要考虑的有三种物理系统：力学系统，电学系统和声学系统。你将在后面的实战练习中看到，所有这些系统都与声音设计有关，但研究所有这些课题的真正原因是要展示各种力与行为之间的联系。请注意这里有两种版本的电 - 声 - 力类比，其中各种变量的角色进行了互换。接下来的系统被称为**力 - 电压（force-voltage）**或**迁移率（mobility）**类比，它被用于**网络分析（network analysis）**，而物理声音就是其中的一种情况。

势

所有系统都需要有势能才可以实现做功，即能量处于可以流动的某种状态。比如通过水坝拦河蓄水，水被升高到海平面以上，用来产生电能。重力势能（mgh）的存在是因为在一个重力场（g）中有一个质量为 m 的物体，它位于最低势能上方的某个高度（h）上。在流体动力学中，这是被压缩气体中的压强或弹性势能的任意状态。在电子学中，这是电池中存储的电荷所保持的电势，两个导体之间的电势差用电压来衡量，单位为伏特（V）。在力学中，这是一个被存储的力，比如拧紧的时钟发条，或是一个动力源，比如一台人力机器。

能量输入口

我们的网络系统应该也包含某种类型的输入口，通过这个输入口可以有势能流入。在一架钢琴中，琴弦被携带动能的琴槌激励。在撞击中，能量输入口短暂地与系统的其余部分耦合在一起，然后又与它们断开连接，而在摩擦和湍流激励中，输入口耦合是被维持下去的。

流动

水库中水的势能让水能够在被释放时流动，因此，流动导致了势能的变化；在电学中，这种流动被称为电流 I，即在一根导线中电子的流动；在力学中，这是速度；在声学中，它是体积的流动，单位为立方米每秒。当某物体在流动时，它携带了能量，这意味着它不愿意开始或停止流动，除非给它增加或减小一些能量。在力学中，质量是与电学中的电感（L）

相类比的量，对于声音，我们有一个被称为**声质量（inertance）**的量（M）。声质量是流动媒质的质量除以波阵面的横截面积。图 3.13 展示了三种网络元件。电学元件是一个导线线圈，它能对流经它的电流产生电磁感应；力学元件是一个质量，它能通过一个速度而携带能量；声学元件是一个开放的管腔，当有一个波在该管腔中运动时，这个管腔就携带一股声能的流动。

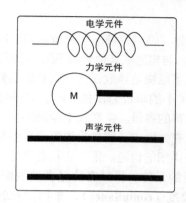

图 3.13　自感应

阻抗

抵抗流动会把一些能量转变成热，并把它消耗掉。电阻抗（R）的单位为欧姆（Ω），当有电流流过它时，它会变热并让电流减小。与高峰期间的火车站检票口一样，它只是在浪费势能，让每个人变得暴躁和愤怒，并引起其后堆积起被截留的势能。在一个力学系统中，这个阻抗是阻尼元件给出的摩擦。摩擦产生一个抵抗运动的力，其大小正比于它正试图移动的速度。在声学系统中，阻抗源自黏滞力，它是媒质的耗散属性，把能量流动转变成热。它的单位是声欧姆（R_a），在数值上等于波阵面上声波的压强除以体积速度。这个网络元件有一个符号，它是一个包含一些细条的管腔，用以表示黏滞性或阻性障碍。

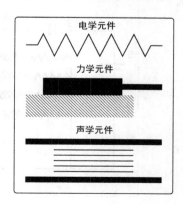

图 3.14　阻抗

抽头或输出口

吉他的琴桥（它与琴弦耦合在共鸣板上）和小号的喇叭都是经过仔细设计的设备，旨在从系统中取走一些振动能量并把它们辐射出去。这些设备的行为特征像阻抗，因为有损耗发生（能量从系统中被抽走，并送到了其他某个地方）。

容抗

这是物体"临时存储一些能量从而引起一个局部势"的倾向。与电池或其他势源不同，容抗是开放的，所以它将尽可能快地释放任何被积累的能量。在电学中，电容（C）的单位为法拉（F），它是在两块极板之间存储电荷的容量。电容在电学网络中的符号反映了这一点。在力学中，容抗是弹簧，我们很快就会对它进行一些详细的讨论。因为它具有弹性，所以它是存储机械能的元件。机械容抗是硬度的倒数 $1/k$，我们称其为**柔度（compliance）**，单位为 m/N。在声学中，容抗是与所施压强的变化相抗的量，媒质被连接的体积越大，它的声容就越大。声容的网络符号被画成一个与能量流相连的蓄水池或容器，记为 C_a，单位也是米每牛顿。可以利用密度 ρ、传播速度 c 和体积 V 计算出声容：$C_a = V/\rho c^2$。其元件符号如图 3.15 所示。

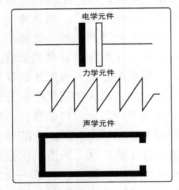

图 3.15 容抗

实例网络类比

把这些元件放到一起，可以构建一个类比系统。在图 3.16 中，我们看到一个被敲打的弦的电学元件和力学元件。可以把它看成由物块、弹簧和阻尼器（或电容、电感、电阻）构成的一个有限阵列，它受到锤子携带的一个能量脉冲的激励（可以是一个质量或电容），这个能量通过一个输出口被辐射出去，这个输出口就是共鸣板（被显示为一个力学机械表面或扬声器）。有趣的是，**任何**能够产生声音的物体，不管它有多么复杂，都可以被简化成类似于图 3.16 所示的网络系统。Jean-Marie Adrien 在"模态合成"标题之下的"音乐信号的表示"中给出了一种现代分析，人们也开发出了 Cordis Anima 等各种软件来构建物理网络模型，你可以在这些系统中把各个物块、弹簧、阻尼器和能量源插接在一起。我们将不会过多地把这类低层次的"字面"方法当作相互联系的各个系统的一般概念，我们可以用其他方法来对这些系统建模，但应该记住的是，有很多系统可以被等效地建模成一个电路、一个振动的机械系统、一个声学压强系统。

实例系统分析

大多数实际物体都是相当复杂的，具有多个相互连接在一起的子系统。我们已经提到的汽车就是具有多个相互耦合的子系统的例子。在考虑某个东西**如何**产生声音时，我们通常想把这个声音分解成各个部分，并考虑每个部分是如何耦合到其他部分上的。能量的流动偶尔可以被看到。图 3.17 所示的**实体 - 动作（entity-action）**模型是一种有用的工具，每个部分都被表示能量传递的某种类型的耦合所连接，在图中用菱形表示。

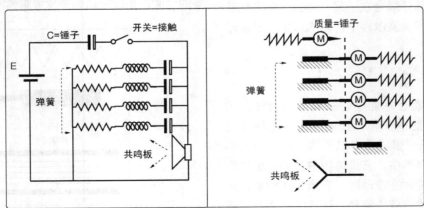

图 3.16 被敲击的弦的类比系统（电学、力学）

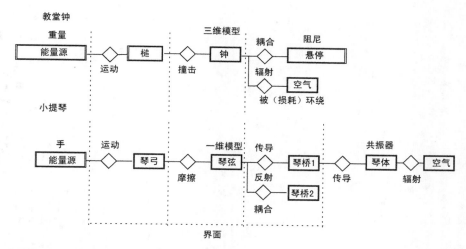

图 3.17 对钟和小提琴进行"实体－动作"解构

对于每个能量的流动，我们可以进行更深层次的物理分析，解释这种耦合的物理原理，看它到底属于哪种情形：连续的黏滑摩擦、断续的接触、滤波、容性蓄积、单一碰撞，等等。然后我们可以把这个设计分解成各个可操控的部分，比如把吉他的共鸣板与琴弦分离开，单独构建共鸣板。能量流动也揭示了输入点与输出点，让我们可以更好地理解控制结构，并影响物体行为的任何参数。

3.6　致谢

感谢 Philippe-Aubert Gauthier、Charles Henry 和 Cyrille Henry 提出的建议和修改意见。

3.7　参考文献

[1] Elmore, W. C., and Heald, M. A. (1969). *Physics of Waves*. Dover.

Elmore W C，HEALD M A. 波动物理学. Dover 出版社，1969.

[2] Graff, K. F. (1991). *Wave Motion in Elastic Solids*. Dover.

Graff K F. 弹性固体中的波动. Dover 出版社，1991.

[3] Morse, P. M. (1936, 1948). *Vibration and Sound*. McGraw-Hill.

Morse P M. 振动与声音. McGraw-Hill 出版社，1936, 1948.

第4章

振动

4.1 振荡器

在研究了声音的能量基础以后，现在要看看这些物理属性是如何产生那些能够振荡和谐振的系统的，我们应该注意到，并非所有声音都由这种方式产生，一些简短的事件（比如小的电火花或在附近落下的雨滴）可以被看成是空气的单一扰动，所得的声音更多由声学传播决定，这部分内容将在物理声音的最后一部分介绍。不过，在所有能够产生声音的东西（包括所有的乐器）中，绝大部分都是振荡器、共振器或是两者的组合。事实上，振荡器和共振器是非常相似的概念，区别在于它们出现在能量流动链的什么位置，是作为原初的波源还是作为被另一个波振动源驱动（受力）的系统。

周期与频率

波可以是**周期的（periodic）**，这意味着它们会在两个时间点或空间点之间重复同一个模式图样。波也可以是**非周期的（aperiodic）**，这意味着它们的模式图样始终在变化。周期波会以一个固定的时间来重复每个模式图样，我们称其为**周期（period）**，这些周期波听起来仿佛具有一个确定的音高；而非周期波通常听起来都很复杂或类似噪声，好像没有音调。一个周期波的频率是每秒钟该波重复某一模式的个数，其单位为赫兹（Hertz，Hz），所以100 Hz的波一秒会重复100次。这是该波周期的倒数。换句话说，周期就是1除以频率。所以，100 Hz的波的周期为1/100 s，即0.01 s。

自旋物体的频率

一个完美平滑且具有完美圆形的自旋物体如图4.1所示，它不会产生声音。如果它是完美的，那么，不管它的自旋速度有多快，它都不会扰动空气。当然，在日常生活中并不存在这样的物体，大多数物体都有一些偏心率，就像图4.1中完美圆形旁边的那个卵

形。当这个卵形自旋时，它会让一些空气移位，并在某一个瞬间产生一个高压区域，随后在同一位置又会产生一个低压区域，这些扰动以声波的形式向外传播。声波辐射的方式在图中被大大简化了。也许你可以看出它们是螺旋而出的，这与现实中发生的情况非常接近。另一个简化是它只绕着一个轴进行自旋。如果有两个旋转自由度，你就可能看到它将如何把事情搞复杂的。让我们假设它就是一个鸡蛋，所以它在一个轴上有对称性，但在另一个轴上则没有对称性。在这种情况下，它若围绕对称轴旋转，就无关紧要了，因为那样做不会让空气移位。接下来试着把它想象成一个绕着两个轴自旋的正方体，所以它会一个角一个角地移动。我们可以把这个运动分割成两个频率，而且在某个观察点上，接收到的声音模式图样将是这两个旋转所影响的结果。我们需要在学习了**调制（modulation）**以后再来研究这个课题，因为一开始很简单（一个完美圆周不产生声音），但随后就会变得非常复杂了。风扇、推进器或子弹弹跳等是这种思考的实际应用，此时的声音是由一个不规则物体在三个轴上的运动 [被称为**自旋（spinning）**、**锥旋（coning）**和**翻滚（tumbling）**运动] 决定的。作为一条一般规律，我们可以说，一个自旋物体的可闻频率直接与它自旋的频率相关。请注意，希腊语符号"omega"——ω——表示自旋速率。这意味着**角频率**，即旋转的速率，其单位为弧度。每旋转一周为 2π 弧度（或 6.282）。换句话说，用"度"的话，我们说 $2\pi=360°$。为了把弧度转换成常规的赫兹，$f(\text{Hz})=\omega/2\times\pi$，或者也可以反过来把赫兹转换成弧度，$\omega=2\pi f$。卵形物体在每次旋转时产生两个密部和疏部，所以我们听到的声音在 $f=2\omega/2\pi=\omega/\pi$ 处。图4.1最后一框中展现的规则物体有6个凸起的点，在自旋时会产生一个位于 $6\omega/2\pi=3\omega/\pi$ 的声音。像这种具有很多齿的圆盘是音轮风琴的基础，这是一种在数字时代之前就有的旧式乐器。依赖这种行为的另一个声源是旋转警报器。它有一个带有多个孔的旋转圆盘，并且

还有一个在压力之下携带空气的管腔设置在这个圆盘的后面。从孔中逸出的空气脉冲在经过管腔时会产生声音，因此警报器的频率仅取决于圆盘的角速度和孔的数量。关于自旋物体有一件有趣的事：它们形成了与所有其他振荡器不同的单独一类，因为它们不是共振器，并且不需要依赖任何其他概念（如力、容抗、声质量或阻抗）。我们很快将会看到，这些概念是所有其他类型振荡的基础，而自旋物体则是**几何振荡器**。

弛豫

如果你曾经有自行车，并且想让别人觉得这是一辆真正的摩托车，那你可能用过 "spokey dokey（可以装在自行车辐条上的彩色塑料球）"：一个弹性卡片

被夹在自行车架上，并且还带有一个钉栓，所以这个卡片会进入自行车轮的辐条中。卡片距离钉栓最远的边缘以图 4.2 底部所示的图线运动：先缓慢上升然后突然下降，这种波形有时候被称为**相位器（phasor）**。当辐条把卡片推向一旁时，卡片会弯曲。卡片的边缘以与辐条相同的恒定速度做线性运动，直到卡片被释放。当卡片被释放时，由于在可弯曲的卡片里存在恢复力，所以它会迅速弹回，并回到它的初始位置。这个循环——一个力开始蓄积然后释放——在很多自然事物和它们的声音中都很常见，这被称为**弛豫振荡器（relaxation oscillator）**。它是媒质一个周期性的激励，在这里，能量先蓄积然后被释放。

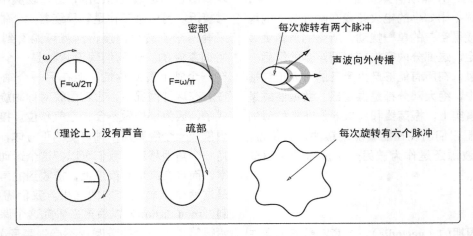

图 4.1   一个自旋物体的频率

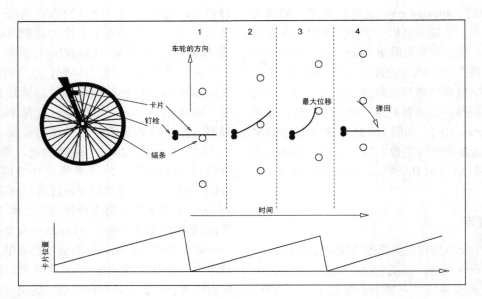

图 4.2   Spokey dokey

虽然 spokey dokey 展示了能量被存储和释放的过程，但它并不是一个真正的弛豫振荡器。它是自旋物体的另外一个例子，因为卡片在何时回来仅取决于车轮的角速度。图 4.3 给出了一些严格意义上的弛豫振荡器的例子：一个颈部被轻轻收缩的气球，以及一只闪烁的霓虹灯。在这两种情况中，都有一个能量源。对于气球来说，势能被存储在橡皮的弹性中，它迫使空气向着出口运动；对于霓虹灯来说，电能存储在电池 E 中，提供一个电势。在这两个例子中，都有一个阻抗妨碍能量流入到容抗 C 的位置，并且还有一个开关或排泄阀 L 在达到阈值时排空容抗。气球颈部的宽度小于被强迫推向它的空气的面积，所以它的表现就像一个阻抗，在电路中，电阻 R 以类似的方式限制电流的流动。气球嘴保持在绷紧状态，所以必须蓄积足够的力才能把气球嘴推开。当发生这种情况时，会释放出一股短促的空气，这将临时降低气球颈部的压强。随着空气流过气球嘴的边缘，它的速度会增大，所以压强会下降得更多（伯努利原理），把气球嘴边缘拽回到一起，并封住气球嘴。在霓虹灯中，电荷流过电阻，进入电容并把电容充满。在这个过程中，霓虹灯管两端电压（电势差）在增大。一旦达到某个电势，气体就会开始导电（通过电离），并出现一个电火花，以光的形式释放一些能量。在这两种情况中，能量的瞬间损失改变了系统的状态。引起能量释放的事件停止后，势的蓄积再一次在容抗中开始。这个动作循环会持续下去，直到气球内的空气或电池中的势能被全部消耗完毕。

弛豫系统的频率

气球的频率相当复杂，无法在这里解释，因为它是一个"弛豫振荡器与赫尔姆霍茨共振器"的例子（赫尔姆霍茨共振器将在后文中介绍）。不过，电子弛豫振荡器的频率可以很轻松地预测出来。氖气大约在 300 V 的时候被电离并产生电火花，而电容上的电压由众所周知的时间常数决定。只要来自于电池的可用电压大于 300 V，那么电容 C 两端的电压就会最终达到产生电火花的阈值。这是独立于电压的，它会发生在 T s 之后，这里

$$T = \ln 2 RC \qquad (4.1)$$

对 2 的自然对数取近似值并把上式重新写为频率的形式，可以得到 $F = 1/0.69RC$。弛豫振荡的其他例子还有不少，比如小号演奏者的嘴唇、人讲话或歌唱时的声带等。

量化

有一种与简单的弛豫振荡密切相关的情况：一个松弛系统与一个场或空间相接触，在这个场或空间中有一个加速力在作用（见图 4.4）。滴水的水龙头、从水下管道涌出的水泡、冲压喷气发动机等都是这方面的例子。在相反的各个力之间的平衡状态通常都会令这个系统保持稳定，比如表面张力和重力，但通过某一阻抗的持续能量流动会引起系统周期性地释放一小块物质或能量。虽然它可能不是引起声波的直接原因，但这些小块物质或能量能进一步在该系统的某些位置上引起激励，比如滴水水龙头引起的水花四溅。

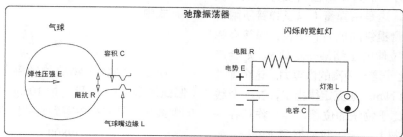

图 4.3 弛豫振荡器的例子

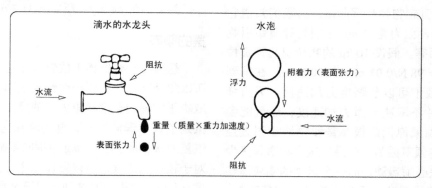

图 4.4 能量流的量化

4.2　简谐振荡器

在论及振动物体的各个点如何动作时，我们已经提到了简谐振动，更恰当的描述应该是把它作为一个自由度有限且不受外力作用的集总（离散）系统的自由振动。当一个力作用在一个物体上并令其加速，如果该力正比于物体相对于静止位置的位移，并且在方向上与该位移相反，那么简谐运动的主要条件就满足了。简谐振动由一个微分方程决定：

$$A\frac{\mathrm{d}^2x}{\mathrm{d}t^2} = -Bx \qquad (4.2)$$

其中 B 是正比于恢复力的一个常数，x 为位移，A 为变量，它决定了运动的周期（通常它是质量），t 为时间。对这个方程求解可以得到该系统频率的一个公式，我们将简要考察两个常见的例子：无阻尼的物块 - 弹簧以及摆。

在一根弹簧上的物块的频率

在中学物理实验中有一个为人熟知的例子，就是计算一根弹簧上某一物块的频率。在理想形式中，它只有一个自由度：只能上下运动，不能向两侧运动。考虑一根弹簧和一个物块，在地球上的某一时刻，物块处于静止状态。重力作用在物块上，这是一个向下的力，它等于物块质量 m 乘以重力常数 $g=9.8$ N/kg，所以 $F=m\times g$，如果物块质量为 10 kg，则重力产生的力为 $10\times9.8=98$ N。另一个力作用在相反方向上，保持系统处于平衡状态，这是由弹簧（以及弹簧所附着的物体）在其静止位置提供的拉力。现在，弹簧有弹性，如果它被一个力拉伸或压缩某一距离 x，则会产生一个方向相反且正比于这一距离的恢复力。这个弹性是一个常量 k，单位为 N/m。胡克定律指出，在一个线性系统中，恢复力正比于物块的位移，并且作用在一个能够恢复平衡的方向上，所以我们得到 $F=-kx$。如果这根弹簧最初没有挂任何物件，然后加入一个质量为 m kg 的物块引起它拉伸了 x m，则我们知道它的弹性 k 为 $-mg/x$，因为重力 mg 必须与弹簧牵引物块向上的力 $-kx$ 相等。假设 10 kg 的物块引起弹簧拉伸了 1 cm，则 $k = 98$ N/0.01 m $= 9800$ N/m。在得到这个数值以后，我们可以忽略重力加速度，因为弹簧与物块的频率并不取决于重力加速度，这可能会让人有些奇怪。如果你把这根弹簧和物块拿到太空中，它将以同样的频率振荡。但是，这个频率是多少呢？一个振荡物块必须运动，而一个运动的物块需要一个力来让它加速或减速。根据牛顿第二定律可知，

$F=m\times a$，这里 a 为加速度，单位是 m/s²，m 为质量。假设在一段时间内没有任何耗散，则为了保持能量守恒，这些力必须时刻保持平衡。所以在任意时刻，我们都有等式 $ma=-kx$ 成立。回忆一下，加速度是速度的变化率，速度是位移的变化率。这形成了一个微分方程：

$$m\frac{\mathrm{d}^2x}{\mathrm{d}t^2} = -kx \qquad (4.3)$$

该方程可以被改写为：

$$\frac{\mathrm{d}^2x}{\mathrm{d}t^2} + \frac{kx}{m} = 0 \qquad (4.4)$$

本书中没有过多的方程——我们在力图回避它们，并运用"粗略的、毛估的（back of an envelope）"工程术语——但我明确地把这个公式写在这里，因为它可能是所有公式中最重要最基本的一个。这个公式描述了一个物体在两个力构成的动态平衡下的运动，能量在两种不稳定状态之间交换。当物块通过平衡位置时，没有力作用在该物块上，因此被存储的势能也为零。它将在此时达到其最大速度，所以所有能量都将转化为动能 $E=mv^2/2$。与此同时，加速度将瞬间为零，因为这个物块既没有加速也没有减速。在其幅度最大的点上（不管是运动的哪一端），速度都瞬间为零。此时加速度和弹簧所施加的力都将达到最大值，所以弹性势能 $E=kx^2/2$ 也达到最大。这个微分方程的简化表达式可以用时间 t 和最大幅度 A 表示：

$$x=A\cos(\omega t) \qquad (4.5)$$

式中

$$\omega = \sqrt{\frac{k}{m}} \qquad (4.6)$$

所以，弹簧上物块的频率仅取决于质量与弹性（倔强系数 k）。让我们把 10 kg 的质量和 $k=9800$ N/m 的弹簧代入到方程中得到它的频率：

$$\omega = \sqrt{\frac{9800}{10}} = 31.3 \ (\mathrm{rad/s}) \qquad (4.7)$$

并且因为 $\omega=2\pi f$，所以 $f=31.3/6282=4.98(\mathrm{Hz})$。

摆的频率

悬挂在一根细绳下的物块（这根细绳本身的质量可以忽略不计）将以一个恒定的速率摆动，该速率仅取决于细绳的长度和重力加速度。摆的物理原理是对振荡的最早理解之一，伽利略用它解释了谐波比率。恢复力 $mg\sin\theta$ 是重力 mg 中指向平衡位置的一个分量。对于较小的角度，可以假设这个分力就是正比于该角度 θ（在角度很小时这种近似已经足够好了）。因为在

微分方程的两侧都出现了质量，所以可以在计算频率时消去质量。因此，在假设了 $\sin\theta=\theta$（小角度近似）以后，求解

$$\frac{\mathrm{d}^2\theta}{\mathrm{d}t^2} + \frac{g\theta}{l} = 0 \qquad （4.8）$$

可得：

$$f = \frac{1}{2\pi\sqrt{\dfrac{l}{g}}} \qquad （4.9）$$

请注意，摆的频率仅取决于细绳的长度和重力加速度。所以产生了两个结果：物块的质量大小无所谓，而且摆在太空中将不会摆动。其振荡图如图4.6所示。

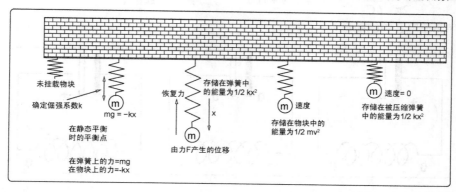

图4.5　弹簧－物块振荡

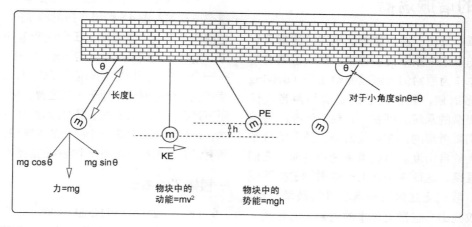

图4.6　摆的振荡

LC 网络的频率

在图4.7所示的串联电容和线圈电路中，电荷会以类似于物块与弹簧的方式在电容与线圈之间振荡。在电路中，这两个元件是平行的。在一个闭合电网络中，所有电压和电流的代数和必须为零（基尔霍夫定律），所以我们得到了一个不稳定的平衡，就像在物块与弹簧中的力与动能那样。假设短暂施加了一些电势让电容器得到了电荷 Q，然后撤除这个电势。在初始状态下，电容器拥有电荷（+和-），电感没有电流流过。电子从电容器的负极板（-）流出，流向正极板（如图4.7左部所示），直到电容器的两个极板间不再有电荷存储。当电流 I（它是电荷的变化率 $\mathrm{d}Q/\mathrm{d}t$）流入或流出电容时，它改变了电容两端的电压（因为 $I = C\mathrm{d}V/\mathrm{d}t$），而且当流过电感的电流发生变化（$\mathrm{d}I/\mathrm{d}t$）时，电感两端的电压也发生变化（$V = L\mathrm{d}I/\mathrm{d}t$）。换句话说，电感两端的电压正比于流经电感电流的变化率，而且流到电容极板的电流正比于电容电压的变化率。与物块和弹簧类似，这些变化发生在**相反的方向**上，并在电感周围建立起了一个磁场，它生成了一个电压，该电压在大小上等于来自于电容的电子流动，且方向相反。一旦电容通过电感放电完毕，则没有电流流动，磁场也就瓦解了。这个变化产生了一个新的电压（它把自己保存的能量归还回来）给电容重新充电。这个过程反复进行，引起了一个振荡，电容开始再次通过线圈放电，又重新生成磁场，以此类推。这个微分方程为：

$$\frac{\mathrm{d}^2 I(t)}{\mathrm{d}t^2} = -\frac{1}{LC}I \qquad (4.10)$$

求解该方程可以得出电流是一个时间的函数 $I = I_a\cos\omega t$，其中 $\omega = 1/\sqrt{LC}$。把这个式子改写为频率的形式：

$$f = \frac{1}{2\pi\sqrt{LC}} \qquad (4.11)$$

有趣的是，存储在电容中的能量为

$$E = \frac{1}{2}CV^2$$

而存储在电感中的能量为

$$E = \frac{1}{2}LI^2$$

所以从中可以看到这个类比与力学系统是怎样密切联系在一起的。

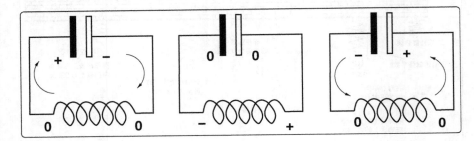

图 4.7　基于电感和电容的电学振荡器

4.3　复杂的谐振荡器

　　弹簧上的单一物块、摆或简单的电谐振器都只有一个频率，它们以这个频率自由振荡。在一些情况下可以把这些物体作为原始信号源或**驱动信号（driving signal）**，但很多时候，我们关心的是实际声音设计中的那些更为复杂的系统。琴弦、音柱、音板、管腔和振膜都是我们要考虑的，在这些时候，质量的分布将具有一个以上的自由度。当这类系统振荡时，它们会以很多频率振荡，这取决于在上一章看到的振荡模态。篇幅所限，我们无法对每种情况进行数学分析，所以在这里我仅列出一些最为基本的内容，它包括一个用于计算基频的公式，各种模态的列表，以及对频谱的快速讨论。

弦的振荡

　　被拨动的弦的固有频率为

$$f = \frac{1}{2L}\sqrt{\frac{T}{m_u}} \qquad (4.12)$$

式中 L 为用 m 表示的长度，T 为用 N 表示的张力，m_u 为用 kg 表示的单位长度上的质量。一根弦可以在所有谐模态下振动，也就是说我们能够听到位于 f、$2f$、$3f$⋯⋯上的频率。在实际中，各个谐波的强度将取决于这根弦在何处被激励。如果在中部拨动或击打这根弦，则仅会产生各个奇次谐波（1、3、5⋯），而在弦的 3/4 长度处激励它，则会产生偶次谐波（2、4、6⋯）。

经常被提及的问题是：一根弦如何能够同时以多个模态振动呢？图 4.8 给出了振动的弦的一些模态，它们是前四个谐波（基波加上三个泛音）。每个谐波模态都是一个驻波，其端点是固定不动的，由于在每个端点都有一个波节，所以它们对应于 $\lambda/2$、λ、2λ⋯如果弦上的某点在一个时刻只能处于一个位置，那么似乎不可能让所有谐振模态同时发生。叠加原理可以理解这一点。当然，这根弦仍旧只是一个单一的轮廓线，但它的形状是所有谐波叠加在一起的一个复杂的混合物。

一根棒子的振动

　　Olson、Elmore 和 Heald（1969）以及 Benson（2006）给出了关于振动的棒子的公式。为了进行更深入地了解，你应该翻阅这些教科书。这里有四种情况需要考虑：一端受到支撑的棒子，两端受到支撑的棒子，中部受到支撑并静止的棒子，完全自由的棒子。让我们处理更为一般的情况，即一根自由的棒子和一根一端被钳住的棒子，如图 4.9 所示。我们假设这根棒子的材质和横截面积都是均匀一致的。首先要计算一个中间值，它被称为**回转半径（radius of gyraiton，R）**。对于一根半径为 a 的圆棒，$R = a/2$。如果该圆棒是中空的，则

$$R = \frac{\sqrt{a^2 + b^2}}{2} \qquad (4.13)$$

式中 a 为内径，b 为外径。对于一根长方形的棒子，

$$R = \frac{a}{\sqrt{12}} \qquad (4.14)$$

有了 R，我们可以按下面的方法轻松地得出基频，但想要计算出其他谐波则更为困难。它们并不是按照完美的 f、$2f$ … 谐波列排列的。我们需要使用名为欧拉 - 伯努利梁方程的公式来计算一个零边界条件。这个公式的推导过程太复杂，不在这里给出了，但它揭示了各个波节将出现在何处（如图 4.9 所示）。请注意，它们向着支撑端聚成一团，引起一个扭曲，这实际上令频率间隔发生了翘曲。对于基频，当杨氏模量为 E，棒长为 l，材料密度为 ρ，且棒子在一端受到支撑时，我们得到

$$f = \frac{0.5596}{l^2}\sqrt{\frac{ER^2}{\rho}} \qquad (4.15)$$

各个谐波出现在 f、$6.267f$、$17.55f$、$34.39f$ 处。对于一根自由的棒子，我们得到基频

$$f = \frac{3.5594}{l^2}\sqrt{\frac{ER^2}{\rho}} \qquad (4.16)$$

各个谐波出现在 f、$2.756f$、$5.404f$、$8.933f$ 处。

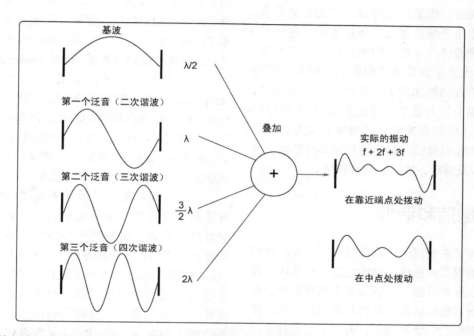

图 4.8　一根弦的各种振动模态以及它们所引起的实际振动模式图样的快照

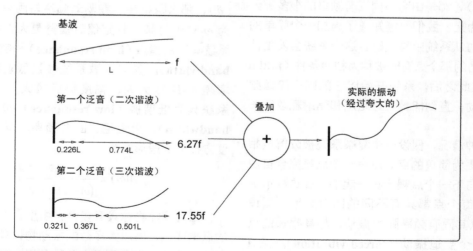

图 4.9　一端被钳住的棒子的各种振动模态

锥形、薄膜和薄板的振荡

很多有简单几何形状的物体都有计算其基频和谐波模态的标准公式。我们不在这里列写所有公式了，而是对一些普遍原理进行简单介绍，你可以在参考文献所列出的各本教科书以及其他很多机械工程方面的书籍中找到这些公式。在本书的实战部分中，我将在遇到其他物体的时候给出一些公式。作为一个快速的概括，这些物体可以被分成两类：能够自由振动的物体，以及在张力下的物体。琴弦或鼓皮这类物体会以一个与它们所受张力有关的频率振动。这是符合直觉的，因为我们知道，绷紧鼓皮可以使它的音高升高。自由振动物体取决于杨氏模量，单位面积（或体积）上的质量（即密度），以及它们的几何尺寸（厚度、长度等）。在一点或多点受到支撑的物体倾向于较少的模态振动，而自由物体则倾向于较多的模态振动，因为各个支撑点必须为波节（静止点）。在声音设计（以及工程文献）中通常将需要的物体分类为：在张力之下的方形和圆形薄膜，自由的方形和圆形板，等边三角形板，以及薄膜、棒子、长棍和弦。

4.4 受激振荡和谐振

在前面的例子中使用过"固有频率"一词。我们也已经看到，由很多分散的质量构成的一个系统（或是具有多个自由度的系统）能够以多个频率振动。实际上，我们理所当然地认为，既然系统是均一的，那么每个点应具有相同的固有频率，而且所有点都会以相同的方式运动。事实上，大多数物体都是**非均质的**（**heterogeneous**），都是由有不同固有频率的很多部分构成的。迄今为止，我们已经知道了施加一个简单的力然后把这个力从系统中移走时，这个系统会发生什么情况。移走力的那个点有时被称为**初始条件**（**initial condition**），在此之后，系统开始以它的固有简谐频率进行自由振动，直到能量通过阻尼和辐射耗散完毕为止。

考虑另一种情况，假设一个复杂系统被分解成相互连接的一套更为简单的点。没有一个点是完全自由的，因为它是与下一个点耦合在一起的，在这种情况下，我们假设每个点都具有不同的固有频率。假设一个点（A）以其固有频率强烈振动，与其相邻的点（B）受到了一个**受迫振动**（**forced vibration**）。点 A 是驱动振荡器，点 B 则作为受激振荡器进行振动。这是一个在持续外力激励下的振动系统。因为各个点是

耦合在一起的，所以根据牛顿定律可知，它们在进行力的交换。如果能够瞬间把它们分离，则点 B 的位置（它已经受到 A 的驱动）就变成了它的初始条件。现在，B 可以自由振动，并以一个与 A 不同的频率振动，所以最终它们的相位将不同。此时再把它们连接到一起，这将引起各个力相互抵消并让振动停止。现在做一个思想实验，看看相互耦合的点会如何动作。如果两个点具有不同的固有频率，那么动能和势能的变化将不是同相的，我们说第二个点为第一个点提供了一个阻抗。当然，A 和 B 之间的关系是相互的。A 和 B 组合在一起的幅度取决于彼此的固有频率。如果两个点具有**相同的**固有频率，则相互冲突的力就变为零了。换句话说，由一个点提供给对方的阻抗变为零了。这种条件被称为**共振/谐振**（**resonance**）。

在图 4.10 中，我们可以看到两个共振系统的响应（**response**）。每个图的横轴为驱动振荡器的频率（单位为 Hz），纵轴为振荡的幅度。固有频率（Ω）是图中那条竖直的中线，所以这个响应在高于和低于该频率的地方是对称的。带宽通常被定义为低于（半）满刻度幅度 -3 dB 的两点之间的距离。

所以，我们改变了看待振荡器的方式，不再把振荡器看成是具有单一频率的一个离散的点，而把它看成是对能量流动的一个阻抗，并且阻抗值取决于频率。当来自于驱动系统（ω）的能量与固有频率（Ω）精确匹配时，能够出现最大的能量流动，受激系统的幅度也达到最大值。对于其他频率，能量转移并不是变成零，它会随着驱动频率与固有频率之差的增大而减小。我们说，受激系统的行为就像一个**滤波器**（**filter**）。如果受激系统具有非常小的阻尼（δ），那么阻抗将会在驱动频率与固有频率之差（记为 $\omega - \Omega$）为某一特定值时变得更大，我们说这样的系统具有**高谐振**（**high resonance**）和**窄带宽**（**narrow bandwidth**）。如果受激系统被强烈阻尼，则即使频率差 $\omega - \Omega$ 很大时，幅度仍旧较大，我们说这样的系统具有**低谐振**（**low resonance**）和**宽带宽**（**wide bandwidth**）。用阻尼、固有频率、驱动频率表示幅度方程的一般形式为：

$$A(\omega) \propto \frac{\delta}{(\omega - \Omega)^2 + \delta^2} \qquad (4.17)$$

因为实际物体具有多个自由度，而且是由非均质的点构成的，所以大多数的振动物体具有多个共振频率。一块木头将会展现出各种共振。我们可以把小提琴看成是受到另外一个振荡器（琴弦）驱动的木制共

振器。回忆一下**模态（mode）**的概念，这些共振之间的主要间距取决于驻波模式图样，而这些驻波模式图样又是由物体的几何形状和声音在该材料中的传播速度决定的。材料的差异所导致的影响意味着这些声音不会是整洁的纯净的频率。共振将会在各个主要模态周围聚成很多组，但聚集的频率中有很多都是由材料属性的轻微变化导致的。一把小提琴准确的声音取决于各个纹理如何排列，使用了什么胶，以及琴桥使用了什么材料。为了描绘出这个**频率响应（frequency response）**，我们用传感器把一个纯正弦频率耦合到琴桥上，然后一边扫频一边测量小提琴琴身的振动幅度。共振高点和低点的固定变化模式可以被建模成一个复杂的滤波器，这种滤波器被称为**共振峰滤波器（formant filter）**，我们将在后面章节中见到它。

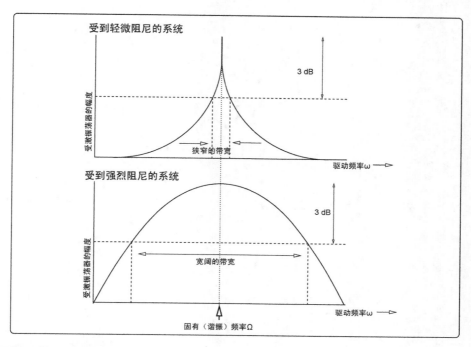

图 4.10　具有不同阻尼的系统的谐振

4.5　参考文献

[1] Benson, D. (2006). *Music: A Mathematical Offering*. Cambridge University Press.

Benson D. 音乐：一份数学的礼物，剑桥大学出版社，2006.

[2] Elmore, W. and Heald, M. (1969). *The Physics of Waves*. Dover.

Elmore W.，Heald M. 波动物理学. Dover 出版社，1969.

[3] Olson, Harry F. (1967). *Music, Physics, and Engineering*. Dover.

Olson, Harry F. 音乐、物理与工程. Dover 出版社，1967.

第 5 章

声学

5.1　声学系统

到目前为止，我们已经研究了声波经过物体时物体的机械振动。在研究心理声学之前，我们先来观察从物体辐射出来的声音在抵达人耳或麦克风之前在空气中是如何动作的。在固体振动和麦克风振膜或耳鼓的运动之间，始终存在一种居间媒质。这种媒质几乎无一例外地都是空气，它是 80% 的氮气和 20% 的氧气的混合物，加上一些微量气体，比如氩气和二氧化碳。

空气中的振动

在振动的固体中存在横波和扭转波，然而，在声学中我们仅考虑纵波，而且主要考虑总体积的行为。你回想一下可知，气体或液体的方程是很复杂的，会受到与压强、体积和温度有关的各种气体定律的影响。因为压缩气体会令其变热，而空气又是一种很好的热绝缘体，所以，在单——个波周期的存续时间内，这个热根本没有时间消散，因此，微分方程中的受力（压力）项就不平衡了。为了纠正这一点，需要加入一个新的因子——**绝热指数**（**adiabatic index**），记为 r。我们不在这里展示声音在空气中的完整波动方程了，但这里有些东西我们是应该记住的，利用它能够得到一个用压强 p 和密度 ρ 表示声速的有用方程：

$$c = \sqrt{\gamma \frac{p}{\rho}} \qquad (5.1)$$

γ 值不会改变，但回想一下，密度是质量除以体积，其初始（环境）值受到温度的影响，我们可以得到一个新形式的公式：

$$c = \sqrt{\frac{\gamma RT}{M}} \qquad (5.2)$$

式中 R 为摩尔气体常数 [单位为 J/(kg·mol)，它约为 8.314 J/(kg·mol)]，T 为绝对温度（单位为开尔文，K），M 为摩尔质量（单位为 kg/mol，对于干燥的空气来说为 0.0289645 kg/mol）。这意味着声音在空气中的速度正比于空气温度的平方根。在很多情况下，空气温度都是变化

的，我们随后将看到这些温度变化将如何通过折射引起声音方向的改变。

辐射

辐射是指能量从振动源转移到周围的媒质中的过程。为了让我们听到一个声音，必须有一些能量从声源散发出来，这会让能量流动模型得以继续，能量从激励器流到观察者。假设声音从一个物体辐射出来以后，这个声音实际上就与振动源分离开了。我们有时候会把辐射的方向当作来自于某一点的一条理想直线，或一个球体的表面。当物体相对于周围的体积来说很小时，可以认为波是以垂直于表面的直线方向向外散发的。这给了我们"射线"的概念，因此就有了**辐射**（**radiation**）。

辐射图样

一个点声源或**单极子**（**monopole**）可以被想象成以球的形式向外抛出波。对此进行可视化的最佳途径就是想象一个固体振动球在 0∶0 模态下运动，这被称为**呼吸模态**，在这种模态下它会扩张和收缩。位于表面的所有点都会在同一时刻向内或向外运动，因此，所有垂直于球面辐射出去的声音都是同相的。不管观察者站在哪里，声音强度在所有方向上都是一致的。请看图 5.1 的左半部分，以这种方式振动的各个点声源在现实中是很罕见的例外，不过，对于各种数字化表示法来说，它是一种有用的理想模型。真实的声源都会具有一定的长度或厚度，而且就像我们早先在振动模态中看到的那样，真实的声源会有很多以不同相位振动的小块。在录制鼓声的时候能够观察到**双极子**（**dipole**）效应。当鼓皮在 0∶0 模态或**雨伞模态**（**umbrella mode**）下振动时，鼓皮清晰地具有两个相位，每面一个，并且相位相反。录音工程师在录制鼓声的时候会采用"双话筒拾音"的方法[①]，这样就能在日后混音时通过相位处理让声音更有

---

① 使用两支完全相同的话筒，一支放在鼓的上方，一支放在下方，用以捕捉鼓皮的两个相位。

效地平衡。能够用这种振动方式进行前后运动的物体通常被称为在**弯曲**（bending）模态中运动，如图 5.1 中右半部分所示，图中所示为在两个位置之间移动的一个圆形横截面，在一条垂直于运动方向的直线上没有声音辐射，这被称为**死区**（dead zone）。在干涉中可以看到这种情况，可以把一个双极子运动看成两个相位相反的单极子被分开一个小距离的运动。我们只考虑两个模式，但可以扩展这种推理，用于推测那些复杂的模式图样，这些模式图样会在各种不同形状的物体中以**四极子**（quadrupole）、**八极子**（octupole）和更高模态进行振动时被观察到，而且在任何观察点上的净效应都是所有这些模态的叠加。

球面波、柱面波和平面波

　　距离声源非常近的地方被称为**近场**（near field），作为一种简化，它要比声音的波长小。在这里看待辐射的方式与在距离声源很远（远大于波长）的**远场**（far field）看待辐射的方式不同。考虑图 5.2 中的圆棒，沿其长度上的每个点都可以被看成以球面波向外辐射的一个点声源，但随着我们加入更多的点，各个点之间的距离在减小，所有这些声源的叠加起伏变得更小，趋向于成为一个展开的圆柱，如果我们假设沿着这根圆棒的轴线看过去的话。在距离更远处（如图 5.2 右半部分所示的那种被夸大的距离），波阵面的曲率越来越小，最终，远场模式图样趋向于变成**平面波**，这意味着所有波阵面都是平行运动的。

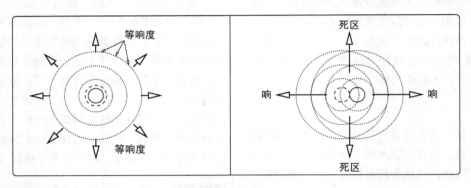

图 5.1　左图："呼吸模态"中的单极子。右图："弯曲模态"中的双极子

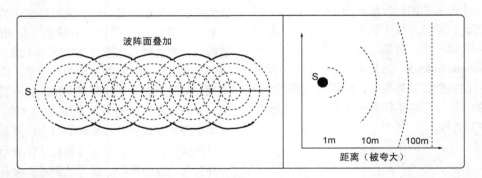

图 5.2　左图：当单独点声源逐渐增多且趋于极限时，一根圆棒将发出柱面辐射。右图：当距离（被夸大）变得很大时变为平面波

5.2　强度与衰减

声压级

　　声压 p 是单位面积上的一个力，单位为 N/m^2。波的峰值声压反比于距离，所以若与声源相距为 r，则峰值按 $1/r$ 减少。声压是一个绝对量度，它施加在空间的一点上，测量时不用考虑波的方向。声压级（Sound Pressure Level，SPL）是一个以分贝为单位的比率。由于分贝是一个比率，所以我们需要一个参考点与单位面积上的绝对压强相比较。我们使用 $20\ \mu N/m^2$ 作为声学上最小的可测量数值。为了计算 SPL，我们有

$$SPL = 20\log_{10}\frac{p(\text{N/m}^2)}{2\times10^{-5}(\text{N/m}^2)} \quad (5.3)$$

没有声波的声压级能够超过 194 dB，因为这个值意味着疏部的压强将小于完全真空，这是不可能的。不过，在爆炸和闪电中，压强大于 194 dB SPL 的密部单极性脉冲是存在的。

位置与相关性

作为一个实用的近似，几个声源可以在同一时刻同时发出完全相同的波形。这种情况要么是由于它们属于同一个物体并被一种材料耦合，而且声音在这种材料中的传播速度要远远快于声音在空气中的速度，要么由于它们都是与同一个电路相连的音箱，这样我们称每个点都以相同的相位发出声波。当然，严格意义上这永远不会是正确的，因为即使是电子也要以一个有限的速度进行运动，但我们将暂时忽略这种内部传播。当观察者所处距离与声源之间的距离可比较

时，观察者将听到一个**一致的**（coherent）声音，我们说这些声源是**相关的**（correlated）。任何特定频率的幅度将取决于两个或多个声源之间的距离，因此取决于叠加是在该点引起频率的相互加强还是相互抵消。

当听者到每个声源的距离对一个波长取模后相等时，会出现相互加强。相反，当距离差为半波长的某些倍数时，会出现最小幅度。在图 5.3（插图）中，某一频率在 O 点处是同相的，但在 P 点处是异相的。如果观察者和声源保持固定，则频谱也会保持固定。如果观察者或某个声源开始运动，则会听到一个扫频的陷波滤波效果，因为距离的改变会在那个位置上引起不同的频率在相互加强或对消。当一个声源（比如飞机）从天上飞过并且声音通过两条路径（一条是直达路径，另一条通过地面反射）抵达观察者时，这个效果会被明显地感觉到，如图 5.3 所示。

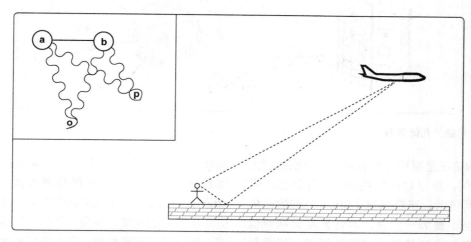

图 5.3 左插图：在相对于相关声源的两个点处的相长叠加与相消叠加。右图：被反射的声波是相关的（复本），这会引起干涉效应

如果这些声音是相似的，但每个声音都由一套单独的机制产生（比如众多歌手的合唱或是一团蜜蜂），那么各个声源之间就没有相关性了。来自于所有声源的波形将持续地同相和异相运动，或是有略微不同的频率，从而产生一个厚实的涡旋效果。不管是听者的移动还是任何声源的移动都不会在频谱上产生明显的变化。我们把这种声源集合称为**非相关的**（uncorrelated）。对于大量的声源集合，这导致了复杂频率在被观察到的**平均**幅度上的显著差异。假设声源发出的是白噪声，则所有频率都被等量地表示出来。对于相关的声源，接收到的幅度的平均值将为各个独立幅度的和：

$$A_{cor} = A_a + A_b + A_c \cdots \quad (5.4)$$

但对于非相关声源（比如合唱队或蜂群），观察到的幅度是各个独立幅度平方和的平方根：

$$A_{uncor} = \sqrt{A_a^2 + A_b^2 + A_c^2 \cdots} \quad (5.5)$$

声学声音强度

声音强度 I 是单位面积上的功率。它考虑了空气的速度，同时考虑了压强（通过对它们的乘积在时间上的积分），所以这是一个矢量，它也要考虑能量流动的方向。我们用瓦特每平方米来测量这个强度，记为 W/m^2，它正比于声压级的平方，即 $I\propto p^2$。对于谐波平面波，

有一个用密度和相位速度表示的更为有用的公式：

$$I = \pm \frac{p^2}{(2\rho c)} \quad (5.6)$$

声强级（Sound Intensity Level，SIL）以分贝给出，而不是一个以 W/m² 为单位的绝对量。由于分贝是一个比率，所以需要一个参考点与单位面积上的绝对功率相比较。我们使用 10^{-12} W/m² 作为参考值，因为它大约就是人耳能够听到的最安静的声音。因此，声强级由下式给出：

$$SIL = 10\log_{10}\frac{I(\text{W/m}^2)}{10^{-12}(\text{W/m}^2)} \quad (5.7)$$

几何衰减

对于大多数应用，经过简化的辐射模型为几何衰减得出的公式都会让我们满意。在球模型和圆柱模型中，随着声音向外传播，能量被散布得越来越稀薄。声音的强度——即能量能够做功的能力——在减小。随着时间与空间的增加，能量仍在流过，但会以更加稀释的形式。球辐射与圆柱辐射如图 5.4 所示，可以看到波阵面在运动过程中通过的面积是如何随着距离而变化的。对于圆柱传播，切片的高度 h 保持恒定，所以面积变为 $A/2\pi rh$，或是扇形圆周上的一部分。从一个线声源（比如琴弦或一条繁忙的公路）上发出的圆柱辐射在功率上的耗散正比于距离。它有时候被表述为"距离每翻一倍，SIL 就会产生 3dB 的损失"。它来自于 SIL 的公式以及"对数相加或相减等于对相同的数字先相乘或相除再取对数"，因此如果声强度从 $10\log_{10}(2I)$ 开始，到 $10\log_{10}(I)$ 结束，则

$$10\log_{10}(I)-10\log_{10}(2I)=10\log_{10}(1/2)=3\text{dB}（耗散）\quad (5.8)$$

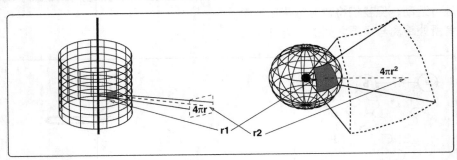

图 5.4 平方反比定律的几何关系

对于球形的情况是面积会随着球的表面积的增大而增大（$A=4\pi r^2$），所以功率的耗散正比于距离的平方。当距离为两倍时，声音强度（SIL）为初始值的四分之一，而当距离为十倍时，声音强度为初始值的百分之一。有时候这被称为"距离每翻一倍损耗 6dB"。在距离非常远时，我们可以把这些波看成平面波，它们不再散布，所以它们在单位面积上的能量保持恒定，不管距离有多远。这可以与假设"太阳光线都是平行的"相类比：在传播了如此长距离以后，发散度已经可以忽略不计了。这些损耗被称为**几何损耗**，因为它们与阻尼和摩擦没有关系，仅仅取决于距离。

传导和吸收

功率/压强的几何损耗和由于吸收导致的能量损耗是不同的，在计算某一距离处声音的总衰减时，必须把两者都考虑进来。之所以会出现由吸收导致的衰减，是因为不完美的传播使声能变成了热。因为有阻尼，所以随着声音在媒质中运动，每传播一个单位距离都有一些声音损耗掉。因为媒质存在**黏滞度**，所以在空气或水中会发生**热黏滞衰减**（thermoviscous attenuation）。由于在黏性流体中，一个质点的能量损失正比于它的速度，而质点的瞬时速度正比于声音频率，所以声音频率越高，吸收损耗越大。这被称为斯托克斯定律，它指出衰减 α 可由下式给出：

$$\alpha = \frac{2\eta 2\pi f^2}{3\rho c^3} \quad (5.9)$$

所以它正比于黏滞度 η，正比于频率 f 的平方，反比于媒质密度 ρ，反比于媒质中声速 c 的立方。它的单位是奈培每米（Np/m），但通过乘以 8.685889，我们可以把它转换成分贝每米（dB/m）。虽然这个效应很小，但对于很长的距离来说，它是很明显的，此时更多的高频声音将会因此而丢失。对于 1 kHz 来说，需要超过 12 km 才会出现 3 dB 的损耗。更多的细节可以在 ISO 9613-1/2 中找到，这个标准通常用于进行环境计算。

对于固体，由于媒质存在**塑性**以及对**平均自由行程**的限制，因此在固体中也会发生吸收。蜡、塑料和含有脂肪的人体都会用这种方式吸收声音。密集堆

放的羊毛或沙子会吸收能量，因为它们的每个部分都能够移动，并且能够在不产生弹性恢复力的情况下消耗能量。另一对耗散有贡献的因素是**分子弛豫**（molecular relaxation）。没有任何材料是纯弹性或纯黏性的，实际的媒质都是把这两种属性结合在一起的，因此形成了一个**黏弹性**（viscoelastic）模型。对各种材料实际行为的各种解释（比如像麦克斯韦方程组那样）中指出，经受了一个力（张力）的分子会在弛豫过程中释放一点能量。这两类损耗都取决于温度、压强（因此它是声音的幅度）、媒质的材料属性以及质点速度（因此它是声音的频率）。当空气中含有水蒸气时，它会比干燥的空气引入更大的损耗。典型的损耗为 0.02 dB/m，这是非常小的，只有在户外非常远的距离处才可以听出来。这类损耗展示出来的频率响应是一个带通响应，会依据条件对低于 1 kHz 和高于 5 kHz 的频率进行衰减。

从另一个角度来看，吸收也许是可取的。用在房间之间进行隔音的声音绝缘材料需要一个很高的吸收。因为某物体的总能量输出等于输入能量减去变为热的吸收耗散，所以剩余的能量必须被吸收的物体重新辐射回来。这个声音是**被传导的**（transmitted）。因为吸收很可能是具有频率选择性的，所以一个**遮挡**的物体（比如一面墙）将传导一个经过滤波版本的声音——通常会具有较少的高频。

5.3 其他传播效应

反射

与固体中的横波反射不同，纵向的声波（我们考虑它的压强）在反射时会保持相同的（压强）相位。它们方向的变化与其他波一样，即反射波与界面法线所成角度和入射角大小相等，但处于界面法线的另一侧。与一个振动固体的各种振动模态类似，我们将听到由直达波和反射波相互叠加所引起的效果，如图 5.5 所示，类似的驻波模式图样将在房间或其他声学空间中出现。

散射

如果平面波在单一方向传播时击中一个相当小的障碍物，则可以得到**散射**（scattering）。这与击中一个大型固体墙面时产生的普通反射略微不同。该物体的行为就好像它吸收并重新辐射了这个声音一样，因

此在局部它把这个平面波变成了一个新的球面波或柱面波。结果是在反射时有更多的能量被引向侧方，而不是被引向了法线方向。这里有两个现象：**前向散射**（forwards scattering），即新声波被散布到物体前方的一个锥体中；以及**后向散射**（back scattering），即锥体向源的后方扩展。散射是物体尺寸和声音频率的一个函数。被散射的声音的频率反比于物体的尺寸，强度正比于频率的四次方。在一个相对稀疏自由的空间里，杆子或树木这样的小物体倾向于散射更多的高频，所以如果你在树林附近开一枪（它包含了很多频率），那么被反射的声音似乎会在音调上比直达声更高，而如果你在树林中则会听到一个较低的音调，因为这些较低的频率能够更好地通过树林进行传导。

声学中的后向散射可以发生在空气中，比如当声音遇到湍流时——这些湍流就像云朵与空气之间的小旋涡，或是地球大气不同的层之间出现的小旋涡；因此"声雷达"[1] 已经用于天气预报中。因为很难把散射建模成多个小物体所产生的结果，所以最好是把散射理解并建模成某一体积的整体性质，这个性质以物体所在的尺寸和分布为基础。

弥散

在纯净干燥的空气中，相位速度是独立于频率的，因为这种空气是一种非弥散媒质。弥散媒质却背离了这些规则：它根据波的频率以不同的速度传播这些波。二氧化碳和水蒸气都会这样做，所以在空气中当然也会发现弥散现象，但在大多数情况下弥散都可以忽略不计。在距离非常远和频率很高（高于 15 kHz）时，弥散效应可以被听到，比如传播了很远的雷声。被强烈弥散的声音有时候就像所谓的"频谱延时"效应。它担当了一个在时间上分离各个频率的棱镜，产生一个不分明的"像水一样"的作用。

折射

我们已经看到声波在跨越两个具有不同传播属性的媒质的边界时会改变传播速度。如果一个波以倾斜的方式遇到了媒质的改变，则传播方向也可能发生改变。由于声音速度的增大正比于温度的平方根（声音在温暖空气中的速度比在冷空气中的速度快），而空气的温度会随着高度的升高而降低（每升高 1 km 降

---

[1] 对云层进行声音检测和定位可以揭示这些云层的外形和内部结构，就像对人体进行超声波扫描一样，所以这是一种强有力的天气预报工具。

低 6℃），地面之上的温度梯度的变化令声音向上弯曲，所以在地平面上声音很快就听不见了（见图 5.6 的左图）。相反，当逆温现象发生时，在很远处也能听到声音，比如在夜晚的湖面上，因为被向上携带的声音随后又被弯曲向下回到地面（见图 5.6 的右图）。

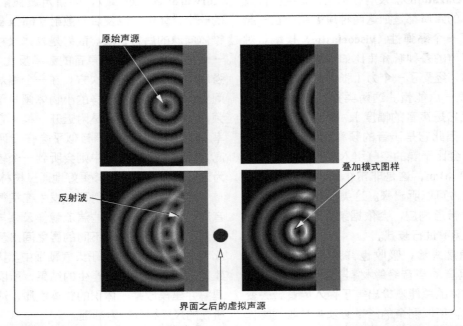

图 5.5　声波在一个固体边界的行为。左上图：来自于声源的入射波。右上图：仅有反射波。下图：由叠加引起的响点（在右图中被高亮标出，用以强调模式图样）

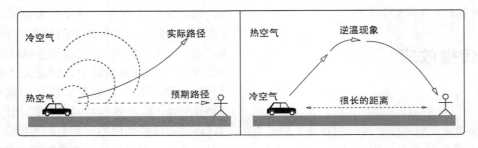

图 5.6　在户外发生的声音折射

衍射

我们已经看到，当点声源的数量趋于无穷多时，这些点声源近似为一个平面波。惠更斯原理指出了相反的情况，即我们可以不断地重新评估一个平面波的传播，就好像它是一组在波阵面上的多个点声源一样。如果把来自于每个点声源的各个球面波的贡献加起来，则在极限情况下，我们又回到了一个平面波。当平面波遇到一个部分遮挡物（比如一堵高墙）或是一个排出口（比如门口）时，惠更斯原理指出，边缘或孔洞可以用一组点声源来近似，这些点声源的贡献形成了一个新的波阵面（见图 5.7 左上图）。这意味着

声音实际上是弯曲着绕过了障碍物。如图 5.7 右上图所示，听者接收到来自于汽车的两个信号，一个是由路径 C 穿过墙壁传播的，一个是通过路径 A 和 B 绕过墙顶折射的。若没有折射发生的话，通过路径 A 传播的声音将继续沿直线向前，这个声音将不会被听到。

衍射的另一个效应是对频率产生一个与位置相关的感知。如图 5.7 左下图所示，不同的频率被或多或少地折射。低频声音越墙时被弯折的程度比高频更大。如果一个有谐波关系的复杂声音的波阵面被一些点声源替代的话（见图 5.7 右下图），比如因为这个声音击中了一段很长的栅栏柱，那么就会出现类似于

看计算机光盘盘面时观察到的那种彩虹图案。每个新的点声源与观察者之间的距离将会发生变化。当这个距离与某一特定波长的某个整倍数相一致时，那么这个频率将会与来自另外一个点声源的相同波长的声音进行相长干涉（同相）。这时我们就会得到那个频率的"热点"或响区。不同的频率（因此有不同的波长）将在不同的听音点产生相长干涉。当波长与一个结构规则的物体的尺寸可比较时，这种夫琅禾费衍射会引起对声音的尖锐滤波。当高频被起皱的墙面反射时，这种现象很明显；当低频（比如雷声中的那些低频）被一长串房屋反射时，这种现象也很明显。

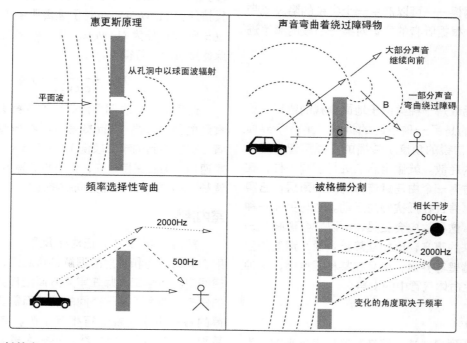

图 5.7　声音的衍射效应

漫射

这个概念最初看上去可能很像散射，但它仅用在来自于大型固体界面的普通反射。一个完美平坦和完美反射的界面都将遵循理想的反射定律，即对所有频率都会有相等的入射角和反射角。与此相对的是一个完美**漫射**的界面，它将把所有频率的入射声反射到所有方向上。这与光对于光滑（镜面）或不光滑（模糊）表面的漫射是类似的。你可以想到，一个非规则的表面将具有这种属性。不过，在人耳听觉范围内的声波的波长范围是很大（从几厘米到几米）的，所以一个表面提供漫反射的可能性取决于它的不规则性与击中它的声波波长（频率）之间的相对尺度。一面石墙可能对高频进行漫射，但对于低频（波长较长）则可能表现得像一个平面一样。理想的扩散体有些像海岸线或峭壁面，它在很大范围的尺度上都具有随机的起伏，但在其随机性的分布上又具有自相似性。我们称其为**珀林噪声表面（Perlin noise surface）**。在有漫反射体的情况下，来自任何位置的声音都会从漫反射面的任何地方反射出来。在声学工程中，漫射对于降低房间谐振和离散回声效果是很有效的，但如果这个表面是漫射的，而且还是高反射的，那么我们将得到不受欢迎的"混乱"或"浑浊"的效果。

地面效应

当不平整的地面令反射出现相消干涉或相长干涉时，就会发生地面效应。当声源靠近地面时，这种效应发生得最多。在衰减或放大，地貌的起伏与声音的波长之间，有一种对应关系。换句话说，这种机制意味着地面效应取决于声源的频率和高度，而且对于音频频谱中的大部分频率来说，最强的地面效应出现在 4 m 以下。地形越不平坦，与频率相关的衰减效应就越强，所以草地或岩石地面要比光滑的硬地面产生更强的地面效应。这间接表明该效应会被多反射增大。具有 10 ～ 100 m 下沉的丘陵地带会显著地衰减 100 Hz 以下的低频，小岩石地或草地会在 200 Hz ～ 1 kHz 范围内产生一个下陷，而频率高于 5 kHz 的行为更像光线，不会受到地面效应的阻碍，而是直线向前传播（参见 Angelo Farina 的模型）。固态的平整地面倾向于产生一个单一的反射，这个反射加到直达波上，能够对大多数频率产生 3 dB 的放大。我们在后面将看到，当声源移动时，这种效应可以产生一个扫频滤波器效果。与衍射一样，具有规则起伏的表面——比如耕地、一排房屋或波纹钢板——可以产生一个尖锐的陷波或带通滤波器效果，根据听者的位置对某一小段的频率进行阻碍或增强。

间接界面耗散

间接界面耗散是一种类似于地面衰减的效果，但它实际上牵扯的是另一种不同的机制。平行于界面（或与界面成非常锐的角度）传播的高频声音会经历由界面层导致的耗散。就像用湍流进行解释一样，在接近表面的地方有一个由任意流体构成的薄层，它实际上是静止的，并且在抵抗侧向运动。在与另外一种流体的交界处，这种效应会更强，所以它会影响从一个界面反射回来的声音，比如从静止湖面、潮湿的生满苔藓的洞穴墙壁等界面，而且在某种程度上，这种效应也会影响生命体气管中的发声。

风切变

我们经常听到用"被风携带"这种表述来解释为什么声音在下风口似乎要比在上风口更响。考虑一下典型的风与声音的相对速度，很明显空气的实际移动对于声音其实没有多大影响。合理的解释应该是：因为风的流动速度在高于地面处较快，而在接近地面处较慢（因为界面层），所以声音会被一个速度梯度向下弯曲从而朝向听者，这与前面描述的折射现象的作用方式正好相反。当与地面衰减结合在一起时会出现意想不到的效果：它们会让下风口的声音突然变弱，因为声音被折射"吹到地里"了；或者让下风口的声音突然变响，因为本应被向上辐射的声音现在被向下弯曲到听者位置了。

像差

如果声源沿着一条与听者相切的直线运动，即它会经过一个与听者距离为 d 的点，那么声波就需要花费一些时间进行传播才能被听到。如果声源的移动速度为 v，声波的速度为 c，那么表观上的声源将位于物体 D 身后的某个距离处——该距离等于在声音抵达听者所花费的时间内声源能够移动的距离：

$$D = \frac{vd}{c} \qquad (5.10)$$

多普勒效应

一个运动的物体会导致它发出的任何声音的表观频率根据其速度相对于静止听者的分量而上移或下移。声速 c 保持恒定，但向着听者的运动把声音的波长挤压为 $(1-v/c)\lambda$，而对于远离听者方向运动的声音波长则被拉伸为 $(1+v/c)\lambda$。用观察到的频率变化与声源速度表示，可得

$$f_{观察} = \frac{c}{c \pm v_{声源}} \times f_{声源} \qquad (5.11)$$

这里的加号表明声源是向着观察者运动的（被观察到的频率较高），而减号意味着声源是在远离观察者（被观察到的频率较低）。在图 5.8 中，你可以看到声速（c）仍旧保持不变，但当声源速度（v）不为零时，波长（λ）会按照传播方向被挤压。

室内声学

室内声学理论上把对于反射、吸收、漫射、散射、界面行为和折射的理解结合起来，并运用到内部空间中。声学工程师在审美方面的任务接近于建筑师的任务，即为了某一空间的功用而需要对该空间中获得的各种声学特性进行相互平衡。音乐厅应该具有某种"回响度"，但显然又不能太多。录音棚应该有平直且没有染色的响应，同时具有非常少的自然混响。声学工程师可能需要考虑各种改变，比如当一个空荡的音乐厅坐满了人时，这些人的身体会吸收声音并升高空气的湿度和温度。在声音设计中，我们会考虑以类似的方式运用声学工程的知识，只不过是通过选择有效材料的各种属性，以及通过选择特定房间的几何尺寸来获得给定的效果。室内声学的知识显然在设计具有真实感的混响时很有用，因此，室内声学中有很大一部分内容是关于"声波追踪"的，即跟踪反射声的路径。与振动中的固体一样，在两个相互平行的面之间来回弹跳的路径会形成驻波，所以我们得到了声学共振的现象。在 20 Hz 以下（50 ms 以上），共振变成了"颤动回波"或短暂的"回击声"，即在相互平行的界面之间来回跳荡的是短促但清晰的回声。如图 5.9 所示，这条路径会遇到完美的反射、传导、死胡同（即被吸收）、漫反射或共振（此时它被束缚在距离很近且相互平行的界面之间）。所以这个模型相当复杂。因此，我们往往使用一些经验法则，这涉及面积、材料整体的性质、近似的频率响应以及衰减时间规律。

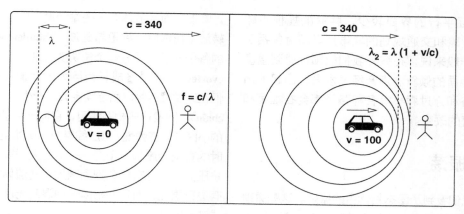

图 5.8   多普勒频移

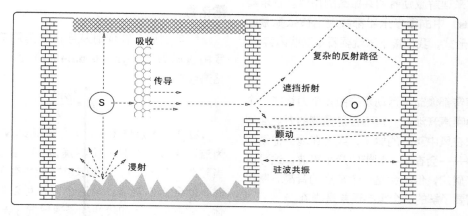

图 5.9   一些室内声学过程

混响时间

测量一个声音在房间中衰减的时间是测量其强度下落到初始强度以下 60 dB 所花费的时间（记为 T_{60}）。从内部的角度来看，由吸收引起的任何耗散都可以用一个吸声系数（a）来描述，这是一个介于 0.0 ~ 1.0 之间的分数耗散值，1.0 表示完美的吸收体，0.0 表示完美的反射体。系数 a 取决于频率和入射角。表 5.1 中给出的通常系数被称为**无规入射系数**（**random incidence coefficient**），它们适用于漫射表面。这个系数通常是为 1 kHz 指定的，但对于声学设计，你可以在材料表格中查找频率范围的数值。作为经验法则，**赛宾公式**（**Sabine Formula**）指出：

$$T_{60} = \frac{kV}{Aa} \qquad (5.12)$$

式中 A 为房间的总面积（单位为 m²），V 是房间的容积（单位为 m³），k 为赛宾常数 0.161，a 为吸声系数。表 5.1 给出了各种典型材料的数值。

表 5.1   一些吸声系数

材料	125 Hz	250 Hz	500 Hz	1 kHz	2 kHz	4 kHz
地毯	0.01	0.02	0.06	0.15	0.25	0.45
混凝土	0.01	0.02	0.04	0.06	0.08	0.1
大理石	0.01	0.01	0.01	0.01	0.02	0.02
木头	0.15	0.11	0.1	0.07	0.06	0.07
砖	0.03	0.03	0.03	0.04	0.05	0.07
玻璃	0.18	0.06	0.04	0.03	0.02	0.02
塑料	0.01	0.02	0.02	0.03	0.04	0.05
织物	0.04	0.05	0.11	0.18	0.3	0.35
金属	0.19	0.69	0.99	0.88	0.52	0.27
人群	0.25	0.35	0.42	0.46	0.5	0.5
水	0.008	0.008	0.013	0.015	0.02	0.025

室外声学

这里我们感兴趣的是有多少知识可以运用到室内声学上，这里有一些重叠，不过衍射、风切变、地面效应和弥散其实只能运用到非常大的室外空间中。但我们能预料到，与各种人造建筑物相比，田园环境中能够遇到的相互平行的界面较少，共振的规模也较小。用于噪声消除和交通规划的城市声学同时包括了这两种视角。一般来说，在室外我们能预计遇到温度的显著变化和地面的倾斜。声音经过水面、凸起的山丘、凹陷的山谷和穿过森林等各种路径都会在幅度和频谱上产生显著的改变。

5.4 声学振荡

在上一章我们看到了固态物体中的振荡。这些原理中有很多也能运用到具有一定体积的气体上，不过，必须用不同的方式来理解激励器和共振器的角色。**管乐器**（wind instruments）中的很多乐器都展现出被张弛激励或被湍流激励的形式，我们接下来就要看看这些内容。

湍流

并非所有声音都像简谐运动那样由多个力构成一个平衡而产生。类噪声音涉及一些不容易预测的力。准周期声源——比如在风中飞舞的旗子，或者在地上拖动物体发出的摩擦声——会在某一频带中产生声波，这可以通过统计方式来确定，但不会是一个常规的音高。制作水声和风声时需要了解的一个重要现象是湍流。

层流

对于较短的距离和较慢的速度，流体会以一个平稳的流速绕过物体，这被称为**层流**（Laminar）模式。每一小块以一个速度移动，该速度不会在相邻体积之间产生大的压强差异。伯努利指出，压强随速度降低，而且为了让流体通过一个非规则的物体，必须在速度上有一些差异。根据物体的几何形状，该流体必须采取一条以上的不同路径，因此必定会在某处出现压强差。在低速时，这个压强差会均匀地散布在一个平滑的压强梯度上，这个梯度会沿着物体的周线分布。紧挨着物体表面的是一个**界面层**，在那里，由摩擦力引起的拉拽极大地阻碍了流动。在一定距离以外，这个流动完全不会被该物体所影响。在这两个极端之间的所有点上，我们会发现一个稳定的梯度。在这种情况下，流动不会产生声音。

混沌和涡旋

但是，当流体速度增大时，最终会出现一种情况：各个局部流动之间的压强差异变得非常明显，以至于开始影响主流的行进。在不可压缩的流体（比如水）中，我们可以看到，为了绕过一个障碍物，流体会获得一些角动量，它开始顺时针或逆时针旋转，旋转方向取决于它从物体的哪一侧流过。由于界面层中的各个速度会在物体附

近降低，而且流体有一些黏滞度，所以在倾向于形成旋转波（**托尔明—施里希廷波，Tollmien-Schlichting waves**）的各个分子之间有一个角切变。这些小振动成长为**涡旋**（vortex），并最终成长为巨大的**涡流**（eddy）运动。它们在经过障碍物以后继续旋转，产生一个**卡曼涡**（vortex chain）。随着这些相互作用，它们产生了很多变速或变压的小区域。在弹性 / 可压缩媒质（比如空气）中，这些临时的真空会施加一个力——该力大于等于让流体前进的挤压力，而且它们会把周围的一些流体拽进来。空气没有进行层流，而是开始以一种混乱无序的流动或湍流形式进进出出。

雷诺数

气流到底会在何时从层流变为湍流呢？湍流的程度由**雷诺数**（Reynolds number）给出，它是惯性与黏滞效应之比：

$$R = \frac{\rho v L}{\mu} \qquad (5.13)$$

式中 ρ 为流体密度，μ 为黏滞度，L 为阻抗尺寸，v 为流动速度。在某一临界速度下，雷诺数约为 2000，当黏滞力（分母）不足以支撑（或平衡）惯性力（分子）时，就会引入湍流。从这个方程可以看出，较大的物体、较密的流体和较快的流速倾向于产生湍流。

湍流的声音

这些混乱的模式图样以纵向声波的形式向外辐射。它很少以谐波或周期运动的形式出现，因为它是如此的复杂，所以不会被感知为一个有规律的时间函数。我们听到的是一个像噪声一样的声音。不过，越过临界点以后，雷诺数将与涡旋和混沌压强波的尺度相关。随着流体速度的增大，我们将得到更小的尺度和更高的频率。因为这种统计行为的特性，我们会在不同的障碍物形状和不同的流体速度下得到不同的声音。从较快的流速和较小的障碍物中会听到较高的频率。障碍物的规则度也会引入一些效应。某些几何形状（比如完美的圆形电缆或电杆）将引入更汇聚、更共振的信号，比如周期性的哨音；而不规则的几何形状（比如岩石和墙面）则会引入噪声一样的信号。在一个共振腔（比如瓶子或管子）内部或附近发生湍流是人们比较熟悉的一种场景。我们现在就来看看这种**声共振**（acoustic resonance）现象。

管腔

湍流引起空气变稠密和稀疏，但并不需要以周期性的方式进行这样的变化。如果物体被放置在湍流产生的

反射波附近，则这些物体会进行反射并迫使涡旋采取一种周期性的特征[①]。如果空腔尺寸和气流恰好合适，就会产生正反馈循环，形成驻波。在开放的管腔中，在开放端必须有一个质点速度波腹或压强波节。如果管腔的一端封闭，则在封闭端必然会出现一个速度波节（压强波腹），因为在固体的边界上没有空气运动。运用这一概念，我们可以为三类情况预测可能的共振模式：两端均开放的管腔、两端均封闭的管腔、仅在一端开放的管腔。

参考图 5.10，我们看到了三类管腔的结构以及可以出现的各种驻波。两端均封闭的管腔的基频出现在每端都有一个波节时。能够精确适合这种排布的最简单波形是二分之一波长。因此，对于长度为 l 的管腔：

[①] 对于端流激励，我们使用的"力图很好地把共振器和激励器分开"的原则不再适用——共振器和激励器被融合到一个复杂的流体动力学过程中。

$$f = \frac{c}{\lambda} = \frac{c}{2l} \qquad (5.14)$$

泛音可以在任何驻波结构中出现，只需它们在端点满足正确的波节放置，所以这些泛音可以出现在 f、$2f$、$3f$…或任意整数谐频处。管腔两端均开放的情况是类似的，但要把波节替换为波腹。同样，基频为 $c/2l$ 时，各个谐波以基频的整倍数出现。半开管腔的情况是不同的。这里我们必须有一个波节在封闭端，一个波腹在开放端。因此，能够适合这种要求的最小驻波结构为四分之一波长，所以

$$f = \frac{c}{\lambda} = \frac{c}{4l} \qquad (5.15)$$

唯一能够适合这种要求的驻波结构是频率位于 f、$3f$、$5f$、$7f$…的奇次谐波列。

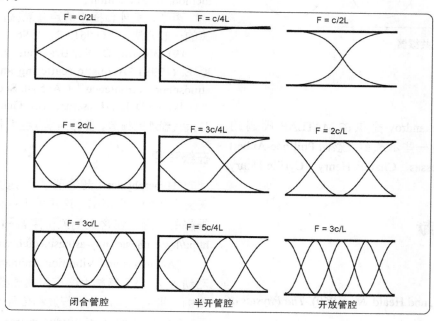

图 5.10 管腔的共振。在闭合、半开和开放管腔中的空气流速

来自管腔和喇叭的辐射

在实际中，一个管腔的频率并不是准确地等于理论所预测的结果。在振荡器的网络模型中管腔端口的辐射以阻抗形式出现，因此它会改变系统的谐振频率。为了得到一个管腔或喇叭的准确频率，我们需要运用**末端校正（end correction）**。对于一根半径为 R 的直管腔，加上 $0.62R$，得到该管腔的等效长度。锥形喇叭会逐渐改变声阻抗，所以能更为有效地把能量传导到空气中。对于锥形喇叭（比如小号的号角），我们需要加上 $0.82R$ 作为末端校正。

赫尔姆霍茨振荡器

赫尔姆霍茨振荡器（Helmholtz oscillator）是一种我们需要了解的有用结构。当声容抗和感抗串联出现时——比如瓶子或铺平的水泡（后面会看到），就会出现这种振荡器。一个小孔被连接到一个容积上，这样该容积内的气体就可以作为自由质量来动作，而这个较大的容积则扮演弹簧的角色。图 5.11 给出了一个经过简化的示意图。如果颈部的气体被激励（比如一个人通过瓶嘴吹气），那么该气体将上下运动。根据伯努利原理可知，开口端的空气压强将会降低，瓶

颈处的气体将会上升。随着它向上移动，容器中的气体主体积的压强被降低，所以它将把瓶颈处的气体再次拉回来。由于它有一个小质量（气体密度乘以瓶颈的容积），所以这部分气体会由于惯性而过冲。在容器中的气体随后被压缩，所以它会回弹，迫使瓶颈处的气体再次向上。然后这一过程被反复进行。一个赫尔姆霍茨振荡器的共振频率为：

$$f = \frac{cD}{4\pi}\sqrt{\frac{\pi}{VL}} \tag{5.16}$$

式中 V 为容积，D 为瓶颈直径，L 为瓶颈长度，c 为空气中的声速。

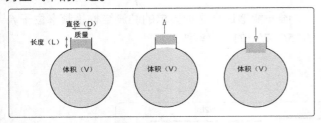

图 5.11　赫尔姆霍茨共振器

5.5　致谢

感谢 Oleg Alexandrov 提供的 MATLAB 代码用于绘制本章使用的一些示意图，感谢 Philippe-Aubert Gauthier、Peter Plessas、Charles Henry、Cyrille Henry 提出的建议和修改。

5.6　参考文献

教科书

[1] Elmore, W., and Heald, M. (1969). *The Physics of Waves*. Dover.
Elmore W.，Heald M. 波动物理学. Dover 出版社，1969.

[2] Hartog, D. (1985). *Mechanical Vibrations*. Dover.
Hartog D. 机械振动. Dover 出版社，1985.

[3] Morse P. M. (1936). *Vibration and Sound*. McGraw-Hill.
Morse P. M. 振动与声音. McGraw-Hill 出版社，1936.

[4] Morse, P. M., and Ingard, U. K. (1968). *Theoretical Acoustics*. Princeton University Press.
Morse P. M，Ingrad U. K. 理论声学. 普林斯顿大学出版社，1968.

[5] Kinsler, L. E., Frey, A. R., Coppens, A. B., and Sanders, J. V. (1999). *Fundamentals of Acoustics*. Wiley.

Kinsler L. E.，Frey A. R.，Coppens A. B.，et al. 声学基础，Wiley 出版社，1999.

论文

[6] Foss, R. N (1978). "Ground plane wind shear interaction on acoustic transmission." Applied physics laboratory, Washington.
Foss R. N. 声学传导中的地平面风切变相互作用. 应用物理实验室，华盛顿，1978.

[7] ISO 9613-1 (1993). "Acoustics, Attenuation of sound during propagation outdoors. Part 1—calculation of the absorption by the atmosphere."
声学，室外传播中的声音衰减，第 1 部分——大气吸收的计算，ISO 9613-1，1993.

[8] ISO 9613-2 (1996). "Acoustics, Attenuation of sound during propagation outdoors. Part 2—General methods of calculation."
声学，室外传播中的声音衰减，第 2 部分——计算的一般方法，ISO 9613-2，1996.

[9] Wilson, D. K., Brasseur, J. G., and Gilbert, K. E. (1999) "Acoustic scattering and the spectrum of atmospheric turbulence." J. Acoust. Soc. Am. 105 (1).
Wilson D. K.，Brasseur J. G.，Gilbert K. E. 声学散射与大气湍流的频谱。美国声学学会期刊，1999,105(1)。

在线资源

"Hyperphysics（超物理学）"是乔治亚大学物理与天文学系的一个网站。这是关于各种物理概念的一个很好的资源，包含大量关于声音和声学的有用信息。http://hyperphysics.phy-astr.gsu.edu/hbase/hframe.html。

"Acoustics and Vibration Animations（声学与振动动画）"是克德林大学应用物理教授 Dan Russell 收集的一批关于运动波、行波和传导波的很好的仿真演示。http://paws.kettering.edu/~drussell/demos.html。

J. B. Calvert 教授撰写了一篇题目很简单的短文《声波》，文章对很多声学原理进行了简洁的总结。http://mysite.du.edu/~jcalvert/waves/soundwav.htm。

Tom Irvine 在他的"振动数据"网站上挂出了一个资源网页，给出了很多关于声学的网页链接和教程。http://vibrationdata.com。

Angelo Farina 已经发表了很多关于环境声学的优秀论文。http://pcfarina.eng.unipr.it。

Ian Drumm 撰写了一篇《关于分贝以及如何使用分贝的指南》，该文章发表在索尔福德大学的网站上。http://www.acoustics.salford.ac.uk/acoustics_info/decibels。

第6章

心理声学

6.1 感知声音

心理声学把声波的各种可测量的物理属性（比如幅度和频率）与对于声音的感知和主观现象（比如响度和音高）联系起来，这是声音的心理学部分。虽然这一章中有一些技术内容，但同样有很多内容是关于人类、情感和文化的。在声音设计中，为了通观全局，必须把所有这些方面全部结合在一起。理解心理声学以及分流、分类和掩蔽等过程让我们更易于采用一种高效的方法定义一个声音的特征。对声音的认知可以分为多个层次，从听觉直到意识层面。让我们从这个架构的最底层开始，它是一个物理层面，确切地讲，这是心理声学的一个子集，被称为**生理声学**（**physioacoustics**）。

波来自于真实物理振动的物体，比如铃或扬声器，但它们并不是声音。作为一个定义，而不是一道禅宗的谜题，声音是一种感知体验，而且如果没有心智去体验它们的话，就只有振动的波了。波引起你耳鼓的振动，并让你的大脑感知到一种感觉，这种感觉其实并不局限于耳朵。我们身体的很多部位都可以感受到 1 ~ 20 Hz 之间的低频声音。虽然我们有时候忽略了把这些频率称为"声音"的部分，但它们确实是同样的物理现象和体验的一部分。偶尔我们会看到声音的可视化表现，摇动窗户或鼓皮上的沙子可以把声音展现在我们的眼前。当声音的强度很高时——比如在爆炸中声音可以击倒或粉碎物体。

人耳

在讲到这里的时候，惯常的做法是展示一张人耳的解剖图。让我们打破这种传统，因为你可能还记得生物课中讲解的人耳是如何工作的。**外耳**、**外耳道**和**耳垂**是耳朵的外部部分，这是我们熟悉的耳朵的形状。在人耳中，外耳部分地充当了放大器，同时还部分地作为滤波器来定位声音。外耳道主要用来连接和分割外耳和内耳，它也作为一个频率约为 2 kHz 的共振腔，这对于语音的放大是很有用的。耳垂的确切作用目前还不为人知，但耳垂似乎在作为外耳上的阻尼器对某些特定的频率进行衰减，而且在我们的平衡感中充当了一个角色。耳鼓或**鼓膜**担当了主传感器的职务，它把空气压强波转换成中耳内的振动。中耳有三块小骨：**锤骨**、**砧骨**和**镫骨**，它们把声音传导到**耳蜗**。这些小骨让耳鼓的声阻抗与耳蜗中包含的流体相匹配，并通过杠杆作用提供进一步的放大。耳蜗是一个锥形腔，因为它在逐渐变细，所以不同的频率会在不同的位置上引起共振。耳蜗内部覆盖了一层小绒毛，即**基膜**，它们把振动转换成神经信号。此外，还有一套外毛，外毛之上有更小的内毛处于静止状态。它们上下运动来调整耳蜗，并在对声音的关注和选择中扮演了一个角色。

人类听觉的频率范围

对于高于 20 Hz 的声音，人耳能产生一种听的感觉，这种感觉能一直向上延伸到 10 kHz ~ 20 kHz 之间，具体的数值取决于年龄。了解人类听觉的范围是非常重要的，因为它界定了我们需要分析或在合成中处理的频率范围。自然声音（比如语音和音乐）的大部分频率都在这个范围的中部，即 300 Hz ~ 3 kHz 之间。但是来自于真实声音的各次谐波会扩展到这个范围的最高端并超过这个上限。自然声音并不是受限于带宽的。即使像冒泡的泥浆或木块之间的碰撞这类表观上沉闷的声音也会包含一些微弱的达到听觉范围上限的成分。

非线性

基膜实际上并不是一个线性系统。由人耳本身引入的失真导致了对响度感知的非线性。它实际上是一个带有反馈的复杂的控制系统，这使它刻意地呈现出非线性，随后我们在研究注意力时会看到这一点。外毛细胞会对输入的声音产生响应，对特定的频率进行增强或衰减。由外毛细胞控制非线性听觉的一个原因是人类为了获得更好的动态分辨率而对输入声能进行的平均，所以如果在一个现有的纯音上加入第二个频率不同的纯音，则第一个纯音的音量在表面上会减小，这被称为**双音抑制（two tone suppression）**。整体系统的非线性频率响应会引起**立方差异音（cubic difference tones）**，这是谐波失真的一种形式。

听觉门限

我们能听到的最安静的声音是什么？我们很快就会看到，最安静的可感知的声音取决于该声音的频率。实际上，幅度、频率和频谱的效果并不是相互独立的，而是相互结合在一起，产生一个复杂的感知图景。作为一个参考点，我们选取 1 kHz 频率来定义 $1×10^{-12}\text{W/m}^2$ 为最安静的可感知声音。这是一个非常小的能量。事实上，我们确实可以把热听成白噪声。人耳是一种非常敏感的自适应的传感器，以至于在某些条件下，空气分子的布朗运动撞击到耳鼓上都是可以被听到的。人若在绝对安静（这是一种令人惊惶的经历，只有在毫无生机的火山岛或在专门构建的房间中才能体验到）的环境中待久了的话，会听到一个微弱的嘶嘶声。这并不是一种神经病学上的人造假想，这就是随机的热噪声。有趣的是，最小的可见强度被认为是光的单个光子，所以通过进化过程，人类基本上能够感知到我们这个物理世界的下限。

最小可觉差

为了感知某物体，必须**觉察**到它。不管我们想要测量声音的哪个方面，"**最小可觉差（Just Noticeable Difference，JND）**"都是能够产生感知结果的最小变化量。这个度量用于心理声学试验中，而且总是与另外一个数值相关联。所以，我们可能想知道，对于一个 100 Hz 的纯音，能够注意到的最小的频率偏离是多少？JND 最常见的情形是与各种幅度变化联系在一起的。

定位

人有两只眼睛，所以我们可以通过立体视觉感知到视野的深度，同样，一对耳朵能够让我们根据被感知信号之间的差异来定位声源。简单地说，这里有四个因素需要注意。两个角度（通常以度为单位）指明了声源的方向：方位角把声源放在了一个围绕我们的圆周上，仰角测量了声音是在我们上方或下方的什么位置上。并且，物体的距离和它的尺寸也是这个阶段感知的一部分。表面上小物体是从一个点声源发出声

音的，而大物体则是从一个具有一定体积的区域中发出声音的。一般的规律是：具有尖锐起音的高频声音会比那些具有温和起音的低频声音更容易被定位。在声音开始的时候我们最容易对其定位，即起音瞬间最初的那几个毫秒，被延的声音更难被定位。另一个规律是：我们在一个自由空间或户外对声音的定位能力要好于在一个有着大量反射的小房间里对声音的定位能力。最后一条一般规律是如果能够移动我们自己的头部，并且能够听到一个声音的几次发声，那么我们就能够更好地感知位置了。倾斜头部能获得更好的仰角感知，或者转动头部让其面向声音，在准确定位声音时这都是很重要的动作。有两种现象也起了作用：**耳间强度差（interaural intensity difference）**和**耳间时间差（interaural time difference）**。耳间意味着"在两只耳朵之间"，所以耳间强度差测量的是抵达每只耳朵的相对幅度 [也就是立体声系统中的**声像定位（panning）**动作]。耳间时间差取决于我们已经知道的关于声音传播的常识：声音需要经过一个有限的时间才能在空间中传播一段距离。把这两者结合起来可以构成一个名为**头传输函数（head transfer function）**的模型。

耳间时间差

耳间时间差（ITD）是同一个声音抵达每只耳朵的时间之间的差值。简单地说，如果声音先到达右耳后到达左耳，那么这个声源非常可能位于右侧区域中。因为涉及波长的缘故，ITD 在 700 Hz 以下的频率范围内最有效。人脑看来似乎是对各个声源进行了互相关运算，所以当多于一个完整波长放到两耳之间（距离约为 15 ~ 25 cm）的话，就会引起含糊不清。这种情况发生在 1.5 kHz 以上，此时 ITD 不再有效。如果头的半径为 r，θ 为与中线的夹角（鼻子的方向），则当声速为 c 时

$$ITD = r\frac{(\theta+\sin\theta)}{c} \qquad (6.1)$$

当我们已经有了 ITD 并想知道这个角度时，可以对该公式进行重新整理并进行简化[①]：

$$\theta = \sin^{-1}\frac{c×ITD}{2r} \qquad (6.2)$$

耳间强度差

简单地说，如果右耳的声音比左耳的声音响，那

① 原书给出的公式为：$\sin^{-1}\theta = \frac{c×ITD}{2r}$，疑为笔误。——译者注

么很有可能是声源位于右侧区域。由于人仅有两只耳朵，因此我们无法运用耳间强度差（IID）确定出声源的确切位置。在一条具有相同方位角的曲线上的各个声源所发出的声音将产生相同的耳间强度差，所以，这个信息限定出了一些可能的位置，但这只是全部景象中的一个部分。绝对强度差实际上相当小，所以头部产生的遮挡——即头部投射出的**声学阴影（acoustic shadow）**——扮演了重要角色，特别是对较高的频率。声音定位需要使用以上这两种信息，才能从可用的数据中得到一个最佳猜测。IID 在高于 700 Hz 开始有效，但实际上在 1.5 kHz 之上才能完全工作，这是由于和 ITD 的工作范围互补的原因。当 IID 线索与 ITD 线索相冲突时，若频率主要位于 1.5 kHz 以上，则 ITD 信息将胜出。

头响应传输函数

因为 IID 和 ITD 都会制造含混不清，在没有进一步信息的情况下，人脑需要使用额外的信息来感知仰角并避免前后混淆。鼻子在此扮演了一个至关重要的角色。在头部的一侧有一个障碍物意味着它周围的声音路径是不对称的，所以我们能区分出前方和后方的声源。每只耳朵的外耳都是一个放大器，它会偏好那些在我们目视方向上的信号，而且从后方传来的声音必须绕过外耳，所以这就增加了前后的区别。鼻子和颧骨的作用是把声音从前方扫向两耳，并且由于鼻子和颧骨都是柔软肉质的，所以它们会以一种能够有助于告诉我们"声音来自于前方"的方式吸收一些声音。此外，头发的阻尼效果和颈部与肩部的位置也对声音的方向感有一定的贡献。由于这些现象表面上都依赖于衍射和吸收效应，所以它们对频率都是敏感的。较高的频率不能像较低的频率那么好地绕过头部，所以在对侧会较少地听到它们。2 kHz 左右的声音更容易在方向上被搞混。

距离

我们并不擅长测定距离，除非对那个声源有一些了解。熟悉的声音（比如人声或汽车声）可以被相当好地判断，因为我们在内心对这个声音应该多响已经有了一个标准。对于在开放空间中听到的陌生声音，很难说这是一个很微弱但距离我们很近的声音，还是一个很响但距离我们很远的声音。我们所做的是根据声音的频谱对这个声音做出一定的假设。因为较高的频率会随着距离的增大出现更多的衰减，所以，如果有一个声音符合某种应该具有高频成分的声音的特

征，而且那个高频部分又出现了缺失或非常弱，则我们会觉得这个声音应该是从远处传来的。另一种心理声学过程是运用环境来判断距离。如果把自己放置到某种环境中（比如房间），那么我们能运用直达声与反射声之比作为判断时的一个指导。

声源身份特征

在对具有相关性的多个声源进行选择时，我们会认为最近的可接受的声源是最响的。如果把两台收音机放到同一个房间中，并且调谐到同一个电台上，那么声音似乎是从距离最近的那台收音机传过来的，即使它的音量要比另外一台更弱。这种效应可以用在虚拟建模中，作为析出冗余的相关声源的一种方法，把声源包含到一个最近的发射体中。当我们利用两只音箱构建一个立体声声场时，也是同样的心理声学过程在起作用。如果你坐在距离两个声源都相等的位置上，那么你不会听到单独的左声音和单独的右声音，而是听到一个似乎来自于中央的声音。

对响度的感知

一个声音的强度是对人耳接收到的能量的一种客观度量。它正比于幅度，可以用绝对声压级表示，也可以用声强级表示（单位面积上的声功率）。声音的**响度（Loudness）**是一个主观数值，它取决于频率和其他因素。我们对响度的感知并不等于声压级或声强级，这可能会把人搞糊涂[1]。响度的单位为**宋（sone）**，这是一个相对比率——它与**方（phon）**有关系，将在下面介绍。1 宋被定义为 1 kHz 的正弦波在 40 dB SPL 的响度。声压级增大 10 dB SPL，感受到的响度用宋表示会变为原来的 2 倍，声压级增大 20 dB SPL，感受到的响度会变为原来的 4 倍，声压级增大 40 dB SPL，感受到的响度变为原先的 16 倍。

响度标度与计权

对我们的耳朵来说，一些频率似乎比另一些频率更响。中频的声音似乎要比具有同样声压级的低频和高频声音更响，这并不奇怪，因为物种进化的影响倾向于选择语音作为最重要的频段。人们已经开发出了几种"等响度"曲线，包括弗莱彻 - 蒙森（Fletcher-Munson）曲线和鲁宾森 - 达德森（Robinson-Dadson）曲线。最新的 DIN/ISO 225 曲线把早期各种曲线中

---

[1] 在音频工程与心理声学交接的地方，各种标度与单位的激增让那些经验丰富的专业人员和学术人员也感到混乱。

最好的那些特性结合起来，并消除了一些错误。当然，绝对客观的等响曲线是不存在的，仅能得到一条对大多数人可以很好工作的最佳近似。DIN/ISO 226曲线规定了方的定义：1方等于声压级为 1 dB SPL 的 1 kHz 纯音。它不是一个单位，而是一条轮廓线或是一组对于某些频率的纯音进行主观响度测量所得到的

数据点。在图 6.1 中，你可以看到 80 方 -dB 的曲线（ISO226）。请注意，在 1 kHz 处它确切地等于 80 dB SPL，但在这个频率的两侧都会发生变化。介于 20 dB（ISO226）和 80 dB（ISO226）之间的其他曲线在形状上有些轻微的改变。它们对于更响的信号会变得略微平坦一些。

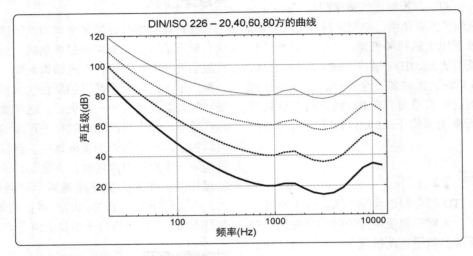

图 6.1　用于 20 方、40 方、60 方和 80 方的等响曲线

声级表运用"计权滤波器"来补偿频率的相关性，以产生一个更适合于我们真实听感的读数。与所有标准一样，选择是相当多的：A 型、B 型、C 型……有两种计权得到了长期使用：用于环境噪声测量的 A 计权标度，以及 BBC 给出的 ITU-R 468 标度，这个标度用于广播和母带的处理，因为它对包含类噪成分的音乐和语音工作得更好。它也运用了**噪声计计权**（**psophometric weighting**），它考虑了人对瞬态事件的感知，这种事件通常有一个很大的峰值能量，但主观听感却较微弱。而 A 计权则使用了常规的 RMS 平均，在给出声音响度测量值时，可以用加括号的单位进行限定，指明所用的计权标度，所以你会看到这样给出的数值：100 dB(A) 或 100 dB(ITU)。

持续时间和响度

如前所述，一个简短的声音似乎更安静，因为它并没有激励人耳足够长的时间，即使它的峰值强度很大。对简短声音的响度感知会随着它持续时间的增长而增长，所以这个功率在时间上被积分，以增大携带的总能量。这个效应被称为**时域积分**（**temporal integration**），它可以用在声音设计上，通过把枪声或简短的冲击声拉长一些毫秒，使它们具有更大的表观音量。对于 200 ms 以内的持续时间，这个效应都是有

效的。

疲劳

当纯音产生了稳定的声音被人耳听了一段时间以后，这个声音听上去就变得较安静了。这取决于它们的绝对强度（Bekesey）以及是否被打断，但在大约一分钟以后，一个稳定的纯音听上去的主观感觉似乎是音量降低了一半。至今仍旧没有搞清楚这究竟是发生在耳蜗里，还是一种注意力的功能，因为即使一个短暂的中断也能恢复初始响度，而且在低频进行调制的那些"有趣"的声音会让人疲劳的程度较少，因此在主观上仍旧较响。

响度的改变

对于纯音来说，最小可感知的强度变化是频率的一个函数，而且也是实际响度的一个函数。响度变化的最低灵敏度出现在低频区域那些只有几百 Hz 的声音中。随着频率升高到 1 kHz 以上，分辨幅度变化的能力会变好很多，并且遵循一条类似于等响曲线的曲线而变化，即在人声频率区域具备最好的分辨力，然后在大约 4 kHz 处开始再次下降。同样，当声音更响时，我们听辨响度变化的能力也更好，但不能太响，这也是为什么你应该用一个合适的音量进行混音的原

因。最好的响度分辨力位于稍高于正常语音对话的范围中,约为 60 ~ 70 dB SPL。用另一种方式解释同一个数据可以回答这个问题:一个纯音为了能够在已有同频纯音存在的情况下被听成一个单独的声音,这个纯音至少需要多大的音量?这里给出了**强度掩蔽(intensity masking)**的 JND 值。

对频率的感知

与**强度**和**响度**分别是绝对量和感知量一样,**频率**在心理声学上的对应量是**音高(pitch)**。现在有多种关于音高感知的模型,但对于一般的声音合成而言,这种模型不像对音乐应用那么重要。音乐上的音高并不像它看上去的那么简单,它会令音乐有趣。对于一般的声音作用,我们倾向于考虑不那么复杂的音高模型,在此种模型中,绝对频率担当了一个更为强大的角色。

纯音的分辨

分辨能力(resolving power)是指能够听出同时发声的两个频率不同但接近的纯音是两个单独的声音。如果这两个声音距离太近,则它们会融合成一个单一的音符,当两者交替演奏时则不同。随时间出现的频率改变的**差别阈限(differenial threshold)**要比同时出现频率的差别阈限更小。这就引入了我们很快将讨论的掩蔽的概念。

临界频带

临界频带模型源于把耳蜗看成一个在各频带之间具有有限分辨率的频谱分析仪[①]。耳蜗有成千上万的细小绒毛。耳蜗的各个区域都被调谐到对应不同的频率,在各区域中每个绒毛都被相对应的一个小范围的频率所激活。我们称其为**定位信息(location information)**,因为它与“刺激沿着基膜在何处发生”有关,不应该把它与对声音的方向定位相混淆,对声音的方向定位指的是在人头之外的一个声源的位置。这些绒毛被分组成 24 个临界频带,每个频带的宽度为 1/3 倍频程,这与图形均衡器很相像。**巴克标度(Bark scale)**是与音乐的音高不同的另外一种感知频率的标度 [为了纪念海因里希·巴克豪森(Heinrich Barkhausen)]。为了从赫兹得到巴克频率,可以使用

---

① 耳蜗是一个“频谱分析仪”这种说法并非完全正确,因为对尖峰神经元处理更为现代的观点指出,音高被编码成在时间上分开的神经脉冲,并且被编码成在物理上被局部化的刺激。

下式:

$$Bark = 13\arctan 0.00076f + 3.5\arctan(f/7500)^2 \quad (6.3)$$

这会产生一个介于 1 ~ 24 的数字,所以在人类平均听觉范围 20 Hz ~ 15 kHz 之间给出了 24 个临界频带。

音域

在各种声音和音乐分支中,很多频率范围(也包含所有临界频带)都采用更为通用的语言来表达。如图 6.2 的顶部所示,最古老最简单的划分是把频率分成**低音区(bass)**、**中音区(mid-range)**和**高音区(treble)**,在基本音调控制中可以看到这种划分。长期以来,声音制作者采用了一种更为精细的命名系统,它达不到鉴别出每个临界听觉频带的程度,但用一种有利于讨论人声与乐器的方式把音频频谱中的各个区域组合在一起。**次低音(sub)**很少被真实乐器占据,它实际上是指中央声道或**次低音音箱(subwoofer)**,用于给电影或舞厅现场还音系统中的雷声和其他很响的音响效果增加深度。低音和**上低音(upper bass)**频段处理的是底鼓、贝司的基频以及钢琴与吉他的较低的八度。中音区被进一步分割成与人声、弦乐和铜管的最佳音区有关的各个区域。较高的频带包含了为人声和乐器增添清晰度的**临场感(presence)**频段,用于镲片和类噪声音的**上方(top)**频段,以及包含高至该系统极限的所有最高泛音的**空气感(air)**频段。一些研究者(比如 Leipp 1977)为了分析而对这些划分进行了定量化,把它们划分到所谓的**感觉频带(sensible bands)**中。在图 6.2 所示图形的下方标度中展示了 32 段图形均衡器的频率划分。

分辨率

因为耳蜗是由有限数量的毛细胞组成的,所以对频率的分辨率是有极限的。在毛细胞与我们能够听到的可能频率之间并不存在一一对应的关系——如果一一对应的话将只能听到大约 18 000 个离散频率。取而代之的是,我们把两类信息结合在一起:定时信息(一个波形的每个周期中神经元在何时产生神经冲动)和定位信息(临界频带中的一组神经元在何处谐振,这由它们处在基膜的位置决定)。神经元只能冲动到某一速度(有些人估计这个数值最高为 1 kHz)。虽然一个独立的神经元仅能以某一速率产生神经冲动,但多个神经元的输出可以随后被组合起来,得到一个更好的分辨率。无论如何这个过程都不是线性的。在低频端,我们完全能够听出 100 Hz 与 105 Hz 的区别,

虽然这只是一个仅有 5 Hz 的差异。这些频率可以轻松地被区分。但在高频端，在 16 000 Hz 与 16 005 Hz 之间同样的频率差是无法被区分出来的。所以我们说这些频率是**不可分辨的**。当听到这两个高频在一起时，我们能感知到一个 5 Hz 的差拍音调，这很容易被神经元定时编码，所以我们知道在这个频率区域中有一个以上的频率。但是我们并不知道它们到底是 16 000 Hz 与 16 005 Hz，还是 16 000 Hz 与 15 995 Hz，因为这两对频率都能产生 5 Hz 的差拍图样，因此在感知

上存在着含混不清。当频率上升到 20 kHz 时（健康的年轻人可以听到这么高的频率），临界带宽非常宽，以至于 20 kHz 和 21 kHz 刺激的是同一个区域，但差拍的频率太快了，无法用定时来编码。此时，所有频率都是不可分辨的，即使它们可以产生一个感知。所以，听觉运用了几种信息通道，来自于多个神经元的定时信息与定位信息结合起来，再加上我们能够"运用临界频带之间的差拍来消除频率之间的歧义"，人耳的分辨率是相当卓越的。

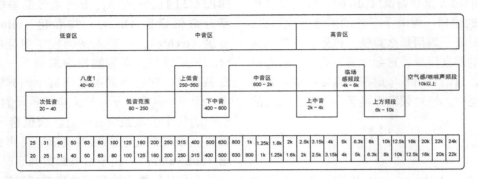

图 6.2   在声音频谱中对于各个频率范围的常见描述

彼此接近的各个成分的平均值

很多真实的声波都包含一个以上的临近频率，但它们仍旧是周期性的。它们被感知到的频率并不需要是整个波图样的周期。峰值和零值可以被神经元定时所编码，并且各个单独的频率会刺激各个临界频带位置。对于那些落在一个临界频带内的频率的音高感知是由这两种指示器合成的，所以会呈现出介于两者之间的一个结果。例如，20 Hz 与 30 Hz 的混合波的周期为 10 Hz，但它被听成一个 25 Hz 的声音。

幅度的快速变化

幅度的变化可以在音高上产生一个小的影响。正弦波在幅度上的一个指数变化将改变表观音高（Hartmann 1977, 2004）。最好是把它看成一个感知特征，而且它与由调制导致的边带确实不一样——调制会引入可测量的频率，不过两者显然有一些潜在的联系。例如，枪声或雷声中快速的动态变化能让声音在起音段听起来比实际频率更高一些。

幻象基频

有些声音听起来有一个低于任何实际存在频率的音高（Seebeck 1841，Schouten 1940）。某些频谱在**暗示**一个事实上并不存在基频。对于双簧管和其他一些

木管乐器来说，这是真的。这种现象可以用来在音频频谱的低频端"制造空间"，并被一些次低音效果处理器充分利用，通过对信号进行失真处理来引入一个低于实际基频的幻象频率。虽然很难精确描述它，但一般的规律（Goldstein 1973）是：如果一系列谐波被安排在似乎**应该**有一个基频存在的时候，那么这个并不存在的基频就会被听到。这也是为什么一个男性的声音可以在电话中清晰地被听出来，即使这个信号在基频范围之上进行了很强的高通滤波。

哈金斯双耳音高

即使没有物理上的周期性成分，音高也可以表现出来。给两只耳朵都呈现白噪声，但对其中一只耳朵听到的白噪声进行一个小时间段 T 的平移，则结果就是感觉到在中央有一个频率为 $1/T$ 的纯音（Cramer 和 Huggins 1958）。这种现象与 IID 处理有关，还与人脑"试图把每只耳朵接收到的输入相互关联起来让信噪比最低"这种功能有关（Bilsen 1977）。它与立体声相位效果和镶边效果的深色有关，而且它在声音设计的一些情形中也是有用的，比如一架飞过的喷气式飞机似乎在发出一种起起落落的音调，即使仅由声学属性无法单独引起共振。

Bilsen 频带边缘音高

对宽带噪声施加一个非常陡峭的（"砖墙式"）滤波器能产生一个音高的感觉，该音高位于截止频率处，即使滤波器在最大限度上是平坦的。在声音设计中这是非常重要的，特别是在创建细微的自然效果（比如雨声）时，此时应该避免出现声音色彩，而且具体的噪声分布对于这个音响效果是至关重要的。

对频谱的感知

我们再引入一个新名词——**音色（timbre）**，它是对频谱这个可测量的量的主观感知的质量。当然，频谱并不是一维的标量，而是一个数值矩阵。相应地，我们不能用简单的顺序为音色排出等级，它们会形成一个空间（Wessel 1976、Grey 1975、Wessel 和 Grey 1978），在这个空间中，某些声音彼此接近，而另外一些声音彼此远离。请记住，音色指的是一个静态的频谱，它带有基频和一系列泛音。这就是在频域中拍摄的一张快照，并没有捕捉到声音的演变过程。当我们谈论音色时，我们说的是由一个稳定频谱产生的瞬时的听觉感受。

对谐波和非谐波频谱的感知

在前面章节中，我们已经知道，振动物体可以产生一个谐波频谱（即每个频率都与基频呈简单的整倍数关系），也可以产生一个非谐波频谱（即各个频率以一种非整倍数间隔且更为复杂的方式相互联系在一起）。谐波频谱被感知为"纯净"的或**谐和的**音色，而非谐波频谱则被称为"粗糙的"或**非谐和的**。有趣的是，一个纯净的音色并不需要各个谐波都完美地排列在完全整数值上，它需要这些谐波形成一个稳定的（单调的）级数。例如，100 Hz、199 Hz、396.01 Hz 和 788.06 Hz 这些频率听起来就是非常纯净的。每个泛音几乎都是一个倍频，为前一个频率的 1.99 倍。因为包含非整数谐波的音符并不谐和，所以在大脑中没有对绝对标度进行硬连线而是通过学习得到的，这似乎是合理的。另外，100 Hz、200 Hz、400 Hz 和 411 Hz 听起来是粗糙的、非和谐的，即使前三项是完全的倍频关系。第一个例子出现的问题是，这个声音听起来非常纯净，但当我们试着在一个音阶中演奏它时，听起来就不对了，而第二个例子虽然本身"很粗糙"，但它在一个和声音阶中演奏时，声音是统一一致的。

协和、和声和粗糙

上述现象显示出**局部协和（local consonance）**的基本原理，即一个频谱与其自身经过平移的频谱之间的相互关系。这就是为什么某些乐器在某些音阶中听起来更好的原因。这也解释了音色与和声之间的复杂关系，同时它也产生了作曲中的管弦乐配器与编曲这种迷人的艺术。当我们在音乐领域中漂泊时，还有一点值得指出：和声规则（比如和弦的协和与不协和）也不遵守这一原则。如果一个音符的泛音与其他音符的泛音在某一个音阶上排在一起，则这个音色在那个音阶上就是谐和的。赫尔姆霍茨用差拍解释了协和与不协和，引起相位缓慢平移的那些相互靠近的频率会在耳朵中产生一种恼人的感觉，此时的差拍在几赫兹以上。精确地排列在一起的各个谐波不会引起差拍。后来的一些研究（Plomp and Levelt 1965）似乎指出，耳蜗临界频带中的毛细胞产生的不明确的刺激引起了这种令人不快的粗糙感，而且可以绘制出一幅图表来描述两个正弦波之间被感知到的不协和。不协和曲线显示出大多数粗糙感大约发生在半音的间隔上（第十一个音程），或是一个临界频带的四分之一处，0.25×1 巴克。在此之上，不协和程度会随着频率间隔向着八度增长而降低（协和程度升高），但并不会在那些"特殊"音程（比如五度）上发生魔术般地改变。同样，这也强化了这种观点：西方的音乐概念并不像某些文献中声称的那样具有感知上的先天性。作为从事非音乐工作的声音设计师，我们仍旧可以运用这些知识。粗糙感作为一种令人不快的效果可以被更好地理解为**命运的音调**。这是用一种由 4 ~ 8 Hz 的周期性的声音构成的干扰节奏，它是由具有危险性的高能现象（比如惊跑的动物或高速的风）引起的。当它被更高的频率成分调制时，所得临界频带的模糊将导致一种令人不安的结果。

明亮度、灰暗度和频谱质心

在很多音乐中都会使用一个主观标度：声音的**明亮度**或**灰暗度**。明亮的声音比暗淡的声音具有更多的高频泛音。但是具有一些较响的高频并不足以让一个声音明亮。对一个声音是明亮还是灰暗的最好度量是找到它的频谱"重心"或频谱质心（spectral centroid）。这是一个加权的方式，所以我们通过把每个临界频带中各个频率的强度加在一起（乘以临界频带数）并除以所有频带的总和就得到了质心。对于 N 个临界频带，假设每个频带的中心频率为 f_n，包含能

量为 x_n，则

$$频谱质心 = \frac{\sum_{n=0}^{N-1} f_n \times x_n}{\sum_{n=0}^{N-1} x_n} \quad (6.4)$$

频谱还必须要有足够的连续性才能产生明亮的音色。一个主要为低频且只带有一个孤立的高频分量的频谱将被听成是一个灰暗的声音加上一个单独的"人造声"在上面。在很多音色空间研究（Wessel 1973；Grey 1975，Moorer、Grey 和 Snell 1977-1978）中，明亮度作为一种标度维度被用来描绘摩擦和非线性过程的特征（被拉奏的琴弦和号角）。声音的**起音**（attack）部分（见下文）对明亮度的感知非常重要（Helmholtz、Wessel 1973，Grey 1975，Schaeffer 1977）。如果声音以一个明亮的瞬态信号开始，那么这个声音的其余部分也会向更明亮的方向偏重。一个灰暗的音色具有较低的频谱质心，或是在语音范围内不能有确定的谐波结构，这类声音听起来是阻尼的或含混不清的。

共振、平坦度和共振峰

有共振/谐振的音色都带有一个**尖锐狭窄**的频谱，大多数频率都集中在一个或多个固定的频点周围。作为另外一种情形，当频谱被平坦均匀地分布时，我们称这个音色是**平直**或**宽广**的。类噪声源（比如镲片）能给出一个宽广平坦的音色，而木笛则给出一个尖锐共振的音色。很多声学乐器（比如吉他和小提琴）都有多个固定的共振。一个单一音符不能展现出这些共振，因为它不可能告诉我们哪些来自于激励器（琴弦），哪些来自于共振体（琴身），但如果有两个或更多不同的音符被演奏，那么共有的共振就变得明显了。在感知方面，我们把这种固定的共振特征称为一个**共振峰**（formant）。300 Hz ~ 1 kHz 内尖锐的共振和共振峰组合起来的声音听起来像人声。

对时域结构的感知

接下来的这些项目涉及到我们在时间上对声音进行划分的方式。宽泛地说，我们可以用三种**尺度**（scale）划分声音。第一种划分是微观结构和宏观结构。微观结构是指低于一秒的声音，它可以是长笛的颤音、一个单词的各个音节或是火声中各个单独的噼啪声；宏观结构是那些时长更长的声音，从构成对话的各个句子到整部交响乐的发展主题。在这个尺度中，我们考虑的是数十秒、数分钟和数小时。微观结构需要进一步划分成简短、非常简短和"毫微尺度"

的声音。各种重要的感知边界发生在这个范围内，接下来我们就会进行讨论。

颗粒度

这个术语实际上应用在声音的微观结构中。低于 20 毫秒的声音被听到的方式与那些时间更长的声音被听到的方式不同。Gabor（1946）和 Stockhausen 对这个概念都有贡献，粒子合成就是由这个概念衍生出来的实用方法之一。在低限，事件的概念与对于音高的感知融合起来，随着非常致密的鼓的演奏声越来越快，当频率达到大约 18 Hz 时，这个声音就不是一系列离散的敲击，而变成了一个音高。颗粒度也应用在了 50 ~ 150 ms 的范围中，跨越了米勒/范诺登（Miller/Van Noorden）门限，并再次越过了一秒的障碍。实际上这是把声音的微观结构划分成颗粒度的三个主要区域，这些区域将运用略微不同的规则。

事件与流

当我们在学校学习数学时，首先学习的是整数。1 的整数倍对孩子们的头脑是有意义的，像"三点钟"和"茶点时间"这样的**事件**（event）也是。后来我们知道这些是想象出来的东西，万事万物始终在运动，所以在我们成人的头脑中引入了另外一个更为安抚人心的虚构，就是**实数**（real number）和连续流的概念。作为思维工具，两者都是同样正确的，我们到底是选择用事件还是用流来处理仅仅是一个功用的问题。相当保险地说，在宏观结构层面上发生的东西构成了事件：一段音乐中的一个特定小节，一部电影中的一个特定场景。而且还可以相当保险地说，在微观结构层面上发生的东西——即构成一个声音的各个样点和波形——是连续的流。

包络

"考虑一个系统中能量发生的改变"是把各个事件和流划分到有意义的框架中的一种好方法。它是增长的？是衰减的？是稳定的？在声音设计中通常用四个词来描述一个声音的**包络**（envelope）：**起音**（attack）、**衰减**（decay）、**延音**（sustain）和**释音**（release）。这些词可以应用于任何变化的性质上，比如幅度、频率或音色。在合成中使用的各种控制包络通常被缩写为 **ADSR**，以此来反映这些变化的阶段。

起音

一个声音开始的时间段被称为**起音**，在这个时间段内声音从零开始上升到最大能量处。对于打击型声音，这个起音段非常短。小于 10 ms 的起音时间通常都被听成了一个咔哒声，不过大多数真实声音并没有一个即刻的起音，即使它非常快，因为一些能量在作为声音辐射出去之前就被外壳吸收了。物体越小，这个初始的能量就会被吸收得越快。小玻璃球落到砖地上的声音可以被认为起音时间接近于零。在使用上，还可以把起音段进一步分割成两个阶段——**瞬变（transient）**阶段和**上升（rise）**阶段。

瞬变时间和上升时间

瞬变对应的是激励阶段。通常它都要比声音的其余部分响得多，而且总是很短暂的。典型的瞬变时间长度在 5 ~ 50 ms 之间。它同时可以包含来自于受激物体和激励物体的声音，比如鼓槌或钟锤。**上升**阶段发生在振动能量仍旧在系统中增大的时候，通常，它都要比主模态的一个周期短，或者比"物体长度除以声音在该材料中的声速"短。通常它会在瞬变阶段结束之前达到它的最大值，因此，这两者似乎是不可分割的。不属于这种情况的一个好例子是铜锣，当敲击铜锣时，锣锤在金属上的瞬变先出现，过一小段时间以后初始激励波才在锣体中散布开。锣锤的敲击产生了一些存续时间很短的局部高频成分，但这个位移的散布是一个相当低频的事件，在此之后将出现主要的振动模态和锣的阵阵爆发。

缓慢的起音

起音也可以非常长。在一根被温和拉响的琴弦上，幅度持续增大，直到来自于琴弦的恢复力和施加到琴弓上的力达到受摩擦限制时的最大的动态平衡，这个过程可能需要几秒钟的时间。"物体从倾斜的界面滑落到空气中"可以被认为是一个只有起音的声音。在这种情况下，该物体持续加速，同时摩擦激励产生一个越来越响的声音，直到该物体从界面边缘滑落。另一个例子是简单的烟花火箭，如果我们忽略掉"烟花通常会渐渐在远处消失"这一点，那么它的声音输出在强度上是逐渐上升的，直到燃烧完毕或爆炸，因为燃料表面燃烧的区域变得越来越大。

衰减

衰减应用于那些在瞬变阶段以后有能量持续供应的系统上。这些声音通常都是摩擦性的或是湍流性的，比如在地面上拖曳一个麻布袋，或是吹奏一支小号。衰减发生在系统初始的输入能量过冲超过延音电平时，在此之后，系统达到某种类型的稳定动态平衡中，这被称为**延音（sustain）**。

延音

在这个时间段内，系统的输入能量等于输出能量（减去转化为热的内部损耗），所以产生声音的这部分能量也维持稳定，被拉奏的琴弦是一个很好的例子。Schaeffer（1977）在他的声音分类学中把这种情况称为**积极保持（energetic maintenance）**。延音阶段通常产生一个稳定的声音输出，但也并非总是如此。被拉奏的琴弦再一次提供了很好的例子，因为琴弓必须周期性地改变运弓方向，所以虽然整体的能量传递水平相当平稳，但还是存在涨落。有一个有趣的反例：一块大理石从一个很长的均质斜坡上滚下来，严格地说，这个系统处于**释音（release）**阶段，因为被保存的能量以一个恒定的速率被释放。不过，产生的声能是恒定的，并且似乎是被保持的。从瀑布流出水是一个持续的过程。上游河流提供了恒定的能量源，下游河流提供了接收器，进入这个接收器的水就消失了，而瀑布自己仅仅是这个流动中的一个无效因素，它把流动的水中的一些能量转换成声音和热。

释音

一旦我们停止为一个系统提供能量，并且该系统仍旧包含一些存储的能量并能继续产生一段时间的声音，就会发生释音这个阶段。对于运动物体而言，这个数值对应于动量，对于流体则对应于存储能力。释音始终趋向于零，这是一个声音的最后阶段。

作用力与运动

Pierre Schaeffer（1977）、Michel Chion（1994）和 Rudolf Laban（1988）对声音提出了虽然不够严密且缺乏可量化，但却可能很有价值的解释。Schaeffer 的 1966 视唱练习被 Chion 进行了扩展，发展了种类、维度、规格、伸展、重量、减轻、撞击、表达、支持、形状、维持、制作、冲动等作为动态描述符。Laban 在舞蹈的工作方面把人体的质量与运动结合起来，用以描述可以运用到声音上的各种姿态的感觉。从作用力、空间、时间、重量和流动等概念出发，形成了一套公理姿态类别，比如按压、滑行、扭绞、漂浮、轻拍、猛砍、轻弹和刺戳。

先入为主与归属

在把一个声音分解成各个结构成分时，**哈斯效应**

（**Hass effect**）或**先入为主效应**（**precedence effect**）决定了我们在何处感知到的声源与环境的分割。大约 30 ms 以后接收到的反射声被分配给环境，并被听成是单独的回声。发生在 30 ms 之内的反射声被融合到这个声音本身中，并被归于同一个物体。因此，虽然一把古典吉他的琴身是一个声学共振器，能够在其空腔内产生多次回声，但所有这些回声都被融合到同一个表观声源中了。它们似乎都归属于这把吉他，而不是归属于这个空间。在大厅里击掌一次将产生若干分离的回声，这些回声似乎是归属于这个空间的，而不归属于手掌。

持续时间的 Gabor 极限

Gabor 极限标出了一个声音被称为"具有一个音高"所需要的最小持续时间。任何短于这个极限（大约 10 ～ 20 ms）的声音都没有包含足够的声波周期去刺激对音高的感知，并且会被听成是一个咔嗒声。这个咔嗒声的表观频率 [也许这里可以使用那个可作多种解释的字眼 **tone**（纯音）] 仅取决于它的持续时间。较短的咔嗒声听起来较高 / 较尖锐，而较长的咔嗒声听起来较低 / 较迟钝。

先后顺序的 Hirsh 极限

科学家们曾在试验中让听者听一些具有随机偏移定时的简短声音（Hirsh 和 Sherrick 1961）。有时候，A 会先于 B 一个简短的时间间隔，但有时候 A 会落后于 B 一个简短的时间间隔，偶尔会有两个声音同时开始的情况出现。通过试验发现，当时间间隔约为 20 ms 或更短时，无法说出这两个声音的先后顺序。

分流

与声音的感知顺序紧密联系在一起的是**分流**（**streaming**），即把一个声音中我们认为属于同一类的各个成分分组在一起。一些电话铃和鸟鸣都是由简短的高音纯音和低音纯音构成的，这些纯音以一种快速的序列顺序出现，但你会把它们听成是一个单一的颤音，而不是由相互分离的稳定纯音构成的。当一定数量的相似声音相继快速地出现时，我们说它们实现了**融合**（**fusion**），并且变成了一个声音。在降雨量很微小时，各个单独的雨滴产生的是"噼 - 啪"声，但在倾盆大雨中，这个声音变成了一堵单一的噪声墙。反过来也成立：当一个表面上聚合在一起的声音的密度降低到某一特定阈值以下时，这个声音就开始分解成能够被单独辨别出来的各个部分。我们称这为**裂变**

（**fission**）**点**，或**时域聚合边界**（**temporal coherence boundary**）。由于频谱和频率上有一些小的差别，所以听者感知到的是一个整合在一起的流，这个流具有一条听者能够追踪的轮廓线。随着频谱或频率的发散，听者开始听到两个相互分开的流，一个音高高一些，一个低一些。这时，听者的注意力可以分别集中在任何一个流上，但不能集中在整体模式图样上。

通过音高进行的分流

采用交替出现的高音纯音和低音纯音进行的试验（Miller 和 Heise 1950）表明，裂变和融合发生在 50 ～ 150 ms 的区域中，这取决于各个纯音的频率分离度（以半音为单位）。对于较大的频率分离度，各个纯音不能相互融合，直到交替出现的速率足够高。裂变和融合所需的准确速率取决于各个听者本身。从分流的纯音中观察到的现象表明，音高辨别和时域辨别是彼此相互竞争的。

范诺登模糊度

范诺登（Van Noorden）（1975）发现的模糊度是一个介于裂变和融合状态的中间区域（从 100 ～ 1500 ms），在这里听者可以选择用两种方式中的一种来听这个声音（听的方式受到暗示或初始条件的影响），这很像一个立方体切换视角所产生的那些格式塔错觉。范诺登进行了一项试验，他改变了频率和交替的周期，直到被整合在一起的颤音变成了两个单独的声音流，然后再把一个或另一个变量变回来，直到两个声音流再次被整合到一起。他发现有**滞后现象**（**hysteresis**）出现：裂变和融合的边界并不一样，这取决于你从哪个方向接近以及你的注意力落在哪里。

频谱分流与空间分流

与依靠频率和定时一样，我们对声音进行听觉分组的倾向也受到这些声音频谱的影响。离散**音色空间**（**timbre space**）的概念（Wessel 1979）是有用的。在某一个界限之下，有很多声音可以被归类为长笛声，而且如果我们听到一个由某件乐器演奏的旋律在这些界限之内改变了它的频谱，那么我们会假定这个声音来自于同一个声源。超过了这个界限，向着双簧管的方向移动，会到达这样一个点：我们听到了另外一件乐器在用一个经过改变的频谱演奏音符，并且我们会假设有两位演奏家在同时演奏。具有完全不同谐波结构的两个声音可以产生一个清晰的边界来分离二者，即使它们有一些共同的泛音。定位也扮演了一个角色，所以如果多个声音听起来似乎是从同一个位置上发出的，那么我们倾向于把它们归于一个共同的声源。

6.2 声音识别

关于"人类如何在更高层面上对声音进行组织"这个课题，至今还有很多奥秘没有被解开。这种组织有些是完全个人化和主观的，但一般结构中有很大一部分已经得到了很充分地认识。我们拥有各种不同的本领（Fodor 1983），分别负责不同的任务，比如大脑中有不同的区域分别负责音乐、语言和场景分析。各种特征或机能障碍（比如**失歌症**[①]）（Sacks 2007）确认了各个局部化（神经）功能的角色。

格式塔效应

Richard Warren 对多名听者进行了多次试验，试验内容是用简短的无关系的噪声（比如砰声或是咳嗽声）对听者听到的句子中的某个音素进行完全替换（并非仅仅是遮蔽）。随后，各位受试者能够完美地回想出各个单词，就好像这些单词都是完整的，而且甚至无法辨别出在哪里发生了替换。这个实验突出了这一点：感知（更普遍意义下的，并非局限于听觉）是一种全盘的处理过程，它会识别整体的模式图样。根据格式塔心理学，这个"**phi 现象**（似动现象）"是我们经常存在的倾向：想把完全不同的、颗粒化的事件组织到一个内部一致的、明智合理的整体中。请记住，在这个过程中，大脑和我们开了个玩笑，所以我们"感知"到的并非总是"听到"的，而我们"听到的"也并非总是**真正在那里**的东西（作为一个可测量的压力波）。

辨别

我们感知声音中信息的能力决定了那个信息是否与我们相关。如果在一个声音中某种特征或品质被呈现出来，而在另外一个声音中没有呈现或被更改，但我们不能分辨它们，则可以假设这个信息是与感知过程无关的。在一个持续的周期性声音中各个波之间的相位关系就是这方面的一个例子，这种相位关系可以在不对听者产生任何影响的情况下被完全改变。人类能够感知的频率变化和幅度变化存在最小极限，在

[①] **失歌症**：一个人对普通声音的处理没有问题，但对各种音乐形式完全"失明"。

把各个定时标记区分成单独事件的能力上也存在极限。辨别仅需要我们在两个声音之间有一种不同的感觉，而不需要说出任何关于它们的具体内容。例如试验表明，我们可以非常明确地区分两个相似的快速纯音序列，但说不出实际的区别。我们只能感知到一些神秘的性质区别，但不能对它进行解释（Broadbent 和 Ladefoged 1959）。

定标

如果我们能辨别一种性质，那么这个性质就可以作为某种标度或尺度用于测量声音。定标就是定量地运用某个东西来区分各个声音。钟锤的硬度以及观察者与钟的距离明显是能够用于定标的两个物理参数。它们可靠地把物理域中的某个可测量的东西映射为人类可以对这个声音表达看法的某个东西，即在感知域中的某个东西。并非所有物理参数都会对声音产生影响，摆的质量就是一个明显的例子，它甚至对摆的动作没有任何影响；流体声音中体积的独立性也是一个例子（在河流中飞溅的水声与海洋中飞溅的水声听起来一样，水的深度会对声音有影响）。一些物理参数会以多种方式影响声音。温度对火焰燃烧声音的微观结构有着许多的影响。在声音设计中，我们希望把整套参数的数量减少到从感知上捕获这个声音所需的最少数量。

相似性

来自于同一物体的两个声音的相似性会告诉我们关于这个物体的一些特性。想象一下用锤子先轻敲一个罐头筒接着又重击这个罐头筒的录音，如果把这个录音分成两段并随机播放这两次敲击，那么我们仍旧能够通过仔细聆听而把它们排列成正确的顺序。随着更多能量被输入进来，幅度会发生从安静到响亮的变化，在频谱上也会有平移，这些形成了一个可以被辨别的顺序。你可以在一个瓶子上做同样的事：当用同一把锤子进行不同的敲打时，你能够为所有敲击声排列出顺序。你能立即知道从两段不同录音中摘出来的任何两个声音是来自不同的物体，因为它们的频率模式图样不同。通过比较用同一把锤子以同样的能量进行多次敲击的各段录音，可以揭示出第三个新参数：这把锤子。为了知道一个声音的参数尺度，可以使用相似性测试来找到它们。作为声音设计师，我们每时每刻都在做这件事：移动推子，根据构成某个空间的各种特征或多维度栅格来比较推子移动之前和之后的声音。如果给一组人呈现出一套声音的所有可能配对

实例，并让他们标出相似度，那么该声音的那些显著特性就会以统计的方式被揭示出来，这被称为**多维定标（multidimensional scaling）**。像 Kohonen 自组织映射等算法可以用来让各个声音聚集成簇，提供一个**相似度空间（similarity space）**。这两种方法都是在分析声音对象的**音色空间（timbre space）**，尝试并发现些参数。我们也可以用另一种方式来运用这一概念。如果已经知道一件乐器或一个发声物体的音色空间（因为我们用了一个模型来产生它），那么，根据我们对这个声音各个特征之间的区别的了解，可以预测出各种设置之间的相似度。在创造力方面，这种方法提供了一种强大的工具。把相似的声音并置在一起可以提供一种强有力的联想链接，比如在战争影片《拯救大兵瑞恩（Saving private Ryan）》中把下落的雨滴与机关枪开火的声音混合在一起。

匹配

匹配是指一个声音与一类或一组事物的一种明确的联系。它并不需要有意识，或是具备一个字面上的名字，有一种熟悉的感觉并知道那个声音是什么，这就足够了。我们的祖先在雨林中行走时会立即知道雨滴落在树叶上和小树枝上的噼啪声之间的区别。生存的需求使人类对于一个声音的起音特性具有快速的响应或本能，这让一个正在逐步逼近的捕食者能够被快速地与表面上非常类似的另外一个声音（比如雨滴滴落到树叶上的声音）区别开。

分类

分类与匹配类似，只不过必须用文字描述我们想让这个声音属于哪个类别或集合。这些集合可以是任意的，并且可以相互交叠。比如，具有弹性的声音、粗糙的或平滑的声音，或者高兴的、烦人的、颗粒状的或者毛茸茸的声音。当两个声音共同拥有一种或多种重要特征时，它们就可以被归入同一个集合中。

识别

在某种层面上，可以对存储在长时记忆中的各个声音进行比较。识别比匹配需要的内容更多，而且也比对于各种特征的一个分类更为精确。识别是对"我们认为一个声音是什么，它意味着什么，是什么东西产生了这个声音"的一个具体的陈述，比如，"一辆摩托车"和"一块石头落入水中"。在识别中，有些部分可能是多余的过量的，比如石头与橘子相对比。我们的意思是说"**某个东西**落入水中"，使用了石头作

为一种为人熟知的匹配模板。识别中的某些部分还可能是错误的，这表明有一定程度的**混淆（confusion）**。结果可能是一台汽油割草机，而不是一辆摩托车。因为我不具备摩托车驾驶技术，所以可能在听一辆摩托古兹（Moto Guzzi）时把它识别成了一辆哈雷戴维森（Harley Davidson）。对于声音设计师来说，在进行视觉形象与声音的匹配时，在动效拟音棚中、"野外声音"录制现场以及在声音剪辑室里，识别与混淆是非常重要的。技术娴熟的声音设计师能挑选出各种相似性，创造出具有欺骗性的匹配和识别，比如用卷心菜制作肉体被刺伤的声音，或者用电动剃须刀和塑料杯的声音制作光剑的声音。识别会受到与之相伴随的视觉形象以及使用这些声音的上下文环境的强烈影响。

认可

认可是所有这些事件中最强的。识别发生在那些我们先前从未听过的声音上，但认可包含了一些与某一独特内部模型在一起的相互关联。一辆驶过的车辆可能属于陌生人，因此是辆摩托车，与此相对比，一辆排气管经过改装、油箱座架发出奇怪咔哒声的车辆，我会认为它是汤姆的那辆 1980 年的气冷 V-twin 引擎的摩托古兹摩托车。真正有趣的是，这种熟悉性并不局限在具体的声音实例上。现代生活中的某些声音就是"样本"，它们被识别成我们先前听到的一些具体的不变的声音实例。比如，商标广告的声音，像英特尔的"Intel Logo"或诺基亚的"Nokia 铃声"，或是像威廉尖叫的录音等。每次我们听到这些声音，同样的模式图样会产生或多或少完全相同的波形。不过，人类能够通过自身内部的机制识别声音。比如，一个熟悉的人在说出一些我们从未听过的单词。汤姆的摩托古兹正在发出它先前从未产生过的振动模式图样，但这个声音仍然是可被识别的，就像英语中定冠词那样的普通行为。

关注

关注是对重要或悦耳的信号所给予的注意。我们会像聚焦于所看物体那样把注意力集中在声音对象上。即使来自于多个声源的信号杂乱地混合到同一个波形中，我们还是能够像无线电台那样挑出各个单独的发射者。所谓的**鸡尾酒会效应（cocktail party effect）**就是关注的一个例子。所以，关注是对感知的某种调谐。很多实验已经得出结论：关注是发生在大脑/神经系统中的某种层次相当低的东西。就像我们能够用眼睛聚焦在物体上一样，在听觉中，我们能够调谐耳朵，使其滤除不想要或是不想听的声音。对于

人类，这是发生在神经层面上的，可能是因为我们没有"耳睑"，一些动物能够指引它们的耳朵去关注不同的声源。

对应

关注是被视觉**对应**（**correspondence**）强烈聚焦的，这涉及对于运动和距离感知的先天性的补偿处理。在电影中，把声音与清晰的视觉事件刻意或暗指地绑定起来被称为**叙事**（**diegesis**）（来自于希腊语，意为"一个被讲述的故事"）。自然地，我们试图把看到的东西绑定到我们听到的东西上。当一把壶从桌子上跌落并摔成碎片时，每个瓷片都有与它的尺寸相匹配的自身频率。在声音与碎片落地的影像有了恰当的对应以后，我们会觉得这个场景是讲得通的。虽然这个场景是由许多事件快速相继地构成的，而且还有很多同时发生的事情，但我们能够同时对几件事物给予关注。毫不奇怪，这个数量大约为五六个，或米勒数字。在一组声源中（比如一群在眼前四散逃窜的马），任意时刻只有一个可以出现在视觉框架中，这就是那个被关注的物体对象，也是我们试图关注并绑定注意力的对象。这是一个**被同步的**（**synchronised**）声音。在背景中，我们看到很多其他马匹正在移动。应该把各个声音同步到每个单一的马蹄上以获得真实的效果么？不！事实上，我们只需要同步少数几个在焦点中的声音，然后加入一个普通的填充效果来得到其余马蹄声就可以了。Randy Thom 建议，在电影声音中，甚至可以只用一个单一的前景声（或者一对前景声），再配上一个背景材质声，就能达到足够的效果。在视听领域中，我们通常把事物编组为一组、两组或多组。

非同步声音

与视听环境中通常的对应和同步相反，**非同步**（**asynchronous**）声音是用一种非字面解释的方式对视觉事件进行增强的，非同步并不意味着事件与声音之间没有时间关系，而是说声音没有在字面意义上与银幕中的视觉事件相同步。比如，在电影中，当场景从坏人死亡淡出转为欢庆时，枪声被烟火声替代，或是尖叫声被警笛和闪光信号所替代，这表明警察来了，无须显式地展示叙述的这个部分。

盲听声音

盲听（**acousmatic**）声音的概念来自于毕达哥拉斯，意思是"不被看到而被听到"，它在非同步声源

的基础上又向前迈进了一步。Schaeffer（1977）扩展了盲听的概念，把它定义为脱离任何已知声源机制而得到的声音，它仅仅考虑了各个声音特征的表面数值的声音，所以这种声音与 Chion（1994）的缩减听音模式联系在一起了。从电影的角度来看，所有这类声音必须是非同步的。有各种不同的理论对这种声音如何能够在不同于叙事和同步声源的层面上进行沟通交流进行了解释。上下文环境与预期扮演了重要角色。这个声音可以是非常神秘的、未知的，用于表示它的各种隐含属性。另外，通过事先提供消息或业已形成的传统，这个声音也可以传递抽象性质、精神状态（比如高兴、困惑、愤怒），或进行人物塑造（"坏人"的声音）。在这些方面，盲听声源与声轨中的配乐相互交叠。换一种方式，为了与简单的非同步进行区分，视觉元素的刻意缺失可以让盲听声音以更为有力的方式接管感知，就像在 Michael Moore 的《华氏9/11（Fahrenheit 9/11）》中，导演在记录那些知名事件时没有展示为人熟知的惨状，这就迫使观众把注意力集中在撞击声和尖叫声的能量上，这产生了一种更让人胆战心惊、更为恐怖的重新解释。

视听合约

与单独看或单独听相比，同时看到和听到能产生一种不同的整体的效果。Bregman 把这种对应的简化进一步进行下去（Bregman 1990），发现了建设性叙述，而 Chion 把它重新描述为"对于分离的一种刻意的悬而未决"。音频目击者"赞同忘却了声音来自于音箱、画面来自于银幕"。这种感觉上的融合被称为多形态整合，这是声音设计的中心，因为它为声音和视觉对象赋予了很大的灵活度，只要有一种看似真实的同步与对象发生机制存在即可。它可以被伸展得更远，可以在多个元素中的某一个仅仅作为隐喻时完美工作，因此它使创造性的声音设计有了广阔的可能性。

缺席

在著名的精神病学家 Oliver Sacks 的笔记中，有一个关于住在铁轨附近的人的故事。这个人抱怨每天晚上都恰好在同一个时间从睡梦中惊醒，仿佛是听到了一声巨响。放置在卧室中的话筒并没有记录到任何声音，精神病学家也给不出任何解释。最终，进一步的调查揭示出，在二十年时间里，每天深夜在他熟睡时，都会有一趟货运列车准确地在同一时间路过，而最近这趟列车停运了。这位病人在潜意识里已经对此非常熟悉，并被调谐到与这趟驶过的列车相协调，所

以他对于这趟列车**没有**经过他的房屋产生了响应。观察一排栅栏柱或是一个人微笑时露出的牙齿，假设其中有一个柱子或牙齿缺失了，那么缺席的这个东西是很突出的。这种平地与形状的反转在心理学中很常见，我们会注意到不同，即使当这个不同是缺失的时候。对于声音来说，在规则的声音流中缺失一个脉冲，或是在规则的谐波列中缺失一个谐波，这些都是很突出的。我们实际上听到了那个并不存在的东西。当你把带有缺失一个谐波的周期性波形变慢到一个较低的频率时，就会发生 **Duifhuis 效应**。这个缺失的谐波被显式地听到（而且通常会被误认为是混叠）。这个效应可以用基膜的傅里叶构造和生理声学刺激来解释（Hartmann 和 Lin 1977）。我不在这里对此进行阐述了，但值得记住的是，在追踪一个声音的某些特征或恼人的人造声时，查看"有什么"还不如查看"**应该有**什么"。

同时遮蔽

在时间上相邻或频谱上相邻的不相关声音可以相互干扰。有时候，其中一个声音会完全淹没另外一个声音，以至于那个声音不再被听到。**同时遮蔽**（**concurrent masking** 或 **simultaneous masking**）是指一个声音恰好盖在另一个声音的上面。显然，通过叠加，这两个声音混合成了一个声音，使我们对于单个声音的感知受到了影响。在架子鼓中，军鼓、踩镲和底鼓占据了完全不同的频带，所以在那些同一拍上出现两个或多个声音的节奏中，每件乐器的声音都是清晰可听的。如果两个声音相对近似，并且一个显著地响于另外一个，则较安静的那个声音将不会被听到。也就是说，我们无法区分这究竟是两个声音的混合声（其中一个声音被另外一个声音遮蔽），还是产生遮蔽效果的声音在单独发声。这种情况可以用**临界频带遮蔽**（**critical band masking**）来解释：每个临界频带一次只能从一个声音中转换信息。如果两个声音所包含的各个泛音共享了同一个临界频带，那么这两个声音就融合在一起了；如果一个声音所包含的内容完全处于另外一个声音的各个临界频带所构成的某个子集中，那么后者将处于支配地位，并且会完全包含第一个声音 [**带内遮蔽**（**in-band masking**）]。这是 MP3 算法中使用的心理声学数据压缩的一个重要部分。在一个临界频带中的声音也可以被相邻的临界频带中的声音所遮蔽（**带间遮蔽** [**interband masking**]）。如果一个窄带声音旁边有另一个声音，而该声音与上下两个相邻频带都相关，则这个窄带声音将被遮蔽。另外那个声音被称为发生了扩散，而且这个**扩散函数**（**spreading function**）取决于频率和幅度。高频比低频更容易被扩散所遮蔽，因为频谱上频率较高的频带比频率较低的频带占据更宽（以赫兹为单位）的频率范围。

时域相邻遮蔽

如我们已经看到的，被简短的时间间隔分隔开的声音会彼此影响。两个在时间上快速相继发生的声音会发生前向（后）遮蔽和后向（前）遮蔽。在一个较响声音的前面或后面直接跟着一个较安静的声音时，则这个较安静的声音会被遮蔽，即使这个声音明显地有其自身的空间。似乎我们的大脑会被主导声音所分神，忘却了次要声音的存在。时间上的前向遮蔽与后向遮蔽并不完全相同。前向遮蔽发生在 100 ~ 200 ms 之后，而后向遮蔽则只能工作在 30 ~ 100 ms 之前。

6.3 听觉场景分析

我们如何搞清楚复杂的声音场景代表的意思呢？**听觉场景分析**（**auditory scene analysis**）的先驱之一 Albert Bregman（1990）给出了一个例子，即想象听到"若干餐盘彼此滑过，然后坠落到地面上，一些餐盘在地面上滚动，一些餐盘则摔碎了"这样一个场景。随后你可以回答一些具体的问题，比如"有多少餐盘？""这些餐盘从多高处坠落？""所有盘子都摔碎了么？""这些盘子有多大？"等。听觉场景分析有各种应用，比如在火警报警器中可以用话筒检测火的声音，以此增强热与烟的探测器的探测能力，又比如婴儿报警器可以区分悲伤与心满意足的咯咯笑，再比如能够识别人类脚步声的闯入报警器。这类工作是人工智能（AI）的一个分支，有时被称为**机器听觉**（**machine listening**），美国麻省理工学院的媒体实验室和英国伦敦女王玛丽学院在这一领域进行了一些有趣的研究。火警和婴儿报警器是给我的数字信号处理学生的项目建议。作为声音设计师，我们发现从诠释者的角度来说，音频场景分析是很有价值的。关于"人类大脑如何解构这些声音"的知识可以反过来用于设计出具有预期效果的声音。

分离

抵达人耳的复杂的压强波形可能没有明显的时域边界来指示各个单独的事件或起因。为了把一个复杂的声音拆分开,我们需要同时运用多种策略。这些策略中的第一种就是**分离(segregation)**,它本身是由几种子策略构成的,这些子策略力图鉴别一个复合信息流中的各个独立的对象或事件。同时发声的几个声源——比如汽车引擎、人说话声以及背景音乐——在时间上都具有相互交叠的频率成分。这些频率本身并不是恒定的,而是按照**轨迹(trajectory)**或**姿态(gesture)**进行运动。轨迹是在某个高维空间中的一种运动,可以用一种更为简单的方式把它想象成一条在某个低维空间中的路径,比如三维空间中的一条弯弯曲曲的线。

虽然一条轨迹可以与来自于其他声音的其他轨迹相交,但通常各条轨迹在交叉前后的方向都能明显地表示出哪条线是哪条轨迹。在计算机视觉中,我们首先进行边缘检测,找到各个对象的边界。不过,一些对象会位于其他对象的后面,所以为了避免这种由于部分遮挡而造成的信息丢失,计算机必须"把各个点都连上",并对暗含在模式图样中的各条线段进行推测。在音频场景分析中,把这种对遗失特征的猜测或内插称为**闭合(closure)**。当然,作为人类,我们做这件事是很自然的,类似地,我们的听觉功能可以把一个复合声音中各个"遗失的"频率拼凑起来。物理上的声波遮挡(即一个物体横在传播路径上)并不是我们在这里所指的东西。在心理声学中,与视觉遮挡相对应的声音类比是遮蔽,即频率成分并没有多少被遗失而是被交叠。虽然来自于所有声音的波形都抵达了人耳,但有一些声音实际上是被其他声音遮掩住了。

图式激活

图式是被大脑存储的一种模式图样或模板,用来与输入的刺激进行比较。认知心理学的方法声称,某些轨迹会激活预先学习的图式。幸运的是,这种方式并不像"在一个文件系统中搜索"那样工作,它通过并行处理,用一种类似于树形结构的方式对特定的特征进行匹配,所以匹配或识别几乎是瞬间完成的。有意识地关注允许我们对可能的图式进行指导或滤波,并且根据预期进行搜索,但即使我们没有有意识地留意,关注也扮演了一个角色。一条轨迹中的每个阶段都会从由所有图式所构成的词典中增强或减少可能的选择。换句话说,声音在以一种预期的方式运转,即使在我们并不熟悉它们的时候。

原初特征

构成这一过程的基础规则是什么?它们主要都是一些简单的物理规则。换句话说,我们对于日常物理学具有一种先天的理解,它在我们对声音的感知中是根深蒂固的。在音乐中,Beck(2000)把这种情况描述为"声学生存能力"。作为声音设计师,这是很重要的,因为我们可以预料到:如果在构建声音过程中对物理原理给予恰当的关注,那么构造出来的这些声音就会"有意义",Bregman(1990)把这称为**原初音频场景分析层次(primitive auditory scene analysis level)**。Shepard(1957)等人则遵循一种"后天"假设,即所有动物都会在它们的启蒙发展阶段快速地学会来自于物理世界的规律。在我们的生命中,不管是清醒还是沉睡,每时每刻我们都被暴露在各种例子中,所以可以非常合理地说,这些模式图样已经深深植根于我们的低层次感知中。其他人倾向于采用一种与Chomsky(1957)的先天语法假设相类比的"强"版本,即我们生来具有某种倾向去识别各种原初特征,比如倍频程(八度)。这可能是来自于耳蜗的结构、尖峰神经元的行为或者听觉神经通路的预定义结构,比如在Broca区域(Musso 2003)。

调和性

谐波结构的规则性是一种原初特征。通过先前对声音物理原理的探究,我们知道,简谐振动和共振通常会导致一系列与某一数学规律相关联的频率。在振动的弦或管腔这些最简单的情况中,这些频率就是一个单一谐波频率间隔的整倍数。当听一支长笛演奏的声音时,我们并不认为每个谐波都来自于一件单独的乐器,而是认为整个谐波列来自于同一个声源。即使对于非谐波泛音模式图样也是这样的,比如那些方形薄板或非线性系统发出的声音。我们的大脑似乎能暗中理解这种声音产生机制的数学规律,只要这些规律是相对自然的。

连续性

如果自然声源受到各种物理规律的限制,那么可以预期,来自于这些声源的信号将会以一种受限制的方式进行运转。这类限制之一就是连续性,它暗含了某种类型的低通滤波器或摆率限制,即一个声音轨迹的某个维度能够以多快的速率发生变化。当它的变化速率快于所允许的"速度极限"时,我们倾向于把它感知为一个新的声音,因为旧有声音不可能以这种方式产生变化。Warren(1972,1982)给出的例子揭示了在一个稳定的声音被短暂提升幅度后出现了**同音连续性(homophonic continuity)**。此时我们并不是听到了一个声音快速地靠近然后远离，而是倾向于听到一个新声音在前景突然出现，同时现有声音继续以先前的电平在背景中发声。如果这个幅度变化适度地放慢，则听到的结果就是一个声源先变响然后变安静。

Bregman 发现这种现象被大力地运用于定位中。如果一个声音在两只耳朵里等音量出现，然后逐渐提高该声音在一只耳朵中的音量，则会发生预期的对移动的感知。不过，如果这个声音增大得太快（少于 100 ms），则听者会把它当作一个不可能事件——因为声源不可能移动得那么快，所以听者会认为听到了第二个声源出现在较响声音的方向上，同时原始的声音继续在原有位置上没有发生变化。对这种速度极限的感知取决于声源被感知的尺寸。较小较轻的物体（比如嗡嗡飞的苍蝇）被假设能够迅速地改变它们的行为，而较大较重的物体似乎会在较慢的变化时就违反了感知速度极限。这种现象在对于各种声音所找到的范围很宽的连续性门限上得到了体现（Warren 1972、Bregman 1990、Darwin 2005），这些连续性门限的范围从 40 ～ 600 ms 都有。

动量

我们在这里使用"动量（momentum）"一词用以和连续性与单调性相区别。虽然它们是相关的概念（宽泛地说是一个**良好连续性原则**），但它们并不完全相同。Warren 发现，当一个连续的纯音被若干噪声脉冲打断时，这个声音被听成是在一个连续不断的声音流之上叠加了若干噪声脉冲。由于噪声包含了纯音的某些频率，所以纯音似乎短暂地被噪声遮蔽而非替代。自然地，这比"纯音突然停止，被噪声替代，然后纯音继续"更容易发生。这就仿佛是声音携带了一个质量或动量一样，让短暂的中断更缺少合理性。

单调性

改变连续性也可以运用到来自于同一个声源的一系列显然相互分隔开的事件。单调性是指一个已经建立的模式图样继续按相同的方向前进的趋势。一个球的各次弹跳之间的时间间隔始终都在减小，如果这个时间间隔很小，可以假设这个球是非常有弹性的，但这个时间间隔永远不会**增大**，除非发生了某个新事件加入了能量，比如某人向下推压这个球。大多数自然现象都是以一个衰减能量函数为特征的，我们可以轻松地把这个系统中任何新能量的注入听成是一个新事件。被一个有确定模式的变化出乎意料地打断的声音倾向于被听成新事件或新声源（Bregman 和 Dannenbring 1973）。

时域相关

Bregman（1990）把时域相关总结为"互不相关的各个声音很少准确地在同一时刻开始或停止"。想象一下启动某种有各种齿轮和轮子的复杂机器，它是一个复合声源，由很多滴答声和呼呼声构成，而我们可以把它们作为同一个物体放在一起。如果这台机器的速度或机械强度增大，我们就倾向于把它感知为原始行为的一种继续，只要这个新行为的各个频率和模式图样与原始行为的频率和模式图样或多或少地相匹配。如果一个复合声音中的某个成分被隔离出来并且被播放，并使其比该复合声音的其余部分先开始，则这个成分会被听成是一个单独的声源贯穿于后来开始的复合声音的整个持续时间，即使它实际上是那个复合声音的一个成分。Bregman 把这称为**旧加新**（**old plus new**）策略。

相干性

Bregman 在文献（1990）中说道："在一个声学事件中发生的很多变化都会在同一时刻以同样的方式影响所得声音的所有成分"。我更愿意对这种说法进行修正，用一种**相关的**方式来读它，因为不可能在盲目假设一个声音隐含的各个参数时把这些参数设置得足够好，好到可以称为**相同**。另一种解释方式是有共同的隐含起因，有时候被解释为**共同命运原则**（**principle of common fate**）。一个振动物体的多个参数发生的改变通常都通过一个因果链被连接回一个单一的声源上。例如，沙砾上的脚步声包含很多细微的频率脉冲，每个频率脉冲都是由小石头彼此移动而引起的，但这个共同参数是脚踩在地面上的压力。所有这些细微的成分一起运动（围绕一个统计均值），不仅在幅度上运动，而且也在频率上运动。

场景分析的过程

让我们试着把这些思路中的一部分捏合到一起。本书没有篇幅能够深入讨论这个复杂论题的细节，但作为概述，听觉场景分析是对各种图式进行听觉分流、组织、相关和匹配的一个处理过程。整个过程并不是线性的，而且不能轻易地由任何一个子过程来解释。它其实是所有这些子过程并行地对一个更大的情形共同贡献的结果。由于各个图式似乎彼此是竞争的，所以来自于心理学其他分支的各种为人熟知的技巧（比如启动效应）可以用来在两个类似图式相互竞争时对声音的感知产生影响。为了声音设计而理解这些概念是很有用的，因为我们所做的大量工作都是以"为听者提供预期"为基础而进行的一些"欺骗"。

6.4 听觉记忆

关于记忆一种老派的观点认为，在大脑中某个特定区域内存在一个声音库。来自于科学研究的一些更为现代的观点认为，大脑中并不存在这种用来存放记忆的"地方"。其实，随着神经偏倚和图式被新经验慢速加强，记忆是整个听觉系统一种自然发生的属性。换句话说，是聆听的动作改变了我们为这个任务所用的设备，产生了新的预期和模式图样。

短时记忆与长时记忆

与其他记忆功能一样，这里似乎有短时变化和长时变化，所以至少可以在与瞬时记忆相对应的两个层面上理解听觉记忆：会快速淡化的**声象记忆**（**echoic store**），以及能终生存续的长时或**情节记忆**（**episodic memory**）。声象记忆充当了一种只有几秒短暂的记忆缓冲区。这里的声音并没有被编码到任何更高的层次上。声象记忆似乎是从用于编码声音的短时听觉记忆的另一种功能分离出来的，这与视觉暂留颇为相似。它是图式的一种临时刺激，它能够"谐振"一段时间，但随后就会消退，不会留下任何长时变化。长时记忆含有一种永久性的神经上的改变，通常需要有强烈或重复的体验，并且要经过一定时间来使其明确。我们所知的是语音和音乐在情节记忆形成时似乎都含有单独的功能。

听觉流水线

Crowder（1969）领导的一项试验与音乐拼图玩具"Simon"的作用类似。通过给一个声音序列添加越来越多的表项并测量对于先前表项的回忆，他发现了一些有趣的趋势。如果没有进一步的声音到达的话，缀在尾部的表项始终能够被非常清晰地回忆起来。这要比**位置偏爱**（**positional bias**）更强，因为新表项会积极地擦除那些在时间上与其相近的先前表项。流水线中更靠前的表项境遇似乎要好一些。这间接表明，为了让声音能够在听觉短时记忆中得以保存，需要一定的**编码时间**（**encoding period**）。另一项试验（Massaro 1970）通过揭示"纯音之间的时间间隔对于音序的回忆是如何影响的"也证实了这一点。各段时间间隔小于100 ms的快速旋律会产生非常差的记忆。随着时间间隔的增大，回忆得到了改善，当时间间隔升至大约350 ms时，回忆趋于稳定。

文字记忆与非文字记忆

因为我们拥有一种用于处理语音的高度发达的功能，由此可知，如果一个声音可以被识别并专门赋予一个名字，那么我们就能充分利用文字记忆带来的好处。显然，对于一位经过良好训练、具备音高辨别力的乐手来说，如果能够把一段旋律序列翻译成类似于 E、G、B、D、F 这样的**范畴**（**categorical**）符号的话，则他能够更好地记住这段旋律。这与我们用来记忆听到这些音符时的音调感觉所使用的过程并不是一回事。对于声音设计来说，这个**范畴前**（**precategorical**）记忆是最让我们感兴趣的，部分原因是它会在短暂的时间尺度内影响后续声音事件的感知。范畴记忆在工作中很重要，比如回忆音乐的各个段落，或是在素材库中寻找音响效果。范畴前记忆考虑的是难以言说的且与声音、启动效应和预期相关的感觉，在构建电影声轨时，对于它们的理解是很重要的。

视觉增强

我们已经看到，感知是一个格式塔过程，所以我们会把其他感官线索整合到形成记忆的过程中。处理目击证人证词的很多法律案件都暴露出这种格式塔合成的不可靠性。当声音与视觉协力产生模棱两可的记忆时，诸如"谁先开枪？"或"哪辆车撞了行人？"这类问题是很难回答的。较强的图式倾向于覆盖较弱的图式，甚至修改真实的记忆，以创建出一个新记忆（即关于认为我们曾经看到或听到的记忆），从而减少**认知不一致**（**cognitive dissonance**）。关于声音记忆的各种实验一般都会用蒙眼或降低照明来移除所有视觉刺激，以避免上述这种现象的发生。如前所述，这与**对应**有关，它对于我们这些声音设计者是很重要的。与盲听（画外）事件相比，刻意制作的带有视觉焦点的**画内**事件会在我们对于一个场景的回忆上施加强得多的影响。

6.5 聆听策略

在本节中，我们将离开低层次感知与声音记忆，转而对高级脑部区域中发生的活动进行思考。这与**关注**有些交叠，但是它是在一个更为有意识的层面上，在这里，可以用文字描述的意图与感觉起到了作用。

聆听的层级结构

　　一些研究者已经提出了人类聆听声音的各种方式，并把这些方式放到各种类别中，用以指明聆听过程中某种类型或层次的无意识或有意识的思考。接下来的若干段落将介绍 Schaeffer（1977）和 Chion（1994）的分类聆听模式 [由 Tuuri、Mustonen 和 Pirhonen（2007）对此进行了总结]，同时还有 David Huron（2002）对音乐聆听的一些观察，以及我自己的一些解释。从声音设计师的角度来说，我们感兴趣的是这些内容对于建设性和分析性任务的功用。它们并不是相互排斥的，设计声音所进行的大多数活动都会占据一个以上的类别。

反身的

　　反身响应是基础的本能的响应，是我们无法进行太多控制的，除非是在被占用的聆听中（比如两位爵士乐手"自动地彼此"响应）。吃惊反应、防御反射和定向反应是常见的对声音的内心反应，在后面的**"生理反应"**一节中会进行更详细的讨论。但这个类别也包含了声音的一些低层次体验，这会唤起各种原始感受。某些快速起音的特征和高能量传输的暗示可以立即引起恐惧和警惕的感觉。这些感觉中有很多可能源于为了在充满捕食者的敌意环境中生存下来而进化出来的本领。有些本领可能是所有动物都具备的本能，比如所有生命体普遍具有的相关特征、危险（高能量传输、混乱无序和捕食者）、食物（熟悉的与吃相关的捕食声）、交配（对于异性鸣叫的反应）和安全（父母和群族等的声音）。

隐含的

　　隐含反应涉及对低层次图式的激活，这些图式会在前意识和语前的识别、匹配及认可阶段关注一个声音的各种特征。这些响应与已经获得的各种特征能够部分匹配，这些特征可以没有名字，或者可以被听者直接理解。一声咆哮所带有的共鸣告诉我们这只野兽在解剖结构方面的物理特性，并帮助我们确定这是一只隐藏在丛林中的危险动物，还是一只无害的小动物。这些频谱特征是人类经过进化得到的隐含本领的一部分，用于从动物的声音来识别动物的尺寸。这些是抽象的预识别本领，它们能告诉我们关于声源的某些情况，并且无须知道它到底是什么。在一座城市里，有很多不寻常的、无法预料的声音，比如外国人的对话、新的蜂鸣器和警报声，我们可以在不了解

更多信息的情况下隐含地认可这些声音。

因果的

　　在因果处理中，我们把一个声音解构成可以辨认的各个物体和一个能量通路的序列，把这个声音解释成一套有因果关系的动作或流动。餐盘滑动然后弹起并粉碎的一段录音构成了一个生动的声音场景，在这个场景中我们可以听到各个单独的声音，把它们连接到一起，构成了一个可以理解的整体。Bregman（1990）的场景分析中有很多是在处理那些指示因果关系的特征，比如被共享的时间框架、频谱和微观结构细节。

移情的

　　移情处理把声音与关于另外某个实体的精神或生存状态的图式连接起来。正是在这个范围内，我们使声音人格化，并把自己与这些声音关联起来。一个婴儿哭泣的声音、一个被爱抚的人的声音或是一群愤怒嚎叫的人能给我们关于声源身份和意图的感觉，并引导我们的预期。

功能的

　　船的汽笛、汽车的喇叭或是电话铃声都是具有功能性的，就像某人在喊"站住！"它们表示一种具体的目的，并被认为是一个能够用声音来通知、警告、标记或指引我们的对象，或是能够指明这个声源。蝙蝠的尖叫声和声纳的脉冲信号是具有功能性的，它们利用回声定位来导航，但除非你是蝙蝠、生物学家或潜艇船员，否则这个功能维度并不能被展现出来。鸟鸣在很大程度上也是功能性的，响尾蛇发出的声音也是。这个功能性取决于被传达意义的意图，如果你是这个声音语义内容的参与者，那么它的意义可能对你的生存是至关重要的。猎犬和狮子运用简短的咔嗒声或叫声来彼此通知它们的方位，并让兽群完成一次成功猎杀的机会达到最优化。

语义的

　　语义聆听是一种认可活动，在此处，声音被匹配到即刻相关的含义上了。电话振铃是一个表示意义的符号，说明某人想要与我们交谈。如果我们正在期待一个电话，那么它对我们来说也许带有了扩展的含义。显然，语言是这类聆听的一种特殊情形，此时的各个单词在一套由序列、语法、语境等构成的复杂系统中具有了含义。

批判式的

批判式聆听是对一个声音在上下文中的适合程度或正确度进行评判。在凌晨4:00响起的电话铃、一句发誓的话语或者一个走调的钢琴声能引起大多数人的紧急行动。作为声音设计师，我们会被各种复杂的问题所困扰——校直、相位、咔嗒声和音色等，这些都是大多数人不能解释或不关心的问题，所以声音设计的任务涉及到很多批判式聆听。在实际应用中，给画面配声轨的专家知道，Scooby-Doo邦戈鼓适合用在动画喜剧中对坏蛋进行追赶时，而不适合用在勇敢坚定的现实正剧中。

减化的

有时，听者会有意识地关闭所有其他感官通道，仅仅把注意力集中在抽象形式的声音上。**减化聆听**（**reduced listening**）（Schaeffer 1977）是声音设计中的一项重要技能，并且可能是人类只有在欣赏音乐时才会做的事。它与占用式聆听不同，因为我们只是被动地与声源发生了关系。

分析式聆听

当我们把所有其他模式组合到一种**有意识的**尝试中，以便解构声音并揭示出它的更深层含义时，我们就是在进行**分析式聆听**（**analytical listening**）。试图从一个人的口音中辨别出他来自哪里，或者医生用听诊器听心跳声，这些都是此种模式的例子。我的祖父是位工程专家，他会绕着一辆汽车走来走去，长时间聆听引擎的声音，然后发表关于挺杆、调校或活塞环的看法。在打开引擎顶盖查看引擎之前，他的诊断分析很少出错。

成分分析

有一类分析式聆听对于声音设计师来说特别宝贵。计算机和大脑同样都试图把一个复杂声音缩减到能够描述它的最小特征组中。在音频编解码器中这种数据缩减得到了充分运用，比如使用Karhunen-Loeve变换，这是一种自动统计的线性方法，用于对一个声音的能量进行分组，把它们变成尽可能少的参数。**主成分分析**（**component analysis**）是我们感兴趣的，因为作为声音设计师，经常做一件类似的事。作为一种聆听模式，我们试图构建一个**参数模型**（**parametric model**），用最少数量的变量捕捉这个声音，并且让这些变量在我们想要的行为范围内尽可能有意义。我们

试图通过声音揭示隐含的结构或机制，并分离出各个因果分组。在后面章节有关于合成火焰声的例子，将会看到用5或10个参数可以相当好地捕获这个现象，从而使我们仅仅通过采取不同方式组合这些变量就能合成出范围相当广的各种燃烧效果。

导因聆听

当我们期待某个重要声音时，会发生**导因聆听**（**signal listening**）或预期（**anticipatory**）聆听。Truax（2000）运用了"聆听准备就绪"这个措辞来描述等待某个预期中的声音事件。它可以是一个闹钟——当你7:59醒来去听8:00将会响的铃声。它可以是某个动物的声音——你觉得听到了它在角落里爬行。这些都牵扯到一些显著的神经和生理活动。在导因聆听期间，人耳和听觉系统调谐到预期的声音上——这种调谐非常强烈，以至于我们可能会把听到的其他声音误认为是目标信号。众所周知，实际上人耳可以**发出**声音（耳鸣就是一种情况），但产生这种现象的原因是一个没有得到很好了解的过程，在此过程中，耳蜗绒毛并不是完全被动的，而是控制系统的一部分，这个系统运用反馈来调谐到预期信号上。妄想狂被提升的警惕性会导致"听到了人说话的声音"也许可以部分地由这个概念来解释，这个声音似乎是真实的，因为它们的声源位于音频认知堆栈中非常底层的地方，所以当这个"人说话的声音"被预期时，一辆经过的汽车就可以变成耳语的人声。

占用的

占用式聆听（**engaged listening**）是体验的一种超临界状态，涉及到某种程度的**交互性**（**interactivity**），是对我们正在听到的声音及其因果过程的完全理解和**投入**（**involvement**）。这个声音会驱动物理响应，而响应也会驱动这个声音。这种紧密耦合发生在唱歌、跳踢踏舞或演奏乐器等活动中。这里有一个反馈环路，在预期之内，我们知道并了解这个声音场景对我们的动作的响应，或是我们对这个场景的响应。这是乐手在乐队中所享受的经历，也是我们作为声音设计师所渴求的经历。我们在聆听这个声音，与此同时也在改变这个声音。有趣的是，声音设计师会发生聆听的这种超临界模式，因为我们自己为声音构建模型并且对所得结果进行评判，以便进行即刻的改变。悲哀的是，对于声音设计师来说，各种接口的困难让改变一个模型的周转时间太长（即使用强大的计算机也如此），无法像乐手那样"进入状态"，但这种做法所回

馈的感受是相似的。

6.6　对声音的生理反应

声音可以对人类产生迅速的无意识的影响。这可以被联系到这样一个事实上：从神经学上来说，能够不用"耳唇"对声音进行聚焦和滤波，这仍旧是一个无意识的活动，特别是当一个人毫无心理准备地碰到一个意想不到的噪声时。

镫骨反射

非常响的声音可以导致耳朵临时关闭以保护自己，这就是被称为**镫骨反射（stapedius reflex）**的一种反应。肌肉收缩以抑制小骨，并阻止声音传导到耳蜗中。听觉会很快回到正常状态。在说话或唱歌时也会部分地发生这种情况，所以，此时我们听到自己的说话声比其他时候小。

吃惊反应

为了生存，人类经过进化能够在感知到的最初几毫秒内识别出小树枝噼啪声、闪电和雨滴落在附近树叶上等声音之间的区别。在发生前脑处理识别或分类声音之前，我们就能在声音的起音部分对声音的特征产生响应。暗示了高能量或力的突然释放的某些模式图样会引起一个立即的**吃惊反应（startle response）**。一个人可能会无意识地向后移动他的头，好像在躲避一个看不见的危险，防御性地移动他的手脚，或是眨眼，心率上升，人的注意力被集中，所以他会对后续的声音事件更为留意。

朝向反应

一个很响或很尖锐的声音离轴会引起人的**朝向反应（orientation response）**——立即本能地转头朝向声源。如同已经考虑过的，这种反应有一部分是由于我们需要移动头部来增强定位，但它也受到了想要看看声源并进行进一步识别的愿望的驱动。

狂喜反应

Huron（2002）把**狂喜聆听（ecstatic listening）**作为一种响应，特别是对音乐的响应，它产生了一种无法控制的颤抖的感觉，在生理学上被称为**颤抖（frisson）**。它也可以是对一个深爱的人的声音或是对具有强烈情感含义的某个特定声音的一种反应。这种

体验可以持续数秒钟。它可能引起后背、手臂、肩膀和脖子等处起鸡皮疙瘩、颤抖和发痒，也可能引起脸红和流泪或是完全自发的喊叫。大多数人把它描述为一种**良好的**感觉，一个狂喜的时刻。对于大多数人来说，这种经历是完全不受意志力控制的。由研究发现，麻醉抑制剂会抑制这种反应，所以显然这一过程涉及到下丘脑对肽的释放。换句话说，声音可以是一种药。

应激反应

应激反应（stress response）所产生的效果包括血压升高、出汗、方向感丧失和心理混乱。作为声音设计师，我们应该把精力集中在应激反应的有用用途上。刻意激活吃惊反应和镫骨反射、命运声音和高能量暗示都会让肾上腺素水平上升。在一个安全且受限的环境中，应激反应的效果是令人激动的，并且能有力地加强动作电影和游戏的效果。在最坏的情况下，它实际上是有一定侵犯性的，从法律意义上说是在运用物理力量（这是声音的本质）和侵犯性的行为。剧场音响系统出于健康原因被限制在一个安全声级内（介于 80 ~ 105 dB SPL 之间），但即使这种潜在的声压也会激起很多应激反应。消除噪声和环境健康是一个复杂的、影响深远的话题，人们已经知道，对噪声长时间的应激反应会导致很多后果，包括心血管疾病、忧郁症、侵犯行为增加以及其他各种不适（参见 Field 1993、Treasure 2007）。从古代中国到今日美国，声音早被用来作为刑具了。不过，我们应该时刻意识到，这些反应及其后果并不是绝对的，赞同与个人选择起了一定的作用。在世界各地的夜店和节日庆祝活动中，你会看到人们在很高兴地让自己暴露在 100 dB 以上的声音模式中，而同样大的声音如果是人们不想要的声音，则会让人感到极其受压迫。

双耳差拍诱导

我们知道，长时间聆听纯的非乐音可以对情绪产生影响。双耳差异条件作用涉及为每只耳朵呈现一个音调，所以在这两个音调之间的差拍频率会刺激大脑中相应的神经活动。对此现象仍旧没有确切的解释，而且还有很多伪科学与这种现象相伴。不过，双耳诱导的基础似乎是合理的，因为人脑左右半球之间通过胼胝体进行通信并需要很长的信号通路，同时会受到很多其他功能的影响。当然在睡眠、学习和意识等方面的研究中它有着有趣的应用。需要进行长时间的聆听以及人耳沟道作用的排他性限制了它在声音设计中

的潜在运用。

心理疗法的运用和艺术

对于声音在心理疗法上的运用，我并不会在此讲很多内容（很遗憾，因为讨论这一吸引人的话题的资料非常多）。这些文献中既有可信的科学的声音研究，也有完全的胡说八道。我们不能忽略声音深层的情感影响以及它对人的精神和身体健康的潜在影响，也不能忽略这样一个事实：它与艺术目标显然有相互重叠的地方。至于它的价值，Beth-Abraham、Nordoff-Robbins、Warwick 大学以及其他研究机构的研究都毫无疑问地表明，声音和音乐提供了极其强大的治疗策略。对于参与艺术项目的声音设计师来说，我觉得这实际上是一片成熟的领域，因为目标不仅是增强视觉体验，而且要用声音本身来影响情感变化。这方面有趣的课题有很多，从外伤恢复到环境声对学习、生产率、攻击性和依恋的影响等都有文献可供参考，这些内容对于任何声音设计师来说都是有用的背景知识。这方面的知名作者包括 Lozanov（1978）、Nordoff 和 Robbins（1971）、Sacks（2007）、Treasure（2007）、Tomanio（2003）以及 Bonny（2002）。

交叉模态感知

最近的一些研究正在对现有的关于人脑功能分区的观念（即 Fodor 1983 中表述的内容）构成挑战。研究者们（Wang 和 Barone 2008）已经注意到，视觉皮层也可以参与声音处理，特别是在多感官输入的时候。在周边视野中移动那些与声音相对应的物体会影响被增强的听觉感知；类似地，相伴的声音可以增强或产生视觉感知。这与通常很虚弱的联觉现象并不一样，但可以与之有关联。在其他试验（Jousmaki 和 Hari 2006）中，声音与触觉之间的联系已经得到了印证，触觉可以被同时播放的声音所影响。另一项研究（Schurmann 等 2004）表明，通过头或脚接收到的振动可以影响对响度的感知。这些发现对于电影声音设计师和使用力回馈设备的游戏开发者来说都有着有趣的暗示。

6.7 声音、语言和知识

杰克船长站在黑乌鸦号的甲板上，一阵夏季的微风拂面而来，夹带着酒馆里 Eyepatch 和 Stump 酣醉的笑声，还有海鸥尖叫的回声在老旧船坞的鹅卵石上萦绕……耶！

想象中的声音

想象你自己在一部描写旧时海盗的电影中。在码头区看着杰克船长的船向着港口驶来，你能听到人说话的喃喃声和唠叨声，微风吹动船只绳索的声音、街道上的犬吠声。这些都是我们的祖先听了上千年的声音，这些声音具有扎实的物理学和生物学基础。当使用"拟声词"唤起一个场景时，我们在处理一个强大的情感设备。听觉是最早发育的感官之一，甚至在母亲子宫里的时候就能聆听，而且与气味（嗅觉）一样，它会激发人脑深层次原始的部位，这是视觉做不到的。我们对声音有着深厚的想象功力。如果集中精力，那么你几乎可以在脑海里"听到"声音，不仅是具体的被你记住的声音，而且也有假想的声音以及声音的各种抽象性质，并以此作为单独的认知设备。例如，在阅读时，我们会在心里默读。现在你继续阅读，并且开始改变那个默读的声音，试着用一个愤怒或高兴的声音来默读，我喜欢用 Homer Simpson 最讽刺的声音来读报纸，因为它们说的**总是那么真实**。

谈论声音

现在把精力集中在日常声音上，比如驶过的汽车或跑过的动物，或者试一些荒诞的、抽象的声音，比如油漆烘干的声音。显然，我并不知道你在想什么，因为我们的内心图式和原型都是独特的。那么，现在的问题是如何把一个想象中的声音转移到现实中。让我们考虑一下表达这些想象中的声音的方式，你会想到哪些词汇呢？你如何告诉其他人你脑海里听到的那个声音？

名词描述

名词是声音设计的敌人。当我们说"飞机声"时，它可能召唤出很多不同的强烈图式中的一个，所有这些图式都被归类到"飞机"中，但它们之间的差别就像苹果与獾一样完全不同。Red Baron 的 Fokker 三翼飞机听起来根本不像一架战斗机的声音。当我们利用一些不合格的简单名词进行工作时，语言上的含糊不清会让它们无法胜任工作。事实上，有时候对物体的描述中其实根本没有声音方面的有效内容。"滴水的水龙头"的声音与浴室材料、水的深度、房间混响等有着非常大的关系，但与水龙头本身的关系却很小。同样的词汇对于不同的人会意味着不同的东西。当我说"警笛声"时，你可能立即听到一个慢速的哀号或快速的喇叭声，不管是什么，它应该是最符合你个人对那个声音的最强图式的一个理解。纽约的警笛声与柏林或阿姆斯特丹的警笛声是不一样的，但我们能够轻松地识别出每种警笛声。

形容词和附加词描述

好的声音词汇是形容词。在英语中有丰富的形容词可以表示一个模糊的名词所表达的一种特性。一个"中空的钟"暗示有奇次谐波，因为"中空的"听起来像双簧管，空的管腔具有这种性质。在声音描述上，形容词和修饰语要比名词更有用，但比动词差一些。把形容词"柔软"和"坚硬"很好地用在声音上就能相当准确地传递出材料的状态，而"可塑的"和"有弹性的"则能相当可靠地表达出阻尼的预期程度。

动名词描述

我们并不是为世界上的每种声音都赋予单独的词汇，而是用词汇来描述这些声音在做什么，而不是描述它们是什么。在为声音使用动词时，通常都会以这种方式创造性地运用分词和动名词的形式。所以我们有相当多的词汇表来谈论声音：嘶嘶声、口哨声、呻吟声、吱吱声、刮擦声、放屁声、噼啪声、嘎吱声等。这些动词是祈使和诗文知识的一种形式，它们描述的是产生这个声音的东西在做什么。这是有意义的，因为声音就是动力学的一个分支，声音就是关于"在出现变化时发生了什么"的事情。

拟声法和头韵法

在录音棚中，直接用人发出各种声音是交流中必不可少的，声音设计师时刻都在做这件事。在草稿声轨中运用人声拟声的占位声，并配合上视觉图像，这种做法是非常高兴使人接受的。事实上，它可以创建出相当有表现力的指南。在这一点上，你的老师们是不对的，因为阅读漫画是唯一能够重视"Twunk….boyoyoyoyoying（噔……磅）！"这类词汇的途径。拟声法与头韵法能被用来传达一个床垫的"砰然倒下（flump）"和一台引擎的"咔咔哒哒（chitter-chatter）"。头韵法表达了强调、次序和时机掌握。一个"杂乱无序（higgledy-piggledy）"的声音为它的结构设计带来了很多暗示。对于难以用言语说出的声音，运用这样的方法一点儿都不幼稚，不过一些严肃的设计师需要花些时间才能适应这种录音棚文化，在这里，运用这类语音是可以接受的。

参考点

传统的声音设计师构建了一个参考声词汇表。史酷比邦戈鼓、威廉的尖叫声、光剑等，这些都是用来标记原型设备的文化和专业的参考点。这些高层次的创意标记并不是合成声音设计的真正部分，但理解它们将非常有助于为设计选择提供信息。

过程式知识

想象一下外星人来和你一起看动画片，它们想知道为什么弹跳先生在沿着地面弹跳时会发出啵嘤声。你用极大的耐心解释说，这个声音并不是真正地由弹跳先生发出的，而是一把尺子被按在桌子上发出的砰的一声：这把尺子有 30 cm 长，由轻薄坚硬的木头制成，这张桌子是一件坚固沉重的家具，用手指向下压尺子，然后突然释放，此后你必须移动尺子让它振动。在解释完这些以后，外星人会很受启发，它们将拥有制作弹跳先生声音的所有知识，只要给它们桌子、尺子和手指就好。通过描述产生这个声音的各个物体的各种物理属性，以及发出这个声音所经历的过程，我们几乎完全描述了这个声音。这个声音的内涵和其他表意符号与此都是无关的。

陈述性领域知识

上述内容中有一部分涉及"事物是什么"的**领域（domain）**知识，比如什么是尺子。其中一些（比如桌子和尺子）是公共常识，但声音设计师需要具备一种对于声音对象有良好认知的世俗知识。作曲家被假定了解管弦乐队的所有乐器，能够对他说"大提琴"而不是说"那个靠刮擦来发出低沉声音的东西"。有时候，这可能是极其细节和专业化的，比如知道汽笛和高音喇叭的制造与模型，或是知道某款计算机声音芯片的精确结构以及用它来产生声音的具体的硬件方法。

命令性知识

这些是对于产生一个声音所发生的事情的观察。尺子必须被放置在桌子上，尺子的一部分必须被固定，而且要用手指让尺子产生位移以激发这个运动，这些都是**命令性陈述（imperative statement）**。

诗歌性知识

诗歌性知识（poetic knowledge）是关于分类知识、过程式知识和领域知识的交叉或扩展，它通过隐喻和明喻进行传达。它是关于某物"像"什么的表达，"像蜜蜂一样嗡嗡响"或"像软木塞一样砰的一声"它就是把领域参考点和与之共享某些特点的抽象声音的概念捆绑在一起的短语。诗歌性知识通过给我们某个可以比较的东西来定义目标。

分类知识

在消除各个声音的歧义时，我们运用更为具体的专业领域知识，通常都与更为精细的物理行为或一个物体的起源相关。例如，我们想知道它是四升的汽油发动机，还是两冲程的摩托车发动机？它是欧洲长尾摇莺还是非洲长尾摇莺？这些细节中有一些能直接映射到声音特征上，比如一台引擎的音调或一声鸟鸣的喳喳声。

弱文化领域知识

有很多属性不能被衡量或不能被普遍认同，但却在各个族群中被共享。一些性质是弱的、不牢固的，会随着时间或环境改变。"戏剧性的"或"史诗般的"这两个词的定义就不是非常可靠。某些词汇会在业内的一些部门中流行一段时间，它们同样也是不牢固的。一天中被三次要求让音乐配乐"大片儿一些"是很烦人的。像"黑"这类非常弱的词汇也应该在工作室中避免使用，不是因为它的种族含义，而是因为它们在不能用的方面是模糊的"黑"也可以意味着郁闷，或是音调的暗淡；还可以意味着强壮彻底地被定义。弱文化领域知识偶尔是有用的，它可以作为彼此不能讲对方语言的各个族群之间沟通的缓冲区，比如来自于业内不同部门的管理者和制作人。时髦词汇的危险不仅在于它们的含义模糊，而且在于那些不想被别人当作外行的人往往会采用这些词汇，并且盲目地乱用它们。

强文化领域知识

这些是取决于环境的、可适度计量（按序数或基数）的词汇。它们都得到了很好的理解，并且在交流中很有用，但仍旧是含糊不清的。"快板"或"纯洁"到底是什么意思？来自于古典音乐理论的术语具有定义明确的属性。那些从意大利语翻译过来的术语被映射到具体的速度和节奏上，所以"优美且幸福的"并不像你想象得那么含义模糊。两个音符或一个和弦在上下文中的"协和"能得到良好的定义，但我们永远不应忘记，这些术语依赖于西方文化，而且一个不同的校音系统或听众会改变这个解释。

6.8 练习

练习 1——感知

体验本章提及的很多心理学试验是非常有益的。你自己听一听遮蔽的效果、序列融合与裂变、Gabor 颗粒和 Sheppard 音调。看看你是否能在网络上找到有关心理声学的 Java 程序和数据，并把你自己的试验数据与一个典型听者的数据相比较。

练习 2——语言

做一回编剧，续写"老盲人杰克的财宝"的海盗故事。试着让声音设计师的工作更容易一些，舞文弄墨一番，想出丰富的语言来描述这个声音场景中进行的事情，比如"爆裂的圆木""呻吟的栋木"和"喋喋不休的村姑"。运用类比、隐喻、拟声等方法，用文字描绘这个声音场景。

练习 3——知识与沟通

不用合成器或话筒，试着为一个声音提供一份正式详细的规格描述。给出尽可能多的细节，包括过程和技术方面的细节，然后与同伴交换你们的规格描述，然后再试着实现彼此的声音。

6.9 致谢

感谢 Leon Van Noorden 和 Danijel Milosevic 对本章写作的帮助，感谢 Jeff Tackett 提供了他的 MATLAB ISO266 函数。

6.10 参考文献

书籍

[1] Bonny, H. (2002). *Music and Conciousness: The Evolution of Guided Imagery and Music*. Barcelona.
Bonny H. 音乐与意识：导引象征与音乐的演变 . 巴塞罗那，2002.
[2] Boulanger, R. C., et al. (2000). *The Csound Book*. MIT Press.
Boulanger R. C.，等人 . Csound 之书 . MIT 出版社，2000.
[3] Bregman, A. S. (1990). *Auditory Scene Analysis: The Perceptual Organization of Sound*. MIT Press.

Bregman A. S. 听觉场景分析：声音的感知组织．MIT 出版社，1990．

[4] Chion, M. (1994). *Audio-Vision: Sound on Screen*. Columbia University Press.

Chion M. 听觉 - 视觉：银幕上的声音．哥伦比亚大学出版社，1994．

[5] Chomsky, N. (1957). *Syntactic Structures*. Mouton.

Chomsky N. 句法结构．Mouton，1957．

[6] Fodor, J. A. (1983). *The Modularity of Mind*. MIT Press.

Fodor J. A. 意识的模块化．MIT 出版社，1983．

[7] Hartmann, W. M. (2004). *Signals, Sound, and Sensation*. Springer/AIP Press.

Hartmann W. M. 信号、声音与感知．Springer/AIP 出版社，2004．

[8] Helmholtz, H. von (1863/2005). *On the Sensations of Tone as a Physiological Basis for the Theory of Music*. Kessinger.

Helmholtz H. von 以对于纯音的感知作为音乐理论的生理学基础．Kessinger，1863/2005．

[9] Laban, R. v. (1988). *The Mastery of Movement*. Northcote House.

Laban R. V. 精通运动．Northcote 出版社，1988

[10] Lozanov, G. (1978). *Outlines of Suggestopedia*. Gordon & Breach.

Lozanov G. 暗示教学法概要．Gordon & Breach，1978．

[11] McAdams, S., and Bigand, E. (1993). *Thinking in Sound: The Cognitive Psychology of Human Audition*. Oxford University Press.

Mcadams S.，Bigand E. 用声音思考：人类听觉的认知心理学．牛津大学出版社，1993．

[12] Moore, B. C. J. (2003). *An Introduction to the Psychology of Hearing*. Academic Press.

Moore B. C. J. 听觉心理学导论．Academic 出版社，2003．

[13] Nordoff, P., and Robbins, C. (1971). *Music Therapy in Special Education*. John Day.

Nordoff P.，Robbins C. 特殊教育中的音乐疗法．John Day，1971．

[14] Sacks, O. (2007). *Musicophilia: Tales of Music and the Brain*. Vintage.

Sacks O. 音乐狂恋：音乐与大脑的故事．Vintage，2007．

[15] Schaeffer, P. (1977/2002). *Trait des objets musicaux*. Seuil.

Schaeffer P. 音乐对象论文集．Seuil，1977|2002．

[16] Talbot Smith, M. (ed.) (1999). *Audio Engineer's Reference Book*. 2nd ed. Focal Press.

Talbot Smith, M. 音频工程师参考手册（第 2 版）．

Focal 出版社，1999．

[17] Treasure, J. (2007). *Sound Business*. Management Books.

Treasure J. 声音业．Management Books 出版社，2000

[18] Truax, B. (2000). *Acoustic Communication*. Praeger.

Truax B. 听觉交流．Praeger 出版社，2000．

[19] Warren, R. M. (1982). *Auditory Perception: A New Synthesis*. Pergamon Press.

Warren R. M. 听觉感知：一种新的合成．Pergamon 出版社，1982．

论文

[20] Almonte, F., Jirsa, V. K., Large, E. W., and Tuller, B. (2005). "Integration and segregation in auditory streaming." *Physica D* 212: 137–159.

Almonte F，Jirsa V. K.，Large E. W.，等听觉分流中的整合与分离．物理 D，2005, 212:137-159．

[21] Beck, S. D. (2000). "Designing acoustically viable instruments in Csound." In R. C. Boulanger et al., *The Csound Book* (p. 157). MIT Press.

Beck S. D. 在 Csound 中设计声学上可行的乐器．收录于 R. C. Boulanger 等人编著的《Csound 书》MIT 出版社，2000:157．

[22] Bilsen, F. A. (1977). "Pitch of noise signals: Evidence for a central spectrum." *J. Acoust. Soc. Am.* 61: 150–161.

Bilsen F. A. 噪声信号的音高：中心频谱的证据．美国声学学会期刊，1977, 61:150-161．

[23] Birchfield, S. T., and Gangishetty, R. "Acoustic localisation by interaural level difference." IEEE Int. Conf. on Acoustics, Speech, and Signal Processing (ICASSP).

Birchfield S. T，Gangishetty R. 利用耳间声级差进行声学定位．电气与电子工程师学会声学、语音和信号处理国际会议（ICASSP）．

[24] Bregman, A. S., and Dannenbring, G. (1973). "The effect of continuity on auditory stream segregation." *Percep. Psychophys.* 13: 308–312.

Bregman A. S.，Dannenbring G. 连续性在听觉分流分离中的作用．感知与精神物理学，1973, 13:308-312．

[25] Broadbent, D. E., and Ladefoged, P. (1959). "Auditory perception of temporal order." *J. Acoust. Soc. Am.* 31: 1539.

Broadbent D. E.，Ladefoged P. 时间顺序的听觉感知．美国声学学会期刊，1959, 31:1539．

[26] Cosi, P., De Poli, G., and Lauzzana, G. (1994). "Auditory modelling and selforganizing neural networks for timbre classification." *J. New Music Res.* 23: 71–98.

Cosi P.，De Poli G.，Lauzzana G. 用于音色分类的听觉建模和自组织神经网络．新音乐研究期刊，1994, 23:71-98．

[27] Cramer, E. M., and Huggins,W. H. (1958). "Creation of pitch through binaural internaction." J. Acoust. Soc. Am. 61 413–417.

Creamer E. M.，Huggins W. H. 通过双耳相互作用创建音高. 美国声学学会期刊，1958, 61:413-417.

[28] Crowder, R. G., and Morton, J. (1969). "Precategorical acoustic storage." Percep. Psychophys. 5: 365–373.

Crowder R. G.，Morton J. 范畴前听觉存储. 感知与精神物理学，1969, 5:365-373.

[29] Darwin, C. J. (2005). "Simultaneous grouping and auditory continuity." Percep. Psychophys. 67(8): 1384–1390.

Darwin C. J. 同时知觉组织与听觉连续性. 感知与精神物理学，2005, 67(8):1384-1390.

[30] Field, J. M. (1993). "Effect of personal and situational variables upon noise annoyance in residential areas." J. Acoust. Soc. Am. 93: 2753–2763.

Field J. M. 各种个人及环境变量在住宅区噪声烦恼上的影响. 美国声学学会期刊，1993, 93:2753-2763.

[31] Fletcher, H., and Munson, W. A. (1933). "Loudness, its definition, measurement, and calculation." J. Acoust. Soc. Am. 5: 82–108.

Fletcher H.，Munson W. A. 响度及其定义、测量与计算. 美国声学学会期刊，1933, 5:82-108.

[32] Gabor, D. (1946). "Theory of communication." J. IEE (London) 93(26): 429–457.

Gabor D. 通信理论. 电气工程师学会期刊（伦敦），1946, 93(26):429-457.

[33] Geddes, W. K. E. (1968). "The assessment of noise in audio frequncy circuits." Research report 1968/8-EL17, British Broadcasting Corporation, Engineering Division.

Geddes W. K. E. 音频电路中的噪声评价. 研究报告 1968/8-EL17. 英国广播公司工程部，1968.

[34] Grey, J. M. (1975). "Exploration of musical timbre." Stanford Univ. Dept. of Music Tech. Rep. STAN-M-2.

Grey J. M. 对音乐音色的探究. 斯坦福大学音乐技术系研究报告 STAN-M-2，1975.

[35] Hartmann, W. M. (1977). "The effect of amplitude envelope on the pitch of sine wave tones." J. Acoust. Soc. Am. 63: 1105–1113.

Hartmann W. M. 幅度包络在正弦波纯音音高上的影响. 美国声学学会期刊，1977, 63:1105-1113.

[36] Huron, D. (2002). "Listening styles and listening strategies." Society for Music Theory 2002 Conference. Columbus, Ohio.

Huron D. 聆听风格与聆听策略. 音乐理论学会2002年大会，美国俄亥俄州哥伦布市，2002.

[37] Huvenne, M., and Defrance, S. (2007). "On audiovisual composition: Research towards new terminology."

Huvenne M.，Defrance S. 视听构成：对新术语的研究，2007.

[38] Jian-Yu, Lin, and Hartmann, W. M. (1997). "On the Duifhuis pitch effect." J. Acoust. Soc. Am. 101(2).

Jian-Yu L.，Hartmann W. M. Duifhuis 音高效应. 美国声学学会期刊，1997, 101(2).

[39] Jousmäki, V., and Hari, R. (1998). "Parchment-skin illusion: Sound-biased touch." Curr. Biol. 8(6).

Jousmäki V.，Hari R. 羊皮纸皮肤错觉：由声音导致偏倚的触觉. 当代生物学，1998, 8(6).

[40] Kendall, R., and Carterette, E. (1996). "Difference thresholds for timbre related to spectral centroid." In Proc. 4th Int. Conf. on Music Perception and Cognition (pp. 91–95). Montreal: ICMPC.

Kendall R.，Carterette E. 与频谱质心相关的音色差别阈限.《第四届音乐感知与认知国际会议会议录·蒙特利尔，1996:91-95.

[41] Leipp, E. (1977). "L' integrateur de densite spectrale, IDS et ses applications." Bulletin du Groupe d' Acoustique Musicale 94, laboratoire d' Acoustique Musicale.

[42] Massaro, D. W. (1970). "Retroactive interference in short-term recognition memory for pitch." J. Exper. Psychol. 83: 32–39.

Massaro D. W. 音高短时再认记忆中的倒摄干扰. 实验心理学期刊，1970, 83:32-39.

[43] McCabe, S. L., and Denham, M. J. (1997). "A model of auditory streaming." J. Acoust. Soc. Am. 101: 1611–1621.

McCabe S. L.，Denham M. J. 一种听觉分流模型. 美国声学学会期刊，1997, 101:1611-1621.

[44] Miller, B. A., and Heise, G. A. (1950). "The trill threshold." J. Acoust. Soc. Am. 22: 637–638.

Miller B. A.，Heise G. A. 颤音门限. 美国声学学会期刊，1950, 22:637-638.

[45] Moorer, J. A., Grey, J. M., and Snell, J. A. I. (1977–1978). "Lexicon of analyzed tones (parts I/II/III: [Violin tone] [clarinet and oboe tones] [the trumpet])." Comp. Music J. 1(2–3): 39–45, 12–29, 23–31.

Moorer J. A.，Grey J. M.，Snell J. A. I. 受析声音词典（第 1、2、3 部分）：[小提琴音调]、[单簧管和双簧管音调]、[小号]. 计算机音乐期刊，1978, 1(2):39-45, 1(3):12-29, 2(2):23-31.

[46] Musso, M., Moro, A., Glauche, V., Ritjntjes, M., Reichenbach, J., B¨uched, C., and Weiller, C. (2003). "Broca's area and language instinct." Nat. Neurosci. 6: 774–781.

Musso M.，Moro A.，Glauche V.，Ritjntjes M.，等. 布洛卡区与语言本能. 自然——神经科学，2003,6:774-781.

[47] Plomp, R., and Levelt, W. J. M. (1965). "Tonal consonance and critical bandwidth." J. Acoust. Soc. Am. 38: 548–560.

Plomp R.，Levelt W. J. M. 音调协和与临界带宽.

美国声学学会期刊，1965, 38:548-560.

[48] Robinson, D. W., and Dadson, R. S. (1956). "A re-determination of the equalloudness relations for pure tones." *Brit. J. Appl. Phys.* 7: 166–181.

Robinson D. W., Dadson R. S. 为纯音重新确定等响度关系. 英国应用物理期刊，1956, 7:166-181.

[49] Schürmann, M., Caetano, G., Hlushchuk, Y., Jousmäki, V., and Hari, R. (2006). "Touch activates human auditory corext." *NeuroImage* 30(4): 1325–1331.

Schürmann M., Caetano G., Hlushchuk Y., 等. 触觉刺激人类听觉皮层. 神经影像，2006, 30(4): 1325-1331.

[50] Schürmann, M., Caetano, G., Jousmäki, V., and Hari, R. (2004). "Hands help hearing: Facilitatory audiotactile interaction at low sound-intensity levels." *J. Acoust. Soc. Am.* 115: 830–832.

Schürmann M., Caetano G., Jousmäki V. 双手帮助聆听：在低声强级时便利的听觉触觉相互作. 美国声学学会期刊，2004, 115:830-832.

[51] Seebeck, A. (1841). "Beobachtungenüber einige Bedingungen der Entstehung von Tonen." *Annal. Physik Chemie* 53: 417–436.

Seebeck A. (1841). "Beobachtungen über einige Bedingungen der Entstehung von Tonen." *Annal. Physik Chemie* 53: 417-436.

[52] Sethares, W. A. (1993). "Local consonance and the relationship between timbre and scale." *J. Acoust. Soc. Am.* 94: 1218–1228.

Sethares W. A. 局部协和以及音色与音阶之间的关系. 美国声学学会期刊，1993, 94:1218-1228.

[53] Shepard, R. N. (1957). "Stimulus and response generalization." *Psychomet.* 22:325–345.

Shepard R N. 刺激与响应泛化. 心理测定，1957, 22:325-345.

[54] Shouten, J. F. (1940). "The residue: A new concept in subjective sound analysis." *Proc. of Koninklijke Nederlandse Akademie van Wetenschappen* 43: 356–365.

Shouten J. F. 残差：主观声音分析中的一个新概念. 荷兰皇家艺术与科学研究院会议录，1940, 43:356-365.

[55] Tomaino, C. (2003). "Rationale for the inclusion of music therapy in PS Section T of the minimum data set 3.0 (Nursing home resident assessment and care screening)." Supp. to information from the American Music Theory Association, December.

Tomaino C. 在最小数据集 3.0（养老院老人评估与保健筛查）的附录 T 节中纳入音乐疗法的理论依据. 美国音乐理论协会增补信息，2003[12].

[56] Tuuri, K., Mustonen, M.-S., and Pirhonen, A. (2007). "Same sound different meanings: A novel scheme for modes of listening." 2nd Audio Mostly Conference on Interaction with Sound. Ilmenau, Germany.

Tuuri K., Mustonen M.-S., Pirhonen A. 同样的声音，不同的含义：关于各种聆听模式的一种新方案. 第二届音频大会——与声音的交互. 伊尔梅瑙，德国，2007.

[57] van Noorden, L. P. A. S. (1975). "Temporal coherence in the perception of tone sequences." Technische Hogeschool Eindhoven, the Netherlands.

van Noorden L. P. A. S. 在对纯音序列的感知中的时间一致性. 埃因霍温理工大学，荷兰，1975.

[58] Wang, Y., and Barone, P. (2008). "Visuo-auditory interactions in the primary visual cortex of the behaving monkey: Electrophysiological evidence." *BMC Neurosci.* 9.

Wang Y., Barone P. 行为猴子的初级视皮层中的视觉 - 听觉交互作用：电生理学的证据. BMC 神经科学，2008, 9.

[59] Warren, R. M., Obusek, C. J., and Ackroff, J. M. (1972). "Auditory induction: Perceptual synthesis of absent sounds." *Science* 176: 1149–1151.

Warren R. M., Obusek C. J., Ackroff J. M. 听觉感应：缺席声音的感觉合成. 科学，1972, 176:1149-1151.

[60] Wessel, D. L. (1973). "Psychoacoustics and music: A report from Michigan State University." PAGE: *Bull. of the Comp. Arts Soc.* 30.

Wessel D. L. 心理声学与音乐：一份来自于密歇根州立大学的报告. PAGE：计算机艺术学会简报，1973, 30.

[61] Wessel, D. L. (1976). "Perceptually based controls for additive synthesis." In Int. Comp. Mus. Conf. (ICMC). MIT Press.

Wessel D. L. 用于加性合成的各种基于感知的控制. 国际计算机音乐大会（ICMC），MIT 出版社，1976.

[62] Wessel, D. L. (1979). "Timbre space as a musical control structure." *Comp. Music J.* 2(3).

Wessel D. L. 音色空间作为一种音乐控制结构，计算机音乐期刊，1979, 2(3).

[63] Wessel, D. L., and Grey, J. M. (1978). "Conceptual structures for the representation of musical material." IRCAM Technical Report No. 14.

Wessel D. L, Grey J. M. 用于表示音乐材料的概念结构. 法国声学 / 音乐研究与协调研究院（IRCAM）技术报告，1978, (14).

在线资源

http://www.stockhausen.org。

澳大利亚国立大学澳大利亚艺术与技术中心的 David Worrall 关于精神物理学方面的笔记：http://www.avatar.com.au/courses/PPofM。

第 7 章

数字信号

7.1 信号

换能器

换能器是一种机器，它被设计用来把一种能量中的变化转换成另一种能量中的变化[1]。视频摄像机把光线中的变化**编码**（**encode**）成电子**信号**（**signal**）。话筒把空气压强中的变化**编码**成电子信号。大多数换能器都对应地有一个对立物，它以另外一种方法把信号**解码**（**decode**）回原始的能量形式。投影仪把电子视频信号转换成光的模式图样，扬声器把电变化转换成声音信号。

连续的电子信号

就像声音是人类对波的体验一样，**信号**（**signal**）是对波的一种机器表示。信号是一种变化的值，通常都是电子形式的，用来表示幅度、斜率或频率等信息。自然信号（比如电容器上的电压，或者天空中太阳的位置）的变化是平滑到无法测量的，所以说它们是在**连续地**改变。在每个细小的分割之间，我们总能够测量出更多的细节，在变化中测量出更多的变化。从数学上说，需要用**实数**（**real number**）来描述这些信号。

声音换能器

有很多方法能够对产生的声音振动进行转换。静电换能器使用的是晶体或薄绝缘体，当对其施加一个高压电场时，它们能移动或改变形状。同样，在被移动时，它们会在电场中产生变化。电磁换能器使用磁铁和线圈把运动转换成电，或者把电转换成运动。电阻式换能器依赖于受力时材料属性的变化，比如碳会在压力之下改变它的导电性。

---

[1] "机器"被定义为能够把一种能量**形式**转换成另外一种能量形式的某种东西。请仔细注意这里使用的词——"换能器"转换的是能量中的**变化**。

信息

如果一个现象（比如一个声音或一幅图像）能够被转换成其他某种事物，且日后又可以用这个事物重建出原始的现象，那么这个中间媒介物是什么呢？ Shannon 和 Weaver 指 出（Shannon 1948、Weaver 和 Shannon 1963），这个媒介物是**信息**（**information**）。信息可以作为**实时信号**（**real-time signals**）在当下存在，或是作为模式图样以录音的形式存储在某处，这个录音可以通过重放产生出原始的实时信号。信息始终包含两个部分。一个部分是公共的、显式的，通过一个**信道**（**channel**）传送，我们称其为**数据**（**data**）。另一部分是私有的、暗含的，这部分必须由编码器和解码器共享，目的是为了搞清楚数据的含义。这一部分描述了数据的**格式**（**format**），用信息术语讲，它把**语义**（**semantics**）附加到**语法**（**syntax**）上了。换句话说，如果不理解数据的含义，我们就不能对其进行解码。数据**表示**一个真实的信号。它并不是一个实在的信号，就像本页印刷出来的词语并不是在写作时我思维中的真实想法一样。在你阅读这些词语时，我们共同遵循的格式（对于英语的理解）让你能够把这些单词解码成你头脑中的想法，希望这些想法能够与我的想法近似。

表示信号

对于声音振动最常见和有用的表示方法就是使用位移图。它展示了某点在某时刻从其静止位置移开的距离。如果我们令其直接对应于扬声器纸盆的位置——即把它转换成电流，并让这个电流流经磁场中的一个线圈，则此位移数据可以用来重建这个声音。希望这个声音与你把耳朵放在录制这个声音的话筒的那点上听到的声音一样。当回放使用的速率与录制使用的速率相同时，能够出现这种结果。请参看图 7.1 中描绘的位移图。时间沿 x 轴从左向右流逝，数字范围为 0 ～ 10，假设这些数字表示毫秒数。幅度（或位移）由一个电信号表示，它被标示在 y 轴上，范围为 0 ～ 10，假设这些数字表示电压。

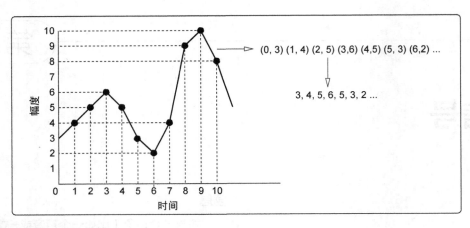

图 7.1 位移图来表示声音中的一部分

与实际的信号不同，数字声音信号是经过**采样**（sampled）的。被称为**样点**（samples）的数字流以某一速率被捕获或播放，这个速率被称为**采样速率**（sampling rate）。采样为我们提供了不连续或离散的信号，在这种信号中，每个梯级值都是一个数值，表示一个单一时间点上的幅度。显然，这意味着我们丢弃了一些信息，因为在图中，在各个采样点之间是没有信息被编码的。不过，当离散的采样点足够多时，有可能精确地编码一个声音信号。那么多少采样点算是足够多呢？采样定理指出，我们每秒需要的样点数至少要两倍于信号中的最高频率。所以，为了覆盖人类的听觉范围（0 ~ 20 000 Hz），我们需要每秒有40 000 个采样点。在图 7.1 中给出了一个"时间 - 数值"对的列表：（0，3）（1，4）（2，5）等。因为时间轴上每一梯级是按 1 递增的，所以可以忽略时间并把它当成隐含的信息，因此，我们可以把这个序列仅仅存储为（3，4，5……）。所以数字声音就是一个数字序列。每个数字表示扬声器或耳机振膜的一个可能位置。能够被表示的最高和最低数字设定了这个声音的**动态范围**（dynamic range）。扬声器只能移动一定距离，否则它就会被损坏，所以声卡和放大器被设计成把位移限制在一个最大值以下的形式，这个最大值被称为**满刻度偏转**（full-scale deflection）。

数字编码

表示信号幅度范围的数字决定了能够被编码的**动态范围**。把数据存储成二进制数意味着如果用 n 个二进制位来存储每个幅度值，则总共可以表示的数值数量为 2^n-1 个。二进制位太少会引起**量化失真**（quantisation distortion），这会让声音变得颗粒化，并且缺少细节。若使用 16 个二进制位，则可以表示的数值有 65 535 个，而使用 32 位时，可以表示的数值有 4 294 967 295 个。如今，很多数字音频系统都用 64 位进行操作。为了用分贝数表示一个数字编码系统的动态范围，我们可以假设如果 1 比特表示听觉的门限，则由公式

$$动态范围=20\log_{10}(2^n-1)\approx6.0206n \text{ dB} \quad (7.1)$$

可知，16 位可以给出 98 dB 的动态范围，32 位为 192 dB。有趣的是，64 位可以给出 385 dB——这远远超出了自然声音可能达到的动态范围。所以，两个变量决定了一个数字信号的质量：采样速率设定了能够捕捉的最高频率，比特深度（位深度）决定了量化分辨率。典型的高质量数字音频系统使用的采样速率为 48 kHz 或 96 kHz，比特深度为 32 位。

数字 - 模拟转换

我们马上就会看到模拟信号如何被转换成数字信号中的数字，但在此之前，先研究一下相反的过程是有意义的。回忆一下，二进制数仅由 1 和 0 构成，比如四位二进制数 1001。从右向左，每一位表示的 2 的幂次都会升高，即 1、2、4、8……所以 1001 表示的是 1 个 8、没有 4、没有 2 以及一个 1，它一共为 9。因此，为了把一个二进制数转换成普通数值大小，我们可以把每个 1 或 0 乘以它所在位置的权重值，然后把所得数值加起来。图 7.2 所示的电路用电阻完成了这件事。如果两个电阻 R1 和 R2 被置于一个电压 V 和零电位之间，则它们将按一个比率进行分压。如果 R1 连接到电压源上、R2 连接到零电位上，则两者中间的电压为 $V \times R2/(R1+R2)$。图 7.2 右侧电阻构成了 R2R 梯型网络，它把电压分为 1/2V、1/4V、1/8V……每次都变为原先的一半。晶体管 T0、T1、T2 作为开关，由一个 1 比特数值控制，用于把这些电压源连接到同

一条线路上进行加总。所以，假设电源为 16V，则 3 比特数据 101 将产生一个总电压：

$$(1×16/2)+(0×16/4)+(1×16/8)=8+0+2=10V （7.2）$$

在本例中，**最低有效位（least significant bit）**表示 2V，二进制数 101（表示十进制的 5）产生 10V 的电压。在实际应用中，数字 - 模拟转换器（DAC）将介于 16 ～ 24 比特之间，这些电阻被嵌入到一块电路板中，它们需要经过极其精确的激光加工修整，并进行热补偿。

模拟 - 数字转换

现在我们可以看看模拟 - 数字转换了，在一种易于理解的模拟 - 数字转换方法中使用了 DAC。在图 7.3 中，一个 DAC 被连接到二进制计数器上。驱动该计数器的时钟以远高于采样速率的速度运行。在每个时钟周期内，该计数器都会根据被选择的输入来递增 1 或递减 1。这些输入是由一个比较器产生的，该电路会比较当前的输入电压与 DAC 的输出电压。如果输入电压低于 DAC 输出电压，则计数器减 1；如果输入电压高于 DAC 输出电压，则计数器加 1。因此，这个计数器的数值将收敛于瞬时输入电压的二进制表上。当计数器不再改变时，输出的二进制数被发送至 CPU 作为结果。为了短暂地保持输入电压稳定不变，需要在计数器进行收敛期间运用一个**采样保持（sample hold）**电路级。

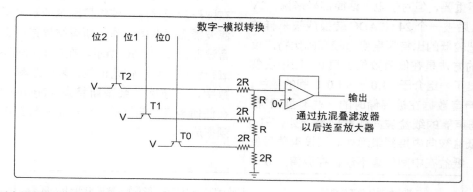

图 7.2 使用梯型电阻网络的数字 - 模拟转换

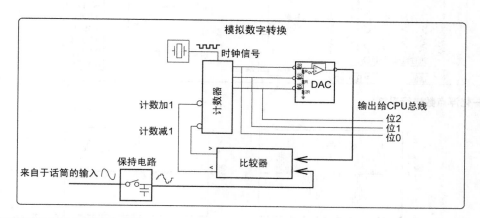

图 7.3 通过渐进逼近进行模拟 - 数字转换

数字信号处理

来自于话筒的连续的模拟信号通过一个模拟 - 数字转换器（ADC）进行编码，然后再通过一个数字 - 模拟转换器（DAC）转换回模拟信号，所以我们能听到这些声音。因为技术上的种种限制，大多数这类转换器都是 24 位的。这就产生了一个问题：如果输入和输出信号都没那么精确，为什么还要使用 32 位或 64 位转换器进行表示呢？这个处理难道不是仅需达到整个处理链路中最薄弱一环的精度么？答案是：处理数字信号会导致误差，比如**截断（truncation）**误差或**舍入（rounding）**误差。使用 64 位让这些误差能以更好的精确度进行加法（混合）或除法（衰减）。

浮点归一化形式

事实上，大多数数字信号处理（Digital Signal Processing，DSP）操作都不是用整数（比如从 0 到 4294967295）来表示采样样点的，而是用 −1.0 ～ +1.0 之间的**浮点数（floating point）**（十进制）来表示的。归一化信号是指该信号能占据可能最大的动态范围，所以波形的最大值和最小值都能完美地匹配到动态范围中。归一化信号能给出最好的分辨率，因为它能最充分地利用可能实现的精确度，所以会降低由于量化造成的误差。在 **Pure Data** 中，信号介于 −1.0 ～ +1.0 之间，其绝对动态范围为 2.0。图 7.4 展示了一个来自于话筒的信号被表示成浮点数字数据。空气的位移被话筒转换成电压——在本例中为 0 ～ 2V（这个范围是多少其实并不重要，但对于电子话筒信号来说，2V 是典型值），然后被一个 24 位 ADC 转换成被采样的数字信号。在把较低的比特深度变为较高的比特深度时，通常采用的方法是在低有效位上填 0。图中右侧有一个列表给出了一组介于 −1.0 ～ +1.0 之间的数字，它们都是数字声音数据在被存储时的一些典型情况。数值 1.0 表示扬声器的纸盆被向外推到最远处，−1.0 则表示扬声器纸盆被向内推到最远处。当没有信号发送到扬声器时，纸盆在中间位置不动，在数值为 0 时

会发生这种情况。软件和硬件配合把信号限制在该声音系统的满刻度偏转之内，以确保不会损坏设备，所以如果我们偶尔发送一个数值 2.0，则它会被限制为 1.0，并且不会引起任何伤害。

对采样样点进行平滑

一个经常被问及的问题是：采样样点之间的空隙怎么办？一个变化的数字序列是如何变回到一个连续信号来产生声音的？DAC 在声卡中负责为我们做另外两件事情。一件事情是保持最后一个数值的采样电平（如图 7.5A 所示），从而得到图 7.5B 所示的上升和下降的阶梯状波形。每个梯级之间的时间为 1/ 采样速率。随后施加一个低通滤波器，其截止频率为半采样频率，它将对各个输出梯级进行平滑。你可能曾经在图形应用程序中使用贝塞尔函数或样条函数看到过滤波器完成这类工作，所得结果是一个平滑变化的声音波形，如图 7.5C 所示。在这里我们不会对采样理论进行任何讨论，但请记住，采样速率 /2 是一个特殊的数字，它被称为**奈奎斯特点（Nyquist point）**，它是在任何声音中能够被一个给定采样速率所编码的最高频率成分。

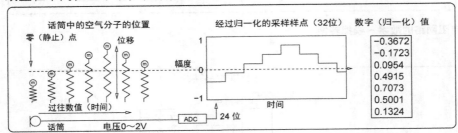

图 7.4　使用归一化浮点数进行采样

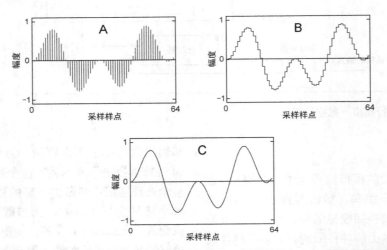

图 7.5　用被采样数字表示的数字音频信号。A：原始采样样点。B：阶梯函数。C：经过滤波平滑的输出

7.2　图表

　　如我们所知，波形是压强随时间变化的模式图样，可以用一个二维图形或图表来绘制，其中一个轴为时间，另一个轴为幅度。当绘制这种幅度 - 时间图时，我们把它称为波的**时域**（time domain）表示。我们将会在本书中看到信号的其他一些表示形式，这些形式对于观察声音中正在发生的事情是有帮助的。

频谱

　　一个声波可以包含一个以上的频率。一个复合波的频谱是对该波所包含的各个频率以及它们在某个时间点上的相对量值的二维表示。当我们绘制幅度 - 频率图时，我们称其为波的**频域**（frequency domain）表示。频谱图是某一时间窗内产生的每个频率的测量值，所以它是该声音在这一时间点上的各个频率的一个短时快照。有两种频谱图，大多数情况下，我们仅使用展示频谱"**实**"部的那种频谱图，这种频谱图不包含任何相位信息[①]。

　　很多时域波形可以具有相同的实频谱，所以时域波形要比实频谱更为唯一。图 7.6 左侧所示为贝司波形的一个简短片断，其时间长度约为 0.01 s。请注意，它在零值（静止位置）上下进行正负摇摆，并且被编码到一个归一化范围中（-1.0 ~ +1.0）。该图右侧为该波形的一个频谱快照。在频谱中没有时间轴，它仅表示左图的时间窗口内存在的频率。y 轴所示为一些频率的相对幅度，数值范围从 0（表示该频率没有出现）~ 1.0（它被缩放到适合最强的频率成分）。x 轴为频率轴，从 0 Hz（直流）~ 4 kHz。你可以在这幅图上看到两个重要的信息。首先，0 Hz 处的幅度不为 0，这意味着在被采样区域中有一个小的直流偏置（这

---

①　包含实部和虚部的频谱图也会获取每个频率的相位。根据这两种信息可以精确地重建波形。仅从实频谱无法精确重建出原始波形，所以它表示了一种类型的数据损失。

是正常的——因为我们随意选取了一个片段进行分析）；其次，这些频率似乎被有规律地间隔开了——这是我们希望从周期性波形中看到的另外一个信息。

声谱图

　　频谱图不足以捕获一个声音的全部，所以我们又有了声谱图。在实际的声音中，频谱图也会随着时间变化，随时间发生移位的频率在声音中产生了运动。声谱图是一系列频谱图在时间上依次摆开成为一个面，或是成为一个二维映射图上的亮区或暗区。时间沿 x 轴移动，另一个轴表示频率。在某一时间点上任何频率的强度都可以用位于恰当的坐标上的像素的亮度或暗度来表示。图 7.7 展示了同样的一段时长更长的贝司波形的片断（0.06 s）。它的声谱图如图 7.7 右侧所示。在本例中，**较暗的**区域表示更强的频率。从该图中可以看出一些信息。首先，并非所有频率都在整个声音中保持很强，一些频率在衰减；其次，这里有一个音高的变化。请注意，这些频率向着终点方向略微向下倾斜；最后，在图的底部有一个灰色区域，表明存在某些类噪的低频成分。

瀑布图

　　对整个声音最好的可视化方式可能是使用瀑布图。你应该练习看这些图，并感受一下如何阅读这些图。在本质上瀑布图与声谱图一样，但它把波绘制成一个三维表面。图 7.8 的左图展示了一个持续 0.3 s 的完整贝司音符的时域波形图。右图为瀑布图。因为该图已经经过了旋转，所以我们能够更好地观察它，频率轴和幅度轴都是没有意义的。只有从侧面或顶部观察时，这两个标度才有意义。如图 7.8 所示，从略微靠上一些到一侧，我们看到频率的强度随着三维表面的高度在变化。这是观察各个频率成分相对演进变化的一种很好的方式。

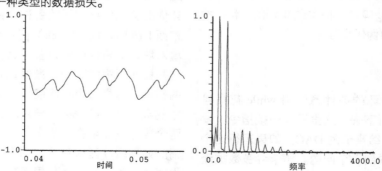

图 7.6　一段贝司波形的时域图及其频谱

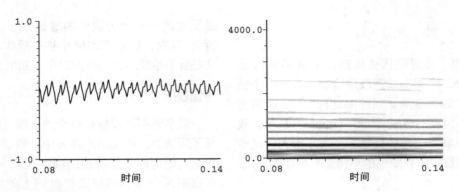

图 7.7 一段时间更长的贝司波形及其声谱图

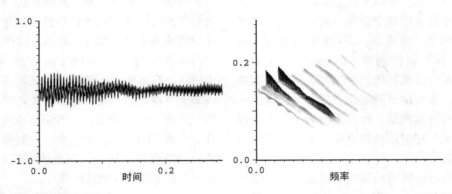

图 7.8 完整的贝司音符及其瀑布声谱图

7.3 生成数字波形

现在我们讨论一些基本概念。想要知道音频信号是如何以数字方式构建的。需要考虑数字如何被发送到声卡的 DAC 中，然后我们将看一些"初级"信号，这将引入一些有趣的概念。每种信号都至少有一种具体的属性。

生成各个样点

假设我们有一个函数，它是一小段计算机代码，能够发送一个数字到 DAC 中。我们称其为 out()。不管括号中放进什么数（被称为函数参数），它都会被发送出去，所以 out(0.5) 将发送 0.5 给声卡。考虑下面这段非常简单的伪代码程序：

```
while(1){
    out(0.0);
}
```

让 1 作为 while 循环的条件意味着 while 花括号中的指令将永远被执行下去。这里只有一条指令：发送数值为 0.0 单一样点给声卡的 DAC。如果运行这个程序，我们很快就会看到一个问题。声卡会被数据淹没，导致程序崩溃并发出"缓冲区溢出"或类似的问

题报告。这个问题是 DAC 需要数据以一个恒定的速率给出，也许是每秒钟 44 100 或 48 000 个样点。我们可以做的一件事是在输出函数之后插入一条无用的指令，用来浪费一些时间。这不是个好主意，原因有很多。首先，它会一直占用计算机内存，让计算机在大部分时间里都在做无用的事；其次，当我们需要做一些计算来产生声音时，它们也会占用一些时间，所以我们就必须持续不断地调整这个等待时间。

缓冲区

为了避免这种定时问题，可以使用缓冲区。你将经常看到用于声卡或音频程序的各种控制，这些控制让你能够调整缓冲区的各种设置。缓冲区就像一个装东西 [被称为**块（block）**] 的队列，供给程序在一端填入块，消费程序或设备在另一端取出块。为了减少这些操作所需的时间，最好是让每个块包含一个以上的样点，这样每个程序能够一次操作一组样点。块尺寸的典型大小为 64 个样点。只要缓冲区适度填满，两个程序就能够在它们自己的时间里着手做它们的事情。如果缓冲区太空了，那么声卡就会告诉声音生成程序多产生一些块。如果缓冲区太满了，那么声卡就

会告诉声音生成程序减慢块制作的速度。只要缓冲区中有东西，DAC 就会有事情做。为了让生成程序产生另外一个块，声卡会调用一个函数。这个回调（**callback**）函数将用新数据填满一个块，并把它传送回来，将其追加到缓冲区的尾部。

```
void fillblock()
{
int sample = 63;
float block[64];
  while(sample--){
    block[sample] = 0.0;
    }
}
```

在上面这一小段伪代码[①]中，回调函数名为 fillblock()，它会用 0 填满一个由 64 个浮点数组成的数组。当前样点指针 sample 在每次循环时都会减 1，当 sample 为 0 时会退出该循环。唯一可能出错的是如果生成程序太忙了以至于它无法及时供应新的块，那么我们就会得到结结巴巴的声音、噼啪声以及信息遗失，因为 DAC 缺乏数据供应并停止输出任何音频。

零的声音（静音）

为了产生声音，我们要发送一些包装在块中的数字流。像上面那样全部由零构成的数据块流将不会发出声音。这就是我们产生静音的方法。为什么要提这个呢？很多人认为，当声卡静音时，它没有接收任何数据，但其实并不是这样的。一旦把一个声音生成程序连接到 DAC 上，它就会发送一个持续不断的数据流，即使这个数据流的数值为零。在我们编写的这个程序中，这也是真的：即使表面上没有发生任何事情的时候，数据块仍旧在流动。

1 的声音（常数）

假设一个声音合成程序处于空闲状态，并吐出用零填充的数据块。最开始，在 0.0 时刻，扬声器将位于其中央位置，接收到零电压，一切都保持静默。当发出一条指令，要求发送一个数值 1.0 给输出时，我们听到一个响亮的咔哒声。考虑下面这个一直填充数据块的程序。它有一个变量 time（时间），用于跟踪输出样点的总数。一旦时间超过一个阈值，该程序就停止用零填充数据块，并开始用 1.0 填充数据块。输出如图 7.9 所示。

```
float block[64];
int sample;
int time = 0;
  while(1){
    fillblock();
  }

void fillblock()
{
sample = 63;
  while(sample--){
    if (time < 14700){
      block[sample] = 0.0;
    }
    else {
      block[sample] = 1.0;
    }
    time++;
  }
}
```

扬声器纸盆从其静止位置快速向外移动到其最大位移处。在图 7.9 中，这种情况发生在大约 0.3 s 处。它将停在那里一直不动。由于本书空间所限，我们剪掉了"一直"中的大部分，图中仅给出了 1 s 的输出。在听到了第一声咔嗒声以后，就没有声音了。我们不会把持续的数字 1.0 听成一个声音，即使由软件、声卡和功放组成的这套系统会一直在让扬声器纸盆向外推，我们也听不到任何声音。事实上，扬声器纸盆并不会一直被向外推，这将是十分有害的。声卡和功放负责阻止任何恒定的"DC"（直流）信号。所以，我们会问一个问题：1 的声音是什么？答案是根本没有声音。恒值信号不会产生声音，声音是有关变化的。我们目前听到的声音仅仅是在输出突然从 0.0 变化到 1.0 时产生的一个简短的咔嗒声，即所谓的**阶跃脉冲**（**step impulse**）。测量变化就是在说**频率**的问题，而且我们应该注意到，直流信号具有一个零频率，它听起来没有声音，不管它的持续值是多少。由恒常的 1.0 产生的静音与由恒常的 0.0 产生的静音是无法被区分开的。

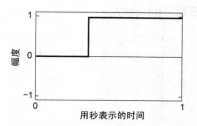

图 7.9 一个恒常信号

---

① 这种"类 C"的伪代码语言假设条件判断在递减操作之后，并且数组编号从零开始。

运动的信号

现在让我们看一个持续运动的信号。如果声音是变化的，那么就让信号一直变化并听听结果。如果从数字零开始，并对其不断重复地加上一个小数值，比如每次循环都加上 0.001，那么这个信号将不断增大。现在将得到一个向上移动的信号，并且会保持增长。它很快就会接近 1.0，然后会超过这个系统的满刻度偏转值，这是我们不想要的。我们想让它在 0.0 ~ 1.0 之间移动，所以加入一条新指令，令样点值在每次超过阈值以后回到 0.0。伪代码变为：

```
float block[64];
float phase = 0;
int sample;
 while(1){
    fillblock();
 }


void fillblock()
{
sample = 63;
 while(sample--){
      block[sample] = phase;
      phase = phase + 0.01;
       if (phase > 0.99){
           phase = 0.0;
       }
  }
}
```

> **关键点：**
> 　声音是动力学的一个分支，它全都是关于变化的。

运行这个程序，你将会听到一个频率恒定的嗡嗡声。因为它以一个模式图样在运动，所以我们的耳朵能够把它理解成一个声音。这个模式图样在不断地重复，所以它是一个**周期性信号**。在每次循环中，都会发生同样的事情。如图 7.10 所示，这个信号从 0.0 开始上升，直到超过 0.99，然后回到 0.0。每一步递增的量就是这个信号的斜率，它决定了这个周期将会持续多长时间。换句话说，它控制着频率。我们称这个波形为**相位器**（**phasor**）。

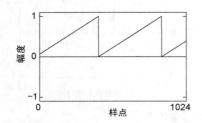

图 7.10　一个相位器信号

出于一些明显的原因，相位器有时候也被称为**锯齿波**（**sawtooth wave**），但严格地说它并不是锯齿波。相位器具有一个与众不同的属性：它是非对称的，而且取值不会低于 0.0。因为它在 0.0 ~ 1.0 之间移动，所以它的平均值不为零。很容易就能把相位器变成一个真正的锯齿波，我们随后就会做这件事情。但值得指出的是，正是由于相位器的这个取值范围，它的用途要比产生嗡嗡声基础得多。通常我们使用相位器给其他对象作为一个时间基准或输入，用来产生更为复杂的波形。构建的很多声音都将从这个基础操作开始。相位器包含了时间回转的思想：我们可以用 0.0 到 1.0 之间的这段时间表示 0° ~ 360° 的角度范围。从数学上说，它是时间 t 的一个函数：

$$f(\omega t) = t - \lfloor t \rfloor \qquad (7.3)$$

式中 $\lfloor t \rfloor$ 为向下取整函数，它会给出一个不大于 t 的最大整数。所以，随着 t 的增长，$f(\omega t)$ 会不断重复，而且永远不会超过 1.0。

回忆一下，对于周期函数，我们其实只关心一个周期中发生的事情，因为所有其他周期都是在复制同样的内容。相位器给了我们一个能够表示有界时间的信号。它描述了一个周期，然后我们把它重置为零，并重复使用同样的范围。没有相位器，我们就需要使用持续增长的原始时间值 t，这会遇到计算问题，因为我们的浮点表示方式最终将会不足以用来表示时间。

正弦波

我们已经看到，在简谐振动中，每个点都被一个正比于其位移的力拉回到它的平衡位置，而且我们已经承认它是产生声音的基础。接下来的这段伪代码能够创建出信号，它是一个周期性时间函数：

$$f(t) = \cos(\omega t) \qquad (7.4)$$

这里的 ω 表示 2π 弧度（360°），能够完全覆盖 cos() 函数的定义域——换句话说，一个完整的周期。

```
float PI = 3.14159265358;
float TWOPI = 2.0 * PI;
float DELTA = 0.001;
void fillblock()
{
sample = 63;
 while(sample--){
      block[sample] = cos(TWOPI * phase);
      phase = phase + DELTA;
       if (phase > 0.99999){
           phase = 0.0;
       }
  }
}
```

如图 7.12 所示，它与从侧面对转轮上某一点的运动进行投影，并沿时间绘制成的图形完全一样。这种几何等价性给我们提供了一种计算波形的方法。在平面上旋转的一点在一个轴上的位移可以通过对该点所做的角度变化取余弦值来获得。因为正弦和余弦函数都是周期函数，所以我们可以使用相位器来索引一个完整周期。相位器图形（图 7.11 中余弦波形上方的波形）在函数折回的地方复位归零。请注意，在大多数计算机代码中使用弧度代替角度，所以用了一个 $2 \times \pi$ 乘法器。还要注意的是，我们始终试图让内循环中的冗余计算最少，所以变量 TWOPI 仅在该函数外部计算一次。为了有助于这个函数进行可视化，想象一个圆柱体或轮子在一个表面上移动，这个表面表示的就是相位器的斜率，如图 7.12 所示。斜面对角线的长度恰好等于轮子的周长 $2\pi \times r$（r 为半径）。相位器每完成一个周期，它就让轮子向前转一周。我们是在模仿某个能把线性运动转换成旋转运动的东西。请注意，一个周期的运动会让波形围绕它的中线进行正负摆动。相位器取值范围中有一半用于产生正值部分，另一半用于产生负值部分。对于余弦波，轮子从 12 点钟位置开始，对于正弦波，轮子从 9 点钟位置开始。余弦与正弦之间的区别在于两者开始的相位不同。

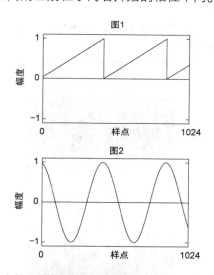

图 7.11 由相位器得到的余弦函数

> **关键点：**
> 相位器是我们生成其他所有周期波形的基础源。

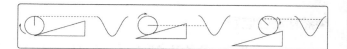

图 7.12 相位器与角度之间的关系

复谐运动

把一些简单波形加在一起会得到更为复杂的波形，这个过程被称为**混合**（**mixing**）。每个波都骑在另一个波的上面，所以波的总体高度就是这两个波的和。这就是我们先前遇到的叠加过程，可以通过观察自然界中的水波看到这种现象。对于两个单独频率的波形，我们将使用两个相位器。在后文中，将看到如何利用一个单一的相位器生成几个频率呈谐波关系的正弦波。

```
float phase1 = 0;
float phase2 = 0;
float PI = 3.14159265358;
float TWOPI = 2.0 * PI;
float DELTA1 = 0.001;
float DELTA2 = 0.024;
void fillblock()
{
sample = 63;
float sum;
   while(sample--){
       sum = (cos(TWOPI * phase1)+cos(TWOPI * phase2));
       block[sample] = 0.5 * sum;
       phase1 = phase1 + DELTA1;
       phase2 = phase2 + DELTA2;
       if (phase1 >= 1.0){
           phase1 = 0.0;
       }
       if (phase2 >= 1.0){
           phase2 = 0.0;
       }
   }
}
```

组合后幅度最大的可能值为两个被混合波的幅度之和。因为每个波的取值范围都在 -1.0 ~ 1.0 之间（峰-峰值范围为 2.0），所以最小值和最大值分别为 -2.0 和 2.0（总的峰-峰值范围为 4.0）。所以，在混合信号时，我们应在完成加法以后再进行一次缩放，让信号回到正确的范围中，因此需要对信号除以 2。两个正弦波（频率分别为 900 Hz 和 100 Hz）混合所得的波形和频谱如图 7.13 所示。请注意，它是一个重复波形，但与单一的余弦波或相位器不同，它的波形并不会在完美的时间间隔上重复，会经常经过零点，它每 25 个周期重复一次，这是 900 和 100 的最小公因数。

> **关键点：**
> 除了余弦/正弦波以外，所有声音都是由多个频率构成的，这会形成一个频谱。

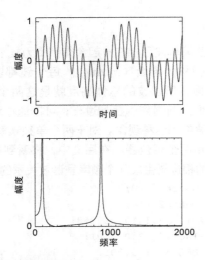

图 7.13　900 Hz + 100 Hz

随机运动的信号

　　现在考虑另外一个基础信号，即每个样点都有一个随机数值的信号，我们称其为**噪声**（**noise**）。它会产生电视噪声或是空气在高压下逸出的那种嘶嘶声。如果数字是完全随机的，我们称其为**白噪声**（**white noise**）。随机数值的范围介于 –1.0 ~ 1.0 之间，所以白噪声是对称的。噪声试图填满波形中的每个部分，这意味着实际上白噪声会在波形图中主要表现为黑色。而且，从理论上说，它包含每个频率，所以在频谱快照中，它表现为一个暗区，图 7.14 展示了这些情况。下面给出了一些用于生成 32 位对称白噪声的伪代码（但效率很低）。我们生成的随机数在 0 ~ 2 之间，然后减去 1，使它们成为对称的归一化的数据。更一般地，我们直接实现了一种基于循环公式的方法，它被称为**线性同余伪随机生成法**（**linear congruential pseudo-random generation**）。它要比那些"高质量"随机数发生器快得多，因此很适合用在声音上。有关噪声的讨论可以参见 Smith 2003 和 ffitch 2000。

```
srand();
void fillblock()
{
int random_number;
float normalised_rand;
sample = 63;
  while(sample--){
        random_number = rand() % 4294967295;
        normalised_rand = (random_number /
2147483648) - 1.0;
        block[sample] = normalised_rand;
  }
}
```

程序的每一步，样点值都是一个随机数，独立于

之前的任何一个数值。因此，在定义上噪声是一个非周期信号。事实上，计算机不能产生真正的随机数，所以使用**伪随机噪声**（**pseudo-random noise**）。这是一个非常长且复杂的重复序列，该序列中的数值很难预测，所以它们似乎是随机的。因此，在上述代码中第一个必须的步骤是用 srand() 函数为另一个函数 rand() 使用的发生器"播种"，从而让该函数产生更为不可预测的输出。为什么白噪声是白色的？看待它的一种方式是考虑在混合声音中的那些频率。完美的白噪声是在人类听觉范围内所有频率的一个均等混合。这与"人类视觉范围内所有颜色以光的形式混合起来以后会得到白色光"是很好的对应。理论上，噪声具有"任何时候所包含的频率都相等"这样的属性，这在现实中是不可能的。不同频率的混合在淡入淡出。在任意时刻，频谱快照都会展示出不同的模式图样，但平均下来，在任意短时间内，所有频率都会相等地呈现出来。把这幅图看成一张照片，"让底片曝光"的时间越长（即用一个更长的时间进行平均），我们看到这幅图被填满的程度就越高，直到图上呈现出一条稳定的数值很高的直线，这表明平均起来所有频率都是同等出现的。

> **关键点：**
> 　　噪声包含了大量频率，在理论上说应该是包含了所有频率。

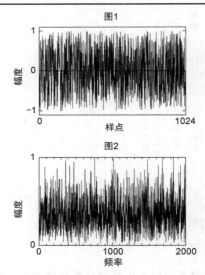

图 7.14　白噪声

突然移动的信号

　　另外一种需要研究的基本信号是**冲激**（**impulse**）。我们不把它称为"冲激波"，因为从技术上讲它不是一

个波。与噪声类似，它并不是周期性波形，但噪声是一个持续信号，冲激则与噪声不同，在时间上冲激仅会存在一段时间。如果在数据流中仅让一个样点的值为 1.0，同时让所有其余样点的值为 0，则会得到一个非常简短但非常安静的咔嗒声。它听起来有点像先前提及的阶跃脉冲，因为信号从 0.0 变为了 1.0，但这类冲激仅有一个样点为 1.0，然后会立即回到 0.0。时域图与频域快照如图 7.15 所示。下面的代码把一个单一样点设定为 1.0（在本例中，为了让图形更容易观察，我们把图形中央位置的样点设定为 1.0），而所有之前与之后的样点都为 0.0。有时候这被称为克罗内克（Kronecker）δ 函数。

```
float block[64];
int sample;
int time = 0;
    while(1){
        fillblock();
    }
void fillblock()
{
sample = 63;
    while(sample--){
        if (time == 512){
            block[sample] = 1.0;
        }
        else {
            block[sample] = 0.0;
        }
        time++;
    }
}
```

冲激的行为有些像噪声，它试图用各种频率填满整个频谱。而且，它们是一种数学上的抽象，实际的冲激并不会完全像理论模型那样动作。它们的作用在极大程度上是揭示内情的工具或分析工具，但它们对于声音的构建也非常有用。不过，这里有个让人困惑的问题，所有频率是如何同时发生的呢？这是不可能的，频率是关于时间变化的，如果时间减小为零，那不就**没有**频率了么？本书并不是关于波动力学的，所以我们不会过多深入到测不准原理中，但可能你已经意识到，若关于一个信号在空间 - 时间上的精确位置知道得越多，那么关于它的频率就知道得越少，反之亦然。在实际中，频率会**出现**在那里是因为脉冲的尖锐度。

在频谱图中能看到冲激占据着各个频率。实际上，这种情况部分地是测量过程（即傅里叶算法）的一种人工产物，但这是好的，因为它给我们展示了"冲激是由'所有频率'包构成的"，这种理论是与其自身以及 DSP 理论的其他部分相一致的。较暗的频带是这幅图的平均电平。如果我们能够测量一组完美冲

激下的所有频率的平均值，那么在这个暗区中它将是一条直线，展现出对于所有频率的一个相等的表示。但是，展现"冲激是由所有频率构成的"的最好方法是反向操作。如果把所有频率加起来，那么就肯定能产生一个冲激。让我们先把具有相同相位的一些正弦波加起来，如图 7.16 所示。当只有两个正弦时，看到两者的时域幅度峰值彼此加强。每次我们都让总幅度除以参与叠加的正弦数量，所以这个信号适合我们的图表。注意到，在有 4 个正弦和 8 个正弦叠加时，波峰逐渐变窄，周围的波也逐渐变小。最终，当成千上万的同相正弦波叠加在一起时，最终得到的波形除了一个地方以外，将几乎处处为零，这样我们就得到了一个单一的冲激脉冲。

> **关键点：**
> 非常快速简短的声音被称为冲激，它们在一瞬间里包含了所有频率。

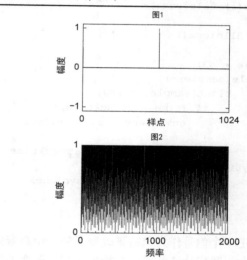

图 7.15 冲激脉冲信号

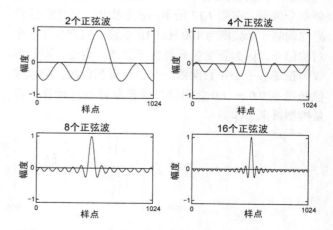

图 7.16 冲激作为所有频率的和

慢速移动的信号

在与脉冲相对的时间标度的另一端是变化非常慢但并非恒常的信号。它们不是在几个毫秒里完成了变化，而是花费数秒甚至数分钟完成它们的移动。通常，这些信号用来控制其他信号的响度或频谱。它们的移动太缓慢了，以至于无法作为声音被听到，在很多情形中，它们被称为**包络（envelope）**或**线段（line）**信号。下面给出的伪代码展示了一个非常简单的起音和衰减线段，它上升到 1.0，然后下降到 0.0，总体花费的时间为某一特定的样点数。

```
float block[64];
float env = 0;
int time = 0;
float attacktime = 256;
float decaytime = 768;
float attackslope = 1.0 / attacktime;
float decayslope = 1.0 / decaytime;
int sample;
while(1) fillblock();

void fillblock()
{
sample = 63;
  while(sample--){
      block[sample] = env;
          if (time < attacktime){
              env = env + attackslope;
          }
          else if (time < attacktime +
decaytime){
              env = env - decayslope;
          }
      }
}
```

可以把一个信号作为包络来改变另外一个声音的音量。为此，我们让这条线段的输出与想要改变的信号相乘。我们说这是一个信号在**调制（modulate）**另外一个信号。在图 7.17 所示的波形图中，这个线段信号在调制一个频率为 100 Hz 的正弦波。它产生了一个对称信号，因为正弦信号包含了正值和负值，而包络仅为正值。一个正数乘以一个负数得到负数，所以取值范围在 0.0 ～ 1.0 之间的包络信号能很好地作为音量控制器来工作。

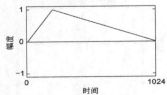 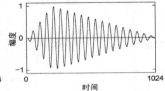

图 7.17　包络控制信号

信号编程抽象

所以，我们应该如何在代码中让线段发生器与波形发生器相乘呢？假设我们已经定义了一个正弦波发生器作为一个函数并带有一个频率参数，同时定义了一个带有起音和衰减时间的线段发生器。每个函数如何知道全局时间呢？把全局时间发送给每个函数是令人厌烦的。

```
while(sample--){
    block[sample] = line(10,100,time)*sinwave(
440,time);
}
```

我们实际上想要一个比 C 语言好得多的语言进行声音设计。低级语言在高效率地设计基础函数或对象（有时被称为**单元发生器**）方面是很棒的。通过这样做，我们能够得到一个抽象层，把难缠的细节——比如采样速率、时间、缓冲区和内存分配等——隐藏起来。自从 20 世纪 60 年代以来，人们开发出了很多专门用于声音的计算机语言（Geiger 2005、Roads 1996）。这些语言中大多数是为音乐应用而设计的，它们被赋予了很多过剩的功能，但这并非与声音设计师的需求相冲突。有两种相反的且具有重要历史地位的类别，一种是 Max Mathews 发明的 MUSIC-N 类的命令式语言，Csound（Vercoe）就是对它的继承；另一类是基于函数式编程语言 Lisp 的，比如 Common Lisp Music（公共 Lisp 音乐，Schottstaedt）和 Nyquist（Dannenberg）。下面两小段代码（来自于 Geiger 2005）展示了这两类语言。

Csound 代码

```
instr 1
asig oscil  10000,440,1
out asig
endin
Score:
f1 0 256 10 1; a sine wave function table
i1 0 1000 0
```

CLM 代码

```
(definstrument simp()
  (let* ((j 0))
    (run (loop for i from 0 below 44100 do
        (outa i (sin(* j 2.0 pi(/ frequency
*srate*)))))
    (inef j)))))
(with-sound() (simp))
```

上面这两个例子都是在播放一个 440 Hz 的正弦波纯音。请注意，Csound 很像一种汇编语言，它带有中间变量和固定的单元生成器操作码，比如 oscil。

Csound 代码也被分成了乐器定义 [被称为一个 **orchestra**（乐队）] 和定时定义 [被称为一个 **score**（乐谱）]。另一方面，Lisp 是一个函数式语言，它实际上没有任何变量，每条语句都是一个函数，或是一个函数的函数。这两类语言本身都非常强大。Csound 可以绘出能够实时使用的各种抽象；CLM 可以使用强大的 **lambda abstraction**（λ 抽象）制作出可重用的代码模板，所以非常复杂的操作可以在一个高层次上被简洁地表示出来。不幸的是，出于各种不同的原因，两者都很难学习和使用。更为现代的语言（比如 Chuck 和 Supercollider）提供了各种改进方法，但使用它们时，开发时间仍旧很长，因为必须学习复杂的语法。我为本书选择的语言是 Pure Data（Puckette）。完成与上面例子相同功能的 Pure Data 程序如图 7.18 所示。实际上没有任何其他东西能够达到用可视化表达的数据流所具备的强大威力。这里除了表示单元发生器的方块和连接线以外没有语法，这种抽象的层次是非常完美的。它隐藏了你不需要担心的所有东西，让你精力集中在声音算法设计上。接下来的章节将对这种语言进行入门介绍，然后我们就将进入到设计声音的实际操练中。

图 7.18 产生一个 440 Hz 正弦信号的 Pd 程序

7.4 致谢

感谢 Charles Henry、Miller Puckette 和 Philippe-Aubert Gauthier 提供的建议和订正。

7.5 参考文献

书籍

[1] *Chamberlin, H. (1985). Musical Applications of Microprocessors*. Hayden.

Chamberlin H. 微处理器的音乐应用 . Hayden 出版社，1985.

[2] Dodge, C., and Jerse, T. A. (1985). *Computer Music: Synthesis, Composition, and Performance*. Schirmer.

Dodge C.，Jerse T. A. 计算机音乐：合成、作曲与演奏 . Schirmer 出版社 ,1985.

[3] Greenebaum, K., and Barzel, R. (2004). *Audio Anecdotes: Tools, Tips, and Techniques for Digital Audio*. A. K. Peters.

Greenebaum K.，Barzel R. 音频轶事：数字音频的工具、技巧和技术 . A. K. Peters 出版社，2004.

[4] Kahrs, M., and Brandenburg, K. (eds.) (1998). *Applications of Digital Signal Processing to Audio and Acoustics*. Kluwer.

Kahrs M.，Brandenburg K. 数字信号处理在音频与声学中的应用 . Kluwer 出版社，1998.

[5] Moore, F. R. (1990). *Elements of Computer Music*. Prentice Hall.

Moore F. R. 计算机音乐基础 . Prentice Hall 出版社，1990.

[6] Pohlmann, Ken C. (1995). *Principles of Digital Audio, (3rd ed.)* Mcgraw-Hill. (Essential reading.)

Pohlmann Ken C. 数字音频原理（第 3 版）. Mcgraw-Hill 出版社，1995.（必备读物）

[7] Puckette, M. (2007). *The Theory and Technique of Electronic Music*. World Scientific.

Puckette M. 电子音乐原理与技术 . World Scientific 出版社，2007.

[8] Roads, C. (1996). *The Computer Music Tutorial*. MIT Press.

Roads C. 计算机音乐教程 . MIT 出版社 .

[9] Roads, C., DePoli, G., and Piccialli, A. (1991). *Representations of Musical Signals*. MIT Press.

Roads C.，Depoli G.，Piccialli A. 音乐信号的表示方法 . MIT 出版社，1996.

[10] Roads, C., and Strawn, J. (1987). *Foundations of Computer Music*. MIT Press.

Roads C.，Strawn J. 计算机音乐基础 . MIT 出版社，1987.

[11] Smith, S. W. (2003). *The Scientist and Engineer's Guide to Digital Signal Processing*. California Technical Pub.

Smith S. W. 科学家与工程师的数字信号处理指南 . 加利福尼亚技术出版社，2003.

[12] Weaver, W. and Shannon, C. (1963). *The Mathematical Theory of Communication*. University of Illinois Press.

Weaver W.，Shannon C. 通信的数学理论 . 伊利诺伊大学出版社，1963.

论文

[13] ffitch, J. (2000). "A look at random numbers,

noise, and chaos with Csound." In The Csound Book: Perspectives in Software Synthesis, Sound Design, Signal Processing,and Programming, ed. R. Boulanger. MIT Press.

ffitch J. 用 Csound 对随机数、噪声和混沌的观察 . Csound 书：软件合成、声音设计、信号处理和编程中的各种视点 . R. Boulanger 编 . MIT 出版社，2002.

[14] Geiger, G. (2005). "Abstraction in computer music software systems." Universitat Pompeu Fabra.

Geiger G. 计算机音乐软件系统中的抽象 . 庞培法布拉大学，2005.

[15] Shannon, C. (1948). "A mathematical theory of communication." Bell Sys.Tech. J. 27: 379–423, 623–656.

Shannon C. 通信的数学理论 . 贝尔系统技术期刊，1948, 27:379-423, 623-656.

在线资源

Music-DSP 是哥伦比亚大学管理的一个邮件列表的名字。还有一个 music-dsp 网站，它有很多示例代码，用于振荡器、滤波器和其他 DSP 操作。http://music.columbia.edu/mailman/listinfo/music-dsp。

DSP-Related 是另外一个含有大量信息的知名网站，它还有一个论坛。http://www.dsprelated.com。

Julius O. Smith 在斯坦福大学 CCRMA 维护着互联网上关于滤波器的最棒的教学指南网站之一。http://ccrma.stanford.edu/~jos/。

第二部分 工具

第8章

工具介绍

如果你所拥有的唯一工具就是一把锤子的话，那么所有东西看上去都像钉子。

——无名氏

8.1 你需要什么

- 一台计算机，处理器至少在 500 MHz 以上。
- 声卡、扬声器或耳机、话筒。
- 笔记本和铅笔。
- 一双坚固耐用的鞋。
- 一瓶淡淡的柠檬饮料。
- 宽容的邻居 / 家人。

8.2 用于声音设计的工具

Hugh Macleod 在他所著的《如何具有创造性》中透露了成为成功制作人的一条最大秘密：创造性与拥有的设备毫无关联，工具数量的减少让艺术家的技艺变得更为高超。接下来的几章将对现有最强大的音频编程环境中的一种进行基本介绍。从它简朴精干的外表就能知道这是一款极其强大的工具，它不需要进行自我宣传。这里没有闪烁的图形或吵闹之物，这里只有命令行或空白的画布，它在说："我随时听候调遣，主人。"很多人都会卡在这儿，因为他们从来没有想过自己想要做什么，他们期望通过各种工具来引领他们向前，而不是相反。

Pd 乍看上去让人望而生畏，所以，为了迈过"现在怎么办"这道坎，我们要针对数据流接线图进行一次简短的速成学习，使你能完全读懂本书中关于实际应用的部分。在接下来的一章中将解释各种数据流接线图（Dataflow Patch）是如何工作的，并对最常用的各种 Pd 对象进行概述。所有示例都可以通过互联网下载，供你研究分析。不要犹豫，请对这些示例进行拆解和试验吧！当你熟悉了这些主要概念后，请你继续阅读关于"抽象（Abstraction）"的那一章。尽可能早地开始搭建你自己的接线图（音色）和抽象。本部分中的最后一章提供了一些基本的部件，它们可以用来制作声音，这些部件包括采样工具、效果器和构建你自己的混音器和音序器的一些想法。

8.3 支撑工具

8.1 节中给出的列表是半开玩笑半认真的。坚固耐用的鞋迟早会派上用场，一支好的话筒和配有几块多余电池的小型数字录音机也迟早会有用处。计算机不能为每一个声音设计问题提供答案和解决方法，所以，拿到能够用得上的素材是这一过程的关键部分。声音资料库很有用，但没有任何东西能够替代亲眼看见并亲自研究你正在解构和设计的东西。在随后的章节中，我将讨论一些在解析录音中使用的技术技巧，它们有别于录音棚录音或常规的外出现场录音中使用的技巧——在这些录音场合中，你要把录音的结果作为最终产品来使用。良好的监听环境也是必需的。虽然这不是一本关于录音棚设计的书，但值得指出的是，整个链路中的每一个环节都是重要的。最薄弱的环节可能就是扬声器和听音环境。请使用一个合理的还放声级，不要太响，也不要太轻；请使用近场监听音箱，以便让你的耳朵能够辨析出声音的细节。

此外，音频编辑软件也是很有用的。任何一款主流的软件包都可以，比如 Sound Forge、Cool Edit、Pro Tools 等。我喜欢一款名为 Snd 的软件，它被用来准备本书中出现的那些频谱和波形图，但它使用起来并不容易。Audacity 是一款不错的编辑器，能运行在多种平台上，可以读写多种文件类型，并且该程序是免费的。最后一种值得提及的工具就是耐心和坚持不懈，有时候你无法做到只用一次就成功破解一个声音，那么请暂时离开，日后再回来——最好是掌握了更多的知识，进行了更多的阅读，或是花了更多的时间聆听目标例子——并在它意想不到的时候悄悄接近它。突破常常会在你没有期望它们的时候不请自来，或是当你把用在其他事物上的工作流程转移过来后就突然合适了。

第 9 章

从 Pure Data 开始

9.1 Pure Data

Pure Data 是一种可视化的信号编程语言，它能让信号处理程序的构建过程变得简单。我们将在本书中大量使用 Pure Data 作为声音设计的工具，这个程序一直处于不断研发和改进当中。它是 Max/MSP 的一个免费替代物，而 Max/MSP 则被很多人看作 Pure Data 的一个改进版。

Pure Data 的主要应用是处理声音，这也是设计 Pure Data 的目的。不过，它已经成长为一种通用目的的信号处理环境，并有很多其他用途。现在有很多视频处理的外部组件，比如 Gem、PDP 和 Gridflow，它们可以用来创建 3D 场景和处理 2D 图像。Pure Data 有大量的接口对象，可以让你轻松连接操纵杆、传感器和电动机，去构造机器人原型或制作互动媒体装置。Pure Data 也是一种很好的音频信号处理的教学工具。它简洁的可视化表示方式是一件幸事：使它看上去不太复杂，能够让复杂的程序看起来简洁容易得多。"接线图就是程序"的背后有一个强大的理念，每个接线图都用可视化的形式包含了它的完整状态，所以你仅从接线图就可以再搭建出任何示例。这让它成为了声音的一种可视化描述方式。

经常有人问这个问题："Pure Data 是一种编程语言吗？"答案是肯定的，事实上它是一种图灵完备的语言，能够完成用算法表述的任何事情，但让 Pure Data 去完成构建文本应用程序或网站这样的任务是不合适的。它是一种专门化的编程语言，并能很好地实现它的设计目的：处理各种信号。与其他很多 GUI 框架或 DSP 环境一样，Pure Data 工作在一种 "canned loop（预制循环）[①]" 中，而不是真正的开放式编程语言。在 Pure Data 中，迭代、编程分支以及条件性的行为是受到限制的。实际上，数据流编程非常简单。

---

① "canned loop" 用来指使用解释器来处理真正底层编程操作的语言，这些暗中使用的解释器是不被用户所察觉的。

如果你懂得面向对象的程序设计，那么可以认为 Pure Data 中的这些对象拥有一些方法，这些方法能被数据调用，并且只能返回数据。在这些表面的背后，Pure Data 是相当复杂的。为了让信号编程变得简单，Pure Data 把很多行为都隐藏起来（比如对于已删除对象的释放），并且还要管理多速率 DSP 对象解释程序和调度程序的执行图。

Pure Data 的安装与运行

请通过互联网搜索并获取适合你计算机平台的最新版 Pure Data。Pure Data 有各种平台版本，能够运行在 Mac、Windows 和 Linux 系统上。在基于 Debian 的 Linux 系统上，可以通过键入以下命令轻松安装 Pure Data：

```
$ apt-get install puredata
```

Ubuntu 和 RedHat 用户可以在他们的包管理系统中找到合适的安装包，Mac OSX 或 Windows 用户可以在网上找到安装程序。请尽量使用带有各种库的最新版本，**Pd-extended** 版包含了很多额外的库，这样你就不需要再单独安装它们了。当运行 Pure Data 时，你会看到类似于图 9.1 所示的控制台窗口。

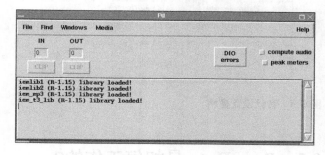

图 9.1 Pure Data 的控制台

测试 Pure Data

首先要做的是打开音频并对其进行检测。打开顶部菜单栏中的 **Media** 菜单，选择 **Audio ON**（或点击控制台窗口中的 compute audio 复选框，或是在键盘上按下 CTRL+/ ）。点击 Media → Test-Audio-and-MIDI 菜单，打开测试信号（见图9.2）。你应该通过你的音箱能听到一个纯净的单音，当设置到 -40.0 dB 时，它是很轻柔的，当设置到 -20.0 dB 时则要响得多。当你对 Pure Data 产生的声音感到满意时，请关闭测试窗口并继续阅读。如果你没有听到声音，那么可能需要为你的机器选择正确的音频设置。音频设置的概况如图9.3 所示。可供使用的选择也许有 Jack、ASIO、OSS、ALSA，或你已经安装的某个具体声卡的名字。大多数情况下，使用默认设置是可以工作的。如果你正在使用 Jack（推荐使用），那么请用 qjackctl（在 Linux 上）或 jack-pilot（在 Mac OSX）检查正在运行的 Jack 音频。采样速率的设置是从声卡中自动提取的。

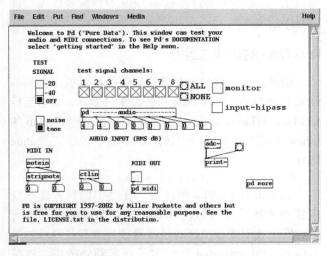

图 9.2　测试信号

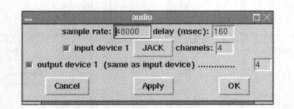

图 9.3　音频设置窗格

9.2　Pure Data 是如何工作的？

Pure Data 使用了一种名为"**数据流（dataflow）**"的程序设计，数据沿着各条连接线流动，流经各个对象，并在这些对象中被处理。一个处理过程的输出馈送给另一个处理过程的输入，在整个数据流中可以有很多处理步骤。

对象（Object）

这是一个方块□，一个悦耳的方块，它已经准备好进行播放了，我们把这些方块称为"**对象（Object）**"。素材被输入进去，然后被输出出来。为了让素材能够从对象中流入流出，这些对象必须有**输入口**（**inlet**）和**输出口**（**outlet**）。输入口位于对象块的顶部，输出口位于对象块的底部。下面是一个具有两个输入口和一个输出口的对象：□。这些输入输出口被表示为对象块边缘上的一些小"标签"。这些对象块中含有一些处理过程，能够改变在其输入口出现的信息，并把结果发送给一个或多个输出口。每个对象都能完成一些简单的功能，并且会在其方块中显示出一个能够标明其功用的名字。对象有两类：**固有（Intrinsic）对象**是 Pd 核心程序的一部分；**外部（External）对象**是一些单独的文件，这些文件包含了针对核心功能的各种插件。若干外部对象的合集被称为**库（Library）**，这些库可以被添加进来，用以扩展 Pd 的功能。大多数情况下，你并不知道也不在乎某个对象到底是固有的还是外部的。在本书以及其他一些场合中，偶尔还会使用**过程（Process）**、**函数（Function）**和**单元（Unit）**来指 Pd 中的对象块。

连接（Connection）

对象之间的连接有时被称为**线缆**或**接线**（**cord** 或 **wire**）。它们被表示成一个对象的输出口与另一个对象的输入口之间的一条直线。这些直线之间是可以相交横跨的，但应该尽量避免此类情况的出现，因为这会让你的音色接线图变得难以阅读。目前有两种不同粗细的线缆，细线携带的是消息数据，粗线携带的是音频信号。Max/MSP 和 Pd 的未来版本也许会提供各种不同颜色的线缆来指示这些线缆中携带的数据类型。

数据（Data）

正在被处理的这些"素材"有几种形式：视频帧、声音信号及消息。在本书中，我们将仅仅关注声音和消息。对象将通过它自己的名称来提示其正在处理的是何种类型的数据。例如，能够把两个声音信号加在一起的对象看上去会是这个样子：□，这里的"+"意味着这是一个加法对象，而"~"（代字号）则意味着该对象所操作的是信号。不带有代字号的对象用于处理消息，在研究音频信号处理之前，我们将集中精力研究这类数据。

音色接线图（Patch）

一组相互连接的对象的集合就是一个**音色接线图**（**Program** 或 **Patch**）。出于历史的原因，Program 和 Patch[①] 在声音合成领域里具有相同的含义。音色接线图描述的是使用临时线缆把多个模式化单元相互连接起来构成一个合成器的一种古老方法。因为输入口和输出口分别位于对象的顶部和底部，所以数据流通常都是从上向下流过整个接线图的。一些对象有一个以上的输入口或输出口，所以有些信号和消息可以是其他一些信号和消息的函数，从而能生成多个新的数据流。为了构建出一个音色，我们要把各个处理对象放在一块被称为"**画布（Canvas）**"的空白区域中，然后再使用线缆把它们相互连接起来，这些线缆表示了数据流动所遵循的路径。在一个 Pure Data 音色的每一级中，任何新的输入数据都被馈送到对象中，触发这些对象计算出一个结果。这个结果被馈送给与该对象相连接的下一个对象上，以此类推，直到整条信号链路中从头到尾所有对象都被计算过为止。该音色随后进入到下一级，在该级中又会再次重复完成完全相同的流程，以此类推。每个对象都会维护一个状态，该状态在这个音色的运行过程中持续存在，但也可以在每一级中发生改变。负责消息处理的对象在接收到数据之前处于空闲状态，而不是一直在处理一个空数据流，所以说 Pure Data 是一个"**事件驱动系统（Event-Driven System）**"。音频处理对象则一直处于运行状态，除非你明确地让它们关闭。

对 Pd 的深入考察

在进行音色制作之前，我们还要再看一看 Pd 实际上是如何解释它的音色，以及如何在一个更宽泛的背景下进行工作的。一个音色接线图或一个数据流图要被解释器遍历浏览，以决定何时计算特定的操作。这个**遍历**是**从右向左**的，并且是**深度优先**的，它是计算机科学中的术语，其含义是它会一路向前看，在进行任何更高层级的处理之前，尽量深入向前走，并且在任何有分支的位置处按照从右到左的顺序进行操作。换句话说，Pd 在进行任何计算之前，要先知道哪些对象需要依靠哪些对象。虽然我们认为数据将自上而下流过接线图，在图 9.4 中的各个节点已经进行了编号，显示了实际上 Pd 将如何考虑这些顺序。大部分情况下，这并不是十分重要的，除非你想调试修改一个细微的错误。

---

① 对于计算机程序员来说，Patch（补丁程序）具有另一个含义，即用来描述那些为了改正错误而在某一程序上所进行的修改。

Pure Data 软件结构

Pure Data 实际上由多个程序组成。名为 **pd** 的程序是其中的主要部分，该程序完成所有的实际工作，它是解释器、调度器和音频引擎。当你运行主引擎时，一般都会启动一个名为 **pd-gui** 的独立程序。它是你在构建 Pure Data 音色时与 Pure Data 进行人机交互的部分。该程序会创建一些能够被 **pd** 读取的文件，并且自动把这些文件传递给引擎。第三个程序名为 **pd-watchdog**，它能作为一个完全独立的进程来运行。Watchdog 的工作是监视引擎对于各个音色程序的处理，并尽量在引擎遇到严重问题或超过 CPU 可用资源时让程序得到妥善的终止。**pd** 程序与其他文件设备之间的关系如图 9.5 所示。

你的第一个音色接线图

作为引例，现在将创建一个 Pd 音色接线图。我们需要创建一些对象，并用线缆把它们连接起来，通过这种方式，我们会对软件界面进行一番探究。

创建一个画布

画布（canvas）是一张表单或一个窗口，用来放置各个对象，你可以按照自己的需要调整画布的大小。如果该画布小于其所包含的音色接线图，则可以通过水平和垂直滚动条改变被显示区域的大小。当你保存一个画布时，它的大小和它在桌面上的位置将被保存下来。从控制台菜单中选择 File → New 或键入 CTRL+n，一个新画布将出现在你的桌面上。

新对象的放置

为了在画布上放置一个对象，请从菜单中选择 Put → Object 或在键盘上键入 Ctrl+1，此时会出现一个边框为虚线的方块。使用鼠标将其移动到画布上的某处，并点击一下，使其固定在那里。现在要键入这个新对象的名称，在方块中输入乘法的符号"*****"。键入完毕，在画布上的空白处点击鼠标，从而完成该操作。当 Pure Data 识别出你输入的名称以后，它会立即把该对象块的边线变成实线，并添加上一些输入口和输出口。现在，你应该能看到画布上有一个 ▣。

Pure Data 会在它知道的各个路径中搜索对象，其中包括当前的工作目录。若 Pure Data 在任何地方都没有找到定义而无法识别一个对象，则该对象块的边线将保持虚线状态。请尝试创建另一个对象，并键入一个没有任何意义的名称，该对象块的边线将保持虚线状态，并且没有输入口和输出口分配给它。为了删除对象，请把鼠标光标放在该对象附近，单击并按住，从而在它周围拖曳出一个选择框，然后按下键盘上的

Delete 键，即可完成操作。在上一个对象块下方再创建一个对象，并用加号为其命名，现在你的画布将如图 9.6 所示。

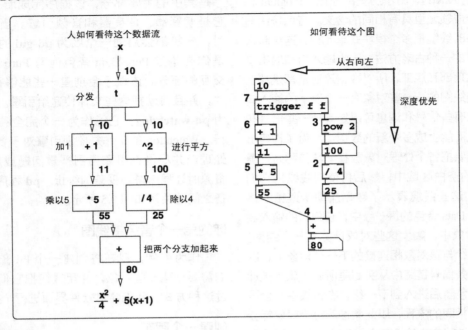

图 9.4 数据流的计算

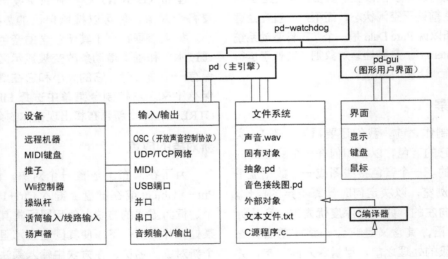

图 9.5 Pure Data 的软件结构

图 9.6 画布上的对象

编辑模式与接线

当利用菜单创建了一个新对象以后，**Pd** 会自动进入编辑模式，因此如果你已经完成了前文所述的各项操作，那么现在就应该处于编辑模式中了。在此模式下，你可以在各对象之间进行连接，或是删除对象和连接。

把鼠标指针悬停在输出口将会使鼠标指针变为一个新的"接线工具"。如果在接线工具被激活时点击并按住鼠标，就可以从该对象中拖曳出一个连接。在此种状态下，把鼠标悬停在一个兼容的输入口能够释放鼠标并创建一个新连接。把你创建的这两个对象连

接在一起，此时的画布应该如图9.7所示。删除一个连接是很简单的：在该连接上点击，从而选中它，然后按下键盘上的 **Delete** 键。在编辑模式下，可以用鼠标拖曳的方式移动任何对象到其他地方。该对象上已有的任何连接都将随着移动。你可以通过事先绘制一个选择框来选取并移动一个以上的对象。

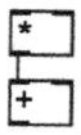

图 9.7 把各个对象连接起来

初始参数

大多数对象都有一些初始参数或 **创建参数**（arguments），但这些参数并非总是必需的。若在音色接线图运行期间将通过输入口传递数据，则在创建这些对象时无须初始参数。对象可以被表示成，从而可以创建一个永远对其输入加 3 的对象。未被初始化的数值一般设置成零值，所以对象的默认行为将是给其输入加 0，这与什么都不做是一样的。与此相比，的默认行为是始终输出 0 值。

调整各个对象

你也可以改变任何对象块的内容，以此改变其名称和功能，或是增加参数。

在图 9.8 中，各个对象已经被改变，从而使它们有了初始参数。乘法对象被赋予一个参数 5，这意味着不管有什么输入进来，该乘法对象都将让输入乘以 5，如果输入是 4，则输出是 20。为了改变一个对象的内容，请点击该方块中部（即该方块名称的所在位置）并键入新的文字。也可以采用另一种方法，即点击一次，然后在该文字的尾部添加新的内容，比如在图 9.8 所示的两个对象上分别添加 5 和 3。

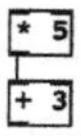

图 9.8 改变各个对象

数字输入和输出

创建和查看数值数据最简单的方法之一是使用 **数字块**（number box）。这些块可以作为输入设备来产生数字，也可以作为显示模块来展示一条线缆上的数据。通过选择画布菜单中的 Put → Number 或使用 Ctrl+3 可以创建一个数字块，并把它放置在对象的

上方，同时把它连接到左侧的输入口。在的下方再放置另外一个数字块，并把对象的输出口连接到该数字块顶部的输入口上，如图 9.9 所示。

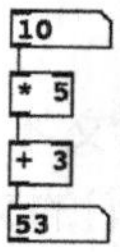

图 9.9 数字块

进入和退出编辑模式

键入 Ctrl+E 将进入 **编辑模式**（Edit Mode），该快捷键将在编辑模式与普通模式之间切换，所以再次按下 Ctrl+E 将退出编辑模式。通过键入 Ctrl+E 或在画布菜单中选择 Edit → Edit mode 都可以退出编辑模式。此时鼠标指针将会改变，你将不能移动或修改各个对象块。不过，在这种模式下，你能正常操作该音色接线图中类似于按钮和滑块这样的部件。把鼠标指针放在数字块的上面，单击鼠标左键并且不放手，然后向上移动鼠标指针，该输入数字值将会改变，并且会发送消息给其下方的对象。你将看到第二个数字块也发生改变了，因为该音色接线图在计算方程 $y=5x+3$。为了重新进入编辑模式，请再次键入 Ctrl+E 或放置一个新对象。

更多的编辑操作

在编辑模式下还可以进行其他为人熟知的编辑操作。可以把各个对象剪切或复制到缓冲区中，还可以把它们粘贴回画布，或是粘贴到同一个 **Pd** 运行环境下另一个打开的画布中。在粘贴缓冲区中的对象时要多加小心，因为它们将直接出现在最后一个被复制的对象之上。为了选择一组对象，可以用鼠标在它们周围拖曳出一个选框。在选择时按住 **Shift** 键允许把多个单独的对象添加到缓冲区中。

- Ctrl+A 选择画布上的所有对象。
- Ctrl+D 为选中的对象做出复本。
- Ctrl+C 复制选中对象。
- Ctrl+V 粘贴选中对象。
- Ctrl+X 剪切选中对象。
- Shift 选择多个对象。

为一组对象做出复本的同时也将复制出这些对象之间的所有连接。对于已经创建并连接好的对象可以进行修改，并且无须事先将其连接断开，只要新的对象与现有的输入口和输出口兼容即可——比如用替

换▯。点击该对象的文字将允许你重新键入其名称，如果键入正确的话，旧对象将被删除，并且替代它的对象将仍旧保留原对象的所有连接。

音色接线图文件

Pd 文件都是正常的文本文件，这些文件里存储着各个音色接线图。它们的文件名总是以 .pd 为扩展名的。每个文件都由一个 **netlist（网表）** 组成，它是各个对象的定义及其相互之间连接的集合。该文件格式简练扼要但难以理解，所以需要我们使用图形用户界面（GUI）进行编辑。通常，在音色接线图、单个画布和文件之间有一个一一对应的关系，如果你愿意的话，也可以使用多个文件工作，因为被同一个 Pd 程序打开的所有画布可以通过全局变量或通过▯send▯和 receive 对象进行通信。各个音色文件不应该用文本编辑进行修改，除非你是 Pure Data 的专家。不过纯文本格式是有用的，因为你可以进行诸如搜索或替换某一对象的所有实例等操作。为了把当前画布保存到一个文件中，请从菜单中选择 File → Save 或使用快捷键 Ctrl+S。如果先前没有保存过该文件，则会有一个对话窗弹出，让你选择该文件的保存位置和文件名。此时可以为 Pd 音色接线图创建一个文件夹以便于管理。如你所料，加载一个音色接线图可以通过在菜单中选择 File → Open 或快捷键 Ctrl+O 实现。

9.3　消息数据和 GUI 块

我们将简要介绍 Pd 使用的基本数据类型和能够为我们显示或生成这些数据的各种 GUI（图形用户界面）对象。消息数据本身不应该与用于显示或输入该数据的对象相混淆，所以我们要把消息与 GUI 块区分开。**消息（Message）** 是一个事件，或是两个对象之间发送的一个数据。消息在沿各条连线上传输时是看不见的，除非用其他某种方式把它打印或显示出来，比如用前文提到的数字块。一条消息可以非常简短，只有一个数字或字符，也可以非常长，比如保存整首音乐的总谱或完整的合成器参数集。消息可以是浮点数、列表、符号或指向其他类型（比如数据结构）的指针。消息出现在 **逻辑时间（Logical Time）**，这意味着它们并不与任何真实的时间基准保持同步。Pd 会尽快处理这些消息，所以当你改变输入数字块时，输出数字块就会立即改变。让我们看一看在构建音色接线图时将会遇到的其他一些消息类型。所有 GUI 块都可以通过使用 Put 菜单或快捷键 Ctrl+1 到 Ctrl+8 被放置

到画布上，并且所有 GUI 块都有 **属性（Properties）**，可以在编辑模式中用右键单击这些块并选中弹出菜单中的 properties 菜单项来访问这些属性。这些属性包括颜色、数值范围、标签和尺寸等，可以为每个示例单独设置这些属性。

选择器

除了 bang 消息以外，所有其他的消息类型都携带了一个不可见的 **选择器（selector）**，它是位于该消息头部的一个符号。该符号描述了这个消息剩余部分的 "类型" ——是一个符号、数字、指针，还是一个列表。对象块和 GUI 部件只能处理适当的消息。当一条消息抵达输入口时，该对象将查看这条消息的选择器并进行搜索，看看它是否知道一种能够处理该消息的合适的 **方法（method）**。当一个不兼容的数据类型抵达输入口时，将会产生一条错误信息，因此，如果你把一条符号类型的消息发送给一个▯delay▯对象，它就会提出抗议：

error: delay: no method for 'symbol'（错误：延时：没有用于 '符号' 的方法）

bang 消息

这是最基本、最小的消息。它仅仅意味着 "计算某个东西"。bang 消息将引起大多数对象输出它们的当前值，或让它们向前运转进入下一个状态。其他消息都带有一条暗含的 bang 消息，所以消息本身后面不需要跟着一条 bang 消息来让它们工作。bang 消息没有数值，它就是 bang 一下。

bang 块

一个 bang 块看上去好像▯，它能发送和接收 bang 消息。当 bang 块被点击或接收到一条 bang 消息时，它可以暂时改变颜色，变成▮，从而让你知道有一条 bang 消息已经被发送或接收了。这些 bang 块可以作为按钮用于初始化各种操作，或作为指示器来显示各个事件。

浮点消息

"浮点" 是数字的另一个名字。整数用 1、2、3 之类的数字表示，负数用 -10 之类的方式表示，同样，我们需要用带小数点的数字（比如 -198753.2 或 10.576 之类的）来准确地表示数值数据。这些数字被称为 **浮点数字**，因为计算机表示这些数的小数点位置的方式是浮动的。如果你懂一点计算机方面的知识，

那么有一点需要指出：在 **Pd** 中没有整型数，所有数字都是浮点形式的，即使它以整数形式表现出来，所以 1 实际上是 1.0000000。当前版本 Pd 使用的数字是用 32 位浮点表示的，所以这些数字介于 -8388608 ~ 8388608 之间。

数字块

对于浮点数字，我们已经见过了数字块，它是一个带有双重目的的 GUI 元件。其功能既可以用来显示数字，也可以让你输入数字。像 █ 这种右上角是斜角的外观说明该对象是一个数字块，从输入口接收到的数字被显示出来，并直接传送到输出口。为了输入一个数字，可以在数字块显示数值的地方点击鼠标并保持，然后向上或向下移动鼠标。你也可以直接键入这些数字：在数字块上点击鼠标，键入该数字，然后按下 RETURN 键。数字块是推子的一种紧凑的替换形式。默认情况下，它最多显示包括符号在内的五个数字，所以其显示范围为 -9999 ~ 99999，但你可以通过编辑其属性来改变这一范围。在移动鼠标的同时按住 Shift 键能够进行更为精确的控制，也可以在属性（properties）对话窗中设置上下界。

开关块

与浮点数一同工作的另一种对象是开关块（Toggle Box）。与任何标准 GUI 或网页表格中的勾选框一样，开关块只有两种状态：开或关。在被点击时，开关块里面将出现一个十字叉，看上去像█，并且它将发送一个数字 1；再次点击该块将让其发送一个数字 0，并且十字叉消失，看上去像█。它也有一个输入口，可以用来设定数值，所以开关块也可以用来显示一个二进制状态。发送一条 bang 消息给开关块的输入口并不会让当前的数值被输出出去，相反，该消息将让开关块翻转到其相反状态，并输出该数值。对于激活状态编辑属性（properties）也能发送 1 以外的其他数字。

滑块和其他数值型 GUI 元件

作为水平和垂直滑块的 GUI 元件可以用于输入和显示。这些元件默认的数值范围为 0 ~ 127，很适合做 MIDI 控制器，但与其他所有 GUI 对象一样，这个范围是可以在它们的属性（properties）窗口中修改的。与其他一些 GUI 系统中的元件不同，Pd 中的滑块并没有步进值。图 9.10 所示为一些以标准尺寸出现的 GUI 对象，可以用标签修饰它们，也可以用任意颜色创建它们。改变滑块的尺寸使其变大将提高步进的分

辨率。单选框（radio box）提供了一组相互排斥的按钮，其输出为从零开始的某一个数字。同样，它们也可以作为指示器或输入元件来使用。显示音频电平的更好的方法是使用 VU 表，这种元件被设置为显示分贝数，所以其标度范围比较特殊：从 -99.0 ~ +12.0。对于范围为 -1.0 ~ +1.0 的音频信号必须先使用合适的对象进行缩放。VU 表是很少几个只能用于显示的 GUI 元件之一。

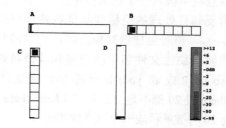

图 9.10 GUI 对象。A：水平滑块。B：水平单选框。C：垂直单选框。D：垂直滑块。E：VU 表

普通消息

浮点和 bang 都是消息类型，还有更为一般的消息。其他消息类型可以通过预先考虑一个赋予其特殊含义的**选择器（selector）**来创建。例如，为了创建列表，我们可以为一套其他类型预先考虑一个 **list（列表）**选择器。

消息块（Message Box）

可视容器用在由用户定义的各种消息中，它们可被用于输入或存储一条消息。消息块的右边框是向内弯曲的，就像█，它始终只有一个输入口和一个输出口。消息块像 GUI 元件一样动作，所以当你点击一个消息块时，它将把其内容发送到输出口。这种动作也可以在该消息块从其输入口接收到一条 bang 消息时被触发。消息块可以为我们做些聪明的考虑。如果我们存储了一些像█这样的信息，消息块知道这是一个浮点数，并且会输出一个浮点类型，但如果我们创建了 █ message with text，则它将发送一个符号列表，所以消息块是可以进行类型感知的，我们不用像在 C 程序中那样声明 "浮点 1.0" 之类的东西。它也可以把浮点数 1.0 缩写成 1，这将在输入整数值时节省时间，但消息块知道这些实际上都是浮点数。

符号消息

一个**符号（symbol）**一般是一个单词或一些文本。

一个符号可以表示任何东西，它是 Pure Data 中最基本的文字型消息。从技术上说，**Pd** 中的符号可以包含任何可打印或不可打印的字符。但是，大多数情况下，你将只会遇到能够由字母、数字和一些标点符号（比如斜杠、点、下划线）等组成的符号。Pd 编辑器会自动进行一些转换：能被解释成一个数字的单词（比如 3.141 或 1e+20）将在内部被转换成浮点数（但 +20 仍旧是一个符号）。编辑器用空格来间隔各个符号，所以不能在消息块中键入一个包含空格字符的符号。为了生成带有反斜杠处理的空格或其他特殊字符的符号，请使用 `makefilename` 符号生成器对象。`openpanel` 文件对话窗对象也能保留和跳过文件名中的空格和其他特殊字符。badger、sound_2 或 all_your_base 等都是合法的符号，但 hello there 或 20 都不是合法符号（hello there 是两个符号，而 20 将被解释成一个浮点数 20.0）。

符号块

为了显示或输入文字，你可以使用 `symbol` 块。在显示区域点击并键入任何由合法符号构成的文本，然后按下 **Enter** 或 **Return** 键，这将给该块的输出口发送一条符号消息。类似地，如果在输入口接收到一条符号消息，符号块也会把它作为文本显示出来。发送一条 bang 消息给符号块将让它输出本身已经包含的任何符号。

列表

列表是由任何东西（浮点数、符号或指针）构成的一个有序集合，这些东西在构成列表后将被作为一个东西对待。浮点数列表可用于构建旋律音序或为包络发生器设置时间值。符号列表可用于表示从文件或键盘输入读取的文本数据。大多数情况下，我们将对数字列表感兴趣，一个形如 {2 127 3.14159 12} 的列表有四个元素，第一个元素是 2.0，最后一个元素是 12.0。Pure Data 在程序内部能够识别出列表，因为列表的最开头有一个**列表选择器**（**list selector**），所以 Pure Data 能够把该消息的剩余部分看成有序的列表元素。当一个列表作为消息被发送时，它的所有元素将同时被发送。该消息的最开始将被附加到一个列表选择器上，用于确定它的类型。这个选择器就是单词 "list"，它对于 Pd 具有特殊的含义。列表可以由混合类型构成，比如 {5 6 pick up sticks}，这里有两个浮点数和三个符号。当一条列表消息仅包含一个符号数时，该列表将被自动转换回浮点数。可以用几种方式创建列表：使用消息块，或是使用我们后文将要介绍的 `pack`（它可以把多个数据元素打包到一个列表中）。

指针

与在其他编程语言中一样，**指针**（**pointer**）是其他某段数据的地址。我们可以使用指针构建更为复杂的数据结构，比如指向 { 由 [指向（由浮点数和符号构成的多个列表）的指针] 构成的一个列表 } 的指针。有一些特殊符号用于创建和废弃指针，但由于这是高深的内容，所以我们不会在本书中涉及这些话题。

表格、数组和图

有时候**表格**（**table**）可以与**数组**（**array**）互换使用，用来指一个二维数据结构。数组是几个少有的不可见对象之一。数组在被声明以后，仅存在于内存中。为了看到该数组，需要用图 9.11 所示的一个单独的**图**（**graph**）来呈现该数组的内容。

图 9.11　数组

图有一个很棒的属性：它也是 GUI 元件。你可以使用鼠标直接在一个图上输入数据，该图将直接修改与其相关联的数组。在图 9.11 中看到可以通过手绘方式画出的数组的一个图。类似地，如果一个数组中的数据发生了改变，并且它已经与一个可见的图相关联，那么该图将在数据更新时显示出新数据。在绘制具体的包络或让示波器显示快速变化的信号时，这种特性是非常好的。

为了创建一个新的数组，请从菜单中选择 Put → Array，并在对话窗中设定数组的名称、大小和各种显示特性。此时在画布上将出现一个图，显示出一个数组的所有数值都被初始化为零。y 轴的默认取值范围为 -1.0 ～ +1.0，因此该条数据线将位于图的中央。如果勾选了保存内容（save contents）一项，则该数组中的数据将会与音色接线图文件一起保存。请注意，用这种方法保存时，存储在数组中的较长的声音文件将让音色接线图变得很大。有三种绘制风格可以使用——点、多边形、贝塞尔曲线，从而可以采用不同程度的平滑来呈现数据。可以使用同一个图显示多个数组的数据，这对于观察两组以上数据之间的相互关系是非常有用的。为了获得这种效果，请在创建数组时使用 in the last graph（在最后一个图中）选项。如图 9.12 所示。

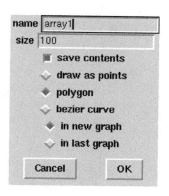

图 9.12 创建数组

表格中的数据通过一个索引编号进行写入或读取，该编号指示的是表格中的一个位置，它是一个整数。为了读取和写入数组，可以使用几种方式访问对象。tabread 和 tabwrite 对象让你可以与使用消息的数组进行通信。在后面章节中我们将看到能够读取和写入音频信号的 tabread4~ 和 tabwrite~ 对象。图 9.13 所示数组 a1 被位于其上方的 tabwrite 写入，这个目标数组名称作为一个参数出现在该对象块中。右输入口用来设置索引编号，左输入口用来设置数值。在其下方的 tabread 对象从其输入口读取这个索引编号，并返回当前值。

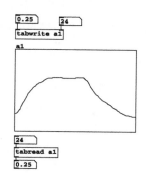

图 9.13 访问数组

9.4 获取 Pure Data 帮助

在 http://puredata.hurleur.com/ 上有一个活跃友善的论坛，还可以通过 pd-list@iem.at 订阅邮件列表。

9.5 练习

练习 1

在 Linux 中，在控制台键入 **pd--help** 可以看到可用的启动选项。在 Windows 或 Mac OSX 中，请阅读你下载的发布版中携带的帮助文档。

练习 2

使用 Help 菜单，选择 browse help 菜单项，通读系统自带的帮助文档，熟读 control examples 和 audio examples 部分。

练习 3

访问 http://puerdata.org 上的 pdwiki，看看 pd-extended 中可用的对象数量是多么的庞大。

9.6 参考文献

[1] Arduino I/O boards: http://www.arduino.cc/.

Arduino 输入输出电路板：http://www.arduino.cc/.

[2] Puckette, M. (1996). "Pure Data." *Proceedings, International Computer Music Conference*. San Francisco: International Computer Music Association, pp. 269–272.

Puckette M. Pure Data. 国际计算机音乐大会会议录. 圣弗朗西斯科：国际计算机音乐协会，1996: 269-272.

[3] Puckette, M. (1996). "Pure Data: Another integrated computer music environment." *Proceedings, Second Intercollege Computer Music Concerts*, Tachikawa, Japan, pp. 37–41.

Puckette M. Pure Data：另一种集成计算机音乐环境. 第二届校际计算机音乐演奏会会议录. 日本立川，1996: 37-41.

[4] Puckette, M. (1997). "Pure Data: Recent progress." *Proceedings, Third Intercollege Computer Music Festival*. Tokyo, Japan, pp. 1–4.

Puckette M. Pure Data：近期的进展. 第三届校际计算机音乐节会议录. 日本东京，1997: 1-4.

[5] Puckette, M. (2007). *The Theory and Technique of Electronic Music*. World Scientific Press.

Puckette M. 电子音乐理论与技术. World Scientific 出版社，2007.

[6] Winkler, T. (1998). *Composing Interactive Music: Techniques and Ideas Using Max*. MIT Press.

Winkler T. 谱写交互音乐：Max 的技术与理念. MIT 出版社，1998.

[7] Zimmer, F. (editor) (2006). *Bang—A Pure Data Book*. Wolke-Verlag.

Zimmer F. Bang—— 一本关于 Pure Data 的书. Wolke-Verlag 出版社，2006.

使用 Pure Data

10.1　基本对象和操作原则

现在已经了解了 Pd 的基本知识，让我们看一些基本对象以及它们之间相互连接的规则。这里大约有 20 个消息对象是你应该力争牢记在心的，因为几乎所有其他的东西都是由它们构建的。

热输入口和冷输入口

大多数利用消息操作的对象都有一个"热"输入口和一个或多个（可选的）"冷"输入口。抵达热输入口（通常是最左侧的输入口）的消息将引起对象进行计算，并产生输出。抵达冷输入口的消息将更新对象内部的数值，但它不会输出这个结果。乍一看这很奇怪，似乎是个错误，这样操作的原因是我们因此可以规定赋值的顺序。这意味着一个程序中以正确的顺序等待其中的某些子部分完成运算以后，再进入下一步。在数学中，括号描述了计算的顺序，$4×10-3$ 与 $4×（10-3）$ 是不一样的，我们需要先计算被括号括起来的部分。Pd 程序以同样的方式工作：需要等待某些部分的计算结果，然后才能继续计算。

在图 10.1 中，▓ 的右输入口上连接了一个新的数字块。这个新的数值代表一个常数乘数 k，所以我们可以计算 $y=kx+3$。当被改变时，它将重载作为初始参数的 5。在图 10.1 中，该值被设置为 3，所以我们得到 $y=3x+3$。尝试一下把它改为其他数值，然后再改变左侧数字块。请注意，对于右侧数字块的改变并不会立即影响输出，因为它连接到了 ▓ 的冷输入口，而对于左侧数字块的改变则会立即引起输出的变化，因为它连接到了 ▓ 的热输入口。

图 10.1　热输入口和冷输入口

不好的赋值顺序

当用一个单一输出口的消息驱动其他操作时会产生一个问题。让我们看一看图 10.2 中的两个接线图，你能说出它们有什么区别吗？只看外观不可能指出其中一个是可以工作的，而另一个则包含一个严重错误。每一个接线图都在试图通过把一个数字连接到 ▓ 的两个输入端而让该数值加倍。在连接这些线时，操作是不明确的，但通常会根据接线的顺序而得到定义。第一个接线图能够工作，因为先接的是右（冷）输入口，后接的是左（热）输入口。在第二个接线图中，新到来的数字被加到已经接收到的**最后**数字上，因为热输入口先被处理。试着用不同的顺序连接 ▓ 的各个输入口，从而绘制出这些接线图。如果你无意中以这种方式产生了一些错误，那么这些错误是很难被发现的。

图 10.2　不好的顺序

触发器对象

触发器能够把一条消息分割成若干部分，并把它们按顺序发送给多个输出口。它通过明确指明操作顺序解决了赋值顺序的问题。

输出的顺序是从右向左的，因此一个 `trigger bang float` 对象将首先在其右输出口输出一个浮点数，然后在左输出口输出一条 bang 消息。这个对象可以被缩写为 `t b f`。触发器的正确使用确保了接线图中位于触发器后面的各个单元能够进行正确的操作。触发器可以携带的参数有：用于符号的 s、用于浮点数的 f、用于 bang 的 b、用于指针的 p 和用于任意的 a。这个"任意"类型也将传递列表和指针。图 10.3 所示的接线图总能正确工作，不管你用什么顺序连接 ▓ 的各个输入口。来自 tff 右输出口的浮点数总是先发送到 的冷输入口，然后 tff 左输出口中的浮点数再发送给 的热输入口。

图 10.3　使用触发器确定赋值顺序

让冷输入口变热

我们刚认识的触发器有一种直接的功能，就是用它能让一个类似于 的算术运算符对其任何一个输入口都立即做出响应。请根据图 10.4 所示绘制出音色接线图，并试着改变那些数字块。当左侧的数字块被改变时，它将发送一条浮点数消息给 的左（热）输入口， 会像通常一样立即更新输出。但是，当你改变右侧数字块的时候，它被 tbf 分割成了两条消息：先是一条发给 冷（右）输入口的浮点数消息，随后立即会发送一条 bang 消息给热输入口。当 在其热输入口接收到一条 bang 消息时，它会计算在它的两个输入口上最后出现的两个数字的和，并将给出正确的结果。

图 10.4　让一个输入口变热

浮点数对象

对象非常常见，它能保存一个单精度浮点数字的值。它是对 float 的简写，你也可以使用这个 float 对象来让你的接线图所表达的意思更为清晰。你也许愿意把 看成一个变量，一个临时存储单个数字的地方。 有两个输入口：右输入口用来设定该对象的值，左输入口将根据其接收到的信息来设定数值和 / 或输出数值。如果接收到了一条 bang 消息，它就仅仅输出当前存储的数值；但如果这条消息是一个浮点数，它将用新的浮点数覆盖当前存储的数值，并且立即输出这个新数值。这种功能给了我们一种既能设置又能查询对象内容的方法。

整型数对象

虽然我们已经知道了 **Pd** 中并不存在程序员所理解的那种整型数，但整数仍然是可以用的。 int 存储的是一个浮点数，但仿佛它就是一个整型数，因为该对象为小数点之后的任何额外内容提供了一个舍入（截断）函数。因此当 1.678 9 被传给 int 时，它变成了 1.000 0，等于 1。

符号和列表对象

与数字一样，还有一些对象能把列表和符号存储在一个临时的地方。这两类对象的工作方式与存储数字对象的方式是一样的。列表可以被发送到 list 的右输入口，并通过向其左输入口发送一条 bang 消息来读取该列表。类似地，symbol 可以存储单个符号，并在需要时输出该符号。

合并消息连接

几条消息连接被发送到同一个输入口是没问题的。对象将在这些消息抵达时处理每一条消息，但你要确保这些消息以正确的顺序抵达该输入口，以完成它们预期应该完成的工作。当处理的前后顺序很重要时，请留意竞争冒险问题。

抵达同一个热输入口的不同来源的消息并不会彼此影响，它们仍旧是相互分离的，并且按它们抵达的顺序简单地交织在一起，每条消息都产生输出。但请记住，当几条消息连接都接到一个冷输入口时，只有最后抵达的那条消息才是有实际作用的。图 10.5 中的每个数字块都连接到了 的同一个冷输入口，而这个 的热输入口连接了一个 bang 按钮。只要这个 bang 按钮被按下，就会输出 当前存储的数值，这个数值将是最后被改变的那个数字块的数值。图 10.5 中哪个数字块是最后被更新的呢？应该是中间那个数值为 11 的数字块。

图 10.5　发送给同一个输入口的多条消息

10.2　使用时间和事件工作

具备了有关对象的简单知识以后，我们现在可以开始构建带有各种时间功能的音色接线图了，这些与时间相关的功能是所有声音和音乐的基础。

节拍器

最重要的基本操作也许就是获得一个拍子或时间基准。为了得到一系列有规律的 bang 事件，metro 提供了一个时钟。该节拍器的速度用毫秒所表示的周期来设定，而不是大多数音乐程序常用的每分钟多少拍（beats per minute，BPM）。

左输入口在接收到 1 或 0 时可以切换节拍器的开或关，右输入口则允许你设置节拍器的节拍周期。可以使用几分之几 ms 作为周期。metro 在被打开时会立即发送一条 bang 消息，随后每经过一个计时周期就发送一条 bang 消息。图 10.6 所示的计时周期为 1 000 ms（等于 1 s）。这里的 bang 按钮被当作一个指示器来使用。只要你点击消息块发送 1 给 metro，节拍器就开始发送 bang 消息，这将让 bang 按钮每秒闪烁一次，直到你发送一条 0 消息把它关闭。

图 10.6　节拍器

计数器时间基准

我们可以用计数器重复触发一个声音，像一个稳定的鼓节拍一样。但一系列 bang 事件本身却没有什么作用，虽然它们在时间上是分隔开的，但我们无法用这种方式记录时间，因为 bang 消息不包含任何信息。

在图 10.7 中，我们又看到了节拍器。这一次，用来开启和停止的消息被一个切换开关很方便地替代了。我还加入了两条新消息，它们能改变周期，这样我们可以让节拍器变得快些或慢些。真正有趣的部分是节拍器的正下方。一个浮点块在其热输入口接收 bang 消息。它的初始值为 0，所以在接收到第一条 bang 消息时，它输出一个浮点数 0，随后，下方的数字块将会显示出这个数字。如果没有 f 对象的话，该接线图将在每拍到来时都输出 0。不过，仔细看一下这两个对象的接线方式：f 和 + 相互连接构成了一个**累加器（incrementor）**或**计数器（counter）**。每当 f 接收到一条 bang 消息时，它就把当前存储的数字输出给 +，让它对其加 1。这个计算结果被反馈接回到 f 的冷输入口用于更新 f 的数值，现在它变成了 1。下一条 bang 消息到达时，1 将被输出，并且该输出仍然会通过 + 然后变成 2。只要有 bang 消息到达，这一过程就会重复进行，即每一次输出都递增 1。如果你启

动了图 10.7 所示的节拍器，将看到数字块缓慢地递增计数，每秒递增 1。点击消息块可以改变计数的周期，让其加速为每 500 毫秒加 1（每秒两次），或是变为更快的每秒 4 次（周期为 250 ms）。

图 10.7　计数器

计时对象

有三个相关对象可以帮助我们在消息域中进行计时操作。timer 能够准确测量两次接收 bang 消息之间的时间间隔，前一条消息连接到左输入口，后一条消息连接到右输入口。如图 10.8 左侧部分所示。

点击第一个 bang 按钮将重置并启动 timer，随后点击第二个 bang 按钮将输出两次的间隔时间（毫秒数）。请注意 timer 是不同寻常的：它是少数几个以右输入口作为热控制端的对象中的一个。图 10.8 中间部分所示的 delay 在其左输入口接收到一条 bang 消息并经过某一特定时间长度以后，将输出一条 bang 消息。这个时间间隔由该对象的第一个创建参数或其右输入口设置，或是由抵达其左输入口的浮点数值设置，因此有三种方法能够设定这个延时时间。如果有一条新的 bang 消息抵达，则所有尚未处理完毕的延时都将被取消，并且重新开始一个新的延时计时；如果有一条 stop 消息到达，则 delay 将被重置，并且所有尚未处理完毕的延时事件都被取消。有时候我们想对一串消息施加一个固定量的延时，此时需要 pipe。该对象被分配了一块内存缓冲区，用来把消息从其输入口搬移到其输出口，所花的时间由它的第一个创建参数或第二个输入口设定。如果改变了图 10.8 右侧接线图中位于顶部的数字块，那么你将看到下方的数字块会跟着它发生变化，但在时间上落后 300 ms。

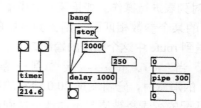

图 10.8　计时对象

Select

当选择（select）对象的输入与 select 对象自身参数列表中的某一项相匹配时，它就会在与该项参数对应的输出口上输出一条 bang 消息。例如，`select 2 4 6`如果接收到数字 4 的话，则它将在其第二个输出口上输出一条 bang 消息，而当接收到数字 6 时则会在其第三个输出口输出一条 bang 消息。与任何参数都不匹配的消息将直接从最右侧的输出口输出。

这让简单的序列制作变得非常容易。图 10.9 所示的接线图在循环往复地进行四步操作，即依次点亮每个 bang 按钮。图中有一个周期为 300 ms 的节拍器和一个计数器。在第一步，计数器保持为 0，当该数值被输出给`select`时，`select`将给其第一个输出口发送一条 bang 消息，因为它与 0 相匹配。随着计数器以 1 为步长逐渐递增，`select`中相对应的输出口会依次产生 bang 消息，直到第四个输出口产生 bang 消息。此时它会触发一条包含数值 0 的消息，该消息被馈送至`f`的冷输入口，这将把计数器重置为 0。

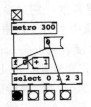

图 10.9　简单的序列器

10.3　数据流控制

本节将介绍几种在接线图中用来控制数据流的常见对象。我们已经知道，`select`可以在一组连接中选出某一个来发送 bang 消息，所以它给了我们一种选择性的信号流。

Route

路由（route）的行为方式与 select 类似，不过 route 只能对列表进行操作。如果某列表中的第一个元素与 route 的某个参数相匹配，则该列表中的剩余部分将被传送到 route 中这个相应的输出口上。

所以，当`route badger mushroom snake`接收到一条内容为 {snake 20} 的消息时，它将发送 20.0 给它的第三个输出口。不匹配的列表将被原封不动地传送到最右边的输出口。用于匹配的参数可以是数字或符号，但我们经常使用符号，因为把`route`与列表结合起来使用让我

们有了一种为各个参数命名的好方法，这有助于帮助我们记住这些参数的作用。在图 10.10 中，有一些经过命名的数值用于各种合成器控制器中。每个消息块都包含由两个元素构成的列表，它们是一个"名称 − 数值"对。当`route`遇到一个与其参数相匹配的列表时，就会把它发送给正确的数字块。

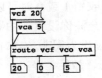

图 10.10　对数值进行路由

Moses

Moses 是一个"流分离器"，它会把小于阈值的数字发送到其左输出口，而把大于或等于阈值的数字发送到右输出口。该阈值由第一个参数或出现在右输入口的数值来设定。`moses 20`会在 20.0 处对输入数字进行分流。

Spigot

龙头（spigot）是一个开关，能控制包含列表和符号的任何消息流。在`spigot`的右输入口出现的 0 将令左输入口接收的消息停止发送到输出口。任何非零的数值将把这个龙头打开。

Swap

交换（swap）看上去在做一件非常微不足道的事，也许你会问为什么不把两条线交叉一下？事实上，`swap`是一个真正有用的对象。它就是把两个输入口的数值交换一下，然后传送到输出口。同时`swap`还可以带一个参数，所以它总是可以用一个常数与一个数值进行交换。当这个常数为 1 时是很有用的，我们在后面计算一个数的补数 $1 - x$ 和倒数 $1/x$ 时就会看到；当这个常数为 100 时，对于计算百分比也是很有用的。其交换接线图如图 10.11 所示。

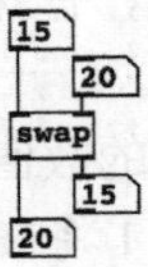

图 10.11　对数值进行交换

Change

如果有一连串数字（可能来自于一个实体控制器，比如以有规律的间隔控制的操纵杆），我们只想在数值有变化时得到这些数值，此时使用改变（change）是很有用的。在对一个抖晃的信号去噪时，或是在除以时间基准时，`change` 的前面经常连接一个 `int`。在图 10.12 中，我们看到计数器在达到 3 以后就被停止了。位于该计数器下方的各个元件把时基变为了原先的一半，也就是说，对于一个 {1,2,3,4,5,6···} 的序列，我们将得到 {1,2,3···}。在同样的时间间隔里，输出数字的个数为输入的一半。换句话说，输出的变化频率为输入的一半。由于该计数器刚把 3 发送出去，所以 `/` 的输出为 1.5，`int` 将其截断为 1。这已经是我们第二次看到 1 出现了，因为当输入为 2 时输出也是 1。如果不使用 `change`，我们得到的输出将为 {1,1,2,2,3,3,···}。

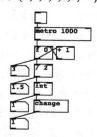

图 10.12　传送发生改变的数值

Send 和 Receive 对象

当接线图中看上去连线很多很密，或是当你想把接线图分布到多个画布时，发送（send）和接收（receive）对象是很有用的。`send` 和 `receive` 对象简写为 `s` 和 `r`，它们成对儿工作。进入发送单元的任何东西都将通过一条看不见的连线发送出去，并且会立即出现在接收单元，所以进入 `send bob` 的任何东西都会重新出现在 `receive bob` 中。

图 10.13　多个发送对象

默认情况下，相互匹配的发送对象和接收对象具有全局名称，可以同时在被加载的多个不同画布中存在。所以，如果图 10.14 中的各个 `receive` 对象在另一个不同的接线图中，则它们仍旧能够获取从图 10.13 中发送的各个数值。它们之间的连接关系是一对多的，所以，使用某一特定名称的发送对象只能有一个，但其发送的数值可以被多个具有相同名称的 `receive` 对象接收。在最新版的 Pd 中，目的地是动态的，可以被右输入口接收的消息所改变。

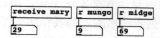

图 10.14　多个接收对象

广播消息

我们已经看到，在 Pd 中，除了通过连线传播消息以外，还有一个"不可见"的环境也可以用来传播消息。若消息块中包含的消息以一个分号开头，则它就是广播（**broadcast**），Pd 将把该消息路由发送给任何与该消息的第一个符号相匹配的目的地。这样，激活消息块 `; foo 20` 所产生的结果与发送一条数值为 20 的浮点消息给对象 `s foo` 是一样的。

特殊消息目的地

这种方法可以对具有特殊命令的数组进行寻址，告诉 GUI 元件有一个已定义的**接收符号**（**receive symbol**），或是作为与各个 `receive` 对象进行通信的另一种方式。如果想动态改变数组的大小，它们能识别一条特殊的 **resize** 消息。还有一个名为 pd 的特殊目的地（该目的地始终存在），它指的就是音频引擎，它会根据类似于 `; pd dsp 1` 的广播消息进行动作，从一个接线图中打开音频计算。图 10.15 给出了一些示例。

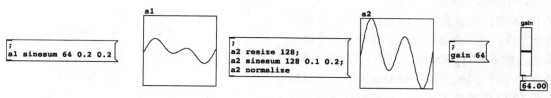

图 10.15　特殊的消息广播

消息序列

可以用逗号把多个消息相互隔开，然后作为一个序列共同存储在同一个消息块中，所以 `2, 3, 4, 5` 这个消息块在被点击或被 bang 消息触发时，能够依次发送四个数值。这种动作是即刻发生的 [在**逻辑时间**（**logical time**）上]。初学者在比较序列与列表时经常发生混淆。当发送一个包含序列的消息块的内容时，所有元素是一口气发送出去的，但各个元素会作为一个数据串中的单独的消息。相反，列表并没有使用逗号进行隔开，它也会一次把所有元素都发送出去，但这些元素是作为单一的一条列表消息的。列表和序列可以混合起来，因此消息块中可以包含由多个列表构成的序列。

10.4　列表对象和操作

列表是一个颇为高级的话题，我们本应该使用一整章的篇幅来讨论它。Pd 仅使用列表操作即可具有类似于 LISP 这种编程语言的全部能力，但是，像 LISP 语言一样，所有更为复杂的功能都是用少数几个固有操作和抽象所定义的。在 **pd-extended** 中有 Frank Barknecht 以及其他人制作的 **list-abs** 集可供使用。它包含了许多高级操作，比如对列表进行排序、反转、插入、搜索，以及对每个元素进行条件操作。在本节中，我们将介绍少量几个非常简单的对象，而把那些用于构建音序器和数据分析工具的更高级的列表功能作为练习留给读者自己研究。

列表的打包与解包

创建和解拆一个列表的通常方法是使用 `pack` 和 `unpack`。它们所带的参数是列表中每个元素的类型标识符，所以 `pack f f f f` 这个对象能把在四个输入口出现的四个浮点数打包成一个单一的列表。这些标识符应该按照从右向左的顺序出现，以便让热输入口最后被填进来。当你想让数值固定的时候，也可以直接用浮点数值作为 `pack` 对象的参数，所以 `pack 1 f f 4` 是合法的，列表中的第一个元素和最后一个元素将为 1 和 4（除非被输入口重写），而中间两个元素是可变的。

在图 10.16 中，先改变最右侧的数字块，再改变它左侧的数字块，然后点击符号块，在键入一个简短的字符串之后按下 RETURN 键。当你在连接 `pack` 热输入口的最后那个符号块上按下 RETURN 键时，这些数据将在图 10.17 中被接收到，并在被解包以后出现在各个显示块中。

图 10.16　列表打包

图 10.17　列表解包

`unpack s s f f` 期望收到两个符号和两个浮点数，然后把它们发送给四个输出口。各个表项会按照它们在列表中的顺序进行打包和解包，不过要记住，是从右向左的顺序。这意味着在 `unpack s s f f` 中两个浮点数会先出现（并且是最右侧的那个数先出现），然后是两个符号，最终以最左侧的符号结束。当然，这一过程发生得非常快，以至于你来不及看清楚动作的顺序，但这样做是有意义的。这样一来，如果你解包数据，然后对其进行修改并重新将其打包成一个列表，那么所有事情都是以正确的顺序进行的。请注意，列表中的数据类型必须与每个对象中的参数相匹配。除非你使用的是 a（any，任意）类型，否则 Pd 将会在你试图为一个不匹配的类型进行打包或解包时对你发出抗议。

替换

消息块也可以作为模板来使用。当消息块中的一个表项被写为 $1 时，它就成为一个空槽，并会使用所给列表中的第一个元素的数值。每个带 $ 符号的参数（$1、$2 等）都会被输入列表中的相应表项替换掉，随后这些消息块将把经过填充的新消息发送出去。如图 10.18 所示，各个列表元素可以在多个位置上被替换。列表 {5 10 15} 通过 `$3 $1 $2` 的替换操作变成了 {15 5 10}。

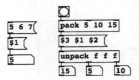

图 10.18　$ 替换符

留存

在搭建接线图时你常常希望该接线图在被调用时已经处于某种状态了。在 Pd 中可以让大多数 GUI 对象输出它们在上一次存盘时所有的最后数值。可以通过在 properties 面板中设置 init 勾选框来完成这项工作。但如果你想保留的数据来自另外一个源（比如一个外部的 MIDI 控制器），那该怎么办呢？`loadbang` 是一个很有用的对象，可以在调用接线图时产生一条 bang 消息。

你可以把它与消息块结合起来使用，为某些数值进行初始化。这些消息块的内容与接线图一起被保存和调取。当你需要停止某个项目的工作，但又想在下一次打开时加载入最后的工作状态时，通过在消息块中使用专门的 set 前缀就可以把列表数据保存在音色接线图中了。如果消息块接收到了一个以 set 为前缀的列表，则该消息块将被这个列表所填充，但并不会立即输出它。图 10.19 中的接线图用来为 **pd synthesiser** 保存一个三元素的列表，保存在一个消息块中的这个列表，可以与该接线图一同被保存，并且在这个接线图被重新加载时，该消息块将生成这个列表用来对合成器进行初始化。

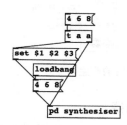

图 10.19　使用消息进行留存

列表分发

有两个或多个输入口的对象可以仅用第一个输入口就能把一个列表中的各个参数分配给所有输入口。

列表中元素的数量必须与输入口的数量相匹配，它们的类型也必须是相互兼容的。在图 10.20 中，消息块包含了由 9 和 7 两个数构成的一个列表。当这样一对数值被发送给 `-`（在图中该对象的右输入口是悬空的）时，这两个数值将根据它们出现的顺序被分布到两个输入口上，因此得到 9-7=2。

图 10.20　分发

更高级的列表操作

用 `list append` 可以把两个列表连接在一起。它用两个列表创建出一个新的列表，这个新列表把第二个列表接到第一个列表的尾部。如果给定一个创建参数，则该参数将被附加到它接收到的每个列表后面。请注意，`list` 是 `list append` 的一个别名。为了更清楚自己在做什么事情，你可以选择这两个名称中的任意一个。`list prepend` 与此非常类似，它几乎是在做同样的事情，但在 `list prepend` 返回的新列表中，创建参数或从第二个输入口输入的列表被加到了第一个列表的前面。为了拆解列表，我们可以使用 `list split`，它从左输入口获取一个列表，从右输入口获取一个数字（或把这个数字作为创建参数），该数字用来指示从何处分割该列表。它会产生两个新列表：包含分割点之前各个元素的列表出现在左输出口，包含其余元素的列表出现在右输出口。如果所给列表的长度短于分割点所处位置，则整个列表将原封不动地被发送到右输出口。`list trim` 对象将把列表开头的所有选择器剥离掉，仅保留原始数据元素。

10.5　输入和输出

Pd 中有大量的对象用来读取键盘、鼠标、系统定时器、串口和 USB 的数据。受到篇幅所限，本书只能对它们进行概括叙述，因此请针对你使用的平台参阅 Pd 在线文档。这些对象中有很多只能作为外部对象使用，但有一些是内置在 Pd 核心中的。有一些对象依赖于所用的平台，比如 `comport` 和 `key` 就只能在 Linux 和 MacOS 平台下使用。最有用的外部可用对象之一是 `hid`，它是"人机界面设备"。有了它，你就可以连接操纵杆、游戏控制器、跳舞毯、方向盘、绘图板以及所有有趣的东西。使用 `textfile` 和 `qlist` 可以实现文件的输入和输出，也有对象可以处理 MySQL 数据库。当然，音频文件的输入和输出是很简单的，只需要使用诸如 `writesf~` 和 `readsf~` 之类的对象即可。MIDI 文件可以使用类似的对象进行导入和写入。访问网络可以通过 `netsend` 和 `netreceive` 来实现，这两个对象提供了 UDP 或 TCP 服务。开放声音控制（Open Sound Control）可以通过使用 Martin Peach 编写的外部 OSC 库或 `dumpOSC` 和 `sendOSC` 对象来实现。甚至可以使用 `mp3cast~`（由 Yves Degoyon 编写的）和类似的外部对象来生成或打开压缩音频流，你还可以运行 Python 和

Lua 等其他编程语言编写的代码。Arduino 开发板是与 Pd 相互配合使用的常见的硬件周边设备，它提供了大量的经过缓存的模拟和数字线路、串口和并口，能够在机器人和控制中应用。几乎所有这些都超出了本书的内容范围。如何搭建你自己的 DAW（数字音频工作站）、如何构建你的声音设计工作室是你个人的事，但在输入和输出的连接方面，Pd 不会让你失望。我们将看一些常用的输入和输出通道。

打印（Print）对象

如果没有 print 对象我们将如何是好？print 在制造声音方面没什么用，但对于接线图的调试工作来说却至关重要。消息域中的数据被转存到控制台中，所以你能够看到当前正在进行的操作。可以为其赋予一个非数值型的创建参数，该参数将作为任何输出的前缀，这能让你在长长的输出清单中更容易找到这一输出项。

MIDI

在使用各种音乐键盘进行工作时，有很多对象能够帮你把这些设备整合进来，让你构建出具有传统合成器和采样器行为特征的音色接线图。对于声音设计来说，把 MIDI 控制器连接到各个控制参数上是很好的，呼吸控制器和 MIDI 吉他等音乐接口设备当然也可以使用。从 Media → MIDI 菜单中激活一个 MIDI 设备就能把 MIDI 源连接到 Pd 上（你可以通过 Media → Test Audio and MIDI 来检查这条连接是否正常工作）。

音符输入

你可以为音乐键盘上各个独立键位的触发创建单个事件，也可以通过添加额外的逻辑线路来获得层叠与力度交叉淡入淡出。

notein 对象能在其左、中、右输出口上产生音符编号、力度和通道编号值。你可以分配一个对象去监听某一特定通道，方法是赋予它一个范围为 1～16 的创建参数。请记住，在很多 MIDI 实验中，音符关（note-off）消息等价于力度为 0 的音符开（note-on）消息，Pd 也遵循了这种方法。因此，在把振荡器或采样播放器连接到 notein 之前，需要添加额外的逻辑线路让零值的 MIDI 音符不被播放，如图 10.21 所示。

图 10.21 MIDI 音符输入

音符输出

另一个对象 noteout 能发送 MIDI 给外部设备。三个输入口自左向右分别用来设置音符编号、力度和 MIDI 通道编号。通道编号的默认值为 1。请先确认你是否已经连接了某件能进行 MIDI 播放的设备，然后点击图 10.22 所示接线图中的切换开关，让它开始运行。该音色接线图将每 200 ms 产生一个 C，该音符所在八度是随机的，其力度也是从 0～127 之间的一个随机值。如果不进行其他处理直接把这些音符发送给 noteout，则会引起每个 MIDI 都"悬而不决"——持续不断地发声，因为我们从未发送音符关消息。为了正确地构建 MIDI 音符，需要使用 makenote，它有三个创建参数：音符编号、力度和持续时间（毫秒数）。在该音符的持续时间到期以后，makenote 会自动添加一个音符关消息。如果有多个物理 MIDI 端口可以使用，那么 makenote 将发送通道 1 至 16 给端口 1，通道 17 至 32 给端口 2，以此类推。

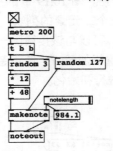

图 10.22 MIDI 音符的产生

连续型控制器

ctlin 和 ctlout 是可以用来接收和发送连续型控制器的两个 MIDI 输入 / 输出对象。它们的三条连接可以提供或让你设置控制器数值、控制器编号和 MIDI 通道。可以使用创建参数对其进行实例化，因此 ctlin 10 1 将拾取 MIDI 通道 1 上的 10 号控制器（声像位置）。

MIDI 到频率

Pd 提供了两个数值转换工具用来进行 MIDI 音符编号和频率（以 Hz 为单位）之间的相互转换。从 MIDI 音符编号转到频率可以使用 mtof，从频率转到 MIDI 音符编号可以使用 ftom。

其他 MIDI 对象

对于弯音（pitchbend）、程序改变（program changes）、系统专有信息（system exclusive）、触后（aftertouch）和其他 MIDI 功能，可以使用图 10.23 中总结的那些对象。通过手动编写原始的 MIDI 字节并借助 midiout 对象进行输出，可以实现系统专有信息的发送。这些对象中的大多数都使用与 `notein` 和 `noteout` 类似的输入和输出口模板，其最后一个创建参数用于 **MIDI** 通道编号的

传输，`midiin` 和 `sysexin` 是两个例外，它们接收的是全通道（omni，即所有通道）数据。

MIDI输入对象		MIDI输出对象	
对象	功能	对象	功能
`notein`	获得音符数据	`noteout`	发送音符数据
`bendin`	获得弯音数据，从-63到+64	`bendout`	发送弯音数据，从-64到+64
`pgmin`	获得程序改变	`pgmout`	发送程序改变
`ctlin`	获得连续型控制器消息	`ctlout`	发送连续型控制器消息
`touchin`	获得通道触后数据	`touchout`	发送通道触后数据
`polytouchin`	多复音触后数据输入	`polytouchout`	多复音触后数据输出
`midiin`	获得无格式的原始MIDI字节	`midiout`	发送原始MIDI字节给设备
`sysexin`	获得系统专有信息数据	无对应的输出对象	请使用 `midiout` 对象

图 10.23　MIDI 对象表

10.6　数字的使用

算术对象

图 10.24 对普通数字进行操作的那些对象进行了总结，它们提供了基本算术运算功能。所有这些对象都以左输入口为热端、右输入口为冷端，所有这些对象都能利用一个创建参数或从右输入端接收到的数据对数值进行初始化。请注意 `/` 和 `div` 之间的区别。取模运算符将计算出左边数字除以右边数字所得的余数。

对象	功能
`+`	对两个浮点数进行相加
`-`	左输入口的数字减去右输入口的数字
`/`	左输入口的数字除以右输入口的数字
`*`	两个浮点数相乘
`div`	整除，右输入口的数字能够完全分割左输入口的数字多少次（即左数除以右数所得的商）
`mod`	取模，左数除以右数任意整数倍所得的最小余数

图 10.24　消息算术运算符表

三角运算对象

图 10.25 总结了各种更高级的数学函数。

随机数

还有一个很有用的功能，就是产生随机数。`random` 对象能够产生从零开始到其创建参数为止的整数（包括 0，但不包括该参数），所以 `random 10` 将给出 0 ~ 9 这十个可能的数值。

对象	功能
`cos`	所给数值（以弧度为单位）的余弦值。定义域：$-\pi/2$ 到 $+\pi/2$。值域：-1.0到+1.0
`sin`	所给数值（以弧度为单位）的正弦值。定义域：$-\pi/2$ 到 $+\pi/2$。值域：-1.0到+1.0
`tan`	所给数值（以弧度为单位）的正切值。定义域：$-\pi/2$ 到 $+\pi/2$。值域：$-\infty$ 到 $+\infty$
`atan`	所给数值的反正切值。定义域：$\pm\infty$，值域：$\pm\pi/2$
`atan2`	笛卡尔平面中两个数的商的反正切值。定义域：任意浮点数表示的X、Y对。值域：$\pm\pi$ 之内用弧度表示的角度
`exp`	任意数的指数函数值 e^x。值域：0.0到 $+\infty$
`log`	任意数的自然对数（以e为底）。定义域：0.0到 $+\infty$。值域：$\pm\infty$（$-\infty$ 为-1000.0）
`abs`	任意数的绝对值。定义域：$\pm\infty$。值域：0.0到 $+\infty$
`sqrt`	任意正数的平方根。定义域：0.0到 $+\infty$
`pow`	以左输入口数字为底、右输入口数字为幂次的乘方运算。定义域：左数只能为正数

图 10.25　消息三角运算符和高级数学运算符表

算术运算示例

图 10.26 展示了在接线图中计算三个随机数的平均数的正确顺序。不必让每个输入口都为热端，只需要通过恰当地触发各个 `random`，从而保证所有数据都以正确的顺序抵达即可。第一个 `random`（最右侧）为下方的 `+` 提供冷端输入，中间的 `random` 为上方的 `+` 提供冷端输入。当最后一个（最左侧）`+` 产生出随机数以后，它把该数发送给第一个 `+` 的热输入口，该 `+` 对象将计算出这个和，并将其传送到第二个 `+` 的热输入口。最终，我们把和除以 3 得到平均值。

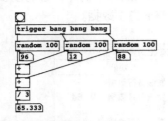

图 10.26　求三个随机浮点数的平均值

比较对象

图 10.27 总结了各种比较对象。这些对象的输出非 0 即 1，这取决于比较结果为真还是为假。所有这些对象都是左输入口为热端、右输入口为冷端，并且可以携带一个创建参数用来初始化右侧的数值。

对象	功能
▷	若左输入口的数大于右输入口的数，则为真
◁	若左输入口的数小于右输入口的数，则为真
▷=	若左输入口的数大于或等于右输入口的数，则为真
◁=	若左输入口的数小于或等于右输入口的数，则为真
==	若左输入口的数等于右输入口的数，则为真
!=	若左输入口的数不等于右输入口的数，则为真

图 10.27　比较运算符表

布尔逻辑对象

Pd 中有一整套逻辑运算对象，这其中包括与 C 代码工作方式完全相同的逐位运算。这些对象中的大多数对本书来说并没有太大作用，但我们将会提到两个重要的对象：▨和▨。▨为逻辑或（OR），当两个输入中至少有一个为真时，它的输出即为真。▨为逻辑与（AND），只有当两个输入均为真时，它的输出才为真。在 Pd 中，任何非零数值都为"真"，所以并不需要逻辑取反或"非"运算，因为通过使用其他对象可以有很多方法来实现这些运算。比如，你可以使用以 1 为创建参数的▨来实现一个逻辑取反运算。

10.7　常见的习惯用法

在所有类型的编程中都会经常出现各种设计模式。在后面的章节中，我们将看到什么是抽象，以及如何把代码封装到新的对象中，从而让你自己不用一次次地重复编写同样的东西。这里我将引入一些非常常见的模式。

约束计数器

我们已经看到了如何利用一个浮点块中存储的数值反复递增来制作计数器。为了让递增或递减计数器变成循环计数器以用于不断重复的序列，有一种比"计数器到达上限值以后对其进行清零"更为简单的方法：使用▨对数字进行回绕。把▨插入反馈回路中，让其位于"加 1"之前，这样就能确保计数器不越界。然后又在数字流中增加了两个▨单元用来产生复合节奏的序列。你将经常看到图 10.28 所示的习惯用法的各种变化形式。这让我们有了一种产生多种速率的时间基准的方法，它能够用于音序器、旋转物体或具有复杂的重复性模式的机器声音。

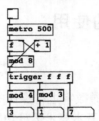

图 10.28　约束计数器

累加器

与计数器类似构造的是累加器或积分器。在图 10.29 所示的结构中，▨和▨相互交换了位置，从而得到了一个积分器，它能够存储先前发送给它的所有数字消息的和。类似的结构对那些把来自输入控制器的"上上下下"的消息转变成一个位置是很有用的。计数器与累加器的差别很细微。虽然你可以通过在▨的右输入口放置一个新数值来改变计数器的递增步长，但这个操作不会立即起作用，直到▨中先前存储的数值被使用以后，计数步长的修改才会生效。相反，累加器可以根据发送给它的数值立即按照规定的不同间隔进行跳变。请注意这个重要的区别：累加器以浮点数作为输入，而计数器以 bang 消息作为输入。

图 10.29　累加器

舍入

整数函数 `int` 也被缩写为 `i`，它能给出一个浮点数的整数部分。这是**截断**（**truncation**），就是直接丢弃所有小数部分。对于正数，它将实现**向下取整**（**floor**）功能，被记为 $\lfloor x \rfloor$，这是一个**小于或等于**输入值的整数。但请注意对于负数，`int` 将得到一个**大于或等于**输入的数，所以对 -3.4 进行 `int` 将得到 -3.0。截断操作如图 10.30 的左半部分所示。为了在正数上获得常规的舍入结果——即得到与输入**最接近**的整数，请使用图 10.30 右半部分所示的方法。它为大于等于 0.5 的数输入返回 1，而为小于等于 0.499 999 99 的数返回 0。

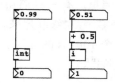

图 10.30　舍入

缩放

这种用法很常见，几乎随时随地都能见到它。假设输入的数值在 0 ~ 127 之间，我们也许希望把它们映射到另外一个取值区间上，比如从 1 ~ 10 之间。这与改变一条按照 $y=mx+c$ 变化的线段的过零点和斜率是一样的。为了得到这些数值，首先需要得到位于底部的数值或**偏移量**（**offset**），在本例中是 +1。然后需要用一个**乘数**（**multiplier**）对顶部数值进行缩放，使得输入 127 时能够满足 $10=1+127x$，因此，移除偏移量以后我们得到 $9=127x$，即 $x=9/127$ 或 $x=0.070\ 866$。你可以把图 10.31 所示的内容绘制成一个子接线图或抽象，但因为只用到了两个对象，所以更明智的做法是在你需要进行缩放的时候直接搭建缩放和偏移线路。

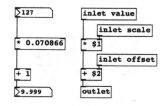

图 10.31　缩放

用 Until 进行循环

`until` 具有使系统完全锁死的潜在风险，这是 `until` 的

设计所造成的，而且不幸的是，这种设计方式是必须的。所以，请你非常谨慎仔细地搞清楚你正在用 `until` 干什么。在 `until` 左输入口出现的 bang 消息将让 `until` 以系统所能允许的最高频率不断地产生 bang 消息！这种情况一直会持续下去，**直到** `until` 的右输入口接收到一条 bang 消息为止。它的目的是构成一个快速的循环结构，从而在消息域中进行快速运算。这样，在处理一个单一音频块的过程中就能填满整个波表或计算出一个复杂公式。始终要确保右输入口被连接到一个有效的终止条件上。在图 10.32 中，你可以看到一个根据 $y=2x^2-1$ 计算从 -1.0 ~ +1.0 的二阶切比雪夫多项式的例子，结果被填写在一个 256 级的表格中。按下 bang 按钮会让计数器立即被重置为零，随即 `until` 就开始不断发送 bang 消息。这些 bang 消息将导致计数器迅速不断地加 1，直到 `select` 与 256 相匹配，此时将给 `until` 的右输入口发送一条 bang 消息，停止这个处理过程。所有这些操作在几分之一毫秒之内就能完成。在此期间，我们使用计数器的输出计算出一条切比雪夫曲线，并将其填入表格中。

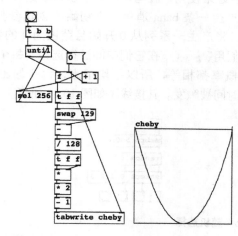

图 10.32　使用 until

更安全地使用 `until` 的方式如图 10.33 所示。如果你事先知道将要进行的操作是一个固定步数的操作，那么请按照 for 循环的方式来使用 `until`。在这种情况下，需要你给左输入口发送一个非零浮点数。这里没有终止条件，`until` 将在发送了规定数量的 bang 消息以后停止工作——在本例中是 256 条 bang 消息。

图 10.33　256 次循环（for 方式）

消息补数和倒数

下面要说说对于任意数 x 如何得到 $1-x$。在对两个数进行平衡时，x 的补数（complement）是很有用的，这样能让两者的和为一个常数，就像在声像定位时那样。swap 对象能交换其输入口的数值，或是用它的第一个创建参数与左输入口的数值进行交换。因此，图 10.34 左半部分所示的结果就是让 $-$ 计算出 $1-x$，该图中输入为 0.25，所以结果是 0.75。类似地，把 $-$ 换成 $/$ 就能计算出一条浮点消息的倒数 $1/x$。

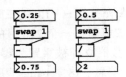

图 10.34　消息的补数和倒数

随机选择

为了在几个事件中随机选择一个，可以把 random 和 select 组合起来使用，在与 select 某个创建参数对应的输出口上产生一条 bang 消息。当初始的创建参数为 4 时，random 将产生一系列从 0 开始且范围为 4 的整数，所以我们用 select 0 1 2 3 在它们中间进行选择。每个数被选中的概率都相等，所以平均下来，每个输出都有 25% 的时间被触发。其接线图如图 10.35 所示。

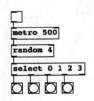

图 10.35　随机选择

加权随机选择

为了得到某一特定概率分布的一组事件的一种简单方法就是生成一些均匀分布的数字，然后把它们送入 moses。例如，moses 10 将把大于 9.0 的整数发送到其右输出口。对于多个级联起来的 moses，若各个比例相加的和等于随机数的范围，则这些级联的 moses 将让数字在这些组合起来的输出口上按比例分布。moses 10 的输出口会按 1:9 的比例分配数字。当右输出口如图 10.36 所示被 moses 50 进一步分割后，范围从 0.00 到 100.0 的数字将按照 10:40:50 的比例被分割，而且因为输入数字是均匀分布的，所以它们被发送到这三

个输出口的可能性分别为 10%、40% 和 50%。

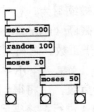

图 10.36　加权随机选择

延时级联

有时候我们想得到一系列按照某一固定定时模式快速发送的 bang 消息。有一种简单的方法能实现这一目的的，那就是把多个 delay 级联起来。图 10.37 中每个 delay 100 都将增加一个 100 ms 的延时。请注意，图中所用的是 delay 的缩写形式。

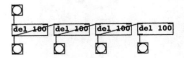

图 10.37　延时级联

最后的浮点值和平均值

如果你有一连串浮点数，并且想保存前一个数值以便与当前数值相比较，那么，图 10.38 左半部分所示的习惯做法将完成这项工作。请注意触发器是如何实现下述功能的，首先发送 bang 消息把浮点块中**最后**存储的数值读取出来，然后让当前数值通过右输入口对浮点块进行更新。这种结构可以被转换成对浮点消息进行简单的"低通"或均值滤波器，如图 10.38 右半部分所示。如果把先前数值与当前数值相加并除以 2，就得到了平均值。在所给示例中，数值先为 10，然后为 15，结果为 (10+15)/2=12.5。

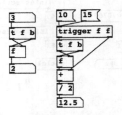

图 10.38　最后数值和求平均值

滑动最大值（或最小值）

为 赋一个很小的创建参数，并把经过它处理的信息再接回到它的右输入口，这是一种能够保存最大值的方法。在图 10.39 中，数据流已经出现的最大数值为 35。若给 min 一个很大的创建参数，就能得到相反的结果，即跟踪最小值。如果你需要重置最大值或最小值跟踪器，则只需要发送一个非常大或非常小的浮点数值到它们的冷输入口，让跟踪重新开始即可。

```
9
max 1e-21
t f f
35
```

图 10.39　到目前为止的最大值

浮点低通滤波

如图 10.40 所示，仅用 和 就能对一串浮点数值进行低通滤波。这对于平滑来自于外部控制器的数据是很有用的，这类数据时不时就会出现反常变化。图 10.40 遵循的滤波方程为 $y_n=Ax_n+Bx_{n-1}$。滤波的强度由 $A:B$ 的比例决定。A 和 B 都应该在 0.0 ~ 1.0 之间，并且两者的和为 1.0。请注意，这种方法并不会精确地收敛到输入值上，所以如果你需要把数值舍入到整数值的话，可以在其后加上一个 int。

```
38
* 0.1
+        * 0.9
37.26
```

图 10.40　对浮点数进行低通滤波

第 11 章

Pure Data 的音频

11.1　音频对象

对于 **Pd** 已经了解了足够多的细节，现在我们要进入下一个层次。你已经掌握了数据流编程的基本方法，并且知道了如何能够制作出处理数字和符号的接线图。但是，为什么到目前为止还没有提到如何制作音频呢？这不是我们学习的主要目的吗？原因是在 **Pd** 中，处理音频信号比我们已经处理过的数字和符号复杂一些，所以我把它留到了现在。

音频连接

我曾经提到过，有两种类型的对象和数据用于消息和信号中。与此相对应，有两种类型的连接：音频连接和消息连接。产生正确类型的连接并不需要额外做任何事情。当把两个对象连接起来时，**Pd** 知道你想要连接的输出口或输入口是什么类型的，从而创建出恰当的连接。如果你想把音频信号连接到消息输入口，那么 **Pd** 是不会让你这样做的，它将抗议说这是否是一个正当但不明确的连接。音频对象的名称总以一个代字号（~）结尾，并且音频对象之间的连线看起来要比普通的消息连线更粗一些。

音频块

在音频连线中传递信号的数据由若干**采样样点**（**sample**）构成，它们是一系列单精度浮点数值，且构成了音频信号。各个采样样点被分组成若干**音频块**（**block**）。

音频块有时候也被称为**向量**（**vector**），一般来说，一个音频块包含 64 个采样样点，但可以在某些情况下改变样点的数量。对音频块进行操作的对象在行为方式上与普通的消息对象类似，它们可以对音频块中的数据进行相加、相减、延时或存储，它们在完成这些处理时是一次对整个音频块同时完成的。在图 11.1 中，两串音频块被馈送给两个输入口，在输出口出现的音频块的值为两个输入块对应数值的和。因为

音频对象处理的是由音频块构成的信号，所以它们完成的工作要比处理消息的对象完成的工作多很多。

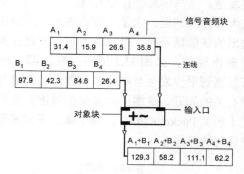

图 11.1　对象处理数据

音频对象对 CPU 的使用

我们在上一章中看到所有消息对象仅仅在由事件驱动的数据流出现时才会使用 CPU，所以大部分时间里，这些对象都处于空闲状态，不消耗任何资源。我们在声音设计画布上放置的很多对象块都是音频对象，所以需要指出的是：即使它们处于空闲状态，也会消耗一些 CPU 的运算能力。只要计算音频（compute → audio）被打开，这些对象就会一直处理持续不断的信号音频块，即使这些块中只包含零。消息是在各个逻辑时刻被处理的，信号则不同，它们是按声卡的采样速率进行同步处理的。这种在**实时**（**real-time**）性上的限制意味着：除非接线图中的每个信号对象都能在下一个音频块被发送出来之前完成运算，否则就会出现故障。发生这种情况时，**Pd** 并不会简单地直接放弃，它会试图努力维持实时处理，所以你需要仔细聆听。当触及计算机的 CPU 极限时，你可能会听到噼啪声或砰砰声。当发生**过载**错误时，**Pd** 控制台上的 DIO 指示器会有所显示。点击该指示器可以对其重置。了解音频计算如何与消息计算相关联也是很有用的。在对音频块进行每一次处理的最开始，会执行各个消息的操作，所以如果在一个接线图中有音频需要依赖消

息操作，而这些消息操作不能按时完成的话，该接线图也将无法产生正确的输出。

11.2 音频对象与原则

在某些方面，音频对象与消息对象是不同的，所以在开始创建声音之前，我们先来看看这些规则。

输出端与合并

你可以把同一个信号的输出口连接到任意多个音频信号的输入口上，各个音频块按照各个连接的创建顺序被发送，这与消息连接很相像。但与消息不同的是，在大部分时间里，它是没有影响的，所以在对待这些输出的音频信号时，可以认为它们就是完美地在同一时刻出现的，如图 11.2 所示。在很罕见的情况下，可能遇到很少发生且有趣的问题，特别是与延时和反馈有关的问题，这需要对音频信号进行重新排序来修复（参见 Puckette 2007 的第 7 章关于时间平移和音频块延时的部分）。

图 11.2　信号的输出端是没问题的

几个信号的连接全都进入同一个信号的输入口也是没有问题的。此时，这些信号在暗地里是被加在一起的，所以可能需要对信号进行缩放，从而在该对象的输出中需再次缩减其取值范围。可以把任意多的信号连接到同一输入口上，但有时候，如果你明确地用一个 ⊞ 先把这些信号加起来了，则能让这个接线图更容易理解，如图 11.3 所示。

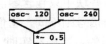

图 11.3　合并多个信号也没问题

时间与分辨率

时间用秒、毫秒（千分之一秒，记为 1ms）或样点数来衡量。Pd 中的大部分时间都用毫秒表示。在使用样点数衡量时间时，时间取决于 Pd 程序或运行 Pd 程序的计算机系统中声卡的采样速率。`samplerate~` 能够返回当前的采样速率。一般情况下，一个样点的时长为 1/441 00 秒，这是一个信号可以被测量的最小时间单

位。但是，时间分辨率也取决于正在进行运算的这个对象。例如，`metro` 和 `vline~` 可以处理几分之一毫秒的数据，甚至可以比一个样点还短。当一些对象仅精确到一个音频块的边缘，而另一些对象则不是时，会发生定时不规则的情况。

音频信号块到消息

为了看到音频信号块中的内容，我们可以提取快照或求平均值。`env~` 对象能给出一个音频块内数据的 **RMS**（均方根）值，并将其缩放到 0 ~ 100 dB 的范围内，而 `snapshot~` 能给出前一个块中最后一个样点的瞬时值。为了看到整个音频块以便于调试，可以使用 `print~`。该对象在同一个输入口上接收音频信号和 bang 消息，并在受到 bang 消息触发时输出当前音频块的内容。

发送和接收音频信号

`send` 和 `receive` 的音频等价物是 `send~` 和 `receive~`，缩写为 `s~` 和 `r~`。与消息的发送不同，对于一个给定的名称，只能有一个音频发送存在。如果你想创建一条多对一连接的信号总线，请使用 `throw~` 和 `catch~`。在子接线图和抽象里，我们使用 `inlet~` 和 `outlet~` 这两个信号对象来创建输入口和输出口。

音频发生器

只有几种对象能够作为信号源。最重要也是最简单的对象是 `phasor~`，它能输出一个非对称的周期性斜变波形。它是我们今后将要制作的很多其他数字振荡器的核心。它的左输入口指明了频率（以 **Hz** 为单位），右输入口用来设置相位（在 0.0 ~ 1.0 之间）。它只能带一个创建参数，用来设置频率，所以典型的相位器（phasor）的样子就是 `phasor~ 110`。对于正弦波形，我们可以使用 `osc~`。同样，左输入口用于设置频率，右输入口用于设置相位，或者用创建参数设定频率。以校音用的 A 为音高的正弦振荡器可以用 `osc~ 440` 来定义。白噪声是声音设计中另一种常用的声源。Pd 中的噪声发生器就是简单的 `noise~`，而且没有任何创建参数。它的输出范围为 -1.0 ~ 1.0。`tabosc4~` 可以用存储在一个数组中的可循环波形来实现**波表**（**wavetable**）合成。这是一个 4 点内插波表振荡器，为了能够正确工作，它需要使用一个数组，其大小为 2 的整数次幂再加 3，（比如从 0 ~ 258）。它可以像 `phasor~` 或 `osc~` 那样用一个频率创建参数进行实例化。图 11.4 所示为一个运行在 3kHz 的波表振荡器。它把波形存储在数组 A 中，并

以创建参数或左输入口的数值所规定的频率对其进行循环播放。为了搭建出声音采样器，我们需要用数组进行音频数据的读取和写入。输入提供给 tabread~ （以及与它类似但带有内插功能的 tabread4~ ）的索引值是样点的编号，所以需要提供一个带有正确斜率和幅度的信号，以获得合适的播放速率。可以使用专门的 set 消息来重新分配 tabread4~ ，并使它读取另外一个数组。图 11.5 所示的那些消息块使一个单一的对象可以使用多个样本波表进行回放。首先，通过发送给 snum 的消息来确定目标数组，然后发送消息给 phase，它把 vline~ 设置为每秒上升 44 100 个样点。这些数组都是在初始化时使用一条由多个部分组成的消息加载的，这

条消息会从当前接线图所在目录中的一个名为 sounds 的文件夹中加载这些数组。

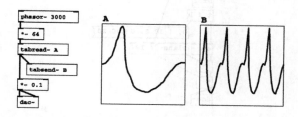

图 11.4 波表振荡器

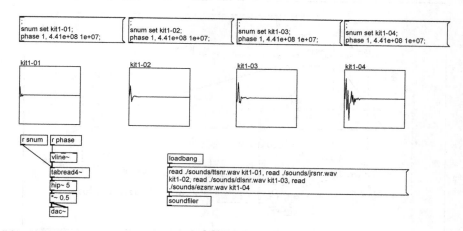

图 11.5 从数组进行采样回放

音频线段对象

对于工作在信号速率下的控制数据，line~ 是很有用的。一般都用一系列列表对其进行编程。每个列表包含两个数：第一个表示将要达到的电平值，第二个表示达到该电平值所花的时间（ms）。在作为音频控制信号使用时，取值范围通常在 1.0 ~ 0.0 之间，但它也可以是任意值，比如用 line~ 对一个波表进行索引时。用途更多的线段对象名为 vline~，我们将在后面章节中更为详细地讨论它的使用。它有很多优点，比如能够实现非常精确的亚毫秒级定时，能够一次读取多段列表，并且能够对线段移动的各个阶段进行延时。对于包络发生器和其他控制信号的构建这些对象都是至关重要的。

音频输入和输出

音频输入输出通过 adc~ 和 dac~ 来实现。默认情况下，这两个对象提供两个输入口或输出口用于立体声操作，但你也可以通过提供数值型的创建参数来申请尽可能多的额外声音通道（在声音系统允许的范围内）。

示例：一个简单的 MIDI 单音合成器

用刚刚讨论过的这些对象创建一个小小的由 MIDI 键盘控制的音乐合成器，如图 11.6 所示。notein 左输出口输出的数值用来控制振荡器的频率。MIDI 的音符编号通过 mtof 转换成用赫兹表示的频率。MIDI 标准或更常见的习惯用法是允许用一个力度为 0 的音符开消息作为音符关消息的，这在概念上有点混乱。不过 Pd 也遵循了这个定义，所以当一个键位被释放时，Pd 将产生一个力度为 0 的音符。在图 11.6 所示的这个简单示例中，我们用 stripnote 将其移除，该对象仅在音符开消息的力度大于 0 时传送这些消息。力度值的范围为 0 ~ 127，为了提供基本的幅度控制，力度值被缩放到了 0 ~ 1 之间。

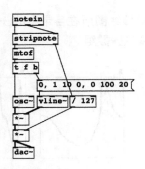

图 11.6　MIDI 音符控制

现在我们要利用图 11.7 好好分析一下用来控制 `vline~` 的那条消息。语法本身已经说得很明白了，但有

时候不通过实际练习很难把它形象化。一般的形式是每个列表由三个数字组成：第一个数字说的是"要到达某值"，第二个数字说的是"要在某一特定时间内到达那里"，最后一个数字是在执行该指令之前需要等待的时间，所以它说的是"在做之前先等一下"。`vline~` 很棒的一点是：可以用任意顺序发送一系列列表消息，而且只要它们在时序关系上有意义，`vline~` 就能把它们全部执行完毕。这意味着你可以做出非常复杂的控制包络。列表中任何缺失的参数都会按从右向左的顺序被删去，但你可以看到图 11.7 中的第一个元素是一个有效的例外，单一的那个 0 意味着"立即跳到 0"（无须等待也无须花费任何时间达到那里）。

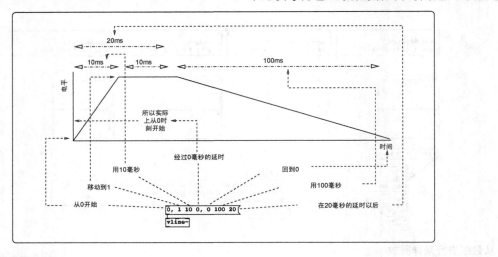

图 11.7　对 vline 消息的剖析

音频滤波器对象

本书将使用六七种滤波器。只有在需要的时候我们才会对这些滤波器进行详细的讨论，因为在每种情况下对它们的使用都有很多要说的东西。简单的单极点和单零点实系数滤波器是由 `rpole~` 和 `rzero~` 给出的。复系数的单极点和单零点滤波器是由 `cpole~` 和 `czero~` 组成的。`biquad~` 是静态双二次滤波器，Pd 同时还提供了一组对象用来帮助用户为常用的配置计算出滤波器的各个系数。`lop~`、`hip~` 和 `bp~` 提供了标准的低通、高通和带通响应。这些滤波器都很容易使用，可以利用消息速率进行更新的控制来调整它们的截止频率以及带通滤波器的谐振。低通和高通滤波器只有一个创建参数，就是频率，所以典型的实例看起来应该类似于 `lop~ 500` 和 `hip~ 500`。带通滤波器用第二个创建参数设置谐振，比如 `bp~ 100 3`。利用通用的"压控滤波器" `vcf~` 能够根据信号速率来更快地调整截止频率。它的第一个创建参数是截止频率，第二个创建参数是谐振，所以你可以像 `vcf~ 100 2` 一样来

使用它。当谐振较高时，它提供了一个尖锐的滤波器，能够给出狭窄的频带。`moog~` 是一个外部对象，它是一种更具色彩的滤波器，用于音乐合成器的设计，它提供了一种能够自振荡的经典设计。

音频算术对象

图 11.8 总结了对音频信号简单的算术运算。

对象	功能
`+~`	两个信号相加（两个输入口也可以接收消息）
`-~`	左侧信号减去右侧信号
`/~`	左侧信号除以右侧信号
`*~`	信号相乘
`wrap~`	信号折回，把任何信号都限制在0.0～1.0之间

图 11.8　算术操作符列表

三角和数学对象

图 11.9 总结了更高级的数学函数。一些信号单元

是使用了更为基本的内部固有对象定义的抽象，而那些标有"*****"的对象则需要通过某些 **Pd** 版本提供的外部库才能使用。

对象	功能
`cos~`	信号版本的余弦函数。定义域：−1.0到+1.0。请注意，输入信号的范围是经过"旋转归一化"的
`sin~`	不是内部固有对象，但被定义为"输入信号减去0.25以后求得的余弦值"
`atan~` *	信号版本的反正切函数，具有归一化的值域
`log~`	信号版本的自然对数
`abs~` *	信号版本的绝对值函数
`sqrt~`	信号的平方根
`q8_sqrt~`	快速求平方根，但精度较低
`pow~`	信号版本的幂函数

图 11.9　三角和高级数学操作符

音频延时对象

若对一个音频信号进行延时则要求我们使用 `delwrite~` 创建一个内存缓冲区。在创建时必须提供两个创建参数：一个参数赋予该内存缓冲区一个独一无二的名称，另一个设置该缓冲区的最大尺寸（用毫秒数表示）。例如，`delwrite~ mydelay 500` 创建了一个名为"mydelay"、尺寸为 500 毫秒的延时缓冲区。该对象可以通过其左输入

口把音频数据写入延时缓冲区中。从缓冲区中取回经过延时的信号需要使用 `delread~`。唯一所需的创建参数就是读取缓冲区的名称，所以 `delread~ mydelay` 将读取 **mydelay** 缓冲区中的内容。延时时间由第二个创建参数或左输入口设置。其范围可以从零到最大缓冲区尺寸。把延时时间设置为大于缓冲区的数值将会产生一个以最大值为延时时间的延时。`delwrite~` 的缓冲区一旦创建，其最大尺寸就不能被改变。但可以改变 `delread~` 的延时时间来产生合唱和其他效果。这经常会导致爆音或砰砰声[①]，所以我们要用延时可变的对象 `vd~`。`vd~` 并不是移动读取点，而是改变读取缓冲区的速率，所以能得到磁带回声效果和多普勒频移类型的效果。`vd~` 的使用方法和前述对象一样简单：创建一个对象来读取一个已经命名的缓冲区，比如 `vd~ mydelay`，左输入口（或在名称后面的创建参数）用来设置延时时间。

11.3　参考文献

Puckette, M.(2007). *The Theory and Technique of Electronic Music*. World Scientific.

Puckette M. 电子音乐原理与技术 . World Scientific 出版社，2007.

---

① 在移动延时读取点的时候听到爆音是正常现象，并不是缺陷。我们不要期望在跳转到缓冲区中一个新的位置时，波形能够完美地对齐。更高级的方法是在一个以上的缓冲区之间进行交叉淡入淡出。

第 12 章

抽象

12.1 子接线图

任何一个接线图画布都能包含**子接线图（subpatch）**，这些子接线图可以拥有自己的画布，但它们会与主接线图——被称为**父图（parent）**——保存在同一个文件里。它们有输入口和输出口——这些端口是由你定义的，所以它们的动作行为与普通的对象非常类似。当保存一个画布时，所有隶属于该画布的子接线图都被自动保存。子接线图仅仅是隐藏代码且让接线图变得简洁的一种方法，它并不会自动提供局部作用域[①] 所带来的好处。

在名称上用 pd 开头的任何对象都是一个子接线图。如图 12.1 所示创建一个名为 pd envelope 的子接线图，则会出现一个新的画布，我们可以如图 12.2 所示在其内部创建 inlet~ 和 outlet~。这些对象会作为子接线图块与外部的连接端口出现，并且这些端口在块上从左向右的出现顺序与其在子接线图中出现顺序相同。我已经给子接线图的输入口和输出口加上了额外的名称参数（这是可选的）。这些名称并非必要的，但当你的子接线图有多个输入口或输出口时，最好是为它们命名，以帮助你了解并记住这些端口的功能。

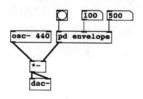

图 12.1　使用一个包络子接线图

为了使用 pd envelope，需要在第一个输入口提供一条 bang 消息来触发它，另外两个数值用于设置起音时间和衰减时间。在图 12.1 中，它对一个运行在 440 Hz 的振荡器的输出进行了调制，随后该信号被发送至 dac~。这个包络有三个输入口，后两个输入口把接收到的两个浮点数存储起来——一个表示起音时间（ms），

---

① 作为一个高级话题，子接线图可以作为动态接线指令的目标名称，或用于保存数据结构。

另一个表示衰减时间（ms），第一个输入口则是触发输入口，用于接收消息来触发这两个时间参数。起音时间也设定了延时周期，所以包络的衰减部分直到起音部分结束以后才会被触发。这些参数将会替换供 line~ 使用的双元素列表中的时间参数。

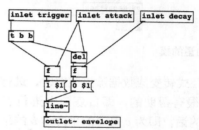

图 12.2　包络子接线图的内部结构

复制子接线图

只要我们不使用任何需要唯一名称的对象，任何子接线图就都可以被复制。选择 pd envelope，然后键入 Ctrl+D 来复制它。在制作完一个包络发生器以后，只需要简单的几步就能在前例的基础上把它变成一个 MIDI 单音合成器（如图 12.3 所示）：用 phasor~ 替换 osc~，再加入一个滤波器，该滤波器由第二个包络发生器控制，数值范围为 0 ~ 2000 Hz。再次复制这个包络，从而为合成器加入一个音高扫频。

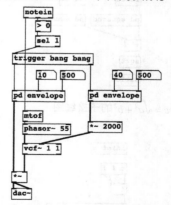

图 12.3　用同一个包络子接线图的两个副本做出简单的单音 MIDI 合成器

子接线图的嵌套

考虑一个能求出两个数字向量模的对象。这与直角三角形的斜边 c 与其对边 a 和临边 b 之间的关系是一样的，即 $c = \sqrt{a^2 + b^2}$。没有内部固有对象能计算这个公式，所以，作为练习，让我们制作一个自己的子接线图来完成这个工作。

先创建一个新的对象块，并在其中键入 **pd magnitude**。Pd 将立即打开一个新的空白画布来让我们定义内部结构。在这个新画布里，在顶部需创建两个新对象块，均键入 inlet 字样。在底部创建另一个对象并键入 outlet。两个输入数字 a 和 b 将从这些输入口中进来，计算结果 c 将从输出口出去。其图如图 12.4 所示。

图 12.4　向量的模

在把公式转变成数据流接线图时，进行逆向思维有时候是很有帮助的，即自底向上进行思考。用语言来描述的话，即为 c 是 a 的平方与 b 的平方之和的平方根。先创建一个 sqrt 对象，并把它连接到输出口，再创建一个 □ 对象，并将其连接到 sqrt 的输入口。为了完成这个例子，我们需要一个能够求出平方的对象。为了展示子接线图可以包含其他子接线图，我们将定义自己的运算。事实上，这种嵌套可以按你的需要继续延伸。**抽象的基本原则**之一就是能够定义新对象，并由这些对象构建更大的对象，然后再用这些大对象构造更大的对象，以此进行下去。创建一个名为 **pd squared** 的新对象，在画布打开时，把图 12.6 所示的结构添加进去。

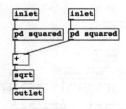

图 12.5　计算 $c = \sqrt{a^2 + b^2}$ 的子接线图

图 12.6　计算 x^2 的子接线图

为了求出一个数的平方，需要让该数进行自乘。回忆一下为什么要使用触发器把输入信号分隔开，然后再把它们发送给乘法对象的两个输入口。我们必须关注赋值的顺序，所以触发器在这里按照从右向左的顺序分别发送其输入的两个复本，□ 的"冷端"右输入口先被填充，然后"热端"左输入口被填充。关闭画布，并把这个新的子接线图 pd squared 连接好。请注意，该对象块上有一个输入口和一个输出口。因为我们需要两个平方，所以选中这个子接线图，然后按下 Ctrl+D 对其进行复制。最终完成的计算模的子接线图如图 12.5 所示。关闭这个画布，回到最初的顶层接线图，你将看到 pd magnitude 现在已经被定义成带有两个输入口和一个输出口了，如图 12.4 所示可以连接一些数字块到这些端口上，并检测它的输出。

抽象

抽象是把想法从对象中抽离出来，它抓住了事物的本质，并对其进行推广。这让抽象在其他情形下也能有作用。从表面上说，一个抽象就是存在于一个单独文件中的子接线图，但它并不仅仅就是这些。子接线图的使用提高了模块化程度，让接线图更容易理解，这是使用子接线图的一个很好的理由。不过，虽然子接线图看上去像一个单独的对象，但它仍旧是某个更大接线图的一个部分。**抽象（Abstraction）**是用普通的 Pd 写成的可重用的组件，并且带有两个重要属性。抽象可以被多个接线图多次载入，虽然所有实例都是用相同代码定义的，但每个实例都有一个单独的内部命名空间。抽象也可以携带创建参数，所以你可以创建多个实例，每个实例都通过在对象块里键入不同的创建参数来让它们具有不同的动作行为。基本上说，它们的行为方式与常规编程语言中的函数很相像，可以被程序中的很多不同部分以不同的方式调用。

作用域和 $0

一些对象（比如数组和发送对象）必须有一个独一无二的标识符，否则解释器无法确定所指的具体是哪一个。在编程中有**作用域（scope）**这个概念，它就像一个引用的框架。如果我与西蒙正在聊天，与此同时凯特也在我们聊天的这间屋子里，那么我不需要每次提到凯特时都把她的姓说出来，西蒙从我们谈话的语境中可以知道，我提到的凯特就是眼前这一位。我们可以说这个凯特在**局部作用域（local scope）**中。如果在一个接线图中创建一个数组，并将其命名为 array1，那么，如果它只有一个复本存在的话是没问题的。

考虑图 12.7 所示的波表振荡器接线图,图中使用了一个数组来保存正弦波。该图有三个主要部分:一个运行在 110 Hz 的 `tabosc4~`,一个保存波形单个周期的波表,以及一条初始化消息(用波形来填充波表)。如果我们需要用这种方法制作一个多振荡器合成器,但要把方波存储在一个波表中,而把三角波存储在另外一个波表中,那么要怎么样操作呢?我们可以把这种接线方式绘制成一个子接线图,并复制它,或者直接就在主画布中把图 12.7 所示的所有东西都复制一遍。但是,如果不改变数组的名称,Pd 将会说:

warning: array1: multiply defined(警告:array1:被多次定义)

warning: array1: multiply defined(警告:array1:被多次定义)

这条警告消息出现了两次,因为在检查第一个数组时,Pd 注意到还有另一个具有相同名称的数组,随后,在检查复制出来的那个数组时,Pd 注意到它和第一个数组具有相同的名称。这是一种严重的警告,如果我们忽略它的话,将会导致无规律的且无法确定的结果。可以为每个数组重新命名,比如创建 array1、array2、array3 等,但那样很烦琐。其实我们可以这样操作:把这个波表振荡器制作成一个抽象,给这个数组一个特殊的名字,这样就能给它一个局部作用域。为此,用 Ctrl+E、Ctrl+A 选中图中所有的东西,然后从文件菜单中创建一个新文件(或是使用快捷键 Ctrl+N 创建一块新画布),用 Ctrl+V 把这些对象粘贴到新画布中,并把它保存为 my-tabosc.pd,放在名为 tableoscillator 的目录中。这个目录的名称并不重要,重要的是我们要知道这个抽象存放在哪里,这样,使用该抽象的其他接线图时就能找到它了。现在,创建一个新的空白文件,然后以 wavetablesynth 为文件名把它保存在与上述抽象**相同的**目录中。默认情况下,一个接线图可以找到与它在同一个目录中的任意抽象。

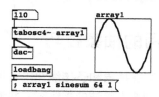

图 12.7　波表振荡器接线图

12.2　实例化

在空接线图中创建一个新对象,并在该对象块中键入 **my-tabosc**。现在,你就拥有了该抽象的一个实例。打开它,就像编辑一个普通的子接线图一样,可以按图 12.8 所示进行修改了。

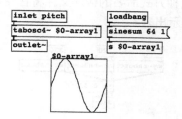

图 12.8　波表振荡器抽象

首先,我们用一个输入口替换了数字块,所以音高数据可以从该抽象的外部传进来。`dac~` 被替换掉,取而代之的是让音频信号出现在我们提供的输出口上。最重要的改变是对数组的命名,把数组的名称改为 $0-array1 使它具有了一个特殊的属性。添加前缀 $0- 让它变成了该抽象的局部名称,在运行时,$0- 将被每个实例中特有的一个编号所替代。当然,我们也重写了 `tabosc4~` 所引用数组的名称。请注意,在波表初始化代码中还有另外一处细微的改动:用来创建正弦波的那条消息是通过 `send` 显式发送的,因为在消息块内部的 $0- 是以另外一种方式被处理的。

12.3　编辑

我们已经对波表振荡器进行了抽象,现在可以用实例化为它创建几个复本。在图 12.9 中有三个复本。请注意,控制台中没有出现错误信息,对于 Pd 来说,每个波都是独一无二的。不过,这里有一件重要的事需要提及,如果你已经打开抽象的一个实例并开始对其进行编辑,那么你所做的所有改变将会与在子接线图中一样立即起作用,但这些改变只会影响当前这个实例。直到你把编辑过的抽象保存以后,这些改变才会在该抽象的**所有**实例上起作用。与子接线图不同,抽象不会自动与其父接线图一起保存,必须单独进行保存。在编辑抽象时要时刻给予额外的关注,要考虑到编辑产生的影响将会对使用该抽象的所有接线图产生什么样的影响。当你开始构建一个可重用的抽象库时,有时候可能会为了让某一个项目获得好处而对抽象做出一个改变,但这个改变却可能对另外一个项目产生破坏作用。你该如何避免这个问题?答案是开发一套命名空间的规范使用方式,用独特的名称为每个抽象添加前缀,直到你确信自己有了一个可以用在所有接线图上，并且不会再进行修改的完美的通用版本。为你的抽象撰写帮助文件也是很好的习惯，在同一个目录中放置一个名称相同，但以 -help.pd 结尾的文件，以这种方式命名的帮助文件将在使用对象帮助功能时被显示出来。

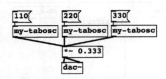

图 12.9　三个谐波都使用了波表振荡器抽象

12.4　参数

使用局部数据和变量仅仅是抽象的众多好处之一。抽象还有一个非常强大的属性：它能够让任何参数以创建参数的形式传送到局部变量 $1、$2、$3…中，在传统的编程术语中，这种行为更像函数而不像代码块。一个抽象的每个实例都可以用完全不同的初始参数来创建。修改我们的波表振荡器，让其携带有关初始频率和波形的参数，来看看这种机制是如何运转的。

在图 12.10 中，我们看到了一些有趣的变化。首先，这里有两个 float 块，它们都带有 $n 参数。你可以使用任意数量的这种参数，每个参数将包含第 n 个创建参数。在抽象被调用时，这些浮点块都被 loadbang 触发。第一个 float 设置了振荡器的初始音高，当然，该音高仍旧会被来自音高输入口（inlet pitch）的后续信息所覆盖。第二个 float 通过 select 激活三条消息中的一个，这些消息分别包含了方波、锯齿波和正弦波的各次谐波系数。

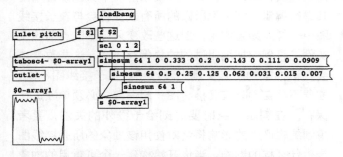

图 12.10　带有初始频率和形状的波表振荡器的抽象

12.5　默认值与状态

下面是关于默认参数的一个简短说明。试着为

图 12.10 所示的抽象创建一些实例（如图 12.11 所示的 my-tabsosc2）[1]。对一个实例只给第一参数（100 Hz），但不给第二参数。接下来发生的事情是有用的：缺失的参数被零替代。这是因为 float 对未定义的创建参数会默认使用零值替代。在大多数情况下，这是没问题的，因为你可以对零值进行设置，让它产生你想要的结果。但如果你创建的对象根本没有参数会怎么样呢？该频率当然会被设置为 0 Hz，这也许是有用的，但假设我们想让振荡器在音高未被具体说明时从 440 Hz 开始振荡。你可以使用 sel 0 来做这件事，这样一来，零值的浮点数将触发一条消息，以产生我们想要的默认结果。请谨慎小心地为各个抽象选择默认动作，因为在日后会发现默认值在某种情况下表现很好而在另一种情况下却出错，这时默认动作往往是引起问题最常见的原因之一。各个 GUI 元件的初始参数是另外一个重要的点，在讨论带有内建界面的抽象时，我们将更详细地说明这个问题。在抽象被加载时，任何一个能够维持留存状态（在保存和加载之间保持它的值不变）的对象对于该抽象的**所有**实例都是完全相同的。它只能有一套数值（就是保存在抽象文件中的那套数值）。换句话说，是这个抽象**类（class）**在保存状态，而不是对象实例在保存状态。当一个接线图中存在某个抽象具有多个实例，并且想让它们各自维持留存状态时，这就很麻烦了。为此你需要一个状态保存打包器，比如 memento 和 sssad，但这已经超出了本书的内容范围。

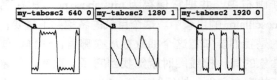

图 12.11　来自同一个波表振荡器抽象的三种不同波形和频率

12.6　常用的抽象技巧

这里有一些在抽象和子接线图中常用的技巧。你可以利用它们创建出简洁的接线图，并能管理那些由重复使用的通用元件构成的大型项目。

----

① 此处以及本书其他地方所示的这些带有连线的接线图都是抽象，这些抽象包含了显示输入口接收到的信号波形图或频谱图所需的所有部件。为了节省版面空间，这些结构并没有在每幅图中都被绘制出来。

在父图中显示图表

在 Pd 中，使用滑块和按钮之类的 GUI 元件能够很轻松地创建出好看的界面。通常，最好是把一个应用中的所有界面元素都收集起来放在同一个地方，然后把这些数值发送到需要使用它们的子接线图内部。有时候需要把界面暴露给用户，这时需要在创建一个对象时用一种整洁的方式把一组 GUI 元件摊开显示出来。

"在父图中显示图表（Graph on Parent，GOP）"是画布的一个属性，它让你能够从对象块的外部看到该对象的内部。普通对象（比如振荡器）并不是可见的，但 GUI 元件（包括图表）则是可见的。GOP 抽象可以被嵌套，因此，在一个抽象中的各个控制在更高一层的抽象中也可以处于可见状态，前提是该抽象也要被设置为 GOP。在图 12.12 中，我们看到了一个子接线图，它带有三个控制的 MIDI 合成器。我们已经添加了三个滑块，并把它们连到了合成器上。现在想把这个名为 GOP-hardsynth 的抽象放到一个能够显示这些控制的 GOP 抽象中。在画布的空白处点击，选择 properties，然后激活 GOP 切换按钮，此时在画布的中间将出现一个边框。在画布属性窗中，把尺寸设置为**宽**（**width**）等于 140，**高**（**height**）等于 80，这个尺寸刚好放下三个标准大小的滑块，同时还让边框留有一个小边。把各个滑块移动到这个边框中，保存该抽象并退出。

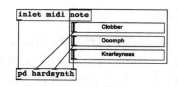

图 12.12 在父合成器中显示的图表

为该抽象创建的实例的外观如图 12.13 所示。请注意，该对象的名称出现在顶部，这也是我们为什么要在顶部留出一些空白的原因。虽然在图 12.12 中 inlet 对象块部分地进入到这个边框中，但在抽象的实例中是看不到它的，因为只有 GUI 元素才能被显示。带有颜色的"画布"[②]也将出现在 GOP 抽象中，所以如果你想进行一些装饰的话，这些画布可以让界面变得更好看一些。任何画布都将按照绘制顺序出现在名称之上，所以如果你想隐藏名称，只需要绘制一个填满整个 GOP 窗口的画布即可。抽象的名称也可以通

---

② 这里，"画布"一词仅用来表示可以作为装饰的背景，它与通常所指的父图窗口并不是一回事。

过下述方式完全关闭：从 properties 菜单中激活 hide object name and arguments（隐藏对象名称和创建参数）。

图 12.13 GOP 抽象的外观

使用列表输入

图 12.14 所示的接线图是一个相当随意的示例（是四个源进行交叉环形调制的调制器），它是在进行声音或乐曲制作时可能会开发的东西。你在最初实验时可以采用这种方式构建接线图，即为你想要改变的每个参数都单独配备一个输入口。在本例中有四个输入口，用于设定调制器中使用的四个不同频率。需要注意到的第一个技巧是各个控制预处理器，它们整齐地排列在接线图顶部。这些预处理器为每个参数设置了范围和偏移量，这样我们就能如下所述使用统一的控制器了。

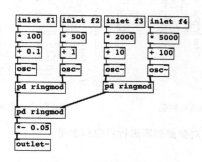

图 12.14 经过归一化预处理的输入口

打包和解包

图 12.15 所做的仅仅是把各个输入口转换成带有列表的单一输入口。这个列表随后被解包为各个独立元素，并且被分发给每个内部参数。我们曾经说过，列表是从右向左进行解包的，所以如果需要考虑计算顺序的话，应该从最右侧的数值开始，逐步向左进行操作。对接线图的这项改动意味着我们可以使用图 12.16 所示的这种灵活的"编程器"结构。这个编程器就是把一组经过归一化的滑块连接到一个 `pack` 对象上，从而在每次有滑块被移动时传送一个新列表。为了实现这一目标，需要如图 12.16（左图）所示在 `pack` 与每个滑块之间插入 `trigger bang float` 对象。除了最左侧的输入口以外，其他输入口都插入了触发器对象。这样做确保了浮点数值先被加载到 `pack` 上，然后所有数值才被再次发

送。由于预先已经把关键字 **set** 放到列表中，接收该列表的消息块将存储这些数值。现在我们有了创建接线图预置值的一种方法，因为消息块始终含有一个快照，它记录着各滑块的当前值。你可以在图 12.16（右图）中看到有一些空白消息块是准备被填写的，还有一个消息块已经被复制了，准备日后用作预置值。

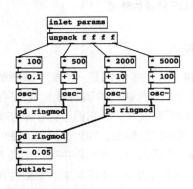

图 12.15　使用列表作为输入

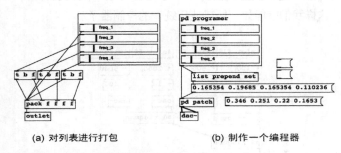

(a) 对列表进行打包　　　　　(b) 制作一个编程器

图 12.16　对参数列表进行打包和使用

控制的归一化

大多数接线图需要不同的参数设置，其中一些控制的范围可能处于 0.0 ～ 1.0 之间，而另外一些控制的范围可能处于 0.0 ～ 20000 之间，还有一些双极性控制的范围可能处于 –100.0 ～ +100.0 之间，等等。但图 12.17 所示的界面中所有滑块的范围都是从 0.0 ～ 1.0。我们说，这个控制界面是**归一化**的。

如果创建的界面的各个输入参数具有不同的取值范围，那么就会产生混淆。这意味着经常需要为每个接线图配备一组自定义的滑块。更好的方法是对各个控制进行归一化处理，让每个输入的范围为 0.0 ～ 1.0，然后根据接线图内部的需要对控制范围进行调整。预处理意味着让输入参数能够最好地适合合成中所用的参数，归一化就是在这个阶段需要完成的任务之一。偶尔你会看到用 log 和 sqrt 调整参数曲线。各种预处理操作的效果综合在一起，会让控制信号尽可能接近其使用时的取值范围。这些预处理器基本上都会遵从相同的模式：先乘法，再偏移，然后进行曲线调整。

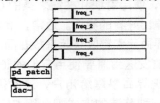

图 12.17　所有滑块都被归一化到 0.0 ～ 1.0

加总链

有时候，当你需要把很多子接线图的输出加总起来产生一个输出时，这时能"把它们纵向堆叠起来"要比"把很多连线接到同一个地方"更好一些。给每个子接线图一个输入口（如图 12.18 所示），并在子接线图中放置一个 +~ 对象，从而更便于阅读这些接线图。

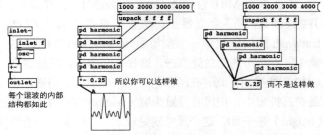

图 12.18　堆叠各个子接线图，用一个输入口进行加总

被路由的输入

route 是把各个参数分配到不同目的地且同时让它们保持可读性的一种强大方法。从图 12.19 中可以看出如何构造 URL 那样的任意路径和把子接线图分解成可各自独立寻址的区域。

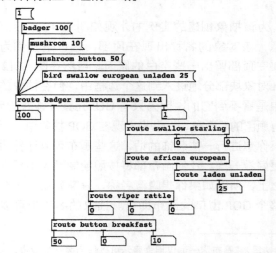

图 12.19　route（路由）可以把具有名称的参数引导到目的地

第 13 章

声音整形

到目前为止，我们见过的信号发生器包括相位器、余弦振荡器和噪声源。虽然这些信号发生器看上去是很有限的，但可以通过整形处理把它们组合起来，产生很多新的信号。我们将对波形进行各种变换，这样或那样地略微调整，把它们塑造成新的东西。这个话题被分成两部分：与幅度相关的整形——此时输出仅取决于当前的输入值，以及与时间相关的整形——此时的输出是当前以及过去信号值的函数。

13.1　幅度相关的信号整形

简单的信号算术

算术运算是信号处理的基础。在研究了很多接线图以后，你会发现，平均下来，最常用的对象是谦逊的乘法，紧随其后的是加法。如同所有的数学都是从一些简单的算术公理开始构建起来的一样，复杂的DSP操作也可以简化为加法和乘法。虽然在实际中很少这样使用，但值得指出的是，乘法可以被看成不断重复的加法，所以，为了让一个信号乘以2，我们可以把该信号连接到 的两个输入口上，使信号自己与自己相加。加法的逆运算是减法，如果要从信号中减去一个常数值，那么也可以使用 ，不过要把被减去的数表示为负数，比如 ，当然，**Pd** 中也有减法单元 可以使用。加法和乘法都是满足交换律的（对称的）运算符，所以用哪种方式把两个信号连接到对象上并不重要。相反，减法和除法所带的参数是有顺序的：左侧值是被减数或被除数，右侧值是减数或除数。除以一个常数是很常见的，所以一般可以用带有一个参数的 来计算，这个参数是除数的倒数。例如，用乘以 0.5 代替除以 2。这样做有两种原因，第一，传统上，除法的代价更为高昂，所以很多程序者都坚持这样的习惯：在能用乘法的地方尽量避免使用除法。第二，在传统上偶然地被零除会引起各种问题，甚至会导致程序崩溃。对于运行在现代处理器上的 **Pd** 来说，

这两条原因都不成立，但因为这种历史遗留的传统根深蒂固，所以你会发现很多算法都是据此编写的。把除法仅留给需要被一个可变信号除时使用，在其他任何地方都用乘以倒数来代替，除非你需要得到准确度非常高的有理数。这种习惯突出了功能的重要性，并让你的接线图更容易理解。算术操作被用于对信号进行缩放、平移和反相，如下面这些例子所示。

通过乘以一个固定的量就可以对信号进行缩放，这将改变最低值与最高值之间的差，从而改变峰—峰幅度，如图 13.1 所示，图中由振荡器输出的信号在幅度上被缩小了一半。

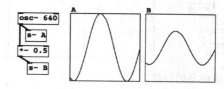

图 13.1　对信号进行缩放

平移涉及在电平上把信号向上或向下移动一个常数。虽然这仅会在一个方向上影响绝对幅度，但很可能把信号推到系统所允许的上下限以外，从而使信号产生失真。但这种操作不会影响峰 - 峰幅度或表观响度，因为我们听不到直流偏移。平移通常都用在把信号放在正确的范围之内，以便于后续操作，或者如果某项操作的结果产生了一个中心不正确的信号，那么就用平移来纠正它，让它再次围绕横轴摆动。在图 13.2 中，余弦信号通过加 0.5 被向上平移了。

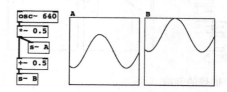

图 13.2　对信号进行平移

在图 13.3 中，信号通过乘以 −1.0 被反相了，即

关于横轴进行了反射。该信号仍旧在同样的位置过零，但方向和幅度则与原来处处相反。信号被反相后，其相位变化了 π 或 180°，或是旋转归一化形式中的 0.5，但这对听起来的感觉没有影响，因为我们无法听出绝对相位。

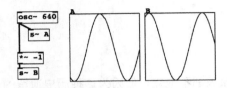

图 13.3　对信号进行反相

一个范围在 0.0 ~ 1.0 之间的信号 a 的补数被定义为 $1-a$。因为图 13.4 中的相位器是向上移动的，所以补数向下移动，对其运动进行镜像翻转。这与反相不同，它与反相具有相同的方向，但保持符号不变，并且仅对范围在 0.0 ~ 1.0 之间的正数有定义。这种运算经常用于获取对幅度或滤波器截止频率进行操作的控制信号，该信号与另外一个控制信号的运动方向相反。

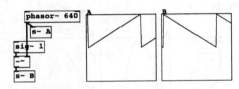

图 13.4　求信号的补数

对于一个范围在 0.0 ~ x 之间的信号 a，其倒数被定义为 $1/a$。当 a 非常大时，$1/a$ 接近于零，而当 a 接近于零时，$1/a$ 趋于无穷大。通常，由于我们处理的是归一化信号，因此最大输入值为 $a=1.0$，由于 $1/1.0=1.0$，则倒数也是 1.0。当 a 处于 0.0 ~ 1.0 之间时，$1/a$ 的图像是一条曲线，所以倒数的典型使用如图 13.5 所示。根据 $1/(1+a)$ 画出一条曲线，由于除数幅度的最大值是 2.0，因此输出信号的最小值为 0.5。

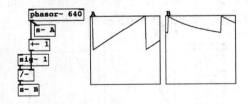

图 13.5　信号的倒数

上下界

有时候我们想把一个信号限制在某一范围内。

min~ 能输出其两个输入口或创建参数中的最小值。因此，对于 min~ 1 来说，不管左侧输入口的信号是什么，min~ 1 的最小值都为 1。换句话说，如果信号超过 1 的话，它会把信号的最大值钳位在 1。相反，max~ 0 会返回 0 与输入信号相比以后的最大值，这意味着当信号小于 0 时，输出将被钳住，从而形成一个下界。图 13.6 所示为在余弦信号上进行这种操作的效果。

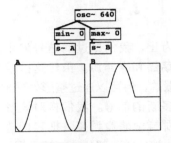

图 13.6　信号的最大值和最小值

请仔细考虑一下，这里所用的术语似乎搞反了，但它确实是正确的。使用 max~ 建立一个最小可能值，使用 min~ 建立一个最大可能值。若你不想根据另外一个信号来调整边界，还可以使用另外一个不太容易被搞混的 clip~。clip~ 的左输入口是一个信号，剩余两个输入口或创建参数为上界和下界的数值，因此，举例来说，clip~ -0.5 0.5 将把任何信号限制在以 0 为中心且宽度为 1 的范围内。

波形整形

运用这些基本原则，我们就可以从一个波形出发，通过各种运算来创建其他波形，比如方波、三角波、脉冲波或任何其他波形。起始波形通常选用相位器，因为任何波形都可以由它生成。有时候需要把运算的次数降到最低，所以此时余弦函数是最好的出发点。

图 13.7 所示为产生方波的一种方法。一个普通的余弦振荡器乘以了一个很大的数，然后被削波。如果把一个在很大程度上被放大的余弦函数的图像画出来，则它的斜率将变得异常陡峭，在 -1.0 ~ 1.0 的范围内几乎是垂直通过的。该波形一旦被削波到一个归一化范围内，所剩下的就是一个方波，其值被限制在 1.0 ~ -1.0 之间，并且会在周期中间突然跳变。用这种方法产生的波形频带并不是受限的，所以在合成中使用这种波形时，应该让其保持在一个适当低的频率范围内，从而避免发生混叠。

以线性方式递增的三角波其实就像一个相位器，但当它抵达峰值时，它将改变方向，并以同样的速率递减返回其最低值，而不是立即跳回到 0。三角波的产生要比方波复杂一些。我们可以通过给信号乘以一个常量来让它在一个给定时间里运行得多些或少些。如果一个信号乘以 2.0，则它在相同时间里将比以前的波形多移动一倍，因此可见，乘法将影响信号的斜率。并且，如我们所见，对信号乘以 -1.0 将令其反相，这是"斜率翻转"的另一种说法，所以波形现在会向反方向移动。制作三角波的一种方法就是运用这两条原理。

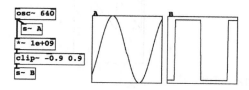

图 13.7　方波

图 13.8 所示波形从顶部的相位器（图 A）开始，随后信号被向下平移 0.5（图 B），它的前半周（0.0 ~ 0.5）是我们想要的部分。如果用 clip~ 取出半周并隔离出来，并令其乘以 -1.0 来改变斜率，再乘以 2.0 令幅度加倍，结果等效于乘以 -2.0。在源相位器的前半周，右侧分支产生一个范围在 0.5 ~ 1.0 之间下降的波形（图 C）。当我们把它加回到另一半（它被向下平移 0.5）时，所得到的并经过归一化以后就是三角波（图 D）。

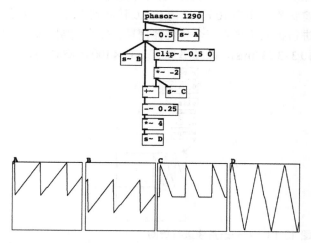

图 13.8　三角波

图 13.9 所示为另一种产生三角波的公式，它可能更容易理解一些，该公式使用了 min~ 。还是从相位器开始（图 A），对信号进行反相，然后加 1，这会产生一个负向移动的相位器，它与前面信号具有相同的符号，但相位相反（图 B）。取这两个信号中的最小值就能得到正值的三角波，幅度为 0.5（图 C）。最后令其回到中心并归一化（图 D）。

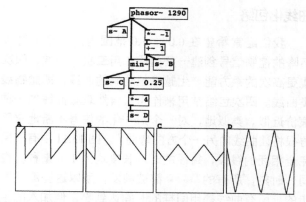

图 13.9　产生三角波的另一种方法

平方与方根

关于信号 a 的一个常用函数是 a^2，这是 $a \times a$ 的另一种写法。乘法器是实现乘方最容易的方法。如果把一个信号连接到乘法器的两个输入口，则这个信号就会进行自乘。对信号进行平方的效果是双重的。它的幅度被缩放成其自身幅度的一个函数，本身很大的幅度值将增长更多，而接近于零的幅度则增长更少。另一个后果是输出信号只有正值。因为两个负数相乘得到一个正数，所以平方的结果不会是负值。这个过程的逆运算是确定哪个数 r 经过自乘以后能够得到输入值 a。我们称 r 为 a 的平方根。因为进行平方根运算是需要一定步骤才能完成的常见 DSP 操作，所以在 Pd 中有一个内建的 sqrt~ 对象。若不能创建复数（虚数），则负数没有平方根，所以 sqrt~ 对于负数将输出零。平方运算能把相位器产生的 0.0 ~ 1.0 之间的线段变成一条曲线，如图 13.10 中图 A 所示。同样，平方根运算会让线段以另外一种方式弯曲，如图 B 所示。前面说过，两个负数相乘得到一个正数，所以你会看到，不管乘法器的两个输入口接收到的信号的符号是什么，输出总是一个正值信号，如图 C 所示。这样会把余弦波的正负号都变成了正号，将令其振荡频率翻倍。在图 D 中，由于平方根没有负值，所以产生了一个不完整的正值脉冲序列，并且平方根运算的结果是把余弦曲线变为一条类似抛物线的（圆形的）曲线（请注意它更加圆滑了）。

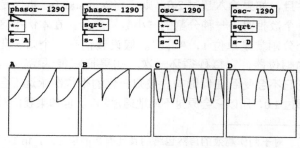

图 13.10　平方根

曲线化包络

我们经常希望在 0.0 ~ 1.0 范围内用一个上升或下降的控制信号创建一条曲线。用二次、三次、四次或更高次的乘方能产生越来越陡峭的曲线，即**抛物线类**曲线。四次包络常用来作为对自然衰减曲线的一种廉价近似。类似地，对一个归一化的信号不断地求平方根将让曲线向另一个方向弯曲[①]。图 13.11 中有三段完全相同的线段，每段的时间长度均为 120 毫秒。在同一时刻，所有的 tabwrite~ 都被触发，所以这些图是同步的。所有曲线都用同样的时间达到零，但加入的平方操作越多，输入信号被升到的幂次就越高，在其最初阶段曲线衰减的速度就越快。

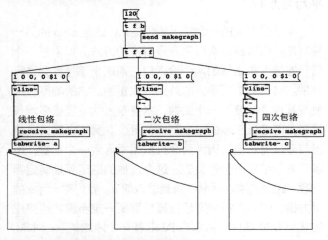

图 13.11　线性、二次和四次衰减

13.2　周期函数

在无穷大的定义域内周期函数的取值是有界的。换句话说，不管输入值有多大，周期函数都会回到它开始的地方并在那个值域内循环。

对值域进行折回

wrap~ 对象提供了这种行为。它像一个信号版本的 mod。如果 wrap~ 的输入 a 超过了 1.0，则它将返回 $a-1.0$，并且，如果输入超过 2.0，则它将返回 $a-2.0$。折回是一个数相对于一种分割的"小数"部分，在本例中这个分割就是单位 1，$a-\lfloor a \rfloor$。假设我们有一个归一化的相位器，它每秒循环一次。如果把它传送给 wrap~，则它不会受到任何影响。被归一化的相位器永远不会超过 1.0，所以它会原封不动地通过 wrap~。但如果我们对

相位器的幅度乘以 2，令其翻倍，然后再对其进行折回，就会产生一些如图 13.12 所示的效果。

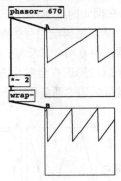

图 13.12　折回

想象一下，a 的图像是在 0.0 ~ 2.0 之间的，把它画在描图纸上，然后沿着高度 1.0 把这张纸一分为二，再把其中一份放到另外一份上面，可见每次相位器超过 1.0，它就会折回到底部。结果，频率被加倍，但它的峰值幅度不会超过 1.0。根据这个原理我们就能利用一个稳定增长的输入信号创建出周期函数，因此一条以恒定速率上升的直线将被 wrap~ 变成一个相位器。更有用的是，通过让这条直线以特定速率上升，我们就可以在一个给定时间段内获得精确的相位器周期。图 13.13 中的 vline~ 在 10 ms 之内从 0.0 移动到 1.0。乘以 3 意味着它将在 10 ms 之内从 0.0 移动到 3.0，然后对其进行折回将产生三个相位器周期，每个周期的时长为 10/3=3.333(ms)，即频率为 1/3.333×1000=300(Hz)。

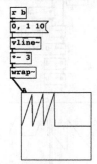

图 13.13　对一条直线进行折回

余弦函数

相位器之所以被认为是最基础的波形，其原因是：即便是余弦振荡器也可以由它衍生出来。请注意在图 13.14 中，相位器处于 0.0 ~ 1.0 之间，即恒为正（单极性），但 cos~ 运算将产生一个处于 -1.0 ~ 1.0 之间的**双极性（bipolar）**波形。余弦的一个完整周期对应的是 2π 即 360°，或者以旋转归一化的形式来说是 1.0。当相位器为 0.0 时，余弦为 1.0。当相位器为 0.25

时，余弦向下穿过零点。当相位器为 0.5 时，余弦抵达周期的底部。因此，余弦有两个过零点，分别对应于相位器等于 0.25 和 0.75 时。当相位器为 1.0 时，余弦完成了一个完整周期，回到其初始位置。

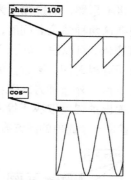

图 13.14　一个相位器的余弦值

13.3　其他函数

有时候我们会使用其他函数，比如用指数函数升高到一个可变的幂次上，或是相反，求某个值的对数。在各种情况下，我们都要根据实际情况对函数的使用进行研究。有一种非常有用的技巧：任意的曲线形状都可以用**多项式**（**polynomial**）生成。

多项式

多项式用不同幂次项的代数和来表示。$2x^2$ 的图像给出了一个温和上升的斜率，而 $18x^3+23x^2-5x$ 的图像则是一个简单向后加权的拱形，这在某些类型的声音控制包络中是很有用的（见图 13.15）。在生成这些多项式时有一些原则：曲线改变方向的次数取决于哪些幂次被加到了一起，每个幂次都被称为一个**项**（**term**），带有 a^2 项的多项式将转向一次，所以称它有一个**转向点**（**turning point**）。加入一个 a^3 项将有两个转向点，以此

类推。每一项上的乘法器被称为**系数**（**coefficient**），用来设置该项对曲线形状的影响程度。对多项式的处理是需要技巧的，因为想要找到合适的系数来获得我们想要的曲线并不容易。常用的方法是从一个具有已知形状的多项式出发，仔细调整各项系数，直到获得你想要的新曲线形状。我们将在后文中遇到一些多项式——比如三次多项式，它可以用来产生听起来声音自然的包络曲线形状。

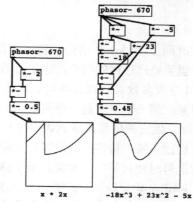

图 13.15　多项式

表达式

通过使用表达式对象，可以用一种类似于编程的方式在一行内书写任意的处理代码。每个可能的信号输入口 x, y, z 对应表达式中的变量 $\$v(x, y, z)$，运算结果将从输出口输出。本例所示为如何得到两个正弦波的和，其中一个正弦波的频率为另外一个频率的 5 倍。这些可用函数与 C 代码中使用的函数非常像，并且也遵循了大多数编程语言的数学语法。虽然表达式的功能非常多，但仅应该把它们作为无法用更基本的对象构建时的最后解救手段。表达式的效率要比内建模块的效率低，也更难以阅读。图 13.16 所示表达式是用一个周期性的相位器 ω 实现了 $A\sin(2\pi\omega)+B\sin(10\pi\omega)$，这两个混合系数满足 $B=1-A$。用基本对象实现的等价接线图如图 13.16 底部所示。

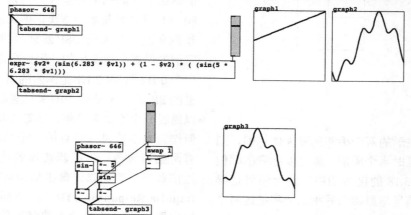

图 13.16　使用表达式创建音频信号函数

13.4　时间相关的信号整形

到目前为止，我们已经考虑了各种方法来改变一个信号的幅度，把它作为一个或多个变量的函数。这些改变都是即刻发生的，即仅取决于输入样点的当前值。如果想让一个信号根据它先前的特性来改变它的行为，那么就需要使用时间整形。

延时

为了在时间上平移一个信号，我们要使用延时。延时是很多重要处理过程的核心，比如混响、滤波和合唱。与 Pd 中大多数其他操作不同，延时要用到两个单独的对象。第一个对象是一个写单元，其工作方式与 `send~` 类似，但它把信号发送到内存中一个不可见的区域。在经过了某一特定时间段以后从同样的内存区域中读取信号时使用第二个对象。所以你始终要配对使用 `delwrite~` 和 `delread~`。`delwrite~` 的第一个创建参数是为该延时赋予一个唯一的名称，第二个创建参数是分配的最大内存数量（以时间上的毫秒数表示）。延时本身是在一个固定毫秒数以后产生输入信号的一个精确复本。图 13.17 中我们看到了通过对一条从 1 到 0 快速下降的直线求平方而得到的一个 0.5 ms 的脉冲。第二个图所示的波形与第一个波形相同，只不过晚出现了 10 ms，如图 13.17 所示。

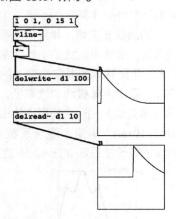

图 13.17　延时

相位对消

假设一个周期波形的两个相邻周波大体相同，则如果对该周期信号延时半个周期，就可以把它的相位改变 180°。在图 13.18 的接线图中，两个信号是异相的。用一个反相信号与原始信号相混合将把这两个信号都消灭掉，得到零。在图 13.18 中，一个 312 Hz

的正弦信号被发给延时 d1。由于输入频率为 312 Hz，所以它的周期为 3.205 1 ms，半个周期就是 1.602 56 ms。延时以后的信号将与输入信号相差半个周期。如果延时被设置成让前后两个信号完美同相，那么会发生什么呢？此时，输出将不是零，而是幅度为输入两倍的波形。当延时时间在这两种情况之间时，输出的幅度将在 0.0 ～ 2.0 之间变化。可以说，对于给定的频率成分，输出的幅度取决于延时时间。不过，假设延时是固定的，那么我们可以用另外一种方式来描述——对于给定的延时时间，输出的幅度取决于输入的频率。我们已经创建的东西就是一个简单的滤波器。

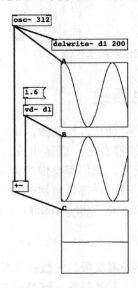

图 13.18　反相

滤波器

当延时时间与周期一致时，我们称这个大声的部分（幅度为输入幅度的两倍）是通过加强一个**极点**（pole）而得到的；当延时时间等于周期的一半时，我们称这个安静的部分是波形对消了一个**零点**（zero）。Pd 提供了非常基本但很灵活的滤波器 `pole~` 和 `rzero~`。除非你学过一些关于 DSP 滤波器理论的知识，否则对它们的设置是很棘手的，因为极点或零点的频率是由一个 0 Hz 到 SR/2 Hz 范围内的归一化数字决定的，这里的 SR 表示该接线图的采样速率。简单的滤波器可以通过一个等式来理解，该等式决定了输出样点是如何作为当前或过往样点的一个函数而被计算出来的。有两类滤波器：一类滤波器的输出仅取决于**输入**的过往数值，这类滤波器被称为**有限冲激响应**（**Finite Impulse Response**，**FIR**）滤波器；另一类滤波器的输出取决于过往的输入值和过往的**输出**值，换句话说，围绕延时元件有一个反馈环路。由于在理论上一个信号值的影响可以无限循环地使用，因此我们称这类滤波器为**循环**（**recursive**）或**无限冲激响应**（**Infinite Impulse Response，IIR**）滤波器。

用户容易掌握的滤波器

滤波器可以有很多极点和零点，但我们不根据延时时间、采样速率和波形周期来计算这些零极点，而是偏爱使用那些被设计成具有预置行为的滤波器来计算。滤波器的行为取决于一个内部的计算器，它能求出各个系数，从而为一个或多个内部延时设置极点、零点和反馈电平。我们不使用零点和极点这种名词，而是用另外一套术语来描述，并探讨通带和阻带。一个频带有一个用 Hz 描述的中心频率，它是这个频率范围的中心，在这里滤波的效果最明显。一个频带还有一个带宽，这是该频带能够操作的频率范围。窄频带所能影响的频率要比宽频带少。在很多滤波器设计中，可以相互独立地改变带宽和频率。图 **13.19** 所示为四种常见滤波器：低通、高通、带通和带阻（陷波）滤波器。这些图展示了白噪声通过每种滤波器以后的频谱。正常情况下，噪声会平稳地填充这个图表，所以可以看到每种滤波器都切掉了频率中一个不同的部分。高通滤波器允许高于其中心频率的信号更多地通过，而使低于其中心频率的信号更少地通过。低通滤波器则正好相反，它更偏爱低频。陷波滤波器在频谱的中部切掉了一条频率，这正好与带通滤波器相反，带通滤波器仅允许位于中部的频率通过，而拒绝两侧的频率通过。

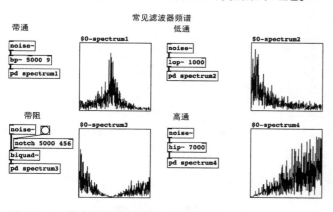

图 13.19　用户容易掌握的常见的滤波器形状

积分

观察滤波器行为的另一种方法是考虑它们对运动信号的斜率或相位的影响。循环（IIR）滤波器的一个用途是作为累加器。如果反馈很高，则当前输入会被加到所有的先前输入值上。积分被用来计算曲线下的面积，所以它可以用来计算一个信号包含的总能量。积分也可用于波形整形；参见 Roberts 2009。

对方波进行积分将得到三角波。如果把一个常数信号输入到积分器中，则得到一个以恒定速率上升或下降的输出。事实上，这基本上就是个相位器，所以积分滤波器可以被看作最基本的信号发生器，也可以被看作信号整形的一种方法。因此，我们兜了一圈又回到了原地，就像俗话说的那样："这都是一回事儿。"用这种方法产生的方波如图 13.7 所示，先用一个大数值放大一个余弦波形，再对其进行削波。当方波在 +1.0 和 -1.0 之间交替变化时，积分器的输出先以一个恒定斜率上升，然后以一个恒定斜率下降。随后加入了一个缩放因子，从而把所得的三角波限制在图中的上下界之内。现在尝试对一个余弦波进行积分，将会发生什么呢？$\cos(x)$ 的积分是 $\sin(x)$，或者换句话说，就是把 $\cos(x)$ 的相位移动了 90°。如果对正弦波再进行同样的操作，则又得到了一个余弦波，但与第一个余弦波相位相反，即相移了 180°。换句话说，$\sin(x)$ 的积分是 $-\cos(x)$。可以用明确的积分式来表示：

$$\int \cos(x)\mathrm{d}x = \sin(x) \tag{13.1}$$

或

$$\int \sin(x)\mathrm{d}x = -\cos(x) \tag{13.2}$$

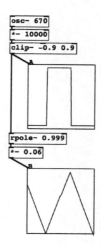

图 13.20　积分

微分

积分的逆运算是微分。微分能给出一个信号的瞬时斜率，换句话说，微分能得到与信号相切的直线的梯度。对于余弦波进行微分会得到什么结果呢？图 13.21 中的缩放因子的作用是为了让各个图更容易观

察。也许你可以从第一个图看出

$$\frac{\mathrm{d}}{\mathrm{d}x}\cos(x) = -\sin(x) \qquad (13.3)$$

和

$$\frac{\mathrm{d}}{\mathrm{d}x}\sin(x) = \cos(x) \qquad (13.4)$$

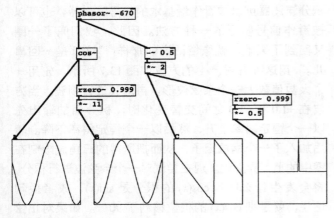

图 13.21　微分

对锯齿波进行微分的结果可能更有用。在锯齿波缓慢移动时，它的梯度是一个较小的常数，但在它突然回跳的那一瞬间，其梯度非常大。所以，对锯齿波进行微分是得到短暂冲激脉冲的一种方法。

13.5　参考文献

[1] McCartney, J. (1997). "Synthesis without Lookup Tables." *Comp. Music J. 21(3)*.

McCarteny J. 不用查找表进行合成. 计算机音乐期刊，1997，21（3）.

[2] Roberts, R. (2009). "A child's garden of waveforms." Unpublished ms.

Roberts R. 一个孩子的波形花园. 非正式出版资料，2009.

第14章

Pure Data 的基本部件

本章将给出在混音、读写文件、通信和音序中经常使用的一些接线图结构。可能想为你反复使用的东西构建一个抽象库，或是从 **Pd-extended** 发行版中找到一些现成的抽象。不过，既然你希望根据自己的需要对其进行定制，那么了解如何用各个基本对象构建这些抽象是很有用的。

14.1 通道条

对于大多数工作，在使用 **Pd** 时会用到多个音频输出口以及一个外部调音台。但你可能也想开发出本身能够实现混音的软件。所有调音台都是由一些基本部件组成的，比如增益控制、母线、声像定位器、静音或通道选择按钮。这里将介绍一些基本概念，这些基本概念经过相互结合就能制作出复杂的调音台了。

信号开关

为了控制一个信号的电平，我们所要做的就是对其乘以一个处于 0.0 ~ 1.0 之间的数。最简单的形式是信号开关，即把一个切换开关连接到 *~ 的一个输入口，把音频信号连接到另一个输入口（见图 14.1）。切换开关的输出要么是 1 要么是 0，所以信号要么被打开要么被关闭。你可能会经常用这种连接来临时屏蔽一个信号。由于这个开关会突然改变数值，因此通常会产生一个噼啪声，所以在录制音频时不要用这种简单的信号开关，此时必须使用一些平滑措施，比如静音按钮中使用的措施。

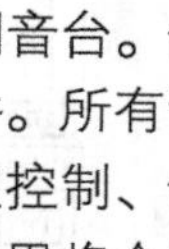

图 14.1 信号开关

简单的电平控制

为了创建电平推子，可以从一个垂直滑块开始，把它的属性（properties）设置为最低值 0.0 和最高值

1.0。在图 14.2 中，滑块连接到 *~ 的一个输入口，信号连接到另一个输入口，就像前面的信号开关一样，只不过滑块能给出在 0.0 ~ 1.0 之间的连续变化。数字块用来显示当前的滑块值，0.5 表示滑块现在处于正中位置。工作在 40 Hz 的正弦振荡器提供了一个测试信号。像这样把 *~ 两个输入口上的消息信号与音频信号混合起来是可以的，但因为滑块产生的是消息，所以任何更新都只能发生在音频块上，通常是每 64 个样点一次。请快速地向上或向下移动滑块，并聆听输出结果。淡化的结果并不平滑，在移动滑块时你能听到噼啪声。这种**拉链噪声（zipper noise）**是由于电平在音频块的边缘突然跳至一个新值所引起的。

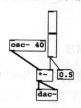

图 14.2 直接的电平控制

使用对数规律的推子

它可以改变滑块对象的行为。如果把它的属性设置为对数而不是线性，那么较小的一些数值将分布在一个较宽的范围中，而较大的一些数值则被挤到整个滑块行程的最高部分。这让你能够对电平进行更精细的控制，大多数实际调音台也是这样做的。滑块能输出的最小值为 0.01，因为顶部值为 1.0，所以当滑块移动到头时也输出 1.0。在这两个值之间，滑块将按一条对数曲线进行变化。当移动到一半时，它的输出大约为 0.1，在全程的 3/4 处，它的输出略大于 0.3。在全程的 90% 之内，其输出都不会超过 0.5（如图 14.3 所示）。这意味着输出值中有一半被压缩到了滑块行程的最后 10% 中，所以在把这种按对数规律动作的滑块连接到一个较响的放大器时需要小心。通常，对数规律的推子都要被限幅，强制让各自保持在各自

的范围内，这可以通过 clip~ 单元来实现。

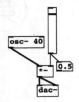

图 14.3　对数电平控制

MIDI 推子

可能你并非总想用 Pd 的 GUI 滑块来控制混音，有时候你可能想使用 MIDI 推子控制器或其他外部控制界面。这些设备通常提供的是范围在 0 ~ 127 之间的线性控制信号，并且以整数为步长，这也是各个 GUI 滑块的默认范围。为了把一个 MIDI 控制消息转换到 0.0 ~ 1.0 范围之内，需要对其除以 127（或是乘以 0.0078745），如图 14.4 所示。经过归一化的输出可以被进一步缩放成一条对数曲线，或乘以 100 来获得一个分贝标度，并可以通过 dbtorms 对象进行转换。

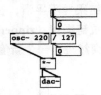

图 14.4　对电平进行缩放

为了把推子连接到一个外部 MIDI 设备上，需要加入一个 ctlin 对象。它的第一个输出口给出了推子的当前值，第二个输出口指明了连续型控制器的编号，第三个输出口提供了当前的 MIDI 通道编号。音量消息是利用 7 号控制器发送的。我们用 == 和 spigot 把这些输出口结合起来，最终只有 MIDI 通道上特定的音量控制消息才能被发送到推子上。图 14.5 所示的接线图有一个音频输入口和输出口，它也有一个输入口用于设定 MIDI 通道。该接线图可以变成子接线图或抽象，从而成为一个完整 MIDI 控制台的组件之一。

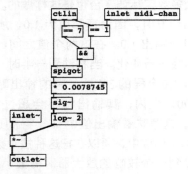

图 14.5　MIDI 电平

静音按钮和平滑淡化

在仔细调整了电平以后，你可能想在不移动推子的情况下临时让某一通道静音。**静音按钮（mute button）**就是解决这一问题的。推子的值存储在 *~ 的冷端，而左输入口则接收来自切换开关的布尔值。静音按钮的正常用法应该是当静音按钮被激活后，通道处于静音状态，所以首要先对这个切换开关的输出进行反相。为了解决拉链噪声问题，有些方法使用了 line 或 line~ 对象对推子的数值进行内插。使用 line 是有效的，但有时候并不能得到令人满意的结果，因为我们仍旧把一个消息与一个音频结合起来，所以即使跳变很小，我们还会在每个音频块的边界处听到噼啪声。更好的选择是使用 line~，但当推子在一次淡化过程中有多次移动时，line~ 会在控制信号中引入拐角。获得平滑的淡化效果的一种好方法是用 sig~ 把消息转换成信号，然后再用 lop~ 对其进行低通滤波。设置为 1 Hz 的截止频率将产生一个 1 s 内平滑调整的淡化。

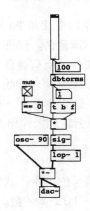

图 14.6　静音按钮

声像定位

"声像（pan）"是 **panorama（全景）**的缩写，意为全方位的声音图景。声像控制的目的是把一个**单声道（mono）**或点（point）声源放置到一个听觉全景图中。应该把它与**平衡（balance）**区分开，平衡是对一个已经具有立体声信息的声音进行定位。一幅音频全景图所表示的区域被称为**声场（image）**，对于普通的老式立体声来说，我们被限制在 180° 的理论声场宽度之内。实际上所用的声场宽度更窄，为 90° 或 60°。一些软件程序用角度定义声像位置，但这样做其实没什么意义，除非你确切地知道各个扬声器是如何摆放的，或者知道听众是否在使用耳机。为剧场电影以外的任何东西进行立体声声场的混音都是一种折中，都要考虑未知的最终听音方式。不过，在电影声音中，影院扩声系统的详细技术规格是足够可靠的，制作者能够准确地预知听众的体验。

简单的线性声像定位器

在最简单的情形中，可以为左右两只音箱提供声像控制。它要求在一侧上升时，对应另一侧要下降，在中心位置，声音被同等分配给两只音箱。图 14.7 所示的声像接线图在顶部有一个信号输入口和一个控制消息输入口，在底部有两个信号输出口，分别用于左声道输出和右声道输出。每个输出口前都有一个乘法器为该声道设定电平，所以该接线图实际上是把两个电平控制放在了一个图中。与电平控制一样，这里采用"把控制消息转换成信号，然后再通过滤波器对其进行平滑"的方法来移除拉链噪声。所得的控制信号处于 0.0 ～ 1.0 之间，它被馈送给左声道的乘法器，而其补数（用 1.0 与其相减而得到的）则控制右声道。当控制信号为 0.5 时，两个声道都乘以 0.5。如果控制信号变为 0.75，则另一侧为 0.25。当控制信号变为 1.0，则补数变为 0.0，立体声场中有一侧将完全被静音。

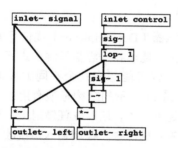

图 14.7 简单的声像定位器

平方根声像定位器

简单的线性声像定位的问题是：当信号的幅度为 1.0 时，它被一分为二地发送给两只音箱，每只音箱收到的幅度为 0.5，此时产生的结果是声音比只发送 1.0 的幅度给一只音箱弱。起初这似乎不符合直觉，但请回想一下，响度是声音功率级所产生的结果，而声音功率是幅度的平方。

假设幅度 1.0 表示 10 安培的电流。在音箱上我们得到了 10^2=100 W 的功率。现在我们把它等量分配给两只音箱，每只音箱接收 5 A 的电流。因此每只音箱的功率为 5^2=25 W，两只音箱的功率和为 50 W。实际的响度减半了！为了修正这一问题，我们可以调整与每个声道相乘的那条曲线，让它具有一个新的**电位分布特征**（**taper**）。把控制信号的平方根用在一个声

道上，而把控制信号补数的平方根用在另外一个声道上，这样就符合功率守恒定律了。在中心位置上，幅度将提升 3 dB。如图 14.8 所示。

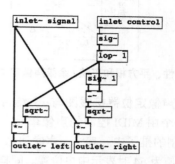

图 14.8 平方根声像定位器

余弦声像定位器

虽然平方根声像定位器能够对中心位置进行正确的幅度减少，但它也有自己的问题。曲线 $\sqrt{A}$ 在抵达横轴时是与横轴垂直的，所以当我们把声像调整至接近声场的一侧时，声像会突然从另一侧完全消失。另一种可用的电位分布遵循**正弦 - 余弦规律**。这也在中央位置给我们提供较小的幅度减少，但它能以 45° 平滑地抵达声场的边缘。余弦声像定位器不仅在这方面更好，而且对 CPU 的占用也更少，因为计算余弦值要比计算平方根更容易。这种定位器是在模拟把声源放置在听者周围的一个圆上这种形式，这对于古典音乐是很好的，因为交响乐队一般就是在一个半圆形上安排座位的，不过，一些工程师和制作人更喜欢平方根声像定位器，因为在中央位置附近它的响应更好，而且信号也很少被定位到极左或极右，如图 14.9 所示。

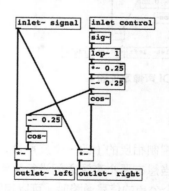

图 14.9 余弦 - 正弦声像定位器

图 14.10 所示的是每种声像定位规律的电位分布图。从图中可以看出，在中央位置，线性方式要比其他方式低 3 dB，而在声场的边缘平方根和余弦方式有着不同的路线。

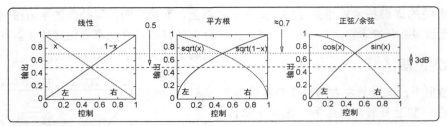

图 14.10　线性、平方根和正弦 / 余弦声像定位规律

把余弦声像定位器接线图与 `ctlin` 结合在一起，我们就有了一个由 MIDI 控制的声像单元，可以把它加到 MIDI 控制的推子中。其中，声像信息用 10 号控制器发送，数值为 64 时表示中央位置。同样，一个输入口用来选择该接线图将响应哪个 MIDI 通道。你可以把这个想法扩展成为一个完整的 MIDI 控制板，即加入静音、母线输出口、辅助发送 / 返回环路。一种好的解决方法是把电平控制、声像定位、静音和路由都整合到一个单一的抽象中，用想要使用的 MIDI 通道和输出母线作为创建参数。回想一下，使用 $ 符号可以创建局部变量，所以如果你想用 GUI 对象中的重复控制来覆盖 MIDI 控制的话，可以使用 $ 符号（见图 14.11）。

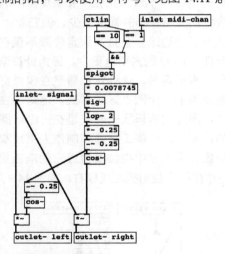

图 14.11　MIDI 声像定位器

交叉淡化器

与声像控制相反的（即一个反声像定位器）是交叉淡化器。当想在两个声源之间进行平滑变换且把它们混合到一个公用的信号通路时，可以用图 14.12 所示的接线图。这里有三个信号输入口，其中两个用于将要被混合的信号，另一个用于控制信号，由它来设置比率（当然，若有合适的抗拉链噪声的平滑措施，那么消息域中的版本也能工作得一样好）。它可以用在混响效果器的最后一级，用于设置干 / 湿比，或在 DJ 控制台上在两首曲子之间进行交叉淡化。就像简单的声像定位器一样，控制信号被分成了两个部分：一个直接版本和一个补数部分，每个部分都会对输入信号进行调制。输出是两个乘法器的和。

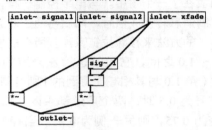

图 14.12　交叉淡化器

多路分配器

多路分配器（Demultiplexer）或信号源选择器是一个多路开关，能够在一组信号源中进行选择。在构建合成器时，你可能想在几个不同的波形中进行选择，此时图 14.13 所示的结构是很有用的。在这个设计中，选择是唯一的，所以在任意时刻，只有一个输入通道可以被发送出去。控制输入口接收到的数字将使 `select` 在四条可能的消息中选择一条发送给 `unpack`。第一条消息将关闭所有通道，第二条消息将仅打开通道 1，以此类推。出现在 `unpack` 输出口的布尔值被转换成信号，然后在 80 Hz 处被低通滤波，从而得到一个快速且没有噼啪声的过渡。

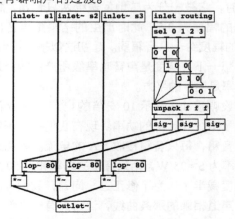

图 14.13　多路分配

14.2 音频文件工具

单音采样器

能够从音频输入中抓取几秒并进行回放的简单采样器是一个值得放在手边的有用工具。到达第一输入口的音频在增益级被缩放，然后被馈送给 tabwrite~。有一个增益控制是非常好的，这样你在需要录音时就不会被信号电平搞得手忙脚乱了。图 14.14 中创建了一个 88 200 样点的波表，名为 $0-a1，所以我们有一两秒的录音时间。显然，这是可以在代码中改变的，也可以创建一个控制来使用 resize 方法。当接收到一条 bang 消息时，tabwrite~ 开始从波表的起始处录音。为了回放这段录音，我们发出一条 bang 消息给 tabplay~，它直接与输出口相连。$ 参数的使用意味着该接线图是可以被抽象的，并可以创建多个实例。在制作一个声音时，同时使用多个采样器并非罕见。

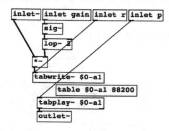

图 14.14 简单采样器

使用这个采样器是非常简单的。创建一个实例，并通过第一个输入口把它连接到一个信号源。在图 14.15 中，左侧的音频输入来自于 adc~。范围为 0.0 ~ 1.0 的滑块连接到增益输入口，两个 bang 按钮用来开始录音或回放。长度不超过 3 min 的声音文件可以被存储在内存中。超过了这一界限，你需要为 32 位机使用其他对象，因为声音质量将由于指针的不精确而受到损伤。如果你有长于 3 min 的音频文件，那么可以考虑使用基于磁盘的存储和回放。

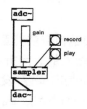

图 14.15 使用采样器

文件录音机

在为其他应用（比如多轨或采样器）创作声音的时候，你可以利用自己喜欢的波形文件编辑器或软件（比如 Time Machine）直接从 dac~ 中录制 Pd 的输出。这可能意味着日后需要编辑更长的录音，所以有时候你只想直接利用 Pd 写出一个固定长度的文件。

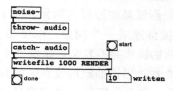

图 14.16 使用一个文件记录器

在图 14.16 中，看到了文件记录器的应用，我们马上就来看看如何制作这样一个记录器。这个记录器能够捕获名为 audio 母线上的音频——这些音频可能来自其他接线图。它带有两个创建参数：一个是用于录音的每个文件的长度（本例中是 1 s），另一个是在当前工作目录下的一个现有的目录名称（用于存放这些录音文件）。每次点击 start 按钮都会把一个新文件写到磁盘中，随后 done 指示器会告诉你什么时候存盘操作结束。每个文件都会被追加一个数字后缀，可以在第二个输出口看到它，这是为了记录已经创建了多少个文件。文件记录器的内部结构如图 14.17 所示。

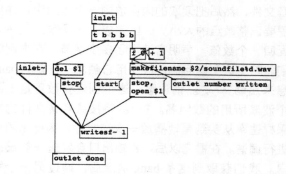

图 14.17 构建一个文件记录器

音频从第一个输入口进来，并发送给 writesf~，该对象有一个创建参数 1，所以它会记录一个单一声道（单声道）文件。writesf~ 需要三条指令：一条是为了记录而需要打开那个文件的文件名，一条开始指令，以及一条停止指令。第二个输入口接收到的每条 bang 消息都会让计数器加 1，并且该计数器的值会通过 makefilename 被追加到当前文件名的尾部，makefilename 可以像 C 语言中的 printf 语句那样把数字值填入到一个字符串中。随后这个字符串又在下一条消息中被带入 open 关键字的后面。这些操作完成以后，会发送一条 start 消息给 writesf~，并发送一条 bang 消息给 delay，它会按照第一参数给定的时间进行等待，然后停止 writesf~。

循环播放器

在很多情形中循环采样播放器都是有用的，它能用循环的背景采样样本并创建出一个声音材质，也能用鼓循环创建出一种节奏，特别是在你需要用一个连续的声音来测试某些过程的时候。图 14.18 所示的接线图可以被创建成一个抽象，以便根据需要创建多个实例。它的操作并不复杂，仅仅是不停地循环播放一个声音文件。当该抽象接收到一条 bang 消息后，openpanel 被激活，它为你打开一个漂亮的文件对话窗，同时让你选择一个声音文件。你应该选一个 Microsoft 的 .wav 文件或 Mac 的 .aiff 文件，立体声或单声道都可以，但这个播放器接线图只能给出单声道输出。这个文件的文件名和路径通过触发器的"any"输出口传送出去，并被打包到一个列表中作为它的第一部分。该列表的第二部分是符号 $0-a，这是我们存储的波表的名称，它是内存中的一个区域，该声音文件的内容被读取进来以后将会放到这里。使用 $0- 这个前缀是为它赋予局部作用域，这样我们就可以在一个接线图中使用多个采样循环播放器了。现在，该列表的各项元素将被带入 read –resize $1 $2 这条消息的 $1 和 $2 中，这为 soundfiler 形成了一条完整的指令：读取一个声音文件，然后把读取的内容放到一个数组中，并根据需要调整数组的大小。一旦完成这一操作，soundfiler 将返回一个数值，声明它读取了多少字节，在本例中我们忽略了这个返回值，仅仅用它触发一条新的 bang 消息来启动 tabplay~。请注意，这个创建参数正是上面那个波表所用的数组名。tabplay~ 将按该声音文件的原始采样速率从头到尾地播放一次该文件，因此无须对其进行调谐。在播完以后，右输出口会发送一条 bang 消息。我们获取到这条 bang 消息后，通过另一个触发器对其进行缓冲，然后再把它送回到 tabplay~ 的输入口，这意味着 tabplay~ 将不停地循环播放这个声音。抵达第二个输入口的零值让你能够停止循环播放。

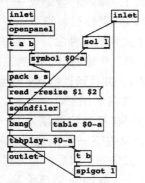

图 14.18　采样循环播放器

14.3　事件与音序

接下来看一看用于创建时间、音序和事件触发器的一些概念。

时间基准

在很多音频应用或音乐构建中，时间基准（时基）都处于核心地位，它用来驱动事件的发生。我们已经看到如何利用节拍器和计数器来构建简单的时间基准。图 14.19 给出了一个更有用的时基，它允许你用"每分钟多少拍（Beats Per Minute，BPM）"来指定速度，并为节拍加入了"摇摆（swing）①"。首先请注意，通过第一个输入口进行的开始和停止控制也会在时基被停止时使计数器复位。metro 产生的 bang 消息被 delay 复制，所以我们能每隔一拍设置其与主节奏的相对位置。为了把每分钟拍数转换成用毫秒表示的周期，用 60 000 除以这个 BPM 值，并乘以每小节的拍数。最后一个参数以百分数的形式提供了摇摆的大小，在使计数器递增之前，该摇摆被加入延时中。

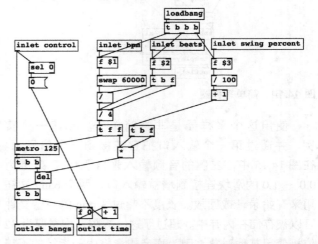

图 14.19　一个更有用的音乐时基抽象，它使用 BPM 并带有摇摆功能

选择音序器

若想对不断重复的声音获得固定节奏型，最简单的方法是使用 mod 把输入的时间折回一个较小的范围中，比如 8 拍，然后使用 select 触发那些处于范围之内的事件。你不必填写所有备选数值。因此，比如为了在 **time** = 1024 时产生一个单一的触发，可以连接一个 select 来匹配这个数字。广播一条全局时间消息是一个好的办

---

① 摇摆是指每个弱拍都在时间上有轻微的移动，为节奏带来一种不同的感觉。

法，这样其他接线图就能获取一个公用的参考了。在图 14.20 中，时基抽象的输出被送给一个 `send`。为了创建一个能让手动设置何时触发事件的音序器，可以把 `=` 与 `select` 结合起来使用，并在 `=` 的冷输入口接一个数字块，让当前事件从其左输入口进入。

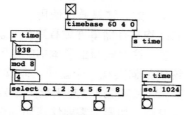

图 14.20　基于 select 的触发

分割时间

对于时长较长的音乐作品、互动装置或为一个很长的游戏 / 动画生成各种事件结构，你可能想把时序音序偏移到一个比较大的数字，但保持一个段落中的相对时间关系不变。在传统音序器中，小节和拍就是这样工作的。在图 14.21 中，`moses` 用来把全局事件分割成较小的参考帧，一连串 `moses` 对象把落在某个范围内的数字分离出来。你可以看到，在经过了第一次分割后，左输出口上呈现的最后数值是 127。大于等于 128 的数字正在从右输出口通过，并进入第二个 `moses`，它会对 128 ～ 255 之间的数值进行分割。让这个数据流减去基值 128，令其归位，就好像我们是在处理一条从零开始的音序一样。可以对其进行进一步处理，比如把它折回到 0 ～ 64，从而在 128 ～ 256 的范围内创建两个包含 64 拍的小节。在图 14.21 中，你看到时基处于 208，这是在被分割以后的时间框架的第二小节。

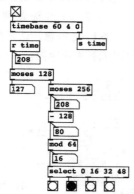

图 14.21　通过分割时间来进行小节偏移

时间除法

把时间表示成一个数字以后，就可以对其进行算术运算，从而获得不同的速率。请注意，虽然数字时间的数值依照另外一个尺度变化，但它仍旧以时基设定的速率在更新。在音乐应用中，我们想用整拍和整小节来表示时间，这就带来了一个问题，"把时间除以 2 并将其舍入到一个整数"意味着将有两条消息使用同一数值进行发送。为了避开这一问题，需要使用 `change` 来消除冗余的消息。使用 `int` 意味着数值被向下取整，所以如果用这种方法构造出来的节奏看上去差了一拍，那么你可以试着使用前文提到过的"取整到最近的整数"的方法。有时候，对时间取整并不是你想要的，我们在下例中就会看到（见图 14.22）。

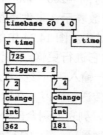

图 14.22　对时间进行除法，以变成不同的速率

与事件同步的 LFO

图 14.23 给出了时基除法的一种应用以及这种方法的缺陷，在这里，低频控制信号是从时基衍生出来的。请注意，正弦波并没有被内插，因此在使用一个经过除法的时基时，你将碰到两个或四个连续相等的数值。这让该 LFO 变得很跳动，所以，为了避免这种情况，我们在触发操作之前先用更大的 `mod` 和 `/` 对原始的时间值进行缩放。这也说明了为什么通常应该使用一个比真正需要的时间速率高很多倍（比如 64 倍）的时间基准。你可以用它创建出有趣的复合节奏，或为风、雨或旋转物体制作出精细的缓慢移动的控制信号。

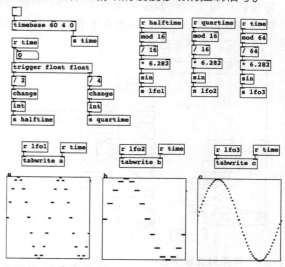

图 14.23　同步消息 LFO

列表音序器

除了绝对时基以外，还有另一种选择，就是用列表和延时来制作一个相对时间音序器。各个事件被存储在一个列表中，对某一音序器来说这个列表被定义为具有特殊的含义，日后由该音序器对其进行解释。在本例中，该列表是成对读取的，即从最新的事件中读取一个事件类型和一个时间偏移量。所以，类似于 {1 0 2 200 1 400} 的列表描述了三个事件和两种事件类型。事件 1 发生在时间 = 0 时，随后事件 2 发生在时间 = 200 时，然后在时间 = 200 + 400 = 600 时事件 1 再次发生。时间用毫秒数表示，事件类型通常与对象名或 MIDI 音符编号相对应。图 14.24 中的接线图很难被理解，因此我们针对它进行更详细的讨论。音序列表被送入 `list split 2` 的第一输入口，该列表从第三个位置被切开。前两个元素被传送给 `unpack`，在这里，这两个元素被分开并处理，同时，列表的剩余部分从 `list split 2` 的第二输出口传出，并发送到 `list append` 的右输入口。回到 `unpack`，当前这对参数的前半部分指出了一个浮点事件的类型，它被发送给 `float` 的冷输入口并在此等待，同时，后半部分（表示一个时间延时）被送入 `delay`。在经过了与第二个数值相对应的时间延时以后，`delay` 将发送一条 bang 消息把 `float` 中存储的数值输出出去。最后，`list append` 接收到 bang 消息，所以该列表的剩余部分被传回 `list split 2`，然后重复整个处理过程，每次切掉两个元素，直到列表为空。图 14.24 的右半部分是一个简单的单音音乐合成器，用来测试这个音序器。它用 `mtof` 把 MIDI 音符编号转换成赫兹，并提供一个经过滤波的锯齿波，该锯齿波带有一个 400 ms 的曲线衰减包络。为了对音序的延时时间进行缩放，从而在不重写整个列表的情况下改变速度，你可以让每个时间偏移量变成延时的一个缩放因子，随后与其他部分相乘。这类列表音序器是异步动作的，所以它们不需要时基。

文本文件控制

最终，存储在消息块中的列表将由于有很大的数据组而变得臃肿且难以处理，此时应该用文本文件把它们转移到辅助存储器中。`textfile` 对象提供了一种进行纯文本文件读写的简单方法。你可以使用你喜欢的任何格式，但通常的方法是通过使用一种逗号或换行符进行定界的结构来存储事件或程序数据。`textfile` 的使用方式有很多，这有些超出了本书的范围，所以我仅举一例来说明如何实现一个基于文本文件的 MIDI 音序器。把 `textfile` 和 `route` 结合起来能为音乐或游戏提供复杂的配乐控制。如果你需要快速访问更大的数据组，那么可以使用 pd-extended 中的 SQL 对象，它用于访问数据库。

在图 14.25 的左上角有一个单音合成器，它用来测试这个接线图，如果你愿意的话可以用一个 MIDI 音符输出函数来替代它。该接线图的其余部分由两部分构成，一部分用于存储和保存音序，另一部分用于读取和播放音序。按下 **start-record** 按钮就开始录音了，这将产生一条 clear 消息发送给 `textfile`，列表累加器被清零，`timer` 对象也被重置。当 `notein` 接收到一个音符以后，该音符被 `stripnote` 缩减为只剩下音符开数值，随后它被送至下方的触发器单元，该触发器发送两条 bang 消息给 `timer`。结果是让 `timer` 输出从上次接收到 bang 消息开始到现在的时间，然后从零开始重新计时。这个时间值与当前的 MIDI 音符编号一起被 `pack` 打包成一个数据对，并被追加到列表累加器中。当你完成演奏后，点击 **write** 按钮把列表传入 `textfile` 中，由它把列表写入当前工作目录中一个名为 sq.txt 的文件里。在加载和回放时，点击 **load-replay** 按钮，这时会发送 bang 消息来读取这个文本文件，并发送一条 rewind 消息把 `textfile` 设置到该音序的开始。随后 `textfile` 又收到一条 bang 消息，让它把整个列表传给一个我们刚刚看到过的列表音序器。

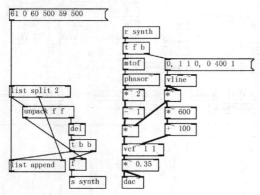

图 14.24　异步列表音序器

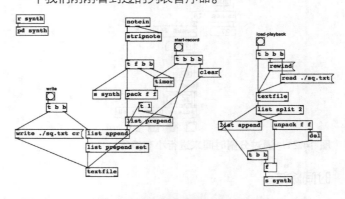

图 14.25　使用文本文件存储数据的 MIDI 音序器

14.4　效果器

在本章的最后部分，我打算介绍一些简单的效果器。合唱和混响都是用来给声音增加深度和空间的。它们不但在音乐制作中特别有用，在游戏音响效果的制作中也是把薄弱的声源加厚的工具。使用这些效果器时一定要小心谨慎，并且要意识到：使用外部调音台中的可用效果器（把它们作为插件或游戏音频引擎的一部分）可能会带来更好的结果。

立体声合唱 / 镶边效果

合唱效果是通过把同一个声音的多个复本放到一起，产生一个具有群感的声源。为此，我们使用了几个延时，并把它们设置得略微错开。这样做的目的是让各个复本不断地在同相和异相之间变化，刻意地引起差拍和旋涡效果，在图 14.26 中，第一个输入口的输入信号被分成三路。一个经过衰减的复本被直接馈送给右立体声的输出口，而其他两份被馈送给两条独立的延时线。在图的中部，两个可变的延时抽头 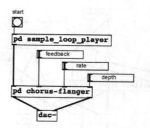 被加总起来。

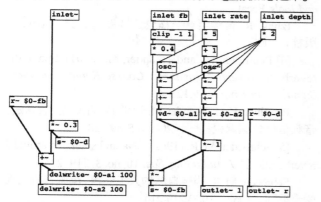

图 14.26　合唱类效果

一小部分信号经过第二输入口的反馈值缩放以后，被反送回来，与输入信号混合在一起，而另一份复本则被送至左立体声的输出口。因此在立体声声场的一侧有该信号的干声，而在声场的另一侧有两份经过时间平移的复本。用一两个以信号速率更新的 LFO 缓慢地改变延时时间，就能获得一个旋涡合唱效果。这两个低频振荡器的振荡频率可以在 1 ~ 5 Hz 之间变化，并且两者的频率差应始终为 1 Hz。需要限制反馈控制的范围，确保效果器不会变得不稳定。请注意，反馈可以是正相也可以是负相的，从而创建出一个下凹式效果（相位 / 镶边）或加强效果（合唱）。最好用一个采样循环播放器对该效果器进行测试。请尝试加载一些鼓循环或音乐循环片断（见图 14.27）。

图 14.27　对合唱效果进行测试

简单的混响

混响器模仿的是一个声音在某一空间内部多次被弹回时产生的密集的反射声。有几种方法能实现这种效果，比如用房间的冲激响应与一个声音进行卷积，或是使用全通滤波器来做类似的事情。在图 14.28 中，可以看到循环型混响的一种设计方案，它只使用了延时线。图中有四个延时，它们相互反馈，所以一旦一个信号输入到该接线图中，它就会以一个复杂的路径进行循环传播。这种增强并不会导致信号电平持续增长，因为有些反馈是负的。这种循环式的设计被称为 Schroeder 混响器（本例由 Claude Heiland-Allen 提供），它模仿了一个房间的四面墙壁。如你所见，如果我们考虑六面墙（加上地板和天花板）或是形状更为复杂的房间的话，反馈路径的数量将多到难以进行接线。混响器的设计是一门精巧的艺术，选出合适的反馈和延时值并不容易。如果这些数值选取不当，就可能在某些频率上出现反馈路径，导致一个不稳定的效果。在实际当中，这是难以检测的，而在理论上，它也非常复杂，难以进行预测。一个表面上设计良好的混响器可能在经历了几秒或几分钟以后不可思议地突然暴增，所以一个常见的安全设计措施是随着混响的逐渐消失而削弱反馈路径。混响时间是这样定义的：混响从其最初的反射声强度衰落 60 dB 所花费的时间。一个好的设计不应该对声音产生过多的染色，这意味着反馈路径一定不能太短，否则会形成一个带有音高的效果。延时时间的最小值应该至少为混响时间的四分之一，而且延时的长度应该为质数，或者各个延时的时间长度是互质的[①]。混响的密度也很重要，混响密度太小，你将会听到单独的回声；混响密度太大，混响效果将变得浑浊嘈杂。Schroeder 建议，一个合理的混响效果需要每秒钟有 1000 个回声。如果你打开与 Pd 一起安装的 extra 目录，你会看到由 Miller Puckette 编写的三个很不错的混响抽象：`rev1~`、`rev2~` 和 `rev3~`。

---

① 若一组整数除了 1 以外没有其他公约数，则称这些数是互质的。

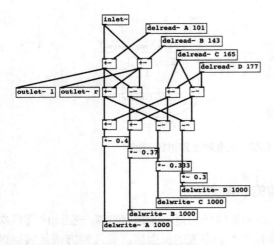

图 14.28   循环型 Schroeder 混响效果器

14.5   练习

练习 1

创建下列效果中的任何一个：

- 吉他的颤音效果。
- 多级相位效果。
- 多抽头的并且与乐曲速度同步的延时器。
- 高质量的人声混响。

练习 2

创建一个音序器，完成下列要求中的任意两个：

- 分层级的结构。
- 微音程的校音音阶。
- 复合节奏。
- 能够加载和保存所构建的作品。

练习 3

设计并实现一个调音台，至少具备下述功能中的三个：

- MIDI 或 OSC 参数自动化。
- 可以对推子和声像定位器的控制规律进行切换。
- 环绕声声像定位（比如 5.1、四声道）。
- 效果发送和返回母线。
- 准确的信号电平监听。
- 编组母线和静音编组。
- 场景保存和回调。

练习 4

论文：研究 Pd 中的数据结构。图形化的表示方式在哪些方面有助于作品的编写？ Pd 中的图形表示有哪些局限？一般来说，用视觉化的方式表达音乐和声音信号时会遇到哪些挑战？

14.6   致谢

我要感谢 Frank Barknecht、Steffen Juul、Marius Schebella、Joan Hiscock、Philippe-Aubert Gauthier、Charles Henry、Cyrille Henry 和 Thomas Grill，他们为本章的编写提供了很有价值的帮助。

14.7   参考文献

[1] Case, A. (2007). *Sound FX: Unlocking the Creative Potential of Recording Studio Effects*. Focal.

Case A. 声音效果器：打开录音棚效果器创作潜力之门. Focal 出版社，2007.

[2] Gardner, W. G. (1998). "Reverberation algorithms." In M. Kahrs and K. Brandenburg (eds.), *Applications of Digital Signal Processing to Audio and Acoustics*, pp. 85–131. Kluwer.

Gardener W G. 混响算法. 数字信号处理在音频与声学中的应用. M KAHRS，K BRANDENBURG. Kluwer 出版社，1998.

[3] Izhaki, R. (2007). *Mixing Audio: Concepts, Practices, and Tools*. Focal.

Izhaki R. 音频混音：概念、实践与工具. Focal 出版社，2007.

[4] Penttinen, H., and Tikander, M. (2001). Spank the reverb. In *Reverb Algorithms: Course Report for Audio Signal Processing S-89*.128.

Penttinen H.，Tikander M. 让混响奔跑. 混响算法：音频信号处理课程报告，2001，S-89.128.

[5] Schroeder, M. R. (1962). "Natural sounding artificial reverberation." *J. Audio Eng. Soc.* 10, no. 3: 219–224.

Schroeder M. R. 声音自然的人工混响. 美国音响工程学会期刊，1962，10(3):219-214.

[6] Zoelzer, U.(2008). *Digital Audio Signal Processing*. Wiley.

Zoelzer U. 数字音频信号处理. Wiley 出版社，2008.

网络资源

http://puredata.info 是 Pure Data 主门户的网站。

http://crca.ucsd.edu 是由 Miller Puckette 提供的 Pure Data 官方文档的当前主页。

Beau Sievers "音乐合成的初学者介绍（The Amateur Gentleman's Introduction to Music Synthesis）"，是针对在 Pure Data 中进行合成器构建的介绍性在线资源。http://beausievers.com/synth/synthbasics。

http://www.musicdsp.org 是 music DSP 邮件列表存档的网站，它对源代码和各种评论进行了分类。

http://www.dafx.de 是 DAFx（数字音频效果）项目的网站，包含很多资源。

第三部分　技术

第 15 章

技术介绍

理想的工程师应该是一个杂家。他不是科学家，不是数学家，不是社会学家，也不是作家，但他可以运用这些学科的相关知识和技术来解决各种工程问题。

——N. Dougherty

15.1　声音设计的技术

这是本书的第三部分，在此之后我们将转向实践。到目前为止，我们已经探讨了声音的理论基础，包括基本的物理学、声学、心理声学以及数字信号的概念。此外，我已经介绍了 Pure Data，它是一种开发过程式音频很好的工具。在我们开始实战之前，需要了解如何把这些知识运用到声音设计上，所以需要再次提升我们的视点，进行一次更宏观的概览。

层叠式的方法

本章的所有主题都可以看作是图 15.1 中所示的最底层。有一条普遍原理：良好的设计是自顶向下完成的，然后再自底向上把它实现。在这里，我们的意思是说，最重要的导向因素来自于顶层的那些抽象的艺术上的目标。为了达到这些目标，我们需要知道要向哪里去，以及为什么要向那里去，这是声音设计中受各种艺术考虑而驱动的部分。D. Sonnenschein、T. Gibbs、W. Whittington、J. Cancellaro 和 G. Childs 等人所著的关于电影和戏剧设计方面的著作里充满了各种有趣的智慧，它能帮助你理解这个最顶层。这里我们只能用一点点篇幅来概略介绍这些基本原理。有了一套清晰的美学上和行为上的目标后，就能向着一个**模型**（**model**）进发，然后我们就可以从最基本的原理出发，自底向上地构建声音。

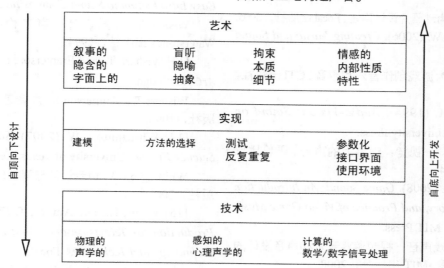

图 15.1　技术概览

最顶层定义了声音的目的、各种约束和指示，比如这个声音将被如何听到的。它是对银幕上某段叙述的一个平实的（叙事的）伴奏，还是一个有暗示作用的背景？它将用什么设备播放，是小的手持式移动设备，还是高质量的剧场环绕声声音系统？这个声音想要表达什么，是情感、能量关系、内心世界还是抽象的感觉？它与其他声音、对白、演员的动作等有何联系？

147

中间层

中间层是我们如何根据一个模型得到令人满意的最终产品的过程。实现（Implementation）是把存在于设计者头脑中的模型转变为某种现实的可听的东西的过程。接下来我们需要 **grimwa**（一本充满魔法和技巧的书），在利用模型制作真实声音的实际工作中，它会派上用场。有大量的技术能让我们用一种结构化的方式来完成一个设计。一旦理解了声音的物理和频谱部分，就能使用各种众所周知的波形整形和频谱整形方法获得我们想要的结果。在设计过程中，我们把这些称为**方法**（**method**）。有些方法将在后续章节中介绍，这些章节将按照加性、基于波表、调制、整形和粒子等各种合成方法来安排内容。这决不是所有合成方法的完整列表，但它涵盖了其他更隐秘的方法所依照的各种基本原理。

我们还需要一个能够进行实践的框架，所以，我将按照"把声音设计当作一项软件工程任务来对待"的正式流程进行介绍，并将用很短的一章对那些为虚拟现实和视频游戏而设计的声音进行介绍。

15.2　参考文献

[1] Beauchamp, R. (2005). *Designing Sound for Animation*. Focal.

Beauchamp R. 为动画片设计声音 . Focal 出版社，2005.

[2] Childs, G. W. (2006). *Creating Music and Sound for Games*. CTI.

Childs G. W. 为游戏创作音乐和声音 . CTI 出版社，2006.

[3] Chion, M. (1994). *Audio-Vision: Sound on Screen*. Columbia University Press.

Chion M. 听觉—视觉：银幕上的声音 . 哥伦比亚大学出版社，1994.

[4] Collins, K. (2008). *Game Sound: An Introduction to the History, Theory, and Practice of Video Game Music and Sound Design*. MIT Press.

Collins K. 游戏声音：视频游戏音乐和声音设计的历史、理论与实践 . MIT 出版社，2008.

[5] Gibbs, T. (2007). *The Fundamentals of Sonic Art and Sound Design*. AVA.

Gibbs T. 声音艺术与声音设计基础 . AVA 出版社，2007.

[6] Kaye, D., and LeBrecht J. (2000). *Sound and Music for the Theatre: The Art and Technique of Design*. Focal.

Kaye D.，Lebrecht J. 用于剧场的声音和音乐：设计的艺术和技术 . Focal 出版社，2000.

[7] Marks, A. (2008). *The Complete Guide to Game Audio: For Composers, Musicians, Sound Designers, Game Developers*, 2nd ed. Focal.

Marks A. 游戏音频完全指南：为作曲家、音乐家、声音设计师、游戏开发商而写 . Focal 出版社：第二版，2008.

[8] Sider, L. (ed.) (2003). *Soundscape: School of Sound Lectures 1998–2001*. Wallflower.

Sider L. 声景：声音学院讲演 1998—2001. Wallflower，2003.

[9] Sonnenschein, D. (2001). *Sound Design: The Expressive Power of Music, Voice, and Sound Effects in Cinema*. Wiese.

Sonnenschein D. 声音设计：电影中的音乐、语音和音响效果的表现力 . Wiese 出版社，2001.

[10] Viers, R. (2008). *The Sound Effects Bible: How to Create and Record Hollywood Style Sound Effects*. Wiese.

Viers R. 音响效果圣经：如何创作和录制好莱坞风格的音响效果 . Wiese 出版社，2008.

[11] Weis, B. (1985). *Film Sound: Theory and Practice*. Columbia University Press.

Weis B. 电影声音：理论与实践 . 哥伦比亚大学出版社，1985.

[12] Wishart, T. (1994). *Audible Design: A Plain and Easy Introduction to Sound Composition*. Waterstones.

Wishart T. 听觉设计：声音构成的浅显介绍 . Waterstones 出版社，1994.

[13] Wishart, T., and Emmerson, S. (1996). *On Sonic Art*. Routledge.

Wishart T.，Emmerson S. 声音艺术 . Routledge 出版社，1996.

[14] Whittington, W. (2007). *Sound Design and Science Fiction*. University of Texas Press.

Whittington W. 声音设计与科学幻想 . 德州大学出版社，2007.

[15] Wyatt, H., and Amyes, T. (2004). *Audio Post Production for Television and Film: An Introduction to Technology and Techniques*. Focal.

Wyatt H.，Amyes T. 影视音频后期制作：技术技巧介绍 . Focal 出版社，2004.

[16] Yewdall, D. L. (2007). *The Practical Art of Motion Picture Sound*. Focal.

Yewdall D. L. 电影声音实践艺术 . Focal 出版社，2007.

第 16 章

基本策略

16.1 工作方法

如何从一个声音的想法出发，最终能听到这个声音？为了获得协调相容的结果，我们能对这些源于直觉的、创造性的思维跳跃进行形式化的定形么？在一套连贯有条理的方法中，哪些是被反复使用的设计模式呢？

聆听

一个好的声音设计更多的是分析而非合成。这其中大部分是对成分进行分析式的、删繁就简的、批判式的以及语义式的聆听。要密切关注类似的声音或具有类似机制的声音。在各种模式之间建立联系，比如水花溅落与打碎玻璃的联系，或者车轮呼啸声与动物叫声的联系。

刺激

有时候需要通过练习才能让大脑工作起来，并对其进行预热，然后它才会把各种东西联系起来。有些设计者说他们喜欢花一些时间随机聆听各种声音。所有艺术家都在参与偶然或即兴的刺激，擦印画（Max Ernst）、文字联想以及随机的抽象拼贴画都是《创作过程》（Ghiselin，1952）这本好书中讨论的技巧，这本书包含了来自各个学科的众多卓越头脑所撰写的多篇短文，这些人包括 Henri Poincaré、W. B. Yeats、A. E. Housman、D. H. Lawrence、Samuel Taylor Coleridge、Max Ernst、John Dryden、Albert Einstein 等。请开发出属于你自己的心智训练，战胜那些在新项目中或刚刚启动工作时所面对的困难。

使用缩放

要充分利用在更短或更长时间尺度上的类似要素，或是那些在频率上被平移的类似要素。例如，"在土地上拖曳一个很重的麻袋"的模型在时间上被加速以后可以变成"掸子的轻轻拂拭"；而在时间上被减速以后，"划火柴"可以变成"砍树桩"，"小木棍"可以变成"重箱子"。这些都是你可以进行分析或组合的素材，无须运用那些难弄的录音方法去获取精致或难处理的声音。

改变视野

请像画家一样工作：偶尔向后退一步，看看画作的整体效果（语义式聆听）。有时候也要放大那些普通听众关注不到的非常精细的特写（成分分析式聆听）。后退一步是非常重要的，因为声音可以是诱人的、易催眠的，你很容易被某一视角所迷惑，从而失去对整体的把握。

保持感动

要想让工作保持顺畅，有时候需要把技术考虑放在一边，专注于简化的聆听，这能形成一种来自于直觉的印象。这需要通过休息来避免疲劳，花几分钟时间散散步或是喝杯茶往往可以产生奇迹。

平衡各种优先级

在工作时有三个（适度正交）轴线或维度必须要保持平衡。有人说，在任何设计领域里，都可以从好、快、省三者中任意挑选两个。问题是，你挑哪两个？太过追求完美或是太过敷衍草率都是无法承受的。这里有一些技术方面关于声音设计的等价物：

1. 计算效率
2. 开发速度
3. 美学品质

对于过程式视频游戏的声音，我要说在当前，最重要的是 1，然后是 3。我们想要快速优雅的代码，这可以有很多理由，但把 3 搞好了也能为你赢得空间，因为如果可以用更省事的方式做成某事，那么你就能更多地运用它。很大一类声音的美学品质的提高有赖于添加各式各样同时出现的声音的能力。在为电影和动画片进行离线式设计中，1 的重要性下降，而 3 的重要性则要高得多。

各种成功技术的重复利用和分享

请为各种技术和可重用元素构建一个资源库，并逐步对其进行改进。这是毋庸多言的，但永远不要害怕分享这些技术，不要相信"你得即我失"这种谬论。没有任何专业人士是一招鲜吃遍天的奇才，分享可以极大地提高你自己的方法。有时候你会发现：只有在试图用语言描述某个事物时，你才能真正理解它，并把它牢牢地固定在你的保留曲目中。

创造一个舒适的工作空间

比方说，你需要一个整洁的、井井有条的工作台。大多数数字艺术形式都需要集中精神，摆脱外界的各种干扰。与一套熟悉的系统相比，一套新的不熟悉的系统最开始会极大地降低工作速度。在转换软件包或开发环境时，你会发现在经过了一两个月的正规使用以后，才能把自己调整到先前的效率水平上。如果你要在各工作室之间来回移动，请随身携带一台笔记本电脑，装上一套你熟悉的文件系统和工具，或是创建一个在线的网络工作环境。

欢迎观点的输入

大部分情况下，你知道在什么时候某个东西才是正确的，你能够对它作出最好的判断。但是，声音可以产生令人惊奇的主观的反作用和曲解。一有机会你就应该搜寻来自其他人的意见，这本身是件很困难的任务，你需要在不经意间完成它。大多数人都很喜欢给出鼓励而非客观的批评，即便对某一强烈的观点有深深的感触，他们通常也不愿意冒险把它提出来。这个问题的另一面是要保持自信和洞察力，当你内心清楚某件事是正确的时候，你甚至要忽略别人的建议。

16.2   软件工程方法

我过去曾经试图对声音设计的过程给出严格精确的解释，但我失败了。这些解释最终总是些个人的、逸闻趣事式的理由。声音设计是一个难以用语言描述的过程。随后我做了件自己最得意的事情，就是把这个过程放到了一个框架中，这个框架以Sommerville(2004)书中的那种来自于传统软件工程的方法为大致的基础。这是一个艰苦的过程，时间长了

以后，你会在不知不觉中按这种过程来进行工作，但它却是一个值得推荐的东西，因为如果遵照这种方法进行工作，你就总能获得让人满意的结果。使用软件工程的方法进行设计是很有意思的，因为在某种程度上我们正在制作的就是一些软件资产。过去，所有程序都是用一种随意即兴的方式编制的。当然，由那些有创造力的人完成的优秀工作必然会带有源于直觉的各种跳跃，这是毋庸置疑的。用一种结构化的、符合逻辑的方法进行代码编写或声音设计是理想的，但不幸的是它仅存在于虚构中，不过让我们先在这种幻想中纵横驰骋一会儿。我们将在后面章节中对每个部分进行详细讨论，但现在先把这些要点整理成一个简短的列表并对其进行一些简要的解释。其图形表示如图16.1所示，以下是各个步骤：

1. 生命周期
2. 需求分析
3. 研究和收集
4. 模型构建
5. 方法分析
6. 实现
7. 整合
8. 测试与返工
9. 维护

结构化方法概述

生命周期

所有设计都有一个生命周期，从需求的提出开始，到获得一个具有有限生命的令人满意的解决方案为止。中间的各个阶段可以相互交叠，就像在所谓的**瀑布模型（waterfall model）**中那样，但通常每个阶段都必须完工以后才能开始下一个阶段。

需求分析

生命周期始于对各种需求的详细描述。剧本、经过剪辑的电影或游戏策划将呈现出需要哪些东西。你在进行下一步动作之前必须仔细研读并弄清楚这些需求。

研究

需求中提出的各种规格说明都不会特别深入。接下来这一步要把它解拆成块，并把研究引向对每个部分获取详细具体的信息。这可能需要对各种文档进行收集或对各种数据进行分析。

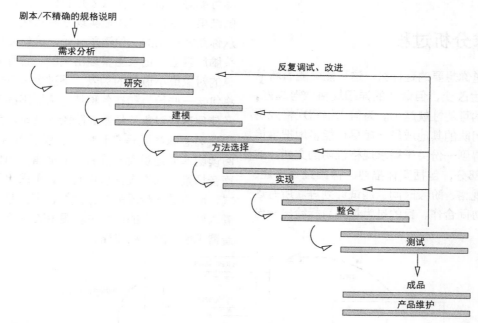

图 16.1 开发声音对象的阶段

模型构建

这相当于画出一张地图以及各个路标，或是为整个问题拟定一幅流程图。你现在仍旧无须了解具体的实现细节。这个模型是对一个物体或一组物体的一种定义，能反映出需求分析中呈现的所有行为，并为每种行为列出符合规则的输出结果。

方法分析

这是创建声音算法的阶段。它把模型映射到具体实现中，而这个具体实现通常由一组现成的方法组成。在软件工程中，它们就是各种设计模式。在过程式声音设计中，它们是处理链中的各个DSP（数字信号处理）模块，比如"单边带调制器"或"动态共振峰滤波器"。现在仍旧不用对如何实现进行详细说明，所以这个模型可以在各种不同的DSP系统或编程语言之间进行移植。有时候我们会用框图来表述一个模型。

实现

实现是把各个单元发生器、预先设计好的滤波器以及控制逻辑组接起来真正构建出这个声音对象。实现将最终产生一个可运行的代码，接收一组输入数据，并产生音频作为输出。

整合

接下来，把我们的媒体放入到这个成品中。这一过程可以采取多种形式。比如可以在数字音频工作站中为各个声音对象创建实例，把它们录成多轨。在游戏演示版中用EDL（剪辑决定单）、MIDI数据、Lua或Python脚本触发它们，或是把代码嵌入到其他运行对象中。这些工作甚至可以由另外一个完全不同的团队来处理，但即使你不直接参与整合工作，也至少应该知道在这一步骤中会遇到哪些挑战。

测试与返工

在这里，对实现所达到的性能与对它的希望进行衡量。几乎很少有合成声音设计师能从概念模型出发一下子就得到令人满意的结果。各种接线图通常要经过调整和改进。随着你在声音合成方面有了更多的知识和经验，开发所花费的时间会越来越短。因为很少能第一次就做出正确的实现，所以这个阶段实际上可能要重做先前的任何一个或是所有阶段。在最坏的情况下，这可能意味着要一直退回到研究或需求阶段。在最好的情况下，可能仅仅需要对一些具体的实现细节进行很少地调整。

维护

一旦把这个产品发布出去，你就可能被要求对其进行重访。电影或音乐专辑可能被重新混音，游戏可能需要附加包或补丁，或是使用老素材的一个续篇。装置可能要根据公众的反馈意见进行扩展或重新设计。此时，有了清晰注释的代码和模块化的设计策略将会为你带来补偿。

16.3　需求分析过程

首先要知道你想要的是什么。这可能会随着新信息的出现而发生改变，但最初的详细规格做得越好，日后做无用功的可能性就越小。为需求编写规格说明能让你与制作团队的其他成员一起尽可能多地把事情搞清楚，最终得到一份关于需求规格说明的文档。这份文档有很多部分，包括实体描述、详细过程描述、阶段里程碑、规格、阶段时间、测试计划等。所有这些因素在一起协同合作，目的是为最终目标给出一份

尽可能好的描述。什么才是我们一致认可的令人满意的结果，以及如何才能实现它呢？这个过程通常都是从你获得最初的一份清单开始，这份清单是从剧本或头脑风暴会议记录里整理出来的。它可能就是一份简单的对象或小道具的列表，不过更有可能的是，它还将包含一些行为和在各种特定情形下的使用方式，以及使用这些对象的场景或阶段的清单。为这份清单充实血肉意味着要提各种问题、观看各种模型和角色、阅读剧本或是观看一段影片的剪辑并想象其中涉及的声音场景。我们应该意识到，如果采用了平行制作方式，而不是逐阶段的制作方式，那么整个团队也都将卷入到一个动态的过程中。图 16.2 所示为开发一个声音需求所需的详细流程。

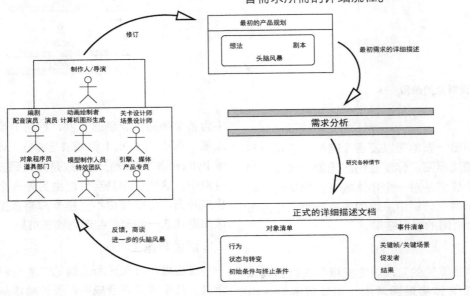

图 16.2　开发一个声音需求详细的描述过程

达成一致看法

在此阶段会有大量的修订、商谈和讨论，所以不要过早地钟情于任何具体的想法。你希望放到需求详细描述文档中的是一份清单，里面包括所有对象及其各种用法、关键场景以及角色塑造的美学指导。例如，在一个场景描述中有一架飞机从头顶飞过，你可能想知道飞机以什么样的速度飞过？飞机在画面中出现了吗？它的飞行高度是多少？这是什么类型的飞机，是客机还是战斗机？它花了多长时间从头顶飞过？对于一个游戏来说，需要对可能出现的行为进行比这多得多的了解。玩家可以驾驶它飞行吗？在飞机座舱内需要有声音吗？如果飞机被击落，需要有引擎失灵的声音吗？可以从哪些不同的位置观察这架飞机？只是从远处观察，还是要靠近起降跑道观察？这

个列表还可以继续写下去……事实上，对于每个对象可能都有上百个条目需要处理，而整个项目里可能有成百上千个这样的对象。同时，团队里的其他成员也都要做他们自己的场景和对象，并应试图达到一种相互内聚的一致。要预计到将有各种变化和扩展，并在你一路前行的过程中尽量填补任何空白。

需求规格说明的文档

需求分析意味着不但要进行前文刚刚描述的过程，而且还要根据磋商的结果写出一份文档，通常称其为**规格说明**（spec）或**产品规划**（**production plan**）。在历史上，规格说明是一份沉重的纸质文档，但在现代制作中，它已经被完全电子化了，采用数据库的形式来产生代码模板和占位符文件。其他文档**视**

图（view）可以由此生成，比如剪辑决定单或现场录音操作指南。这个数据库是一种交互式的资源管理系统，所以，大块的工作可以在完成以后被"简略描述"，这能为项目管理者提供一个快速的纵览。

编写需求规格说明

场景描述符是有用的。场景是在某个活动范围内的全体实体以及可能发生的所有动作的列表。它可以是开放式的（由玩家驱动），也可以是由脚本描述的。这些场景可以用矩阵进行穷举，有时候把这称为**实体—动作模型**（entity-action model）。定义一个描述的任何脚本都是非常有用的，不管它是固定的还是程序性的。有一些声音动作会被脚本所遗漏，这是无法避免的，但一个好的声音设计师可以从一份条理分明的脚本中推断出应该有哪些声音事件以及各种相互作用。在定义这些声音时，请使用参考点和原型、类似声音的例子、明确具体的库标题或是对声音的书面描述。

占位符与依恋

对于尚未成型的产品，各个资源槽将被各种声音所填充。对于一条音乐音轨来说，这可能是从一个资源库中临时找到的一段循环节奏，日后将用真鼓手的演奏来替换它；或者一段能够适合某一场景情绪的音乐可能被用在电影中。使用占位符的危险是人们可能会变得很依恋它们，这可能会对产品的制作产生负面影响。最糟糕的是，除非是在大型项目中使用严苛的数据管理，否则占位符可能会渗入到最终产品中，并引起可怕的关于版权的法律问题。始终要对那些作为占位使用的非原创素材进行彻底地标记。关于占位用的素材，有一个很不错的技巧，那就是刻意地把它们搞得难听一些。这将作为一个持续不断的提醒和激励，让你至少会用原创素材的原型来充实你的作品。产生依恋心理的另一个问题是你正在掠夺自己，因为你投入了很多努力。我确信，我们都曾与这种谬论发生过冲突。一个人在为某一问题进行长时间努力以后仍旧得不到好结果时，会不情愿地为解决这个问题作出任何大胆的、自发的举动。有时候，唯一的答案就是把它扔掉从头再来。最终，这将会节省所需的时间。

目标媒体

一份优质的需求规格说明会对目标媒体做出适当的解释，让你能够充分利用现有的各种能力，比如5.1 环绕声和 EAX 定位。各种移动设备只带有小音箱或耳机，它们只有有限的频率和动态范围，由此带来的种种局限应被强调指出来。实际上这一事项适合放在整合阶段，但对最终目标能力有一些提前的了解意味着你能够决定使用哪些素材。最好的策略是一直使用最高等级质量的，直到需要进行数据压缩或是降低代码的采样速率为止。如今的产品常常会交叉出现在各种媒体格式中。游戏变成了电影，广播剧变成了电视片或有声读物。为交叉格式的节目工作意味着要为各种选项保留可能性。请始终保存好原始的高质量素材，以备不时之需，这能让你避免完全从头再把整个过程重复一遍。目标可以扩展到对于受众的了解，对于聆听环境（在机场的休息室、在家中或是在汽车里）的了解等。

16.4 研究

在研究阶段，你可能想对将要设计的声音收集尽可能多的关于适用性、准确性和可靠性的信息。不过，首先从技术上说，你可能需要与市场研究人员一起工作以便更好地了解受众，或是与团队的其他成员一起工作从而完全了解各个角色和物品。动作类和冒险类的项目往往会把精力集中在各种武器和车辆的真实性与威力上。纪录片和教育类项目很显然需要进行全面深入的调查研究，仅仅因为听上去没啥问题就在某部关于狮子野生生活的纪录片中使用一些老虎的声音，这是万万不可的！肯定会有一些观众恰好是大型猫科动物方面的专家。另外，如果这是一个儿童动画片的项目，那你很可能会蒙混过关。研究阶段最终得到的是所有必需的素材，这些素材用来对声音进行恰当地录制、指出能在哪个素材库中找到这个声音，或是用来构建一个合成模型。

报刊、书籍、电视纪录片

黄条蟾蜍是如何发出声音的？家蝇拍打翅膀的速率是多少？聚碳酸酯的弹性模量是多少？在设计声音的时候，这类问题会时不时来骚扰你。通过图书馆、互联网、科技期刊、书本或纪录片来找到问题的答案。

原理图与平面图

如果能拿到你正在建模的东西的一些图表，那将会很有用，这些图表可能来自维修手册，或是你想要建模的声学空间的建筑平面图。对于飞机引擎，如果给我详细的图纸，我就能计算出燃烧室可能存在的各个共振。如果你没有图纸但能直接拿到这些对象实物，那么简单地丈量各个间距将会有帮助。

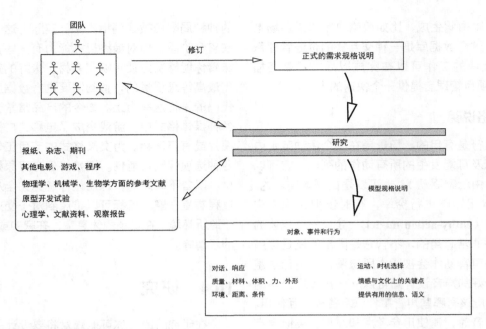

图 16.3　研究阶段：为构建模型做准备

解析式的、局部的录音

通常的录音主要考虑的是获得一个完成的作品。话筒被摆放在能够全方位获取目标声音最佳效果的位置上。在解析式录音中，我们想要获取声音中的各个成分，以及能够帮助我们理解这个过程的任何有用的声音信息。这需要进行更多地筹划，比如，在为一台引擎录音时，你可能想集中精力在排气管、发动机架、冷却风扇以及其他日后将被混合在一起的元素身上，从而获得多种视角和距离的组合。如果你能够把一些元素成分单独隔离出来，反而更好。例如在铁路场站，能录到车轮在铁轨上的声音，而且没有引擎声音的干扰。请为这个对象尽可能多的特征、部件进行录音，比如各种按钮、各种控制杆、各种门等。

冲激和测试激励

飞机引擎的例子展示了另一种有用的技巧。大多数飞机引擎都有一个内置的火花隙作为火源。一个火花可以产生非常短的冲激，它能通过混响展现出一个空间声学的特征，由此能得到一个冲激响应。在没有其他声音的时候点燃这个点火火花隙，这将为我们提供引擎燃烧室的一个快照[1]，当然，这是一种不常见的情况。大多数东西的内部并没有一个几乎完美的冲激

源，所以你必须带着自己的冲激源。小型的气体点火器或用在某些声控玩具中的 "clacker（噼啪作响器）" 是有用的，这对于获取车辆内部或类似空间的特征是极好的。其他时候，你只是想简单地轻拍一个刚体来对它的材料构成和撞击声有一个印象。不管是冲激源，还是你用来敲打出激励的物体，重要的是要一直使用**同一个**东西来操作。使用带有塑料头的鼓槌是很理想的，因为它具有合理的重量，也很容易进行替换，而且还不会把东西敲坏或是把表面敲得凹陷。

物理拆解

有时候，为了深入物体内部录制声音，除了物理拆解以外别无他法。如果你能把激励源与外壳的共振相互隔离开，那将是极具启迪作用的。例如，闹钟的例子说明了该声音的很大一部分来自于钟表的外壳，它放大了钟表机械结构的声音。钟表内部的机械结构只产生了一个非常安静且复杂的声音，这个声音被外壳隐藏。把钟表拆开并在运转着的内部机械机构上安放一支接触式话筒，这时只有齿轮的声音，它与装配好的钟表所发出声音完全不同。轻拍外壳能得到安装钟表机械结构的空间的一个响应。采用卷积方法可以对各种声源和受激体进行杂交，比如在祖父的座钟的大型木质外壳里使用一块小手表的走时机构，产生出第三个假想的物体："祖父的手表"。

---

[1]　在有可燃气体存在的任何情况下，都要非常谨慎小心地使用火花冲激源。请记住，很多这类气体都要比空气重，它们可能聚集在该空间的底部。

16.5 创建一个模型

我们的模型是介于真实物体及其过程化对应物之间的中间阶段的一部分。这个模型仅存在于设计者的头脑中，不过用纸笔绘出草图有助于对其进行公式化的明确表达，这是对该物体各种属性和行为的一种简化。例如，一个汽车模型告诉我们在其内部有一个与排气管相连的四缸内燃机，还有一个与四条橡胶轮胎相连的传动轴，另外还有离合器、刹车、外壳、风挡玻璃等。该模型还规定了一套动作，比如启动引擎、加快引擎转速、换挡、向前行驶、刹车，也许还有在路面上打滑从而让轮胎产生出尖锐的摩擦声。该模型还提供了各个子系统（这些子系统本身也可以被看成是对象模型）之间的相互关系，比如各个车门可以打开，也可以砰地关上。

模型抽象

模型包含了关于某物是什么以及它在真实世界中如何动作的陈述性知识。本质上，它并没有告诉我们如何合成一个声音，除非我们为每样东西都一对一地构建了完善的物理模型。用这种方式解决声音合成问题——即仅使用陈述性知识来制作一个模型——是可能的，但这个工作会耗费大量的计算能力。而且，也没有看上去那么有用，因为我们最终需要非常多的控制数据。如前面章节透露出来的那样，建模的过程牵扯到对该对象进行组成元素分析与系统分析，实现对该对象的解拆。它也需要进行简化、数据缩减，从而剔除繁缛，只留下最本质的骨架。我们得到的是一套最精简的参数化控制或对象方法，它能捕获这个发声物体在预期用途下的动作。

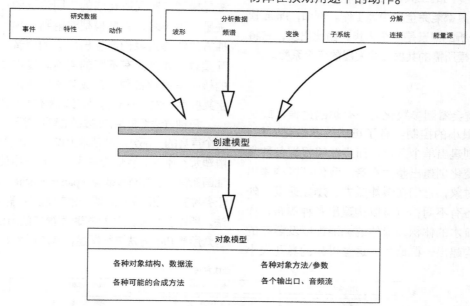

图 16.4 建模阶段：构建一个对象模型

16.6 分析

构建一个模型可能需要一些分析。在这个阶段我们要研究各种真实的声音，这些声音也许是通过分析式录音收集到的。这种分析可能就是一个简单的非正式分析：**用耳朵来分析**，比如搞清楚音符的节奏等。不过，通常你可能想运用不同的软件工具来做这项工作。我们已经在前面章节中提到了声音信号的各种表示方式，所以接下来将扼要重述这些表示方法是如何帮助我们进行分析的。

波形分析

在一个波形编辑器中观察声音可以为有经验的设计者揭示出很多信息。是否存在一个与过压有关的很大的直流分量？起音部分与声音主体部分之间的比率是多少？声音里面有明显的周期性特征么——比如相位的周期性变化（这可能意味着有两个声源或是存在反射）？

频谱分析

我们知道声音是由很多相互独立的频率成分构成的，这些频率成分存在于一个持续变化的频谱中。通过观察各种真实声音的频谱，我们可以试着制作出一些类似的新声音来。瀑布图和频谱快照能帮助我们搞清楚各个频率随时间进行的演化。通过**肉眼观察**频谱的演化或是仔细分析声谱图上的各条谱线轨迹，也有可能实现对各种声音特征进行分组。

物理分析

如果能够清楚地了解一个真实模型或假想的材料模型内部所发生的各种力和运动,那么我们就能尝试着仿真出那些将会被产生出来的声波。这可能涉及利用经过简化的各个模型组成成分推演出数学方程,比如平板、波束、球面或被拉伸的表皮等。这些方程让我们能够通过尺寸、形状和材质计算出声音的基频或各次谐波。

运算分析

一个运算符能把两个东西结合起来,产生另外一个东西。运算分析是把声音拆解成一组变换,这些变换把物理模型、频谱模型和波形特征模型结合在一起。这可以被看作是把该模型拆分成一系列激励器、共振器和反馈回路。有一些专门的工具能帮助我们完成这一步,但并非所有这类工具都能完全自由地工作。例如,Praat 软件包就假定被分析的声音是一个人声,由此出发,它将给出为该人声建模所需的共振峰滤波器的各个系数。

模型参数化

很快我们就会看到参数化这一有趣的过程,或是如何选取一套最小的控制。有了正确的参数化以后,我们不仅能够创建出单个声音,而且能够根据各种实用的特性曲线变化创建出整类声音。我们可以构建出各种"爆炸"对象,它们在爆炸威力、爆轰速度、外壳材料等方面各有不同;也可以构建出各种瀑布,详细规定出每秒流水的体积、流体的黏滞性以及瀑布的高度;还可以构建出一群母牛,这些母牛的鼻孔大小

和肺活量都是可调的。这能解决当前以及未来声音设计中遇到的很多问题。最有趣的是,它能允许对实时合成出来的声音进行动态的参数化,这对于那些基于物理数据的游戏和动画是特别有用的。

16.7　方法

类比一下,你是一名艺术家,刚被委任为金(the King)制作一件礼物。你已经完成了所有研究工作,并且在头脑中有了一个极其详细且复杂的模型:步态、体态、笑容、小小的瑕疵等所有这些都体现在他的那把 Gilbson Super 400 吉他的琴弦上。但你仍旧没有决定到底是用雕塑还是用绘画的形式来表现。而且,雕塑是用青铜还是用大理石,绘画是用油墨还是水彩?方法是模型与实现所构成的三明治里的那个中间层。方法是一种技术,它把模型映射到一种实现中。没有哪种方法能够为我们产生出所有的声音。各种方法会相互重叠,并且具有不同的用途。过程式声音设计实践的核心是理解各种"合成算法"并知道它们是如何产生某些声音的。这也是本书试图传授的最重要的部分。

每种方法都是某种形式的捷径或近似,可以用来实现一个声音的一部分。从艺术上说,声音设计并不像绘画或雕塑那么刚性。我们会在同一个创作中使用青铜、黏土、油画颜料、铁丝网和**纸型(papier mache)**等所有材料。对于各种实时应用来说,唯一的规则是:需要使用高效的方法,所以我们要关注那些速度很快的方法。下面将对一些众所周知的方法进行概述,其流程图如图 16.5 所示。

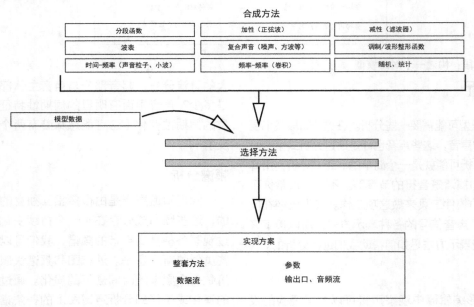

图 16.5　选择恰当的方法

分段函数

有时候，我们不知道如何用一种优雅精妙的方法获得结果，所以就采用了粗暴野蛮的方法，这将忽略所有细微之处，比如资源或时间的效率。在分段近似中，我们查看一个声音的波形或频谱，然后逐段创建出能够生成同样数据的各个函数。这种方法缺乏对问题更深入的本质的了解，只是"似乎能奏效"。对波形进行直接或分段的时域近似是非常精细的且不易处理的工作。对频谱进行分段构建也是类似的——它更抽象一些，但也很不容易。其实这是很笨拙很幼稚的方法，只能局限在短小的声音上，在没有其他模型可用的时候，这些方法偶尔也是有用的。在警笛练习中，你会看到分段方法的一个例子。我们只观察时域波形，并找出一些函数来描绘出波形形状，并不关心更深入的理解。

纯加性方式

这是一种构成派的设计方法。构建时采用的原子单元是一个**单频**（**single frequency**）。我们使用叠加的方法把多个振荡器加总起来，根据定义，每个振荡器都是一个正弦或余弦波，具有一个频率和相位。每个波都有一个开始时间和结束时间（使其与其他波相互分开），同时还有自己的包络控制来改变响度，所以并非每时每刻都会把每个频率呈现出来。加性方式的一个缺点是需要创建很多单独的振荡器和包络控制。这种方式的典型应用是在铸造的刚性物体上，这些物体具有一定程度的、受到一些明确限制的频谱涌动。

混合式的加性方式

我们不把正弦波加起来，而是把更为复杂的非初等波形（比如锯齿波、三角波、方波、脉冲波和噪声）加起来。在早期模拟音乐合成器中这种方法很常见，比如 Moog、Korg 和 Roland 推出的各种设备。很大一部分在音乐上有用的声音都可以仅仅通过混合三四种初等波形来制作，但通过丰富调色板中的波形种类并使用比音乐合成器更为精细的控制系统，这种技术可以被扩展到合成的一般情形中。这种方法的优势是简单而且性价比高，但用它能制作的声音是有限的。

波表方式

波表（**wavetable**）合成是与此类似的方法。波表合成不是使用少数一些简单的周波，而是使用范围很广的各种复杂的波形——这些波形是从真实录音中提取出来的，并且会对这些波形进行交叉淡化或层叠。这种方法是 20 世纪 90 年代很多音乐合成器的核心，比如 PPG、Roland 的 JV1080 和 Korg 的波形工作站。它也使用了一些粗暴野蛮的分段方法，因为我们只能通过把现有的各个声音块结合在一起来创建声音，这样也只能得到范围有限的声音。这种方法对于内存的需求很大，因为它需要存储各种波表，所以丧失了真正的过程式声音的很多优势。

减性方式

对于**减性合成**（**subtractive synthesis**），可以用雕塑来比喻：从一块大理石开始，"移除不属于 David 的所有东西"，这块大理石就是白噪声。我们使用滤波器剔除不想要的东西，把想要的东西留下来成为一块宽阔的草图。也许把这种方法称为**选择性合成**（**selective synthesis**）更为合适，即用一块可伸缩的大理石对雕塑这个比喻进行扩展。在需要的地方可以通过提升一些频率来创建一些额外的内容——即拉伸这块大理石。为了用这种方式进行塑造，需要使用各种谐振滤波器，它们可以提升某些频率，也可以衰减某些频率。当然，对于一个声音信号来说，这些都是相互关联的，因为提升一个频率就等于衰减了所有其他频率。重要的是要把这种比喻记在心中，因为减性合成与雕塑一样，是一个**揭示**（**revealing**）过程。如果那块原始的大理石容纳不下 David（因为石块太小了，或者像瑞士奶酪那样有很多孔洞），那么我们就无法把他展现出来。对于所有实际的白噪声源来说都是这样，因为在任意时刻这些真实的白噪声都仅包含有限数量的频率成分。

非线性方式

"做模型用的黏土"可以很好地比喻非线性方法。从一个单一频率或一组频率开始，我们对其进行失真和整形。对一个波形进行失真将会添加或移除一些频率。虽然它是介于加性和减性方式之间的一种方式，但它的概念要比这两者更难理解。实现非线性的两种常用方式是**调制**（**modulation**）和**波形整形**（**waveshaping**），可以证明这两者是等价的。某种程度上能用可缩放的矢量图程序来做类比，这些程序使用一组基本的函数或基元（比如圆形、方形、线段）以及一组在空间上能够对它们进行扭曲失真的变换来构建图像。非线性方式的优势在于构建那些在频谱上存在大量涌动的声音，比如音乐上的铜管乐器和弦乐器，以及具有复杂铸造外壳的物体（比如钟和其他金属物体）。

粒子方式

加性方式是在频域中进行构建，分段近似方式是在时域中进行构建，粒子合成则是在**时间—频率域**（**time-frequency domain**）上进行构建的。我们把成千上万的声音**粒子**（**grain**）复合在一起，每个粒子本身非常短，只包含一个具有若干频率成分的短小脉冲。各个粒子及其频率的分布创建出了一个新的声音，它们的分布可能很稀疏，也可能非常密集（此时也许会出现一些交叠）。粒子方法的优势在于声音材质的制作方面，比如水、火、风、雨、人群、羊群、蜂群以及任何由多个声源一起动作所构成的声音。它的缺陷是计算量很大，并且缺乏精确度。

物理方式

物理方式试图使用延时或有限数量的模型对声能在一个系统中的传播、共振和阻尼进行建模。我们把各个素材和连接当作滤波器，并且遵循能量在这个系统中从声源到听者的流动路径。这种方式的优势在于可以很容易地在最高的层面上进行理解，因为在软件过程与物理成分之间有直接的对应关系。纯物理建模的缺陷是计算代价很大，并且有潜在的不稳定性，此外对于延时缓存器要使用内存。

16.8 实现

各种方法都有**实现**（**implementation**），这是看待声音的最底层且从计算角度上来说最简单的方法。实现就是各种具体的细节，比如乘法除法、余弦函数、信号处理的基本算术和三角运算等。这些实现把各种对象（其中一些是"最基本的原子"）组合起来构成更为复杂的结构。你可以构建各种函数或抽象来实现更为基本的 DSP 方法，并把它们组合起来构成更大的系统。在数据流图中，这是通过连接来完成的，而在其他语言中，这是通过形成语句和函数流来完成的。声音对象的实现细节如图 16.6 所示。

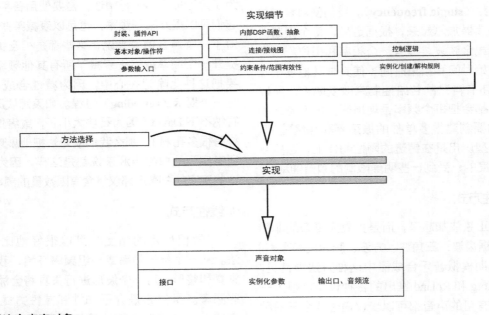

图 16.6 实现这个声音对象

封装

作为声音对象设计师，最终目的是想为游戏声音或其他多媒体平台导出插件和代码组件。让实现保持开放和独立是使代码保持轻便可移植的一个有用的策略。如果有可能的话，用不同的语言进行听觉实现，并进行试验。尝试使用 Supercollider、Csound、Chuck 或其他框架来实现本书中的各个练习，以便强化这样的概念：方法和模型可以独立于具体的实现细节（比如编程语言或开发环境）而工作得很好。Dan Stowell（2009）已经把本书中的一些实践翻译成了 Supercollider 代码。

内部控制

在没有提供自动实例化和垃圾回收的开发环境

中，需要做一些工作来确保这些对象能够得到正确的创建和析构。要关注默认的创建参数，要对创建和运行时的各个参数进行范围检查，要注意通过关闭不使用的 DSP 数据流让计算代价降到最低。在 Pure Data 中，你可以使用 switch~ 来实现这个目的。

接口

你想让一套滑块作为虚拟的推子，还是让它们受控于一个 MIDI 控制盒？你想使用 Lua 脚本或 OSC 协议来控制这个对象吗？它是用于展览或艺术装置的一个独立运行的应用程序吗？一个声音对象的顶层综览就是我们提供的用来编程的所有东西。对于嵌入式对象，这是一套公有类（public-class）方法。它应该是一套干净整齐的经过正确缩放的参数，能用最少的参数提供最宽范围的有目的的控制。不管是用一个游戏引擎来运行声音对象，还是用一把 MIDI 小提琴来演奏这个声音对象，搭建一个接口层都应该被看作是构建一个声音对象的一部分。

16.9　参数化

参数化是做出好的设计所需要考虑的一个专门话题。同样，它不但借鉴了传统软件工程中的一些内容，而且也借鉴了设计合成器和声音的很多实际经验。这不是一个单独的步骤，而是在每个设计过程中始终要牢记在心的一种理念。你无法把好的参数化作为事后补记加到你的作品中。

去耦合

从合成结构中把控制结构解拆出来，这是一个重要的概念。如果我们把一架钢琴想象为一台合成器，那么钢琴演奏者和乐谱就是控制机构。通过替换演奏者或乐谱，同一架钢琴可以演奏任何数量的音乐作品。同样，我们也想要设计的声音既取决于馈送给它的数据有多少，也同样取决于产生实际波形的信号处理程序。通常很难界定合成（实现）与演奏（控制）之间的具体界线在哪里。有时候在完成了一台合成器的构建以后，我们会发现该合成器中的某些部分与 DSP 并没有非常紧密地耦合起来，此时必须把这些部分转移到控制程序或是演奏者那边。另外一些时候，我们发现这个界面太复杂了，或是有一些多余的控制可以被整合回 DSP 那边。但是通常，如果我们死盯这个问题并提前进行一些思考，就能很明显地看出这个界线，从而能够定义出一个清晰的接口。这种方法也

适用于设计内部，即用在构成该实现所用的各个对象之间。每个部分都应该有一个清晰的且定义分明的角色，而且不会卷入相邻部分所负责的领域。在软件工程中，我们把它称为适当的**内聚度**（cohesion）。

正交性与参数空间

让我们思考一下独立参数与相互依赖参数的概念。有时候，我们足够幸运或足够聪明，发现已经构建出来的东西恰好让每个旋钮和控制都具有一个独一无二且定义明确的目的。其他时候，我们要面对这样一组控制：所有这些控制似乎都会以某种方式彼此进行着改变。驾驶飞机与驾驶直升机之间的区别就是一个很好的例子。驾驶直升机要困难得多，因为它的各种控制是相互影响的。如果两个参数可以在某个空间中被表示成相互分离且垂直的不同维度，那么这两个参数就被称为是**正交的**。例如，在三维中，我们有一个参照系，它指出了上—下、左—右和前—后三个方向，通常用 x、y、z 来表示它们。在这个空间中可以有一个矢量，比如说它就是 x、y 轴的对角线。想象有一个游戏杆用来控制一个平面中的两个参数，沿着这条对角线移动能同时影响两个参数。如果我们用一个单一的滑块来替代对角线移动，那么就得到了相互依赖性，因为现在不能仅改变参数 x 而不改变参数 y。有两件事是我们通常想要做的，第一件事是把相互依赖的参数分隔开，这样我们就能单独改变它们了，另一件事是把多个参数折叠成一个单一参数，从而减少控制的数量。通常我们构建出的合成器有大量的参数，多到无法控制，我们发现这些参数中有很多都是多余的。如果把这些参数看作是一个定义了的空间——类似于三维的 x、y、z 空间，只不过现在的维数更多，那么我们说：**有用的**参数空间要比这个总参数空间更小。

参数空间的效率

当研究钟声的加性合成，以及用调制方法研究鸟声时，我们会看到两个截然相反的例子。第一个例子需要大量的参数，但也只能产生出很少几种颇为相似的声音。后一个例子则只用了几个参数，但却能产生出数量众多且差异很大的声音。当一个模型及其实现能提供一个高效的参数空间时，这个模型及实现是好用的，我们说这个设计很好地**抓住了**这个声音。

因数分解／塌缩

现在用航空飞行做个类比，你可能听说过：“有

老飞行员，也有勇敢的飞行员，但没有既老又勇敢的飞行员"。年龄与勇气构成的参数空间有一个互斥区域，年龄与勇气的乘积是一个常数。把一个大参数空间缩减为一套数量较少但却更有用的控制参数与此非常类似。它涉及剔除参数之间没有任何意义的组合。比如说我们有一个用于假想过程（比如刚体碰撞）的模型，这个模型有三个参数：起音时间、衰减时间以及滤波器的频率。但我们注意到，我们感兴趣的所有声音都会把这些参数合并成所有可能组合的一个子集（子空间）。当起音时间很剧烈时，衰减时间就会很长，滤波器频率也会更高。似乎永远不会有"剧烈的起音搭配较低的滤波器频率以及较短衰减"的情况。如果我们能找到三个函数把一个单一参数［我们称这个参数为**冲击能（impact energy）**］映射到另外三个参数上，那么我们就能对这个空间进行塌缩，降低这个接口的复杂度。最终得到一个参数，它能够捕获我们想要的全部行为。

16.10　实践与心理学

上述过程描述的是理想状态。这是一个完美的工作链条，假设了每样东西都按照一个整洁的顺序依次进行，并且我们始终都能在第一次就把每样东西做对，因此每个步骤只需要做一遍。在现实中，设计需要反复进行多次，而且并非所有的步骤都会按照一个精美的顺序进行，分析始终在合成之前进行。每一次动手处理一个新声音时，我们都会为了把这个声音解构成各个基本的物理产生机制而提出很多问题。有了这些准备，我们会试图把已知的各种合成技巧或方法套用在它们身上，这些技巧方法可以高效地模拟物理行为，同时提供各种有用的控制。最终，我们将在其上构建一个行为抽象层用于控制。在现实生活中，每一步都将是不完美的，需要对分析、模型、方法和实现进行一遍又一遍地修正。这可以被看作是一个循环，设计师居于这个循环的中心位置，对这一圈工作的所有部分之间试图进行平衡。描述这一过程的更现代的软件工程实践被称为"敏捷开发"，即对于设计中较小的各个块进行快速反复的迭代，并对设计文档进行频繁更新。有句格言说得好："早失败，常失败。"请不要在没有测试的情况下就进行太多的设计。

设计流程

回到绘画那个类比上：画家如何开始动手创作一幅新画作呢？在**静物习作**中，一碗水果放在了桌子上，画家要把它忠实地复制出来，或者请一位人物模特摆几个造型来激发灵感。另外一些时候，画家仅仅是有一些想象，但仍旧会把各种物体拿到画室进行研究，或是到街上散步，同时观察人群的着装和举止。你可能已经看到了这与声音设计之间有很多关联，让我们再把这个类比清晰地陈述出来。像画家一样，声音艺术家也有一块画布，但这块画布上并没有绘画的笔迹，而是有各种各样的对象、数据表格和一行行的计算机代码。为了看到这块画布，需要审听当前的实现。假设我们得到的结果并不足够好，那么工作尚未完成。我们需要对当前的结果与最终的目标进行比较，这个目标可以是想象中的某个东西，也可以是具体的实例。我们试图清晰地说出现有结果与最终目标之间的各种差异，这被称为**设计任务**。然后调整现有的结果，进行更深入地研究和分析，以便做出一套修改方案并运用到现有的实现中，使其更接近最终目标。这个迭代过程要重复进行多次，直到结果足够接近我们的目标。可能需要对模型进行修订，或者也许需要选择不同的方法——或者仅仅是改变控制该实现的那些数据。

对象化

在整个任务流程中，以对象身份出现的声音永远不会以一个固定的形式存在。除了能听各个实例或参考点以外，我们还一直致力于在内部对象、目标声音及其行为的思维表达（这是需求详细说明中试图定形的东西），以及我们目前已经完成的工作这三者之间进行平衡。工作画布是一个**外部对象**（在心理动力学意义上），是设计者理想目标的一个冰冷且不可及的实现，每一次审听它，我们都会影响这个内部（理想化的）对象。言外之意，对于相似原型的记忆、感觉等让这个内部对象成熟起来，但当它与实现汇聚在一起时，就会导致一个消声物的出现（终结/石化）。这对于所有艺术家来说都是一样的。画家不可避免地要看到他的画作，雕塑家也必须要触摸黏土，但声音更为微妙，所以在声音上这种心理动力学的解释是最重要的，因为它稍纵即逝。除非我们小心谨慎，否则这个外部对象将完全控制那个内部对象。它会"把自己推销给我们"，并且抹掉原有的想象。

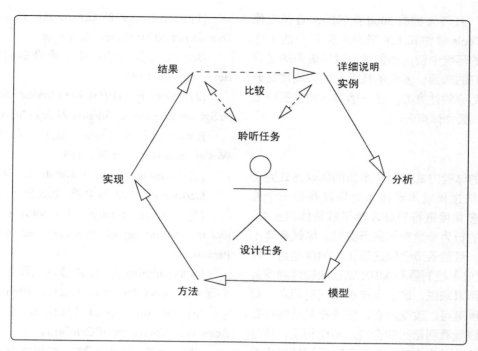

图 16.7　迭代式的设计过程

方便性

所以，基于认知学与人机工程学上的考虑，速度在制作过程中是非常重要的。如果没有审听过程中那个与最终目标相互冲突的聆听过程，则很难让你把想要的声音保持下来，所以用一个能够运行的声音对象进行工作是必不可少的。但那些需要先对设计进行编译然后才能审听的系统几乎是没有用的，因为它花费了太长的时间。在动作与响应之间即使只有 5 s 的间隔也会把设计任务完全破坏掉。这就是为什么我们选择实时数据流系统进行对象设计，而类似 C++ 那样的编程语言几乎不可能用于创作的原因。需要进行编译的语言在创建基本模块方面很棒，因为它们具备编写健壮、可重用且执行效率高的代码的能力，但你不要把工具构建类的任务与实际的对创造性声音对象的构建相混淆。

涌流

这里把我们引向了涌流（flow）的概念（如 Csikszentmihalyi 1916 中概述的那样），它是进入设计流程进行工作的最理想的心智状态。简言之，它可以被概括为"努力工作，同时努力游戏——因为工作就是游戏"。编程，特别是过程式声音设计，既充满挑战也回报颇丰。有了经验和对一个声音的想象，然后开发出一个模型，最终听到它与想要的目标完全吻合，这种感觉是令人振奋的。为了能体验这样的快乐，一个人必须在一个最佳的时间与动机窗口中同时维持技能与挑战。如果没有选择挑战设计的各种极限，你将会觉得厌烦无聊。如果你过分超越了自己的能力范围或是疲劳的极限，那么这项任务也会变成负面的压力。很多人都着迷于在高压下"压榨出时间的性能"，他们喜欢吹嘘如何在最后 10% 的时间里完成 90% 的工作，坦白地说，这是以补救的形式书写的一个很糟糕的计划。努力工作与幸福快乐并不相互排斥。在这里，对于努力与进度的混淆（参见 Brooks 1975）以及对于时间与金钱的混淆都是我们的大敌。

专心、熟悉、简单

一个好的设计流程有赖于多方面的配合，包括方便性、执行的清晰度，以及为了在制作过程中把理想目标牢记在心而对感觉与记忆进行有意识地控制，这是一个需要集中大量注意力的任务。我曾经看到很多设计者和制作人对技术发出惊呼，同时也不安于他们的创意火花被技术"偷走"。在对于艺术不丧失热情的前提下，有必要用一种优雅的，甚至是不放在心上的超然态度来对待工具。赛车手不会在比赛过程中对车辆的设计感到吃惊。这并不是说他对此完全不感兴趣，只不过由于他的精力都集中在任务上，所以工具对于他来说就是"透明的"了。很多制作人都说，与在"令人着迷"且每天棚费 5000 英镑的录音棚里使用最新的 Pro Tools 软件和 128 路 SSL 调音台的工作相比，在熟悉的环境中使用他们信得过的破旧的老调音台能做出更好的东西。多余的技术上的可能性是分心之物，会扰乱你的注意力。在一辆赛车的仪表台上并不需要配备一套立体声音响。

时间与想象

对于声音的体验方式与对于图像的体验方式完全不同。观察一块过程式声音画布更像是在看一个雕塑，必须从很多角度进行观察才能了解整体的全貌。这需要对声音的行为参数空间进行探索，尝试多套不同的输入数据。可能最适合做这项工作的就是用一台 MIDI（OSC 更好）控制器和 MIDI 键盘快速地触发各个事件。对于画家来说，这块画布在任何时间点上都存在，时间和画笔可以改变画布，但画布是始终存在的，你可以一眼就看到画布的全貌。与此相反，声音是时间的一个函数。你在某一瞬间只能听到整体中的一小部分，理解这一点与视觉艺术之间的差别有助于我们进行声音方面的工作。花费一分钟的时间聆听一个 60 s 长的声音，不多不少，这里实际上没有任何捷径。确实有能够不扰乱音高来让声音快进的工具，它们对于编辑原始素材是很好的，但因为声音是一种依赖于时间的体验，所以这些工具并不像看上去那么有用。因此，一个基本的"问题"是：由于声音是时间的一个函数，所以为了理解它，必须让它实时地被听到。如果要进行的处理需要我们每做一个调整就得把整个声音从头到尾听一遍，那么就要花费很多时间，因此需要在更高的层面上对各个声音进行规划，从而让我们能够放大并处理这些声音中那些置于**时间之外**的特征。正是模型所提供的抽象让这种情况成为了可能。

16.11　参考文献

这些文献来源广泛，但所有文章中都会包含一些对于声音设计者非常有价值的内容。

[1] Bely, A. (1922). *Glossolalia: Poem about Sound. Translation 2000*, Thomas R. Beyer.

Bely A. 荒诞言语：关于声音的诗歌 .Thomas R. Beyer（译），1992.

[2] Brooks, F. P. (1975). *The Mythical Man-Month: Essays on Software Engineering*. Addison-Wesley. (2nd ed., 1995.)

Brooks F. P. 人月神话：软件工程随笔 . Addison-Wesley 出版社：第 2 版，1995.

[3] Cameron, J. (1997). *The Artist's Way*. Pan.

Carmeron J. 艺术家之路 . Pan 出版社，1997.

[4] Csikszentmihalyi, M. (1996). *Creativity: Flow and the Psychology of Discovery and Invention*. Harper Perennial.

Csikszentmihalyi M. 创造性：涌流与发现发明的心理学 . Harper Perennial 出版社，1996.

[5] Ghiselin, B (ed.) (1952). *The Creative Process*. Regents of University of California.

Ghiselin B. 创作过程 . 加州大学校务委员会，1952.

[6] Hofstadter, D. R. (1979). *Gödel, Escher, Bach: An Eternal Golden Braid*. Basic Books.

Hofstadter D. R. 哥德尔、艾舍尔、巴赫：集异璧之大成 . Basic Books 出版社，1999.

[7] Sommerville, I. (2004). *Software Engineering*, 7th ed. Addison Wesley.

Sommerville I. 软件工程：第 7 版 . Addison Wesley 出版社，2004.

[8] Tarkovsky, Andrey A. (1988). *Sculpting in Time: Reflections on the Cinema*. University of Texas Press.

Tarkovsky Andrey A. 雕刻时光：对电影的思考 . 德克萨斯州大学出版社，1988.

在线资源

Sven Carlsson 的网站：http://filmsound.org。

Dan Stowell，"用 Supercollider 设计声音"，维基教科书入口：http://en.wikibooks.org/wiki/Designing_Sound_in_SuperCollider。

技术 1——加法

17.1 加性合成

我们可以在频域使用这种技术进行工作，并逐渐地构造出各种声音。这里要重提一直以来我们都非正式地知道的一种合成方法：几乎任何的时间函数都可以用多个更为简单的函数表示[①]，并且通过伯努利、达朗贝尔、欧拉、傅里叶和高斯的工作，我们已经知道了一些特殊情形，即谐和的周期性声音是若干正弦函数的和。在傅里叶谐波理论中，任何周期波形（只需要在 0 ~ 2π 区间进行定义）都是一个三角级数的和：

$$f(\theta) = \frac{1}{2}a_0 + \sum_{k=0}^{\infty} a_k \cos(k\theta) + b_k \sin(k\theta) \quad (17.1)$$

式中的 θ 为 $2\pi\omega t + \phi$，这里的 ϕ 是正弦的初相位。该表达式中的各项系数都是以一个简单整数列形式出现的正弦和余弦成分，当声音是谐函数时，所有这些项都是最低基频的整倍数，这描述了一个静止的稳态频谱（作为数学上的特征，它被假设为具有无限长的存续时间）。对一个周期进行计算就足够了，因为所有其他周期都是相同的。但如果每隔几毫秒就用一套不同的参数重新计算该表达式，则会得到一个动态的、不断演化的声音，它具有多个起音和结束，这被称为**离散时间傅里叶合成（discrete time Fourier synthesis）**，我们可以用**离散时间傅里叶变换（Discrete Time Fourier Transform，DTFT）**把一个现有声音分析成一套系数，然后用这些系数重新合成这个声音。如果用一个振荡器阵列来重新播放这些分析数据，我们就能得到原始的声音，但这其实并没有为真正的设计留下多少空间，除非我们能控制并变换这些中间参数。

加性合成是最古老的数字式方法之一。Max Mathews 和 Jean Claude Risset 在 20 世纪 50 年代和 60 年代针对加性合成做了很多基础工作。由于在大多数真实声音中，谐波的数量非常大，因此为了进行实际可行的加性合成，我们必须实施**数据缩减（data**

reduction），把声音浓缩简化成它最重要的一些特征。我们寻找那些能够用在多个谐波上的包络，以便把合成缩减为若干组以相似方式进行动作的正弦。也可以为振荡器函数设置阈值，对它们进行动态的开或关，从而不在那些无关紧要的成分上浪费 CPU 资源（Lagrange 和 Marchand 2001）。最终，如同我们很快将要看到的那样，可以把声音分解成一些基本元素，这些基本元素对于它们的类型具有高效的表达方式，比如可以用一个闭合形式的表达式来作为谐波部分，而用少量的额外振荡器来填充非谐波部分。

还有一个实际的考虑：如何表示这些加性参数？如何存储这些参数才能让它们有用并能灵活播放？我们可以把傅里叶分析中得到的每个分量放到它自己的数组中，但这需要大量的空间。你可以想象，从一个谐波声音得到分析数据并且已经被采样，最终得到了图 17.1 所示的四条包络线。它们是用适合于 `vline~` 的格式显示的，但通常用**断点（breakpoint）**格式存储会更好，它采用了"时间—数值"对的形式，这种形式与折线中每个改变线段方向的拐点对应。每条"轨迹"对应于一个振荡器的幅度。

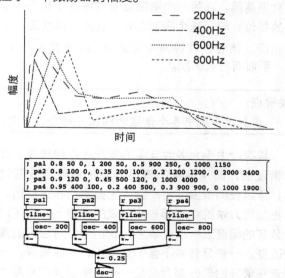

图 17.1 加性合成中的断点包络

---

① 实际上并非每个函数都能这样被表示，因为有收敛问题。

关键点：

　　加性合成需要大量的控制数据。

　　一般来说，使用傅里叶或其他类型的分析从真实声音中提取出来的谐波的包络是很复杂的，因此必须对其进行数据缩减，把它们转变成简单的包络。这一过程要把曲线拟合、极小值与极大值识别以及下采样结合在一起使用（参见 Moré 1977）。图 17.1 中的这些包络线看上去非常像从侧面观察一幅频谱的瀑布图，所以我们能以最优方式观察它们的时间关系。对于很多声音，我们发现只有少量几种包络描述了一些具有类似结构的**组**。我们不用存储所有包络，而是把这组的基本曲线存储起来，并通过内插或整形函数把它们演化成其他包络。

　　在加性合成一般原理的基础上还有一些变种，它们也值得讨论。首先，关于相位的重要性方面，我们曾经说过，通常可以丢弃相位信息仍能听到很好的结果，但如果我们想要重建出一个精确的时域波形，那么就需要每个成分的相位。因为分析—综合这个过程可以用复数方程来表示，所以幅度部分有时被称为**实部**，**虚部**则表示相位。有些声音——特别是那些带有瞬态成分的声音——需要各个相位正确地对齐，而其他声音则对于绝对成分的对齐并不敏感。这为我们提供了两种实现加性合成的方法：一种方法是使用一组自由运行的振荡器，仅为它们提供**实部**即幅度部分；另一种方法是使用一组同步的振荡器，或是用数据的**虚部**（相位部分）来改变这些相位。图 17.2 演示了钟声和被拨动的金属丝的声音。一个使用了自由运行的独立振荡器，而另一个则需要所有振荡器具有一个公共的相位。除了这个区别以外，这两个接线图几乎完全相同。请尝试在钟声中用 `spartial` 替换 `partial` 抽象，听听有什么区别。

关键点：

　　在加性合成中各个谐波的相位可能会很重要。

　　其次，由于大多数真实的声音在某种程度上都是非谐波的，而用纯粹的傅里叶方法只能合成谐波波形，所以我们很少使用一套固定频率的振荡器组。可以把加性方法推广到那些非谐波的分音上，除了对各个分音的幅度进行改变以外，我们也会对它们的频率做改变。一些分音并不会一直发声，一般来说，一个声音在最开始部分都会杂乱一些，所以我们在那个部分需要大量的分音。随着声音的演进，大多数情况下

只需要较少的分音。最终，这种情况产生了大量的数据，并需要对它们进行仔细地管理。图 17.3 展示了 Pd 中的一个数据结构，它用来保存钟声中各个分音不断变化的频率。你可以看到基频自始至终一直在颤动，而且由于起音阶段存在非线性，因此所有频率在最开始都有一个弯曲。

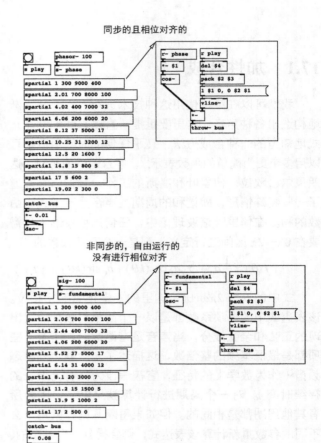

图 17.2　在实际的加性设计中对于相位的不同处理方法

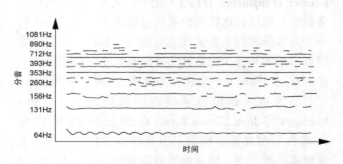

图 17.3　分音轨迹：参见 Pure Data 帮助示例 4.15-sinusoidal-tracker

17.2 离散求和合成

一个奇妙的数学恒等式可以得到一条有用的捷径。几何级数的求和可以被写成一个更简单的幂函数分数的形式：

$$\sum_{k=0}^{n-1} z^k = \frac{1-z^n}{1-z}$$

类似地，对于周期函数来说，对一组有统一相互关系的三角函数求和可以用一个更简单的公式来表示：只用一个正弦项除以一个余弦项，这被称为一个无穷项求和的**闭合形式（closed form）**表达式，或**离散求和公式（Discrete Summation Formula，DSF）**，如果我们想要的频谱能够用这种有规律的方式描述的话，那么能大量节省 CPU 的运算量。在 20 世纪 70 年代早期，它被开发成了一种合成方法（Moorer 1976）。Moorer（1976）以 Jolley（1961）编写的教材作为参考，该方程的普通形式如下，其中 θ 和 β 为两个周期函数：

$$\sum_{k=0}^{N} a^k \sin(\theta + \beta) =$$

$$\frac{\sin\theta - a\sin(\theta - \sin\beta) - a^{N+1}[\sin(\theta + (N+1)\beta) - a\sin(\theta + N\beta)]}{1 + a^2 - 2a\cos\beta}$$

Moorer 随后把它发展成了一些简化的特殊形式，用于合成不同类型的频谱。在它最灵活的形式中，我们还可以指定谐波的数量，令这种形式变成带宽受限的形式。不过，在这里我们仅探讨一种更易于理解的经过简化的形式，这种形式技术上仅需要两个振荡器就能生成非谐波频谱，在使用上，它有点像调频技术。在调频中，我们用一个调制指数来扩展谐波列，从而影响声音的明亮度，另外还有一个调制波的频率用来设定各个频率成分之间的间隔。对于谐波频谱，我们将看到，可以仅使用一个相位器，此时，频率间隔是一个通过折回而得到的整数。在 Moorer 的论文中给出了这个公式：

$$\sum_{k=0}^{N} a^k \sin(\theta + k\beta) = \frac{\sin\theta - a\sin(\theta - \beta)}{1 + a^2 - 2a\cos\beta} \quad (17.2)$$

这个公式可以让我们得到图 17.4 所示的 Pure Data 实现，在该实现中有一个控制用于基频，另一个控制用于谐频间隔（距离），还有一个控制用于谐波衰减（指数）。当指数（index）<1.0 时，各个谐波趋向于零。它可以产生逐渐增长的频谱，或是如同 AM 和 FM 中得到的那种双边带频谱。不过，因为这种简化近似等于一个无穷级数，所以如果不修改这个接线图，那么当指数大于 1.0 时将会产生混叠。

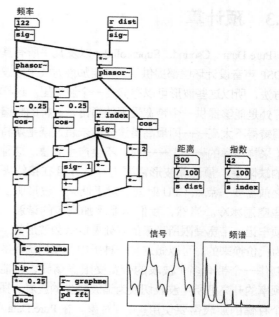

图 17.4 加性合成的离散求和形式

这种方法的问题中的一个是：随着频谱逐渐变亮，幅度也会逐渐增长，所以需要用一个归一化函数让波形保持在合理的边界之内。Moorer 建议了几种使用 $1/\sqrt{1-a^{\text{指数}}}$ 进行缩放的变化形式，但对于对称频谱和那些包含折叠成分（能够加强或抵消现有频率成分）的频谱来说效果并不是那么好，所以可能需要进行试验。

在 Dodge 和 Jerse（1985）的论文中给出了一种生成带宽受限脉冲的常用方法。若 n 为谐波数量，a 为幅度，θ 为相位器，则：

$$\frac{a}{n}\sum_{k=1}^{n} \cos(k\theta) = \frac{a}{2n}\left\{\frac{\sin([2n+1]\theta/2)}{\sin(\theta/2)} - 1\right\}$$

请注意，图 17.5 所示的实现使用了缩略形式的 `sin~`，它是一个抽象，用来把公式翻译成更容易读懂的接线图。

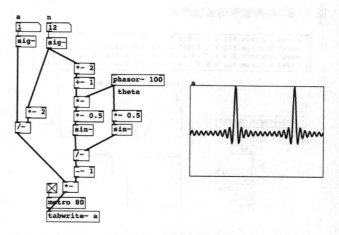

图 17.5 用于产生带宽受限脉冲的闭合形式

17.3 预计算

Pure Data、Csound、Supercollider 以及几乎所有其他的 DSP 声音设计环境都提供了一种用加性方式生成波形的方法，所以这些波形可以存储在一个波表里。这样做的好处是能够提供一个带宽受限的频谱，这样的频谱在转调转得不太高——即最高谐波分量未超过奈奎斯特频率（采样频率的一半）——时，不会产生混叠。这种方法的缺陷是：预计算波形需要内存，并且在接线图运行之前需要一点点 CPU 时间。对于低频，波形听上去有些空洞冰冷。当然，我们总能添加更多的谐波，但必须牢记：带宽受限所带来的好处是以低频波形的丰满度为代价换来的。可以做这样一种折中：使用更多的内存制作一个带有多个波表的带宽受限振荡器，它能随着频率的升高把所用波表切换为谐波较少的波表。播放一个存储的波表需要使用 `tabosc4~` 对象。在 Pure Data 中，为了能够进行内插，波表长度必须为 2 的某个幂次再加 3，这就是波表合成，我们将在后面章节对这种方法进行更充分地探索。现在，让我们看看如何对一些经典波形进行预计算，使其变为正弦波之和的形式。我们在消息块里使用 sinesum 指令，并同时给出波表的名称、尺寸以及各次谐波的幅度（在图 17.6 中用 h_1 到 h_9 标记）。对于正弦波，我们只需要一个处于第一位置的谐波，它的幅度为 1.0；对于方波，需要把所有奇次谐波的幅度 h_n 设置为 $1/n$；为了得到三角波，需要令奇次谐波的 $h_n=1/n^2$，并且正负号要交替出现；而对于锯齿波，$h_n=1/n$。在图 17.7 中，我们看到有一条消息包含了

波形	h1	h2	h3	h4	h5	h6	h7	h8	h9
正弦波	1	0	0	0	0	0	0	0	0
方波	1	0	1/3	0	1/5	0	1/7	0	1/9
三角波	1	0	-1/9	0	1/25	0	-1/49	0	1/81
锯齿波	1	1/2	1/3	1/4	1/5	1/6	1/7	1/8	1/9

图 17.6　经典波形的各次谐波

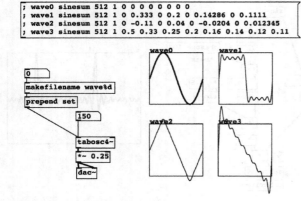

图 17.7　使用加性合成的预计算波形

若干构造指令，它们当然都是用小数书写的。在填写无限小数时会损失一些精度，但如果你愿意的话可以提高准确度。请注意，三角波和锯齿波会收敛到一个大于1.0的峰值幅度。

17.4　参考文献

[1] Dodge, C., and Jerse, T. A. (1985). *Computer Music: Synthesis, Composition, and Performance*. Schirmer Books.

Dodge C.，Jerse T. A. 计算机音乐：合成、作曲与演奏 . Schirmer Books 出版社，1985.

[2] Horner, A., and Beauchamp, J. (1996). "Piecewise-Linear Approximation of Additive Synthesis Envelopes, A Comparison of Various Methods." *Computer Music Journal*, 20, no. 2.

Horner A.，Beauchamp J. 对加性合成包络进行逐段线性近似——与各种方法的比较 .《计算机音乐期刊》，1996，20(2).

[3] Jolley, L. B. W (1961). *Summation of Series*. Dover.

Jolley L. B. W. 级数求和 . Dover 出版社，1961.

[4] Lagrange, M., and Marchand, S. (2001). "Real-time additive synthesis of sound by taking advantage of psychoacoustics." *Proc. COST G-6 Conference on Digital Audio Effects (DAFX-01)*, Limerick, Ireland. DAFX.

Lagrange M.，Marchand S. 利用心理声学进行声音的实时加性合成 . 数字音频效果大会（DAFX-01）COST G-6 会议会议录 · 爱尔兰：利默尼里克 . DAFX 会议，2001.

[5] Moorer, J. A. (1976). "The Synthesis of Complex Audio Spectra by Means of Discrete Summation Formulas." *J. Aud. Eng. Soc.* 24, no. 9: 717–727.

Moorer J. A. 通过离散求和公式进行复杂音频频谱的合成 . 美国音响工程协会期刊，1976，24(9)：717-727.

[6] Moré, J. J. (1977). "The Levenberg-Marquardt algorithm: Implementation and theory." In *Lecture Notes in Mathematics*, edited by G. A. Watson. Springer- Verlag.

Moré J. J. 莱文贝格 - 马夸特算法：实现与理论 . 数学讲稿：WASTON G A. Waston. Springer-Verlag 出版社，1977.

[7] Stilson, T., and Smith, J. O. (1996). "Alias-free digital synthesis of classic analog waveforms" In *Proc. 1996 Int. Computer Music Conf*.

Stilson T.，Smith J. O. 经典模拟波形的无混叠数字合成 . 1996 年国际计算机音乐大会会议录，1996.

第 18 章

技术 2——波表

18.1 波表合成

波表合成使用的是查找表，这些表格中包含了存储好的各种函数。我们已经看到如何用另外一个函数来塑造一个周期性的时间函数，这被称为**波形整形（waveshaping）**，例如，我们看过一个普通的小例子：把 phasor~ 连接到 cos~ 上产生一个余弦波，波形整形将在下一章进行更详细的介绍。内置的 cos~ 对象可以被查找表代替，这个查找表能完成同样的工作，只不过因为这个函数是存储在一个表格中而不是被计算出来的，所以我们更喜欢说它是一个**波表查找表（wavetable lookup）**。你也许可以改变这个函数来获得其他波形，我们也已经看到如何用若干正弦的和去填充一个表格来做这件事。这种方式能突出加性合成与波表之间的联系：波表是一个周期函数，从零开始，以零结束，所以它一定能被表示为一系列正弦之和。请对图 18.1 所示图形进行一番研究，希望你能发现另外一种联系。

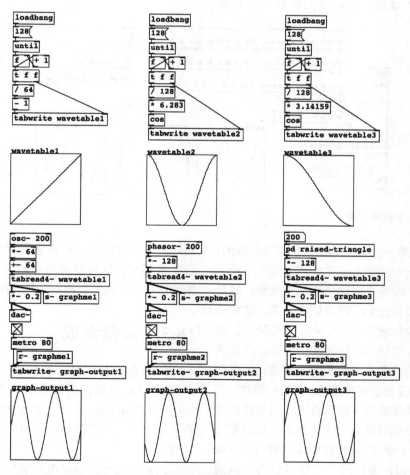

图 18.1 有用的同一性：波形整形和波表合成具有一种普遍的等价性

波形整形和波表合成在某种程度上是有联系的，至少在一种退化情况下是这样的。在波形整形中，一个正弦或更复杂的周期波形通过一个非线性函数来改变它的频谱，而这个非线性函数通常都是一个查找表。图 18.1 的第一栏展示了这个函数为线性的情况。我们的波表是一条从 −1.0 ～ 1.0 的直线，而用于索引该波表的是一个正弦波，在这种情况下，我们把此过程看作是波形整形，可以使用一个非线性函数，并且可以在保持函数固定的前提下改变输入波形的幅度或形状。请注意，为了让索引值以中心对称的方式放置在这个 128 点的波表中，索引值被减去了 64，因为输入波形是双极性的。

在波表合成中，使用相位器作为周期函数的索引值。我们保持索引波形固定不变，但对整形函数进行动态改变，如图 18.1 的第二栏所示。在该波表中填充的是余弦波的一个周期，索引使用的是一个相位器。请注意索引值是如何用全部 128 个点覆盖整个波表范围的，因为输入波形是单极性的正值波形。

在图 18.1 所示的最后一栏，我们看到对于对称

函数，可以只存储半个周期，从而使波表尺寸减到最小。我们没有使用相位器，而是使用了一个上升的三角波在被存储函数的中值（$y=0$）周围扫描。这种方式提供了一种有趣的好处：函数的各个结束点并不需要相互匹配。所以可以使用那些具备我们感兴趣的拐点的非周期函数（比如多项式）。

18.2　实际的波表

图 18.2 展示了运用波表的一些技术。请记住，tabread4~ 是一个内插读取器，所以，如果想要避免出现小的一闪信号，波表实际应该有三个额外的点。我们看到了两种改变声音的方法，第一种方法是发出一条指令去改变波表内容——要么计算一个新函数并填充波表，要么使用某个内置的波形构造器（比如 sinesum）；另一种方法是发送一条消息给 tabread4~，让它去引用另外一个波表，这条消息以这个新波表的名称作为一个创建参数。

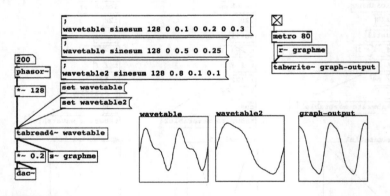

图 18.2　在 Pure Data 中使用波表

这种做法对于获取一个固定频谱来说是没问题的，但我们如何才能做出一个动态变化的声音呢？一种方法是使用一个存储了很多个周期函数的查找表，并且改变进入查找表的索引值偏移量来切换波表。这些周期函数可以是任何变化波形的单个周期。实际上，这是时间拉伸的一种反常使用，因为我们能够以任意速率在一个不断演化的声音中向前或向后移动，并且不会引起爆音，但我们无法在任何周期之间进行跳转。

要找到一种能够改变波表内容且不引起爆音的方法，这突出了波表合成的难点，换句话说，就是要让相位变化保持平滑。一种方法是对相位器索引进行事后写入（write behind），但如果一个波表被两个振荡器共享的话，这种方法会引起类似于文件锁定之类的

问题。一个好的解决方法是在两个或多个波表之间进行交叉淡化，这样就能够更新当前未被读取的波表。由此便引入了波形扫描与矢量合成技术。

18.3　矢量合成

矢量合成其实是一种控制策略，但通常与波表合成层一起使用，所以现在来讨论它是很合适的。tabosc4~ 是 Pure Data 中一个有用的波表查找表振荡器，它基本上用一个整洁的包装实现了我们在前面见到的功能。

矢量合成可以被看成是加性合成的一种形式，它把更为复杂的频谱混合起来。矢量合成属于所谓的

S+S（Sample plus Synthesis，采样＋合成）类方法，这类方法用多个振荡器重放预先存储的波表，这些振荡器通过一个淡化矩阵、若干包络发生器和滤波器被组合起来。这种策略在 20 世纪 90 年代以来的很多数字音乐合成器上很具代表性，比如 Sequential Circuits 推出的 Prophet VS 矢量合成器。

图 18.3 中有四个用预构建波形填充的波表，这些波表根据一个标记在二维平面上的位置进行混合。

这个接线图需要 Yves Degoyon 编写的 grid 外部对象（可以在 Pure Data 的各种扩展版本中找到这个对象）。我发现它是一个很有用的声音设计工具，特别是通过 ctlin 对象与 Korg 的 KaossPad、游戏操纵杆或多轴 MIDI 控制轮等设备组合使用时它会更有用。该网格上的每个位置都会利用各个波形生成一个独特的混合体，并且，如果能把移动记录下来再重放的话，它就构成了一个复杂包络发生器。

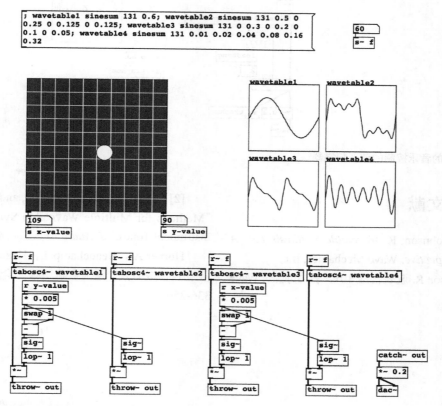

图 18.3　使用了外部 GUI 对象的二维合成器

18.4　波形扫描合成

波形扫描是一种混合方法，介于波形整形、粒子合成和波表合成之间，它能把任意声音文件作为一个声源，并使用三角波或正弦波对其进行索引。我们不关注这个采样文件中的任何周期／相位边界，我们只是简单地把它当作原始素材。当通过给平均索引位置加入一个偏移量而对该文件进行缓慢地扫描时，会发生很酷的事情。图 18.4 所示的接线图能产生一些非常有趣的动态频谱（类似于 PPG 或 Synclavier 等设备产生的那种频谱）。

首先我们利用相位器产生了一个三角波，为了改变扫描宽度，对其乘以一个缩放因子，这样可以压缩或扩展索引的移动范围。若想给声音加入一种更厚实、更为不可预测的特性，则可以加入一个缓慢移动的 LFO。在波表查找表之后的滤波器有助于减少扫描宽度过窄时以边带形式出现的高次谐波。

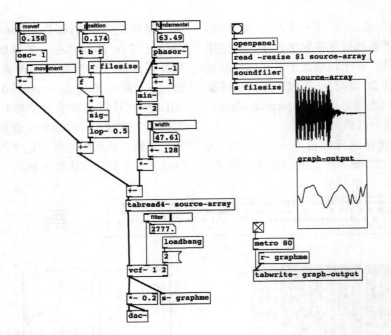

图 18.4 带有有用的音乐控制的波形扫描器

18.5 参考文献

[1] Bristow-Johnson, R. *Wavetable Synthesis 101: A Fundamental Perspective*. Wave Mechanics, Inc.

Bristow-Johnson R. 波表合成 101：基本观点 . Wave mechanics 公司 .

[2] Horner, A., Beauchamp, J., and Haken, L. (1993). "Methods for Multiple Wavetable Synthesis of Musical Instrument Tones." *J. Audio Eng. Soc.* 41, no. 5: 336–356.

Horner A.，Beauchamp J.，Haken L. 乐器乐音的多波表合成方法 . 美国音响工程协会期刊 ,1993,41(5)：336-356.

第 19 章

技术 3——非线性函数

19.1 波形整形

我们用一个名为**转移函数（transfer function）**的函数把一个双极性的归一化的输入信号映射到另一个信号上，目的是改变它的频谱。这个过程是**非线性的（nonlinear）**，这意味着叠加准则将不再被遵守，输出中会出现输入中没有的谐波。当然，我们也可以使用一个线性转移函数 $f(x)=x$，它的输出与输入完全相同。让我们从波形整形的这种退化情形开始，展示波形整形的概念，并展示一个使用查找表的最简单的实现。

波表转移函数

图 19.1 中输入信号和输出信号的取值范围均为 −1.0 ～ +1.0。左侧的函数就是简单的 $y=x$，所以输出会严格地跟随输入信号。输出被绘制在与输入相垂直的位置上，所以你能看到这个简单的函数是如何把每个输入映射到相应的输出上的。这个波形整形器的最终结果与一条完美传输线一样：什么都没做。

在图 19.1 所示的右侧，我们看到了一个非线性转移函数 $y=\arctan(x)$。显然，输出 $\tan^{-1}(\sin(x))$ 的时域波形与输入不同，而且频谱也不同。在图 19.2 中，你可以看到在实际中是如何操作的。这里有一个余弦振荡器，它经过缩放后用于索引一个波表，该波表具有 258 个以零为中心的数值。一条线段产生了一个短小的包络，能在整形函数之前与之后对振荡器的幅度进行调制。为了产生这个整形函数，我们使用了 `tabread4~` 来读取数组 xfer。该接线图右侧的两个过程表示可以用直线或曲线填充这个数组。

> **关键点：**
> 波形整形是一种非线性方法，它可以对信号进行扭曲失真。

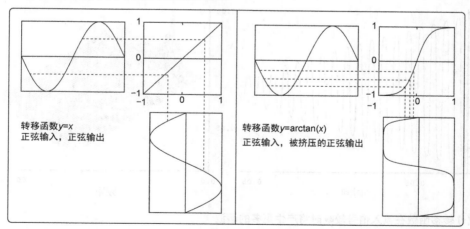

图 19.1 使用恒等和反正切转移函数进行波形整形

我们的想法是用一个已有信号驱动一个函数来填充波表，并且该函数能够提供我们想要的频谱。在图 19.3 中，我们看到使用恒等函数 $y=x$ 的效果：一条笔直的对角线。

但是还不仅如此。观察 $\arctan(x)$ 在中点附近（即那些在零附近的小数值）的斜率，它几乎是一条直线。随着输入信号的幅度趋向于零，$\arctan(x)$ 也越来越趋于线性。这意味着输出信号的频谱（及其幅度）取决于输入信号的幅度。这种情况对于自然声音的合成是很好的，因为较响的声音通常都包含更多的谐波。在图 19.4 中，同样的输入在幅度较高时会产生一个被失真且谐波内容更丰富的声音，但当幅度下降时，它又衰减回一个正弦波。

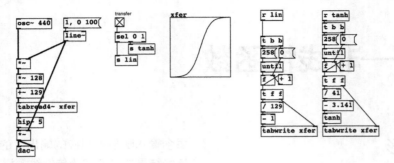

图 19.2　基于波表的波形整形器噪声

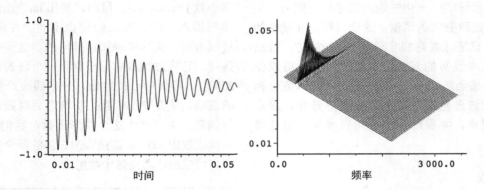

图 19.3　线性转移函数不产生影响

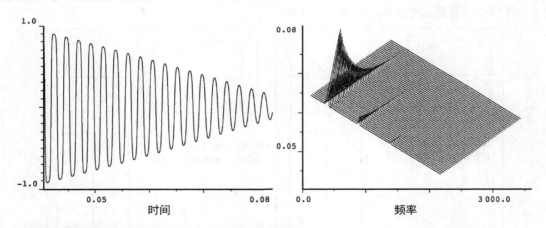

图 19.4　arctan(x) 转移函数在输入信号较响时将产生更多的谐波

19.2　切比雪夫多项式

　　在第 13 章关于声音整形的内容中曾经提到过多项式。我们现在对其进行更仔细地讨论。19 世纪俄国数学家巴夫尼提·列波维奇·切比雪夫（Pafnuty Lvovich Chebyshev）发现了一类特殊的多项式函数，它们具有一些有趣的性质。图 19.5 中列出的这些函数被称为第一类切比雪夫多项式，用符号 T_n 表示，下标 n 表示它是这一系列多项式中的第 n 个。请注意帕斯卡三角与这些项之间的关系。

$$
\begin{aligned}
T_0(x) &= 1 \\
T_1(x) &= x \\
T_2(x) &= 2\,x^2 - 1 \\
T_3(x) &= 4\,x^3 - 3x \\
T_4(x) &= 8\,x^4 - 8x^2 + 1 \\
T_5(x) &= 16\,x^5 - 20x^3 + 5x \\
T_6(x) &= 32\,x^6 - 48x^4 + 18x^2 - 1 \\
T_7(x) &= 64\,x^7 - 112x^5 + 56\,x^3 - 7x \\
T_8(x) &= 128\,x^8 - 256x^6 + 160x^4 - 32x^2 + 1 \\
T_9(x) &= 256\,x^9 - 576x^7 + 432x^5 - 120x^3 + 9\,x
\end{aligned}
$$

图 19.5　前十个切比雪夫多项式

对于声音设计来说，这些多项式为波形整形这种合成方法提供了一条非常好的捷径。如果对 T_n 施以一个频率为 f 的纯正弦波，那么 T_n 的输出将是一个频率被平移到 nf 的正弦波。这个新谐波的幅度也可以被看作是依赖于输入信号的幅度。由于 T_0 具有恒定幅度而 T_1 是一个恒等式（输出将等于输入），所以我们暂时略过它们。第一个有用的多项式 T_2 是一个频率加倍器。出于实用目的，我们可以忽略乘法和偏移量，把分析的对象简化为 x^2。

在有关包络曲线的章节里，我们已经看到了对一个信号进行平方的一些特性。当正弦波被平方时，所得结果是一个新的正弦波，这个正弦波的频率为原先

的两倍，并且被整体向上平移到零值上方。我们还可以这样认为：既然 x^2 就是 $x \times x$，那么我们就可以用一个信号进行自乘或自调制。在频域，这将产生一个和频与一个差频。和频将为 $x+x=2x$，即原始频率的两倍；差频将为 $x-x=0$，即零频率或直流偏置。还有一条线索：负数的平方是正数，所以一个双极性输入将只能得到单极性输出，因此输出必定会始终大于或等于零。图 19.6 所示的接线图表示的是一个经过平方的正弦与未经平方的复本相加。`hip~`对象移除了直流偏置，所以这个信号位于零轴周围，其时域图如图 19.7 所示。在图 19.7 所示的右图中我们看到了一个频谱快照，它展示了这个新谐波（其频率为输入信号的两倍）。

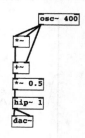

图 19.6　加倍

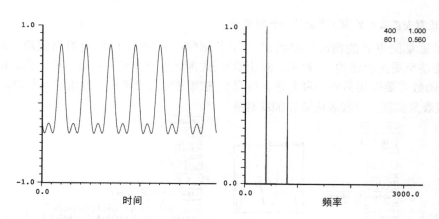

图 19.7　二阶切比雪夫多项式 T_2 从 f 产生了一个 $2f$ 成分

我们可以扩展这条原则，得到二次、三次以及更高次谐波。前几个切比雪夫多项式直接用基本的算术对象实现并不难。图 19.8 所示的接线图使用几个乘法运算实现了 T_3。切比雪夫多项式是奇偶函数交替的。只有奇函数包含原始频率，偶函数则产生二次谐波。这个接线图是奇函数，因为它实现的是 $4x^3+3x$。在本例中，我们通过改变幅度把基频和三次谐波混合起来了，所以不需要显式地把输入正弦的复本混合进来。

为了演示复杂程度的快速增长，图 19.9 进一步给出了 T_4 的例子。

> **关键点：**
> 切比雪夫多项式可以用来加入特定的谐波。

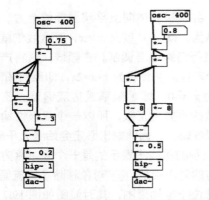

图 19.8　三次谐波　　　图 19.9　切比雪夫多项式 T_4

忽略的常数），所以这是一个偶函数。请注意，每隔一项与前一项进行相加或相减，这会导致一些异相的谐波，它们会与其他谐波相互对消。因此，输出幅度应始终在一个归一化的范围内。事实上，切比雪夫多项式是更为通用原则之下的一些特殊的、经过仔细构造的情形，这些通用原则让我们能够从任意多项式函数中预测出一个频谱。把多个多项式组合起来，在理论上能产生出任意频谱，而且计算代价要远低于采用加性方式组合多个振荡器。并且，这些多项式还可以被因式分解并化简成一个单一的多项式（这个多项式也许会有非常多的项），能够产生我们想用一个单一振荡器产生的频谱。图 19.10 所示为经过 T_4 整形的正弦波的频谱和时域波形。

因为 $T_4(x)=8x^4-8x^2+1$ 只包含偶次项（外加一个可以

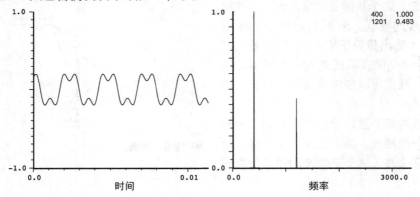

图 19.10　第二个切比雪夫多项式 T_3 从 f 产生了一个 $3f$ 成分

　　虽然我们可以重复使用 x^2 的输出来得到 x^4、x^8，但此时最好是开始使用更为灵活的 pow~ 对象。对于阶数高于 T_5 或 T_6 的函数需要采用另外一种方法，就是要用表达式或查找表来实现。查找表应该在加载时被

创建。图 19.11 所示为如何使用 until、计数器和表达式来计算查找表中的每一项，驱动振荡器如先前一样被缩放到适合索引该数组的范围内。

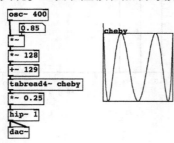

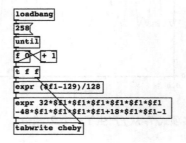

图 19.11　更高阶的多项式最好用查找表实现

19.3　参考文献

[1] Arfib, D. (1979). "Digital synthesis of of complex spectra by means of multiplication of non-linear distorted sine-waves." *J. AES* 27, no. 10.

　　Arfib D. 通过对经过非线性失真的正弦波进行相乘实现复杂频谱的数字合成. 美国音响工程协会期刊，1979,27(10).

[2] Beauchamp, J. (1979). "Brass tone synthesis by spectrum evolution matching with non-linear functions." *CMJ* 3, no. 2.

　　Beauchamp J. 通过与非线性函数进行频谱演进匹配实现铜管声音合成. 计算机音乐期刊，1979,3(2).

[3] Le Brun, M. (1979). "Digital waveshaping synthesis." *J. AES* 27, no. 4: 250–266.

　　Le Brun M. 数字波形整形合成. 美国音响工程协会期刊，1979，27(4):250-266.

第 20 章

技术 4——调制

20.1 幅度调制

前面章节曾经提到调制意味着根据某物来改变其他某物。在幅度调制中，我们要用一个信号的幅度改变另外一个信号的幅度。为了实现幅度调制（Amplitude Modulation，AM），我们把两个信号 A 和 B 乘在一起，得到第三个信号 C。在时域可以把这简单地写为：

$$C = A \times B \qquad (20.1)$$

在研究控制包络的时候，我们看到过使用慢变化信号进行调制的情况。**震音（tremolo）** 是一种很常见的效果（通常用在吉他上），它就是用一个慢变化的周期波形（频率大约为 4 Hz）来调制音频信号的幅度。在本节中，我们考虑的是在使用一个音频信号调制另外一个音频信号时会发生什么情况。最开始先假设这两个音频都是简单的正弦信号，并且频率都位于可闻频带的低端，即只有几百赫兹。

传统意义上，这两个输入信号中的一个被称为**载波（carrier）**（频率为 f_c），它是被调制的信号，而另一个信号被称为**调制波（modulator）**（频率为 f_m），它是用来实施调制的信号。对于普通的幅度调制来说，无所谓哪个信号是载波哪个信号是调制波，因为乘法是可交换的（对称的）：$A \times B = B \times A$。图 20.1 所示的接线图实现了幅度调制，所得结果如图 20.2 所示。

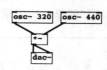

图 20.1 $A \times B$

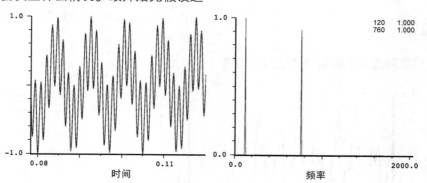

图 20.2 两个信号相乘，新信号的频谱与两个输入信号中的每一个都不同

这个接线图很简单。来自两个余弦振荡器的信号用 `*~` 对象结合起来。如果两个信号都经过了归一化处理，那么输出结果的幅度将会如何？若信号 A 和 B 的取值范围都是 $-1.0 \sim 1.0$，则输出信号的最低幅度为 $-1.0 \times 1.0 = -1.0$，最高幅度为 $1.0 \times 1.0 = 1.0$ 或 $-1.0 \times -1.0 = 1.0$，所以输出也是归一化的。但我们能得到什么样的频率呢？图 20.2 给出了答案，但这也许出乎你的预料，因为两个原始频率都没有出现，我们看到的是 $f_c + f_m$ 和 $f_c - f_m$。

> **关键点：**
> AM 给出的是和频成分与差频成分。

把频率为 320 Hz 和 440 Hz 的两个信号相乘，将得到频率为 760 Hz 和 120 Hz 的两个信号。两个单频相乘得到另外两个单频，分别是原先两个频率的和频与差频，称这些频率为原始频率的**边带（sideband）**。在本例中，**上边带（upper sideband）** 或和频为 320Hz

+ 440 Hz = 760 Hz，**下边带（lower sideband）**或差频为 440 Hz − 320 Hz = 120 Hz。可以通过三角恒等式中的**余弦积化和差**公式来从数学上解释它：

$$\cos(a)\cos(b) = \frac{1}{2}\cos(a+b) + \frac{1}{2}\cos(a-b) \quad （20.2）$$

每个输入信号的幅度均为 1.0，但因为输出幅度是 1.0，而且有两个频率出现，所以每个频率都贡献 0.5 的幅度，这也可以从余弦积化和差公式中看到。请注意，图 20.2 中的频谱图也显示出幅度为 1.0，因为为了显示出相对幅度，它在分析时进行了归一化。事实上，这两个频率的幅度均为调制器输入幅度的一半。那么，这种简单调制有什么实际应用呢？如前所述，两个原始频率均没有在输出中出现，所以这是频谱平移的一种方法。

在使用慢变化包络信号调制另外一个信号时，我们把它的频谱固定，并假设所有频率成分的幅度会一起上升和下降。大部分时间里，这是正确的，但如前面方程所示，改变一个信号的幅度将迅速改变它的频谱。最开始这似乎有点诡异，但我们先前在哪里看到过这些呢？这是伽柏和傅里叶已经暗示过的……

> **关键点：**
> 　　因为我们对一个信号做出了更短更尖锐的改变，所以得到了更高的频率成分。

20.2　加入边带

在上文中，我们从利用两个振荡器产生两个频率

开始，最终得到两个新频率，这似乎也没得到什么好处。如果我们想要 760 Hz 和 120 Hz，为什么不直接把振荡器设置成这些频率呢？不过，我们仍旧有两个原始正弦信号可以利用，可以把它们加入到最终结果中，变成四个频率。所以 AM 在合成中的主要用途之一是通过加入边带来构建新的更为复杂的频谱。

图 51.4 所示接线图名为**环形调制器（ring modulator）**，它在合成器和效果器中是一个常见术语。这一次，载波和调制波不能随便乱叫了。载波是连接到 ▪ 左输入口的那个 320 Hz 信号，调制波是连接到右输入口的 440 Hz 信号。请注意，我们给调制波加入了一个恒定的直流偏置，这意味着载波信号中有一部分将原封不动地出现在输出中，但调制波频率将不会直接出现。取而代之的是，我们将把两个边带加到原始载波周围：载波 +440 Hz 和载波 −440 Hz。

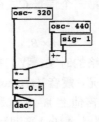

图 20.3　环形调制器

从图 20.4 所示的频谱图可以看到载波及两个边带的相对幅度，每个边带都有一半的幅度。440 Hz 处没有信号出现。

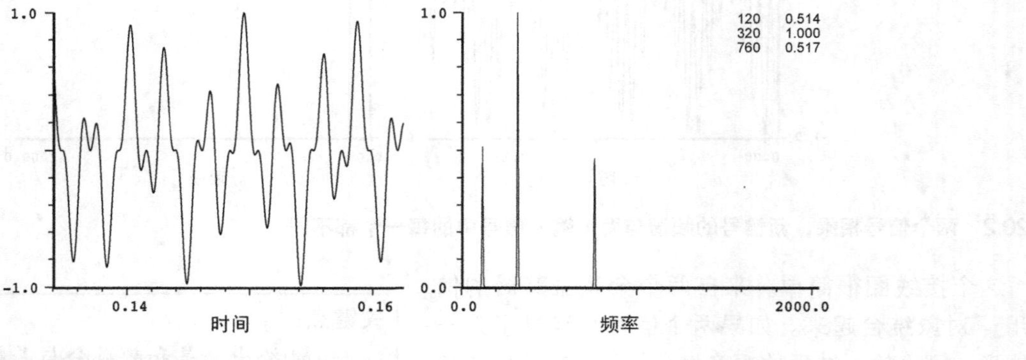

图 20.4 环形调制器展示了载波外加由调制产生的两个边带

图 20.4　环形调制器展示了载波外加由调制产生的两个边带

如果想在频谱中得到尽可能多的频率成分，则可以使用图 20.5 所示的接线图。这里有四个可能的频率：载波、调制波以及两个边带。频谱如图 20.6 右侧所示，图中所有边带都具有相等的幅度。因为载波与调制波的幅度和将是被调制信号的两倍，所以我们只

用一半的幅度，这样所有谐波都具有了相等的幅度。到目前为止，我们还没有提及关于边带相位的任何事情，但你可能已经注意到，时域波形因为信号合并的方式而被提升了 0.5。

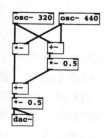

图 20.5 全带调制器

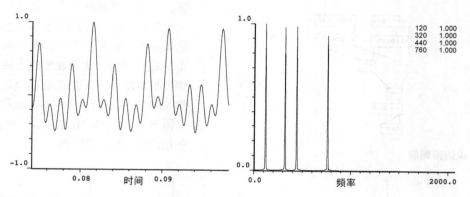

图 20.6 全带幅度调制给出了和频、差频以及两个原始信号

20.3 与其他频谱级联的 AM

AM 可以重复进行两次或多次，从而会加入更多的谐波。若一个信号包含了两个频率（称其为 f_a 和 f_b），当它被一个频率为 f_m 的新信号调制时（如图 20.7 中的接线图所示），那么我们将在 f_a+f_m、f_a-f_m、f_b+f_m 和 f_b-f_m 处得到边带，如图 20.8 所示。用频率为 900 Hz 的信号调制一个包含 300 Hz 和 400 Hz 的信号，将得到 900 Hz + 400 Hz = 1300 Hz、900 Hz–400 Hz = 500 Hz、900 Hz + 300 Hz = 1200 Hz 以及 900 Hz–300 Hz = 600 Hz。我们可以把多个环形调制器串接起来，或是把所有边带调制器串接起来，让各个谐波进行相

乘，从而得到更为密集的频谱。从两个振荡器开始，我们能得到四个谐波，然后再加入另外一个振荡器就能得到八个谐波，以此类推。

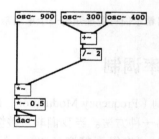

图 20.7 对两个谐波的进行 AM

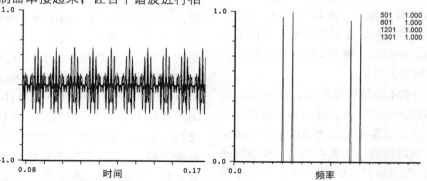

图 20.8 对包含多个谐波的信号进行调制

20.4　单边带调制

简单的类似于 AM 的环形调制存在的问题之一是产生的谐波通常都会比我们想要的要多，而且这些多余的谐波通常都会出现在我们不想要的位置上。有时候，如果仅能够获得一个额外的边带就更好了，这在制作频率平移器时将会有用，频率平移器就是把一个信号中的所有谐波向上或向下移动一个固定的间隔，如图 20.9 所示。

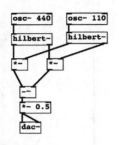

图 20.9　单边带调制

希尔伯特变换（**Hilbert transform**）有时候也被称为**奇异积分**（**singular integral**），它是一种令信号相位平移 90° 或 π/2 的运算，对于一个时间函数，我们可以把希尔伯特变换记为 $H(f)(t)$。所以，$H(\sin(t))=-\cos(t)$。Pure Data 中有一个抽象 `hilbert~` 能提供两个输出，它们在相位上相差 π/2，这被称为**正交相移**（**quadrature shift**）。利用它可以在调制时对消掉多个边带中的一个。在图 20.9 中，我们进行了一个普通的乘法，获得了载波的两个经过频移的版本：一个上边带，一个下边带。同时我们也为经过正交相移的版本进行了这项操作。因为进行了相移，所以接线图左支中的上边带与右支中的上边带在相位上相差 180° 或 π。这两个信号相减以后，下边带消失，仅留下了上边带。所得结果如图 20.10 所示，在用 440 Hz 和 110 Hz 进行调制以后，只留下了一个 550 Hz 的单频正弦。这类频谱平移可以用于创建和弦与合唱效果。

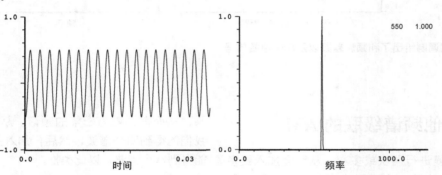

图 20.10　使用希尔伯特变换获得一个单边带

20.5　频率调制

频率调制（Frequency Modulation，FM）是合成复杂频谱的另一种方法。当我们非常缓慢地调制一个信号的频率时，将得到**颤音**（**vibrato**）效果。随着调制频率升高到音频范围，这种调制将导致多个新边带的出现，这与 AM 有些相像。在某些方面，FM 比 AM 更为灵活，但在另一些方面则正好相反。接下来将探讨一些结构方案和频谱，看看 FM 有何不同，并研究如何把它用在声音设计上。

图 20.11 所示为 FM 的最简单形式。这一次，我们不是用调制器乘以一个信号，而是用调制器改变一个振荡器的频率。顶部振荡器的输出连接到底部振荡器的频率输入口，所以顶部振荡器在调制底部振荡器的频率。按照实际情况来说，这是一个无用的接线图，但它展示了最基本的原理。

图 20.11　FM

图 20.12 展示了更为实际的 FM 接线图。调制波和载波分别输出到左右声道，所以可以在图 20.13 中看到它们之间的关系。这一次，我们提供了一个偏移量，它把**载波频率**（**carrier frequency**）设置到 100 Hz，并在其上加入了另外一个信号。加入的这个信号是被一个新数值缩放以后的调制波，这个新数值被称为**频率偏移**（**frequency deviation**）。在本例中，频偏为 30，，所以载波将在 70 ~ 130 Hz 之间颤动。我也为调制波频率加入了一些控制，所以在这个基本的 FM 接线图中有三个参数可以被操作：**载波频率**（f_c）、**调制波频率**（f_m）以及**频率偏移**——有时也被称为**调频量**（**FM amount**）。通常用一个较小的数给出**调频指数**（**FM index**），它是频率偏移（Δf）与调制波频率

之比，所以 $i=\Delta f/f_m$，但有时候调频指数也用百分数给出。严格地说，调频指数的单位不是赫兹，但在某些讨论中，我们会把调频指数也叫作频率偏移（其实这并不正确），因为调制器的单位幅度是 1 Hz。请注意，在图 20.13 中，调制波始终都是正的，载波将在频率上被挤压和拉伸。当调制波位于极大值或极小值时，载波频率也处于极大值或极小值。

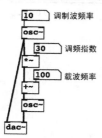

图 20.12 实际的 FM 接线图

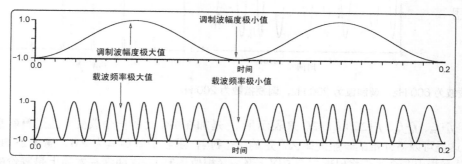

图 20.13 FM，载波为 100 Hz，调制波为 10 Hz，调制指数为 30 Hz

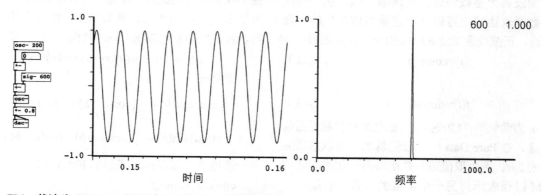

图 20.14 FM，载波为 600 Hz，调制波为 200 Hz，调频指数为 0 Hz

现在我们开始提高调频指数，在载波两侧各加入 50 Hz 的偏移。在图 20.15 中可以看到在 400 Hz 和 800 Hz 处出现了两个边带。现在，这个频谱看上去很像 AM 的频谱——两个边带位于 f_c+f_m 和 f_c-f_m 处。

关键点：

在调频中，各个边带散布在载波两侧且与载波的频率间距为调制波频率的整数倍。

如果聆听上述接线图，你将听到一个很像快速颤音的效果。随着调制波频率的升高，颤动开始融合到载波中，产生更丰富的音色。提高调频指数将让声音变得更明亮，所以，频谱中发生了什么变化呢？

在图 20.14 中我们看到了用来展示 FM 引入各边带的第一个接线图。调制波为 200 Hz，载波为 600 Hz，但调频指数为 0。在图 20.14 右半部所示，唯一的谐波就是那个正弦载波，该频谱仅在 600 Hz 处有一个单一的频率成分。

关键点：

如果调频指数为零，则仅能得到载波。

如果进一步提升调频指数会发生什么？在图 20.16 中，我们令调频指数为 200 Hz，此时可以看到四个边带。除了先前的 400 Hz 和 800 Hz 以外，现在 200 Hz 和 1000 Hz 处又多出了两个（忽略图中由于 FFT 引起的小错误），请注意这些边带之间的距离。

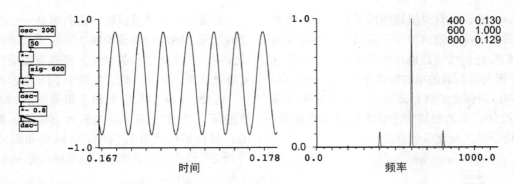

图 20.15　FM，载波为 600 Hz，调制波为 200 Hz，调频指数为 50 Hz

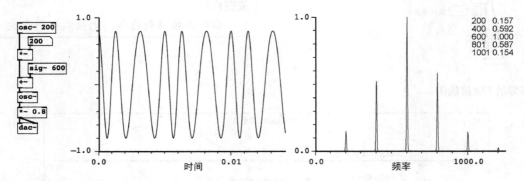

图 20.16　FM，载波为 600 Hz，调制波为 200 Hz，调频指数为 200 Hz

我们可以用 f_c+f_m、f_c-f_m、f_c+2f_m 和 f_c-2f_m 来表示所得的这些边带。这是可以被外推的一般规律么？是的，事实上，FM 的公式指出各个边带将出现在载波以上及以下的调制波各个整数倍处。与调幅一样，从一些让人恐慌的数学表达式中可以看出这是如何产生的。我们已经知道，正弦或余弦波是时间的一个周期函数：

$$f(t)=\cos(\omega t) \tag{20.3}$$

或

$$f(t)=\sin(\omega t) \tag{20.4}$$

式中 ω 为角频率，t 为时间。t 的值为相位器或振荡器中的增量，在 Pure Data 中，我们基本上可以忽略 ω 及其展开式 $2\pi f$，因为取值范围是旋转归一化的。我们可以把 FM 过程表示为另一个类似的方程，它是一个新的时间函数，在相位器上加入了一个额外的数值：

$$f(t)=\cos(\omega_c t+f(\omega_m t)) \tag{20.5}$$

新加入的是另一个时间函数。换句话说，它是一个角频率为 ω_m 的新振荡器。所以，把新的时间变量函数带入，得到明确的表达式：

$$f(t)=\cos(\omega_c t+i\sin(\omega_m t)) \tag{20.6}$$

值 i 为调频指数，它按比例决定了 $\sin(\omega_m t)$ 对外部的余弦项能产生多大影响。如果用它作为增量改变的速率，则我们就把这个过程称为 **FM**；如果它仅仅

是加在相位上的一个改变（通过重新整理上式可以得到），那我们就称其为 PM，意思是 **Phase Modulation（相位调制）**。这两者在本质上是等价的，但为了完备性，我们将在后面章节中给出一个 PM 的例子。现在，为了看出所得的频谱，需要使用一些三角恒等变换技巧。我们把和差化成积（与前面积化和差的公式相反）：

$$\cos(a+b)=\cos(a)\cos(b)-\sin(a)\sin(b) \tag{20.7}$$

而其中

$$\cos(a)\cos(b)=\frac{1}{2}\left(\cos(a-b)+\cos(a+b)\right) \tag{20.8}$$

$$\sin(a)\sin(b)=\frac{1}{2}\left(\cos(a-b)-\cos(a+b)\right) \tag{20.9}$$

通过带入可以得到完整的 FM 公式：

$$\cos(\omega_c t+i\sin\omega_m t)$$

$$=J_0(i)\cos(w_c t) \tag{20.10}$$

$$-J_1(i)(\cos((\omega_c-\omega_m)t)-\cos((\omega_c+\omega_m)t)) \tag{20.11}$$

$$+J_2(i)(\cos((\omega_c-2\omega_m)t)+\cos((\omega_c+2\omega_m)t)) \tag{20.12}$$

$$-J_3(i)(\cos((\omega_c-3\omega_m)t)+\cos((\omega_c+3\omega_m)t)) \tag{20.13}$$

$$+\cdots \tag{20.14}$$

所以可以看出 $f_c\pm nf_m$ 这些频率分量是从何而来的，而且请注意，这些频率分量交替出现不同的相位。但式中的 $J_0\cdots J_n$ 又是些什么呢？它们被称为第一

类贝塞尔函数（**Bessel functions**）。它们出现的原因太过复杂，无法在本书中解释，但它们中的每一个都是一个用整数定义的连续函数，看上去有点像阻尼振荡（见图20.17），而且每个函数都与其相邻函数具有不同的相位关系。在实际中，它们根据调频指数对边带幅度进行缩放，所以随着调频指数的增大，边带将会以一种相当复杂的方式进行上下颤动。

> **关键点：**
> 第 n 个 FM 边带的幅度取决于第 $n+1$ 个由调频指数决定的贝塞尔函数。

对于较小的调频指数值，FM 提供了规则的、双侧对称的频谱，这与 AM 非常相似，但它并非仅能产生和频与差频，而是能够产生一系列新的谐波，它们从载波开始向频谱的两端逐渐衰减。我们说它们**逐渐衰减**，这是什么意思？事实上，这里的谐波要比我们看到的更多。在 $f_c \pm 3f_m$ 处也有谐波，但它们太小了无法被察觉出来。随着调频指数的提高，这些谱波将开始变得越来越强，在 $f_c \pm 4f_m$、$f_c \pm 5f_m$、$f_c \pm 6f_m$ 等处的频率成分也是如此。

幅度强到足以被认为是频谱的一部分（比如说高于 -40 dB）的那些频率成分可以被描述成是这个频谱的**带宽**（**bandwidth**）。使用卡森准则可以估计调频的带宽：边带将向外延伸至频率偏移与调制波频率之和的两倍处，即 $B = 2(\Delta f + f_m)$。

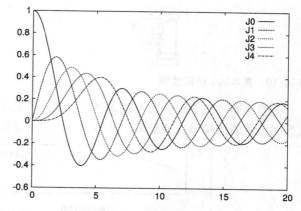

图 20.17　第一类贝塞尔函数的前五个

另外一件需要注意的事情是时域波形的幅度，它仍旧保持在一个稳定的水平上。如果采用加性方法合成出同样的频谱，那么由于各个频率成分的相对相位关系，会在幅度上出现一些上下晃动。但采用 FM 方法，我们得到的是一个始终一样"响"的信号，它会一直保持载波信号的幅度不变。当 FM 与其他方法混合使用——比如与波形整形或粒子合成相结合——时，这一点是很有用的。

为了解释图 20.18 中的频谱出现了什么情况，我们要对 FM 进行更深入地研究。载波周围不再呈现对称性，各个边带规则的双边衰减似乎也被改变。对于大于 1.0 的调制指数（当 $\Delta f \geqslant f_m$ 时），我们看到了一种新的行为。

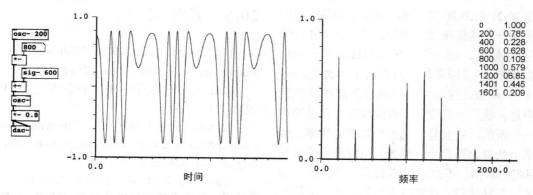

图 20.18　FM，载波为 600 Hz，调制波为 200 Hz，调频指数为 800 Hz

负频率

我们要再次对其进行分解，并研究一个经过简化的 FM 接线图，它能产生负频率。

我们所说的负频率指的是什么？为了回答这个问题，让我们先把一些数字接入到这个接线图中，把第一个调制振荡器的频率设置为 10 Hz，把扫频载波设置为 100 Hz。在图 20.19 中，调制波已被发送给一个

输出声道，而经过调制的载波则被发送给另外一个声道。图 20.20 所示图形把这些一并显示出来了。当 10 Hz 调制波的幅度为 1.0 时，载波频率为 100 Hz。这对应于图 20.20 上图中的波形达到极大值点时的情况，此时下图显示的轨迹到达第一组三个波峰中间的那个波峰。当调制波的幅度位于中间位置附近时，载波会在 50 Hz 附近振荡。

图 20.19　基本的 FM 接线图

要想做到"从下图波形中任意选取一点，然后说出此时振荡器的精确振荡频率"并不容易，因为调制

波的频率在持续不断地变化。结果是这个载波在频率上被扭曲、挤压，而后又被拉伸。随着调制波抵达零值，载波也抵达零频率，并在波形中出现了一个中断。此时再看一下调制波向 -1.0 摆动的情况，载波改变了方向。当调制波幅度等于 -1.0 时，载波仍旧抵达 100 Hz 的频率处，但它的相位被翻转了。

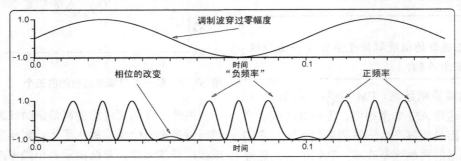

图 20.20　负频率引起了相位的改变

负频率被折叠回频谱中，同时它们的相位被反转。这与"高于奈奎斯特点的频率被**折叠（fold-over）**回低频中并会引起混叠"非常类似，我们把那些反转到低频的频率称为 **fold-under**。如果与真实的正相位的频率成分叠加在一起，它们可能会对消，所以在频谱中会出现空洞。

相位调制

比较图 20.21 与图 20.12，可以发现很明显的相似性。但请思考一下这里细微的差别，并回想 FM 的公式。此处没有通过 `sig` 把一个稳定信号传送给一个已经包含相位递增的 `osc~` 振荡器，而是用了单独的 `phasor~` 来索引一个 `cos~` 函数，这与组合振荡器完成的功能完全相同。但是，我们不是改变了载波频率，而是给相位加入了一个新的时变信号。因为相位在变化率上的变化与频率上的变化是完全一样的，所以我们在做与 FM 完全相同的事情。不过，这样做有一个好处：相位累加器可以单独使用，这意味着我们可以从它衍生出其他的时变函数，而这些新函数仍旧维持同样的整体相位一致性。最终的结果是极大地简化了复杂 FM 接线图的设计，在这类设计中，我们要把多个调制波信号组合在一起。

> **关键点：**
> "负频率"产生了相位被反转的谐波。

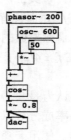

图 20.21　相位调制

20.6　参考文献

[1] Carson, J. R. (1922) "Notes on the theory of modulation." *Proc. IRE* 10, no. 1: 57–64.

Carson J. R. 关于调制理论的笔记 . IRE 会议录，1922, 1(1):57-64.

[2] Chowning, J. M. (1973) "The synthesis of complex audio spectra by means of frequency modulation." *J. Audio Eng. Soc.* 21: 526–534.

Chowning J. M. 通过调频方式进行复杂音频频谱的合成 . 美国音响工程协会期刊，1973, 21:526-534.

[3] Chowning, J., and Bristow, D. (1986). *FM Theory and Applications by Musicians for Musicians*. Yamaha Music Foundation, Tokyo.

Chowning J.，Bristow D. 由音乐人为音乐人撰写的调频理论及其应用 . 雅马哈音乐基金会 . 东京，1986.

[4] Truax, B. (1977). "Organizational techniques for C:M ratios in frequency modulation." *CMJ* 1–4: 39–45.

Truax B. 频率调制中 C:M 频率比的构造技巧 . 计算机音乐期刊，1977.1(4):39-45.

第 21 章

技术 5——粒子

21.1　粒子合成

粒子合成（Granular Synthesis）衍生自 Gabor 的声学量子理论（Gabor 1944），它用一种点描派风格来描绘声音。一直以来，粒子合成都被看作是一种计算代价高昂的方法，而且需要大量的控制数据。曾经有作曲家和合成器使用者（Truax 1988、Xenakis 1971、Roads 1978、Stockhausen）对其进行过探索，制作出了用任何其他方法都无法产生的声音。通过这种方法，我们能够把很多被称为**粒子（grain）**的短小的声音脉冲组合起来，创建出一个稳态频谱。通常这些粒子都是相互交叠的，因此这个处理过程需要并发 /多复音。依据基本的方法还有几个变种，一些方法使用了非交叠的粒子，一些方法使用了更短或更长的粒子，一些方法对粒子的尺寸和出现时机进行了随机化，一些方法则让各个粒子更为统一。我们现在就对更为常见的方法进行研究。

粒子发生器

一个粒子就是一个被简短包络调制的波形。理论上，任何包络形状都可以被使用，但它在时间上应该是对称的。为了效率，通常会使用三角窗、梯形窗或升余弦窗，但最好的选择是高斯或钟形曲线。图 21.1 展示了粒子合成的主要原理，在图中，第一行是钟形曲线包络，以及一个连续正弦波被该包络调制后产生的波包。

> **关键点：**
> 　　粒子合成把若干短小的声音包层叠起来或串接起来，产生更为复杂的声音。

在图 21.1 中，第二行展示了包络的三个复本是如何在时间上进行交叠的。在实时实现中，实际上可以用两个相互交替的包络，当第二个包络到达最大值时，第一个包络抵达零值，所以，如果源波形或查找表能够瞬时被交换的话，它就可以被重复使用。第二行的第二个图展示了不同频率的三个粒子重叠在一起

的图形，最后一个图展示了这三个粒子被混合成一个连续的平滑波形以后的样子。

图 21.2 所示的内容进一步说明了为什么需要这样做，而不是简单地把波形的各个简短片断混合或连接起来，该图也提供了一个 Pure Data 的试验框架，你可以对其进行修改，并用它为不同的粒子混合物制作生成版本。在图 21.2 的第二行中，展示了两个频率不同的波形，最后一个图展示了这两个波形被混合在一起的结果，在两个波表的中点——即发生过渡的地方，让任意波形具有特定数值是没有道理的。如果两个波形的数值完全不同，则把它们混合起来时会出现波形的突然跳起或不连续，这将导致一个爆音。最后一行有两个波表，里面存储的是经过包络处理的粒子，它们的起始值和终止值都是零，而且高斯曲线形状抵达零值时是以渐近线方式抵达时间轴的，所以总能得到一个平滑的混合结果。我们可以向前或向后移动这条曲线的起点和终点，以求获得更多或更少的交叠，同时让过渡保持平滑。

实现图 21.2 所需的三个子接线图如图 21.3 所示。第一个子接线图展示了如何用一个信号表达式从指数函数中得到高斯曲线。第二个子接线图展示了如何从波形中获得任意片断，再对其乘以包络曲线，随后保存在临时的新波表中作为一个粒子。在实际应用中，我们可能会在波表中使用一个经过采样的音频作为源，然后给出一个偏移量利用此值从源素材中选择不同的开始点。把各个粒子混合起来是一个很有趣的问题，图 21.3 的第三个接线图给出了一种非实时的解决方法，它把两个粒子的交叉淡化的结果填入到另外一个数组中。为了创建非常密集的粒子化声音，通常最好是对各种声音材质进行预渲染，这也是我展示这种离线方法的原因。在 Pure Data 中，我们可以做类似于 Csound 中 grain 操作码所完成的工作，用反复混合的方式把成千上万个粒子敷设到同一个数组中，形成一个粒子**组合器（compositor）**，这与声上声（sound-on-sound）技术非常类似。这样做带来的问题是各种数字错误会导致噪声的积累，所以我们很快就会看到如何并行且实时地合并这些粒子。

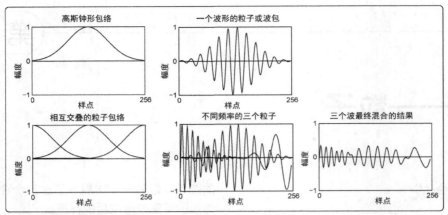

图 21.1　使用相互交叠的粒子进行多声源粒子合成

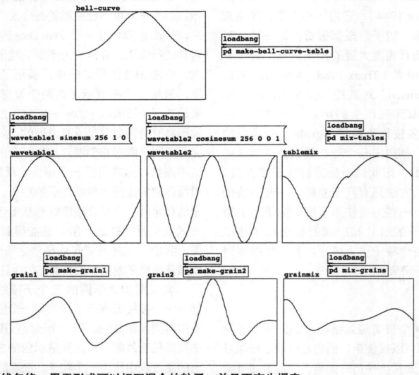

图 21.2　高斯钟形曲线包络，用于形成可以相互混合的粒子，并且不产生爆音

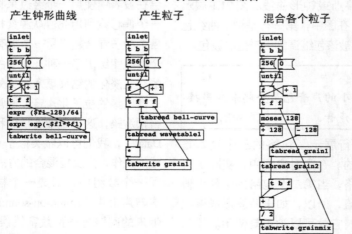

图 21.3　为粒子合成而对波表进行的各种操作

粒子合成的类型

有很多方法能够把各个粒子组合起来。可以为每个粒子包络选择不同的持续时间和幅度，可以为粒子选择不同的时间分布和交叠，还可以选择不同的波形放置到每个粒子中。总之，这些可能的参数会产生几种方法，每种方法擅长制作的声音种类都不同。

同步粒子合成与 PSOLA

时间伸缩（time-stretching）和**音高平移（pitch-shifting）**是两种类似的效果，它们可以被看成是所谓的"音高同步交叠与相加（Pitch Synchronous Overlap and Add，PSOLA）"这一常见处理的两个方面。一个声音可以被分割成若干相互交叠的短小片断，然后每个片断按顺序重放，这样就得到了原始的声音。为了对声音进行时间伸缩，我们需要通过改变粒子长度和交叠时间来添加一些额外的粒子复本，这样，总长度就会比原始声音更长或更短。在本例中，所有粒子都来自于同一个源（如图 21.4 第一部分所示），并以相同的原始音高重放，但它们被选出的位置在原始文件中是缓慢递增的。为了进行音高平移，需要改变每个粒子波形的重放速率，然后还要对各个粒子的包络参数进行选择，以获得原始声音样本的长度。这两种方法都会添加多余的人造声，它在粒子流的频率上带一种具有音高的特性。对最佳频率、持续时间以及交

叠的选择取决于声源素材，最商业化的时间伸缩和音高平移插件使用的算法是首先对声音进行分析，从而选取最佳的参数。通过加入时基抖动可以缓解这种效应，这种抖动是在粒子序列中加入的一些随机波动，这就为我们引入了接下来要讨论的非同步粒子合成。

非同步粒子合成

图 21.4 的第二部分展示了为动态声音创建延音版本的更常用方法，它从源波形的某点附近随机选取粒子，然后在时间轴上对这些粒子进行随机混合。通常，源文件中的这个位置会按高斯分布来选取，或者也许是完全随机选取的。另一种技术是在文件的某点附近使用**随机漫步（random walks）**或 **z 字形（zigzag）**方法让时间方向时不时地出现反转。在把弦乐、人声和类噪声音转变成丰满的声音材质时，这种技术能很好地工作。虽然各个粒子本身可能是完全非周期的，但所得材质仍旧会保持原始声源素材的音高。请注意，在包络图的下方，我已经为所得声音材质画出了图形描述。在本例中，它的幅度将会上下震颤，因为那些内容同相的粒子经过叠加以后将产生波峰，而在粒子密度很低或波包内容异相的地方将产生静音点。非同步粒子的合成通常都能通过使用一点轻微的混响而得到改善，这能让那些不可预知的幅度轮廓线延展开来。

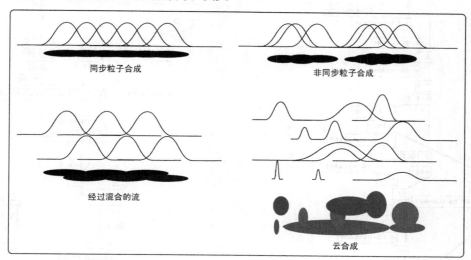

图 21.4 各种类型的粒子合成

声音杂混

如果我们想把来自于两个或多个声源波形的粒子组合起来，那么各种粒子化方法能提供一类有用的交叉合成方式。可以用统计的方式来完成它，也可以用音序实现更仔细地控制。当两种或多种音质在粒子尺度上进行组合时，可以使用"轮转调用（round robin）"或洗牌算法来触发声音。图 21.4 中第三个图描绘了由不同的源构成的两个相互交织的粒子流。把这种概念推广到极限，我们就能从现有声音的各种碎片出发，通过一种用手动无法实现的混合和粘贴方式

设计出全新的声音。图 21.4 的最后一个部分展示了所谓的**云合成**（**cloud synthesis**），即从很多音频流中提取片断，然后用不同的粒子密度、存续时间、交叠、随机化程度或空间位置把这些粒子组合起来。

粒子材质源

让我们用一种快速实际的方法进行进一步地探讨。我们将制作一种工具，它能根据一个短小的样本创建出具有多个连续层次的声音。这对于人声、弦乐、铜管和其他有音高的声源都能工作得很好。图 21.5 所示的抽象提供了一个主函数，这是一个灵活的粒子生成器，我们应该称其为**粒子单音 (grainvoice)**。它依赖于两个数组，这两个数组在父接线图中将是全局可见的：名为 **source-array** 的数组用于存储源波形，名为 **grain-env** 的数组用于保存粒子包络曲线。后者固定在 2048 点，而前者的尺寸可以变化，用以适应我们提供的任何声音样本。核心元件是一个 `vline~` 对象，它在接收一条消息以后将创建一条在某一特定时间段内从 0.0 变化到 1.0 的线段，这个时间段就是粒子的存续时间，它将被带入到第二个列表的第二个元素中。这条线段同时处理两个波表，所得的两个结果被乘在一起。

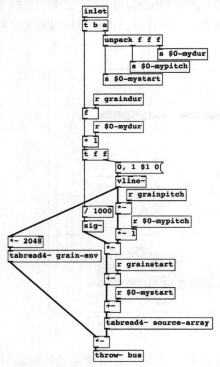

图 21.5　一个实时的粒子生成器

参数 **grainpitch**、**graindur** 和 **grainstart** 用于控制声音。这些参数用两种形式给出。首先，全局版本的参数为整个接线图中的所有粒子生成器设置音高、

持续时间和开始点。这些参数被局部版本（以 **$0-my** 为前缀）所修改，它们设置那些单音实例所独有的参数。为了获得包络索引，我们乘以波表的尺寸 2 048。为获得波表索引，我们需要乘以采样速率。在本例中，采样速率为 44 100，所以你应该加载一个与此兼容的声音文件，或是用 `samplerate~` 让接线图对采样速率进行自适应。每个粒子单音都应用 `throw~` 把其输出发送到主接线图中的加总点上。

图 21.6 所示是使用了粒子单音的四个实例。主接线图由五组对象组成，让我们依次处理每组对象，图中左上角为文件载入部分，包含 `openpanel`，还有一条消息告诉 `soundfiler` 把给定文件引用加载到数组 **source-array** 中（根据需要调整大小）。其下是一个子接线图，用来填充粒子包络波表。细心的读者可能已经注意到：高斯钟形函数已经被替换成了一个升余弦窗，这种窗有时候也被称为**汉宁窗**（**Hanning window**），它是在 $-\pi$ 到 π 之间计算函数 $0.5+\cos(x)/2$。在这些子接线图的右侧是这两个波表的图形。

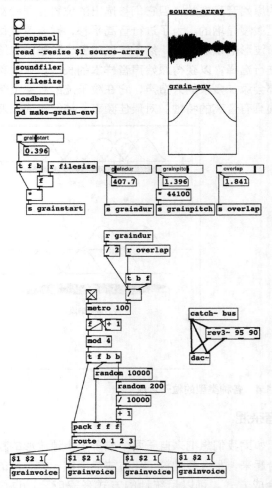

图 21.6　使用四个相互交叠的粒子生成器制作的一个延音材质

接线图的中部是一套控制。请注意，soundfiler 将返回被加载文件的尺寸（样点数），它将被广播到 **filesize** 中。第一个控制使用这个数据对 grainstart 参数进行缩放，让 0.0 始终表示文件的开头，而 1.0 始终表示文件的结尾。粒子存续时间是由一个滑块用毫秒数给出的，该滑块的取值范围在 10 ~ 2000 ms 之间。粒子音高以 1.0 为中心，此时将以通常的 44.1 kHz 频率进行重放。向左或向右移动滑块将放慢或加快样本的回放。最后还有一个 overlap 参数，我们将稍后再来研究它，该参数的取值范围为 1.0 ~ 2.0。

该接线图的主体部分位于底部，这是一个轮转调用音序器，它是基于一个 metro 驱动的计数器而设计的，该计数器通过 pack 把介于 0 至 3 之间的数字注入到一个列表中。这些包含成对随机数的双元素列表随后被 route 分发给四个可能的单音。节拍器的周期是根据粒子存续时间计算出来的，但在这里也要把 overlap(交叠) 参数考虑进来。当交叠被设置为 2 时，时钟周期为粒子存续时间的 1/4，所以第一个粒子按时结束以便被重新触发。overlap 的数值越小，粒子之间的交叠就越少，这将改变该声音材质的密度。你可能喜欢在播放时用一些随机值替换那些局部粒子单音参数，这些随机值给出了高至 10 000 样点的起始偏移量，以及在 2 音分之间变化的音高，这将提供一个厚实的合唱效果。通过降低各个粒子在音高和定时上的变化程度可以获得更为聚合的材质，而更大的变化则会产生更为浑沌、更为 "肥硕" 的声音。为了美化这个接线图，我在输出上加入了一个由 Miller 编写的 rev3~。

21.2 时间与音高的变更

这是根据 Pure Data 帮助示例改编的一个双相

PSOLA 效果，用它可以改变存储在一个波表中声音样本的音高或重放速率。这里的核心元件是图 21.7 所示的两个粒子生成器。position 信号的数值缓慢地扫过这个文件，但在其上还要加上一个移动得更快的相位器，它从 phase 输入口接入，chunk-size 对其进行缩放。相位器的每个周期产生一个升余弦窗，用来调制从源波表中读取的样本数据。所以，这个粒子生成器使用了一个由计算得出的函数来代替查找表作为它的包络。还要注意：它被固定在 44.1 kHz 的采样频率下进行工作。在图 21.8 所示的下方，该子接线图的两个复本被加在一起了。每个生成器都由两个信号驱动：从 vline~ 线段发生器获得的位置数值从右侧输入口输入，左输入口接入一个相位器在各个粒子中。其中一个相位器与另外一个相位器在相位上相差 180°。

在这个接线图的顶部有一个表达式，它根据播放速度、音高和音频块尺寸控制来计算粒子的长度。为了使用这个接线图，首先要加载一个样本，它将返回该文件的尺寸给线段发生器，用于计算线段的长度。然后设置速度和音高控制，音高以中央为零位置，用音分表示；而速度则是一个系数，中央位置表示系数为 1（正常速度）。

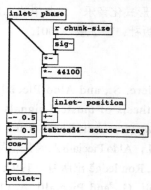

图 21.7 另一种粒子生成器

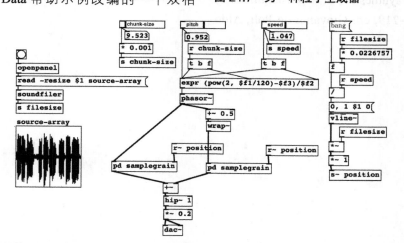

图 21.8 使用相位相反且相互交叠的粒子进行时间伸缩和音高平移

21.3 参考文献

教科书

[1] Roads, C. (1996). *The Computer Music Tutorial*. MIT Press.

Roads C. 计算机音乐教程 . MIT 出版社，1996.

[2] Tolonen, T., Valimaki, V. and Karjalainen, M. (1998). *Evaluation of Modern Sound Synthesis Methods*. Technical report 48, Laboratory of Acoustics and Audio Signal Processing, Dept. Electrical Engineering, Helsinki University of Technology.

Tolonen T.，Valimaki V.，Karjalainen M. 现代声音合成方法评估 . 技术报告第 48 号 . 赫尔辛基理工大学电子工程系声学与音频信号处理实验室，1998.

[3] Roads, C. (2004). *Microsound*. MIT Press.

Roads C. 微声音 . MIT 出版社，2004.

[4] Xenakis, I. (1971). *Formalized Music: Thought and Mathematics in Composition*. Indiana University Press. (2nd ed., Pendragon, 2001.)

Xenakis I. 形式化音乐：作曲中的思想与数学：印第安纳大学出版社：第 2 版，2001.

论文

[5] Cavaliere, S., and Aldo Piccialli, A. (1997). "Granular synthesis of musical signals." In *Musical Signal Processing* (ed. Curtis Roads et al.). Routledge.

Cavaliere S.，Aldo Piccialli A. 音乐信号的粒子合成 . 音乐信号处理 . Routledge 出版社，1997.

[6] De Poli, G., and Piccialli, A. (1991). "Pitch-synchronous granular synthesis." In *Representations of Musical Signals*, 187–219, ed. Giovanni de Poli, Aldo Piccialli, and Curtis Roads, MIT Press.

De Poli G.，Piccialli A. 音高同步粒子合成 . 音乐信号的表示方式 . MIT 出版社，1991:187-219.

[7] Gabor, D. (1947) "Acoustical quanta and the theory of hearing." *Nature* 159, no. 4044: 591–594.

Gabor D. 声学量子与听觉理论 .《自然》杂志，1947, 159(4044):591-594.

[8] Jones, D., and Parks, T. (1988). "Generation and combinations of grains for music synthesis." *Comp. Music J.* 12, no. 2: 27–33.

Jones D.，Parks T. 为音乐合成生成各个粒子的一种组合 . 计算机音乐期刊，1988, 12(2):27-33.

[9] Keller, D., and Truax, B. "Ecologically-based granular synthesis." <http:// ccrma.stanford.edu/~dkeller/. pdf/KellerTruax98.pdf>.

Keller D.，Truax B. 基于生态学的粒子合成 . http:// ccrma.stanford.edu/~dkeller/pdf/KellerTruax98.pdf.

[10] Miranda, E. (1995). "Granular synthesis of sounds by means of a cellular automaton." *Leonardo* 28, no. 4: 297–300.

Miranda E. 通过细胞自动机实现声音的粒子合成 . 莱昂纳多，1995, 28(4):297-300.

[11] Roads, C. (1978). "Automated granular synthesis of sound." *Computer Music Journal* 2, no. 2: 61–62.

Roads C. 对声音进行自动化的粒子合成 . 计算机音乐期刊，1978, 2(2):61-62.

[12] Truax, B. (1988). "Real-time granular synthesis with a digital signal processor." *Comp. Music J.* 12, no. 2: 14–26.

Truax B. 用数字信号处理器进行实时粒子合成 . 计算机音乐期刊，1988, 12(2):14-26.

第 22 章

游戏音频

22.1 虚拟现实基础

游戏对象

因为游戏被写入了一个面向对象的框架中，所以公平地讲，游戏中的每样东西都是一个对象。这时，我们的意思是游戏世界是由分立的各个实体构成的，它们都有名字、外观以及一套行为动作，等等。各个对象可以由其他对象组成，组成的方式可以是附加式的，也可以是容纳式的。它们可以具有各种可见的属性，比如位置、方向、颜色等，也可以具有一些不可见的属性，比如年龄、浮力、硬度等。所有这些合在一起为我们在谈论真实世界时提供了正常描述日常事物所用的全部属性。

对象方法

我们的这套对象形成了一个世界的模型，它可以有树木、车辆、建筑、动物和人。每件事物都可以被创建、销毁、移动或互动。各种互动都是通过一种系统的**方法**（**Method**）进行的。每个对象都有一套方法，用来产生它的对外动作，比如滚动、打破、上浮或下沉、着火及当作车辆使用，等等。方法也可以用来修改各种隐藏的属性，比如破坏或修复某个对象。各个对象可以通过完成**动作**（**action**）来彼此相互起作用。当用户实施一个动作时，他或她将与一个对象发生互动，并调用一种方法。通常都会由此产生运动计算，这些计算随后将改变对象的视觉外观和隐藏属性。对于视觉领域来说，这将激活图形引擎中的各种计算，所以可能会看到对象开始旋转、被打碎或跳起。

对象视图

计算机图形已经主宰游戏界近二十年，在为对象创建照片级真实的艺术处理上已经取得了巨大的进步。在本书中不会对此有过多的论述，仅仅会提及那些在谈论声音时所必需的一般概念。带有物理外观的每个对象都有一个**网格图**（**mesh**），这种网格图是一种简化的三维结构，能描述该对象的外部边界。可以对该网格图进行内插，以获得外观上的平滑，也可以在该对象发生碰撞或动画运动时对网格图进行变形，从而改变该对象。这个网格图仅仅描绘了该对象的形状，为了赋予它在视觉上的实质，必须在其表面铺上**材质**（**texture**）。这些材质为表面提供了颜色和图样，比如一面墙上的砌砖图样或是恐龙皮肤上的鳞。为了创建这个世界及其所包含对象的一个图景，需要两种更深层次的物件。首先是一个**视点**（**viewpoint**）或**摄像机**（**camera**），它充当了观察者眼睛的角色。其次是要有一个**光源**（**lighting**）来照亮各个对象且投射出阴影，并创造出一种关于深度的幻象。这些元素被集合在一个**渲染引擎**（**rendering engine**）中，这个引擎能获取摄像机以及各个对象的位置、运动、朝向、照明情况以及材质，并创建出一幅二维的运动图像，我们把它称为一个**视图**（**view**）。

对象的行为

上述所有内容将会形成一场美妙的视觉体验，体现出当代 3D 图形视频游戏的特征。但就其本身来说，一个虚拟世界的视觉体验并不能真正构成一个游戏。除了我们看到的东西以外，还要为各个对象赋予抽象的行为和属性，这可能包括健康状况、年龄、所有权、价值，等等。游戏的各种规则规定了允许一些由玩家实施的行为和动作，例如，一个玩家角色只能具有给定的力量，这限制了他可以拾起并作为个人物品携带的对象物品的数量。

玩家

也许最基本的对象就是那个**玩家对象**（**player object**），它是**角色**（**character**）的一个例子。它代表了一个视点、一种状态以及一个输入 / 输出子系统。它是**真人**玩家在一个虚拟世界中的存在，真人玩家的动作要由这个玩家对象来表现。各个角色都是"活的"、动画的对象,可以由人类玩家或人工智能程序(AI)来控制。**第一人称（first person）**是一种常见的视角,视图从玩家对象的双眼投射出来。摄像机位于玩家角色网格图的前方,架设的高度与人头齐平,并且可以在人类玩家控制玩家对象进行头部运动或是控制玩家对象本身运动时进行侧向或上下移动。这是最流行的配置方案,能带来一种**沉浸式（immersive）**的体验,即它好像是藏在玩家角色体内的一个摆布玩家对象的"灵魂"或侏儒。**第三人称（third person）**则是另一种视角,此时人类玩家观察到的是他或她所控制角色之外的一个视图。这个视图可能被固定在上方或下方,也可能可以在该角色存在的世界中自由移动。**第二人称（second person）**视角有些精神分裂,它把玩家放在了观察第一(受控)角色对象的另外一个角色的体内。除了过场动画和旁白以外,这种视角很罕见。对于多玩家游戏,会有多个受人类玩家控制的玩家对象在同一个世界中,每个对象都有它自己独一无二的视点。

世界几何

真实**世界（world）**本身是一个特殊的对象,包括天空、大地、河流、湖泊、建筑物的墙壁等。当然,这并不是一个单一对象,而是一组其他对象的集合,它们合在一起定义了这幅风景:在风景里有什么东西存在,存在于何处。当我们谈论世界几何的时候,大部分时间都是指那些没有生命的物体。在一种被称为**冲突（collision）**的特殊且重要的行为中,这是有意义的。此时,对象网格图中的各个物理边界给出了关于"什么东西可以移动到哪里"的一套限制条件,例如固态物体就不能彼此穿越。通过与**物理引擎（physics engine）**中进行的计算相结合,它就能提供各种可观察的行为。柔软的物体可以被坚硬的物体刺穿,有弹性的物体在发生碰撞冲突时可以弹回,在挖地或凿墙时也许会产生孔洞。即使是那些几何形状可变形的地方,它仍旧是世界对象所构成的类的一部分。

场景

虚拟世界可以很庞大,现在已经可以在一个视频游戏中呈现出布满各个城市的整个星球。但是,与在真实生活中一样,任意时刻,我们关注的仅仅是一个有限的内容。大多数时间里,我们会在一个房间里,或是在一条街道上,只能看到几幢建筑物,即使是站在山顶或是乘坐飞机飞行,地平线也会限制我们的视野。为了把足够多的对象填进内存中,这个世界被划分成各个**场景（stage）**或**关卡（level）**。当信息能在两个相邻场景之间传送时,这两个场景必须都被加载,否则,就要通过巧妙地遮蔽、修剪、挑选和空间分割等处理过程,保证我们能够与之进行交互的那部分世界"存在"。

平台

虽然世界几何中的大部分都是固定的,但也有一些物体是可以到处移动的,而且通过依附连接,它们也可以携带其他对象四处移动。电梯、自动扶梯和车辆是典型的都市人造平台。这些平台都允许一定程度的控制。流体则是非可控自然平台的例子,比如河流或风都可以把物体冲走。有时候,我们会把各种平台包含到一个名为**搬运者（mover）**的更一般的类中,这个类可以包含任何能够变化位置(在 x、y、z 维度上)或关于某一个轴能旋转(比如弹簧门)的物体。此时平台必须把质量、动量、摩擦力等物理概念结合在一起。

游戏逻辑

并非所有对象都有外观或明显的功能。有些对象是不可见的,对于玩家来说其功能是隐藏的,比如路径的路点、触发器、得分记录器等。这些对象形成了一类不可见程序,它们存在于这个虚拟世界的空间中。例如,一扇门有一把需要用钥匙打开的锁,只有当玩家拥有了这个正确的钥匙对象并使用它(通过实施一个恰当的动作)以后,这扇门才会打开。

行事者与相关性

行事者（actor）是与游戏逻辑**有关系**的任何东西,它们可以是动画角色、玩家对象、武器、车辆平台或是其他任何东西。与无生命的世界几何或偶发对象之间的区别在于它们的相关性,它定义了该游戏的**焦点（focus）**。行事者可以拥有一种特殊的**刺激（instigation）**属性,这是它们从其他行事者那里继承过来的,其目的是为了对因果关系进行建模。如果对象 A 碰到了对象 B,对象 B 随后又碰到了对象 C,那么我们说 A 是激励者,ABC 这个序列是条**因果链（causal chain）**。进一步区分相关与不相关信息的方法可以使用距离、居间对象的遮挡、时间等。相关性影响了图形引擎描绘对象的方式。远处的对象将不会像近处的对象那样被渲染出如此多的细节。我们很快就会看到,这种**细节等级（Level Of Detail,LOD）**对于声音也是很重要的。

22.2 采样样本还是过程式音频？

在对游戏代码中发生的事情有了一些粗浅的了解以后，我们就可以准备思考各个对象的声音属性了。在此之前，先简要讨论一下过去二十年中游戏音频的传统做法。首先，我们必须注意到声音并非总是用采样样本——或是我所说的游戏音频的**数据模型**（**data model**）——来制作的。事实上，游戏音频最开始使用的是过程式技术。早期的游戏主机和个人计算机都有合成器芯片，能够实时产生各种音响效果和音乐。但是，在采样技术成熟以后，采样样本因为其带给人的真实感而迅速取代了合成器芯片。因此，合成的声音被扫进了垃圾堆中。

事件对行为

为了从更长远的观点观察过去的二十年，并理解为什么过程式声音现在开始卷土重来，我们需要理解经过采样的声音的种种局限，以及"逼真的"这个词的模棱两可。经采样的声音其实就是一段录音，立即能看出来的局限性是经采样的声音在时间上是固定的。不管运用多么巧妙的混合、层叠、滤波和剪切技巧，各个采样样本仍然还都是一个一次性的过程。一段录音捕捉的是一个声音的单一实例的数字信号，而不是这个声音的行为。这一点对于过去二十年的游戏音频意味着整个这种方式都是**基于事件的**（**event based**）。传统的游戏音频把每个动作都绑定到一个事件上，这个事件会触发一个声音样本，它可以施加一些实时修改，比如根据距离进行衰减，或是采用随机或粒子的方式对可选择的样本进行组合，从而获得更多的变化。但这些技术都不能把一个对象内在的物理行为映射到它的声音上。与此相反，在视觉领域，图形都是关于连续动作的，都受到以物理为基础的各个参数流的控制。如果与传统游戏音频技术进行类比的话，一个基于事件的图形游戏将只能是一系列静态的照片，非常像 20 世纪 80 年代流行的 Myst 游戏。

基于样本的音频的种种局限

当前的游戏音频引擎技术在很大程度上都是为了处理这种"事件＋采样样本"方式而设计的。相应地，采样回放和后处理 DSP 被严格地从内在的物理引擎和图形渲染引擎中剥离出去。很多功能和方法都在谋求掩盖这种能力上的分歧。从软件工程的角度来说，游戏音频被糟糕地连接进来，并且是松散的。这样产生的问题很多，比如需要根据运动对齐音频循环，此时视频动作或音频动作会被限制成只能具有一个预先确定的长度，或是需要无穷无尽地寻找新方法来缓解"用随机因子从有限的数据集中提取采样样本"所造成的不断重复的声音品质。

22.3 传统游戏音频引擎的各种功能

接下来将对传统游戏音频引擎的各种功能进行一番快速的总结。其中的很多功能都与过程式方法相关，虽然它会用一种与用于采样样本时略微不同的方式。

切换

当一个对象开始活动时，不管是因为它进入了玩家的视野还是取得了相关性，该对象必须被激活。这可能牵扯到一个预取阶段，此时会从辅助存储器中加载一个声音库。虽然各种现代游戏的声音系统都有上百甚至上千个通道，但仍旧需要用一种切合实际的方式来管理单音的播放。与传统采样器中的多复音分配类似，游戏音频系统也会为各个声音设定优先级。那些落在某个幅度门限以下的声音（它们将被其他声音遮蔽掉）将被丢弃，并且包含波表重放代码的对象实例也将被销毁。激活可以通过游戏世界中的触发器或事件进行。

序列和随机化

复合的或相互连接的声音可以通过对各个片断编排顺序或随机选择来构建。这样的例子有脚步声、武器声等，它们在组合中都包含很多短小的单声或分立的分音。

混合

对采样数据进行交叉淡化和混合与在普通采样器中非常类似，对于撞击强度的力度交叉淡化与多样本采样的钢琴所进行的力度交叉淡化并无二致。例如，我们可能有五六个版本的关门声，即每增强一些力量就录制一个版本。在运行时，将根据这扇门关闭的速度选择一个合适的采样。

编组与母线

大多数游戏音频系统都加入了调音台，它与传统的大型多母线调音台非常类似，带有编组、辅助发送、插入效果和母线。用于音乐的数字调音台和用在游戏音频中的调音台的区别更多的是在于使用方法的不同。在传统音乐中,在混录一首曲子的整个过程中调音台的配置会大体保持不变,但在游戏音频中,整个调音台的结构可能会以一种动态的方式被快速地改变。游戏音频调音台的优势在于能够对整个混音系统进行毫秒级或样点级的准确的路由重配置,而且不出现爆音或信息遗失。

实时控制器

对任一特性进行连续的实时参数化可以被运用到一个声源上。对象的速度、距离、年龄、旋转甚或温度都是有可能运用的特性。目前,通常会把这些特性发送给滤波器截止频率或音高控制,因为对非合成声音进行动态实时控制所能控制的范围非常有限。

定位

从听感上考虑为玩家角色放置一个声音时,可以根据头传输响应对这个声音进行简单的声像定位或内部相位移动。角色的速度、方向以及传播介质(空气、雾、水等)都对"声音是如何被接收到的"有贡献,这与下面要说的"环境氛围(ambiance)"有密切关联。很多游戏主机和面向游戏的声卡都内置了专门的 DSP 处理程序,EAX 是其中的一种,它提供了易于使用的 API。

环境氛围

这是对定位的一种扩展,它通过把声音融入背景环境来创建出更为逼真的声音。把点声源或区域放置在环境中时,会对其施加混响、延时、多普勒频移和滤波。在接近周围大型对象或世界几何时会获得回声,所以,随着玩家在屋外穿过一片丛林进入山洞然后步入走廊或房间,各个声源会在此过程中获得自然的环境氛围。在玩家四处移动时,可以在各个环境之间使用快速的实时卷积或波跟踪进行内插。

衰减与阻尼

这是直接与距离连接在一起的,但也需要运用滤波器来模仿由遮挡声音的那些居间对象所引起的模糊(吸收)或材料阻尼。定位、环境氛围和衰减都是同一过程的各个方面,即把没有效果声的离散声源或有体积的区域放到一个听上去自然的混音中。

复制与对齐

如果我们暂时忘记爱因斯坦,并假设存在一个同步的全局时间框架,那么在一个多玩家的游戏世界中相互联网的各个客户就能像一支步伐一致的军队一样行进了。在现实中,各个客户做不到这一点。由于存在网络延时,他们更像是松散的人群,以非同步的方式相互跟随。服务器维护着一个权威的"世界视图",并把它广播给所有客户。这个数据可以包含新的对象和它们的声音,还包含带有时间标签的包,用以指示各个事件之间的相对(而非绝对)时间关系。这时必须对某些声音事件进行重新安排,把它们向前推(如果有可能)或向后退几毫秒,以使它们与视觉元素相对应。否则,网络数据包的顺序与时基抖动将扰乱事件之间的先后顺序以及相互的时间关系,使声音和图像脱节。在客户端运用可变延时进行内插,可以把各个声音对齐到正确的位置或状态上。

音乐对白和菜单

这些内容通常都会被专门处理,并且有它们自己的编组或子系统。对白通常会有几种语言版本可用,而且包含各种不同长度的句子,甚至有完全不同的语义结构。目前,动态变化或交互式的音乐是通过对多轨部分进行混音而得到的,混音根据反应游戏情绪状态的"音轨条"混合矩阵来进行。为了插入加强,可以覆盖上简短的音乐效果或"插播乐句(sting)",各个环境气氛也可以进行缓慢地相互混合,以产生多变的情绪。菜单声音需要一套单独的代码环境,因为它们存在于游戏之外,甚至当所有世界对象或关卡本身都已经被销毁时,这些菜单声音仍要被继续使用。

22.4 过程式音频的种种优势

延期的形式

由于采样样本的数据模型需要在平台上执行操作之前提前完成大多数工作,所以很多决定都是提前做出的,并且不能被更改。相反,过程式音频是高度动态化和灵活的,它把很多决定都推延到运行时再做出。数据驱动的音频使用预先分配的复音数限制或遮蔽优先级,但动态的过程式音频可以在运行时作出更灵活的选择,只要能够预测出执行代价即可。这意味着那些关键的美学选择可以在这一过程的后面进行,比如让声音混录师在最后的制作阶段用一个处于"游戏世界中"的调音台来工作，这与电影的混录非常相像。他们聚焦在那些重要的场景上，并为了获得最大的冲击力而重新混合音乐与音响效果的比例。在实时动态混音中，可以在正被玩家观察的一个对象上"设置焦点"，或是在一个需要被突出的重要角色身上"设置焦点"。

默认形式

从整体游戏开发的角度来看，它最有趣的优势也许是能够自动地生成声音。因为声音资源的增长是组合式的，虚拟世界不断增大的尺寸意味着为一个游戏生成足够的声音资源正变得越来越困难。从物理引擎以及模型的各种属性（比如材料、形状、速度等）衍生出来的过程式音频引擎可以自动提供各种声音。这并不是要赶走声音设计者，但它提供了一个"背景"，为所有对象提供了一套基本的默认行为。声音设计者可以由此出发，针对声音质量中很重要的那些特殊情况，挑选出关键场景或事件进行精雕细琢。这意味着不会有声音被意外漏掉，因为资源并不是捆绑在事件上的。

多样性

过程式音频进一步的优势还有多样性、独特性、细节的动态等级以及本地化的智能。先来看第一点，如前所述，一段录制好的声音能始终精确地以同样的方式播放，而过程式声音则能够与被施加进来的连续的实时参数进行交互。生成式音乐就运用了这一优势，这种音乐能改变音乐的动机、结构和平衡，以反映出情感上的各个维度，同时它同样适用于音响效果。子弹飞过或飞机推进器的声音能以一种无法用当前重采样或音高平移技术实现的方式来与物体的运动速度相适应。合成出来的人群可以突然鼓掌或尖叫，复杂天气系统中的风速可以影响降雨的声音，雨滴落在屋顶或落在水中的声音听上去是不同的，逼真的脚步声可以自动适应玩家走路的速度、地面的材质和倾斜度——这些动态的可能性实际上是无穷无尽的。我们很快就会考虑细节的动态等级，因为这与计算代价模型紧密相连，但它也与动态混音有关系，动态混音能够让我们根据游戏的各种变数来关注声音的混音。

可变的代价

播放采样样本数据具有一个固定的代价。这个代价与被播放的是什么声音无关，它始终需要同样数量的计算能力来完成播放。过程式声音具有可变的代价：声音越复杂，需要做的工作就越多。在受限制的条件下，过程式音频这种不断变化的计算代价是一种很大的优势，但这一点并不会立即显现出来。在只有几个声音的时候，采样回放的方法在代价与真实度上会大大超过过程式音频。但是，随着声音数量的增加，当不仅仅只有十几个声音的时候，采样播放的固定代价将产生消极影响。一些过程式声音是很难产生的，比如引擎声，而另外一些声音则极易产生且代价低廉，比如风声或火声。因此，我们在一个典型的声音场景中到达了这样一个点：过程式声音与采样回放的性能曲线相交，并且过程式声音开始胜过采样数据。动态的音频细节等级（Level of Audio Detail，LOAD）可以让这一点变得更为吸引人。

在对一个声音场景进行混音时，可以淡化远处或不相关的声音，通常用距离或雾化效果来完成它（通过一个简单的半径来设定），或是通过分区来衰减墙壁后的声音。一个采样声音在落到听觉或遮蔽门限以下之前，不管它被衰减的程度如何，它都会耗费同样的资源。有了动态 LOAD 技术，合成的声源可以在声音场景中适度地融入融出，同时产生一个变化的代价。我们可以运用各种心理声学和感知上的方法来构建出声音中那些最相关的部分（Fouad 等 1997），或是在一个频谱模型中挑选出不需要的各个频率（Raghuvanshi 和 Lin 2006）。对于一个复杂的声音场景，这意味着外围声音的代价会被降低到低于采样声源的程度。过程式声音开始胜过采样声源的这个魔法拐点出现在有几百个声源这样一种声音密度时。

动态 LOAD

我们可以不是简单地运用滤波器对录制好的声源进行衰减，而是巧妙地制作出一个过程式合成声音，让它在渐渐淡出至远处时使用更少的资源。假设有一个直升机的声音，在远处时，能够听到的声音仅仅是旋翼桨叶发出的"抽抽"声，但随着它逐渐接近我们，则能听到尾部螺旋桨和引擎的声音。类似地，流水的声音在近处是由若干正弦波组成的一个错综复杂的模式，但随着它淡出到远处，这些细节就被执行代价很低的噪声来近似替代了。关于感知的各种心理声学模型和 Gabor 关于声音的粒子理论表明，这是处理细节等级的正确方式。用较少的注意力制作声音将消耗较少的资源，这仅仅是从计算的角度看到的好处。它还能产生一种听感上更稀疏更干净的混音，没有那种由于对通道数量过多的采样音频进行叠加而产生的"灰粘（grey goo）"现象。LOAD 利用了音频压缩（比如 MEPG 层 3 编码）中使用的很多类似的原理。蜂群、有体积的范围、混合物以及具有因果联系的各种序列所使用的不同的行为模型可以充分利用临界频带和时域遮蔽。因为我们在运行时才会计算它们，所以可以考虑现场的动态或者其他限制因素，比如分帧、焦点、玩家任务、相关性，等等。

22.5 新游戏音频系统的种种挑战

尽管技术仍旧在不断发展，但重要的是要意识到现在没有一种音频引擎能够针对"为钢丝锯构造出完美的过程式音频"提供全部的必需部件。当前，Pure Data 和 Max 提供了最好的 DSP 开发环境，即使它们的运行调度程序可以被嵌入到游戏代码中，但它们也经历着种种限制，并且为了获得鲁棒性和灵活性都很高的实时游戏音频引擎，这些限制必须被解决。我们若要找到理想的系统，必须对一些相互竞争的基本原理进行仔细考虑。并行性、线程化、对象继承以及颗粒度等都是在本书撰写之际亟待解决的问题。Günter Geiger 的论文（Geiger 2006）是音频计算系统方面的一篇非常好的综述性文章。接下来我将简要提及一些更有趣的话题。

动态的图形组态

理想情况下，我们希望能够在运行中构建 DSP 结构图，能够对各个对象进行添加、删除、修改等操作，并且不引起爆音和信息遗失。如果必须在一个信号块完成计算之前移除一个对象并用另外一个对象替换它，那么就会有超限的潜在风险。一种方法是通过一个居间的交叉淡化对各个对象进行热交换。插入一个新对象 X，使它与我们想要替换的对象 A 平行。X 是包含 B（接替对象）的一个封套，但可以令它停用并释放封装代码，从而仅留下 B。一旦完成插入，那么根据线程 / 定时允许的情况，就会出现一个跨越多个音频块的信号交叉淡化，随后 B 的封套将被脱去。当 DSP 结构图变得越来越大时，就会产生问题。为了插入或删除一个节点，需要对整个图进行遍历和检索。在构建 DSP 调度程序时，有一些数据结构可被列入候选，比如指针的邻接矩阵、各种树结构以及链图。Pure Data 和 Max 都使用链式数据结构，因为这种方式在运行和设计时都很灵活，但链式数据结构

的遍历时间具有不可预测性，这意味着动态重配置是一个问题。

反常与漂移等偶发事件

在本机代码中，一个累积的相位器或很长的指数衰减包络会引起问题，此时浮点数最终会退化为**反常形式（denorm form）**。在很多处理器中，这将导致一个巨大的性能冲击，或者令程序完全锁死。从整体上说，到目前为止本书出现的各种对象都经过了良好的编写，能够连续运行数小时或数天且不出现问题。但是在编写 DSP 代码时并非总能采用既高效又安全的方法，所以需要对长时行为进行一些考虑。请记住，一些振荡器会在相位和准确度上有漂移，需要花些气力避免那些对此敏感的设计，并且要花时间进行恰当地测试，确保那些长时运行在周围环境中的关键点行事者不会退化。很多玩家会让游戏整天在运行，而那些用于世界模拟器的 VR 软件装置需要运行几个月最好是几年。最明显的方法是周期性地重置各个对象，但除非这种方法是内置在对象中的，否则唯一的选择只能是删除运行代码，然后再对其进行重新实例化。在一个庞大的 DSP 结构图中，如果必须对全图进行重建的话，那将是很头疼的，并且可能引起意想不到的爆音或信息遗失。有一种可行的方案：给所有对象一个有限但很长的生存期，在此时间之后，它们将淡出并自我销毁。几乎在所有合理的情形中，玩家不会期待每天不停地听到一个连续的声音。如果保存了一份对象列表用以说明在某一给定空间中**应该**或**可以**激活哪些对象，那么当玩家在这些对象附近活动时，就可以重新激活这些对象了。

自动代码翻译

我们已经看到，Pd/Max 是一种强大的设计平台，但如何能够获得脱离某一具体引擎而独立运行的代码？数据流算法的形式当然是吸引人的，它易于理解和移植，并且是用纯文本文件写成的一份网单。要想把一个声音对象设计转换成能够用在某一特定平台上的东西，需要对其进行重写，通常都写成 C++，这是很耗费时间的工作。FAUST 是一种很吸引人的工具，它为符号化 DSP 代数提供了一种中间形式，这种形式与数据流概念兼容，并且能够自动生成最优化的 C++ 代码。这里缺少的一步是把数据流直接翻译成 C++ 类，以提供多态对象继承。

嵌入一个 Pd 解释器

这是对我最有吸引力的解决方案。电子艺界（Electronic Arts）曾决定组成一个编程小组（Jolly、Danks、Saint Girons、Ajjanegadde、James），把 Pure Data 直接嵌入到一款名为 Spore 的游戏的音频引擎中。这让作曲家（Eno 及其他人）能够为该游戏谱写过程式配乐。Sony 的研发工作可能也会在未来的游戏主机设计中纳入 Pd。

插件

Audiokinetic 的 Wwise 引擎采用的方法是提供一个 VST 插件框架。VST 沿用已久，并且对于宿主运行合成代码来说，它实际上是一种业界标准。FAUST 可以为包括 LADSPA 和 VST 在内的一些架构自动生成插件，这些插件随后可以被加载到私有的游戏音频引擎中。把 Pd 作为插件纳入游戏音频引擎框架中也是一条吸引人的途径。

代价规格

在前文，可变代价作为一种优势被提及过，但它是一柄双刃剑：它也可以是一种缺点。与可变利率一样，它可以是朋友也可以是敌人，这取决于你的投资。因为制作一个合成声音的代价可能很难在执行之前预测，所以我们不知道如何分配资源。对其他动态内容制作方法来说这个问题也很常见，它需要我们要么提前猜测操作的代价，并仔细安排规划各种资源，限制运行时的代价，要么提出合适的方法，能够在资源耗尽的时候温和地降低声音质量，而不是突然崩溃。为各个对象分配最大代价并不困难，我们能为最坏情况合计出指令周期数。音频 DSP 代码很少会有不可预测的分支，事实上，这类代码基本上就没有分支结构，所以流水线式的系统往往能运转得极好。不过，有了细节动态等级以后，我们不能轻易地预测出代价的降低量，因为它们取决于运行时的动态。如果十个玩家全都突然决定要打碎建筑物中的窗户，那么声音颗粒的数量就会有一个突然的爆发，因此音频引擎必须要为资源数设定一个上限。

混合结构

有一种折中方法，就是重构这些程序，从而包含一个预计算阶段用于产生各种居间形式，这些居间形式在对象实例的整个生命期内都将保持不变。这种短暂的等待将替代当前的数据模型媒体的加载时间。当然，有些对象已经这样做了——比如波表振荡器，但声音对象设计者们应该对这种通用原则进行思考。在很多情形下，少量的预计算就能对内部的代码循环带来巨大的运行速度的提升。进一步推广这种方法，我们就得到了混合式过程 / 数据建模的概念。在低负荷周期里，通过离线处理的方式把预期的媒体填入到数据波表中，当对象进入到有效半径或在场景加载期间，会发生这种情况。当然，这会丧失一些行为上的优势，但得到了一个颇为公平的折中：把通过预计算得到的媒体与实时流混合在一起，得到了最佳的美学质量、代价和行为上的灵活性。

硬声音

有些情况下，不能期待过程式或混合式行为音频会提供多少优势——至少在接下来的十年中是如此，人声角色就是一个明显的例子。怪兽和生物是处于边界地带的情形，虽然我们会看到制作生物声音的一些基本原理，但它们还是对我们提出了挑战。逼真的模型可能依然代价高昂，在大多数情况下我们最好仍旧使用采样样本。不过，对于有生命的物体采用动态处理所带来的种种可能性让它成为一个吸引人的研究领域。音乐也是一种有趣的情况，在动态游戏音乐方面已经有了很多研究。一些人相信这种音乐将产生没有感情的二维结果。虽然现在有很多作曲算法技术存在，音乐中的种种规则也可以被公式化成代码，但真人作曲家为解读和增强一个场景时所带来的人类创造力仍旧是无法替代的。就像很多音响效果一样，实时计算的角色可能会产生"第二层"音乐背景，同时让真人作曲家制作出主要的特色。

22.6 参考文献

书籍

[1] Boer, J. (2002). *Game Audio Programming*. Charles River Media.

Boer J. 游戏音频编程 . Charles River Media 出版社，2002.

[2] Brandon, A. (2004). *Audio for Games: Planning, Process, and Production*. New Riders.

Brandon A. 用于游戏的音频：规划、处理和制作 . New Riders 出版社，2004.

[3] Collins, K. (2008). *Game Sound: An Introduction*

to the History, Theory, and Practice of Video Game Music and Sound Design. MIT Press.

Collins K. 游戏声音：对视频游戏音乐和声音设计的历史、理论与实践的入门介绍，MIT 出版社，2008.

[4] Marks, A. (2001). *Game Audio: For Composers, Musicians, Sound Designers, and Developers.* CMP.

Marks A. 游戏音频：写给作曲家、音乐人、声音设计师和游戏开发商 . CMP 出版社，2001.

[5] Wilde, M. (2004). *Audio Programming for Interactive Games.* Focal Press.

Wilde M. 交互游戏的音频编程 . Focal Press 出版社，2004.

论文

[6] Fouad, H., Hahn, J. K., and Ballas, J. (1997). "Perceptually based scheduling algorithms for real-time synthesis of complex sonic environments." George Washington University and Naval Research Laboratory, Washington, D.C.

Fouad H.，Hahn J. K.，Ballas J. 用于复杂声音环境的实时合成的各种基于感觉的调度算法 . 乔治华盛顿大学和海军研究实验室，华盛顿特区，1997.

[7] Geiger, G. (2006). "Abstraction in computer music software systems." University Pompeu Fabra, Barcelona, E.S.

Geiger G. 计算机音乐软件系统中的抽象 . 庞贝法布拉大学 . 西班牙：巴塞罗那，2006.

[8] Raghuvanshi, N., and Lin, M. C. (2006). "Interactive sound synthesis for largescale environments." Dept. of Computer Science, University of North Carolina at Chapel Hill.

Raghuvanshi N.，Lin M. C. 大尺度环境的交互声音合成 . 北卡罗莱纳大学计算机科学系 . 查布尔希尔，2006.

在线资源

Collins, K. "游戏声音"，http://www.gamessound.com。

Kilborn, M.，http://www.markkilborn.com/resources.php。

Young, K.，http://www.gamesound.org。

第四部分　实战

第四部分　实战

第23章

实战介绍

> 路是走出来的。
> ——非洲谚语

实战中的合成声音设计

一旦完成了接下来的三十几个练习，你就应该能够从一些基本原理出发处理大部分声音设计问题了。没有哪套练习敢奢望为设计者穷举出每种可能性，所以我挑选了一些常见的实例，这些实例在它们所属的大类里都具有典型性，以此为基础你可以进行更进一步地研究和试验。大体上，每个练习的难度在逐渐增加，后面的练习往往会假设你已经完成了前面的练习。这些练习被分成了下面一些类别。

人工的

这类声音在真实世界中没有对应物，它们通常都可以用一种正式的详细说明来描述。这类声音包括电话拨号音、警报声和指示器的声音。

自然力

这些声音是由自然界中的各种能量动力系统产生的，比如风、雨、雷电和火。

非膜质打击乐器

这类声音包括刚体碰撞或各个活动部分之间不会改变尺寸或质量的非线性相互作用。这类声音由摩擦、刮擦、翻滚、撞击、碾压和破碎等产生。

机械

机械把非膜质类扩展到具有多个活动部分的复杂的人造设备上。这类声音包括发动机、风扇、推进器、引擎和车辆等。

生命

最复杂的声源是有生命的物体。它们的材料组成和控制系统对建模提出了巨大的挑战。这类声音的例子有鸟、昆虫和哺乳动物的声音。

大破坏行动

这里我们研究的是高能量高速度的声音，对于这类声音，日常的声学理论是无能为力的。这类声音包括各种超声波对象，比如子弹、冲击波和爆炸声。

科幻

最后这个部分是对设计者创造力的挑战，并练习隐喻、明喻和暗指等概念，从而为非真实对象召唤出幻想中的音响效果。

实战系列——人工声音

见素抱朴。

——老子

人工声音

这个系列中的各个章节考察的是那些在真实世界中没有对应物的声音。此时，我们指的是类似于电话蜂鸣声、警报声或电子按钮激发的声音。它们都是些简单的声音，之所以有趣，是因为能够根据某个详细说明来生成它们。这说明了一点：如果给出一个详细全面的规格说明，我们不需要更复杂的分析阶段就能迅速进入实现阶段。有时候，这个详细描述会作为标准文档被出版，另外一些时候，可以通过简单的分析很容易地获得一个模型和方法，如实战中第一个练习所示。这是一个很好的起点，因为每个声音都可以用简单的技术被合成出来。

实战

以下为难度递增的五个实战练习：

- 人行横道：一个简单的蜂鸣声。引入基本的分析与合成。
- 电话铃音：利用详细说明制作更为复杂的振铃音。引入观察者的视点和能量分析。
- DTMF（双音频）铃声：根据精确的规格描述来制作。考虑代码重用和简单的界面构建。
- 警报声：研究警报和指示器的声音。这里引入了功能规格说明的概念以及声音的含义（语义）。
- 警笛：更为复杂的电声示例，带有更多的分析与合成。探索了通过不同的合成方法进行数据缩减的想法。

第 24 章

实战 1——人行横道

24.1 目标

在这个实例中，将构建一个在英国的人行横道上使用的简单的蜂鸣声，并介绍一些基本的分析过程。我们将讨论这个蜂鸣声的设计以及目的，并发现它之所以用这种方式发声的原因。

24.2 分析

这个实例是受到了 Yahoo 声音设计邮件列表中的一个讨论的启发，当时一位电影制作者想要一种特定类型的对于英国十字路口的信号声。作为一种人工的、

众所周知的声音，它是由政府的标准文件给出的。不过，获取这个声音的一份音频样本对我来说很容易，因为我就住在一条主要街道的旁边。这段录音是在距声源 3 米远的地方录制的，如图 24.1 所示。请注意这里包含了由汽车引擎和一般的街道声音所构成的背景噪声。这里有三点让我们感兴趣：蜂鸣声的出现时机，蜂鸣声的频率，以及这个信号的波形。让我们从测量出现时机开始。图 24.2 所示的横轴被缩放到秒，所以一个蜂鸣声持续 100 ms，随后的静音时间也是 100 ms。我们称开启时间与关闭时间之比为这个信号的**占空比**（**duty cycle**）。在本例中，占空比为 1:1，有时候它也用开启部分的百分比来表示，因此本例的占空比为 50%。

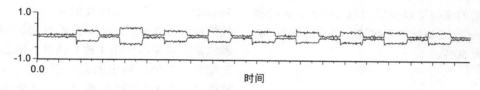

图 24.1　在一条繁忙的街道附近录制的人行横道的蜂鸣声

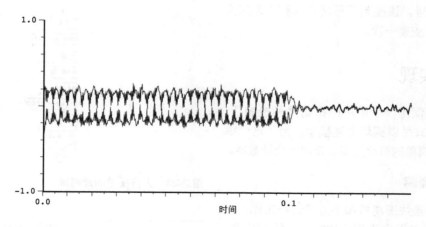

图 24.2　测量蜂鸣声的定时模式

接下来，我们希望搞清楚关于波形的一些情况。有经验的耳朵能对 5 kHz 以下的频率进行很准确地估计。我估计这个声音在 2 kHz 附近，但让我们看看频谱分析是怎么说的。从图 24.3 所示的频谱图中立即可以看出有一个很强的频率。图的右侧给出的那列数字

被称为**峰值列表（peaks list）**，它给出了在频谱低端出现的一些微弱的频率，这些频率可能源自于来往车辆的喧嚣，主要峰值位于 2.5 kHz。我们也可以从频谱图中看出：这个蜂鸣声并没有任何其他显著的谐波[①]。

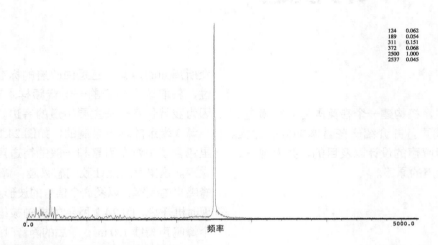

图 24.3　从人行横道声中提取的一个蜂鸣声的频谱图

24.3　模型

因此，我们的模型可以被简洁地总结为：人行横道的信号声是一个 2.5 kHz 的正弦波，持续时间为 100 毫秒，占空比为 50%。

24.4　方法

我们将使用一个 2.5 kHz 的正弦波振荡器，并对其乘以一个控制信号，该控制信号将在 0 和 1 之间交替变换，每 100 ms 变换一次。

24.5　DSP 实现

即使我们决定使用一个简单的振荡器和控制门，也有几种其他的方式可以实现上述模型。为了这个练习，我将引入一种简单的解决方案：使用一个计数器。

由计数器控制的蜂鸣

图 24.4 所示的接线图将按如下方式进行工作：一个开关激活一个具有固定周期（100 ms）的节拍器，每秒会发送十次 bang 消息到浮点块的热输入口，该浮点块被接成了一个计数器，其计数增量为 1，这个

计数器将无限向上计数。对计数器的输出进行模 2 运算得到交替出现的 0 和 1，因为 2mod2=0，3mod2=1，4mod2=0，等等，由此我们可以通过 sig- 得出一个音频信号作为调制器。频率设置为 2500 Hz 的正弦振荡器的输出被乘以那个 1 或 0 信号，然后用 0.2 进行固定缩放，以便让输出的音量弱一些。这个声音同时被送到了 DAC 的两个声道上，请确保打开 compute audio。通过激活开关来启动节拍器，你应该能听到一个规则的蜂鸣声。

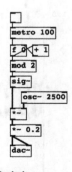

图 24.4　人行横道的蜂鸣声

---

① 对频谱图进行放大以后能看到在 5 kHz 和 7.5 kHz 处分别有微弱的频率成分，这表示了该声音存在一点点失真，但在这里我们将忽略这些频率成分。

24.6 结果

源：http://mitpress.mit.edu/designingsound/pedestrian.html。

24.7 结论

通过对录音进行分析，我们提取出了有用的数据。可以通过对一个恒定纯音进行开和关的调节来得到简单的指示器声音。

局限性

有一个问题是关闭节拍器并非总能让这个声音停止。如果计数器在被关闭的那一瞬间状态为1，则它仍将保持1，这会让蜂鸣声持续发声。这个结果也有些不准确。真实的人行横道蜂鸣声会由于换能器而引起一些谐波失真，同时会由于生硬的声音切换而出现突然的起音瞬态信号，并且还会由它安放的架子产生共振。

实际设计中的种种考虑

对蜂鸣声的开关切换会在每个声音脉冲的开始引起一个爆音，在本例中，这是我们所希望的。为了搞明白这一点，请考虑这个声音的其他特征。为什么选择2.5 kHz？一条道路有两侧，至少有两个蜂鸣器在帮助视障行人（或是在明亮的阳光下有视力的人）。一个错列的交叉路口会有多个蜂鸣器，出于安全原因的考虑，我们需要知道哪个蜂鸣器处于活动状态。选择2.5 kHz是经过深思熟虑的，它在频率上足够高，能够轻而易举地被人耳定位，但又不会太高以至于让老年人听不见。回忆一下：尖锐的起音能让一个声音

易于被定位。在实际应用中，需要安装换能器使这个声音尽可能地处在交叉路口，并尽可能轻松地使用IID（两耳强度差）线索进行定位。所以频率与调制方法的选择并不是偶然的。

与详细描述的背离

录制回来的蜂鸣声与详细说明文档并不是严格匹配的，它划定了一个允许范围而非精确的数值。占空比和调制频率得到了正确地匹配，但给出的蜂鸣声频率为1 kHz，而测出的频率接近2.5 kHz。

24.8 练习

练习1

录制并分析另外一个简单的指示器声音。你可以试试微波炉定时器的声音，或是简单的电子门铃的声音。为这个声音详细列出一个模型，并尽可能好地把它合成出来。

练习2

当你下一次路过一条大型的城市街道时，请聆听这些声音。对于交叉路口信号声的音调、方向性以及定时模式，你都注意到了什么？你认为这些东西如何有助于实现道路安全？

24.9 参考文献

UK Highways Agency (2005). *TR2509: Performance specification for audible equipment for use at pedestrian crossings.*

英国高速公路局 . TR2509：用于人行横道的可闻设备的性能详细规范，2005.

第 25 章

实战 2——电话铃音

25.1 目标

在这个实例中，我们对详细规格进行研究。有时候，你能拿到需要的每样东西，此时重要的任务就是尽可能忠实地实现它。假设你已经接收到了下列场景的一份脚本。

间谍 1：拿起电话（**音效：从听筒传来拨号音**）。

间谍 1：拨号（**音效：从听筒传来振铃音**）。

间谍 2："你好，我是 Badger。"

间谍 1："我是 Fox。狗已经拿到骨头了，海鸥今晚起飞。"

间谍 2："很好，Fox。现在美国人将为他们的欺骗付出代价……请别挂断……"（**音效：滴答声——电话突然断了**）

请为打电话时从听筒传出的电话铃音创建音响效果。

25.2 分析

这些声音是从电话听筒中听到的。前两个声音对应的是电话系统中不同的呼叫状态，它们发生在通话双方准备通话并且电话交换系统接通一条语音链路之前。拨号音是一个恒定的低频振颤声，它表示系统已经做好准备，随时可以拨打电话。通常，在拨号音之后都会开始拨打电话号码，要么通过 DTMF 音[①]完成，要么通过脉冲拨号完成。如果电话号码被交换局识别出来，那么振铃音就会出现。这是一个音调更高的、中间有中断的铃音，它发生在拨完电话号码与对方开始接听之间。

25.3 模型

这些信号实际上都是电子的。标准文档对这些声音进行了详细规定并给出了理想模型，所以在模型方

---

① DTMF 音将在后面一个实战实例中研究。

面没有什么需要做的，只需要实现这个给定模型即可。铃音的详细描述在 CCITT 关于电话的标准中进行了如图 25.1 所示的解释。

铃音名称	频率	调制	目的
拨号音	440Hz + 350Hz	连续的	表明已经做好了接听准备
振铃音	480Hz + 440Hz	开2秒，关4秒	表明对方的电话在振铃

图 25.1　电话呼叫中的各种信令音

观察点

这是研究"观察者"这一概念的一个很好的例子。听者听到的声音与理想模型之间有什么差别？在上述脚本中，有三种可能的场景没有得到解释。我们可以通过 Fox 的耳朵听，并且能与他的联系人通话。我们将通过电话听筒听到声音，这个声音很大也很近。作为另一种选择，这个音频场景也可以利用与 Fox 在同一个房间的第三人称视角来观察。我们将听到 Fox 带有房间声学特性的讲话，但 Badger 的声音以及拨号音都是纤细的、遥远的，并且是经过滤波的。最后，我们还可以"缩小"画面，揭示出特工 Smith 正在通过电话窃听器进行监听。从他的视角来看，这些信号是直接从电话线传过来的，因此双方的话音和信令音都是处理过的。对于本例，我们假设从第一个间谍 Fox 的视角进行聆听。

25.4 方法

我们通过正弦波的叠加来构造这两个信令音。每个信令音都有两个频率，所以工作起来很容易，我们将用 osc~ 对象来做这件事。为了让振铃音出现断续，需要在消息域中用一个低频控制信号对其进行调制。接下来我们要为电话线和电话听筒构建一个粗糙的模型，用 clip~ 和 bp~ 添加失真和带宽限制，然后通过它来聆听拨号音和振铃音。

25.5 DSP 实现

首先创建一个正弦波振荡器 osc~ 对象。把它的第一个也是唯一一个创建参数设置为振荡频率 350 Hz。现在使用 CTRL+D 复制这个对象，并把复本放在这个振荡器旁边。把复本振荡器的频率改为 440 Hz。把这两个振荡器连接到同一个 +~ 的不同输入口上，即把这两个信号显式地加在一起。请记住，多个信号可以被隐式地加在一起，所以该接线图不使用 +~ 对象也能完成工作，但清晰地呈现出发生的事情是一种好的工作方式。为了把该信号缩放到一个合理的聆听电平，我们对其乘以 0.125。最后把它连接到 DAC 的两个输入口上，你应该就能听到拨号音了（见图 25.2）。在固话系统中，铃音是局端产生的，而不是由听筒本身产生（移动电话则是由听筒本身产生的），因为这些铃音是信令协议的一部分。因此，我们的观察点位于某一信道或电话连接的末端，通常这是一条距离非常远的电气连接，因此与理想状态相去甚远。而且，这个信号还要通过电话听筒的换能器来收听，这是一个具有有限频率范围的小扬声器。电话线以及电话听筒的这种组合将对这个信号产生什么影响？对于电话线路的全面分析是一件非常复杂的事情，涉及电话线的电感、电容和电阻，我们并不需要做这件事，因为我们仅仅是在做一个近似。通过电话线传输带来的效果就是带来一些失真、损失一部分频率以及对其他某些频率有所强调，知道这些就足够了。电话线和电话听筒的作用就像是一组级联的带通滤波器。

图 25.2　CCITT 的拨号音

一个输入口和一个输出口通过一系列部件被连接在一起，这一系列部件粗略地模拟了电话线和电话听筒。图 25.3 中的子接线图作为 **pd tline** 出现在后续实例中。首先通过使用 clip~ 引入一些失真，这将展宽频谱，引入奇次谐波，并在两个原始频率上引起一些损失。接下来我们用一个中心位于 2 kHz 的谐振滤波器模拟电话线的限带效果。两个原始频率都在这个滤波器的频响范围之内，但我们感兴趣的是这个电话线滤波器对于由失真引起的额外谐波所产生的影响。接下来加入了小扬声器的一般效果。我们感兴趣的这些声音在 400 Hz 附近，所以应把滤波器的中心频率放在此

处并移除所有低频。在这个扬声器里也会产生一些失真，我们将并行地加入这种失真。

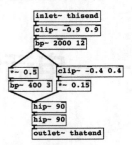

图 25.3　对于传输介质的近似

现在，可以把这条电话线用在拨号音那个接线图上了。参看图 25.4，我已经让拨号音乘以了一条值为 1 或 0 的消息，用以切换拨号音的开或关。作为试验，请尝试一下让 *~ 接在电话线的**后面**。你注意到这种改变在切换铃音时出现的细微差别了么？当电话线与听者相对的另一端被切换时，突然的断线会导致整条通路出现一个高频脉冲。电话线对其自身声音的作用就像一个谐振器一样。振铃音和忙音的接线图如图 25.5 所示。它们都是与拨号音非常类似的频率对，但使用不同的调制定时。请把它们搭建出来，听一听效果，并根据 CCITT 的文档检查它们的定时和频率。

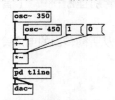

图 25.4　经过电话线以后的拨号音

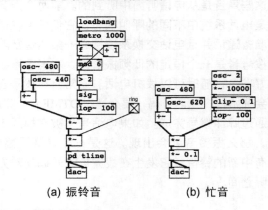

(a) 振铃音   (b) 忙音

图 25.5　更多的信令音

老式脉冲拨号器

在 DTMF 技术出现之前，电话系统使用的是脉冲拨号。电话机不是发送一个纯音给交换局，而是发送一系列脉冲。这种声音的特征由下述问题的答案来决

定：这个能量是从哪里来的？对于现代的蜂窝电话，能量来自于电话机；对于老式的脉冲拨号电话机，能量来自于电话交换局，它沿电话线发送电流，这个电流从电话线的另一端返回，同时携带话音信号，从而构成了一条电路回路。远端开关电流的声音就是我们所说的这个电路的**冲激响应（impulse response）**。在后面章节中考察物理实体的各种激励方法时，我们会看到，一个冲激就等同于击打某物。

老式的转盘拨号器会令这条与交换局连接的线路中断或联通。除了在起点和终点以外，这些短脉冲是直流信号，它们没有频率，在起点和终点它们是阶跃脉冲。在每条连接上，电流都会沿电话线从局端流出，并最终流回局端。因此，模拟脉冲拨号电话的这个特征声音几乎完全取决于电话线和电话机，即这条数公里长的铜缆的特性以及这个小塑料盒子的特性。在图 25.6 中，一条数值为 1 的消息被发送给节拍器，将其打开，该节拍器的周期为 100 ms。同时，一个延时对象会被安排发送一条 bang 消息，延时的时间等于输入消息所带数字乘以 100 ms，这条 bang 消息将关闭节拍器。所以一条数值为 7 的消息将令节拍器打开 700 ms，而节拍器将发送 7 次 bang 消息。`metro` 发出的每条 bang 消息都被一个触发器复制，并被 `delay` 延时，从而产生一个 40 ms 的脉冲。这是对典型脉冲拨号器占空比的一个近似。`+ 1 ⊳ == 0` 是触发电路一种习惯的接法，它的初始状态为 0。它将像一个只能计数 0 或 1 的计数器一样动作，所以这是我们先前使用的计数器以及模 2 运算的一个浓缩版本。

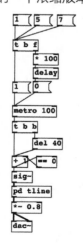

图 25.6 脉冲拨号

25.6 结果

源：http://mitpress.mit.edu/designingsound/
phonetones.html。

25.7 结论

这些声音可以**被定义成**存在的声音，因为这是一个物理过程。它们可以通过精确的规格说明给出。电话的拨号音和振铃音是完全合成的、人工的东西，但是，我们应该把能够影响这个声音的所有真实的物理的处理过程都考虑进来，比如电话线的电气影响以及电话机的声学特性，观察点和居间处理过程与模型中的能量源有关。这里我们对一系列失真和滤波器的物理效果进行了近似。

25.8 练习

练习1

把本实例中的所有音响效果组合起来，制作一个完整的"音频场景"，包括拿起电话听筒、听到拨号音、拨号以及振铃音（或忙音）。

练习2

对处在旁边的听者听到的远端挂断电话的咔哒声进行精细地改进。请找到希区柯克的一些电影，听听里面对于这种经典的电话挂断声的声音设计。

练习3

电话线上的噼啪作响声是由什么引起的？如何给电话线模型加入这些声音作为一种效果？

练习4

创建一个声音，实现 2600 波特率的调制解调器的拨号、建立载波并传送数据的过程。

25.9 参考文献

"Technical Features of Push-Button Telephone Sets." (1988) In *CCITT Volume VI: General Recommendations on Telephone Switching and Signalling*. International Telecommunication Union. (AKA the "blue book.")

按键电话机的技术特征 . CCITT 第六卷：电话交换与信令的通用建议标准 . 国际电信联盟（也被称为"蓝皮书"），1988.

第 26 章

实战 3——DTMF 拨号音

26.1 目标

使用"双音多频（Dual Tone Multi Frequency）"调制机制构建一个电话拨号器。这个拨号器有一个袖珍键盘，包含 16 个按钮：十个数字从 0 ~ 9，四个字母 A、B、C、D，两个特殊符号 # 和 *。每次在拨号器上按键都将根据所按键发送一个时长 200 毫秒且符合 CCITT/DTMF 标准的拨号音。

26.2 分析

通过研究 CCITT 的标准，可以看出电话拨号或地址信令部分是如何使用音频的。每个铃音都是从 8 个频率中挑出两个频率构成的，这 8 个频率是专门挑选出来的，因为它们在一个有噪的音频带宽线路中不发生相互影响[①]。详细的规格说明描述了一些限制条件，比如 DTMF 拨号音的持续时间必须为 50 ms 或更长。各个数字之间的最小时间间隔为 45 ms，最大为 3 s。如图 26.1 所示。

	1209Hz	1336Hz	1477Hz	1633Hz
697Hz	1	2	3	A
770Hz	4	5	6	B
852Hz	7	8	9	C
941Hz	*	0	#	D

图 26.1 DTMF 拨号音

26.3 模型

同样，这里还是没有物理模型，信号本身都是电

子的。它们由一份标准文档详细规定，这份文档给出了一个理想模型，所以我们仍旧不需要考虑模型的问题，我们只需要把技术规格文档中的内容尽可能忠实地复制出来就好了。

26.4 方法

首先构建一个子接线图，产生一对拨号音。使用若干消息块创建一个查找表，把各个按键映射为一套拨号音对。然后添加一个袖珍键盘，利用查找表的表项激活各个振荡器，并操作一个控制门来切换它们的开和关。

26.5 DSP 实现

图 26.2 顶部的这些消息块代表了一些测试频率和两条控制消息。这些测试频率是一些数对构成的列表——即用赫兹表示的两个拨号音的频率，这些列表被拆包并发送给两个单独的正弦波振荡器。这两个振荡器信号的和与一个线段发生器产生的控制信号相乘。图顶部右侧的两条消息是 { 目标，时间 } 对，用来迅速地（在 1 ms 之内）把线段发生器的状态改变成数值 1.0 或改变回 0.0。请尝试一下切换信号的开和关，并选择不同的频率对。如果我们能控制这个接线图选择了正确的频率，并让它在按下一个按键时切换拨号音打开然后关闭，那么这个工作就基本完成了。让拨号器工作所需的每样东西都在图 26.3 中显示出来了。袖珍键盘上的每个按键都有自己的**发送符号**（send-symbol），它被设置成众多接收目标（用 $0-n 标记）中的一个。在下面的查找表部分，有一个对应的接收对象用于获取各条 bang 消息，并把拨号音对的列表传送给目标 dialme。dialme 接收到的各条消息被拆包并馈送给两个振荡器。我们先触发一条消息令线段发生器打开，在经过 200 ms 的延时以后，又有一条消息被送出，让该线段发生器归零。最终的高通滤波器将移

---

① 除非混合两个信号的这条信道是线性的，否则我们就会得到交调失真，即在各个输入频率的整数倍的相互组合处会出现新的乘积。挑选出来的 DTMF 拨号音能够做到即使在严重失真的电话线路上，这些人工声音也不会与可识别的其他频率相混淆。

除所有多余的低频成分。

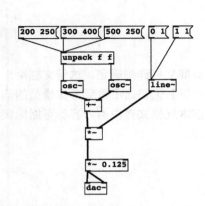

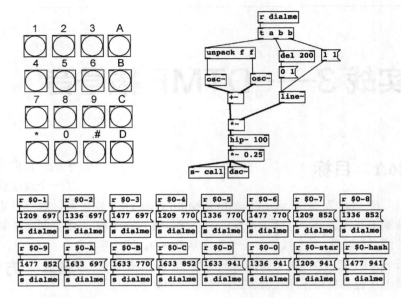

图 26.2　双音拨号信号　　　　　图 26.3　袖珍键盘和表格

26.6　结果

源：http://mitpress.mit.edu/designingsound/dtmf.
html。

按下任何按钮都将根据标准的 DTMF 拨号音产生一个相应的短蜂鸣音。

26.7　结论

存储在各个消息块中的列表可以作为一个查找表来驱动几个振荡器。通过这种方法，我们可以把这两个相同的振荡器重用在所有 DTMF 拨号音上。袖珍键盘界面是这样制作的：把每个 bang 按钮的 send symbol（发送符号）属性设置到某个消息目标上。

26.8　练习

练习 1

试着使用 key 对象（如果在你的系统上能用的话）来获得计算机键盘上的按键信息，并用它们触发各个 DTMF 拨号音。

练习 2

为什么要严格地选择这些特定的频率？请对传输理论（传输线传播）和信号失真进行一些研究，并假设这些拨号音是在一条带有噪声的很糟糕的电话线上传播的。你如何能改进这个设计，让它更可靠？

练习 3——高阶练习

你将如何设计一个解码器以把这些音频信号转换回数字？

26.9　参考文献

"Technical Features of Push-Button Telephone Sets." (1988). In *CCITT Volume VI: General Recommendations on Telephone Switching and Signalling.* International Telecommunication Union.

按键电话机的技术特征 . CCITT 第六卷：电话交换与信令的通用建议标准 . 国际电信联盟，1988.

第 27 章

实战 4——警报发生器

27.1 目标

构建一个警报音，能用于门、电话或移动设备的各种报警或警告。这个声音的目的是传递具有不同含义以及不同紧急程度的信息。在一定范围内它应该能够产生各种警报声，每种声音都有明确独立的个性，但它的结构应该足够简单，只需使用少数几个对象。

27.2 分析

这个练习的一个训练点是从模糊的规格描述出发理解声音设计。有时候我们不能对一个现有的声音进行分析，因为根本就没有这样的声音存在并且也没有具体的详细规格可以依据。我们将要做的是开发一种灵活的音调发生器，能够用它来探索心理声学那一章中的种种概念，然后用它产生一些具有特殊特征的声音。我们知道，一些声音序列是非常引人注意的。一个有规律的序列要比一个无规律的序列更合意。调制周期可以表示出紧迫程度。有旋律的且有谐和关系的序列要比那些不谐和的序列更让人满意。有些声音频谱则更烦人或更容易吸引注意力，而另外一些声音频谱则会产生一种幸福快乐的感觉。请想一想航空客机上使用的那个柔和的"当"声。一声"当"——请系紧安全带。两声"当"——为了起飞请再次确认。三声"当"——我们都要去死了。不管这些含义是什么，这个声音是圆润的、友善的。

27.3 模型

同样，我们还是要构建电子声音，所以这里仍没有物理模型。我们能自由地设计我们喜欢的任何声音，只要它能达到所描述的目标即可。因此，这个模型完全基于目的和分析，一套目标以及一些心理声学原理。我们将构建一个能够编写简单音序的接线图，它使用的是 0 ~ 2 kHz 之间的简单纯音。它将能产生出简短的旋律，这些旋律具备可变化的频谱，以表现不同的特征。

27.4 方法

振荡器将作为信号源。每个纯音都有其自己的振荡器，这些振荡器之间的切换将通过调制来完成，即对每个源乘以一个控制信号。

27.5 DSP 实现

LFO 控制的警报声

这里采用另外一种方法来实现我们在人行横道蜂鸣声中完成的工作。在信号域中工作的低频方波振荡器（LFO）用来调制一个正弦纯音。

图 27.1 所示的接线图使用了两个正弦波振荡器。一个是 800 Hz 的声源，它被抵达乘法对象右侧输入口的控制信号所调制。LFO 由四个对象构成。首先我们用一个 2 Hz 的正弦波（周期为 0.5 s）乘以一个很大的数，然后再对其进行削波，让它回到 0.0 ~ 1.0 的范围中，所得结果就是一个在 0.0 和 1.0 之间快速移动的方波，它与正弦振荡器具有相同的频率。为了移除尖锐的边缘，图中使用了一个低通滤波器，它的斜率为 0.014 s（该滤波器在 70 Hz 处截止），这将对幅度进行更为柔和地开关切换，并能避免突发的爆音。

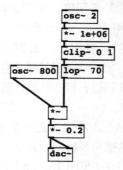

图 27.1　警报声 2

双音警报

如果控制信号有两种状态，那么，用另外一个乐音替代静音肯定就非常容易了，这可以通过使用一个信号的补数来实现。因为我们的控制信号（a）处于 0.0 ～ 1.0 之间，所以它的补数为 1 减去原始信号（记为 1-*a*）。我们可以使用 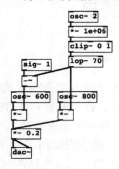 和 来做这件事。当 LFO 的输出为 1.0 时，它的补数信号为 0.0，反之亦然。

在图 27.2 所示的接线图中，我们使用了同样的 LFO（周期为 0.5 s）和低通滤波器，以给出一个柔和的过渡。这一次，两个正弦振荡器提供的信号位于 800 Hz 和 600 Hz 处。每个正弦被连接到一个乘法对象上，其中一个正弦直接被方波所调制，另外一个正弦则被 LFO 信号的补数所调制。两者相加以后乘以 0.2。当 LFO 的输出为 1.0 时，800 Hz 信号被乘以 1.0，并被传送至输出，而 600 Hz 信号则乘以 0.0（1-1=0），因此不会被听到。在相反的状态下，800 Hz 的正弦信号乘以 0.0，600 Hz 的信号乘以 1.0（1-0=1），此时我们听到的是 600 Hz 信号。

图 27.2　警报 3

三音警报

这一原理可以被扩展至任意数量的源。两个乐音被限制为一个 ABAB 交替式的效果，不过我们也知道通过乘以零可以创建出静音。那么，在理论上，我们可以创建出具有三个元素的序列，比如 A - BBB -（这里的"-"表示一个静音），这样就会产生一个短 A 和一个长 B，两者中间用相等的静音间隔。为了暗示出升高或降低的模式，我们必须引入第三个音高 C，并让 A>B>C 或 A<B<C 这样的关系存在。在图 27.3 中，有两种方法可以实现这一点。第一个例子扩展了我们早先在消息域中的方法，我们不再进行模 2 计数，而是对数字除以 3，按 0、1、2、0、1、2……计数。三个 对象中的每一个在判别条件相匹配时都会产生一个单独的 1，而在不匹配时产生 0。这被用来打开或关闭三个正弦振荡器中的一个。第二种方法 [见图 27.3（b）] 在信号域中工作，在幅度上对相位器信号乘以 3，然后用 clip 对象把它分

成三段，这样我们就以一个相位器的代价产生了三个小相位器。减掉分割点可以让每个相位器的开始幅度回到零。每个相位器都会在前一个相位结束后及时开始。我们把这种做法称为"**分割相位**成三份"。每一份都可以当作一个单独的控制信号来使用，用于调制一个振荡器的幅度。最终结果将是有一系列带有淡入的乐音，但通过缩放、平移，并且取每个相位的余弦值，我们就得到了一些平滑的"小圆丘"（半个正弦周期），每个乐音都能很好地流入下一个乐音中，并且不会产生爆音。

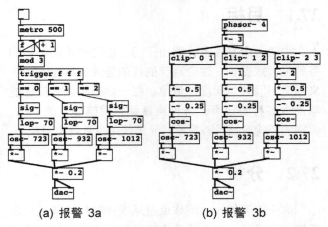

(a) 报警 3a　　　　(b) 报警 3b

图 27.3　制作三音警报的两种方法

多音警报

请听一听图 27.3 中的警报声，并尝试改变其中一些数值。你应该能够得到一些颤音和一些升高或降低的声音序列。接下来我们把这个接线图扩展成一种更为灵活且可编程的生成器。

首先对各个振荡器进行修改。到目前为止，我们已经使用过的是具有单一频率的正弦波，但我们实际上想要一个具有不同频谱的声音调色板。多警报发生器的三个部分如图 27.4 所示。观察最左侧的子接线图我们可以看到波形整形的一种应用。

从旧声音得到新频谱

参照图 27.4（a）并回想：我们可以把正（余）弦波形函数表示为 $x=\cos(\omega t)$，其中 ω 为角频率，t 为时间。这是我们在前面练习中使用的熟悉的单频正弦。把另外一个余弦函数施加到这个波上，我们得到 $x=\cos(\cos(\omega t))$，这将产生一个更为丰满的声音，其谐波列为 2ω、4ω、6ω、8ω……再回想一下，对余弦相移 90° 将得到正弦，这一操作可以通过在相位上加入 0.25 的小偏移量来完成。这个新的波形整形函数 $x=\sin(\cos(\omega t))$ 将给出另外一个谐波列 ω、3ω、5ω、7ω……当偏移量为 0.125（即位

于 0.0 和 0.25 的正中间）时，将给出奇次谐波和偶次谐波的混合物。所以，我们现在有了一种改变振荡器频谱（音色）的方法，让其在中空的且类似方波的声音与明

亮的类似弦乐的声音之间变化。请注意，从全奇次谐波变到全偶次谐波等价于音高跳升了一个八度。完成这一结构的子接线图被命名为 pd cosc。

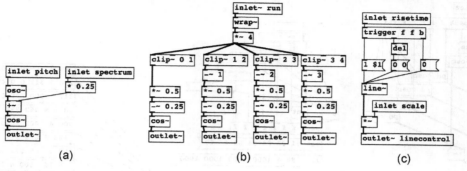

图 27.4　多警报的各个成分

四相折回振荡器

　　图 27.4（b）所示子接线图是对图 27.3（b）的一个发展，但现在我们有了四个状态。这里我们没有用相位器进行连续扫描，而是用 wrap~ 替代了它，该对象接收的信号来自于子接线图的输入口。如果为这个四相分离器的输入口送入一个斜升的直线信号，它将开始向上扫描（从左到右）；如果送入一条下降的直线，那么它将开始向下扫描（从右到左）。扫描的速率取决于直线的斜率。再一次，我们把四个小的子相位器转变成正弦的半周期，从而得到一个不会产生爆音的平滑的调制器。包含这一结构，带有一个输入口和四个输出口的子接线图被命名为 pd 4phase-osc。

一次性线段生成器

　　我们需要的最后一个部分是线段生成器，如图 27.4（c）所示。它将驱动这个四相振荡器提供一系列短小的调制脉冲，这些信号将用于调制四个不同的 pd cosc 振荡器，它们均具有可变频谱。该接线图按下述流程工作。抵达输入口的浮点数用于设置运行时间，即 line~ 升高到 1.0 所用的时间。这个 line~ 始终会被第一条消息重置为零，然后逐渐升高到 1.0，所花时间由最左侧消息中第二个位置所带的参数值决定。同时，一个 delay 被激活，它将发送一条 bang 消息去触发居中的消息，在经过了运行时间以后再次重置 line~。最后，对所得结果乘以一个缩放因子，该缩放因子来自于该子接线图的第二个输入口，如果将其设置为 1.0，这条线段将按通常方式扫描。如果被设置为 2.0，则四相振荡器将扫描两次，以 1、2、3、4、1、2、3、4 这样的模式发送 8 个脉冲。其他数值可以给出更长或更短的子序列。包含这一结构，具有两个输入口和一个输出口的子接线图被命名为 pd timebase。

把各个部分整合起来

　　把各个部分整合起来就得到了图 27.5 所示的接线图。各个数字块提供了运行时间和对于时间基准的缩放因子，四个滑块设定了每个振荡器的频率，第五个滑块设置了所有振荡器的频谱①。hip~ 当作直流陷波滤波器，所以 0 Hz 的频率将产生静音。

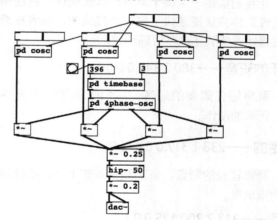

图 27.5　带有控制的多振铃器

对它进行编程

　　在结束这个实例之前，让我们开发了一些新东西，并引入一些封装和编程的概念，然后我们就可以把一些具体的声音当作数字来讨论了。观察图 27.6 中进行的修改。滑块和数字块被一个接收输入口数据的 unpack 替代，整个接线图现在被另一层子接线图封装，并由一个单一的参数列表处理。我也重新安排了接线布局，让它更清晰易懂。

－－－－－－－－－－

① 你可能想给每个振荡器提供自己的频谱控制，不过为了简单起见，我让所有振荡器使用共同的频谱。

所以，我们如何对它编程？图 27.7 的左半部分给出了制作参数列表的接线图，在工具相关的章节中已经对此进行过解释。这个编程器把各个滑块的值填写到一个消息块中，随后你可以点击它来听到声音。该接线图的右侧给出了一些示例消息。

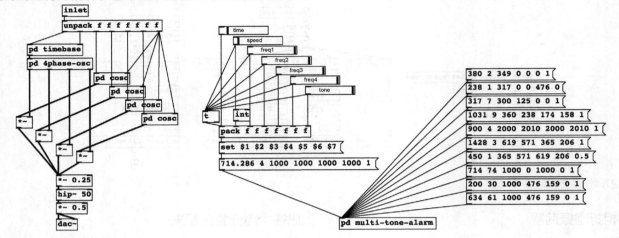

图 27.6   可编程的子接线图   图 27.7   可编程的多振铃器

27.6   结果

源：http://mitpress.mit.edu/designingsound/alarms.html。

让我们描述一下每个声音，以强调这个接线图的多能性。你应该搭建或下载这些接线图，或者在阅读这些描述时聆听了这些音频示例。

欢乐的短音——380 2 349 0 0 0 1

两声短促圆润的短音。它们暗示了一个好的操作，正面的动作。

肯定的——238 1 317 0 0 476 0

两声较长的短音，音高略微有些上升。明确的正面的指示器。

激活——317 7 300 125 0 0 1

一系列快速的中频短音。指示某一过程或动作的开始。

入侵者——1031 9 360 238 174 158 1

经典的"太空入侵者"类型的铃音序列。充满活力的引人注意的警报声，但没有负面的含义。

信息——900 4 2000 2010 2000 2010 1

快速的高频尖叫声。在确认中央情报局秘密总部时，在屏幕底端逐个字符地读出。

消息警报——1428 3 619 571 365 206 1

三个下降的序列，带有令人满意的间隔。可能是用来表示有消息抵达的一个很好的铃音。

结束了——450 1 365 571 619 206 0.5

四音序列。带有一种终止感，关机的声音。

错误代码——714 74 1000 0 1000 0 1

无调的嗡嗡声。出现了一个错误。

错误的蜂鸣器——200 30 1000 476 159 0 1，634 61 1000 476 159 0 1

嗞嗞嗞嗞！你错了。错得离谱！

27.7   结论

有很多警报声和指示器都可以通过把各种频率和频谱的短小片断编排成序列来实现。一个紧凑的循环式音调序列器可以通过分割一个慢变化信号的相位而在信号域内实现。频谱的变化可以轻松且廉价地通过波形整形获得。复杂的接线图可以被封装起来，从而提供一个单一的入口点和编程手段。

27.8   练习

本设计的一个烦人之处在于：当调整序列的**长度**参数时，序列的**速率**参数也会改变。请重新设计这个接线图，去除这两个参数之间的耦合。

第28章

实战 5——警笛

28.1 目标

我们将创建一个美国式的警笛声。为此，需要对能量流动进行深入地分析和解构，并对合成方法以及"波形是如何与频谱相关联的"进行讨论。我们将部分地从波形的详细说明开始工作，这一次我们的分析将包括电路示意图以及与构建一个电子警笛有关的其他领域的知识。这也是我们第一次认真地探索电声领域，在这里，换能器和环境将变得更为重要。

28.2 分析

让我们从分析一个实例录音的频谱开始。图 28.1 中有一个值得指出的有趣特征就是时域图上的那个颠簸。这是意义重大的，因为（从对声谱图的观察）我们知道，这个声音是一个扫频，先向上然后向下，所以一个突然的颠簸是对谐振一个很好的指示。当信号不再是正弦性质的时候，在声谱图上这个颠簸就立即出现了。这里有几个谐波在平行移动，在图中可以看到最低频率成分的上方堆叠着几个复本。进一步观察声谱图还会发现在时间上有一个经过平移的复本（在中频的某个谐波上最明显）。这暗示着存在一个回声，所以它能告诉我们关于这个声音的环境构成方面的信息。虽然这个图略微有些模糊，但可以用它估计出从基频开始的扫频（最低的那条轨迹）。这是一个介于 0 ~ 1000 Hz 之间的扫频。

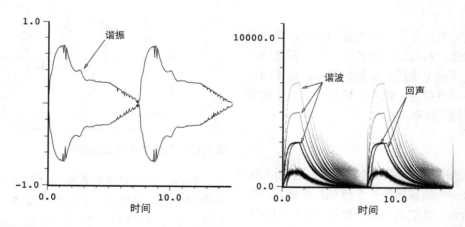

图 28.1 警笛：声谱图

28.3 模型

让我们从能量模型开始考虑。回忆一下可知能量从一个源流出，流向熵，在这一过程中，一部分能量以声波的形式存在。图 28.2 所示的是关于能量模型的概览，它展示了能量从一个电源到听者的运动过程。

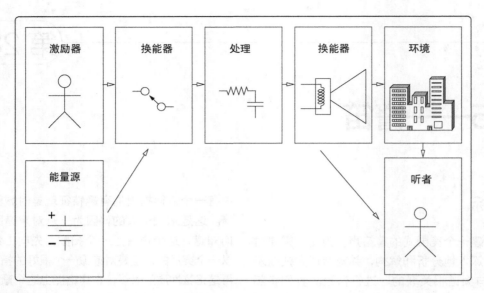

图 28.2 警笛：模型

能量源

电势能存储在电池里。在实际应用中，它是一块铅酸汽车蓄电池，在汽车行驶时由引擎的交流发电机充电。它给警笛提供了 12V 的电压和 5A 的电流，即 60W 的功率。电子警笛具有合理的效率，能够把大约 50% 的电能（即 30W）转化为声音。

激励器

汽车仪表盘上有一个由司机操纵的开关。它把电池与警笛连接起来，从而让电流流过。警笛扫频的速率及其频率独立于供电电压和车辆的速度。这里通常只有一个控制——开或关，但有时候会增加一个控制用来设置警笛的扫频频率。

振荡过程

产生警笛声的核心电路是两个振荡器，它们以 *RC* 网络为基础。第一个振荡器是一个低频振荡器，产生一个慢变化的扫频。典型的扫频频率在 0.1 ~ 3 Hz 之间，它对第二个振荡器的频率进行调制，该振荡器工作在 100 Hz ~ 1 kHz 之间。这个信号被一个功率晶体管放大，然后施加到喇叭换能器的线圈上。图 28.3 所示为很多电子警笛中都有的晶体管振荡器。它被称为**非稳态多谐振荡器（astable multivibrator）**，有时候也被称为**非稳态触发器（astable flip-flop）**，这意味着它没有稳定状态。这里有两个晶体管 T1 和 T2，每个都会改变对方的状态，因此这个电路会在两个状态之间来回翻转。当电容上的电压升高超过某一阈值时，

一个晶体管就会打开。被打开后，这个晶体管允许电流通过电阻流到另一个电容上，最终引起第二个晶体管被打开。当发生这种情况时，第二个晶体管将从第一个电容中抽出电流，并导致第一个晶体管被关闭。

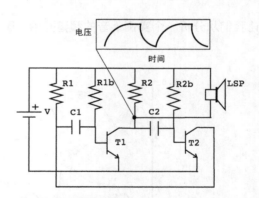

图 28.3 晶体管非稳态振荡器

所以，这个电路将在两个状态之间交替转换，在一个状态里，晶体管 T1 打开，T2 关闭，在另一个状态里，晶体管 T2 打开 T1 关闭。图中还给出了电路中 C2 与 R2 连接点处的电压（与输出波形相对应），它按照可以识别出来的电容充放电循环在变换。该图仅展示了一个振荡器。完整的警笛电路使用了两个这样的振荡器，一个用于低频扫频，另一个用于产生音频波形。若给出每个电子元件的数值，我们就能从这个电路图得出具体的振荡频率，但并不需要这样，因为通过聆听就足以说出这个频率。请注意，在声谱频率图上也看到了同样的波形形状，这是 LFO 在上升和下降。

喇叭

为了利用一个电信号产生声波，与图28.4类似的设备使用线圈来产生磁场，用它推动一个铁磁振膜运动。这个振膜是被固定放置的，所以它只能进行有限地运动，并且能向内和向外弯曲。在很多方面，它都与扬声器类似，但它是为功率输出优化的，而非声音质量。与高质量扬声器不同，振膜的位移与施加给它的力之间不呈线性关系，所以会引入一些失真。

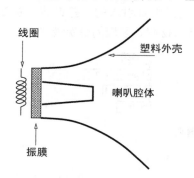

线圈

塑料外壳

喇叭腔体

振膜

图28.4 警笛换能器与喇叭

这个喇叭的主要功能是作为一个声学放大器来使用，但它也能为声音加入一些指向性。如果近似认为它是圆锥形的，那么它的行为就像一个开放的管子，对于奇次谐波和偶次谐波的偏爱程度是一样的。但是

这个喇叭并非按照完美的声学放大器来动作，且与完美相差很远。它的材料有一个共振，并且它的几何构造很像一口钟。在某些方面，我们也应该把它当作一口具有相当好阻尼的塑料钟，驱动这个钟的信号就是它试图放大的信号。当然这会为该声音引入更多的失真与声染色。

环境

孤立地看，警笛应该产生一个很大但无典型特征的声音。识别一个警笛声的很多特性都来自于各种环境因素，警笛是警车这个更大对象的一部分。警笛通过螺栓被安放在车顶组件上，能够把一些声音传导给车辆本身，这些声音中有一小部分将产生共振并被放大，此时金属车顶的作用就像一块共鸣板。如果车辆正在移动，可能会听到一些多普勒频移，但我们并不会在本例中对此建模。最终，安放在车辆上的警笛不能被孤立对待。一些声音将直接到达听者——只要在车辆与观察者之间存在一条视觉上的明线，还有一些声音将通过周围的建筑物反射。在图28.5中，两个建筑物在警车的侧面，听者在中间。至少有四个可能的信号应该被考虑到：仅通过空气便到达听者的直达声，来自建筑物 A 的回声，另一时刻来自于建筑物 B 的回声，以及在两个建筑物之间来回反弹多次以后才到达听者的**混响声**。

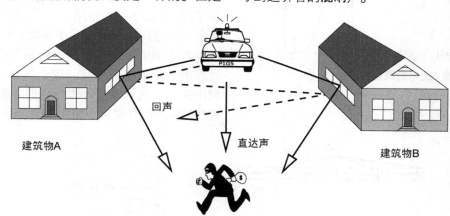

回声

直达声

建筑物A

建筑物B

图28.5 来自于环境中不同物体的回声

28.4 方法

我们将创建一个振荡器，它能直接复制晶体管非稳态多谐振荡器的波形。这就是通过复制目标波形来完成工作的分段时域近似方法。喇叭和环境特征将通过使用 `clip~` 和 `bp~` 滤波器来实现，首先让波形失真，然后对波形进行滤波，使其变得像塑料喇叭的响应。最终，使用 `delwrite~` 和 `delread~` 对象把各种环境中的影响添

加进来，给出一些回声。

28.5 DSP实现

对数波形振荡器

`phasor~` 被乘以2.0，并分成两路。一路被截断以保持在1.0以下，然后再用1.0减去它，得到这一路的

补数。另一路被截断保持在 1.0 以上，并固定减去 1.0，从而将其平移回 0.0 ~ 1.0 的范围之内。这种操作把原始波形等分为两半，作为相互分立的信号，一个用于上升部分，另一个用于下降部分。因为我们想让下降的半周成为上升半周的一个颠倒的版本，所以再次取补数。接下来让每个信号都变为它自己的 2.71828（即自然对数 e）次幂，这将得到充电电容的波形形状。这两条曲线都是同一个方向的，但我们想让其中一条成为另一条的镜像。所以我们需要再次获取信号的补数，这一次是对上升半周取补数。所得信号如图 28.6 的 a1 和 a2 所示。把这些信号加在一起，进行缩放，然后平移回零，得到一个类似于晶体管振荡器产生的波形，如图 28.6 的 a3 所示，它是一个对数上升和对数下降的波形。

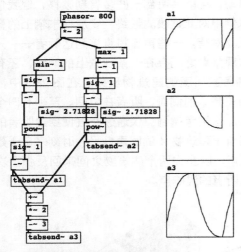

图 28.6　模拟电容充 / 放电的振荡器

失真与滤波器

振膜的失真是非常严重的。它对除了很小位移以外的所有位移都以一种非线性方式进行动作。在实际应用中，振膜是被严重地过度驱动的，这将把波形变成方形。一些平行的带通滤波器将更准确地对喇叭和车体引起的共振进行建模，但在本例中，如图 28.7 所示，一个中心位于 1.5 kHz 附近的滤波器就足够了。来自于振膜的失真在通过喇叭进行滤波之前就出现了，这意味着通过失真引入的一些谐波也被滤波了。这将增加在 1.5 kHz 附近区域的奇次谐波。

图 28.7　塑料喇叭

环境回声

这个抽象有一个输入口和一个输出口，所以该抽象并不是要实现一个把位置也考虑进来的立体声回声。这个输入口连接三个 `throw~` 对象 b1、b2 和 b3，对应于警笛附近的这些建筑物。输入信号的直达声版本被径直送往输出口并被缩放。三个 `delwrite~` 对象实现了固定的延时，它们在一个公共节点被加总起来，然后又被送回到所有延迟中再次循环。0.1 的缩放值足以产生混响效果，并且不会由于反馈过多而引起过度的声染色或不稳定。这个信号中的一部分被抽取出来，发送到输出，作为我们的回声 / 混响效果。来自建筑物的环境回声如图 28.8 所示。

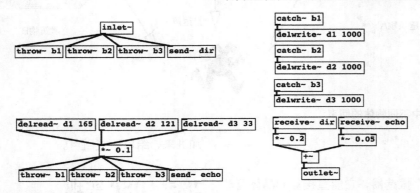

图 28.8　来自于建筑物的环境回声

把它组装起来

如图 28.9 所示把警笛效果的所有构成部件——两个振荡器、喇叭仿真、环境回声——连接在一起。两个消息块把 LFO 的扫频频率设置为 0.1 Hz 或 3 Hz。为了连接两个振荡器，需要对 LFO 信号进行缩放和偏移，使其从 300 Hz 开始扫过 800 Hz 的频率范围。第二个振荡器是第一个振荡器抽象的另外一个实例，第二个振荡器的输出馈送给喇叭仿真，然后馈送给环境，最后送至音频输出。在接线图被加载以后这个声音就会开始产生了，所以你可能想加入一个开关来打开或关闭这个音响效果。

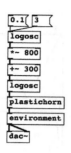

图 28.9 所有部件

把这个输出与真实警笛的录音相比较，你可能会听出它还是一个相当不错的近似。通过对喇叭失真和滤波器进行试验，可以获得更平滑更不急促的效果。为了着重强调效果，本例中使用的各个数值是相当强的，所以请用不同的削波值进行试验。因为该滤波器是非常谐振的，所以幅度在扫频过程中的某一特定频点上达到峰值，这对应于分析信号中的那个颠簸。你也许能在一段好的警笛录音中听到它，这种效果往往会被城市中的距离所加强。有时候，当声源非常远时，你根本无法听到这个扫频接近于 300 Hz 的低频部分，它们被环境吸收了，你只能在扫频的高频部分从环境交通噪声中凸显出来的时候听到一些偶发的突然升高。谐振较小的滤波器将给出更为平稳的扫频，让声音听起来更近一些。

对方法的评论

我们在后面章节将会看到更好的合成声音的方法。如果有一种关于如何教授合成的"理论"，那么它会说：从加性合成开始，因为这是最容易理解的。我们这里使用的方法是对时域波形进行逐段地近似，所以，我为什么要现在引入这种"野蛮粗暴"的时域方法呢？因为它揭示了这种看似实用且直接制作声音方法的种种缺陷。让我们来回顾一下这份案件的记录。

● 它不是件容易的事。除了最简单的周期性乐器以外，对其他任何声音都需要很多波形函数。这一次很幸运，因为我们是从一个给出电容充放电行为的原理图出发开始工作的。在没有内在行为可以研究的情况下，有时候很难找到一个能够对未知声源的波形进行近似的函数。

● 它是让人混淆的。在振荡器模型上没有有意义的参数用于影响音色。我们说这个模型是"脆弱的"，因为它只能对波形函数的一种特定排列奏效。如果试图改变任何数值，它就会崩溃，我们将得到无意义的噪声输出。想象一下，我们用 8 段波形去产生一个更为复杂的周期波形。若改变中间的一段要么需要我们重新计算全部其他段，要么会引起一个不连续。

● 它是代价高昂的。对于只有两段简单的周期波形，它的效率还不错，但随着更多函数段被连接到一起，它的代价会快速上升。

● 我们没有学到多少东西。某种程度上，是在作弊。我们所做的仅仅是把声音的时域波形复制下来，并用函数把它表达出来，但没有对正在复制的东西有任何真正的理解。可以说没有实现任何的**数据缩减**，因为我们没有把行为缩减到一套数量更少的参数上[①]。让我们先给出一个实例，然后再做这件事。

28.6 在时域进行频谱近似

虽然电路模型是一个合理的起点，但过于精确地对待它将会增加不必要的复杂度。如果我们能用很简单的东西替代所有对数曲线，会怎么样？请回忆一下心理声学中的理论：我们的耳朵听到的是频谱，不是波形。所以，我们能否找到另外一个具有相同频谱但更容易生成的波形？图 28.10 所示的内容解释了一条有趣的捷径。我们用于模仿 RC 回路的振荡器在图中左半部分展示出，其波形在图 a1 中给出，其频谱在图 f1 中给出。旁边是一个三角波振荡器，其波形和频谱分别如图 b1 和 f2 所示。观察这两个频谱，它们是一样的（或者确实非常接近），但三角波的生成要简单得多：我们只需要分割一个相位器，翻转其中一侧，然后把两个斜坡加在一起即可。

> **关键点：**
> 很多时域波形都具有相同的频谱。频谱比波形包含更少的信息。

作为练习，请试着用三角波替换第二个振荡器。请注意，尽管它们具有相同的频谱，但失真阶段对每种波形的影响是不同的。还要注意的是，我们无法在

---

① 与在合成中一样，数据缩减的思想也是音频数据压缩（比如 MPEG 3）的核心。这是一类为数据缩减而优化的分析与重合成，其方法是发现可以被重用的相似部分以及可以被丢弃的无关信息。

不改变音高扫频特性的情况下用三角波替换第一个振荡器。这些结果应该能够帮助你理解"为了时域（波形）属性而使用一个波形"与"为了频域（频谱）属性而使用一个波形"之间的区别。

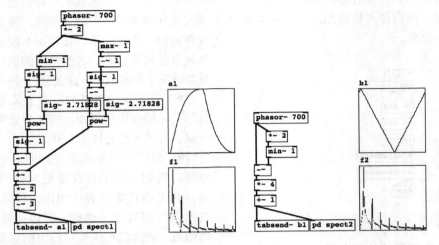

图 28.10　三角波及其与对数波形的频谱等价性

28.7　结果

源：http://mitpress.mit.edu/designingsound/police.html。

28.8　结论

我们已经知道了声音产生的一个能量模型，并随着信号通过整个过程而追踪了能量的流动。为此，我们已经探索了音高、频谱和响度，并思考了一个信号在电子、物理和环境方面的情况将如何影响声音的产生。我们已经发现了频谱与波形之间的这种联系的一个实际应用，并且看到了为什么对一个信号进行逐段近似是很幼稚的。在有了这些知识以后，我们把数据缩减的概念作为最优化的一种形式引入了进来。

28.9　练习

练习1

尝试改进环境模型，加入更多的建筑物、阻尼以及其他声学效果。

练习2

使用一个可变延时为这个声音加入多普勒效应，并创建出警笛路过的效果。

实战系列——非膜质打击乐器

世界上的每样东西都有一个由它的声音展示出来的灵魂。

—— Oscar Fischinger

简单的物质相互作用

Idio 的意思是独立的、分离的，所以 idiophonics 是有关分立的、普通的、日常的物体之间简单的相互作用。它包含了撞击、碾压、摩擦、打碎和反弹。这些物体通常在材料上是均质的，在几何形状上是规则的，并且在发声的整个过程中会维持它们的形状及大小。所以我们可以把敲门或扔易拉罐看成是一个非膜质打击过程。这个术语发展了在乐器的管弦乐分类中使用的 idiophone（非膜质打击乐器）一词——这个词包含各种简单的打击乐器，比如军鼓、沙铃、响板和编钟。但是，这些都是专门为音乐用途设计的。严格地说，钢琴是一件打击乐器，然而它显然**并不属于**这一类。虽然材料与事件描述是简单的，但这并不意味着它背后的物理过程的复杂程度就比其他声音低。碾压和一些形式的摩擦激励是非常复杂难以解决的问题。砸碎——就像敲碎窗户一样——不包含在这一类中，因为它涉及到复杂的动力学和形状的改变。

碰撞与其他激励

这类非膜质打击乐器在游戏声音中是非常重要的。各种偶然声音中的大部分都是简单实物之间的刚体碰撞。大多数物品都被赋予一个"放下"的声音，脚步声也是一种碰撞和碾压的过程（虽然它们的复杂性意味着我们将在后面单独研究它们）。各种搬运物体——比如门、火车车厢和箱子都是由木头或金属构成的固体结构之间的碰撞或摩擦。滚动可以被看作是不断重复的若干小碰撞，而黏性滑动摩擦的噪声是一类小尺度的切向碰撞（如果我们想用这种方式来看待它的话）。声学谐振和鼓风的效果在这里不考虑，主要是因为在没有风的时候，它被限制为在乐器上的一个人工生成的事件。不过，这也意味着，管腔、火车头以及其他车辆里的蒸汽和空气运动是后面"机械"一章中的话题。

力

非膜质打击事件的主体是碰撞，所以我们要把机械能看成源。可以通过坠落或其他某物的推动而把机械能赋给一个物体。我们不需要考虑第一推动者（以及先前的能量系统），只需要知道一个物体在我们想要创建其声音的那一瞬间的质量和速度。这里是重力开始起作用的地方。它影响着被拖曳或推动的物体的声音，影响着链条和绳索的摇摆，还影响着一个弹跳物体的衰减运动。我们也希望了解摩擦力和流体黏滞力作为阻力时的情况，在实时物理引擎中，它们用来限制物体的运动，但它们在声音对象上扮演着同等的角色，都在决定物体相互作用时的衰减时间和频谱演化。

实例

如果能在本书中考虑各式各样的过程当然很好，特别是"破碎"这一让人着迷的过程，但我们将仅就下列一些很有用的概念进行研究：

- 电话铃，作为受击打物体的一种扩展研究。
- 弹跳的球，作为一个不断衰减的撞击序列。
- 吱吱作响的门声，作为对摩擦的研究。
- 滚动的马口铁罐头，作为物体的规则和不规则运动的研究。
- 拨动尺子，作为对拨弦、非线性和不连续性的研究。

参考文献

Vicario, G.B., Rocchesso, D., Fernstr¨om, M., and Tekniska Hoegskolan, K. (2001). "The sounding object." <http://www.soundobject.org>. Project jointly by University of Udine Dipartimento di Scienze Filosofiche e Storico-Sociali, University of Verona Dipartimento di

Informatica, University of Limerick, Speech, Music, and Hearing centre KTH-Stockholm.

Vicario G. B., Rocchesso D., Fernström M., 等. 发声物体（The sounding object）. 乌迪内大学社会历史科学哲学系、维罗纳大学信息科学系、利默尼里克大学语音、音乐和听力中心 KTH 斯德哥尔摩的联合项目，2001.http://www.soundobject.org.

第 29 章

实战 6——电话铃

29.1 目标

在这次实战中，我们将创建一个 20 世纪 30 年代至 60 年代间的老式电话铃的声音。与平常一样，我们将遵循已经比较熟悉的设计模式。首先分析这个声音及其生成机制的特性，思考关于组成成分、结构和行为等问题。然后将运用关于该声音的形式与物理原理的知识，提出一种模型。接下来，我们将使用这个模型决定一种或多种合成方法，并最终选出各种 DSP 技巧来逼近我们希望听到的那些信号。

29.2 分析

铃铛

有很多类型的钟和铃，但我们想要创建的声音实际上是两个小铃铛，它们带有一个电动操作的锣锤，这个锣锤不停地在中间嘎嘎作响。

电磁蜂鸣器

用于老式电话机或火警的报警铃是一种机电设备，能产生一个持续的铃声。一个锣锤（或撞针）反复交替地敲击两个铃铛。能量来自于电池，它能产生电流流过一个或两个电磁体。在图 29.1 中，电流流过（导电的）金属支撑物和（铁磁的）摇摆器摇杆，这种路径有两个目的：既成为锣锤借以摆动的支点，又成为电路的一部分。这台设备经过设计，能让电流先流过一个电磁体，不管是 EA 还是 EB。当电磁体 EA 被激活时，它会把摇杆拉向它这边，直到形成电接触，这将把电流路由给 EB。类似地，EB 将把磁性摇杆拉回来，直到通过 EA 再次形成电接触为止。这种操作看起来很熟悉，它就是一种机电式的非稳态设备，与我们在警笛中观察过的晶体管电路类似。来自于电池的能量通过磁场被转换成存储在往复摆动的锣锤中的动能。

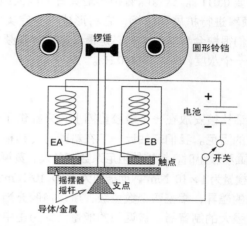

图 29.1 机电铃铛

29.3 模型

尺寸

钟和铃有各种各样的形状与尺寸。大本钟（Big Ben）是费城自由钟（Liberty Bell）的堂兄弟，由伦敦怀特查普铸钟厂于 1858 年铸造，宽 2.7 米，高约 2 米。它太大了，以至于铸造它的 13 吨金属用了三个高炉进行熔化，并花了 20 天冷却成固体。而在这个标度的另一端是一些乐器铃铛，比如铃鼓上的小铃铛、迷你杠铃钟或是像响棒一样嘎嘎作响的铃铛，它们都只有几毫米大。我们要模拟的电话铃的直径大约为 6 厘米。

形状

钟或铃的通常形状是有一个弯曲的外壳，有点像正弦波的半个周期在空间上进行旋转的结果，不过管状和半球状也很常见，电话铃有一个几乎半球状的外形。不管形状如何，所有的钟或铃都有一个共同的特征，即至少有一条椭圆形路径。钟或铃通常有很高的旋转对称性，有一个圆面，不过有些钟或铃具有鸡蛋形状的横截面，另外，牛铃几乎是方形的（这是一种非典型情况）。

材料

它们通常由金属制成，也许是黄铜、青铜，或者为了弹性而选择其他合金。声音在黄铜中的传播速度大约为 5000 m/s。由此我们可以运用一些几何与算术知识估算出最重要成分的频率。对于 6 cm 的直径，其圆周为 0.18 m，所以一个波阵面沿这个圆周的移动一圈需要 0.011 s。这意味着钟形沿其直径以大约 900 Hz 的频率进行扩展和压缩，它将形成一个完美的驻波。我们很快会看到，这不必是最低频率。基频可能比它低一个八度，即位于 450 Hz。

阻尼

电话铃被安放在一个橡胶垫圈上，它提供了一定程度上的阻尼。我们来估计一下在垫圈与铃铛相接触的支撑面积较小时，铃铛的阻尼系数有多大。黄铜的体积弹性模量为 1×10^5 N/m^2，而橡胶为 160×10^9 N/m^2。这是巨大的差异，相差四个数量级，所以橡胶充当了一个非常强大的制音器。被返回的能量大约为击中边界的能量的千分之一，但铃铛的表面积中只有很小的面积与垫圈相接触——比如说千分之一，所以我们可以从中消去三个零，估计阻尼系数约为十分之一。阻尼系数本身没有用。我们需要知道这个铃铛在完美悬挂时——即只有由空气（辐射）与熵而导致能量的耗散，将鸣响多长时间。为此，需要知道敲击它的能量是多少，以及每秒钟耗散的能量是多少。通过实验和理论推导可以得出这个鸣响时间大约为 30 s，不过我们将不去详细研究这一过程，所以只是总结一下结论并继续往下看。在进行声音设计时，重要的是从这些估算数字和实验数据出发进行工作，我们不需要知道非常精确的数值，粗略的比率和直观地推断就能指引我们到达正确的地方，然后再连接上精细的控制，为想要的声音放大那些确切的参数。让我们对这个模型再增加一个推测：这个铃铛将鸣响大约 3 s。

会发生什么？

钟或铃在受到某物——比如锣锤、棍子或另外一个钟——敲打时，就恢复了生命。敲打者的尺寸和能量往往与钟铃成正比，所以它可以在不被破坏的情况下尽可能大声地鸣响。作为一个粗略的指引，敲打者通常都是由与钟铃本身非常类似的材料制成的，这些事实已经告诉我们关于钟声的某些情况。分别考虑三个属性：形状，材料构成——化学的和结构的，以及

激励（即是什么敲击了它）。然后考虑发生了什么，以及这些属性在这个声音中是如何扮演角色的——这个声音是能量在钟形内部传播时被聚集在某些模态中或某些规则振动中而出现的。假设钟锤敲击了钟，如图 29.2 的中部所示，我们从钟的侧面和底部观察这个钟，它有几种振动模态。在很短的时间内钟锤和钟接触到一起，来自于钟锤的能量让钟变形。片刻，钟的形状不再是半圆形/圆形，而是略微有些变成了椭圆形。能量在整个钟体内传播，激发它进入多种振荡模态，这些模态将落入到圆形物体的一些典型特定模式中。

基谐模态由钟口的直径决定。在这种模态中，整个钟会在两个椭圆形（不规则的轴线位于前者的 90° 处）之间来回扭曲。这种能量中有一些会快速移动到其他圆形模态中，第三谐波出现在 60°，第四谐波出现在 45°，等等。这些主模态都是全谐和的，对应于把钟的圆周等分成整数块。看一下图 29.2 中的第一模态，它是与众不同的，并且与其余的非谐和模态联系在一起。整个钟口在扩张和收缩，所以钟的顶部必须向下和向上收缩。这导致了一种分割，这种分割构成了一个与钟轴线垂直的横截面，通常出现在向上方向大约三分之一处，而且在更高处还会有另外一个横截面出现。

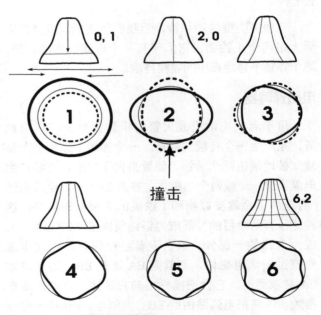

图 29.2　一口钟的各种模态

现在我们能把这口钟的表面分割成很多区域，并假想它们以复杂的模式图样向内和向外移动。这些模态可以用类似于（3,2）这样的模态数来表示，（3,2）

意味着钟在一个120°的圆形模态中振动，同时沿着其轴线上的两点上发生折曲；（5,1）意味着它在72°的模态中振动，在一个点上折曲。从历史上来说，钟的设计者们已经为这些模态起了特殊的名字，它们与所产生的泛音之间的关系也是众所周知的。类似于"三度音（tierce）""五度音（quint）""八度（nominal）"和"基音（prime）"等名称被用来描述这些模态。第一个（0,1）模态很有趣，在此模态中，整个钟将围绕其中心进行伸展和收缩。这种"呼吸模态"比第一个自然频率低一个八度，有时候它被称为"哼声（hum）"。虽然这些模态告诉我们所有（一般的）的钟可能会产生哪些频率，但对于一口特定的钟，到底哪些模态响一些或弱一些，取决于如何敲这口钟以及钟的确切形状和材料结构。

来自于初始敲击的高频能量衰减速度是最快的，因为这里没有对应的共振模态，所以钟声开始是明亮的，且带有大量的频率成分，然后这些频率快速移动到一组主模态和次要模态中。随着时间的流逝，所有能量都变成了热能，钟停止了在可闻频率和幅度下的振动，钟声完全消失。我们现在考虑的电话铃与这一理论有一点点偏离，它更像一个被扭曲的半球形，并带有略微被拉长的平行侧边，所以它具有一些球形行为的特征，同时还有一些管腔行为的特征。这两种形状都有其自身的振动模态规律，所以从实际角度说，很难单独用理论来预测各个泛音。

频谱分析

我们能做的是拿几个真实的钟或铃——最好是能与目标电话铃相似的，然后看看它们能产生什么频谱。我从一位爵士鼓手那里学到了一个技巧：与吉他琴弦一样，你可以选择性地对镲片或钟进行制音，方法是在正确的地方触摸它，这能够让你录制出把一些泛音分离出来的录音，从而让分析更为清晰。让我们观察一个钟的频谱（实际上是一个10厘米的薄壁黄铜碗，它非常像电话上的铃铛），并使用这些频率来帮助构建模型。

这个频谱经过了阈值处理和简化，所以图中只有最强的一些频率。我取了三张快照，在声音的最开始、中部和结束处各一张，因此可以看到各个频率的演化过程。所有这些图以及图29.6所示的三维图都不足以展示这个频谱每时每刻的生长和衰减过程。这是需要你自己利用一个很好的分析工具包亲自来做的事情。在逐步检查一个声音文件时，将会看到各个独立的频率成分的移动，而它们移动的方式将为物理层面上发生的事情提供线索。

在图29.3所示的波形中我们看到了最初的迸发，它含有很多频率。与橄榄球比赛一样，可以从这个初始位置看到大量的内容，但却无法真正预测出太多关于接下来将要发生的事情。在橄榄球比赛中，任何事都可能发生。最强的分音位于3.016 kHz处，另外两个强分音位于1.219 kHz和5.316 kHz处。还有一个高频峰值位于11.6 kHz处，它可能来自于金属锤的击打。请注意位于400 Hz ~ 1 kHz之间的那组频率成分，在这簇频率中有两个较强的峰值，分别位于484 Hz和948 Hz处。

有了两个参考点以后可以揭示出更多的东西。位于11 kHz附近的最初的脉冲完全消失了，所以我们可以假设这个频率成分就是金属锤敲击钟而产生的。如图29.4所示，很多能量现在已经平移到483 Hz中，它似乎是基频的一个候选者，且第二中频峰值也已经在1.229 kHz附近冒了出来，其频率为1.439 kHz。请注意，这些谐波都有轻微的移动。当前的1.229 kHz基本上就是1.219 kHz的"同一个"模态共振（有10 Hz的微小差异）。

现在的问题是：我们能否看到一些谐波模态或分组？好，483×2=966，与959 Hz相差不大，所以这个峰值可能与基频有关。而483×3=1449，它可能指出了三次谐波。其余部分似乎与候选基频没有整倍数关系，这可能意味着两件事，都是关于解释或参照系的问题：要么是我们选择了错误的基频，要么就是所有其他频率成分都是非谐分音。剩下的唯一一个候选基频是1229 Hz，这似乎是不可能的，因为前两个频率将消失，而且1229 Hz也未与其他出现的任何频率构成谐波关系。

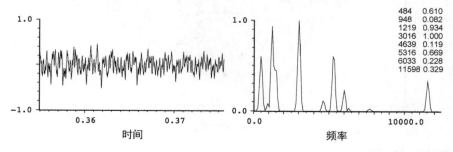

484	0.610
948	0.082
1219	0.934
3016	1.000
4639	0.119
5316	0.669
6033	0.228
11598	0.329

图29.3　起音部分的频谱

在图 29.5 所示的最后一份快照中，我们看到了衰减的最终阶段。所有频率都向下移动到了最开始那三个相互成谐波关系的分音上，仅在 4.639 kHz 附近留下了一点点，可以通过图 29.6 所示三维图看到整个过程。为了更好地观察三个轴上所有的演变过程，这幅图经过了旋转，所以时间是从左下向右上移动的，而频率则是越靠近我们的地方越高。

我们想要做的是把这些频率与识别出来的基频频率相比来表示。显然，其中两个频率很容易表示，基频与它们的比率分别是 1:2 和 1:3。其他频率除以 483 将得到 1:6、1:9.5、1:11、1:12.5 和 1:24。我们看到有三组 1:24、1:12 和 1:6 衰减得最快，接着是 1:11 和 1:9，而 1:1、1:2 和 1:3 的延续时间最长。在起音部分三维图也揭示了 1:3 附近有能量的突起。这就是第一幅快照中在 1 kHz 附近看到的那簇峰值。这往往表明是一种不稳定或一种情形，即一组共振接近于被划分到一种公共模态中，但并非完全彻底。在实时跟踪一个声谱图时，你通常会发现一些频带在某个点周围来回跳荡，有时候会以一个有规律的模式在两个或多个峰值之间进行能量交换，然后最终进入到一个主导模态中。在本例中，这个主导模态在 1:2.5 ~ 1:3.5 的范围内（这一点在听觉上要比从图中看到的更为明显）。

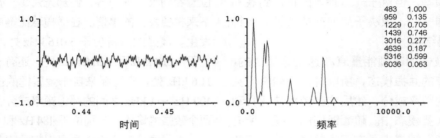

图 29.4　中间部分的频谱

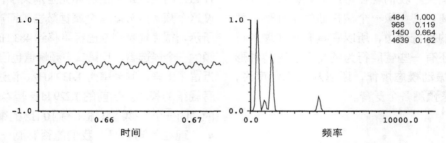

图 29.5　尾部的频谱

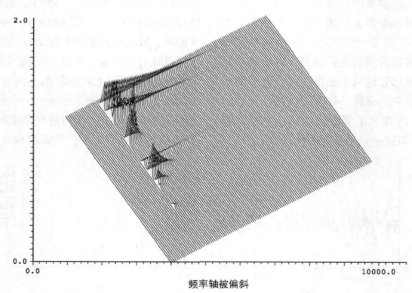

图 29.6　钟声的三维时间 / 频率图

对模型的总结

所以，形状、材料与结构以及激励决定了声波是如何沿物体传播的，也决定了物体的共振如何创建出特定模态的振动。在本系统中，能量的运动以声音的形式被听到，或是通过耗散最终消失。具有规则形状和材料构成的物体会把声音集中到一些更为明确的频率上，而不是无规律和不一致的频率上。让我们来看一下已经了解到的知识。

- 一个钟的形状、尺寸和材料是保持不变的。
- 激励与钟声的长度相比是非常短的。
- 钟通常是由致密的、有弹性的、规则的材料制成的。
- 在钟声中有一定数量的纯正弦成分。
- 各个频率成分之间的最初关系是很复杂的，但随着时间的推移，这个关系在简化。
- 在一个钟声的存续期内，各个频率成分都以不同的方式在演化。
- 最终所有频率成分都归于死寂，能量作为声音辐射出去，或是耗散为熵。
- 总体上，钟声的频谱是相当稀疏的。

详细规格

让我们再来概括一下定义目标声音的具体参数：

- 钟声的基频为 450 Hz ～ 500 Hz。
- 它在大约 3 s 内消失，这是一个修正因子。

29.4 方法

回忆一下我们正在集中精力做的事情，一个具体种类的钟铃——老式电话铃，由黄铜制成，直径为 1~2 英寸（3~5 厘米），由一个连接到蜂鸣器的小锣锤反复敲击。这些内容揭示出至少有三个需要考虑的组成部分：锣锤、铃铛、蜂鸣器。此外，我们需要考虑安放这个铃铛的托架或盒子、能量的来源以及作为声能吸收器或辐射器的物体。所以，在开始讨论方法时，我们要问如何把各种说明性的知识——比如关于什么是钟、钟如何产生声音之类的内容——变成命令式或过程式的知识，即如何产生这个钟声以及如何从我们的 DSP 工具箱中挑选工具？现在到了考虑"为什么要选取某一种合成方法而不采用另一种合成方法"的时候了，我们需要一点点计算上的知识来帮助了解哪种方法可能是最高效的。对于游戏中的实时实现来说，我们也关心使用哪种方法最容易编写代码且在运行时最灵活，以及能够给上述应用组件呈现出最有用的界面。随后，我们可以填写出各个具体参数，即准备生成哪些频率。让我们先从现有的知识里看看可以使用哪些方法。

铃铛

我们打算为这个铃声选取的方法是一种加性方式。选它的主要原因是我们模型的第 8 点，这个声音包含了排列相当稀疏的若干纯音。所以我们将把多个正弦波加在一起，每个正弦波表示一个频率。不过，这些频率并不是静态的，它们是一个混合物，会随着时间的推移不断演化，并且一些频率的变化速率与其他频率的变化速率不同。所以，我们需要多个控制包络。

效率

只需要几个振荡器。因为钟声频谱的稀疏性导致加性方法是一个好的选择，所以我们只需要少数几个振荡器就能得到相当不错的仿真。来自于锣锤敲击的那些少数高能量高频的谐波可以用一个短促的噪声脉冲近似。在那段很短的时间（30 毫秒）以后，各个振动模态开始稳定到 10 个或 12 个重要的谐波上。在本例中，我们将使用 5 组谐波，每组 3 个，即总共 15 个分音外加一个击锤的声音。

灵活性

比率要比绝对数值效果更好。回忆一下，钟的外形并不会改变（除了扭曲以外，这些扭曲是钟声的一部分），所以调谐一个钟声更多的是在调谐它的比例。与为每个谐波规定固定的频率相比，更好的方法是从基频开始，把所有其他谐波都表示成各个频率比。这样，通过改变基频，你就能调谐这个钟声，所有其他谐波都会随之进行正确地匹配。在日后加入第二个铃铛的时候，你将看到为什么这是一个好的举动，改变基频的一个参数要比重写所有频率参数容易得多。

利用物理学原理

各个谐波形成了一些编组。虽然每个谐波都有独立的演化过程，但一些谐波看上去还是以一种相互有关联的方式在动作。对于钟声的各种研究表明，由于各个分音在相互作用，所以它们的增长和衰减是以分组形式，以及分组的分组形式进行的，比如，各个圆形模态与各个弯曲模态就明显不同。为了简化控制，能否把这些频率中的一部分放在一起？用同一个包络控制那些倾向于一起衰减的谐波分组，这是一种投机取巧的方法，而且要比单独控制每个谐波的音量节省一些处理器资源。按照模态对各个谐波进行分组会引起音质上的下降么？当然会的，但诀窍是需要决定声音的细节与成本代价之间的分界点在哪里，在本例中，我们要抄一个大大的近路。

钟锤

对于钟锤，我们可以选择一个基于噪声的方法。很难对钟锤敲击钟体所激起的每个频率进行建模，而且这样的建模也是无意义的过度行为。这个瞬态信号是如此之短、如此之复杂，以至于它近似等于一个简短的噪声脉冲。在早先完成的一个设计中，我曾经仅仅使用一个噪声发生器和一个简短的包络来得到这个信号。在这里，我在噪声成分之上额外增加了一组 4 个高频成分，以此来更加接近分析中得到的结果。

外壳

安放电话铃的托架是什么？这取决于该电话的设计。更现代一些的电话会使用较小的塑料托架，而老式电话则会使用更致密更坚硬的酚醛树脂材料。由于我们心中有一个特定的年代（20 世纪 50 年代左右），所以将规定它是一个沉重的酚醛树脂盒子。这个声音毫无疑问地会在这个盒子里遇到一些反射，而且因为材料的坚硬度，这个盒子会很好地传导并辐射这个声音。使用延时是创建小声学空间的一种好方法，两个短延时就足够了——一个对应于盒子的宽度，另一个对应于盒子的长度。当然，你肯定在想，这个盒子还有高度呢。是的，但与对于钟声的各个分音所进行的简化一样，我们将通过简化这个声学空间而让事情变得不那么复杂。

蜂鸣器

在支点上前后来回摇摆，钟锤将交替敲击两个铃体。我们估计这个频率大约为 10 Hz。所以这个控制系统会给这个铃声带来什么呢？首先，它产生了自己的一个小声音，不过与整个铃声的强度相比，它是很轻微的。蜂鸣器与托架耦合在一起，所以它的任何嘎嘎作响声都会被放大。其次，考虑一下定时的问题：这类机电系统都会在从一侧移动到另一侧的过程中有一个小小的波动，所以它并非是完美的周期性的。我们也可以给这种移动加入一点点随机性，从而让这个效果更具真实感。

29.5　DSP 实现

前述讨论已经相当冗长了，现在已经有了我们需要的所有东西，可以开始搭建工作了。接下来将探讨每个组件的具体细节，最终把它们组装到我们所需的声音对象中。

铃铛振荡器

图 29.7 所示为我们所需的振荡器。看上去似乎不值得为它制作一个抽象，是吧？除了输入口和输出口以外只有两个部件：`osc~`产生波形，`*~`控制幅度。但要多次使用这一结构，所以我们还是把它制作成了一个抽象，不管这有多么微不足道，它在日后还是会节省一些接线的。用赫兹表示的音高数值将被送至第一个输入口，取值范围在 0.0 ~ 1.0 之间的幅度值将被送至第二个输入口。

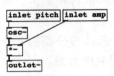

图 29.7　振荡器

包络发生器

这个部件的核心是那个多功能的线段发生器`vline~`，它将根据获取的一条消息产生一个慢变化的信号。在本例中，如图 29.8 所示，这条消息的内容是从 0.0 ms 开始经过 0.0 ms 的延时到达 1.0，然后在零延时以后经过 $1 ms 回到 0.0。数值 $1 将会被 decay 输入口接收到的消息所替代，它是一个介于 10 ~ 500 之间的浮点数。所以，如果我们给这个抽象发送一个数字 250.51，则它的输出将立即跳到 1.0，然后经过 250.51 ms 以后又回到 0.0。不过，它并不是以一种线性的方式回到零。额外的`*~`给出了这条线段的平方，所以它会快速弯曲，然后更平缓地接近零。

图 29.8　包络发生器

一个分音

一个分音就是把包络和振荡器组合在一起，如图

29.9所示。现在，我们有了更有用的东西来产生声音。如果给它传递一个包含三个元素的列表——分别代表频率、幅度和衰减时间，它就会输出一个由单个衰减余弦波构成的简短声音。

图 29.9 一个分音

这些数值以列表的形式全部送入一个单一的输入口，经过拆包后发送到各自的目的地。这个列表将对应于频率、幅度和衰减。振荡器将受到包络输出的调制。我们不会原样使用这个部件，因为它仅提供了一个分音，而想要用同样的包络控制各组分音，所以接下来要对它进行一点点修改，并把多个振荡器组合成一个分组。

分组

我们对上述接线图进行扩展，加入另外两个振荡器，这就需要 `unpack` 有更多的输出口。如图 29.10 所示，它顶部有一个输入口，并带有一个包含 7 个元素的列表——三对频率与幅度，还有一个衰减时间用于分组包络。由于三个振荡器在一起的最大幅度可以为 3.0，所以这个和应该乘以 1/3 进行缩放。你可以在包络相乘之前做这个缩放，也可以在相乘之后做。现在已经准备好测试这个部件了，并听一听最基本的铃声。

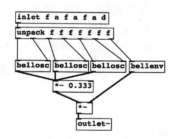

图 29.10 三个振荡器构成的组

对这个分组进行测试

聆听这个分组振荡器的声音是很简单的，只需要如图 29.11 所示连接一条消息和 `dac~` 即可，再加上一个额外的衰减器让声音不要太响。衰减时间是很短的 800 ms，频率和幅度则是随机选取的数字。它们给出

了一个相当非谐波的金属声。我们接下来将做出几个分组并把它们组合起来。

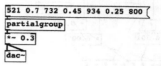

图 29.11 测试一个分组

加入钟锤

小钟锤敲击铃的声音会产生一个短暂的瞬态信号，它包含了大量的频率成分。这些频率成分不仅有铃声中几乎瞬间消失的那些额外的泛音，也有钟锤以及安放钟锤的控制杆振动的声音。这些可以用一个短暂的噪声脉冲产生的咔哒声来近似，只需要 10 ms 长，并用一个四次衰减确保这个咔哒声迅速消失。因为这个噪声中有很多高频成分，所以为了产生正确的效果只需要很小的电平，因此有了那个 0.1 乘法器。图 29.12 所示的子接线图将被整合到最终接线图中。它通过 r striker 接收一条 bang 消息，并通过 `throw~` 把结果输出到一个局部目的地 $0-striker 中。

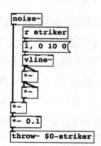

图 29.12 钟锤

构建这个铃声

最后，所有线索汇聚成最终的实现。在图 29.13 中，你可以看到它是如何实现的，只要铃声的幅度、基频（音高）和总体衰减（持续时间）可以独立于谐波结构进行单独设置即可。从分析得出的各个频率比率和幅度比率进行相应的乘法，所得数值被五个 `pack` 对象收集起来。在分析时我使用了比这里所列更多的声谱图，所以有一些额外的分音被谨慎地放到了我们没有充分讨论的分组中。你可以复制这个例子，也可以通过分析你自己的铃音录音进行试验，填写出其他一些数值。这个接线图将被放到一个子接线图中，以便构建下一步的蜂鸣器和外壳。

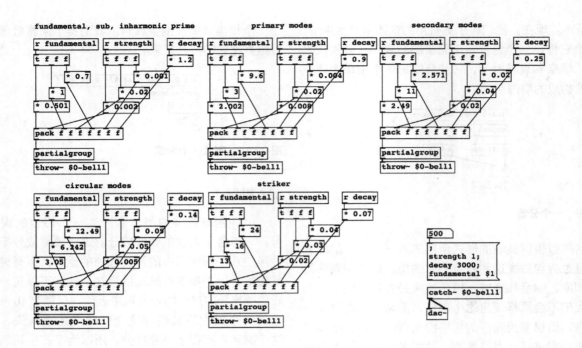

图 29.13　铃声中按比例的所有分组

制作外壳

　　图 29.14 中所示的共振器把它的输入信号发送到两个延时上，这两个延时将彼此反馈。在它们之间有一个固定滤波器，用来模仿外壳的材料属性，`clip~`的作用是限制信号并引入一点儿失真，让声音更为明亮。老式电话有一个 20 ～ 30 cm 见方的外壳。因为声速为 340 m/s，所以共振为 0.3/340 ms，或大约 1.1 kHz。这里使用了两个延时，表示长度的延时比表示宽度的延时略微长一点。叩击酚醛树脂可以听到一种介于硬木和塑料之间的共振，对于 5 mm 厚的平板来说，共振在 1 kHz、500 Hz 和 300 Hz 附近。为图 29.14 所示的接线图选择正确的数值需要进行一些手动微调。你需要为声学共振找到两个数值，设置宽、长和反馈来产生一个好的效果，同时你必须给出滤波器数值从而给出一个好的中空的向外辐射的纯音。挑选接近 0.7 的反馈值能给出好的结果，然后再调谐各个滤波器，获得塑料外壳的音质，而且不能偶发性地让这个声学共振器进入不稳定的反馈中。

有两个铃铛的蜂鸣器

　　最终，我们把所有元件组合成图 29.15 所示的形式。这里需要铃铛的两个复本，它们必须经过一点修改，你才能向它们单独发送频率和触发消息。使用计数器与`mod`和`select`给出交替的 bang 消息。由于铃铛并不是完全一样的，所以频率上的轻微差异可以让声音效果听上去真实得多。我发现 650 Hz 和 653 Hz 使这个模型工作得很好。最后阶段把两个铃声和钟锤噪声加起来，并把这个声音中的一部分馈送给外壳接线图。

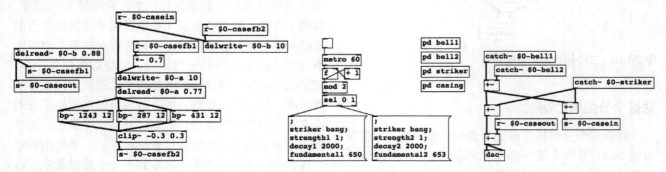

图 29.14　外壳　　　　　　　　　　　　**图 29.15　电话铃效果：所有部件组合在一起**

29.6 结果

源：http://mitpress.mit.edu/designingsound/telephonebell.html。

29.7 结论

传统的电话铃是一个机电式振荡器，用一个钟锤敲击两个小铃铛。我们观察了从电到声振动过程中能量的流动过程，考虑了导致刚体以特定模态振动的各种材料与几何形状上的因素。我们使用频谱快照进行分析，并用加性方法进行重合成。"通过近似获得效率"和"部件重用"的概念得到了阐释，我们还试验使用小型声学"波导"来仿真一个外壳。

29.8 练习

练习1

研究一些著名的教堂钟，比如 B. Hibbert（根据 A. A. Hughes 的分析工作）重合成的考文垂教堂钟。制作一个加性合成器，使其能够利用已经公开发表的泛音和幅度数据重建这些钟。

练习2

研究编钟、牛铃、藏族颂钵或其他一些像钟一样被敲击的声源。试着基于**你自己的**频谱分析的研究来重新合成它。你应该提交你自己的频谱分析图，并在图上标记出各种特征。要对各种振动和声学模态进行讨论。你可以在物理论坛或《振动与声学期刊（Journal of Vibration and Acoustics）》找到很好的材料。

29.9 参考文献

[1] Adrien, J. M. (1991). "The missing link: Modal synthesis." In *Representations of Music Signals*, ed. G. De Poli, A. Piccialli, and C. Roads. MIT Press.

Adrien J. M. 丢失的一环：模态合成. 音乐信号的表示方法：De Poli G.，Piccialli A.，Roads C. MIT 出版社，1991.

[2] Benson, D. J. (207). "A mathematicians guide to the orchestra 3.21—The Bell." In *Music: A Mathematical Offering*, chapter 3, pp. 138–142.

Benson D. J. 数学家所写的管弦乐队指南，第12节——钟. 音乐：一份数学的礼物：第3章. 2007:138-142.

[3] Cook, P. R. (2002). "Two and three dimensions." In *Real Sound Synthesis for Interactive Applications*, chapter 12. Peters.

Cook P. R. 二维与三维. 用于交互应用的真实声音合成：第12章. Peters 出版社，2002.

[4] Florens J. L., and Cadoz, C. (1991). "The physical model." In *Representations of Music Signals, ed.* G. De Poli, A. Piccialli, and C. Roads. MIT Press.

Florens J. L.，Cadoz C. 物理模型. 音乐信号的表示方法. De Poli G.，Piccialli A.，Roads C. MIT 出版社，1991.

[5] Olsen, H. F. (1952). "Resonators and radiators." In *Music, Physics, and Engineering*, chapter 4, pp. 59–107. Dover.

Olsen H. F. 共振体与辐射体. 音乐、物理与工程：第4章. Dover 出版社，1952:59-47.

[6] Risset, J. C., and Mathews, M. V. (1969). "Analysis of musical-instrument tones." P*hysics Today* 22, no. 2: 23–30.

Risset J. C.，Mathews M. V. 乐器乐音分析. 今日物理，1969, 22(2):23-30.

第 30 章

实战 7——弹跳

30.1 目标

在这个练习中，将看一看弹跳。我们将观察一个球在重力作用下落到一个坚硬表面上产生的声音，不过一般来说，这个原理也可以应用到两个弹性物体（比如酒杯）被一个恒力合在一起的情形。

30.2 分析

如果你把一个球举到地面上方的某个高度的话，必须要做功，而且这个功会作为重力势能存储下来。当这个球被释放时，它会在恒定的重力作用下加速向下坠落，并获得动能。根据牛顿第二定律可知，加速度将引起速度的增大，并且由于动能是质量与速度的函数，所以动能也在增大。当球击中地面时，这个球将会在一个弹性碰撞中发生形变，以声音的形式释放一些能量。剩余的能量暂时以弹性势能的形式存储下来。在撞击地面时，球受到一个向上的力作用，这个力让球改变了形状。当恢复力让球回到它原来的形状后，一个大小相等方向相反的力会向上作用在这个球上（牛顿第三定律），引起该球再次弹回到空气中。

在上升过程中，该球仍旧受到重力作用。加速度仍旧为原先的方向，但这次它与速度的方向相反，所以球在不断减速，直到它在半空中达到静止。整个过程会从这一点开始不断重复。由于有声音产生，该系统必然有一些能量损失，所以这个球将不会达到它原先的高度。随着这个过程不断反复，球中的能量越来越少，所以每次反弹的高度都会逐渐变小，反弹与反弹之间的时间也越来越短。弹跳物体中的能量交换如图 30.1 所示。

与别处考虑的刚体不同，这个球的形变是相当可观的。在产生声音的过程中，它的形状和密度在碰撞过程中不是固定的。这引起了一些非线性效应，它能根据被交换能量的数量而改变撞击声的音高和音调。在最高高度上产生的第一次反弹会使球的形变最大，这会比后续所有反弹更多地改变音高。随着球逐渐走向静止，各次反弹产生的形变越来越少，反弹高度越来越低，音高和音色包络也趋向于更为恒定的数值。能量耗散量——继而决定了声音的强度——大致正比于撞击的速度，因此随着反弹越来越小，声音也越来越小。撞击声将根据球的尺寸、密度、材料内容以及分布状态的不同而发生很大的变化。玻璃球、硬质橡胶球和空心足球每个都有与众不同的特性。一个球的振动模式由贝塞尔函数决定，所以如果我们愿意的话可以做出一个非常详细复杂的模型。不过，这里更关注于描述一个弹跳物体特性的衰减能量的模型，所以我们将用一个简单的近似来替代这个撞击声。重要的是这个声音是如何随着撞击的速度而改变的，因为正是这个心理声学信息让我们自己听到一个弹跳的球。

30.3 模型

我们不会直接对动能、势能和弹跳建模，而是采用一条捷径：仅考虑与声音有关的各个参数。我们有这样一个系统，它能产生由多个事件构成的一个衰减模式，在这个模式中，事件频率会增长，与此同时，每个事件的频谱、持续时间和总幅度则在变小。模式中只有一个参数，它与球的高度相对应，这将决定下落的时间，因此也就决定了最终的速度。弹跳周期的缩短大致是线性的，所以我们可以使用一个节拍器让这些弹跳事件在频率上增大。

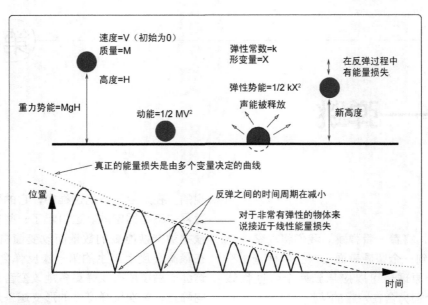

图 30.1   弹跳物体中的能量交换

30.4   方法

我们将分别考虑两个部分，一个部分用于生成这个撞击声，另一个部分用于生成弹跳事件模式。我们将使用 FM 合成对频谱进行控制，这个频谱会在正弦波与更密集的谐波簇之间变化。衰减包络将用于控制每次撞击的幅度和 FM 量，这将被一个节拍器反复触发。与此同时，我们将在节拍器周期、包络衰减时间、幅度以及调制频率上施加一个线性包络。所有这些综合起来将产生能量逐渐减少的多次弹跳的效果。

30.5   实现

初始消息与 `line~` 一起产生了一个线性包络，它用 3 s 到达零值。我们发送一条 bang 消息来启动节拍器，并把剩余的列表发送给 `line~`。最初，弹跳事件的周期为 300 ms，经过 `sig~` 的主输出幅度为 1.0，存储在 `float` 中的衰减时间为 200 ms。随着这条线段向零逐渐靠近，在 `metro` 右输入口出现的周期也将向零减少，输出幅度和衰减时间亦是如此。每一次 `vline~` 被触发，它都会在 1.0 ms 内移动到 1.0，然后在衰减时间内从 1.0 变为 0.0，这个衰减时间由 `float` 传递过来的数值替换 $1 后决定。每次弹跳的幅度曲线是按平方规律衰减的（在左手边），而 FM 的载波频率被一个四次方衰减曲线扫频。发生在每次弹跳时的扫频位于 80 ~ 210 Hz 之间，它被加入到主振荡器上，该振荡器运行在 120 Hz 的固定频率上，并给出一个低沉的"砰"声。高于 80 Hz 的部分表示了发生在撞击起音部分的非线性变形，而声音的主体部

分是一个接近于 80 Hz 的频率。根据弹跳高度用 70 Hz 对调制进行缩放，这将为具有更多能量的弹跳提供更为丰富的频谱，而当弹跳高度为零时它将给出一个几乎纯净的 80 Hz 正弦波。这个实现是不完美的，因为弹跳模式的衰减时间独立于初始的节拍器周期，所以对于小的初始高度值，它并不能正确工作。通过运用一个基于延时的事件模式发生器可以修正这一问题。图 30.2 所示的是弹跳的球的模型。

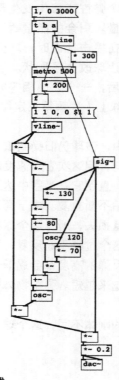

图 30.2   弹跳的球

30.6　结果

源：http://mitpress.mit.edu/designingsound/
bouncing.html。

30.7　结论

弹跳物体自身的物理行为形成了它的特性，即随着时间的流逝，能量以声音和热的形式从系统中流失。每次弹跳变得越来越近、越来越没有能量。能量损失的速率可以近似看作线性。每次撞击的能量由该物体每次弹跳时下落的高度决定。把音色、幅度和衰减时间映射到弹跳能量上能够给出正确的效果。

30.8　练习

练习 1

如果一个完全弹性的球击中了一个完全坚硬且弹性的平面，那么它能永远弹跳下去么？如果能，它会产生声音么？改进这个模型，把空气阻力考虑进来，或是把具有温和吸收属性的非完美表面考虑进来（提示：阻力正比于速度）。

练习 2

用另外一个"被敲击的非膜质打击物体（比如玻璃或金属）模型"替换这个 DSP 合成。对声谱图进行分析，看看改变撞击能量将如何改变频谱，特别是在起音阶段。

第 31 章

实战 8——滚动

31.1 目标

制作一个滚动物体的声音，比如刮风的时候一个空饮料罐在不平坦的地面上被吹得到处跑。

31.2 分析

一个具有质量的滚动物体能获得旋转动能，不管是因为重力对它的作用，还是因为其他物体（比如我们踢它的那只靴子）对它施加了一个冲击力。摩擦力使物体的下表面保持与地面相接触，所以该物体的其他部分以此为轴进行转动。完美光滑的圆柱体或球体在理想无摩擦的平面上是不会转动的，除非给它一个初始的转矩，否则它只会滑动。所以滚动的效果以及由此产生的声音取决于物体表面的不规则以及它所接触的地面的不规则。

31.3 模型

考虑图 31.1 左侧所示的规则的三角形物体。它是一个刚体，并且在进行无滑动的移动。当在其底部静止时，它会对地面产生一个均匀的力和压强，地面也会有一个方向相反大小相等的力支撑它。为了让它顺时针滚动即以右下角为轴转动，必须要对它做功使其质心向上移动。因为它在一个角上获得了平衡，即用一个更小的表面面积在支撑相同的重量，所以压强增大了。整个过程分为三步，每步旋转 120°，每次旋转时，如图 31.1 下方所示的模式将会重复出现。每次势能都会随着质心的升高而上升，直到物体达到最高点，此时动能（在 x 轴方向）减少为零，然后开始在相反（负）方向增加。在经过了 60° 的旋转以后，它不再需要提供能量，取而代之的是，这个不稳定的物体会由于重力作用而下落。最初的顶点（现在变为右下角）击中地面的瞬间时，有一个速度矢量会引起一个突然的峰值力，因为该物体放弃了所有能让它运动的能量。在碰撞过程中，能量在激发物体本身和接触表面时以热和声音的形式损失掉了。当我们为这个物体增加更多的面后，每一个增加的面意味着升高质心所需的能量以及在旋转的每一步中出现的那个使能量放弃的冲量将逐渐趋于零。规则的八角形（如图 31.1 右半部上方所示）在一次旋转过程中释放了八个较小的冲量。把它推广到极限，这个物体最终将逼近图中右半部下方所示饮料罐的圆形横截面形状。当然，没有实际任何物体具有完美的几何形状，饮料罐仍旧会有一些小的坑坑洼洼。随着这个物体的滚动，它会创建一个冲量模式，这个模式会在每转动一周时重复。让我们从另外一个角度来看待这件事：如果该物体是完美的圆形，而且地面是不平坦的，那么我们可以想象出一个相反的效果。这就是 Rath（2003）开发滚动模型的方法，在这个模型中，与滚动物体的尺寸相比，不平坦的表面意义是重大的。在图 31.2 中，我们看到圆柱体或球在崎岖不平的表面上滚动。为了越过每一个颠簸，该物体必须转过那个最高点，产生一个遵循该表面轮廓线的鲜明特征。

31.4 模型

我们的模型包含四个部分：一个动量和冲力模型，一个不断重复的推力源（在滚动过程中与滚动物体的周线构成的轮廓线相对应），一个不平坦的地面材质的模型，以及一个被撞模型用于由饮料罐撞击表面而产生的真正声音。所以，这个碰撞模式由不断重复的滚动声音构成，这个声音是由该旋转物体和来自于不平坦地面的坑洼特征产生的，这个特征产生了物体上下颠簸过程中的那些低频成分。严格地说，这个模型仅对圆柱体有效，它只有一个旋转自由度。球能以一种没有任何重复的冲量模式进行滚动，不过，作为物体成为球形的一个必要条件，我们的模式将与球的模式有很高的相似度，并且会逐渐变化到球的模式。

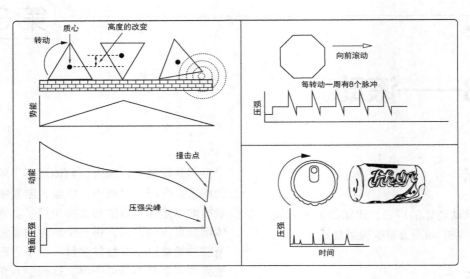

图 31.1 一个滚动的饮料罐

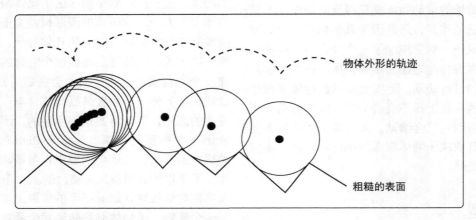

图 31.2 Rath 关于完美物体在不平坦表面上滚动的模型

31.5 方法

简单的带通滤波器将代替饮料罐。重复的滚动模式将通过对一个相位器信号进行相位同步折回来获得，该相位器的信号会被多个函数共用。利用经过整形的噪声可以得到对地面颠簸的很好的近似。

31.6 实现

我们的主要目的仍旧是探索滚动物体的压强特性，而不是对这个饮料罐进行准确地建模，所以一个粗略的模型就足够了。我们将按照常规的手段来开始工作，观察各种弯曲模式与声学共振，即环形模式（围绕周线的）、经线振动模式（沿圆柱体轴线对饮料罐进行挤压和拉伸的）、振动弯曲模式（饮料罐的左右形变）以及声学共振（在此种情况下管腔的一端被部分封闭、另一端被完全封闭）。我们也会注意到，饮料罐有一个纤薄的外壁（纤细的缸体行为），但却有刚性的盖和底（与外壁比起来实际上是实心的）。但是，我们只关心来自于侧壁撞击中的那些最强的模式，所以我们需要看看一个真实饮料罐的频谱。

你可以清晰地看到在 359 Hz 和 426 Hz 附近有一对频率，还有更高的一对频率在 1748 Hz 和 3150 Hz 处（在峰值列表里仅列出了三个最强的频率）。在这两个区域中似乎都有一点扩散，因为这个纤薄的罐壁以一种非线性的方式动作，而且在 1 500 Hz 附近可能还有另外一两个能量区域。

图 31.3 所示为使用四个噪声频带制作的一种近似。

这是一个简单的共振器，在载入时用一条消息和拆包机制初始化各个滤波器。加入一个 `clip~` 用于引入一些失真，以谐波的形式展宽各个噪声频带。图31.5所示的是一个小的测试接线图，它对一条短线段进行平方，然后高通滤波，再用它作为一个脉冲去激励共振器，所以可以敲击这个饮料罐并听它的声音。接下来，我们将创建一个滚动压强特性图样，并把它连接到这个饮料罐模型上。通过仔细设置各个电平，任何小的脉冲都会产生相对纯净的纯音，但更强的电平将让 `clip~` 过载，并能给出更丰富的谐波，这将产生更为明亮的声音。

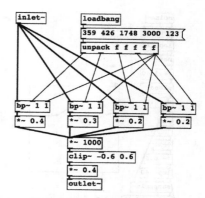

图31.3 对于一个饮料罐的简单近似

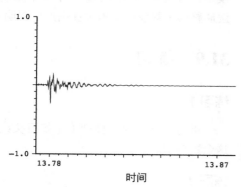

图31.4 从侧面敲击一个铝制饮料罐

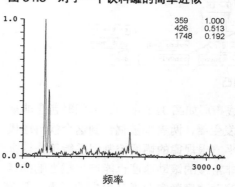

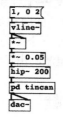

图31.5 测试马口铁罐头

如图31.6所示，滚动速度是由第一个输入口的信号决定的，它设置了相位器的频率。相位器信号的四个复本被送往四个乘法器，进行幅度（即斜率）的缩放。在进行折回时，每个被缩放的相位器会根据乘法器的值在不同的地方进行折回。例如，乘以3将让被折回的相位器在原始信号的每个周期里跳变3次。随

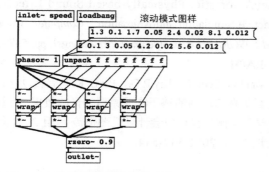

图31.6 一个具有重复特征的滚动模式

后，这些折回信号都将再进行幅度的缩放，然后在 `rzero~`（作为差分器）中进行加总。在每个相位器发生跳变的时候会出现一个短脉冲，所以通过配置折回前与折回后的乘法器，我们可以获得一个有重复特性的脉冲模式。这个子接线图就是最终示例中的 **pd regular-roll**。

由地面材质引起的非规则的凹凸可以根据图31.7所示的接线图产生。它被设计成能够创建一个波状波形，并且能在抛物线偏移的最小值处出现一个短暂脉冲。从图31.7的最顶端开始，一个噪声源经过一个强有力的低通滤波，并且被限制在正值范围内。乘法器对这个弱信号进行推升，从而使其对相位器进行频率控制，该相位器的中心位于数百赫兹处。接下来的5个对象形成了脉冲整形器，它产生一条圆形曲线，该曲线随后被低通滤波以去除一些锋利的边缘（在这些边缘处曲线会突然改变方向）。此处的目的是产生一个低频的扰动信号来驱动这个饮料罐模型。在与此支路平行的另一条支路上，`samphold~` 把慢变化的波形转变成一个带有边缘的阶梯波形，这些边缘与相位器的各个跳变相对应。对这个波形进行差分可以在每次下探的底部得到一个脉冲，此时滚动的圆柱体将与下一个斜坡相撞击。这个子接线图成为最终示例中的 **pd irregular-ground**。在主接线图中使用这些子接线图之前，可以把图31.7中的那些用于测试的对象移除，并用一个信号输出口替换发送对象。

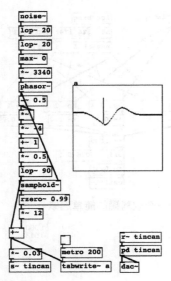

图 31.7　地面凹凸

31.7　结果

源：http://mitpress.mit.edu/designingsound/rolling.html。

31.8　结论

滚动物体产生了一个激励模式，这个模式一部分归因于该物体的不规则，一部分归因于地面的不规则。仅使用一个低通滤波器就可以轻松地构建出质量和摩擦损耗模型。我们可以为饮料罐粗略地构建一个模型，即叠加使用两个或三个窄带滤波器，并用一个波形整形函数使更猛烈地撞击产生更明亮的声音。

31.9　练习

练习 1

用另外一个材料模型（比如石头或玻璃瓶）替换这个饮料罐。

练习 2

把这个滚动模型与一个弹跳控制方案结合起来，模拟一个复杂的运动。此时该物体可以跳动，翻跟头，滚动到终点。制作一个更为复杂精密的模型，使其能够根据撞击的位置激励出不同的泛音。

最终的接线布局如图 31.8 所示，它同时包含非规则和规则滚动发生器，两者都被耦合到这个饮料罐模型中了。遵循平方根规律的幅度控制似乎能工作得很好，因为即使非常慢的滚动速度也能产生相当响的声音，而更快的滚动速度确实会提升撞击的能量，但在实际应用中声音强度并没有变响那么多（饮料罐的非线性似乎能引起饱和）。幅度和滚动速度是由一个脉冲发生器和低通滤波器给出的，它们扮演的角色是蓄积"推力"给这个饮料罐。换句话说，这是对动量、质量和损耗进行了建模。按下消息块将产生一个 500 ms 的半余弦波，并给饮料罐一个小小的推动，让它开始滚动，但随着低通滤波器中电平值的衰减，饮料罐很快就会停止动作。多次快速地按下这个消息块将让饮料罐速度更快且滚动时间更长。这个方案用在游戏的控制逻辑中是很好的，在这类控制逻辑中一个去耦合的声音控制层将被相对不经常发生的周期性事件所驱动。

31.10　参考文献

[1] Rath, M. "An expressive real-time sound model of rolling." (2003). *Proc. 6th Int. Conference on Digital Audio Effects (DAFx-03)*. London.

Rath M. 对滚动的一种富有表现力的实时声音模型．第六届数字音频效果国际会议（DAFx-03）会议录，伦敦，2003.

[2] Van den Doel, K., Kry, P. G., and Pai, D. K. (2001). "FoleyAutomatic: Physically-based Sound Effects for Interactive Simulation and Animation." *Computer Graphics (ACM SIGGRAPH 01 Conference Proceedings)*, pp. 537–544. SIGGRAPH.

Van Den Doel K.，Kry P. G.，Pai D. K. 拟音自动化：用于交互仿真与动画的基于物理原理的音响效果．计算机图形学（美国计算机协会计算机图形专题组 2001 年大会会议录），2001:537-544.

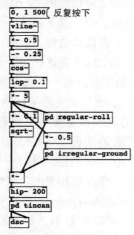

图 31.8　完整的滚动饮料罐接线图

第 32 章

实战 9——吱吱作响

32.1 目标

对摩擦的物理原理及其在"吱吱作响的门"以及"吱嘎作响的地板"上的应用进行研究。

32.2 分析

摩擦是一种非常常见的物理现象，应用在每件物体上，从建筑物到让你的裤子不掉下来。它以多种方式影响着声音，在一扇门生锈的铰链中，在擦窗器的海绵里，在机械刹车和接头结合处，以及在车辆引擎吱吱作响的传动轴上。这个普通的物理过程包含了很多对声音的描述，比如吱吱作响、吱嘎作响、啸叫、碾压或研磨的声音。

黏性滑动

为了避免相对主义，我们应该定义两个物体，一个是固定不动的参考或**基体**（**base**），另一个是**动体**（**mover**），它在基体的表面上移动。动体 M 用一个与基体表面法线方向一致的力挤压基体。这可能是由于动体具有重量（Mg）——比如在地面上推一个重箱子时，或者可能由于它被施加了一个力——比如在用一块海绵清洗窗户时。此外，这里还有一个切向力 F_ω 试图推着动体在基体上移动。这是由于我们正在对一些物体做功，比如打开房门。因为这些表面在微观角度上并不是完美光滑的，所以表面的一些突起将置于另一个表面的一些凹陷处。图 32.1 展示了这一点，这有助于理解两个表面是如何被锁在一起的。**黏滞**（**Sticking**）描述的是一个时间点，此时动体的速度为零或非常小。力 F_ω 仍旧作用在动体上，但它已经与令动体停止的**静摩擦**（**static friction**）力 F_s 相平衡。此时可以发生轻微的移动，即**切变**（**shear**），它是由两者表面之间各个连接的弹性导致的，但从我们的角度来说可以忽略它。**滑动**（**slip**）描述的是一个时间段，在此期间动体在物体表面上滑动。切向力变

得比静摩擦力更大，动体可以移动了。在发生这种情况时，**动摩擦**（**kineticfriction**）开始起作用，并充当让动体慢下来的角色。请注意，在这里我已经提到了两种类型的摩擦：静摩擦和动摩擦。正是由于这两种摩擦的存在，我们得到了一个周期性的行为，类似于驰豫振荡，但要比我们已经研究过的简单的开/关阈值行为更为复杂一些。在图 32.1 中，一根弹簧把施加外力 F_ω 的源连接到动体 M 上，弹簧通过它的张力特性提供了一个机械容抗 C。一旦动体克服了静摩擦，它就开始快速地向前加速，这要比 F_ω 牵着弹簧移动的速度更快，所以这将令弹簧的紧张程度降低。动摩擦要比静摩擦小得多，它作用到动体上，令其减速，直至停止，此时动体再次进入黏滞状态，直到弹簧上再次蓄积了足够大的力。

这一运动的声音效果在图 32.2 所示的图中进行了总结。与做功的那个前导物体的恒定位移 D_ω 相比，动体的位移 D_m 是逐步发生的。各步之间的时间间隔越长，蓄积的力就越大，峰值速度就越高。当动体快速突然地向前运动时会产生脉冲，在实际中这往往以简短的一组动作的形式出现：一个大的移动之后跟着几个较小的移动。摩擦黏性滑动很复杂，因为动摩擦系数取决于速度，但不是以一种简单的方式直接决定的。在低速时，动摩擦系数随速度加快而上升，达到最大值；在超过此点以后，动摩擦系数将随着速度的加快而下降。这个运动会产生热，也会影响表面的各种属性。赛车手对橡胶上的这种影响很熟悉，这也是为什么赛车要先在赛道上开一圈进行热胎，让轮胎软化以提升轮胎的摩擦力。在微观角度上，这个表面是随机的，所以我们无法预测具体的滑动瞬间（否则预测地震就不那么难了），但在统计的层面上，宏观行为是完全可预测的，以至于声音能呈现出完美的周期性。当黏性滑动界面从属于一个与谐振系统（比如弹簧）耦合的质量时，周期性会提升。谐振系统将倾向于在力的作用下产生规则的波峰，并产生与其谐振频率一致的滑动，就像拉奏琴弦时发生的那样。

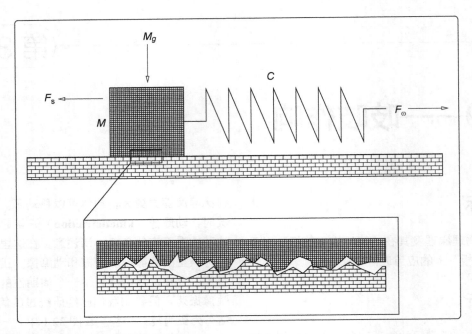

图 32.1 摩擦力以及在微观角度下观察到的表面界面

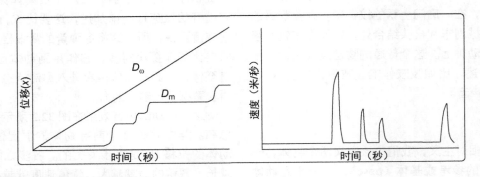

图 32.2 动体在黏滞与滑动时的速度与位移

模型

　　一个吱吱作响的门铰链是两部分的耦合，其中摩擦引起了一系列黏性滑动脉冲，而门（可以由各种材料或尺寸制成）则是这些脉冲的一个放大器。这个黏性滑动模型本身仅展示了动体的速度，除了黏性滑动的频率正比于所受外力以外，该模型并没有告诉我们这个动体会如何发声。产生的任何声音都将取决于这两个部分——动体和基体——的激励。在一扇吱吱作响的门上，基体是铰链的一部分。铰链是一个小金属盘，它与一个比它大得多的木质或金属传声板耦合在一起。动体是铰链的另外一半，它绕着低半部分旋转，而门的重量则作为法向力。对于吱嘎作响的地板，动体和基体可能是两块相互挤压的木板，其中动体是被脚踩的那块木板，而基体则是与其相邻并发生摩擦的那块木板。运动的每个脉冲本身都是由各个似噪的激励组成的，但在吱嘎作响的物体中，这些激励通常都很短，可以被看成单一的脉冲。如果把适合用于黏性滑动摩擦的冲激图样施加到基体和动体的材料模型上，我们就应该能得到一个关于吱嘎响声的合理的近似。

方法

　　我们将使用一条慢变化的线段来模仿质量／动量，并把它施加到一个事件发生器上。每个事件将创建一个脉冲，馈送给共振器，该共振器符合一个大型的厚重的矩形物体的特性。

32.3　DSP 实现

　　从门本身开始，黏性滑动脉冲将通过一个静态共振峰,该共振峰是针对方形木门的效果而设计的(见图 32.3)。最低的频率为 62.5 Hz,不过这是为了一点额外的重量而给出的次谐波,严格意义上的谐波列开始于 125 Hz。这些频率是为一个无支撑的矩形膜挑选出来的,其遵循的频率比为 1:1.58:2.24:2.92:2:2.55:3.16,并且,一部分直通信号(0.2)将与各个共振峰滤波器平行传输。

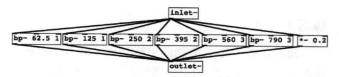

图 32.3 木门的各个共振峰

图 32.4 所示的接线图主要工作在消息域中。它把输入口抵达的作用力(范围在 0.0 ~ 1.0 之间)转换成音频脉冲序列输出出去。首先对这个控制输入施加一些平滑,用 line 给出 100 ms 的延后。这等效于给动体一些质量和动量,这样它就不会太轻易地产生响应了,也就不会让控制变化变得不稳定。触发器把左侧支路分离出来,该支路会在控制信号超过 0.3 这一阈值时打开节拍器。这种情况模拟了克服静摩擦并令动体开始移动所需的初始力,因此我们不会得到一个不切实际的低频滑动。右侧支路将计算节拍器的周期。这个控制标度被反相,所以它具有正确的方向,然后又被乘以 60 并加上了一个最小偏移量 3 ms。它被连接到 的冷输入端,因为这个周期是通过每个节拍器周期与一个随机数相加而被更新的。这些随机数正比于这个周期,所以当速度很慢,并且吱嘎声之间的周期很大时,这个随机数也很大。因此,这个随机范围的减小与吱嘎声频率会保持一致。由此产生的 bang 消息序列会激活 timer,它的输出会随着每条 bang 消息之间的时间间隔而增长。这就是我们如何对力进行蓄积,从而让每次滑动的幅度都正比于自上一次滑动以来的时间。由于 timer 以实际时间而非逻辑时间运行,所以在这个值上设置了一个 100 ms 的限制,以防止出现响得过度的声音(此时接线图无论如何都要停止)。这个值被归一化后再求方根(幅度求了两次平方根,衰减时间求了一次平方根)。我们这样做是为了缩放滑动幅度,并创建一条良好的音量曲线。在打包到一个列表中以后,一条线段的幅度和衰减时间就设置好了。这个音频信号在进行了更自然地按平方规律衰减以后被输出出去。

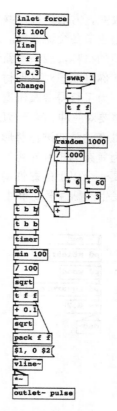

图 32.4 黏性滑动摩擦的模型

接下来我们施加一个基于延时的共振器。再一次,谐波列按照具备 125 Hz 基谐模式的矩形膜进行选择,不过这些频率必须用周期来表示。图 32.5 给出了一个小抽象,以及使用了多个该抽象的一个矩形木质面板共振器。

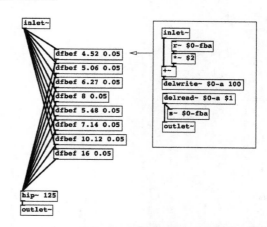

图 32.5 用于木门的方形面板共振器以及用来制作该共振器的延时元件抽象

这些部件可以直接组合在一起。黏性滑动脉冲通过这个共振峰组受到木质鸣响的影响,然后这些脉冲被送到共振器中为该声音赋予一些活力。明亮度和音调可以轻松地被改变，方法是经过共振峰子接线图播放直接信号，或是收窄各个滤波器。对于不同尺寸的门、小地板或不同的材料，应该重新计算这个共振器和共振峰的特性。你可能想对其他材料的黏性滑动特性进行一些研究。为了获得金属研磨或其他类型的物体刮擦的效果，需要对脉冲 / 噪声激励进行一些调整。用不同方式对黏性滑动脉冲进行整形可以获得大量的变化，但一些更为复杂的相互作用——比如皮革或海绵的啸声——需要一个以上的黏性滑动源，因为这种声音是同时多个发生的黏性滑动事件的组合。

图 32.6

32.4　结果

源：http://mitpress.mit.edu/designingsound/creaking.html。

32.5　结论

一扇吱嘎作响的门可以这样建模：用黏性滑动摩擦模型发出激励给固体辐射器，该辐射器充当一个固定共振峰滤波器和声学放大器。

32.6　练习

练习 1

通过让多个黏性滑动源平行动作（即多个铰链）来改进吱吱作响的铰链。试着给同一个共振器增加另外一个激励源——比如门把手或门锁，以获得一个整合的效果。

练习 2

分析一些其他的摩擦模型，比如在地面上推一个重箱子，或是在一块湿窗户玻璃上滑动海绵使其发出啸声。

32.7　参考文献

Cook, P. (2002). "Exciting and controlling sound modes." In *Real Sound Synthesis for Interactive Applications*, chapter 14, pp. 175–177. A. K. Peters.

Cook P. 激发并控制声音模式 . 用于交互应用的真实声音合成 . A.K Peters 出版社，2002, 14:175-177.

第 33 章

实战 10——啵嘤

33.1 目标

制作一个熟悉的滑稽声音（比如为蹦跳先生 Mr Bounce 或西庇太 Zebedee），它是把尺子或棒子放在一个固体表面的边缘并绷弹所发出的声音。

33.2 分析

回忆一下，并非所有声音都需要逐字描述。一些声音是表征式或暗示式的，但这并不意味着它们不植根于真实的物理原理或者不能被清晰地定义。这是一项有趣的研究，因为虽然声音的含义是抽象的，但产生机制却是具体的。

制作"嘣"的一声

一把木尺被压在桌子的边缘，并让尺子的一半露在半空中。在你用劲地压住尺子支撑端的同时，用一根手指让尺子的另一端发生位移，即让整个尺子弯曲。突然释放没有支撑的那一端将使这把尺子迅速向回摆，并开始振荡。为了获得最好的音响效果，需要在支撑端施加恰好足够的压力，以允许过冲。换句话说，支撑手作为一个支点能让尺子抬升超过桌面，而在下降的过程中又与桌面向抵触。结果会得到一个复杂的声音，我们可以把它分析成两种可分离的振荡模式。

非线性振荡

弯曲的尺子，它具有足够的初始力，这将在音高中产生一个明确的非线性（弯音）。初始频率比最终频率高 5 ~ 20 Hz 是典型情况。此外，手指对尺子的压力或位置也可能被调制，以产生一个颤音效果。

不连续性

根据所施压力的大小，可能有几种不同的模式在工作。随着尺子移动到最高点并与桌子脱离关系，我们可以把这个系统看成是两种可能模式的混合：作为一端受抑制的自由振动的长条，或是作为被钳住的长条。这两种模式都存在，并表现出不同的振动模式，所得结果是这两种模式的混合。在击中桌子时，有一个新激励产生。在向下的周期中，我们可以把这个系统看成是一个被钳住的长条，其原始长度中大约有一半长度在其支撑端被压住。这是一个周期脉冲，它会激发出比基频更高的频率。事实上，这个系统相当复杂。如果我们选择把它看成是两个分离的振动过程，那么就是在让一套模式调制另外一套模式。我们并不知道这根长条击中桌子的确切位置，因为这些波节位于其他位置，而不是位于与基频对应的曲率的初始中心。并且，每次这根长条都会被碰撞（发生在被钳住的半长度位置）并再次被激励，这会给予它新的振动模式。具有非线性接触的振动棒的动作如图 33.1 所示。

自由长棒与被钳长棒的各种模式

根据 Olson（1967）和 Benson（2007）的研究，我们知道一根振动长棒的一般公式为：

$$F_n = M \frac{2\pi}{l^2} \sqrt{\frac{EK^2}{\rho}} \qquad (33.1)$$

式中的 E 为杨氏弹性模量，K 为回转的半径，ρ 为材料密度，l 为长条的长度，对于基频 F 和后续的各个泛音倍频 F_n 有：

$$M = \begin{cases} 0.5596_n & \text{如果长条被钳住} \\ 1.1333_n & \text{如果长条是自由的} \end{cases}$$

幸运的是，我们只需要为一根 30 cm 的木棒估计基频，所得结果约为 300 Hz，剩余的非谐波频率可以通过在第一、第二和第三泛音的方程中插入数值来获得。这些泛音都是基频的倍数，它们分别为：

振动长条的各个模式

模式	被钳长条	自由长条
基频	f	f
第一泛音	$6.276f$	$2.756f$
第二泛音	$17.55f$	$5.404f$
第三泛音	$34.39f$	$8.933f$

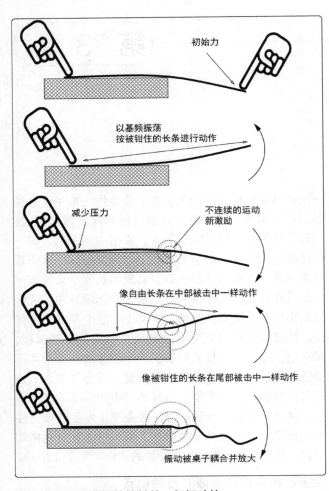

图 33.1　具有非线性接触的一根振动棒

33.3　模型

首先我们将创建一个受击打的自由长棒的模型，该模型是基于噪声和多个窄带通滤波器的，各滤波器的谐振是根据木质音响效果而选择的。随后我们用被钳长条的频谱创建第二个振荡器，并用一个音高包络调制它，产生非线性的频率衰减。用第二个源调制第一个源，并把两者混合起来，这样就得到了对弹性木棒的一个相当不错的近似。这个模型对不连续性缺乏恰当的建模，但提供了足够的效果来证明我们的分析是有用的。

33.4　方法

被击打的长棒效果是用几个平行的窄带通滤波器实现的，被钳模式通过加性合成获得，相位被锁定到单一源上，并且在每次触发时相位都被重置（所以振动总是从同一个地方开始）。在基频上还加入了一些颤音，这有助于暗示非线性，并在被夸大时给出更令人满意的滑稽效果。

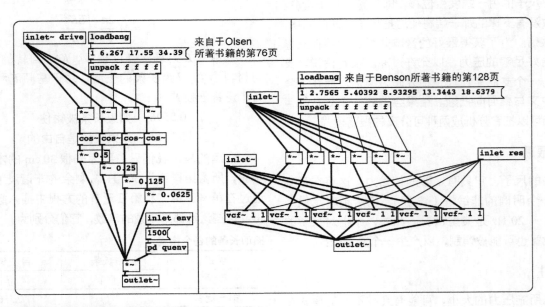

图 33.2　用于被钳和自由振动模式的子接线图

33.5 DSP 实现

从图33.2所示的第一部分的初始消息中拆包出各个频率比率,利用这些比率从一个公用相位器中生成出四个正弦成分。这些正弦成分的幅度按照几何级数衰减(0.5、0.25、0.125等)的方式被缩放。这个和信号被一个具有固定延时(1500 ms)的四次包络调制,然后被输出出去。

在图33.2的第二部分,六个带通滤波器的中心频率均被调制过,且均位于非谐波频率处:1、2.7565、5.40392、8.93295、13.3443和18.6379。它们将受到一个经过低通滤波的噪声源驱动,所以每个频带的幅度会随着频率的升高而衰减。如图33.3所示把这两个子接线图组装起来。一个16次方的包络将以6 Hz为频率调制基频相位器,这个高阶包络在起音阶段给出了非常突然的频率变化,而在起音阶段以外的其余部分则在一个很小的范围内进行长得多的移动。为了简洁扼要,我们没有在此画出这个接线图,因为你自己可以通过使用 或级联多个乘法器重复进行平方来

实现它。为了给相位器一个下降的波形,接线图里加入了一个以-1为乘数的乘法器。用基频相位器的平方去调制被钳波形和噪声源可以得到用于自由模式长条的激励。在每次触发时,相位都被重置为零。

33.6 结果

源:http://mitpress.mit.edu/designingsound/boing.html。

33.7 结论

一个不连续的作用可以引起周期性的撞击,这些撞击本身是对这个振动物体简短的激励。不同的振动模式可以进行不同的建模然后组合起来使用。

33.8 练习

练习1

修改这个模型,把不连续性包含进来,即长条会在 *1* 和 *1/2* 之间交替改变,每个周期改变一次。

练习2

对一盘硬弹簧或金属片琴比如口簧琴进行研究。使用任何一种合适的方法来建模。

33.9 参考文献

[1] Benson, D. J, (2007). Music: A *Mathematical Offering*. Cambridge University Press.

Benson D. J. 音乐:一份数学的礼物. 剑桥大学出版社,2007.

[2] Olson, H. F. (1967). *Music, Physics, and Engineering*, 2nd ed. Dover.

Olson H. F. 音乐、物理与工程(第2版). Dover出版社,1967.

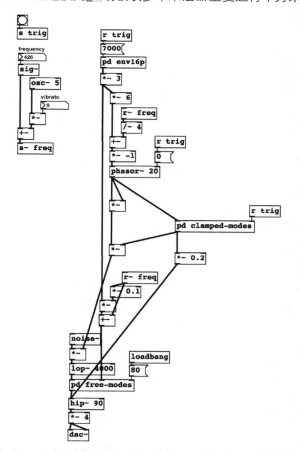

图33.3 用调制实现自由长条和被钳长条的各种振动模式的弹绷效果

实战系列——自然

自然痛恨计算器。
—— Ralph Waldo Emerson

自然元素

土、水、空气和火，对应于固态、液态、气态和等离子态，它们是历史上所有文化都认可的几种基本物质形态。虽然西方文化把这归功于希腊的恩培多克勒和亚里士多德，但这些元素几乎在所有文化的炼金术、宗教和巫术传统中都有符号象征上的对应物，包括有文献记载的印度、中国、阿拉伯、非洲和印第安等民族。

当然，我们需要用一种现代的解释方式宽松地对待这些，比如把电（包括闪电）放入火/等离子体这一类中。并且，由于"土"并不是一个动态元素，因此我们已经把它归入到非膜质打击乐器的标题之下，也就是把它看成是刚体的碰撞。在接下来的几次实战操练中，我们将对两个概念更感兴趣：湍流和统计分布。

实战

● 火：以熟知的篝火形式出现。我们将观察引起声音的燃烧过程和各种作用力。这是关于成分分析的一个绝好示例。

● 冒泡：这是同时研究气体和液体的一个例子，所以我们可以把该例看成是对流体性质的一般性研究。

● 流动的水：为流动的液体构建一个模型，看看流体摩擦、湍流、水流的深度和速度等所有因素如何为这个声音做出贡献。

● 灌注的液体：延续前一个实例，为导管内的液体开发一个模型。

● 雨：对压力场特征、容积范围以及统计分布等概念的引入。

● 电：基于非规则流动和级联事件（电离和飞弧）的概念，构建一个原型的电火花声音。引入嗝啾脉冲作为构建响亮声音模型的一个有用工具。

● 雷声：我们为这种具备极大能量且很难分析的事件使用一种介于频谱模型和物理模型之间的折中方案。我们将讨论一些环境声学的问题，以及 Few、Ribner、Roy 等人提出 N—波模型。

● 风：研究湍流在自然声音中的中心位置。我们也会考虑因果关系、阈值函数以及空间在构建实时过程式音频场景时所担当的角色。

第 34 章

实战 11——火

34.1 目标

在这个实例中，将研究一种常见且有用的自然音响效果：火。我们将分析火的各种物理和声学属性，并把几种有贡献的信号组合起来创建一个复合音响效果。

34.2 分析

火是什么？

火是一种复杂的现象。它是复合音响效果的一个例子，包含许多有贡献的部分，而且从很多方面来讲它也是容积范围的一个例子。火是一个失去控制的氧化反应，当燃料变热并开始氧化时，火就开始了。在放热反应中会产生热，更热的东西让它更容易氧化，而氧化得越多它就会越热，这种失控过程会迅速发展。这种正反馈引起了一个能够自我维持的反应，并将在尺寸和速率上不断增长，只要有燃料和氧气提供。接下来的这些事通常都会发生。

液化与沸腾

随着不能地被加热，一些固体熔化然后沸腾。对于木头，树脂和树油会在压力之下被逼迫至表面；对于其他材料，蜡或塑料会熔化并从原始的燃料中流出。一些物体会变为蒸汽态，引发气泡。

除气作用

回忆一下玻意耳定律，这是分子运动论众多气体定律中的一个，该定律指出：对于固定的温度 T 来说，压强 P 与体积 V 的乘积为常数（记为 $PV=kT$）。所以如果温度升高，要么体积增大，要么压强上升。在第一种情况中，气体必须从燃料中逃逸出来，产生一个嘶嘶声。当逸出路径受到被困液体的阻碍时，我们可以听到压强在进行周期性地聚集和释放，这个声音听上去具有强烈的音高。

爆炸

当有一个无法移动的阻碍物，并且气体无法逸出到表面时，它们将在一个封闭腔体内不断累积，压强将不断增大，直至引起爆炸。这个气体不会在燃料内部引火或燃烧，它只是迫使固体燃料解体。

应力

爆发的压力并不是唯一引起固体材料解体的原因。固体材料的热膨胀也会引起它们嘎吱作响。

解体

最终，应力会不断累积，直到燃料开始解体，产生响亮的破裂声。这能引起大尺度的结构平移，即燃料一块块掉落或是崩塌。如果受到限制，它们也可能瞬间破碎，就像玻璃受热时那样。

火焰

被释放的气体通常都是易燃的，它们也是燃料。当温度足够高时，通过这个反应释放的可燃气体将开始燃烧变成火焰。火焰并不是在整个体积范围内完全燃烧，而是仅仅在一个**燃烧锋面（combustion front）**上燃烧，这是覆盖在火焰外部的一层表皮，在这里它与氧气相混合。即使氧气被预先混合到一个受迫火焰中，我们也会看到与在一盏洁净的本生灯里一样的效果：燃烧发生在外部锋面上。

对流

在自由空气中，这个反应所产生的炽热的气态副产品——可能是水蒸气和二氧化碳——会膨胀。热气体的密度要比周围空气的密度低，由于它更轻，所以它会上升，这会在火焰周围产生一个低压强，这被称为**对流（convection）**。暂时的低压强会把周围的空气吸引过来，补充新鲜的氧气。

火焰声学

　　燃烧锋面的传播倾向由气态燃料的截面积和压强决定（Razus 等，2003）。火焰倾向进入到与其相邻的压强更低、容积更大的自由空间中。火焰上方较低的压强将把火焰向上拽。火焰本身充当了一个谐振腔，随着冷空气冲进管腔替换对流空气，管腔中的低压气体混乱地从一侧振荡到另一侧。在蜡烛的火焰中可以观察到这种现象：即使没有风，火焰也会摇曳跳动。气体的膨胀和上升改变了火焰的形状，把它拉得更长更细更高。但为了说明气体是更轻了还是更重了，我们必须考虑重量，即质量与重力加速度的乘积。在零重力环境中，火焰将呈现一个完美的球形。不过，在地球重力作用下，冷空气更重，所以它的下落引起了火焰周围的不稳定，从而让火焰振荡。其过程如图 34.1 所示。

　　在这种情况中，能量交换模型可以被认为是一个轻、热、上升气体的动能与一个重、冷气体的势能。流入到火焰基部的空气导致了旋涡、湍流图样，它们把火焰推向一旁，或推到螺旋形结构中。所有这些运动都将产生低频声音，它们通常都表现为在 3 ~ 80 Hz 范围内轰鸣、振抖的声音。当可燃气体与空气的混合物突然恰好处于一个理想的压强和温度下时，会发生爆音或气态爆炸。若燃烧放出的热恰好与火焰塌缩时压强的增加相等，就会发生这种情况。把一根蜡烛放到一个具有正确直径且能够产生火焰谐振的管腔中，就会引起规律性的爆音。相反的原理被用在火箭引擎的设计上，通过调制燃料的流速使燃烧室的应力最小化。

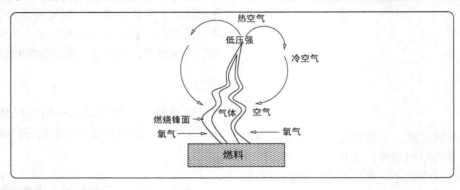

图 34.1　火焰气体动力学

不完全燃烧

　　不完全燃烧是指没有火焰的燃烧，此时氧化反应在燃料表面发生。在一些罕见场合下可以听到一个介于嘶声和破裂声之间的精细的低电平声音，比如黄色或白色的炽热的木炭。在这里，声源可以被认为是经过表面的声学属性放大后的剧烈的布朗运动。

辐射

　　火焰不通过直接接触也能传播热。临近的物体吸收红外波长的电磁辐射并变热。对辐射和吸收的黑体解释意味着：颜色较暗的材料比闪亮有光泽的材料（比如金属）倾向于吸收更多的能量，闪亮有光泽的材料会把辐射反射掉。燃点较低的临近物体——比如纸和木头——将开始产生蒸汽，并可能突然起火。因此，我们应该考虑这个更大的环境。接近火焰时，由于材料的结构组织在快速地变热或冷却但没有燃烧，所以来自于结构中的应力会造成嘎吱嘎吱的响声。

34.3　模型

　　在模型中，所有这些过程将导致一组声音。下面列出了火及其起因的十种共同声音特征。我已经按照它们对于火的声音的重要性进行了排序。我们将仅仅挑选出三个最重要的成分，并把它们组合起来构建一个具有真实感的火声，但为了获得真正出色的火声效果，你应该继续深入探索其余的那些内容，可以把它们作为未来的一次练习。

● 研磨声（lapping）——气体在空气中的燃烧，位于燃烧锋面（火焰）。

● 爆裂声（crackling）——由燃料中的应力引起的小尺度的爆炸。

● 嘶嘶声（hissing）——规律性的除气作用，被困蒸汽的释放。

● 气泡声（bubbling）——液体的沸腾。

● 吱吱声（creaking）——燃料膨胀或邻近结构的内部应力。

● 嘶嘶发泡（fizzing）——小颗粒在空中爆燃。

- 呜呜声（whining）——除气过程中的周期性张弛。
- 轰鸣声（roaring）——火焰的低频湍流周期。
- 爆音声（popping）——热与压强达到同相时的气相爆炸。
- 哗啦声（clattering）——燃料在重力作用下的下沉。

34.4 方法

从声音强度上来说，研磨声、爆裂声和嘶嘶声构

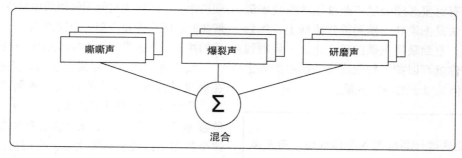

图 34.2 火的组成成分

34.5 DSP 实现

嘶嘶声

只用白噪声发生器，我们就已经有了制作嘶嘶声的一个相当不错的起点，但它是一个恒定的噪声。火中的嘶嘶声时有时无，通常是在每次短促的迸发之间穿插安静的静音。我们需要做的是用一个随机的低频信号对嘶嘶声进行调制，但从哪里能得到这样的随机信号呢？简单的方法是用另外一个噪声发生器并让其通过低通滤波器。回忆一下，白噪声包含所有频率，所以它必然包含一些低频成分，也包含一些高频成分。低通滤波器能把我们需要的低频内容筛选出来。构建图 34.3 所示的接线图并聆听它的声音。这个声音有什么不对的地方么？

图 34.3 嘶嘶声 1

改变嘶嘶声的动态

在第一次尝试中缺少的是正确的响度和分布。它仍旧是一个几乎恒定的噪声，偶尔会变响或变弱一

成了火声的主导部分。我们将使用减性合成（以经过滤波的白噪声为基础）来单独构造这些声音，然后用加性方法把它们组合到正确的材质结构中。每种声音成分都将用一个单独的子接线图制作，每个成分都有几个实例，这些实例会根据一个单一的控制——火的**强度**——进行混合。火的组成成分如图 34.2 所示。

些。真实火焰中的嘶嘶声似乎要更不稳定且猛烈得多。嘶嘶声是从响亮的爆裂中传出的，它的出现要比前述接线图中温柔的调制突然得多，声音也要响亮得多。我们需要修改这个低频调制器的动态，做法是对调制信号进行平方。对一个经过归一化处理过的信号进行平方会让接近 1.0 的信号不经改变地通过，同时让较低的数值变得更为安静。它扩展了调制器信号的动态范围，因为现在的平均电平更低，所以我们必须对所得信号进行放大，以得到一个可听的电平。聆听图 34.4 所示的接线图，并与前一个接线图进行比较。你听到了什么区别？区别应该挺大的，嘶嘶声几乎完全消失，只留下静音，时不时会出现响亮的噪声迸发。

> **关键点：**
> 把经过归一化处理的信号提升到一个固定幂次能扩展该信号的动态范围。相反，对归一化的信号求平方根将压缩它的动态范围。

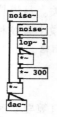

图 34.4 嘶嘶声 2

这几乎就是我们想要的东西了，但这个声音仍旧有些过于有规律。让我们继续运用平方技巧来提升它的动态范围，再次使用平方把它扩展到四次方。这次，信号几乎完全消失，所以需要再次对它进行提升，这次是提升十倍。这个数值需要经过仔细挑选。四次方是一个很大的扩展，我们最终很可能得到一个"一会儿特别弱、一会儿特别响"的信号。技巧是通过预放大对增益补偿模块进行平衡。我从 2.0 和 2 000 开始，然后调整这两个值，直到声音听上去正确为止。你将经常需要使用这种技巧来调整一个函数的输入和输出范围，有时候必须通过不断试错才能找到最佳值。最好的方法是把滑块连接到乘法模块上，然后用它们进行调试，直到获得正确结果为止。一旦得到了正确的数值，你就可以把它们变成接线图中的固定值，然后移除任何类似于滑块的变量。

> **关键点：**
>
> 有时候不能通过计算得到各个缩放值，而是必须手动找到一个函数的最佳参数值。请使用滑块对输入范围和输出范围进行精细调整，然后再把这些数值固定在代码中。

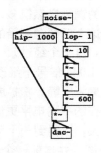

图 34.5 嘶嘶声 3

改变嘶嘶声

此时请仔细聆听你的接线图，并与录制好的一些火声进行比较。在嘶嘶声中有过多的低频，这让它听起来有点"宽"，所以我们加入一个 `hip~` 滤波器来修正这个问题。粗略地说，逸出气体的声音与该体积相对于孔径尺寸的移动相关。从燃烧的固体逸出的气体只能从仅有几毫米宽的微小裂纹和沟槽中跑出来，因而产生一个音高很高的声音。

优化

回忆一下，我们打算要实时运行我们的过程式声音。在设计实际的过程式音响效果时，我们的目标之一

是用最少的处理器资源实现所需的效果。通常需要仔细检查代码，对最初的尝试进行一些小改进。请注意这些优化，它们会以逐渐累积的方式对我们的嘶嘶声发生器进行改进。我们已经重用了同样的噪声源，既用它生成低频调制器，也用它生成一个高频信号源。在此处这样操作是可以的，但以这种方式重用信号发生器并非总是可以接受的，稍后我们将会讨论具体的原因。

爆裂声

火劈啪作响的声音是短暂、尖锐的爆裂声，通常出现在木头、煤炭或其他固体物质中某块材料在压力之下解体时。因为想要得到一个假想的、一般化的火，所以我们并不知道这些碎片的具体大小和材料。

我们将构建一个爆裂发生器，用来近似那些可以在燃烧的煤炭、木头和纸板上找到的一定范围的声音，这次我们仍旧从噪声源开始。为了得到一个简短的噼啪声，先用一个 20 ms 的紧密包络对其进行调制。这个包络由线段发生器生成，生成方式为它立即跳到 1.0，然后迅速衰减回零。依然用平方律得到这个衰减，这与真实声音中出现的那些自然包络更接近。如图 34.6 所示。

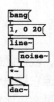

图 34.6 爆裂声 1

爆裂声的密度和控制

不言自明，我们必须通过点击那条 bang 消息来手动触发这个包络发生器，这不是一个好的方法。我们想让它自动地在随机时间点上产生断断续续的噼啪声。在图 34.7 所示的图形中，我们得到一个随机触发器。同样，`lop~` 提供了一个慢变化的随机源，我们不把它直接作为调制器，而是把它转化成一个控制信号，即用 `env~` 单元得到输入信号的 RMS 值作为一个控制率，它介于 0.0 ～ 100 之间，用以表示幅度的分贝数。使用 `moses` 中的两个数据流分裂器在这个数值范围的中部打开了一个窗口。每次输入信号进入这个范围，它就能通过并触发这个线段包络。回忆一下，这里的数值都是浮点数，而不是整数，所以使用 `select` 对象是不恰当的。改变这个低通滤波器的频率将改变信号的变动性，因此也就改变了该信号每秒钟穿过其中点的次数。这为

我们提供了一种简单方法来控制爆裂声的密度。

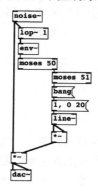

图 34.7　爆裂声 2

爆裂声的音调

现在，每个爆裂声听起来都是一样的。我们想让声音有一些多样性，为了获得一些色彩和变化，我们可以做两件事。首先，可以让每个爆裂声的衰减时间略有不同。回忆一下 Gabor 周期的概念，同时回想一下可知，短声音有一种与长声音不同的属性。通过改变这些爆裂声的持续时间，就可以让它们听起来似乎改变了音调。我们用一个随机数替换掉包络的延时时间。因为最开始用的是 20 ms 的固定延时，所以我们把随机数的范围设定为最大 30 ms。并且，可以用一个谐振滤波器明确地设置出让每个爆裂声的音调都是独特的，方法是为滤波器的频率输入添加一个随机数。当然，我们也需要为这个随机数选择一个恰当的范围。介于 100 ~ 1000 之间的随机数能为燃烧的木头给出很好的频率值，但在图 34.8 所示的接线图中，我们允许爆裂声出现在音频频谱的大部分范围中，即位于 1.5 kHz ~ 16.5 kHz 之间。现在，我们有了能够在音调和持续时间上有变化的爆裂声。这种结合给出了具有真实感的结果。

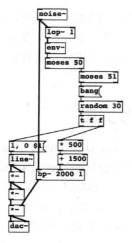

图 34.8　爆裂声 3

火焰

到目前为止，一切都还不错。但是我们的火仍旧缺少一个基本的元素：由燃烧的气体产生的轰鸣、研磨的声音。火焰燃烧的声音是一个低沉的"呜呜"的噪声。为了把频率成分集中到正确范围内，这里使用了一个 `lop~` 单元。单个 `lop~` 本身太温和了，仍旧有太多的中高频成分通过。而且实际火焰的音调中也有一个谐振。

出现谐振实际上是因为燃烧气体产生的压强创建了一个空气管腔，声音在这个管腔中谐振。所以我们如何实现它？使用一个谐振带通滤波器能让我们与想要的声音更接近一些，但仍旧有一两个小问题，声音中的低频有点过多了。20 Hz 以下的频率成分是不可闻的，但它们仍旧能对数字声信号产生影响。

图 34.9　研磨声 1　　　　　图 34.10　研磨声 2

接近于零的频率成分浪费了可用的动态范围，在这里用一个位于 25 Hz 的 `hip~` 移除它们，而且，火焰发生器和嘶嘶声发生器在动态上有些过于活跃。有时候，在大声播放时，它们的音量太大了，但当我们对其进行衰减时，它们又太弱了。可以使用 `clip~` 单元去限制电平，以此解决这一问题。即使这种限幅会引入失真，在这里也是可以接受的，因为信号电平很少出现过高的情况，而且引入的失真实际上会在某种程度上改善这个声音。对于那些罕见的情况——调制漂移得过高并导致 `clip~` 暂时要处理一个恒定的直流信号，额外的 `hip~` 可以做出修正。

图 34.11　研磨声 3

34.6　把所有部件组装起来

为了得到这个复合效果，现在要把各个部件组装起来。我们创建了一个单一的单元，它由三个分立的部分组成。在组装之前，我们先进行一项优化。生成研磨声、爆裂声和嘶嘶声的每个单元都是基于一个噪声发生器而产生的，那么，我们能否提出公因子，为所有这些发生器使用同一个噪声源？这是一个有趣的问题，在构建嘶嘶声发生器时我们已经考虑过了。答案是："看情况"。对于一些应用，这是个糟糕的主意，它将减少声音的变化程度，因为所有的单元将以同音的方式对一个公用信号做出反应。但对于火来说，这个答案是让人惊奇的"没问题"。这不仅是一种优化，而且还是一项改进，是一个很棒的主意。为什么？因为我们听到的噪声有一个公用的因果链。火倾向于以爆裂声、嘶嘶声和研磨声同升同降的方式进行涨落，所以把噪声源作为一个公用单元能给声音加入一些相干性，并以一种微妙的方式改善声音的整体质量。

> **关键点：**
>
> 通过重用进行的 DSP 优化取决于因果相互关系。有些声音就是以有相同的潜在处理过程为特征的，所以这些信号可以被合并，而另外一些声音则是以相互独立为特征的，所以必须保持相互分离。

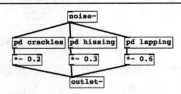

图 34.12　火发生器

最终，我们想要一个大的轰鸣的火，而不是单一一个火发生器给出的一个小声音。让我们排出一组火发生器，每个都使用略微不同的设置，由此混合出一个大的火声。图 34.13 所示为使用四个火发生器得到的一个令人印象深刻的声音。我们应该再次提取出公用的噪声发生器么？这一次的答案是"不行"，因为我们想要在混合出来声音中保持一定程度的混乱和不一致，所以要让每个火发生器有自己的随机基底。

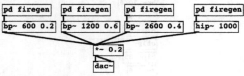

图 34.13　火——全部

34.7　结果

源：http://mitpress.mit.edu/designingsound/fire.html。

34.8　结论

基于物理的成分分析是一种强大的工具。把一个声音降解为各个分立的现象，并单独合成每个现象，这能提供大量的控制。对于火和水这类的声音来说，

以白噪声为开始的减性方法是合适的。如果所有成分共享了一条囊括它们的因果链，那么可以通过提取公共发生器或谐振器来进行优化。

34.9　练习

练习 1

为了模拟一把绝对顶级的火，我们应该为模型中的每个成分都构建一个单元发生器。但是简单地让所有发生器一起动作就太幼稚了，火中的各个事件之间有一个特有的因果链。为了让这把火正确地构建起来，我们要从不完全燃烧开始，然后再出现爆裂声和研磨声，在这把火最活跃的时候要搭建出沸腾和嘶嘶发泡交相辉映的大合奏。某些事件——比如嘶嘶声和气泡声——可以进行编组。一把木火通常会"吐"，这是由于木头内部的油蒸发变为气体，这会立即跟随一个火焰量的高涨，因为可燃燃料汽化了。请为其他材质创建一些发生器。也许你可以创建一个公用控制，通过不同的燃烧等级来设置火的强度，这样可以让不同的发生器变得更为活跃。

练习 2

火的声谱分析图太混乱，无法在本书中印出来，它的用处也有限，所以我在这里避开了它，完全依赖于物理分析来解释它。如果你能得到一份真实火声录音的高分辨率声谱图，那么请试着把我们已经讨论过的各个特征与录音中听到的声音元素进行匹配。用一张大纸打印出这份声谱图，或是使用某种图形软件包对声谱图进行标注，把你认为是爆裂声、嘶嘶声、砰声或其他特征声音的地方标记出来。

练习 3

试着把练习 1 中的过程反过来，制作一个用水熄灭火焰的声音。先听一听这种声音的录音。解释一下你为什么能听到尖声和呜呜声有很大的增长。在水身上发生了什么？

34.10　参考文献

Razus, D., Oancea, D., Chirila, F., Ionescu, N. I. (2003). "Transmission of an explosion between linked vessels." *Fire Safety Journal* 38, no. 2 (March 2003): 147–163.

Razus D., Oancea D., Chirila F., 等. 爆炸在相连容器之间的传导. 防火安全期刊. 2003, 38(2):147-163[2003-03].

第35章

实战12——冒泡

35.1 目标

制作液体冒泡的声音。考虑各种物理因素，比如流体密度、黏滞度、深度、气泡形成的速率，以及气体源的属性。

35.2 分析

在这里，我们感兴趣的冒泡是处于其他流体中的流体，特别是在液体中的气泡。气泡是一个很小的东西，它处在一个它本不该存在的地方。它不属于那里，因为它与周围环境相冲突，无法与其融合。如果不是这样，气泡要么会在水中欢快地浮动，要么它会再次溶解变回水。水分子从各个方向向内挤压，试图

碾碎这个气泡，因此，它采取了表面积最小的一种可能性——球。我们把水看成是一种不可压缩的流体，把空气看成是弹性的。这样，气泡中的空气就是一根弹簧，而它周围的水就是一个质量。考虑一种与此互补的现象：一个充满水的气球。如果你做过充水气球炸弹，你就知道它们如何像果冻一样来回摇晃的。在水下，气泡也像果冻一样来回摇晃，不过是在一个略微不同的受力平衡下。在图35.1中，我们看到了对一个采样声音熟悉的时间分析和声谱图分析，这是气泡在浴缸表面的声音。为了获得良好的时间分辨率，这个图仅对很小的一个时间窗口进行了分析，所以它看上去有些模糊。现在对它将要进行简要的分析。在后文中我们还会回到这幅图，到那时它将变得更有意义。

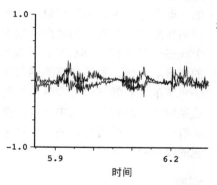

图35.1 对气泡的分析

规则气流的量化

显然，气泡是一些离散的事件。来自于某个受压气体源的气泡通过弛豫过程以一种经过量化的形式出现，非常像一个滴水的水龙头。回忆一下我们先前对于振荡的研究：滴水的水龙头和水下的气泡是互补的现象，这是一种**量化**的情形，此时能量流被分割成各个小包或量子（在这里就是水滴或气泡）。滴水的水龙头或冒泡的气体在一个恒定的压力下以有规律的时间间隔释放出每个水滴或气泡，一个力必须克服另

一个阻碍运动的力。对于水滴，水的表面张力要阻止它运动。一旦水滴变得足够大足够重，它就会在重力作用下脱离水龙头并下落。对于气泡，驱动力是气体的压力，反向力为表面张力，即让这个气泡依附于更大块气体的那个力。气泡周围迫使它形成球形的压力最终克服了表面张力并**夹断**气泡。不过，在恒定压力下在水中形成气泡是很罕见的，取而代之的是，它们倾向于迸发式地出现，随后在频率上衰减——即随后有一段时间几乎不出现气泡，然后又迸发出另一批气泡。形成这种现象的原因涉及一些复杂的动力学，我

们只是说，一旦一些气泡开始运动，其他气泡就会发现在一个短暂的时间段内它们更容易突围。在后面讨论电流的章节中，我们将重新回顾这个概念，电流中有一种现象与流体具有一些共同的行为特征。

气泡运动的速度

观察气泡的另一条途径是把它看成是一块没有任何水的地方：不是气泡在上升，而是水在跌落。不管水在何处，它总要受到恒定的重力作用而下落，所以气泡会受到同一个力而上升，这被称为**挤压上升**（**upthrust**）。施加在一个被浸没物体上的浮力等于被排开流体所受的重力，这就是阿基米德原理。暂时忽略流体摩擦力，一个恒力引起一个恒定加速度（ g ），这是重力常数，约等于9.8。所以从池塘底部冒出来的若干气泡将在向水面上升的过程中距离变得越来越远。

终速

此外，在水中上升的气泡要受到流体摩擦力和湍流。这些产生了一个正比于速度的反力，所以就像一个物体在空气中下落会达到一个最终（最大）速度一样，一个气泡由于其向上的速度引起的摩擦力与挤压上升力相等时，这个气泡达到了终速。在水中上升的气泡能够达到的速度大约为

$$\frac{2}{3}\sqrt{gR} \qquad (35.1)$$

式中的 R 为气泡的半径。除了半径以外，式中的其余部分都是常数。对于声音，这意味着不管气泡的大小如何，它都会迅速达到它的最终速度。现在假设有一组气泡在深水中形成，有大有小。较大的气泡将先到达水面，然后是较小的气泡。

气泡的尺寸

在水中，深度每增加10 m，空气的体积就会减半，对应于压强增加1个大气压。压强的增加与深度的增加呈线性关系，所以上升气泡的体积会在向水面运动的过程中不断增大，在澡盆或玻璃杯里看不到这种现象，它只会发生在非常深的水里，比如说至少10 m深。气泡的尺寸也可以根据气泡在一个包含有溶解气体的液体里存在了多长时间来改变。当被溶解气体利用气穴现象形成气泡后，这些气泡倾向于随着吸收更多的气体而逐渐变大，在起泡的饮料中会看到这种现象。出于实用的目的，你可以假设一个气泡在其整个存续期间内保持同样的大小不变。

激励

有三种方法可以激励一个气泡产生噪音。当气泡从水下的气源冒出时，从较大形体中分离出来所带来的震动会给这个气泡一个冲激。通过观察鱼缸通气管中的气泡来假想一下它在被剪断之前的那一瞬间：气泡被拉长，但当该气泡剪断时，它突然向后折断并开始振荡。大量雨滴或石头击中水面时会发生类似的过程：一柱空气瞬间进入水中，但随着其后的流体的塌陷，同样的剪断也会发生。在发生**气穴现象**时，会有另一类冲激作用在气泡上。流体中的压强或温度变化时会产生气泡，这种振荡模式与被剪断的气泡略有不同，因为它涉及到一个统一的爆发式的生成。最终，出现了一个"歌唱的气泡"，它通过上升过程中的摩擦刺激获得了声能，由于气泡的外表在不断振荡，因此它们倾向于螺旋形或 Z 字形上升。

水下气泡

气泡遭到了强烈的阻尼，所以被剪断和由气穴现象形成的气泡只能发出很简短的声音，短于十分之一秒。歌唱的气泡发出一个混有类噪成分的正弦波，这个类噪成分是由湍流导致的。这两个成分都是气泡被置于水下时发出的非常轻柔的声音。当气泡非常大时，形状上的偏差将引起对音高的调制。大的非球状的气泡有时候听起来有些颤动，而较小的气泡听起来音高更坚实。非常大的气泡会根据拉普拉斯方程在两个或多个轴之间来回振荡，呈现出类似于慢调制 FM 的声音。最终，对于音高的感知取决于观察者。来自于水下的声音并不会在空气中穿行，除非这个流体是在某种带有薄壁的水槽中。我们在空气中听到的声音具有一个不同的音高，因为空气中的声速要比产生气泡的流体中的声速慢。

频率

一个气泡的真实音高取决于几点。气泡越大声音越低沉，但这只是一个非常简单的观点。音高也取决于气体弹性与其周围液体弹性之间的比率和恢复力，它取决于压强，而压强取决于水深。表示一个气泡音高的完整方程是水深、温度、压强、流体密度以及气泡尺寸的函数，它过于复杂，无法在这里给出推导过程，甚至无法用语言描述，但出于好奇，我们给出频率与压强 P 、水密度 ρ 、气体比热 γ 和半径 R 之间的关系式——米纳尔公式（Minnaert Formula）：

$$f = \frac{1}{2\pi R} \times \sqrt{\frac{3\gamma P}{\rho}} \qquad (35.2)$$

请注意，等号右边是一个熟悉的结构，它是另一个二阶微分系统的解。实验告诉我们，对于 1 mm 的气泡，频率数值为 3 kHz。

升至水面的气泡的声音

我们在这个接线图中创建的是图 35.2 所示的升至水面的气泡的声音。这就是大多数人所认为的"气泡的声音"，它不是歌唱的和气穴的气泡发出的嘶嘶声、鸣响声或是噼啪声。当维持液体表皮的表面张力破裂时，气泡表面被撕开，由此会产生激励，形成一个赫尔姆霍兹共振器。

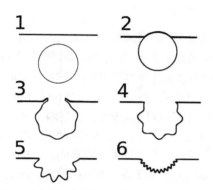

图 35.2　升至水面的气泡

气泡是一个球，随着气泡涌出水面，空腔将消失，而且因为同样的能量被挤压到一个更小的空间中，所以频率会上升，结果是一个在 1 kHz ～ 4 kHz 之间指数上升的正弦波。这条曲线（e^x）的理想化图形如图 35.3 所示，可以把它与图 35.1 进行比较。现在回到声谱图分析中，你应该能够看出来中间两个例子存在这种指数上升。随着时间向前移动，这条曲线迅速变得越来越陡。

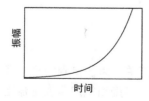

图 35.3　指数上升

35.3　模型

一个水下的源会产生各种尺寸的气泡，这些气泡

上升到水面后爆裂并鸣响，这将产生正弦波。因为振荡是被严重阻尼的，并且由于不断变化的几何形状，其音高的频率是按指数上升的。这些声音的持续时间相对恒定，因为各个气泡的速度相对统一，因此气泡涌出的时间仅取决于它的直径。较大的（频率较低的）气泡先涌出水面，较小的气泡后涌出水面，因此在频率上这个声音模式倾向于上升。

35.4　方法

这个接线图被分成了两部分，所以我们可以把水下气泡的产生与它们在水面的声音分开处理。用一系列小的质数生成一个伪随机事件流，用它驱动一个基于指数包络和正弦波发生器的声音发生器。

35.5　DSP 实现

气泡模式

计时部分由节拍器、计数器和取模运算构成，它提供了一个循环计数器。图 35.4 所示的抽象有两个输入口，第一个输入口用于启动节拍器。计数器每两次递增之间的时间间隔最初为 15 ms，这是一个常规的时间基准。另一个输入口用来设置这个周期，这个周波的取值范围由该抽象的第一个创建参数设置，该数值将替换 mod 中的第一个参数。用数值 200 对这个对象进行实例化，所以它将在 0 ～ 199 之间计数。不过，我们其实并不想要一个规则的事件序列，使用规则的随机源去模仿气流的弛豫是不恰当的，这也是不采用与火爆裂声发生器相类似的方法的原因。这里需要的东西略有不同。我们使用了一个选择（sel）模块，当一个介于 0 ～ 199 之间的整数与该选择模块的某个参数相匹配时，它将输出一条 bang 消息。你能在图 35.5 所示的选择模块中找出这些数字么？它们是一些离散上升的小质数。人类很善于找出重复的模式，如果一个序列被听足够长时间的话，我们倾向于注意这个序列中的任何周期性，但质数会产生一种非周期声源的假象，因为它们没有公因数。

图 35.4　循环周期

并且，让每个事件产生一个气泡有点太多，所以需要有一种方法挑选出一些事件。使用"每两个事件移除一个事件"，对于具有真实感的冒泡模式图样来说已经足够了。但是，我们不想仅仅是每隔一个事件移除一个，我们想随机挑选出它们。通过这样操作，这个事件流将有时候包含较长的空隙，有时候包含较短的空隙，并且在整体感觉上它仍旧保持一个稳定的平均速率。可以使用这个方法为每个事件产生一个介于 0 ～ 100 之间的数字，并把它馈送给一个中点为 50 的流分离器。因为这些随机数是均匀分布的，所以平均下来，将有一半的事件通过。通过这个分离器的任何数字都会产生一条 bang 消息。这个抽象还有一个额外的输入口，用于调节气泡出现的概率（密度）。

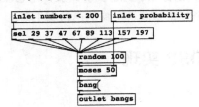

图 35.5　气泡模式图样

声音的生成

气泡声音的接线图将使用两个包络发生器，一个用于音高，一个用于幅度。首先，我们将搭建一个幅度包络，它是一条线性的"起音 - 衰减"线。在图 35.6 中，由抽象的两个创建参数得到两个浮点数，一个用于起音时间，一个用于衰减时间，它们均用毫秒数表示。在输入口出现的一条 bang 消息将导致这两个数字被打包在一起，并被带入到用于 vline~ 的列表中。它从 0.0 开始，经过起音时间后达到 1.0，随后立即开始衰减，经过衰减时间后回到 0.0。所得结果是一个三角形包络，峰值在 1.0 处，总共经历的时间为**起音时间 + 衰减时间**。该抽象被称为 adenv。

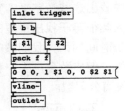

图 35.6　起音 - 衰减包络

图 35.7 所示为一个指数曲线发生器。这个抽象的行为模仿了一个涌出气泡的几何形状，它是这个声音的核心。该抽象的第一个创建参数提供了一个用于设

置持续时间的浮点值（初始值为 10，所以不会意外产生一个很响的爆音）。在接收到一条 bang 消息以后，这个数被带入到 vline~ 的列表中，作为从 0.0 上升到 1.0 的时间。与线性包络不同，我们没有直接使用 vline~ 的输出，它先被 e^x 函数整形（e^x 函数通过使用常数的 sig~ 和一个 pow~ 构成）。这个抽象名为 expcurve。

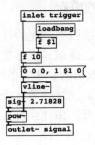

图 35.7　Expcurve

从图 35.8 所示的图形中可以看出，这两个包络发生器与一个振荡器组合起来。你可以看到用于控制音高的这条指数曲线被创建成具有 100 ms 的存续时间，而线性起音衰减包络具有快速的起音（10 ms）和略慢一些的衰减（80 ms）。所以幅度峰值会精确地出现在音高扫频中各个正确的点上，在音高扫频被触发之前还加入了一个延时。为了让各个气泡的音高不同，我们用第一个抽象的创建参数对这个音高包络进行缩放，典型情况是在 1 kHz ～ 3 kHz 之间。最终的输出乘以 0.1，以获得合理的音量，再通过高通滤波器移除非常低的频率成分。

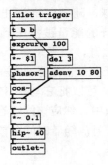

图 35.8　气泡声 1

组装起来

这部分很简单，为了得到结果，我们所要做的就是把事件发生器连接到气泡声发生器上。如果通过一个随机选择器把几个频率略微不同的气泡声实例连接起来，就得到了一个更有趣的效果。还没有处理气泡尺寸的问题，所以我们假设了一些非常一致的气泡尺寸，它们具有类似的频率。如果你在上例中仔细地调整过各个参数，你将注意到起音与音高是链接在一起的，改变起音也会改变气泡的表观音高。这种相互依

赖关系是我们使用这个简单模型的一个特征：改变起音将改变幅度在音高上升阶段中达到最大值的时间点。

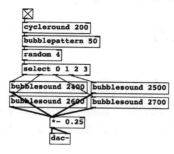

图35.9 几个气泡

35.6 多复音

聆听上述接线图的声音，你将很快注意到一个问题：从均匀分布的数字中可以随机选择哪个气泡将会发声，但这种方法并没有任何措施防止同一个气泡发生器被选中两次。如果这种情况发生在该声音结束播放之前，那么被重新触发的包络将导致这个声音被突然截断。另一个局限是：我们只有四个气泡音高，它们都是固定的抽象参数。如果能有一个气泡源就好了，它不仅在时间上是随机的、不会被截短的，而且在音高上也是随机的。

气泡工厂

为了对密度和平均音高进行控制，下一个接线图重写了气泡声和模式图样发生器。它使用了**轮转调用（round-robin）**分配方式：以重复的顺序进行分配，即1、2、3、4、1、2、3、4……运用这种方法，我们能确保没有气泡会把前一个气泡截短，只要它的持续时间短于使所有发生器循环一圈的时间。还可以进行另外两项改进：当气泡音高较高（对于较小气泡）时，这个持续时间应该成比例地缩短，而且因为它包含了较少的能量（音量），所以它也应该较弱。利用一个公用参数——气泡尺寸——我们可以把音高、持续时间和幅度分别作为单独的函数来进行计算。

这里对包络进行了重新设计，以展示一些功效。对于简短的声音来说，用`pow~`获得的这条曲线可以用几个乘法近似，这样操作效率会更高一些。一个线段发生器在开始的瞬间立即升至1.0，然后在由输入口传进来的数字所决定的时间内下降到零。四次曲线的补数从第一个输出口传出，用于气泡的音高包络，通过再多进行一次平方，我们得到了八次方，这与音高的升高相比，它会以更快的速度降到零。这个包络替

代了先前使用的指数上升和起音-衰减包络。所得结果并不像之前那么好，但它展示了如何利用精度较低的模型让接线图得到简化。产生这两个输出包络的子接线图名为 pd env4pow。

每个气泡声都将通过一个介于 0.0 ~ 1.0 之间的数字来创建，它代表了气泡的尺寸。所以，接下来我们重新设计气泡声，让它使用新的包络发生器，并让幅度、基频和持续时间依赖于所提供的气泡尺寸参数。出现在输入口的浮点值被分配给三个函数，第一个函数（左支）用 90 ms 乘以尺寸因子，使更大的气泡得到了更长的声音持续时间。在中间的分支中，我们得到了音高值，它是气泡尺寸的补数（较大的气泡音高较低），300 Hz 的缩放因子和 100 Hz 的偏移量被施加到 2 kHz 这个固定基数上。最后，我们得到一个正比于气泡尺寸的幅度因子（右支），并添加上一个小偏移量，这样，即使很小的气泡也能产生声音。带有参数的接线图如图 35.11 所示。

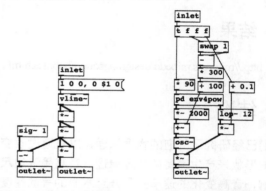

图35.10 两条曲线包络　图35.11 带有参数的气泡

最终，用四个这样的生成器组合成一个多复音气泡声。我们需要一个节拍器来创建各个事件。此外再补充一点，在我看来，这种方法存在着不足。本来应该在这里对它做些改进，但现在必须继续往下进行。我们已经见过基于质数进行的时间分布，但你可能喜欢引用后面关于雨滴章节中讨论的泊松时间分布。为了获得随机分布的气泡，一个在 0 ~ 100 之间均匀分布的数字与强度（intensity）输入口（初始值为 70）相比较，看看是否能生成一条 bang 消息。每条 bang 消息都会让循环计数器加 1，这个循环计数器的输出会变成一个列表中的第一个元素，用来把各个气泡路由传给各个发生器。与此同时，生成一个小的尺寸变化，并把它加到 size 输入口上。传送给 `route` 双元素列表中的第一个元素均被剥离，剩下的浮点数被送至四个可能的输出口中的一个，每个输出口将激活一个气泡发生器。尺寸输入口应该介于 0.0 ~ 1.0 之间，强度输入口应该

介于 70 ～ 99 之间。这个接线图将在后面关于倾倒液体产生的气泡的例子中被使用。

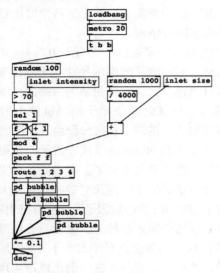

图 35.12　多复音气泡工厂

35.7　结果

源：http://mitpress.mit.edu/designingsound/bubbles.html。

35.8　结论

我们已经研究了气泡的物理原理，以及通过改变空气腔的形状来产生声音的物理原理。音高受气泡尺寸的影响，音高变化的速率受到升至水面的气泡速度的影响。气泡的行为是由多个因素决定的，比如两种流体的密度。利用一个稳定气源形成的气泡将向弛豫振子一样动作。

我们已经知道了如何用质数产生听上去没有周期性的时间间隔，考虑了随机数分布规律所产生的影响，也知道了如何使用對象产生一条指数曲线，也看到了更高效的近似可以让听觉效果几乎没有改变。

此外，我们还了解了如何构建深层次的抽象堆栈，使更高层的参数作为更深层次抽象的创建参数被传递进来。而且，我们也观察了多复音，即同一个声音的多个实例同时出现。对单音管理的问题已经进行了研究，我们看到了为什么轮转调用单音分配要比随机触发多个实例更好——因为同一个实例可能会在它结束之前被再次触发。

牛顿、雷诺、戴维斯、泰勒和斯托克斯的实验和公式对于理解气泡都是很重要的，所以在参考文献部分列出了其中一些文献。希望你能够阅读这些资料以

及 Van Den Doel 的研究，在进入下一个关于流水的实例之前对更为精细的模型有所理解。

35.9　练习

练习 1

使用米纳尔公式，黏滞力和温度将如何改变气泡的声音？你期待从岩浆和沸水中听到怎样的气泡声？

练习 2

把气泡工厂封装到一个控制结构中，以便让各个气泡脉冲根据它们的尺寸迸发出来。

35.10　参考文献

[1] Leighton, T. G. (1994). *The Acoustic Bubble*. Academic Press London.

Leighton T. G. 声学气泡 . 伦敦学术出版社，1994.

[2] Leighton, T. G., and Walton, A. J. (1987). "An experimental study of the sound emitted from gas bubbles in a liquid." *Eur. J. Phys*. 8: 98–104.

Leighton T. G.，WALTON A. J. 针对液体中的气泡发出的声音所进行的一项实验研究 . 欧洲物理期刊，1987, 8:98-104.

[3] Stokes, G.G. (1851). "On the effect of the internal friction of fluids on the motions of pendulums." *Cambridge Phil. Soc*. 9:8–106.

Stokes G. G. 流体内部摩擦对摆的运动的影响 . 剑桥物理学会，1851, 9:8-106.

[4] Ucke, C., and Schlichting, H. J. (1997). "Why does champagne bubble?" *Phys. Tech. Quest J*. 2: 105–108.

Ucke C.，Schlichting H. J. 香槟为什么会冒泡 ?. 物理与技术探索期刊，1997, 2:105-108.

[5] Walker, J. (1981). "Bubbles in a bottle of beer: Reflections on the rising." *Sci. Am*. 245: 124.

Walker J. 对啤酒瓶内的上升气泡的思考 . 科学美国人，1981, 245:124.

35.11　致谢

感谢 Coll Anderson 提供了多个气泡样本用于分析。

第 36 章

实战 13——流动的水

36.1　目标

　　在本次实战中，将制作流动液体的声音，比如溪流中的水。流动的水是我们在使用某些方法时颇为意外地几乎能够合成出来的一种声音。

- 把随机摆动的谐振滤波器施加到一个复杂的声源上。
- 通过运用基于 FFT 的降噪理论对噪声进行一个门限很高的降噪。
- 破坏 MPEG 音频压缩算法。
- 运用粒子合成，比如把语音切成碎片。

　　这些方法中没有一个有助于实现高效的客户端合成，或是产生可以预期的结果。我们的目标是简化这个过程，揭示出真正的本质，并为流动的液体提供一个高效的模型。

36.2　分析

　　与火一样，水是一片区域，它能够从很多点发出声音。与火不同，水是一个均匀一致的产生过程，这里有很多相互分离的事件，但每个事件都具有相同的机制。活动的区域是流体的表面，以及由湍流形成的那些特别小的空腔。水不会仅仅因为流动而产生声音，它可以在恰当的条件下无声地运动。实际上在一股水流中平滑流动的一大块慢速移动的水根本不会产生声音，就像浅浅的一层水膜从一块光滑的钢板上快速流过一样。如果在水流中引入各种不规则的物体或障碍物——比如在水流中放置一根棒子或在金属板上引入凹凸不平和划痕，我们就会听到声音。深水中的声音将比浅水中的声音低很多，而流速较快的水声也会更为密集。这个声音背后的现象是湍流，我们将在研究风的时候对它进行更详细地讨论，现在只是把影响运动流体声音的诸多因素列出来：

- 深度。
- 流速。
- 阻抗，比如岩石之类的障碍物。
- 流体的黏滞度

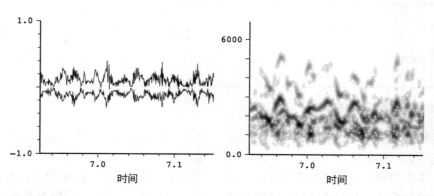

图 36.1　流水的时域图和声谱图

在图 36.2 所示的图形中，我们看到一块岩石阻挡了从左向右流动的水流。在远离这块岩石的地方，水流是规则的，或层状的（laminar），但在这个障碍物的近侧，液面被升高，引起一部分液体向外和向下绕过这个障碍物。在它的每一侧都会形成以相反方向移动的旋涡，并且继续向下游流动，直到这些旋涡在障碍物的远侧附近再度会合为止。图 36.2 中的正视图展示了这种效果：随着这些旋涡再度汇聚在一起，它们会产生类似于管腔的扰动（这类扰动可以把空气束缚住）。与先前讨论过的气泡非常类似，这些扰动改变了空腔的形状，让它变窄并迫使空腔中的空气逸出，从而产生一个振荡。当然，这仅仅是在一股水流的不规则水底可以找到的诸多障碍物中的一个，而且一些障碍物将产生与另外一些障碍物不同的物理运动和空腔形状。虽然我们没有以任何恰当的形式对"阻抗"进行数量化，但表面上，在任何一个局部区域中，速度、深度和黏滞度等其他变量都将保持恒定，所以我们可以期待所有湍流空腔是在名义上统一的条件下形成的，而且会产生相似的声音。

心理声学教科书《在声音中思考（Thinking in Sound）》（McAdams 和 Bigand）对听觉场景分析的内容中并没有具体提及水，但我们可以使用感知心理学中的一些原理来理解为什么大脑会用这样的方式来识别水声。在一个连续的时间框架内出现的具有公用共振峰且具有相似频谱的声音会被归于同一个声源。离散的各个声音暗示着各有一个简单的单一声源，而以一种连续的方式相互交叠的密集复杂的声音表明有一组或一大片相似的声源。声音的各种统一特征（比如平均频谱分布）暗示了有一个公共的潜在起因，所以我们往往把水的所有小成分声音放在一起，当作一个现象。流动的声音暗示了有一个流动的基底，但"流动的声音"指的是什么？流水有一个特征，即它的每个部分似乎都会流入下一个部分。我们无法说出一个事件从哪里开始或另一个事件在哪里结束，所以我们听到的是由若干短事件组成的一个完整连续的流，这些事件一个接一个地发生，就好像它们是一个事件一样。

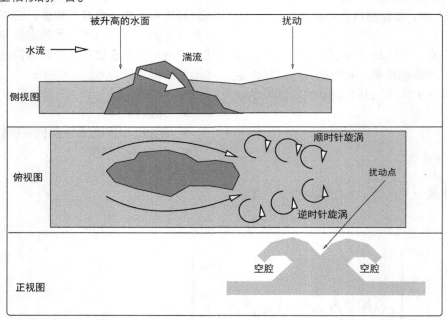

图 36.2　由岩石之类的障碍物形成的空腔

让我们通过两种极限情况进行推理。能想象出来的最复杂的水声是什么？答案是暴风骤雨中大海的声音，或者也许是大瀑布的声音。这些声音像什么？它们听上去很像纯粹的白噪声，这个频谱如此密集如此广阔，以至于无法从中听出任何单一的事件。另一方面，能与水联系起来的最简单的声音是什么？应该是我们在前面练习中创建过的水泡，这是一个单一的事件，它产生的是一个几乎纯净的正弦波。现在，这会给出一个提示。认为"流水的声音是介于正弦波和噪声之间的某种声音"是愚蠢的，因为所有声音都是这样的，但是，"流水的机制与成千上万的水滴——或类似于水泡的声音——合并在一起的构成方式有某种联系"这种说法并非没有价值，这些声音是口哨声和被缚在由湍流形成的空腔内部的空气发出的爆裂声。

观察图 36.1 展现的各种特征应该能确认这一点。流水的声谱图看上去非常像水流的一幅美术印象图，图上看起来似乎有水波，有时候它们从图中消失了，或是被越过它们的其他水波遮掩住了。每个水波都是一组窄带频率，它们是由一个在空腔中被缚空气的歌唱所引起的。在由相互交叠的各条线所构成的交响中，每条轨迹都可能是一个单独的谐振腔。与气泡一样，这个空腔在随时间变小，所以声谱图上的这些线倾向于随着频率的升高而上升。但与气泡不同的是，这些线并没有清晰地按一个方向运动，它们在摆动、在扭曲，有时候还会在衰减的过程中下落和上升。

36.3　模型

我们的模型将产生一个由逐渐上升的多个正弦波构成的交响乐，它以一个较低的频率在摆动。这些正弦波的行为是随机的，但被限制只能按一种适合于水的分布方式来进行动作。我们需要把多个这样的模型层叠在一起，以产生出正确的效果。

36.4　方法

上面描述的各种声音属性非常适合采用粒子合成。不过，我们将要搭建的这个实现并不是通常理解中的严格意义上的粒子合成。"粒子"一词能够很好地运用到这个模型上，但并不是用在这个实现上。我们将不会像正统的粒子合成那样使用查找表或固定的包络函数。所以，当提及"流水是一个粒子化声音"的时候，并不意味着我们必须使用一种特定的实现方式或技术来产生这个声音，事实上，那样做是相当低效的。我们将设计一种算法，它能够提取出具备恰当分布特性的噪声中的一些固有属性，并把它们运用到另一个声源的音高和幅度特征上。从技术上说，我们可以把这称为一种调制方法，它是使用噪声进行 AM 和 FM 的一种混合方法。你将会看到，实际上它是对气泡接线图的一个发展，并采用了一些高效的技巧让它变得更紧凑。为了让论证过程更为清晰，我们将分几步来开发它。

36.5　DSP 实现

简单流动的水

我们将从正弦波开始，并把一个随机变化的信号施加到该正弦波上，这应该能给我们一个声音材质，它至少符合我们希望在流水中找到的某些属性。颗粒度——或者这个低频控制源的频率——是一个重要的选择。最开始我们希望以控制速率工作的各个信号在 1 ~ 100 ms 的范围内产生各种变化。

图 36.3 所示的 Pure Data 接线图使用了节拍器来触发处于感兴趣范围中的各个随机数。我们不想让这些波动一直下降到零，所以加入了一个几百赫兹的固定偏移量，从而得到了这个声音频谱的基线。请注意，这个接线图被进行了相当大的衰减，因为这种方式可能产生一些让人不舒服的声音，这其中首当其冲的就是偶尔出现的爆音。它与水声可能有模糊的相似之处，但也与某类外星声音（比如断断续续的短波无线电）有相似之处。当随机数发生器切换数值时，这个声音没有理由不发生在一个振荡周期的中间部分，而若新数值与前一个数值差别很大的话，我们就会听到一个不舒服的间断声。另一个错误是：上升频率与下降频率是平衡的。我们在分析中看到，因为空腔在减小，所以正弦扫频的主导行为是向上的，除了短暂的时刻以外很少会向下运动。而现在，我们的接线图给出的是一个均等地向上和向下扫频的平衡结果。

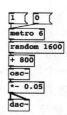

图 36.3　消息速率的随机正弦

摆率和差分

图 36.4 所示的接线图采用了三种技巧进行改进。首先，设置一个以音频速率工作的线段来跟踪那些以固定速率变化的输入随机数。这将给出**摆率（slew rate）**，它是信号在任意两个数值之间可以完成运动的最短时间。我们也将加入一个低通滤波器，目的是消除包含过多高频成分的任何拐角式的过渡。最后，我们将使用 fexpr~ 进行差分，并用 clip~ 得到那些正值的变化，用正向移动调制这个正弦波意味着我们将得到上升的正弦片断。

开始时把 metro 设置为 12 ms，随机数发生器将产生一个介于 400 ~ 2000 之间的随机数，该数与 slew 值（介于 0 ~ 5 之间）一起被打包到列表中，供 line~ 使用。

因此，这个振荡器将来回摆动，产生一些随机频率，但只会以摆率在它们之间滑动。同时，我们使用表达式为 $x1 - $x1[-1] 的 fexpr~，这个表达式意味着：返回信号为当前信号样点值（输入口）减去前一个信号样点值，这是一个样点的差分方程。通过把它限幅到 0 ~ 1 的范围内，可以忽略在信号下降过程中出现的任何负的差异。加入一点点 10 Hz 的低通滤波可以避免任何突然的变化，所以当振荡器被这个控制信号调制时，我们主要听到的是各个平滑上升的正弦脉冲（偶尔会有一些迅速的下探）。

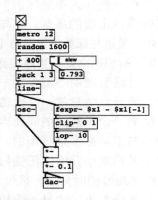

图 36.4　运用摆率和差分

双线性指数分布

不过，还有一些东西不对，一个是频率分布。我们的随机源给出的是一个均匀分布的数值范围，但这并不是我们想要的。我们的耳朵倾向于注意自然声音中一个音高的质心或是平均音高。在任何给定情况下，最有可能的频率范围是相当窄的，在此范围之上和之下的其他频率会变得越来越不可能。

在很多的自然过程中，这种分布都是指数形式的，所以很有可能接下来的频率与前一个频率很接近，但非常不可能的是与其相差很远。图 36.5 所示的接线图产生了一个以零为中心的双线性指数随机噪声，它产生的数字有正有负，但都非常倾向于出现在零值附近。为了获得足够的分辨率，最开始我们从一个相当大的范围（8192）中挑选一个随机数。如果这个数值比 4096 大（一半的范围），那么我们就让输出乘以 +1，令其为正；否则就乘以 −1，令其为负。通过使用 mod 和 ✓，该输出被处理到 0 ~ 1 之间，然后乘以 9，再送至 exp，再除以 23000，把最终数值限制在 −1.0 ~ +1.0 之间。

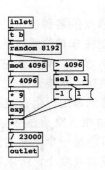

图 36.5　双线性指数随机数

流水发生器

最后，把这个新的随机分布插入到经过略微修改的最后的流水接线图中。

在图 36.6 中你可以看到，主要的修改是在差分器支路加入了一个平方函数。没有它，声音听上去有些嘈杂密集，但对这个平方函数在取值范围内进行了扩展，所以我们只能听到那些最强的变化。现在可以加入输入口和输出口，从而获得一个可以重用的子接线图或抽象。它们分别对应于速率（rate）——用来控制节拍器（它设置了流动的密度和表观速率），以及深度（depth）——用来设定中心频率。2.69 的摆率作为硬接线被连到了接线图中，你可以按你的想法改变这个数值，从而产生一个略微不同的水声效果。较低的数值会产生"很硬"的声音，更像是水滴或倾倒的水，而较大的数值将给出温和柔软的声音，更像是水流。你可能也想改变用于频率乘法的那个乘数 1 600。较低的数值将产生出听上去更深的声音，就像一个较大的慢速流动的水流。这个流水发生器的声音本身很微弱，所以你需要产生三四个实例，并用各个输入数值进行试验，以听到一个更为密集和富于变化的音响效果。

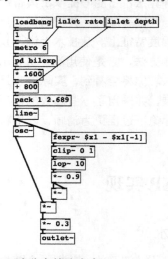

图 36.6　具有正确分布的流水声

36.6 结果

源：http://mitpress.mit.edu/designingsound/water.html。

36.7 结论

流水的声音是由多个小空穴的谐振产生的。我们可以对一个正弦波进行频率和幅度的调制，并对低频噪声进行一阶差分，以此来近似这种行为。为了让声音听上去更真实，需要采用正确的噪声分布。

36.8 练习

对音质良好干净的流水录音进行频谱图分析，平均频率是怎样变化的？通过观察或使用统计软件包，你能发现这个平均值与水流的深度或速度有怎样的关系？

36.9 参考文献

[1] Franz, G. J. (1959). "Splashes as sources of sound in liquids." *J. Acoust. Soc.* Am. 31: 1080–1096.

Franz G. J. 液体的飞溅作为液体声音的来源．美国声学学会期刊，1959, 31:1080-1096.

[2] Minnaert, M. (1933). "On musical air-bubbles and the sounds of running water." *Phil. Mag.* 16: 235–248.

Minnaert M. 悦耳的气泡与流水的声音．哲学杂志，1933, 16:235-248.

[3] Mallock, A. (1919). "Sounds produced by drops falling on water." *Proc. R. Soc.* 95: 138–143.

Mallock A. 由水中下落的水滴产生的声音．英国皇家学会会志，1919, 95:138-143.

[4] McAdams, S., and Bigand, E. (1993). *Thinking in Sound: The Cognitive Psychology of Human Audition.* Oxford University Press.

McAdams S.，Bigand E. 用声音思考：人类听觉的认知心理学．牛津大学出版社，1993.

[5] Pumphrey, H. C., and Walton, A. J. (1988). "An experimental study of the sound emitted by water drops impacting on a water surface." *Eur. J. Phys.* 9: 225–231.

Pumphrey H. C.，Walton A. J. 对水滴击中水表面所发出的声音进行的一项实验研究．欧洲物理期刊，1988, 9:225-231.

[6] Van den Doel, K. (2004). "Physically based models for liquid sounds." *Proc. ICAD 04-Tenth Meeting of the International Conference on Auditory Display,* Sydney, Australia, July 6–9.

Van Den Doel K. 用于液体声音的基于物理建模的模型．ICAD 04 第十届听觉显示国际会议会议录．悉尼：澳大利亚，2004[2004-07-06].

第 37 章

实战 14——灌浇

37.1 目标

在这里，我们的目标是用一个在小容器中灌浇液体的模型来讲解相互依存的参数。我们将创建一个从恒定高度以恒定速率向玻璃杯倒水的声音，看看如何把它分解成相互联系的几个参数。

37.2 分析

研究图 37.1 所描述的过程：从一个水龙头向玻璃杯灌水。虽然图中所示的玻璃杯具有锥形的横截面，但我们将假设它具有竖直的侧壁，所以容器中液体的体积将直接正比于液面高度 Dl。随着时间的流逝，Dl（它是以恒定速度流动的水流的积分）将增大，直到玻璃杯被灌满，与此同时，其他四个变量将减小。我已经在另外一个任取的轴上用线性变化展示了它们，但这仅仅是为

了举例说明。第一个参数是 Dc，它是水柱的高度，即从水龙头到玻璃杯液面的高度。随着 Dl 的增大，Dc 越来越小，所以 $Dc=Dco-Dl$，其中 Dco 为水龙头到空玻璃杯底的初始距离。另外一个也呈相反关系减少的是 De，它是液面以上玻璃杯空余空间的高度（因此也就是容积）。水从 Dc 高度落下，获得动能，所以它会刺入液面，引起气泡并产生声音。刺入的深度 Dp 和形成气泡的平均尺寸也正比于这个能量。令质量为 m、高度为 x、初速度为 v_0、重力加速度为 g，则由于 $v^2 = v_0^2 + 2gx$ 并且 $E_k=1/2mv^2$，所以最终结果是大部分项都对消了，刺入深度和气泡尺寸正比于水柱高度 Dl。把 $v^2 = v_0^2 + 2gx$ 带入到 $E_k=1/2mv^2$ 中得 $E_k = 1/2m(v_0^2 + 2gx)$ 且 $v_0=0$，所以 $E_k=mgx$。对于恒定的水流，其质量 m 和加速度 g 都是恒定不变的，所以我们得到 $E_k=x$。由于 $x=D_c$（到水龙头的距离）在减小，所以 E_k 也减小，这意味着被水流排开的水变少了，深度 Dp 也会减小。

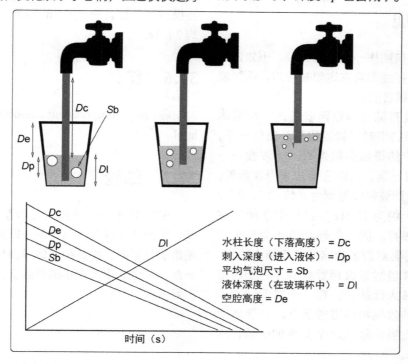

水柱长度（下落高度）= Dc
刺入深度（进入液体）= Dp
平均气泡尺寸 = Sb
液体深度（在玻璃杯中）= Dl
空腔高度 = De

时间（s）

图 37.1 从恒定高度向玻璃杯倒水

37.3　模型

我们知道水的这个声音取决于水流的速率和水的深度，所以随着液面的升高，这个音高参数值将会减小。而且我们也知道，涌出气泡的尺寸决定了它们的频率，所以这些气泡的音高将随着水面的升高而升高。最后，我们知道半开放管腔将产生出由管腔长度决定的四分之一波长谐振，因此会有一个随着液体容积增长而频率升高的谐振。所以，总结一下，有以下结论：

- 具有恒定速率的湍流液体流，其能量随时间逐渐减少。
- 一定体积的液体，其深度随时间逐渐增大。
- 产生的气泡（指数上升的正弦波），其直径随时间逐渐减小。
- 上述声音被包含在一个开放的管腔中，该管腔的长度随时间逐渐缩短（谐振频率逐渐升高）。

37.4　方法

我们将从前面章节中选取流水和气泡模型，并用一个谐振管腔模型把它们组合起来。每个模型的参数将用具有单一时间参数的函数来表示，这个时间参数用来表示玻璃杯里的水有多满。

37.5　DSP 实现

我们已经知道如何制作一个气泡工厂，也知道如何制作流水了。那些接线图将在这里被重用，很快就将在最终接线图中看到它们。

我们目前唯一没有见过的东西就是这个容器本身，即一个长度可变的半封闭管腔模型。回忆一下，在一个半开放管腔中的谐振必然是有一个波腹在一端，有一个波节在另一端，所以它能加强奇次谐波。这里我们把四个带通滤波器设置到主频率的 1、3、5 和 7 倍频处。一个大约为 30 Hz 的谐振似乎能够在这个应用中工作得很好。因为气泡和流水会产生相当纯的纯音，所以需要对谐振的高低进行精心选择。谐振太高的话，当峰值与谐振相重合时，它们将发出太响的声音；谐振太低的话，在一个非常纯净的纯音背景中，谐振的效果将很难被听到。只要水流的密度足够高，那么当你移动这个频率的时候，这种效果就会活跃起来。

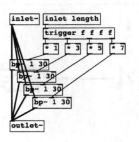

图 37.2　半开放管腔

图 37.3 展示了这个实现中所有重要的部件。基本上它是四个线段发生器，这些发生器把所有参数都移动到了正确的取值范围和时间之内。灌水的姿势总共持续了 9 s，所以每条线段都扫描过这段时间。第一条线段（左）使气泡尺寸在可能的最大值与最小值之间上升。第二条线段为这个声音提供了整体幅度，它在 300 ms 内快速上升到最大音量，然后经过 9 s 延时以后进行为时 1.2 s 的衰减。下一条线段扫描了水流的速率，它原本是恒定的，但为了给灌注效果增加真实感，我让它从零开始经过 800 ms 达到满速流动，而当容器被灌满以后经历同样的时间衰减为零。接下来得到液体的深度，它将随着时间而增大，不过，由于这是一个频率因数，在内部表示为 **waterflow** 子接线图中的一个周期，所以在我们的控制部分对它取补数。最后，我们改变这个空腔的尺寸，即这个半开放管腔模型的长度，它在 9 s 时间里从几百赫兹扫频到大约 2 kHz。

37.6　结果

源：http://mitpress.mit.edu/designingsound/pouring.html。

37.7　结论

液体灌入一个容器内会改变它们占据的声学空间，因为液面表现为一个位于四分之一波长的管腔封闭端的反射器。把各种液体模型与一个新场景结合在一起，并考虑相互连接的参数变化，就给了一种合成出灌水声的方法。

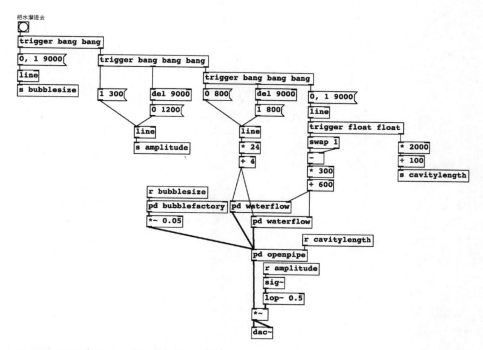

图 37.3 灌入容器中的水将同时改变四个相互依赖的参数

37.8 练习

搭建一个接线图，使它产生滑哨声，并带有类噪的像长笛一样的激励。用非谐波的比率对管腔谐振进行试验，看看你是否能够模拟出一个斯旺尼哨（Swany whistle）的声音（通常在卡通片中用于蒸汽机车 / 火车的汽笛）。

37.9 参考文献

[1] Benson, D. J. (2007). Section 3.5, "Wind instruments." In *Music: A Mathematical Offering*, pp. 107–112. Cambridge.

Benson D. J. 管乐器：章 3.5. 音乐：一份数学的礼物 . 剑桥大学出版社，2007:107-112.

[2] Cook, P. R. (2002). Appendix C, "Acoustic tubes." In *Real Sound Synthesis for Interactive Applications*, pp. 225–231. A. K. Peters.

Cook P. R. 声学管腔：附录 C. 用于交互应用的真实声音合成 . A.K. Peters 出版社，2002:225-231.

[3] Olson, H. F. (1952). Chapter 4, "Resonators and Radiators," section entitled "Open and closed pipes." In *Music, Physics, and Engineering*, pp. 83–100. Dover.

Olson H. F. 共振器与辐射器：开放与封闭管腔：音乐、物理与工程 . Dover 出版社，1952:83-100.

第 38 章

实战 15——雨

38.1 目标

在这个实例中，将制作落雨的效果。我们将把短时压力特征所产生的效果当作其他材料的激励器，并研究另外一种类型的统计分布。

38.2 分析

雨由直径约为 1 ~ 3 mm 的接近球形的水分子组成。它们以恒定的速度下落，以 $200 /m^2 \cdot s$ 的典型流量与各种各样的材料相撞击。在任何一个局部采样中，所有雨滴都已经达到终速，所以各个雨滴相互之间没有孰快孰慢之分。所有雨滴差不多都是同样大小的，名义上它取决于在相同条件的降雨量下的形成过程。在不同的条件下，雨滴尺寸和速度会不一样，轻雾或毛毛雨中的雨滴要比瓢泼大雨中的雨滴小得多。因为空气阻力的原因，所以雨滴的尺寸决定了它们的终速，雨滴尺寸越大，终速越大。在通常的重力和空气密度条件下，1 mm 的雨滴能达到大约 2 m/s 的终速，而 5 mm 的雨滴则能达到大约 10 m/s。最后，雨滴不是如通常所说的"泪滴状"，小雨滴接近于完美的球形，而大雨滴则在竖直方向被挤压（一个汉堡的形状）。让雨声成为一种不统一的声音并赋予它范围很宽的音高和音色的因素是雨滴击中了什么物体，有时候它落在叶子上，有时候它落在路面上，或是落在铁皮屋顶上，或是落到由雨水形成的水坑中。

38.3 模型

撞击固体表面

对于一个完美的水滴和固体表面，这个模型很简单。利用一个直接的几何模型可以得到撞击过程中的波动方程（Miklavcic，Zita 和 Arvidsson 2004），在这里不再重新推导这个方程，我们只需说：当液体球对

不可移动界面产生一个未受限制的、非穿透性的撞击时，可以计算出确切的空气压力特征（利用 Green 的方程和 Sommerfield 辐射方程）。它的图像如图 38.1 所示的曲线，这是一段抛物线。你可以看到这个形状是如何上升的，因为界面上的压强正比于切入球形的面积，而这个球正在以恒定速度移动。出于兴趣，我还在图 38.1 的右图中展示了液体越过撞击点以后的行为和形状。这个圆锥形的"弹坑"形状可能很眼熟，在液体撞击的高速摄影中曾经看到过它。发生这种现象的原因是因为水向外移动的速度要快于界面张力和界面摩擦力允许它的速度。它与在海滩上当海浪折断时看到的瑞利波浪具有相似性，瑞利波浪的顶部以环形方式运动，越过速度较慢的下部海浪，直到它落到自己身上。还有一点值得指出：在非规则表面上，或是在足够高的撞击速度下，水滴仅仅是碎裂成各个部分，它会散开形成很多更小的水滴，这些水滴随后会引发第二次可闻的撞击。如果这个界面是窗玻璃或金属屋顶，那么我们可以把这个声音建模成"薄片结构受到这样形状的冲激而产生的激励"；如果这个表面是可变形的，比如一片叶子（它会因为受到撞击而弯曲），那么这条压强曲线会被延长。对于半坚硬的颗粒化材料（比如土和沙子），压强曲线将产生一个类噪扰动，并受到雨滴信号特征的调制。在这类撞击中，小雨滴中的分子可能被移走或悬起，最远能被带到距离撞击 1.5 m 的地方，产生进一步的声学事件。请想一下雨落在干燥的沙子上的情况。

撞击到液体上

当雨滴撞击并刺入另一池水的时候，会发生一个显著的变化（参见图 38.2）。Van den Doel（2005）已经针对撞击形成气泡时的声学现象制作出了准确的合成模型。与我们在研究灌水时见到的一样，当空腔被带入到流体中，而该流体在水滴之后立即关闭（夹断）时，这就产生了气泡。由剩余能量形成的圆锥形弹坑可以为气泡塌缩时产生的哨声充当号角放大器。

38.4 方法

我们的方法以噪声为基础，使用波形整形把一个

有合适分布的噪声信号转变成具有正确密度和幅度的抛物线脉冲。

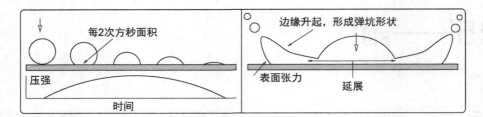

图 38.1 液体球撞击在坚硬表面而产生的波

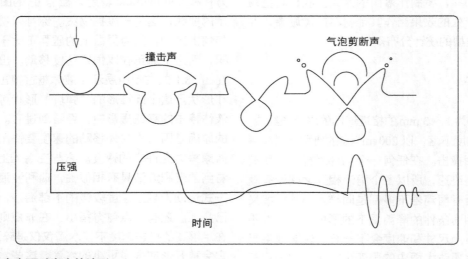

图 38.2 雨滴击中水面时产生的波形

38.5 DSP 实现

首先创建一个高斯噪声源。这种噪声具有一种特殊的属性，这种属性有时候被称为**正态分布（normal distribution）**。降雨是均一的，但对于处在某一区域中心的观察者来说，在对雨滴所有幅度出现的概率绘制图线时，在一段时间内雨滴的平均幅度模式图样是一条钟形曲线。请注意，这与噪声中的频率无关，噪声中的频率仍旧是均匀分布的（白噪声）。当我们使用幅度均匀分布的白噪声时，这种规则性让雨声听上去不太对。把 12 个或更多个均匀分布的白噪声叠加在一起，然后除以噪声源的总数，就可以得到高斯白噪声。"中心极限"定理告诉我们，这会使平均幅度形成一个高斯分布，但仅仅为了得到如此细微的一个改变就使用 12 个噪声源，代价太高了。图 38.3 给出了一种更为简洁的方法，钟形分布是通过 Box-Muller 变换的一个变化形式得到的。这个变换让我们能够用下述方程把两个均匀分布的噪声源 S_{u1} 和 S_{u2} 结合起来

得到一个正态分布的噪声信号 S_n：

$$S_n = \sqrt{-2\ln S_{u1}}\cos(2\pi S_{u2})\qquad(38.1)$$

请注意快速求平方根函数的使用。在这部分我们不需要很高的准确度，所以在此处用一个近似平方根替换更为准确但代价更高的平方根是非常合适的。还要注意，自然对数 `ln~` 等价于不带创建参数的 `log~`。

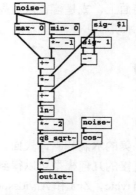

图 38.3 获得高斯噪声分布

雨落在地面上

图 38.4 所示为小雨落在坚实地面上的一个雨滴发生器。高斯噪声经过滤波后得到一个低频的波动，这个波动将调制一个振荡器的频率，让其位于 40 ~ 80 Hz 之间。此外，这个被滤波的高斯信号还将被平方以后再乘以 10。这个波形如图 A 所示。如你所见，它具有正确的特征，但也有一些负脉冲和小波动。它本身可以很好地工作，因为我们听不出某些雨滴是负向的，较小的雨滴听上去只不过像是较远的雨滴罢了。我已经加入了另一个步骤，展示了如何对这些结果进行改进，从而得到听上去像小雨雨滴的一个更为稀疏的模式图样。通过对这个信号进行阈值限制并将其平移回以零为中心，就能得到一个分布良好的正脉冲模式图样。它们看起来可能有些太低沉了，但事实上，如果在距离撞击点很近的地方聆听大雨滴击中地面的声音，你会发现它们产生的声音确实是在低频。从几米以外的典型观察角度来听，低频就变弱很多了，所以需要一个高通滤波器来获得站在附近听到的降雨落地声。

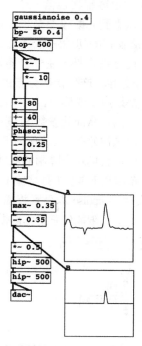

图 38.4　生成雨滴的压强特征

雨落在薄板上（玻璃窗 / 屋顶）

为了获得好的雨声效果，我们需要为雨滴可能落到的每种物体都赋予一种方法，用于该物体被雨击中时产生声音。显然，在实际的游戏世界中，"让每个物体都产生它自己的雨声"的代价太高，无法实

现，所以我们把精力集中在距离观察者较近的几个物体上。其余的声音可以由一个一般性的环境氛围声给出，我们将在本章的最后探讨这种环境氛围声。

这里要讨论一个窗户模型。由于我们在这里处理的是雨，所以我不会过多地深入到这个模型的细节，仅仅是一般性地对它进行解释，它的目的是让声音听上去像一块玻璃或金属遭遇了小型撞击，它是带有两个循环延时的波导或混响。这里的技巧是这个模型还包含了四个调制器，它们被连接到一个振荡器上，用以在每次经过延时器循环时把各个边带平移至远离谐振频率的地方。这有一个弥散效果。这些延时时间给出了这块平板的各个方面的大概尺寸，我已经选好了一些数值，让声音听上去像一块面积约为 1 m^2 的玻璃窗。这些调制频率能设置各个频带，让频谱弥散迫使各个边带分组聚集。被挑选出来的这些频率与用于搭建方形平板的那些频率比较接近，这是一个需要技巧才能搭建起来的接线图，因为它很容易就变得不稳定。如图 38.5 所示。你也可以使用这个抽象来制作薄钢板或塑料薄板。

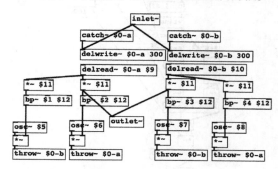

图 38.5　一个弥散的薄板模型

我们的第一个雨滴特征发生器被制作成了抽象，噪声滤波器的初始频率和阈值作为两个创建参数。如图 38.6 所示，结合一些高通滤波，把它运用到玻璃窗接线图上，我们就能得到雨落在窗户上的声音。

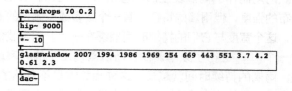

图 38.6　雨落在窗户上

雨落在水上

这是一个类似于先前的气泡噪声接线图中的水滴发生器。为了演示"让新音频事件与现有音频事件同步"的这种方法，我使用了先前的水滴发生器。在

图 38.7 中，水滴发生器下方是一个 `threshold~` 对象。当 `threshold~` 第一个输入口的音频信号上升至超过某一电平（由 `threshold~` 的第一个创建参数给出）时，该对象将发送一条 bang 消息。每次发生这种情况后，我们就触发一条新的线段包络，并产生一个新的随机数，这个数字用于获得持续时间、曲线阶数、基础频率和每个正弦扫频的幅度。使用信号延时是避免为幅度和频率使用两个包络的一种有趣的方法，由于频率包络与幅度包络的运行方向相反，并在时间上略微延时，所以我们可以使用同一个线段发生器来生成这两条包络。在四次方幅度控制上进行低通滤波可以防止在持续时间很短时起音过于刺耳。

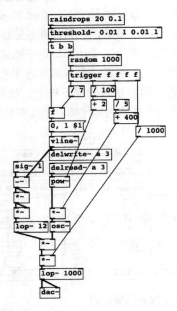

图 38.7 雨落在水上

持续时间和频率

让我们考虑一下目前已经完成的工作存在哪些局限性。刚刚制作的雨滴发生器能够给出一个随机（高斯）分布的强度，但雨滴的特征具有一个或多或少固定的宽度，这个宽度与它们的持续时间捆绑在一起。因为我们对一个 `phasor~` 进行了频率调制，所以雨滴发生的频率越快，雨滴的持续时间就越短。这种相关性是不自然的，但在这里能够侥幸成功，因为这个发生器是为小雨模式图样设计的，产生的声音由另一个受激谐振系统决定。如果我们继续为每个雨滴增加谐振器，那么代价将迅速上升。有用的方法是利用一种可控的频谱和分布以得到中等密度的雨，无须忙于加入多个谐振器。

回忆一下 Gabor 是如何给我们指出这一问题的关键点的。持续时间低于 20 ms 的小脉冲会产生噼啪声，

它们的表观频率与其周期成反比。如果创建一些脉冲去近似一个雨滴的抛物线压强曲线，但同时让这些脉冲的持续时间很短，那么就有可能控制它们听上去的频谱，同时不需要更多的谐振器。在图 38.8 所示的图形中，输入口上的小数值产生了多条短线段，它们被塑造成一个抛物线脉冲，它们的强度反比于它们的频率，强度是其周期的平方根（加上一个小的偏移量），这能补偿弗莱彻 - 缪森效应（让明亮的雨滴听上去过分响）。这让频率更加接近于 $1/f$ 或粉红分布。

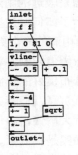

图 38.8 随机宽度脉冲

每个噼啪声发生器都将包含一个图 38.9 所示的计时接线图。你可以看到它既没有节拍器也没有相位器，但它能把 `loadbang` 接收到的初始消息通过 `delay` 反馈来产生一个无限循环，而且每次都产生一个随机的延时时间。请注意这里我们使用 `exp` 产生指数分布的延时周期的方法。其余的操作都是应变变因，目的是让延时时间处于一个合理的范围之内，从而让参数 $1 等于 50 时得到一个合理的速率。用这种分布产生的随机时间周期将给出泊松计时，它恰好与我们对于降雨的观察相一致。这个噼啪声周期的散布值和下限值（基底值）由参数 $2 和 $3 给出，噼啪声发生器 cpulse 本身紧挨着输出口。12 ms 的散布值和 0.1 ms 的下限能使它工作得很好。

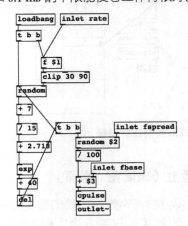

图 38.9 泊松时间间隔

如图 38.10 所示，可以用这些抽象产生一些实例，

并对这些实例的和进行 900 Hz 的高通滤波,从而产生出雨声效果。每个实例的计算代价都不高,所以你可能想试试用 10 ~ 15 个具有不同频率分布和计时设置的实例。虽然假设所有从天而降的雨滴都是一样的,但雨也可以从能够蓄积雨水的物体上滴落,比如,在一棵树下,你将看到更大的雨滴滴落。由于更大更重的雨滴必须由更小的雨滴来构建,所以它们的出现频率也更低。这个接线图对于落在混凝土和路面上的雨滴中的高细节成分是最有用的,因为这些情况倾向于产生一个音高较高的砰声。该接线图在运行 10 个实例时会达到极限,这主要是因为 Pure Data 中的随机数发生器并不好,同时也因为我们已经把延时时间量化到了 1 ms 左右(即给出了一个有限的较低的分辨率)。这意味着从同一个逻辑时间开始的一组接线图将最终产生过多碰巧一致的雨滴。在这个密度之上,我们需要采用信号域中基于噪声的各种技巧,这将是下一节的话题。

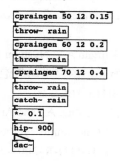

图 38.10　泊松分布的雨滴噼啪声

一般环境氛围下的雨噪声

不同的雨声发生器组合在一起时,应该分别与不同的细节等级一起使用,并进行交叉淡化,以获得一个具有真实感且高效的音响效果。应该用经过声染色的噪声所发出的宽阔声音对细节发生器所发出的声音进行补充。在 10 Hz 和 300 Hz 附近进行滤波的噪声可以给出一个类似雷声的轰隆噪声,但这并不意味着它本身就是一个"雷声",只不过它具有我们期望在雨滴击中较大物体(比如干燥的地面或车顶这类大型人造物体)时听到的低频声音。高频噪声则令人惊奇地安静,它们通常都来自于二次激励,你可能没有想过它,但有相当数量的土或沙被大雨侵蚀,那些被溅起的小颗粒贡献出了高频成分。雨声的一般频谱(有时候被称为"舒服的噪声")是"粉红色的"或是"1/f噪声",它具有一个平静的缓和的效果。如果把具有强烈色彩的环境氛围关键点放置在某些物体上,而且在大雨中这些物体对应于那些强烈色彩的

频段会发出很响的声音,那么这些环境氛围关键点可以用来给出一种沉浸式的空间感觉。为了获得更进一步的环境关系,应该把流水效果运用到一个场景的排水沟和排水槽中,这些地方在雨中经过一段时间后也应该开始淋雨。

图 38.11 所示的名为 drops 的接线图可以作为多雨材质很好的基础。我们在这里给出的是一个抽象,它提供了经过门限处理和滤波处理的噪声的四次方,这些输出是一些尖锐的峰值,这些峰值的密度和色彩可以通过改变参数来调节。为了减少计算代价,这里没有使用高斯密度分布,所以它倾向于偶尔地给出尖锐的峰值。应该保守地使用这个抽象,把它作为某些地方的背景填充物,它的细节等级应该介于先前的泊松雨滴与纯粹的基于噪声的声源之间。创建参数和输入口用于设置频率、谐振、阈值和幅度。10 左右的频率值和 0.1 左右较小的谐振值所产生的结果是很不错的。

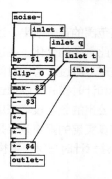

图 38.11　获得类雨噪声的另一种途径

图 38.12 所示的实例在 2 kHz 以上进行了高通滤波,频率值为 7.7、谐振值为 0.013,阈值为 0.16,幅度为 3。这些参数具有高度的相互依赖性,所以如果改变了任何参数(特别是阈值或谐振),你都需要对全部参数进行仔细设置。过多的谐振——甚至只是多了一点点——会导致一个"油煎"的声音。

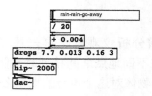

图 38.12　为经过滤波的噪声峰值设置一个实例

控制结构

雨是一个迷人的、细节丰富的混合物,提供了关于环境非常多的信息。它的声音会随着整个降雨过程的进展而发生变化,通常在开始时会有很大的雨滴落

在干燥的地面上，这将带来柔和的低频特征。接下来，随着泥浆和水坑的形成，声音变成了雨落在水池或湿润地面上的声音。因此应该有一个"密度"控制来对每个阶段进行淡入处理，并且随着场景的演进，需要让那些不再使用的阶段淡出。在构建一个实时运行的雨角色时，你可能想用 switch~ 单元来关闭不再使用的 DSP 部分。最有趣的地方是在把风和雨结合起来时，使用环境风速驱动雨滴的密度。我们将在后面章节考虑风的效果的时候看到这一点。

38.6　结果

源：http://mitpress.mid.edu/designingsound/rain.html。

38.7　结论

雨提供了很大范围的音响效果，这是因为雨击中的各种物体提供了如此之多的变化。在这个练习中，我们已经看到了统计处理与经过考虑的时间、频率和强度的分布，特殊的强度和计时模式可以通过高斯和泊松公式获得，可以用一些公用的数学技巧来廉价地获得这些分布结果。一个具有真实感的雨声效果是多个声源相互结合的结果，并且要注意计时与材料结构的各个细节。

38.8　练习

练习 1

对弥散薄板模型、紧密的混响和不同的尖峰噪声声源进行试验，获得雨落在铁皮屋顶的效果，或从车内听雨的效果。

练习 2

使用频谱分析仪观察这样一段录音的频率曲线——雨中在不同地点之间移动时录制下来的雨声。你能识别各个物体对这个声音的贡献么——比如有叶子的树或汽车的车顶？这个声音与在开放空间（比如田野或沙漠）录制的雨声在频谱上有什么区别？试着仅用廉价的噪声频带合成出这些一般性的环境氛围。

38.9　致谢

感谢 Martin Peach 和 Charles Henry 在开发 Pure Data 中的 Box-Muller 变换时提供的帮助。

38.10　参考文献

[1] Lange, P. A., Van der Graaf, G., and Gade, M. (2000). "Rain-induced subsurface turbulence measured using image processing methods." *Proceed. Intern. Geosci. Remote Sens. Sympos. (IGARSS) '00*, pp. 3175–3177. IEEE.

Lange P. A.，Van Der Graaf G.，Gada M. 运用图像处理方法测量由降雨引起的地下湍流. 2000 年国际地球科学与遥感专题讨论会会议录：IEEE，200:3175-3177.

[2] Medwin, H., Kurgan, A., and Nystuen, J. A. (1990). "Impact and bubble sounds from raindrops at normal and oblique incidence." *J. Acoust. Soc. Am*. 88: 413–418.

Medwin H.，Kurgan A.，Nystuen J. A. 垂直入射及倾斜入射的雨滴所发出的撞击与气泡声. 美国声学学会期刊，1990，88:413-418.

[3] Miklavcic, S. J., Zita, A., and Arvidsson P. (2004). "Computational real-time sound synthesis of rain." ITN Research Report LiTH-ITN-R-2004-3, Department of Science and Technology University of Linkoping, Sweden.

Miklavcic S. J.，Zita A.，Arvidsson P. 雨声的可计算的实时声音合成. ITN 研究报告 LiTH-ITN-R-2004-3，林雪平大学科学与技术系，瑞典，2004.

[4] Pumphrey, H. C., Crum, L. A., and Bjorno, L. (1989). "Underwater sound produced by individual drop impacts and rainfall." *J. Acoust. Soc. Am*. 85: 1518–1526.

Pumphrey H. C.，Crum L. A.，Bjorno L. 由独立水滴撞击及降雨产生的水下声音. 美国声学学会期刊,1989, 85:1518-1526.

[5] Van den Doel, K. (2005). "Physically-based models for liquid sounds." *ACM Trans. Appl. Percep*. 2, no. 4: 534–546.

Van Den Doel K. 用于液体声音的基于物理建模的模型. 美国计算机学会应用感知学报，2005, 2(4):534-546.

第 39 章

实战 16——电

39.1   目标

电的声音在很多地方都很有用，比如表示技术、危险、光剑、邪恶天才的实验室等。在这里，我们将构建一些声音用于创建电火花、电弧和嗡嗡声。

39.2   分析

电像流体，由自由电子构成。与风和水一样，我们可以说电本身没有声音，但当它运动并与其他物体相互作用时，会产生声音。为了理解这些声源，我们需要对电本身有一点了解。

电动势

富兰克林（Franklin）、伏特（Volta）和法拉第（Faraday）提出了早期的电学理论，他们把这种流体称为**电荷**（**charge**）。电能够从高**电势**（**potential**）——具有较多电荷——的地方，移动到低电势的地方，就像水往低处流一样。电子无处不在，但当它们能够自由移动时（比如在一个导体里），它们可以相互推动奋力向前，引起电荷的流动，即所谓的**电流**（**current**）。虽然电子本身的移动速度很慢（每天不超过 1 m），但它们的行为像一个黏稠的物体，所以群传播（电流上的变化）是非常快的，接近于光速。通过电能在一个范围内产生的声音可以被认为是同时发生的。当然，把两只或多只音箱连接到同一个电路上时，我们就在依赖这个事实，每个音箱会即刻发出相同的声音，为我们带来**具有相关性的声源**。为了产生电流，需要某种类型的电力，即所谓的**电压**（**voltage**）或**电动势**（**electromotive force**，**EMF**），它是一条导电路径中最高电势与最低电势之差。

交流电

交流电作为一种输电方法是由特斯拉（Tesla）发明的，这项发明形成了现代国内电网的建立，而那个

每当我们想起电就会联想到的声音也是由这项发明带来的。以交流电形式进行电能的传输效果要更好，因为由发热所导致的损耗更少。50 Hz 或 60 Hz 的低频嗡声是交流电振荡的频率。对于大多数人来说，即使是一个振荡频率为该频率的正弦波也能让人联想到电。

电磁

电流流动时会产生一个磁场，在该磁场中的铁磁材料会被移动。安培（Ampere）和弗莱明（Fleming）揭示了电、磁和运动全都是相互联系在一起的，这个电磁动力学理论带给了我们显微镜、扬声器、电吉他、磁带录音机、电动机、发电机、广播——事实上几乎现代生活的每个方面都源于此，并且它也解释了由电产生的声音。嗡声是这些声音中的一个，它是由接近交流电流的金属物体发出的。电源中的变压器会发出嗡嗡声，因为它们在以交流电的频率进行振荡。

电阻和发热

欧姆（Ohm）发现，当电通过一个导体进行运动时会引起该导体变热，由此我们可以得到电热器和灯泡。热也可以通过膨胀而产生声音，所以电火花的声音就是空气在短暂地导通一个电流时快速受热而产生的。这可以延伸到很宽的范围，从静电引起的安静的噼啪声，到闪电出现时响亮强烈的瞬间放电或巨响的雷鸣。它们全都是同一种现象。通常情况下，空气是绝缘体，没有自由电子，但它的属性（绝缘性）可以被一个足够大的电压所克服。这个力是如此之大，以至于分子"断裂"了，就像水从脆弱的堤坝迸出一样，它们丧失了自己的电子，并且变成了能够导电的**离子**（**ion**）。

电化学作用

伏特还发现了化学离子与电荷之间的联系，并发明了电池。相反，电流可以使气泡在离子性液体（比如水）中形成气穴，分解成氢气和氧气。所以冒泡声可能是电遇到水以后所产生的声音中的一部分。在潮湿的空气中，

电火花可能发出嘶嘶声或长声尖叫，这是因为电荷通过"电晕流光"而消散，没有完全形成电火花。并且在有水存在的时候，高压电可以相当猛烈地发出嘶嘶声。

39.3　模型

因为电有很多种可能的声音表现形式，所以很难用一个单一的声音模型实现这个声音，但我们知道一个好的声音要包含一些电火花、嗡声以及特有的 50 ~ 60 Hz 交流声。这类声音的来源可以是电弧霓虹灯变压器，或是一个高压电线塔。

弛豫

还记得我们在分析滴水的水龙头或弛豫振荡器的时候曾经提到过电么？电的流体属性使基于累计势能的更大尺度的调制成为可能。在一个电弧声源中，电荷在具有电容的某个地方聚积，直到达到足够高的电势使它能够以电火花的形式跃出，并把空气加热成一个电离的等离子体，形成一条导电通路。在普通大气中，这种状态会迅速消散并冷却，所以导电通路会随着冷的绝缘空气的涌入而被打断，瞬态放电停止了。与此同时，电流源（假设是受限的）保持着向这个缺口方向的流动，再次聚积起电荷。这个循环再次重复，通常都是一个周期性的模式，即电荷聚积然后放电。

相位现象

我们曾经关注过相位现象的效果。回忆一下，当同一个（或非常相似的）信号的两个或多个复本被相互延时一个很短的时间然后混合时，就会发生这种现

象。由于电火花运动得非常快，实际上它是一个同时发生的区域，以圆柱体的形式辐射声波，而非球体。这个声音信号的一部分在不同的时刻到达某个位置，这取决于电火花的长度和这个观察点。此外，电火花也可以沿着类似但永远不会完全相同的路径"跳舞"，这会引起很多略微不同的压强模式的复本随着时间的流逝抵达听音地点。相位现象也可以发生在变压器等交流电路中，此时两个具有略微不同电抗性（交流阻抗）的电路被放在距离很邻近的位置上，随着两个电路的相位不停地在同相与异相之间来回振荡，频谱也将由此产生一个慢速平移。

谐振

交流变压器中的相位现象是电路谐振的一个特征，但谐振也与电火花声的声学特征有关。消声室中的电火花声几乎就是一个理想的冲激（这也是为什么会用火花隙来进行捕捉冲激响应的原因），所以噼啪的声音会极大地受到周围材料的影响。详细的分析通常都表明：电火花声至少包含一个主导的回声或类似于混响的共鸣。

总之，在高压电和交流电流存在的时候，我们期望听到一个混合的声音，包括嗡嗡声、相位现象、尖锐的噼啪声、嘶嘶声以及高频的尖声。由电产生的各种声音如图 39.1 所示。这些声音中有一些来自于快速加热所导致的膨胀和应力的影响，有一些则是由电磁感应使金属振动而引起的。我们将要建模的是一个高压交流变压器，它的绝缘做得不好，会发出嗡嗡声、电弧和电火花。

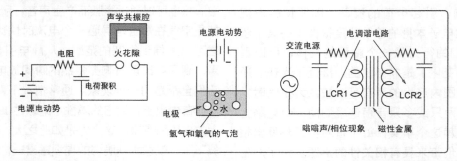

图 39.1　由电产生的声音。（左）来自于电火花放电的爆裂声。（中间）来自于电化学反应的气泡声或嘶嘶声。（右）来自于磁感应和电谐振的嗡嗡声和相位现象

39.4　方法

我们将引入一种新技术，名为**线性调频脉冲**（**chirp impuse**）。把两个频率接近的振荡器混合在一

起，然后用这个信号调制一个线性调频脉冲，就能得到慢变化的差拍现象或相位现象。谐振效果可以通过短时梳状滤波器和响亮的电火花声得到，这个电火花声是短脉冲的噪声和一个经过尖锐调谐的谐振滤波器

组通过相互结合而得到的。

39.5 DSP 实现

图 39.2 所示为梳状滤波器，我们将用它对信号的各个复本进行轻微地平移，以便使其充当一个谐振器。顶部的左输入口控制一个可变延时的延时时间，当我们想让这个延时时间为固定值时，也可以用该抽象的第一个创建参数来设定它。典型情况下，这个值应该非常小，在 10 ~ 30 ms 之间。我们对这个经过延时的信号进行缩放，缩放比例由第二个创建参数来设置，缩放以后再令其与第二个输入口的输入信号相加，并馈送给延时器。这意味着存在一条反馈路径，它会引起输入信号与延时信号的正（加强）反馈。该抽象在最终的接线图中被命名为 comb。

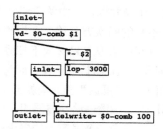

图 39.2　梳状滤波器单元

为了得到嗡嗡声，我们使用了两个相位器，并令两者之间有一个小的频率偏移。这些频率是非常重要的，我们听到的嗡声是 50 ~ 60 Hz 和 100 ~ 120 Hz 的混合物，因为电磁感应引起了一个振荡，这个振荡经过整流以后给出了波形的绝对值，这个绝对值会引起表观上的频率翻倍。选择相位器而不是正弦波是为了得到一个较宽的频谱，但在这里，为了模拟出不同的变压器或是表面放大效果，你可以用任何形状的函数替换它。图 39.3 所示的频率差给出了一个频率为 0.4 Hz 的慢变化差拍现象。对这两个相位器求和以后再减去 1.0，从而让它们回到零，然后对所得结果进行严苛地限幅，目的是添加更多的谐波。如果需要声音中有更多的低频，可以对一个相位器取余弦值，并混合一些正弦成分。为了加入变化，我们使用了噪声源和二阶低通滤波器来获得一个随机 LFO，再通过平方处理扩展了所得结果并让它成为单极性波形。由于这个调制信号很微弱，所以需要进行提升。该信号用于调制嗡声的幅度和梳状滤波器的延时时间，当该信号变得更响时，相位现象将变得更明显。

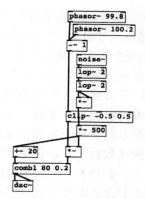

图 39.3　嗡声源

在图 39.4 所示的图形中，我们看到了用于高频线性调频脉冲发生器的抽象，它还带有一组诊断图用于把问题解释得更清楚。第一个输入口接收的是相位器信号，请注意该相位器是被翻转的。第二个输入口接收一个缓慢的随机波动信号，该信号比 1.0 大。因此，输出的是一个经过放大的版本，它的幅度会逐渐地上下颤动。这个信号被分成两路，右支路被左支路减去。在左支路，我们可以简单地提取相位器中小于 1.0 的部分，所以它会从 0.0 升至 1.0，然后保持不动。在右支路，我们提取每个相位器周期中大于 1.0 的剩余部分，并把它带回到零，然后乘以一个很大的数，并把数值范围再次限制在 1.0 之内。我们得到的是一个方波信号，从左支路减去这个信号以后将留下一个归一化的相位器，并且在时间上是被挤压的。因为输入幅度是被调制的，所以这些信号的长度将会变化。

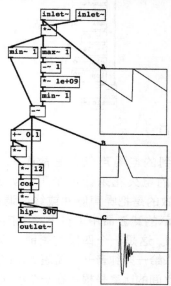

图 39.4　线性调频脉冲

现在，这个线性调频脉冲在频率上按指数上升，所以增长的频率成比例地具有更少的周期。线性调频脉冲总体的频谱受到开始频率和结束频率的控制，也受到扫频所用时间的控制。通过加入一个偏移量，然后对每个相位器脉冲进行平方，我们可以获得一条从某值开始并以平方规律上升的曲线。如果用一个缩放因子（在本例中是 12）乘以这条曲线，然后再取余弦值，就可以得到一个短暂扫过的正弦波。通过改变偏移量和缩放值，可以把频谱中的峰值移动到你想要的地方。数值 0.1 和 12 给出的峰值位于 5 kHz 附近。但这个峰值取决于输入相位器脉冲的斜率，它是随机变化的，因为它的持续时间在随机变化。我们得到的是随着随机调制器的移动而具有不同色彩的短噼啪声。当驱动频率为 100 Hz 时，它能给出很不错的电嗡声，就像是来自于一个变化的高压电发出的电火花声。

接下来，我们希望能够随机地令其打开和关闭，从而让电火花的进出随机地发生。图 39.5 所示的是一个随机门。噪声经过了低通滤波，滤波的截止频率由该抽象的第一个创建参数设置。 max~ 和 -~ 的结合使用为噪声信号设置了一个下限，所以只有峰值可以传出，然后基线被移回到零。乘以一个较大的数并再次限幅，就得到了具有随机占空比的方波。为了确保在开或关时不会有太大的噼啪声，加入了一个低通滤波器来压制平滑这个跳变。

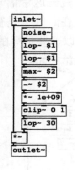

图 39.5　随机门

目前得到的电嗡声仅仅是故事的一半。我们需要一些大的电火花来让这个声音听起来令人恐惧。我们能做的是把噪声脉冲或线性调频脉冲接入到图 39.6 所示的滤波器中（在下一个接线图中名为 spark6format）。这是一个四段均衡器，即滤波器组，它被设计用来给一些纯音一个简短尖锐的噼啪声。各个中心频率之间的比率是根据在一个小铁盒里的电火花的真实录音设置的。即使只有四个频段，它也足以为脉冲赋予正确的感觉。在创建这个抽象时，可以通过第一个创建参数来平移各个频率，请注意各个幅度

与位于 720 Hz 的峰值之间的相对幅度关系。最后又级联了一个柔和的滤波器，它让频谱以 2.5 kHz 为中心。

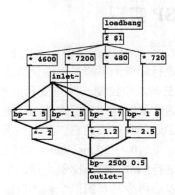

图 39.6　电火花共振峰

把所有元素组合在一起之前，我们必须搭建一个响亮的电火花发生器。我们需要有东西去驱动滤波器组，图 39.7 所示为一个激励源，它由两个部分组成，一部分用于驱动一个短暂的四次方包络，用以产生一股噪声；另一部分用来让正弦波从 7 kHz 向下扫频至 20 Hz。我们绝不会真正听到 20 Hz 附近的声音，因为这个包络（从同一条线中提取的）在抵达那里之前就已经衰减消失了。在接线图底部，信号被馈送给滤波器组，所得结果是一个响亮的噼啪声，就像一个强有力的电火花。在最终的接线图里，这个抽象被称为 snap。

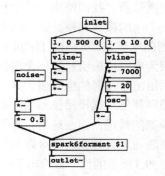

图 39.7　电火花噼啪声

现在到了组装整个音响效果的时候了，如图 39.8 所示。两个相位器在顶部，分别调谐到 99.8 Hz 和 100.2 Hz。仍旧通过减 1 让它们回到零（因为我们加入了两个幅度为 1.0 的相位器，所以总幅度为 2.0）。在接线图的中部的信号被一个 2 Hz 的正随机源调制，它将被限幅到一个小的双极性范围中，然后发给梳状滤波器，但也会发送给另外两个目标：一个是门限，另外一个是左侧的另一条通路。我们现在先暂时放下这个信号，但很快我们就会再回来看它。请看接线图

的左上角，一个相位器驱动线性调频脉冲发生器去产生电弧噪声，电弧的音调由频率为 0.1 Hz 的随机调制器来设置。请注意，这里的偏移量为 3.0，其目的是为了让线性调频脉冲保持短促。现在用一个随机门以 3 Hz 左右的频率对电弧进行开和关，对于每个频率都需要设置门限值（在此处为 0.005），因为随着随机门中滤波器的截止频率变得越来越低，它的幅度输出也在降低。

所以，我们现在有了一个电弧声，它是由高频线性调频脉冲构成的，这些脉冲由一个频率为 99.8 Hz 的相位器驱动，而该相位器则被随机调制，频率大约为 3 Hz。最后是把这个声音发送给梳状滤波器为它赋予活力，然后就输出了。但在此之前先要用另外一个来自于接线图左部代码块的信号对其再次进行调制。现在让我们回到 clip~ 输出口处的信号，对该信号进行 15 Hz 的低通可以让这个信号跟踪嗡声幅度的电平变化。回忆一下，它是在与自己的相位一会儿同相一会儿异相，并产生大约 0.4 Hz 的差拍，这部分的作用是让我们以差拍的频率对电弧进行调制。随着嗡声在幅度上的涨落，它会越过 max~ 设置的阈值，开启电弧噪声。这是有意义的，因为电弧应该在嗡声强度（而且大概是电压）上升的时候出现。

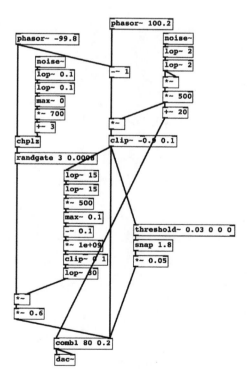

图 39.8　嗡声和电火花

现在来研究一下 clip~ 之后的右侧支路。在每次嗡声幅度升至超过某一电平时，threshold~ 对象都会触发一个大的劈啪作响的电火花。为了让 threshold~ 发送一条 bang 消息，嗡声的幅度必须超过 threshold~ 的第一个创建参数。其余创建参数设置了在重触发出现之前输入必须回落到什么水平，以及两条 bang 消息之间的最小时间间隔。所以，所有的三个部分——嗡声、电弧和响亮的电火花——现在都在梳状滤波器的输入口合并起来了，这个梳状滤波器的延时是按照与嗡声同样的速率被调制的。整个系统似乎是在相位和幅度上起伏的，就好像一个弛豫周期，并且当电弧偶尔非常高（因为两个随机调制器恰好同相）时，会出现一个大的电火花。

39.6　结果

源：http://mitpress.mit.edu/designingsound/electricity.html。

39.7　结论

一个破损的电工变压器可以被建模。一路走来我们已经学会了如何制作高频线性调频脉冲和响亮的劈啪作响的电火花，而且也学习了如何把非常接近的两个频率混合起来产生一个慢变化的差拍现象。这里引入了一个新的 threshold~ 对象，它能用信号域中的电平触发消息域中的事件。我们也学习了如何用梳状滤波器让一个干瘪的声音鲜活起来，梳状滤波器可以被调制，从而产生出一种运动的感觉。

39.8　练习

练习 1

为"激光枪"或其他幻想游戏中的武器制作武器声音。试着用嗡声调制嘶嘶声，从而产生出某种东西在电流中被煎烤的声音。

练习 2

创建一个新的电弧发生器，使它能产生小的电火花和大的电火花。当对大电火花进行太快的调制时，会发生什么问题？如何通过使用多复音（多于一个电火花对象）来避开这个问题？

练习 3

在为下一章节进行准备时，请聆听来自厅堂和室外空间的各种冲激响应。在一个反射性空间里或距离非常远的地方出现的一个非常响且短的冲激信号，它的声音特征都有哪些？

39.9 参考文献

[1] Peek, F. W. (1929). *High Voltage Engineering*. McGraw-Hill.

Peek F. W. 高压电工程. McGraw Hill 出版社，1929.

[2] Tesla, N. (1888). *A New System of Alternating Current Motors and Transformers*. American Institute of Electrical Engineers.

Tesla N. 一种新型的交流电动机和变压器系统. 美国电气工程师学会，1888.

第40章

实战 17——雷

40.1 目标

这次实战的目标是对真实的雷声制作出一个程式化的近似，使其能够用于动画片和游戏。我们将讨论制作一个听起来自然的雷声所需要的一些理论和合成方法。但是，由于这是一个非常错综复杂的话题，已经有些超越了本书的范围，而且特别消耗 CPU 的计算能力，所以这里选择了一种介于两类模型之间的折中方案。

40.2 分析

在单一一次打雷中的波

当一百亿焦耳的能量作为电能被释放出来的时候，在这个电火花路径上的空气变成了等离子体，并被加热到 30 000℃。这引起了空气非常迅速地膨胀，而且由于电的传播速度几乎等于光速，所以它是在这道闪电霹雳的所有长度上同时发生的，并会产生一个圆柱形冲击波向外辐射。每次闪电的持续时间都非常短，所以被膨胀的空气快速冷却并塌缩回来，引起一个负向的扰动。因为这个效应在时域上的形状，所以它被称为一个 **N 字形波（N-wave）**。

曲曲折折

圆柱形波阵面的运动垂直于传导路径，但一道闪电并不是直线的，它会在空气中扭曲转向，沿着那些能够提供最小阻抗路径的被电离的分子前进。平均来说，它大约每 10 m 改变一次方向，而一道闪电可以长达 2000 m，所以有 200 个或更多个来自于不同部分的柱面波在它们交会时发生相互作用。这个 Z 字形的集合形状被称为 **弯曲（tortuosity）**，它对于我们听到的声音有直接的影响。事实上，我们可以说打雷的声音和闪电的形状是密切联系在一起的：打雷是闪电形状的声音。这就是为什么每个雷声听起来都是不同的，因为每道闪电都是不同的。

多道闪电的电荷释放

一旦闪电锻造出一条穿过空气的路径，它就会留下一条由离子形成的轨迹，使这条路径更加导电，所以云层中剩余的电能倾向于沿着这条路径多次流过。曾经有人观测到在同一条路径上有多达 50 道闪电通过，每道闪电之间的时间间隔仅为 50 ms。就像电容通过电阻放电一样，云层中的电荷也在衰减。从图 40.1 所示的图形中你可以看到，如果克服空气绝缘性以及产生一条电火花所需的能量保持相当地恒定，那么各道闪电之间的时间间隔倾向于增加。事实上，这是一个时间和能量衰减的混合物，即第一道闪电是最强的，其余闪电的能量越来越弱，出现的频度也越来越低，直到最后它们低于某个阈值点，使得闪电没有足够的能量去击穿空气并再次发出霹雳。

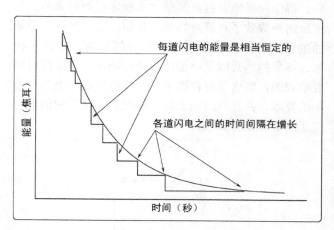

图 40.1 多道闪电的电荷释放

传播与叠加

如果观察者位于与闪电有一定距离的某处，那么他将在不同的时刻听到来自于这个事件的不同声音。如果我们把（从云层到地面的）闪电近似看成一条垂直于地面的直线，那么这条直线与位于一定距离末端的观察者之间形成了一个直角三角形，闪电所在的直线为直角三角形的对边，而传播路径就是直角三角形的斜边，其终点位于这道闪电某一高度处的某一点上。现在，由于我们知道这个声音是从这道闪电的所有点上同时发出的，所以有些声音必定会比另外一些声音晚到达观察者（因为要行进更远的距离）。那些从闪电顶端传来的声音受到传播效应的影响会更多，因为它们历经了更远的距离才到达我们这里。闪电中

距离地面较近的点传来的声音也会受到衍射、折射和反射的影响，接下来我们将简要地考虑这些影响。从图 40.2 中，你可以看到一个冲击波从一道曲折的闪电中传出。一些波会加强，产生阵阵巨响，而其他一些波则会相互抵消。从闪电上的各点连接到观察者的那些线段代表了不同的传播时间，所以你可以想象一道单一的同时发生的闪电是如何在时间上被伸展的。

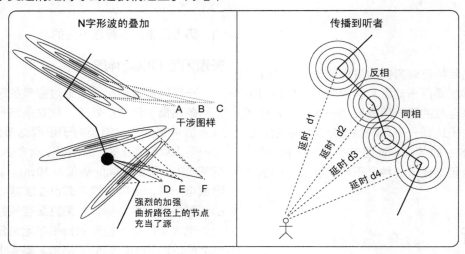

图 40.2　在观察位置发生的 N 字形波干涉

反射

我们感兴趣的反射有两类。一类是从大型建筑物、群山和平地以良好的形式离散地反射回来的，这些反射声导致了对雷声特征的复制，它们是一个个单独的回声；第二类反射是被散开的反射，来自于树木、不平的地面以及小型建筑物和物体，这些反射是混响式的，包含了符合这个声音特征的成千上万个微小的复本，并且在时间上非常接近，以至于它们混合成了一个似噪的信号。

削弱

回忆一下关于声学的那一章可知，波的能量会被几何散播所削弱，也会被不完美的传播效应（比如散射和吸收）所削弱。这将导致波会丧失清晰度，会被扭曲。一般来说，结果是高频的一些损失，以及波中那些锋利边缘的削弱，声音变得迟钝沉闷。在很远的地方，来自于闪电尖锐的 N 字形波变得更像一对对圆滑的、抛物线形的脉冲。图 40.3 中所示的波形展示了最初的高能量 N 字形波如何随着距离的增长而趋于平淡的。

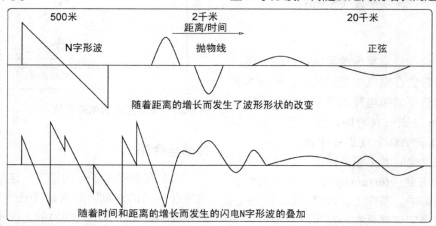

图 40.3　由 N 字形波在一定的距离上叠加产生的波形

衍射

当这个声音被不平坦但规则的结构（比如起伏的山岗或一排排建筑物）反射时，它可能会遇到**衍射**。它就像在数据光盘上看到的彩虹图样一样，这种现象的结果是能根据声音的频率把声音发送到各个不同的方向。对于观察者来说，被衍射的声音听上去好像是经过了一种滤波，类似于一个扫频的带通，能够按照时间顺序挑选出一定范围内的频率。

折射

这是由于闪电与观察者之间的空气密度发生了变化而导致声音传播路径的弯折。在一场雷雨中，经常会有一些相邻区域的空气在温度和湿度上有高有低。一般的效果是让声音的传播路径向上弯曲，以至于在某些位置上，你根本无法听到直达的闪电霹雳声，只能听到反射声。

净效应

图 40.4 总结了各种环境因素。所有这些物理处理过程在观察点上形成了一个复杂的净效应，所以雷声不仅取决于闪电的形状和能量，而且也非常依赖于周围的环境、天气和观察者所处的位置。

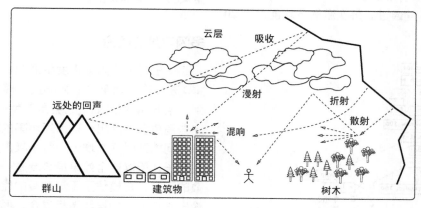

图 40.4　雷声中的各种环境因素

40.3　模型

让我们列出上述各个物理过程的声音效果。

- 冲激式的闪电由抵达观察者位置的若干个 N 字形波构成。
- 多次闪电衰减的能量模式。
- 来自于建筑物、树木、群山的混响式余声。
- 被折射的低频中的下潜很深的尾音。
- 由于相长干涉和相消干涉而构成的梳状滤波。

接下来给出雷声效果的一般性说明。初始能量非常高的脉冲同时出现在某个距离以外的一条线上，从这条线上最近一点产生的柱面辐射的声能抵达观察位置，它具有一个响亮的类噪的冲击波。从这条线上其他点出发的辐射相继到来，由于它们会出现相长和相消干涉，所以会呈现出一个巨响与沉寂交织出现的时间图样。来自于最初冲击波的反射现在也作为平面波传播过来，它们由于吸收、漫射和折射作用而被滤波，并且会在闪电事件发生之后几秒内到达观察位置。

40.4　方法

我们将把各种噪声源，交错排列的多个延时，波形整形和基于延时的回声/混响混合起来使用。我们将创建多个声音成分，每个成分都将产生最终雷声效果中的一个特定声音层，而且这些声音层将被混合在一起，并彼此进行相互延时。

40.5　DSP 实现

闪电图样发生器

图 40.5 所示的接线图能生成最初的闪电图样，它是一系列越来越小并且在时间上越隔越远的数值。最开始它在输入口接收一条 bang 消息来重置一个累加器，首先加载的是浮点数 0，然后累加器又加了 1，所以初始值很小但不是零。第一个数（1）流过累加器到了 moses，它只能让小于 100 的数通过，由于第一个数是 1，所以它能通过 moses，并且启动了一个 delay，

这个延时对象将在 1 毫秒之后发送一条 bang 消息。这条 bang 消息激活了 random，产生了一个介于 0 ~ 99 之间的随机数。

现在来看反馈回路。随机数将被 10 除，得到一个介于 0 ~ 9.9 之间的数值，它被馈送给累加器。在每次迭代时，延时时间都会随着累加器中数值的增长而增长。观察接线图的右侧可知，当前的延时时间被取出并被强迫变为介于 1 和 0 之间的递减数值，同时，bang 消息让一个有界计数器开始循环工作，把一个介于 0 ~ 3 之间的数与那个递减数值打包成一个列表数对。这些列表将由 route 分发到各个声音发生器中用于产生雷劈声。当延时时间超过 100 ms 时，这个过程停止，而且不能再从 moses 通过。每次激活平均能产生 20 条消息。

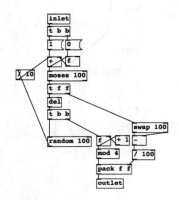

图 40.5   闪电图样发生器

单个闪电声发生器

图 40.6 所示的图形被命名为 strike-sound，它的四个复本用来产生一簇噪声，所以它们能以多复音的形式相互交叠。基本上每个发生器都是一对带通滤波器、一个噪声源和一个包络。在输入口出现的数值表示了将要生成的噪声脉冲的密度，较大数值产生的噪声脉冲较明亮短促，较小数值产生的脉冲较沉闷冗长。输入口的数值（介于 0.0 ~ 1.0 之间）通过第一个 t f f 被路由给两条分支。计算出该数值的补数，从而让较小的数值产生较长的包络延时，而且延时时间是用五次方计算的，并且有 0.4 的偏移量，这些数值给出的短延时大约为 50 ms，长延时大约为 3 s 或更长一些。在右侧分支上，第一个滤波器的频率可以在 100 ~ 1300 Hz 之间变化，而第二个滤波器则完全相同地出现在第一个滤波器频率的半频率处，因此，我们有两个相当宽的频带对这个噪声进行声染色。

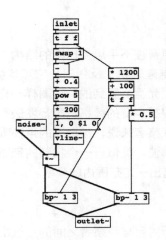

图 40.6   闪电声发生器

多闪电声的组合

这里有上述闪电声发生器的四个实例，它们通过 route 进行轮转调用式的分配。当模式图样发生器接收到一条 bang 消息后，它会迅速发送最初的几条消息，这些消息会创建出一些简短明亮的声音。随着各条消息之间的延时逐渐增大，每个噪声脉冲的持续时间也在变长，所以这个效果最终就是一系列连续的相互交叠的声音，它模仿了逐渐衰减的能量。这个接线图的输出与接下来的接线图相混合，形成了最终雷声效果的一部分。结果并不是特别好，但保留它的原因是它的高效性。听起来非常近的雷声（500 m 以内）会发出一声异常响亮强烈的巨响，完全不像我们在这里模拟的"城堡雷声"。但进一步说，以一种定义明确的方式听到这声巨响并不常见，因为冲击波的扩散已经开始了。所以，这部分接线图代表了一个代价低廉的折中。你可能想试着给这个音响效果加入属于自己的初始闪电霹雳声，也许这会用到我们将要在后面章节关于爆炸的话题中讨论的各种技术。

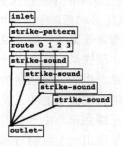

图 40.7   多复音闪电声发生器

受阻尼的 N 字形波隆隆声发生器

在最初的闪电声（来自于这道闪电最接近地面的

部分）之后到来的是经过时间延时的冲击波。一个好的雷声中最困难的部分也许就是为这个隆隆声创建出正确的声音材质。仅使用经过低通滤波的噪声只能产生糟糕的结果，除了用在卡通草图上以外其他地方根本无法使用。不过，按照 Few（1990、1982）和 Ribner 与 Roy（1982）提出的物理模型来设计是一种计算代价高昂的方法，而且在当前的微处理器上，这种方法也无法用于实时的过程式游戏音频对象中。人们在尝试为电影制作雷声时已经发现了一些捷径，其中一些方法能够制作出逼真得令人吃惊、甚至是令人恐惧的雷声，但所有这些都太过复杂，无法在本书中加以描述。在本练习中，我们需要的是一种比滤波噪声的效果好得多但又足够简单易于理解和实现的方法。

图 40.8 所示的接线图是一种捷径，它能够产生成千上万个单独的 N 字形波，并用不同的延时把它们混合起来，创建出一个滚滚的雷声。它并不能产生详细复杂的初始闪电声——这也是为什么我们之前要使用一个基于噪声的近似的原因，但它能够对这个雷声效果的主体部分给出一些不错的细节。它的工作方式是产生一个随机上升和下降的斜坡波形，该波形随后被整形，用以产生一些密度可控的抛物线脉冲。我们从两个相互独立的噪声发生器开始（这两个发生器必须是相互独立的，这一点很重要，只有这样，这个操作才不会被提取公因子）。每一个噪声发生器都经过二阶低通滤波器获得一个慢变化信号。在右侧支路上，我们对这个信号进行整流，用 max~ 提取出正值部分，然后对其进行缩放，以驱动一个相位器。为了在如此强烈的滤波以后恢复那些过小的电平，"乘以 3 000"的这个乘法器是必要的。phasor~ 在 10 ~ 20 Hz 之间工作。类似的过程也被施加到居于中路的噪声上，不过，该噪声没有被整流，因为我们想要一个在正负值之间摆动的慢速信号。这两个信号被 samphold~ 合并起来，来自 phasor~ 的下降沿把 samphold~ 左输入口的信号冻结起来，产生一个阶梯状且各个台阶高度随机的波形，并可以改变其时间长度。这个信号被 rpole~ 积分，从而能提供一个"游走的三角波"，这个三角波随后通过取绝对值而被矫正，变为只有正值的信号。最后，该信号被送入抛物线整形器，我们得到了另一个由多个半圆形移动构成的隆隆声，很像在"远处雷声"录音中听到的效果。位于左支路左上角的那个包络给出了 8 s 的衰减，用于调制最终的结果。

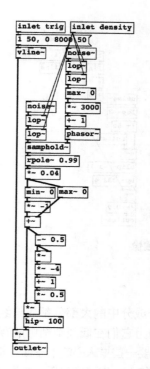

图 40.8 隆隆声

残像（环境）

在隆隆声和直达波发出的哗啦声之后，最早的一批回声将会到来。由于有能量如此强的初始闪电，这些回声似乎是从四面八方传来的。让这些回声有特点的是反射的滤波效应。来自于建筑物和树木的反射减少了位于频谱两端的频率，更多地留下了中频。我们不久将会看到如何用各个独立的经过声染色的回声制作多抽头延时器，并且我已经在下一个接线图中使用了这个延时，因为这是一种很好的技巧，能够模仿出雷声产生的各个回声（并且能够给出相当不错的结果）。可以把它作为"滤波器"与明晰的回声混合起来，产生更密集更有色彩的音响效果。图 40.9 使用了两个不相关的噪声源，用其中一个调制另外一个，请注意，经过低通滤波以后的调制波噪声上的增益很大（为 80），它与 clip~ 一起在这个被调制的噪声上产生了一个结结巴巴的声音或是门限的效果。随着这个低通截止频率被一个 line~ 移动，噪声信号变得更为安静且更少有分裂。把它滤波成一个在 300 Hz 附近的频带，这将产生一个中频的哗啦声，它听上去像是由建筑物产生的反射声。这个效果在主接线图中被称为 afterimage，它与这个声音开始之间的延时为 200 ms。你可能想要制作一个控制来手动设置这个延时。

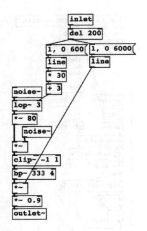

图 40.9　中频残像

低沉的噪声

前述各个成分中的大部分都应该经过某种程度的高通滤波，因为它们在低频范围中的存在都非常不稳定。但雷声需要一些撼人心魄的东西，特别是在那些音响效果好的系统上，你可能想用一些声音来驱动次低音音箱。所以，最好是单独生成这部分声音并对其进行控制，图 40.10 所示的接线图使用了经过 80 Hz 低通滤波的噪声，这个"黑噪声"具有强烈的令人不安的效果。为了加入一些谐波，这个声音被过载并再次滤波，以平滑掉任何尖锐的边缘。这部分声音会到闪电声出现一秒钟以后才会开始发声，而且它会进行缓慢地构建，从而给这个音响效果的结尾产生出一个生动的渐强。

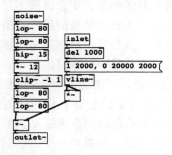

图 40.10　低频材质

环境回声

这个效果能通过创建一个多抽头延时而为声音带来距离感和空间感，这个延时中的每次回声都被一个具有自己音调的抽象返回。所有输入和输出都由发送和接收通道承载，所以这里没有输入口和输出口。使用这个抽象很简单，就是根据你的需要创建足够数量的实例，图 40.11 给出了一组实例。加入 switch~ 可以在不使用时关闭整个 DSP，因为这部分对 CPU 的消耗非

常大。生成每个回声抽头的抽象被称为 udly，如图 40.12 所示。它用滤波和声像定位创建了一个单一的回声，其实它非常简单，只是用 delwrite~ 写这个延时缓冲区，用 delread~ 把这个回声读回来，再加上带通滤波和声像定位器，就搭建完成了。但这里还有一两件事情需要搞清楚它们是如何工作的。

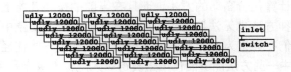

图 40.11　一箱子的延时

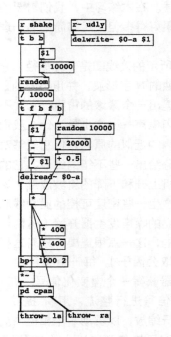

图 40.12　单个反射

我们的想法是为它们创建出大量的实例，如果 CPU 的运算能力足够的话也许会创建 30 或 40 个，并且让每个实例都在 shake 接收器被 bang 消息触发时产生一个随机数。为了避免一大堆延时出现在各个整数标记处，最大延时时间 D_{max} 被乘以了一个很大的随机数，然后再经过除法回到其原先的数值范围中。从 D_{max} 中减去这个数，然后再除以 D_{max} 得到补数，随后再被一个随机数缩放。这就给出了一个 0.0 ~ 1.0 之间的数值，用于设置滤波器截止频率和声像位置。被短时间延时的各个回声更加明亮，在立体声声场中更加偏左，而延时较长时间以后出现的各个回声更加柔和低沉，在立体声声场中更加偏右。最后，还有一个 distance 抽象，它由梳状滤波器和低通滤波器构成。你可以参考关于直升机的那一章来看它是如何工作的，

但由于对于这个声音它并不是绝对必备的，所以对于它的具体介绍在此不再赘述，完整的结构设计如图40.13 所示。这个环境效果的接线图被打包到子接线图 box of delays 中。这个练习是很开放的，你可能想试着用不同的方式把不同的成分元素混合起来。可以通过改变

滤波器和延时定时获得大量的雷声效果。在主闪电之前出现强有力的低沉的隆隆声会带来一种有趣的效果，这是由于折射与地面传播共同作用的结果。梳状滤波器扫频可以模仿来自多点的声音相互叠加的效果。

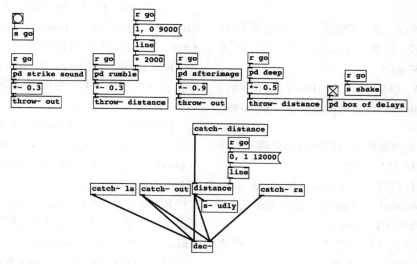

图 40.13 用几个单独的成分元素产生雷声的一个接线图

40.6 结果

源：http://mitpress.mit.edu/designingsound/thunder.html。

40.7 结论

若想用有限的元素阵列和一个复杂详尽的环境模型来制作雷声的合成模型，则代价极有可能是非常高昂的，所以我们必须想出其他办法蒙混过关。把这个声音分成多个层次，并对每个层次进行代价低廉的合成，这为我们提供了一种合理的且能够实时运行的近似。

40.8 练习

练习1

这种"云层到云层"的闪电从观察者头顶正上方经过时，听到的声音会有什么不同？请研究一下水蒸气的吸收作用，并试着创建出云层高处的雷声效果。

练习2

使用 Ribner 和 Roys 1982 中提出的方案，与计算

机动画制作者联合做出一个声音，并伴随有随机生成的闪电形状（参见 Glassner 2000）。

40.9 致谢

感谢 Joseph Thibodeau 提供了他最初用 MATLAB 实现的 N 字形波模型，感谢 Randy Thom 为模型的各种改进提供的建议、批评和帮助，感谢 Lucas Arts（Skywalker sound）公司的朋友们提供了计算机的计算时间。

40.10 参考文献

[1] Bass, H. E. (1980). "The propagation of thunder through the atmosphere." *J. Acoust. Soc. Am.* 67: 1959–1966.

Bass H. E. 雷声在大气中的传播. 美国声学学会期刊，1980, 67:1959-1966.

[2] Bass, H. E., and Losey, R. E. (1975). "The effect of atmospheric absorption on the acoustic power spectrum of thunder." *J. Acoust. Soc. Am.* 57: 822–823.

Bass H. E.，Losey R. E. 大气吸收对雷声声学功率谱的影响. 美国声学学会期刊，1975, 57:822-823.

[3] Farina, A., and Maffei, L. (1995). "Sound propagation outdoors: Comparison between numerical previsions and experimental results." *Volume of Computational Acoustics and Environmental Applications*, (ed. Brebbia, C. A.), pp. 57–64. Computational Mechanics Publications.

Farina A.，Maffei L. 室外声音传播：数值预测与实验结果之间的比较．计算声学及其环境应用．计算力学出版社，1995:57-64.

[4] Few, A. A. (1970). "Lightning channel reconstruction from thunder measurements." *J. Geophysics* 36: 7517–7523.

Few A. A. 通过雷声测量进行闪电通道重建．地球物理学期刊，1970, 36:7517-7523.

[5] Few, A. A. (1982). "Acoustic radiations from lightning." *CRC Handbook of Atmospherics*, vol. 2, ed. Volland, H., pp. 257–290, CRC Press.

Few A. A. 来自于闪电的声学辐射 CRC 大气干扰手册．CRC 出版社，1982, 2:257-290.

[6] Glassner, A. S. (2000). "The digital ceraunoscope: Synthetic lightning and thunder, part 1." *IEEE Computer Graphics and Applications* 20, no. 2.

Glassner A. S. 数字雷电观测仪：合成的闪电与雷，第 1 部分．电气电子工程师学会计算机图形学与应用，2000, 20(2).

[7] Hill, R. D. (1971). "Channel heating in return stroke lightning." *J. Geophysics* 76: 637–645.

Hill R. D. 闪电回击中的通道受热．地球物理学期刊，1971, 76:637-645.

[8] LeVine, D. M., and Meneghini, R. (1975). "Simulation of radiation lightning return strokes: The effects of tortuosity." *Radio Sci.* 13, no. 5: 801–809.

Levine D. M.，Meneghini R. 对闪电回击辐射的仿真：迂曲度的作用．无线电科学，1975, 13(5):801-809.

[9] Ribner, H. S., and Roy D. (1982). "Acoustics thunder: A quasilinear model for tortuous lightning." *J. Acoust. Soc. Am.* 72: 1911–1926.

Ribner H. S.，Roy D. 声学雷声：对迂曲闪电的一种拟线性模型．美国声学学会期刊，1982, 72:1911-1926.

[10] Ribner, H. S., Wang, E., and Leung, K. J. (1971). "Air jet as an acoustic lens or waveguide." *Proc. 7th International Congress on Acoustics, Budapest*, vol. 4, pp. 461–464. Malk/Nauka.

Ribner H. S.，Wang E.，Leung K. J. 用空气喷射作为声学透镜或波导．布达佩斯第七届国际声学大会．Malk/Nauka 出版社，1971, 4:461-464.

[11] Sachdev, P. L., and Seebass, R. (1973). "Propagation of spherical and cylindrical N-waves." *J. Fluid Mech.* 58: 197–205.

Sachdev P. L.，Seebass R. 球状和圆柱状 N 字形波的传播．流体力学期刊，1973,58:197-205.

[12] Wright, W. M., and Medendorp, N.W. (1968). "Acoustic radiation from a finite line source with N-wave excitation." *J. Acoust. Soc. Am.* 43: 966–971.

Wright W. M.，Medendorp N. W. 一个有限线源受到 N 字形波激励后的声传播．美国声学学会期刊，1968, 43:966-971.

实战 18——风

41.1 目标

怒号的风声是面对很多户外场景时首先想起的东西。通常我们为游戏某关加入的就是些循环播放的风声录音，所以这是那种要么占据大量的样本存储空间要么能很明显听出重复的声音。通常，风是录音时声音工程师需要花大量的钱、费很大的劲儿去避免的东西。很难录制出非常好的真实的风声。除非你找到了完美的避风位置，找到了获取怒号声和哨声所需的环境，否则即使有很好的防风罩，录出来的声音也仅仅就是一个隆隆声。所以，即使在电影中，风声也通常是合成出来的。这里我们将设计一种低代价的动态变化的风声发生器，它能根据一种模式图样产生出具有真实感的阵风和呼啸声，这个模式图样会根据一个局部风速因子持续不断地产生变化。这是少数几个采用立体声的练习实例，目的是为了演示在一个声音场景中对各个物体的摆位。

41.2 分析

风产生了什么声音?

理论上，风根本没有产生声音。风的声音是一种**隐含产物（implicit production）**，是**其他**阻碍风的物体引起的声音。既然声音是运动的空气，而风也是运动的空气，为什么我们不能直接听到风声? 声音在气体中的传播是通过纵波在 18 Hz 以上进行压缩和膨胀而产生的。当刮风时，空气当然是在进行大量的移动，但它们的运动处在单一方向上，或以一个与声波相比较慢的速度前后移动。如果说风可以产生一个声音，那么这个声音是超低频的，应该用毫赫兹（mHz）来衡量，它位于我们的听觉范围之外。所以，为什么我们会把风与一种鬼哭狼嚎般的噪声联系在一起呢? 与其他很多现象一样，风产生的这个声音是至少两个作用物之间的一种相互作用。在风能够产生一个噪声之前，它必须要撞击到某

物。当风撞击到岩石、电线杆或建筑物参差不齐的砖墙结构时，某件有趣的事情发生了：湍流。

41.3 模型

大型静态障碍物

考虑一个不规则表面，比如风吹过一块混凝土。在显微镜下，这块混凝土包含了很多小空腔，它们的深度 L 和直径 W 千变万化，所以我们可以把这个表面简化成图 41.1 所示的图形，即每个空腔的行为都像一个小管腔。为了准确地合成出它，我们需要非常多（数以亿计）的谐振滤波器，每个滤波器对应于临近气流的一个空腔。不过，从统计上说，任何表面都会有一个平均尺度。把这些汇总起来将会产生一个围绕单一峰值的分布，它可以被简化成一个单一滤波器和白噪声。对于具有粗糙表面的任意的大型不规则物体，我们可以仅使用一个普通的低谐振带通滤波器，滤波器的中心频率将被固定，而幅度将随风速的上升而增大。

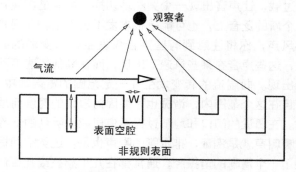

图 41.1 由粗糙表面产生的噪声

弹性的和可移动的物体

声音可以从各种物体上简单地发出来，因为风激发了这些物体之间的运动。路边一个叮当作响的金属标示牌以水平方向为轴进行上下运动，此时的空气压

力和重力引起了这个振荡，能量在角速度和重力势能之间交换。在风产生的各种效果中，迎风招展的旗子是最有趣在物理上也是最复杂的效果之一。确切的受力平衡至今仍旧没有得到完全的了解，有一些相互竞争的模型在用略微不同的方式解释旗子的运动。一般来说，对于一个被绳子拉紧、一端能自由运动且受到边缘层内无序波激励的织物膜来说，我们可以把它看成是一种气动弹性的准振荡。如果没有湍流，旗子将受到图 41.2 左半部分所示的三种主要力。重力、旗杆的支撑力以及入射风的作用力三者的矢量和产生了一个总体的效果，即拉伸并竖起这面旗子。它受到了来

自于各个边的张力作用，就像一张方形的鼓皮一样。从一边吹过旗子的空气让压强降低，并把旗子拉向一旁，随后有两个力使它平正。因为它移动到一旁，并展现出一个与风流动方向相对的区域，所以它被推了回来。同时，因为它是被拉紧且有弹性的，所以它倾向于让自身变平，就像任何膜一样。随后，波会沿着旗子传播，向着旗子的自由端加速前进，并在幅度上逐渐增强。在旗子的自由端有强烈的旋涡在旋转，旗子会被打过头并自己折过来，这会产生一个响亮的周期性的噼啪声。强烈地摆动发生在旗子作为一个膜的自然谐振与旋涡脱落的频率几乎重合时。

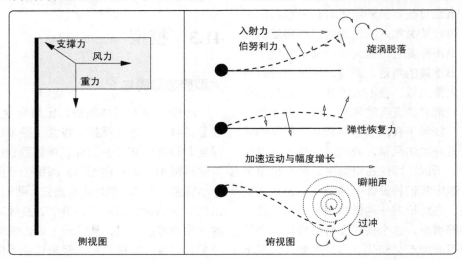

图 41.2 摆动的旗子

中断与模式切换

如果你会吹长笛，你就知道，吹气太猛会导致乐器过载，让声音出现一个突然地切换，可能是切换到一个新的泛音上，也可能是根本发不出声来。仔细聆听风声，你将注意到有些声音仅发生在风变弱的时候，这些声音在某些风速下出现，而在其他风速下不会出现。向湍流的转变发生在一定范围的雷诺数中，而且在这个范围内，谐振也可能因为较大的速度而消失。在凹进的门口和地下过街通道里能够听到的低吟的嚎叫声就是例证，排水管的噪声也是。这类空间提供了一个清晰的谐振腔，通常都在几十赫兹或几百赫兹的范围内，只有当风以精确的速度来袭时这个空间才能发声。所以对于一些物体，我们无法在风速与幅度或频率之间建立一个简单的线性关系。

发出哨声的线

从图 41.3 所示的图形中可知，在紧挨着那个完

美圆形物体的后部，我们可以认为在远侧形成了一个低压锥或盲区（A）。由于这条线或杆子是完美对称的，因此究竟从哪一侧向哪一侧吹风是需要精巧平衡的，在 V1 和 V2 侧低压区任何小的扰动（即风的流动是快速且不稳定的）都会破坏这个平衡。在一侧形成的低压将倾向于把 A 处的锥形推向一边，拉到位置 B。因为空气是可压缩的，区域 A 与区域 B 之间的差异现在形成一个恢复力，并把这个低压锥形移动到位置 C。结果是产生了一个不稳定的尾迹涡，即气流的一个"左右摆动的尾迹"［被称为**冯·卡门涡街（von Kármán vortex street）**］，它随着涡流从障碍物的每一侧交替流出而前后振荡。这种**气动弹性效应（aeroelastic effect）**可以产生音高很高（但不是简单的谐波关系）的风噪，它有一个尖锐的中心频率，该频率与线的直径成反比，与风速成正比。与此同时，线本身可以被入射空气向前推，或是由于伯努利效应而被拉向侧方。这根线通常是有弹性的，因此有一个内在的恢复力会把它拉直。这个运动**就是**简谐运动，

就像任何琴弦一样，所有这些力（有些是随机的，有些是简谐的）的联合作用形成了一个矢量，它会让这根线按一条螺旋转迹线运动。一个引起周期性碰撞的可以观察到的例子是在旗杆或帆船桅杆上的绳子，它会绕着这根杆子旋转并碰到杆子上。

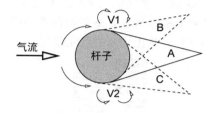

图 41.3 发出哨声的一根线的准振荡

刮风的场景

刮风天的声音必须要考虑恰当的因果关系。各件事物并不是被随机地激发去产生运动的，而是遵循一个对于正确的听觉场景构建来说合适且相称的模式图样。平行运动能让我们从听感上识别出风声的一个特征。回忆一下心理声学的内容：与一个公共的潜在特征相关联的各个声音被认为具有一个公共的因果属性。当风起风落的时候，我们希望听到所有哨声同涨同落的合唱。不过，它们并不是以完美的同音进行齐涨齐落的。考虑图 41.4 中的旗子、树和电线，图中的风以 30 m/s（大约每小时 100 km）的速度在运动，如果在一阵短暂的阵风中风速增大到 40 m/s，那么我们将听到这阵风从这个场景的左侧传播到右侧。忽略 340 m/s 的声速，则在"旗子迎风摆动的速度加快"与"树叶沙沙声的强度上升"之间将有一秒的延时。再过一秒才会出现电线哨声音高的改变。

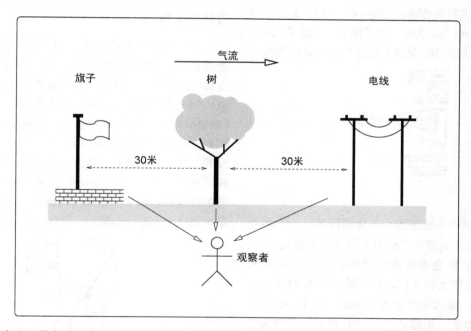

图 41.4 在一个真实场景中风的传播

41.4 方法

我们将使用噪声和滤波器模拟那些具有适当频谱特征的混沌信号。低频噪声将被用于获取一个变化的局部的空气流速，幅度被调制的宽带噪声将形成我们的背景音响效果，而窄带通滤波器将提供湍流产生的准周期性"哨声"效果。为了给发出哨声的电线增添真实感，可以给它施加细微的幅度调制和频率调制效果。为了产生真实的立体声声场，需要用合适的传播时间对各个激励进行延时。

41.5 DSP 实现

控制层

图 41.5 左半部分所示的仅是一个测试振荡器，所以我们可以先来构建控制层。我们想要一个慢变化的归一化的控制信号，用来表示在一个局部参照系下的风速。我们马上就会看到如何在子接线图 `pd windspeed` 中生成这个控制信号。各个信号值将被各个可变的延时单元提取出来，用于风声的每个成分元素，所以我们把它们写

入到 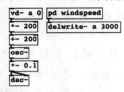 delwrite~ a 3000 。在这种测试情形下，控制信号仅仅产生了一个处于 200 ~ 400 Hz 之间的正弦波。

图 41.5   对风的控制

我们将从一个慢变化的振荡器开始。在视频游戏或其他装置中，全局风速值可能来自于一个外部变量，但这里我们模仿了 10 s 周期内的慢速上升和下降。给这个振荡器加上 1.0，令其值位于零之上，并乘以 0.25，让它的幅度从 2.0 降低到 0.5。一个复本在经过 clip~ 处理（使其值保持在 0.0 ~ 1.0 的范围内）后直接输出。另外两个子接线图由稳定移动的信号所驱动，用以在不同的尺度上提供随机变化。子接线图 pd gust 和 pd squall 都将生成一个类噪信号，用于填补信号取值范围中剩余 0.5 的那部分空间。阵风出现在 0.5 Hz（2.0 s）的范围中，而暴风出现在 3 Hz（0.33 s）的范围中。风速的接线图如图 41.6 所示。

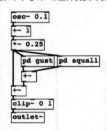

图 41.6   风速

图 41.7 所示的子接线图用于生成阵风。一个独立的白噪声源经过低通滤波（6 dB）和直流阻断处理后，获得一个没有任何直流偏置的慢随机信号。乘以 50 让其幅度能够回到大约 0.25。请仔细观察图 41.7 右半部分中的缩放，输入信号幅度为 0.5。不过，我们不想让阵风线性增长，而想让它按平方增长。在风速较低时，气流将是稳定的，但阵风将在半速之上猛烈出现。我们加上 0.5 来让信号更加接近 1.0，并且不会改变它的移动量，然后对它平方，再减去 0.125 把它放回到以局部零点为中心（这是我们振荡器的幅度）的位置。在任何时候，该信号都位于一个归一化范围中。

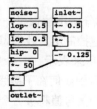

图 41.7   阵风

图 41.8 所示的接线图运用了略微不同的缩放方法，即采用控制输入并对其设定一个 0.4 的下界。因此，只有剩余的 0.1（20%）起作用，这意味着在风速接近最大值之前，狂风根本不会出现。减去 0.4 让基线回到 0.0，然后进行 8 倍缩放，再进行平方，从而给出一个经过扩展的幅度曲线。请注意，pd gust 和 pd squall 都有独立的噪声源，这些噪声源必须是相互独立的，这样才能产生出恰当的混沌效果。

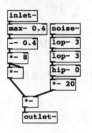

图 41.8   狂风

立体声声像

在创建一些真实的风声源之前，我们先要定义一个抽象 fcpan，如图 41.9 所示，用它来把声音定位到一个立体声声场中。它类似于前面章节中曾出现过的某个抽象，但没有控制输入。这个声像定位采用功率守恒原则（余弦分布），声像位置由实例的创建参数设置，数值范围在 0.0（极左）到 1.0（极右）之间。图 41.10 所示的结构是我们将要重复多次使用的一种模式，为了节省音频信号噪声源，一个全局源被广播给其他任何需要使用它的接线图。每个接线图都输出至一个 fcpan 对象，该对象再通过两个 throw~ 连接到一条立体声母线上。

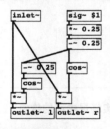

图 41.9   固定的余弦声像定位器

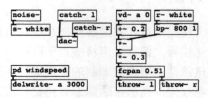

图 41.10   静态噪声

风噪发生器

风速由 vd~ 接收，并且延时时间为 0。这个接线图用于产生一个一般的背景环境氛围，所以我们给信号加上 0.2，确保它永远不会碰到零变成完全静音。一个以 800 Hz 为中心的宽带噪声被风速调制，当风变强时该噪声会变得更响，而当风变弱时它会变得更轻。声像值为 0.5 时声源被放置在声场中央（注：额外又多了一位数字使声像值变为 0.51，这仅仅是为了让该接线图能够漂亮地打印出来）。缩放必须在声像定位之前完成，这样就不用为每个声道都复制一套缩放对象了。母线接收器 catch~ 直接连接到 dac~ 上。

图 41.11 所示的接线图是对上述方案的略微修改。现在我们引入了一个单零点滤波器，它对低通进行扫频。介于 0.2 ~ 0.72 之间的数值让陷波随着风速的提升从接近固定滤波的 800 Hz 开始扫频到几千赫兹。使用陷波能够加入一种有趣的效果：在保持整个宽带频谱的同时能加入一些运动。它与狂风大作引起的 3 Hz 左右的幅度强烈波动结合起来，我们就得到了一种不错的环境氛围效果。这个接线图应该安静地与最终的风声场景混合起来。

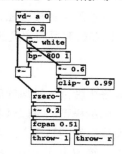

图 41.11　扫频的噪声

哨声

图 41.12 所示的接线图重复了广播噪声以及图 41.10 中的立体声母线模式。需要说明的是，如果你正在通过把这些接线图添加到同一个画布中来构建风声场景，那么不需要复制这些部分。这里有两个分离的哨声电线源。

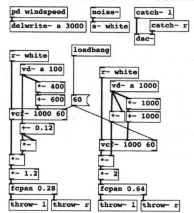

图 41.12　发出哨声的电线

每个源都是一个窄带的可变滤波器，它的中心频率是关于风速的一个函数。第一个滤波器被设置在 600 Hz ~ 1 kHz 之间，而第二个滤波器则处于 1 kHz ~ 2 kHz 之间。幅度按照平方规律变化，所以当风速较低时它们很安静。第一个滤波器的输出在进行平方之前先加入了 0.12 的小偏移量，这样做的目的是提高阈值。它设置了这个源能在何种速度下出现，事实上，它是在为这个对象设置临界雷诺数。0.28 和 0.68 这两个声像数值是相当随意的，目的是把它们放在场景中略偏左和略偏右的位置。现在要对 vd~ 单元中的数值特别注意，它们被设置成对风速控制延时 100 ms 和 1000 ms，这会导致左声道的哨声先发出，右声道的哨声紧随其后。换句话说，对于观察者来说，这个模型中的风是从左向右吹的。

树叶

图 41.13 所示的接线图并不是一个特别好的树叶效果，但我还是把它包含进来，因为它能展示一些有用的技巧。首先请注意，在 2 s 的延时之后跟了一个低通滤波器，它让这个音响效果明显地拖后出现了，所以它会跟在风运动的后面。如果你注意过树上的树叶发出声音的方式，那就会知道它们似乎有某种惯性，树叶需要花一些时间来蓄积它们的能量，当阵风停止时，树叶还要再花一些时间才能彻底安静下来，这可能是因为树枝的弹性能够让树叶在一段时间内保持摇摆。接下来，控制信号被减弱，然后又被反转，所以它会从 0.7 移动到 0.4。把这个信号送给 max~ 和 -~，这将产生一个掩膜，只有最顶层的偏移能够通过。如果 max~ 的右输入口接收到一个较高的数值（较低的风速），那么只有很少一些噪声峰值能够通过，并产生一个稀疏的噼啪声。随着风速的提升，max~ 阈值的降低，有更多的噪声峰值得以通过，这会产生一个更密集的声音。从输出中减去阈值可以让信号的基线回到零，然后用同一个阈值对其进行缩放，使该信号恢复到一个归一化幅度，所以稀疏的噼啪声听起来与密集的噼啪声一样响。为了模仿树叶的沙沙声，该接线图还使用了一对滤波器来降低频谱的高频端和低频端。

怒号

现在，让我们为这个场景加入一些沉吟和怒号，这是我们希望从类似于管腔和门口这类谐振空间中听到的声音。为了让这个效果变得有趣，我们将为雷诺数的数值设置一个临界范围，并且让每声怒号都出现在一个特定范围的风速之内。图 41.14 所示的两个接线图几乎完全一样。你可以把这个接线图做成抽象，并用创建参数来设置带通频率和振荡器的各个数值，从而创建出一些略微不同的实例。从 vd~ 的输出信号开始，每声怒号都被设置成经过略微不同的时间（100 ms 和 300 ms）才出现。接下来使用 clip~ 选出一定范围的风速，只有超过该范围时才会出现怒号。减去限幅的下限值，令基线回到零值，乘以 2.0 并减去 0.25 后利用 cos~ 计算余弦值，将得到正弦波的正半周。因为当风速很快地掠过我们的阈值窗口时，这个信号是很简短的，所以用一个低通滤波器拖慢这个运动，让它总是需要花上一两秒的时间。接下来这个部分很有趣。我们对一个固定的窄带噪声进行幅度调制，这将产生出一个带有一些边带的类噪振荡器扫频，它的行为像一个固定的共振峰，就好像在受迫振荡中不断变化的旋涡频率在激发谐振空间。

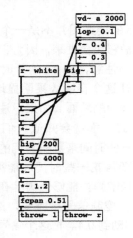

图 41.13　树叶

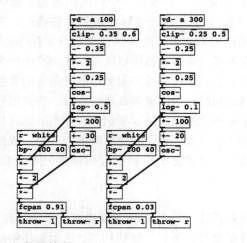

图 41.14　怒号的风

41.6　结果

源：http://mitpress.mit.edu/designingsound/wind.html。

41.7　结论

风产生的声音很有趣也很多变。运动的空气会产生多种激励模式，它会吹走各种物体，让它们翻滚刮擦。它可以引入振荡和摇摆，可以通过湍流和谐振产生哨声和怒号，还可以通过使物体相互撞击而产生单一或周期的碰撞。刮风的音频场景需要考虑风速和各个物体的行为，包括它们与听者的相对位置。

41.8　练习

练习 1

修改或完善树叶沙沙声的接线图，或者为树叶创建你自己的算法，比如带有可控密度的材质。

练习 2

在你的刮风场景中尝试为被风吹跑或被风摇动或滚动的物体加入不同的模型。可以试着制作一个马口铁罐（利用先前实战练习的结果）从观察者眼前滚过的声音。你可以在本练习中使用经过循环或处理的采样样本，但关键点是要力图让你的物体能够响应风速，并用一种相同的方式把这些物体整合到这个音频场景中。

练习 3

修改雨声发生器的密度，让它能够响应风速，并创建一个"阵风袭来风抽雨滴"的场景。

练习 4——高阶练习

现在你已经对风和湍流有了一些了解，可以尝试实现一面飘动的旗了。试着尽可能降低模型的计算代价，避免直接把织物建模成一个薄膜外皮。研究交替涡旋脱落的现象，并试着为类似的准周期无序振荡获得一种效率较高的声源。这不是一个仅仅在信号域就可以完成的简单练习。

实战系列——机器

> 未来的工厂将只有两个雇员，一个是人一个是狗。这个人在那里给狗喂食。狗在那里看着这个人，不让他去触碰那台设备。
>
> ——Warren G. Bennis

机器

超现实与艺术创造

听一听《黑客帝国（The Matrix）》、《星际之门（Stargate）》、《碟中谍（Mission Impossible）》等科幻电影中的声音。这些声音是超现实的，并且它们是带有各种奇异的钟表机械结构和气动传动装置的声音。在现实中，倒数计时器（为什么要用它们？[①]）不需要发出哔哔声和滴答声。开启逃生舱分隔门的按钮不会发出令人满意的铿锵的嘶嘶声，至少不会在机舱中发出这种声音。所以，这意味着我们应该放弃所有物理原理，让机器的声音设计纯粹靠我们的想象么？不，一点也不。这类声音可以依据幻想来创造，但这些声音之所以能够用得上，是因为它们激发和扩展了心理上的一些响应，这些心理响应能够表现出真实的机械和电子设备。我们必须对物理原理有基本的了解，并以此为基础构建声音。在进入超现实声音的构建之前，我们需要在现实中建立一个坚实的操作基础，然后通过外推、夸张和渐变来向外延伸，进入到超现实领域。

基本组成成分

从基于现实的基本原理出发，我们会需要什么样的声音呢？一台完美的机器根本不会产生噪声，为什么？因为噪声说明有一些无效率的事，要么是摩擦、碰撞，要么是其他某种对能量的浪费。不过，无论什

么时候遇到比我们聪明很多的外星种族，它们应该也制造不出完美的机器，因为它们的宇宙飞船和机器发出的呼呼声、研磨声、咔嗒声、嘎嘎声与那些次等种族制造出的机器发出的声音一样糟糕。不管你访问宇宙的哪个部分，总会遇到这些基本设备的声音：

- 拉杆：沉闷的金属声、咔嗒声，"咔喀"声。
- 棘齿：一系列的咔嗒声。
- 继电器：颤动，嗡嗡声。
- 电动机：复杂的周期波形。
- 气动装置：发出嘶嘶声的气体。
- 电子装置："哔哔哔哔"的噪声。
- 变压器和电力装置：嗡嗡声或呜呜声。
- 力场：电／磁场脉动的嗡嗡声。
- 数据传输：类似于调制解调器的声音。
- 扇形物：转子／螺旋推进器的噪声。
- 启动和关闭的声音：上升和下降的噪声。
- 警报、电喇叭、哔哔声、蜂鸣声。
- 操作序列：控制定时声。

现在我们将要设置界线，限制在非现实领域中的探索范围，并且要研究下面列出的真实物体。后面的章节将要处理上述科幻噪声中的一部分，到那时，我们将向物理真实的种种限制说再见，并开始用纯粹的合成声音来工作，评判它们的标准是它们听起来有多酷。

控制代码

上述列表的最后一项是特殊的。随着工作的进展，我们将遇到更多更复杂的控制层面的编程。很多机器声音本身很复杂，是由多个子部分构成的。我们将频繁地使用 `delay` 和 `metro` 对象来创建消息的快速序列。有时候，为控制而选择精确的计时数值就像让音频DSP产生真实的噪声一样重要。

---

① "如果我成为魔鬼最高统治者，我要做的前 100 件事"（Anspach、Chamness、Welles、Williams、Knepper、Vandenbrg 等人大约著于 1994 年），参见 http://www.eviloverlord.com

实战练习

- 开关：作为对简单咔嗒声序列的研究。
- 钟表：研究复杂的周期性的模式图样。
- 电动机：旋转机械的基础。

- 汽车：对于使用波导的复杂系统的研究。
- 风扇：运动物体上的湍流气流。
- 喷气引擎：基于频谱的启发式建模。
- 直升机：对具有多个部分的复杂机械的研究。

第 42 章

实战 19——开关

42.1 目标

我们通过创建一些咔嗒声和叮当声来开始机器声音这部分的内容。这些声音可以作为单独的音响效果用在各种软件程序的按钮上，也可以作为电影或游戏中某个机械设备所发出的更大规模的"合奏"中的一部分。这是一项有趣的研究，因为这些声音非常短促，但为了把细节做得正确，需要进行适度仔细地设计。我们在开发更为复杂的机械模型时，产生短促的非膜质打击声音的各种原理将会很有用。

42.2 分析

某些公共部件是在所有开关中都能找到的。应该有一个实体开关本身——**制动器（actuator）**，它可能是金属棒拉杆、圆形柱塞或是塑料调整片。为了产生电接触，开关有一个或多个**电极（pole）**和**掷器（throw）**。这些部件都有金属触点，移动到位以后它们就能导电。一些开关还有锁定机构，就像"按 - 开 / 按 - 关"型开关那样。最后，安放开关的机架或面板会有一个共振。

42.3 模型

当一个开关被激活后，掷器臂会横移，推动金属触点就位。为了保持良好的电连接，也为了能够承受住成千上万甚至上百万次反复操作带来的压力，这个触点通常是由坚固的、有弹性的金属制成的（比如磷青铜），它能短暂地从电极中弹起来。这就是电路中需要有开关**反跳（debouncing）**电路的原因。虽然这个弹起很小，可能只有几毫秒，但人耳能够把它听出来——可能把它会当成一个金属鸣响声，或是短暂的"咔嚓"声。所以那些不是偶然被激活的开关通常都会让掷器棒处于两个弹簧之间，或是抵住一个圆锥导。这种装置被称为**有偏开关（biased switch）**，它意味着必须施加某个力才能推动掷器移过电位器的中点，一旦过了中点，存储在弹簧中的能量就会把掷器快速地从电极上拉回，让弹跳时间（在此期间可能会产生电火花）最短。关闭或打开一个典型开关所需的能量只有几毫焦耳，这个能量最终会变为声音或热。在这个实例中，我们将用不同的假设成分开发出这个模型的几个变种。开关设计的数量和它们能够产生的声音数量都是非常巨大的，所以，请运用这些基本原理加上自由的艺术创造，做出属于你自己的创意。某些设计有它们自己的特色，比如：

- 瞬间动作：单一的短促的砰的一声弹出掷器。
- 摇杆开关：当制动器击中触点时发出的两声咔嗒声和沉闷的金属声。
- 旋转开关：多个咔嗒声和旋转滑动装置的声音。
- 滑动开关：在接触之前摩擦滑块的声音。
- 碰锁按钮：两声咔嗒声和闭锁声，开与关的声音略微不同。

42.4 方法

我们将运用多个平行的带通滤波器产生金属共振，为外壳波导使用短的循环延时，并把各种不同的复杂的类似噪声的声源混合起来。在消息域中还将通过延时产生各种短时偏移量。

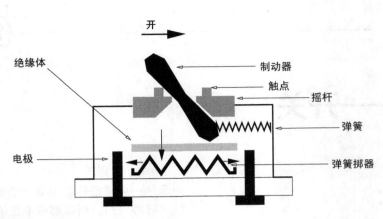

图 42.1　电弹簧掷器摇杆型开关（常见的灯开关）

42.5　DSP 实现

简单的开关咔嗒声

让我们以某一个成分粗略但有效的实现作为起点，开始制作咔嗒声。经过滤波并被一个快速包络调制的噪声能产生类似于小金属或硬塑料撞击的声音。图 42.2 中，vline~ 在 1 ms 内升至 1.0，然后在 20 ms 内衰减至 0.0。

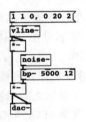

图 42.2　开关的咔嗒声

5 kHz 的中心频率和 12 的谐振值给出了一个近似正确的频谱。虽然它能产生一个不错的单一咔嗒声，但这个声音缺乏"让我们相信它是一个开关"的那种真实性。把几个这样的声音排成一个序列，并且在各个声音之间间隔一些时间，这样能产生一个不错的咔嗒声。图 42.3 中所示的抽象把一个简单的经过滤波的噪声咔嗒声封装起来，并加上了三个创建参数。前两个参数为包络的起音时间和衰减时间，第三个参数为噪声频带的中心频率。你也可以根据自己的需要，用一个信号输入口替换那个 noise~，这样该发生器就可以被提取因子。

我们可以忽略起音时间，因为所有咔嗒声都倾向于具有可以忽略的启动，但你会发现，如果想把多个不同频率的咔嗒声一个叠一个地混合起来，从而创建更为密集的声音，那么为起音时间加入偏移量是很有用的。我们把这个抽象命名为 switchclick，并分别以 3 kHz、4 kHz、5 kHz 和 7 kHz 为中心频率创建四个实例，如图 42.4 所示。位于 3 kHz 和 4 kHz 处的两个实例更多地对应于塑料的声音，而另外两个则倾向于金属材质的声音。这些延时是经过挑选的，目的是让两个类似塑料的声音先出现，然后一个金属咔嗒声被平移 10 ms，这大致对应于一个小的面板开关的定时节奏。

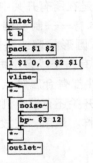

图 42.3　咔嗒声的抽象

这个开关声音本身听起来有些过于明亮和中性，所以我加入了一些外壳共振。使用一个短延时并通过低通滤波器产生一点点反馈，这样能得到一个更像是连接到某件设备上的开关所发出的声音。通过改变延时时间、反馈数值和滤波器特性，可以让这个开关的声音听起来不同，就好像是被安装在一块金属板上一样。你能感知到一些后向掩蔽效应，因为各个咔嗒声距离非常近，很难听出它们的先后顺序。当三四个咔嗒声在时间间隔上非常近时，会出现总体效果上的显著不同。

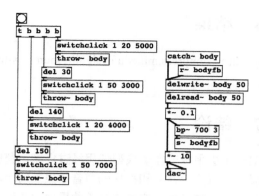

图 42.4 四个咔嗒声的序列，并且带有外壳共振

滑动开关

上述开关声缺乏细节。特别是，单个频带的噪声只能为我们想要的声音提供一个粗略的草图，而且很难在"听起来嘎吱嘎吱的或嘈杂的宽带噪声"与"让这些噪声更致密一些，产生一个脏的过共振的鸣响"之间找到平衡。需要为咔嗒声和滑动成分找到更为干净利落的信号源。让我们从对于短暂金属鸣响的简单近似开始。

在讨论心理声学的章节中我们知道，人对于音高和频谱的辨别力会随着频率的升高而下降。毫不奇怪，相当复杂的高频振动（比如小弹簧或小金属板）可以仅用两三个正弦波来近似。在图 42.5 中，我们看到了一对正弦振荡器，它们的频率被调谐到 10 kHz 附近。这一次我们仍旧用简短的方波衰减包络调制它们，以产生一个快速的持续时间为 50 ms 的"砰"声。被加到基于噪声的金属咔嗒声上以后，这个声音确实能提升声音的临场感，这能产生一个坚实得多也聚集得多的效果。我们把这个抽象称为 shortping ，并将在后面使用它。

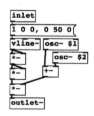

图 42.5 短暂的砰声

白噪声源在这里有一个不幸的特性，对于非常短的声音，很难知道随机选取的那些片段是否包含我们想要的频率，因此，经过带通滤波的白噪声所产生的每个咔嗒声在电平上都有随机波动。如果我们能产生一个类似于信号的噪声，但又具有更为受控的频谱会怎么样？图 42.6 所示的抽象给出了这样一种办法。它

创建了一个频谱密集的信号，在某一特定带宽之内，能像噪声一样工作。对三个相位器进行环形调制（并且对第一级中每对环形调制产生的边带再进行调制）能够得到一个非常"参差不齐"的波形。经过挑选的频率能够围绕一点产生一个密集的分布，对这个信号取余弦值等价于把多个以基频为中心的正弦波加总起来，所以我们得到了一个类似于经过带通滤波的噪声信号的效果。不过，与真正的随机噪声源不同，这个"加性簇群噪声"能够保证在所有时刻每个分音都具有相同的强度。我们把这个抽象命名为 pnoise ，它有三个频率参数，用于设置噪声的声染色。

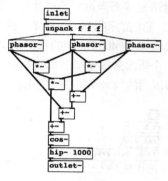

图 42.6 Pnoise

现在，把 pnoise 用在一个新的抽象中，用来产生更为详细的金属咔嗒声，我们将把这个抽象命名为 slideclunk 。用在噪声发生器中的三个频率参数通过一个列表传进来，并由一个触发器从 bang 消息中分离出来。请仔细观察图 42.7 中的那条包络消息，这里使用的目的是产生一个滑动开关的声音。我们假设产生咔嗒声的物体就是这个开关制动器滑过的那个东西。从零点开始，构建一条线段，它在 100 ms 内升至 0.46，然后突然直接跳到 1.0，然后在 50 ms 内衰减至 0.0。在调制器之前的四次函数设置了正确的起音和衰减曲线，给我们一个"噬-喤"的声音，就好像滑块已经从表面滑过，然后"咔哒"一声咬合就位一样。一对级联的 rpole~ 滤波器给出的峰值对这个噪声进行了声染色。

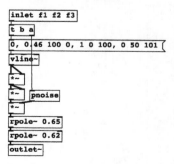

图 42.7 滑块的金属声

最后，我们在图 42.8 中把这个金属砰声与 `slideclunk` 源组合起来。bang 按钮启动了由三个事件构成的序列：两个是基于密集调制噪声的简短的咔嗒声，另外一个是被混合到第二个咔哒声中的很小的金属砰声。为了获得噪声的声染色，请用不同的数值进行试验。在本例中，通过手动设置推子的位置选用了 3345、2980 和 4790 这三个数。第二个咔嗒声已经改变了噪声声染色的参数，它在第一个咔嗒声出现 200 ms 之后才出现，所以我们得到了一个双咔嗒声的效果。在触发咔嗒声和输出达到峰值之间有 100 ms 的延时，所以砰声被延时了 200+100=300 ms，这与第二个咔嗒声的峰值在时间上相重合。在对这些咔嗒声进行缩放并与金属砰声很好地混合起来以后，它们的和被送入一个单一的延时外壳波导中，这将加强从 40 ～ 400 Hz 间的那些低频峰值，所以我们得到了一个听起来很坚实的面板共振。直接信号与经过外壳共振以后的信号平行送至输出。

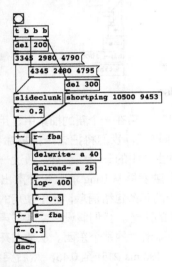

图 42.8　滑动开关

42.6　结果

源：http://mitpress.mit.edu/designingsound/switches. html。

42.7　结论

对一个小平板或盒子模型使用经过仔细调整的多次激励，可以产生开关和拉杆的声音效果。每个咔嗒声对应一个机械事件。安放该开关的界面对于这个声音有着强烈的影响。

42.8　练习

练习 1

为什么"按 - 锁"按钮打开的声音与关闭的声音不同？

练习 2

录制并分析你现在所在房间电灯开关的声音，通过敲打安装框架找到各个共振峰，基于材料和尺寸进行快速计算，并与你听到的结果进行比较。

第43章

实战 20——钟表

43.1　目标

制作滴答作响的钟表声，关注它物理结构的基本原理。为材料和尺寸的修改留出一些空间，从而可以通过最小的调整把一块小手表变成一台大座钟。

43.2　分析

什么是机械表？

在数字计时出现之前，钟和表都使用时钟机构进行工作。时钟机构意味着它们是由真实的机械齿轮、杠杆和弹簧构成的一套装置，钟表的主要机械零件是擒纵机构。机械钟表中没有电池，让它工作的能量存储在一个上紧的盘簧或压在弦上的重物中，为了让存储在源中的势能以一个恒定的速率均匀释放，需要使用一个钟摆。一般认为惠更斯和伽利略是机械钟的发明者，他们的研究表明，在一个恒定重力场中的摆将始终以一个速率来回摆动，该速率仅取决于这个摆的长度。擒纵机构把摆或其他调节系统与圆形齿轮耦合起来，所以摆每摆动一次，齿轮会向前旋转一个齿，这样就把恒定的往复运动转变成量化的旋转运动。在擒纵机构上有很多设计精巧的机械解决方案，包括冕状轮擒纵机构、锚形擒纵器以及重力式擒纵机构，每种设计都会产生略微不同的声音，因为它们的各个部件相互碰撞和相互作用的方式不同。直到约翰·哈里森（John Harrison）发明的经过配重的摆轮（对温度和加速度进行了补偿）替代钟摆以后，手表才成为可能。工程领域的这项杰作是在英国政府悬赏 20 000 英镑奖金之下做出的，因为高精度的精密计时器能够为航海和海军训练带来革命性的变化。在两个世纪中，

手表和钟都是以哈里森的摆轮为基础的，它的声音就是大多数人在想象一块滴答作响的手表时想到的那个声音。精确的军用计时器仍旧使用时钟机构，因为它不会被来自于核爆的电磁脉冲所破坏，而且在那些无法买到电池的边远地区使用的无线电收发装置也在使用这种技术。由于便携式能源的不足，而且随着电子装置对于功率需求的减少，纳米机械工程与高端气动技术的结合很可能会为"时钟机构"技术带来复兴。

43.3　模型

钟表是由若干事件构成的一个确定性的链条，每个事件都会引起另外一个事件。这就是"像钟表一样工作"这种说法的由来：它是对规律性和确定性的一种暗示，即一个事件将会引起另一个事件的发生。我们假设每个运转操作都会引起某种类型的声音，一声滴或一声答，一声闷响或一声咔哒。如果你录制过真实机械钟的声音，并且非常慢速地播放它，将会听到一些有趣的声音。每一声滴答实际上都有一个精细的微结构，而且总是完全一样地包含许多可以辨识的事件。这些"滴答"是什么？它们是各个齿轮齿相互咬合的运动，是杠杆碰撞棘齿的运动，是钟面上指针的移动和弹跳。图 43.1 所示的简化能量模型展示了存储在发条中的势能通过一个阻抗和量化系统进行了释放。锯齿形齿轮上方的擒纵叉在前后振荡，使它每次都逆时针移动一个齿，速率为每秒 4 ~ 8 次。一套齿轮系统放慢了这个旋转运动，从而为钟面上的指针提供运动。每次齿轮旋转和碰撞都会让一些能量从摩擦和阻尼中耗散掉。振动被耦合到钟体和指针上，它们会共振并放大这个声音。

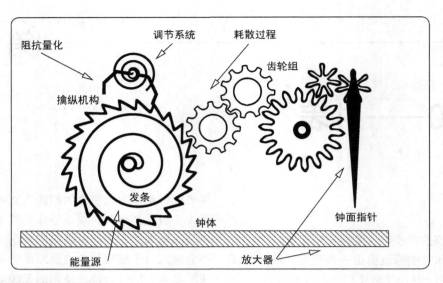

图 43.1 一个时钟机构系统中的能量流动

43.4 方法

制作出一座钟声音的关键在于控制代码，有一种好方法，就是使用延时链或快速的计时器。我们将从常规的节拍器开始，把每条 bang 消息馈送给一个消息延时链，以获得一条非常细密的控制事件序列。最重要的是，这让每件事都保持是同步的。我们不能让钟表声中的一些部分在相位上发生平移，这会让声音听起来完全不对，每个微小的细节都必须在每次滴答的正确位置中出现。我们已经构建过开关，那么构建一个滴答作响的钟表只需要简单的几步。如果你没有看过开关的那个例子，我建议你现在先回到前面章节把那个例子做完。"与滴答作响的钟表近似的声音"和"单一的开关声"之间唯一的显著区别在于控制代码的复杂度、金属咔哒噪声的调谐以及放大体的形状和尺寸。我们仍旧以经过滤波的噪声为基础，构建一个金属咔嗒声。随后将把这些咔嗒声编排到一个更为复杂的模式图样中，创建出若干金属咔嗒声事件的小集合，我们称其为咔嗒咔嗒声，然后再把这些咔嗒咔嗒声编排成更大的声簇，称其为滴答声。和以前一样，我们将使用 4 kHz ~ 9 kHz 范围内最具金属感的共振峰。钟表中的大部分部件都很小，直径只有几毫米或几厘米，不过，我们始终可以用基于比率的缩放函数来构建它们，所以我们的钟表可以从很小的手表缩放到巨型的教堂大钟。

43.5 DSP 实现

图 43.2 所示的抽象 `sqdec` 产生了一条按照平方规律

变化的包络曲线。触发器输入口接收到的 bang 消息把第一个创建参数给出的浮点数传送给消息块，在这里，该浮点数被带入到由两部分构成的线段中，作为延时段的时间数值。这条线段的第一部分在 1.0 ms 内上升至 1.0，然后再从 1.0 衰减至零。`vline~` 输出的平方被发送至信号输出口，简短的 1.0 ms 的上升时间能够防止出现非常尖锐的咔嗒声，其实它是听不见的。我们将用这个抽象产生金属质感的咔嗒咔嗒声，方法是对尖锐的经过调谐的噪声的各个频带进行调制，在图 43.3 中，用 40 ms 的延时实例化了一个新的对象，并用一个 1000 样点的图进行了测试。你应该能够听到一声短暂的噼啪声，并在图像窗口中能看到这条衰减轨迹。

图 43.2 平方衰减包络

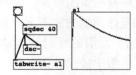

图 43.3 包络测试

现在我们把这个 `sqdec` 放到更高一层的抽象 `mclick` 中，这个抽象用来产生短促的金属质感的咔嗒咔嗒声，如图 43.4 所示。这里创建了三个实例，并且有三个谐振为 30.0 的带通滤波器，这些滤波器以并联方式连接到一个白噪声源上。噪声是从输入口获取的，所以我们可以为几个咔嗒声发生器重复使用同一个噪声源。每个滤波器的输出被其自身的衰减包络调制，所有的衰减时间和滤波器频率都作为这个抽象的创建参数来获取，参数的顺序是 $\{f_1, d_1 f_2, d_2 f_3, d_3\}$，其中 f_n 表示频带频率，d_n 表示衰减时间。

为了从这些非常窄的滤波器中恢复出一个较响的信号，我们对输出信号乘以了 3.0。还有另外一种构建方案，就是把滤波器放在调制后面，如果这样做，滤波器往往会在噪声脉冲已经结束之后发出短暂的鸣响。如果你想听听这种微小差异，可以对此进行试验。这样接线的原因是，如果想要更窄的频带（比如谐振为 40.0 或更高），那么我们会因为让滤波器鸣响而失去对延时时间的控制。把滤波器放在调制器之前既能拥有非常窄的频带，也能拥有非常简短的衰减。

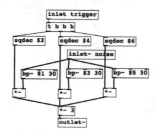

图 43.4　金属质感的咔哒声

图 43.5 给出了一种非常规的且有点难以理解的控制元件，它被命名为 bangburst。每次这个抽象在输入口接收到一条 bang 消息以后，就会快速接连地产生一系列的十个数字。在 **pd-extended** 中，名为 "uzi" 和 "Kalashnikov" 的外部对象能实现类似的功能，但会产生 bang 消息。如图 43.6 所示，在与 select 配合使用时，这个对象让我们能够创建出细密的咔嗒声序列。它就像普通计数器一样工作，但有两点不同，首先，累加器支路中有一个 delay，这形成了一条反馈通路，在接收到一条 bang 消息后，它会触发浮点块，这个浮点块会递增 1。该浮点数被发送给输出口，并且还会返回到浮点块的冷输入口上。与此同时，一条 bang 消息在经过简短延时以后再次触发这个浮点块，正是由于这将导致无限制地持续向上计数，所以才有了第二点不同，即在浮点对象与递增对象之间有一个 moses 对象。大于 10.0 的数字会触发一个消息块，这会让该浮点块被重置为零。

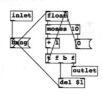

图 43.5　bang 消息脉冲

把图 43.5 和图 43.4 结合起来就得到了图 43.6 所示的抽象，在主接线图中，该抽象名为 clocktick。输入口接收到的每条 bang 消息都会通过 bangburst 计数器引起一个快速的扫描，从而根据 select 的接线方式提供一个 bang 消息的模式图样。你可以通过编排这些模式得到不同的滴答声，或是创建出多个 mclick，让每个 mclick 带有略微不同的特征。与以前一样，噪声源要遵从外部的电平，所以我们可以把所有噪声都归结到同一个发生器上。

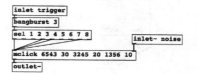

图 43.6　钟表的滴答声

你可以如图 43.7 所示那样给 mclick 对象接上一个噪声源和图，并对其进行测试。这里，图 a1 的长度为 2 000 个样点，足以捕捉 20.0 ms 的数据，它可以显示三个频率脉冲。为了获得一个好的结果，请用不同的频率和衰减时间进行试验。

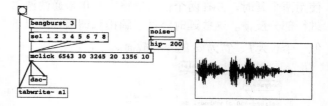

图 43.7　滴答声的测试

建议使用两个滴答声的复本。这里我们有另外一个滴答声的接线图，它与第一个几乎完全一样，只不过使用了不同的频率和不同的定时模式。你可以构建一个新的子接线图，也可以做一个新的抽象。如果想做出更为复杂精细的钟表声，你可能会更偏向于设计一种方法对定时的选择进行抽象，这样就可以把定时选择作为创建参数进行传递了。

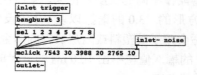

图 43.8　滴答声 2

擒纵机构的棘齿就是我们从钟表声中听到的那个快速的音高较高的滴答声的来源。它是整个设备的主时钟，所以它的运转频率是其他齿轮运转频率的倍数。我们的耳朵没有好到能够侦测出如此高频率的频谱的程度，而且擒纵轮的直径通常只有 5 mm。大多数高频滴答声来自于与它相连的那个小的补偿弹簧，这个弹簧会产生鸣响，它是一种相当纯净的类似于钟声的声音，频率也很高。我没有为擒纵机构的棘齿使用经过滤波的噪声，而是使用了一对正弦波，它们的频率分别为 8.0 kHz 和 10.0 kHz，如图 43.9 所示。在这两个频率之间交替能够提供小弹簧那种颤动的、像刷子一样的噪声。

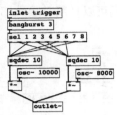

图 43.9　擒纵机构

齿轮和擒纵机构的机械动作所产生的声音听起来干瘪且没有生气，就像它们自己一样。我们从未像这样把它们隔离出来听它们的声音。为了给这个声音带来生命，必须给这个钟表加上一个外壳，用以模仿它的安放框架和钟面。如图 43.10 所示，实现的方法是使用两个延时，并在两个信号通路中利用带通滤波器进行部分反馈。这些延时经过了编排和调谐，用以近似一个长为 l、宽为 ω 的外壳截面。

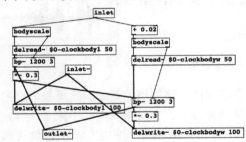

图 43.10　外壳共振

图 43.11 所示的对象用于计算延时和滤波器所用的各个参数。滤波器频率是延时周期的倒数。用两个对象来获得略微不同的长度和宽度，虽然这个外壳模拟是近似方形的。3.0 的谐振以及 0.3 的反馈系数产生了一个适合用于硬塑料或阻尼良好的薄金属片的声音，而 0.1 的输入值将给出 10.0 ms 的延时时间和 1.0 kHz 的滤波器频率。

图 43.11　外壳缩放

现在我们在抽象层次中再向上走一层，进入到顶层接线图的控制代码中，如图 43.12 所示。通过加入另一个计数器和选择器（这次使用的是节拍器），能分别在第 1 拍和第 5 拍发出 tick1，在第 3 拍和第 7 拍发出 tick2。擒纵机构的棘齿每拍都会发声，钟面指针移动的那个沉闷的金属声每秒都会被触发一次。最后，基于延时的外壳共振器被加入进来，与直达声并行输出，为这个声音赋予特色。

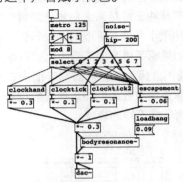

图 43.12　钟表所有部件

43.6　结果

源：http://mitpress.mit.edu/designingsound/clocks.html。

43.7　结论

钟表声只不过是若干短促的咔嗒声以一种错综复杂的周期性模式表现出来，并且与一个适当的外壳共振体相互耦合。这个外壳共振体很容易进行修改，并能产生出木质或小塑料质感的钟表声，虽然"改变外壳的尺度同时保持发声机制不变"听上去很有趣，但很奇怪。可以对这些抽象进行重写，让所有元件的定时与外观尺寸都能同时缩放。

43.8　练习

完全重建钟表的合成方法。保持同样的模型，但用狄拉克脉冲、调频或你选择的另一种方法替换噪声带宽的合成。使用各种不同的方法合成简短的咔嗒声和撞击噪声有哪些优势和劣势？

43.9　参考文献

Gazeley, W. J. (1956). *Clock and Watch Escapements.* Heywood.

Gazeley W. J. 钟表擒纵机构 . Heywood 出版社，1956.

第44章

实战 21——电动机

44.1 目标

在这个练习中,我们将制作一些电动机的声音。电动机的声音对于机器噪声、滑动门、钻孔机、机器人以及很多其他机械都是最基本的必备要素。人们设计过很多电动机,有些使用交流电,有些使用直流电;有些电动机有一个转子绕着一个固定的核心旋转,而另一些电动机则有一个轮轴在一个固定的框架中旋转;一些电动机带有电刷触点,而另一些电动机则使用电磁感应来传递功率。在这里将考察普通的电刷和直流整流器类型的电动机,但我们也会力图把它做得足够灵活,能用于范围很宽的各种音响效果。

44.2 分析

让我们快速地浏览一些操作原理。**转子**(rotor)是一个旋转的小块,它一般位于中央并与轮轴或**转轴**(shaft)相连,通常都会有一圈线圈围绕着它,所以它经常是最重的元件。**定子**(stator)是保持不动的外面部分,它是一块圆柱形的永磁体或线圈,能够产生一个恒定磁场。转轴被两块平板——即**压板**(dime)——夹在中间,每端有一块,通常都有某种类型的**轴承**(bearing)去润滑它们。典型的直流电动机使用两个或多个电刷工作,这些电刷通过一个中间断开的分槽环——被称为**换向器**(commutator)——把动力传导给转子线圈。每旋转半周,电流就会被反向,所以运动总是同方向的。最后,电动机还有某种类型的外壳或框架,它们会共振。在这里不需要深入研究物理和电磁学理论的细节——我们知道发生了什么,施加了动力,电动机开始旋转——但这些机械结构还是需要稍微提一提。在直流电动机中,电刷每旋转一周至少会与转向器接触两次,有时候还会接触更多次。每发生一次接触,我们就会听到一个小的咔嗒声。这个咔嗒声可能是由于电刷在不同的材料上移动而造成的——先是在金属导体上移动,然后在绝缘体上

移动,接下来又在导体上移动。有时候,换向器上的那些隆起会在其旋转时让电刷进进出出。在换向器与电刷之间有可能产生电火花,因为与线圈断开连接会使线圈的电感产生一个高压的反电动势。转子在旋转时也会产生其他一些声音,甚至一个几乎完美的转子也不能完全动平衡,所以旋转时一些轻微的偏心距将会在外壳上产生振动。图 44.1 所示为直流电动机的侧视图。

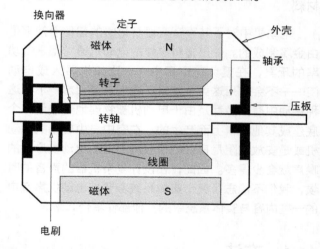

图 44.1 直流电动机的侧视图

轴承上的一些摩擦也会产生一个规律性的振鸣声。到目前为止,最主导的噪声是由电动机旋转过程中各种力的改变方式所产生的。直流电动机是脉冲式运动的,每个周期至少两次。随着电流被换向器加入然后又断开,电动机的角动(或者更准确地说是转矩)也被积累然后又被瓦解。这与无刷交流电动机所产生的声音不同,交流电动机会施加一个恒定的旋转力,所以它要安静得多。

44.3 模型

速度

电动机的速度曲线是它声音的一个重要特征,它

是帮助我们识别电动机的鲜明标志。因为转子很重，所以它要花一点时间才能增大角速度。电动机越轻越小，获得角速度就越快，又大又重的电动机或是负重很大的电动机需要更长的时间才能建立起角速度。不过，在所有情形中，我们都观察到了某种形态。当电动机慢速旋转时，一个较大的电流会流过它，它的转矩很高，它的角加速度在此时也很大。过一会儿，它将达到最佳速度，即使没有负载，它也不会转得更快。随着它逐渐接近这一点，转矩以及角速度的变化都在减少，并在电动机达到最大速度时维持平缓。当电源被移走时，速度的衰减是更为线性的，因为只有摩擦和负载在阻碍它，且它们都是常数。电动机的转速用 r/min（每分钟转数）表示。为了从 r/min 得到 Hz，我们需要把 r/min 数值除以 60，所以转速为 30 000 r/min 的电动机将产生频率为 500 Hz 的信号。

材料

电动机中对于其声音有显著影响的零件通常都是由金属制成的。使用塑料零件的电动机通常都是低功率的玩具，在重负荷应用中——比如机器人或电动门——不会使用这类电动机。我们需要回想一下，这种振动中有很多都是由于电动机被物理地连接到某个底座或其他材料上而产生的。在空中自由转动的电动机或是安放在阻尼良好的橡胶垫圈上的电动机产生的噪声就会少得多。因此，在设计复杂机器的声音的时候，我们不能忘了整个实体系统，要把电动机声音中的一些内容与实体系统中的其他部件耦合起来。

44.4 方法

我们将从搭建包络发生器开始，让这个包络发生器能够为加速和减速进行正确地动作。所有东西都是同步的，因此我们将用单一的相位器驱动这个模型。电刷和电火花会产生类噪的咔嗒声，我们将用经过调制的噪声源来对它们建模，同时，机壳的脉冲式运动将通过一个升余弦波形来获得。

44.5 DSP 实现

图 44.2（a）所示的速度包络发生器由两部分组成。它们看上去很像我们曾经搭建过的有对数规律的起音 - 衰减包络，只不过在增长速率和衰减速率上有所不同。

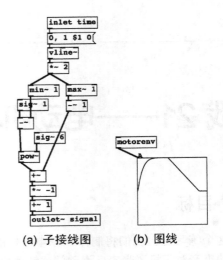

(a) 子接线图　　(b) 图线

图 44.2　速度控制包络

从 vline~ 开始，它产生了一条上升线段，然后对它乘以 2.0，并在 1.0 处对这个信号进行分割，得到两路信号，再把这两路信号加起来。为了得到起音部分，我们对补数求六次方，在取相反数以后，就能得到一条快速上升的曲线，并且在接近 1.0 时趋向稳定。右侧支路提供了一个线性衰减，就是简单地反转线段的斜率。因为所得结果小于零，所以我们加上 1.0，让它变回一条正值的包络曲线。如果你愿意，可以把这个包络发生器拆分成两个单独的部分，一个用于打开电动机，一个用于关闭电动机，这样你就能无限期地保持包络电平的恒定。这里没有延音部分，因为我们只想展示这个音响效果的主要特征。该包络发生器的图线如图 44.2（b）所示。

图 44.3 所示的是用于转子的子接线图。相位器本身音高太明显，像在早先练习中做过的警笛声那样。我们想要一个更为尖锐且更为咔嗒断续的声音，为了获得这种效果，我们使用了一种常规的技巧去塑造每个相位器周期的衰减形状：求它的平方或更高次幂，在本例中，四次衰减（四次方）似乎很不错。通过使用 sig~ 把一个较小的恒定直流值与噪声混合起来，我们就得到了一个混合声，它包含了用于电刷的类噪咔嗒声，以及用于转子旋转的有更高音高的声音。图 44.3 中的第一幅图展示了带通滤波噪声与直流信号的混合，用一个 4 kHz 滤波器与较宽的通带宽度对噪声进行处理，移除全部的高频和低频成分，加入直流成分让噪声信号上升到零值以上，这样当它被一个经过修改的相位器调制时，将产生单向的噪声脉冲，如第二幅图所示。

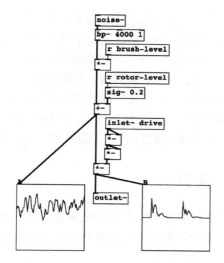

图 44.3 转子

从图 44.4 所示的图形中，我们看到了电动机模型中的第二个声源。类似脉冲的振动是根据 $y=1/(x^2+1)$ 对余弦进行升高而得到的，而该余弦由于在 wrap~ 之前乘以了 2.0，所以给出了一个 4 倍基频的脉冲波，并且宽度为原始宽度的 1/4，这个声音听上去比相同频率的余弦更硬更细。该输出在平移 0.5 以后回到中心位置，然后被 stator-level 缩放。较窄的脉冲宽度会使电动机的声音产生一种较小较快的感觉。把定子、电刷和转子混合起来是一个个人偏好的问题。根据我们的模型，定子应该运行在转子的亚谐波频率上，但这不是该实例中的情况，因为音高较高的定子呜呜声似乎听起来更好。你应该发现，你需要的只是用很少量的类噪的电刷声来产生正确的效果，但如果你想要一个更硬或更不稳定的电动机（即听上去有点老旧）的声音，那么可以用噪声带通，或是给相位器的频率输入加入一些时基抖动噪声。

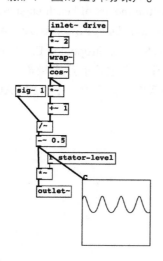

图 44.4 定子

在图 44.5 所示的接线图中，我们把这些与一个主振荡器和各个 GUI 元件组合起来。bang 按钮用来启动电动机包络，六个归一化滑块用来给模型发送参数。第一个滑块设置总体时间，即启动加上停止，这个值被 runtime 接收对象获取，该对象位于浮点块上方，并先乘以了 20 000 ms（20 s）。在接收到一条 bang 消息后，该浮点对象把这个时间值发送给包络，包络随后开始上升和下降。另外三个滑块设置了不同的声音成分：用于定子振动的类脉冲波形，来自电刷的噪声脉冲，以及来自转子的类似于咔嗒声的声音。包络的一个复本（左支的信号）对整个幅度进行了调制，因为声音强度与电动机的转速大致相匹配。在右侧支路上，包络信号的另一个复本经过缩放以后进入 phasor~，这个缩放决定了电动机的最大转速。为了让该相位器负向运行，max-speed 乘以了一个负数。这个相位器随后驱动两个子接线图，以产生类噪的转子尖峰信号和脉动的定子外壳信号。它们被显式地加总起来，然后施加一个音量包络，最后乘以 volume。

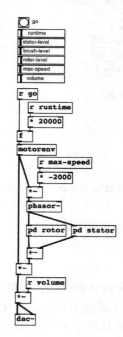

图 44.5 电动机

接下来的这个技巧可以作为一种试验来替代基于延时的共振外壳。一个物体外壳产生的固定的各个频率峰值（或共振峰）往往会被另一个经过它们的移动的频率扫频所突出出来。考虑电动机外壳的一种方法是把它作为一个固定的管腔，并使其内部带有一个旋转的激励器。在某些频率上，转子会与外壳发生强烈的共振，在另外一些频率上，则几乎没有共振。有很多共振模式会发生这种情况,所以通过一个很长的扫频,你将听到一个随着共振的淡入淡出而进行的慢速差拍效果。我们没有使用延时,而是使用了 **FM**,通过保持载波固定不变同时移动调制波,得到一种共振的效果,这与 FM 在音乐应用中的通常用法正好相反。一个固定的载波表示电动机不变的外壳,所以来自转子的信号就变成了调制波。原始载波几乎被滤波滤掉了,所以我们只能听到调制的各个边带在进进出出。当载波和调制波的频率比不是整数时,各个边带会比较微弱,同时也是非谐频的,这会产生一个类噪的金属质感的咔嗒咔嗒声。当载波与调制波的频率比为整数时,调制波谐波列中会短暂出现一个强边带峰值,对这个信号施加一些失真是很棒的,正好可以得到我们想要的那种电动机在支架上咔嗒咔嗒响的声音。图44.6 所示为 FM 外壳共振接线图。

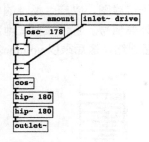

图 44.6 FM 外壳共振

44.6 结果

源:http://mitpress.mit.edu/designingsound/motors.html。

44.7 结论

电动机是一种旋转振荡器,但电刷或外壳使它具有额外的共振和周期性的特征。即使衰减是线性的,一个负载很重的电动机似乎也会几乎立即停下来。我们没有把高阶的摩擦效果考虑进来,但请回忆一下,损耗是正比于(角)速度的,并且,这个模型假设了一个恒定功率源的施加与移除。你会发现,能够按比例控制的电动机——即所谓的**伺服电机(servo)**——是用于机器人设计的,且会有一种更具真实感的声音。那个声音具有更为尖锐的启动和停止阶段,因为为了获得正确的转速,功率是变化的。准确位置控制的电动机要经过仔细地阻尼,并且往往不会“过自旋”。

44.8 练习

如果你已经有了一些电动机声音的采样样本,那么请你研究它们的频谱,看看不同的负载是如何改变起音和衰减阶段的。

44.9 参考文献

[1] Deitz D., and Baumgartner, H. (1996). "Analyzing electric-motor acoustics." *Mech. Eng.* 118, no. 6, 74–75.

Deitz D.,Baumgartner H. 电动机声学分析. 机械工程,1996, 118(6):74-75.

[2] Finley, W. R., Hodowanec, M. M., and Holter, W. G. (2000) "An analytical approach to solving motor vibration problems." *IEEE PCIC-99-XX*. Siemens Energy & Automation.

Finley W. R.,Hodowanec M. M.,Holter W. G. 解决电动机振动问题的一种分析方法. 电气与电子工程师协会石化工业技术大会 99-X. 西门子能源与自动化,2000.

[3] Yannikakis, S., Dimitropoulou, E., Ioannidou, F.G., and Ioannides, M.G. (2004). "Evaluation of acoustic noise emission by electric motors of bench engines." *Proc. (442) European Power and Energy Systems*. ACTA Press.

Yannikakis S.,Dimitropoulou E.,Ioannidou F. G.,等. 对测试引擎中电动机的声学噪声发射的评估. 欧洲电力与能源系统大会会议录(442). ACTA 出版社,2004.

第45章

实战 22——汽车

45.1 目标

在本次实战中，我们将分析一个更为复杂的有关声学系统中的一些实现声音产生和声音整形的元素。我们将从构建引擎的活塞特征来入手，随后运用新技巧（通过扭曲一个静态波导来引入 FM）以低廉的代价对周期性过载的管腔的非线性行为进行建模。

45.2 分析

引擎

在图 45.1 中，你可以看到一个四缸汽油发动机，它将按下列流程工作。曲柄轴的旋转使每个活塞进入气缸的相位都与其他活塞的不同。在初始的进气周期，因为燃油阀已经打开，所以燃油与空气的混合物被吸进气缸，同时排气阀保持关闭。在活塞抵达其运动轨迹的底端以后，燃油阀关闭，整个气缸被密封起来。

随后活塞向上运动，使燃油与空气的混合物被压缩，导致其温度上升，直到一个火花把它引燃。就在

活塞通过其方位角时发生了一个爆炸，所以活塞被快速向下推，给传动轴一个转动能。在下一次活塞向上运动时，排气阀打开，废气通过排气阀排出，进入到废气室。只要有燃油和空气供给，这个四冲程循环——吸气、压缩、点火、排气——就会持续进行。需要用电池来产生初始的点火火花，启动这个过程，不过，发动机一旦开始运转，电池就会从一台耦合到传动轴上的交流发电机上吸取电力，此时需要的仅仅是更多的燃油和空气。

引擎的所有其他部件——涡轮增压机、风扇皮带等诸如此类——都是附加配件，用它们来进行冷却和提高效能，不过它们也明显地会对声音有贡献。各种引擎声音最大的不同来自于气缸数量的多寡，以及排气系统的设计。引擎声一个重要的特征是由排气阀的行为决定的，在每次气缸轮作中，排气阀只有一半时间开启，即每隔一个冲程开启。气缸的向上运动在高压下排出热气，然后当气缸开始向下运动时阀门关闭。所以这里没有负压冲程与排气室相耦合。因此，引擎声的特征可以被描述为一个经过整流的截断的正弦波与一个谐振腔相互耦合。在四缸引擎中，我们将在相互错列的各个阶段听到四个这样的声音。

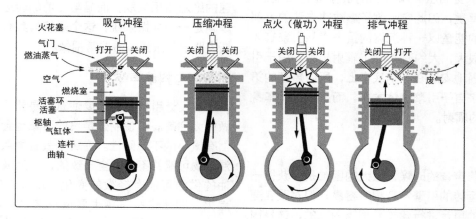

图 45.1　内燃机

其他声源

引擎声由强度主导，但除了风扇、凸轮、变速箱和传动轴之类的部件以外，在一辆行驶的车辆中，第二响的声源是轮胎与地面的摩擦。橡胶具有一些奇特的状态转变特性，机械工程师和运输科学家已经对此进行了很多研究，它会扭曲、发出尖叫、产生出有趣的噪声图样，这些取决于温度、速度和载荷。

排气

二冲程引擎的工作略微不同，在这里提它是因为由此可以知道这种区别会对声音产生什么影响。它以一种非常复杂的方式使用排气阻抗。四冲程引擎把废气脉冲排到排气管中，与此不同，二冲程引擎把废气当作一种经过调谐的系统，让它吹回到气缸中，彻底吹走剩余废气，并引入新鲜的空气/燃油混合气，充分利用一个被刻意放大的驻波。这是通过在引擎与排气管之间使用一个梯形扩张腔来实现的。

图 45.2 中所示的排气设计为引擎声带来了一个很大的不同。一两升被压缩的汽油和空气所产生的爆炸当然会发出一声巨响，当排气阀偶尔保持开放导致引擎"回火"时，你会听到这个声音。但是，由于我们的目的是尽可能高效地把它转化成运动，所以我们会把活塞看成是接近完美的制音器。一台正常工作的 5 kW 汽油发动机在转速为 1800 r/min 时仅能获得 5% ~ 10% 的效率，其余能量中没有最终变成热的那部分必定会产生声音。另外，废气会以一种受控的方式排出，我们可以把排气系统看成是一个受驱动的共振振荡。事实上，共振是不需要的，因为它会在某些速度下导致振动加强，所以一个良好的排气系统设计会尽可能减小这种共振。不过，任何共振只要存在，就会沿着排气管在不同位置把自己辐射出来。当这些排气脉冲从管腔中排出时，这些共振彼此都有不同的相位。但来自于引擎的这些辐射会怎么样呢？

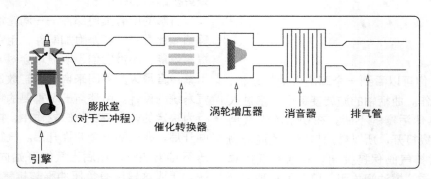

图 45.2　排气系统的组成部件（有些是可选项）

引擎缸体与底盘

为了能够承受高压并与很高的机械应力相耦合，发动机缸体很厚重，因此它吸收了爆炸冲击波的大部分能量。剩余的能量以一种沉闷的重击声从引擎缸体表面（通常都很大，大约有 4 m² ）辐射出来。由于引擎必须非常稳固地安装在车辆底盘上，所以声音的第三大来源不是来自于引擎缸体本身，而是来自车身对于这些脉冲的辐射。

改变速度

在合成引擎声音的时候，最大的困难是：获得一个以恒定速度运转的引擎声音相对容易，但对改变速度时引擎发出的声音进行建模是相当困难的，这是因为引擎的活塞脉冲、排气特性和车身振动之间存在着复杂的相位关系。转速不断变化的引擎会在排气装置和底盘内产生变化的模式图样和驻波，这将引起频谱中产生一种有趣的变化，这种变化并不需要与当前转速的绝对值相关联，而是与先前的转速有关系。整个车辆是一个共振系统，这个系统与具有多条反馈与前馈回路的复杂滤波器非常相像。

喷溅声与抖动声

在设计引擎声时需要注意的是要尽量避免把它们做得太完美。即使制造精良的引擎也会在定时和幅度上有微小的不规则性。在每个气缸里点燃的燃油空气混合物可能并不是完全一致的，因为吸入的空气与燃油的供给可能有轻微的变化。现代车辆都采用电子点火，即使这些车辆也要依靠某些机电反馈来决定精确的放电时间。柴油机依靠热力学原理，这些原理本身就存在固有的不精确性。一个特有的声音特征是：如果混合气体发生了一些变化，那么它将一个接一个地影响所有气缸，所以这些气缸不会完全彼此独立地动作。

45.3　模型

让我们总结出一辆机动车中的一些声音来源。

● 直接从引擎缸体辐射出来的爆炸性的脉冲（沉闷的重击声）。

● 通过车身耦合的脉冲（类噪的振动脉冲）。

● 来自于排气管表面的辐射。

● 从排气管管口发出的脉冲。

● 附加的声音，比如轮胎、风扇皮带、涡轮增压器等。

实际上汽车引擎完整的模型需要一个精心制作的波导网络，我们将会使用一些波导原理，但这样做需要把多个散射结合点以及延时线级联起来，代价相当高昂。为了获得更具计算性价比的模型，需要运用一些创造力和诡计。我们会像往常一样，从能量源开始，从一个被分割成几个子相位的相位器开始，得到活塞的运动。可以把引擎、排气和车身看成是一个次级激励的串并联网络，每个激励的发生都作为爆炸脉冲在这个系统中的传播。与小号或其他面向音乐进行调谐的管腔不同，排气装置展现出了大量的非线性，它被过载驱动，从而形成非常像失真或波形整形的效果。催化转换器和消音器的动作像一个吸收性的低通滤波器，所以排气管的声音在高频被极大地削减了。我们也应该把两种传播路径或速度考虑进来：通过接触金属元件而传导的振动以 3000 m/s 的速度在运动，而那些声学脉冲则以声速在运动。因为排气通常仅在车辆的一侧进行，所以这个声音也会呈现一些方向性，在车辆的前方或后方会有不同的声音平衡。

45.4　方法

把相位分割、折回、延时删与滤波器混合起来，这可以让我们在每个引擎的工作周期中放入具有不同音色的各种激励。获得非线性的一种有趣的技巧是对排气波导进行时间折回，让它像 FM 调制波一样动作，所以它就会像波形整形器一样加入频率较高的边带。可以使用少量噪声对真实机械系统中微弱的定时不规则进行建模，并且在活塞上加入喷溅和爆震声。

45.5　DSP 实现

玩具船引擎

这次我们从一个简单的例子开始，我们将通过几个阶段的改进完成最终的搭建。机器和引擎的声音设计非常有趣，但为了获得正确的声音和行为，需要仔细地聆听和富有创意的编程。图 45.3 所示为一个卡通引擎，为了制作一个简单的游戏，你可以在几分钟之内就把它编写出来，但它只具有非常低层次的细节和真实度。不过，它包含了我们已经分析的一些基本特征：一个活塞，能够加入的抖动，还有一个基本的排气口。从顶部的 noise~ 和 osc~ 开始，osc~ 的频率被固定为 9 Hz，因为这个模型在 5 ~ 11 Hz 以外的任何转速下工作得都非常差。我们可以在它们之间切换开关，从而创造出一个摇晃的声音，就好像这个引擎马上就要没有油了。放大然后限幅，这样或多或少地把波形变成了一个方波。接下来的滤波器像排气阀一样终止了排气系统，它们把这个方波变成了一个具有上升和下降曲线的脉冲。它把中心位于 600 Hz 的高通噪声调制为一个共振峰滤波器，并包含三个平行通带，各个通带的频率是由耳朵选择的，挑选的原则是要得到一个颇为"叮当作响"的声音。挑选出一些不错的滤波器频率可以得到另外一些基本的机器声，但是，这个设计会在你改变速度时出现问题，请尝试一下。在 11 Hz 以上，你会听到这个声音丧失了细节，而且变得很脏，乱成一团糟。这是因为我们正在使用的这个伎俩就是用经过声染色的噪声填补一个空白，让我们的想象力通过其他特征告诉我们这是一个引擎。这里根本没有真实的谐波结构，所以当我们被迫试图努力及时地分辨这个事件时，这种幻象就垮掉了。

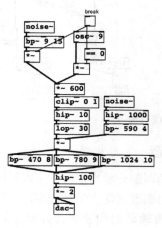

图 45.3　"玩具"引擎

四冲程引擎的惯性

在图 45.4 中，你能看到一个四冲程引擎的实例，我们下面就来搭建它。请注意，它有四个输出口，每个输出口控制一个气缸。这意味着它并非一个已经完结的设计，我们只是把四个源加在一起，看看它们是如何工作的。根据这个设计，我们可能想通过不同的波导对这四个源进行路由，一会儿我们就会这样做。请看这个输入，该引擎被一个外部的 `phasor~` 驱动，它的频率控制是经过低通滤波的。这给了我们一个重要的启示且是所有引擎设计都应该纳入的东西：惯性。机械系统能够以一个受限制的速率进行加速和减速，如果你过快地改变速度的话，声音听起来会不对。40 Hz 的最高速度对应于 2400 r/min，由于这里有四个气缸，所以你将在最高速度时听到 160 Hz 的脉冲。

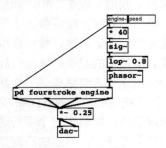

图 45.4　缓动的速度

激发新的泛音

接下来的两部分相当复杂，所以要慢慢地向前推进，并且要力图理解这个信号通路。我们将把一个泛音发生器与传输延时和波导合并到最后那个相当高级的引擎接线图中。从图 45.6 所示的泛音发生器开

构建四冲程引擎

图 45.5 所示的接线图看上去相当复杂，但实际上并非如此。它就是把同一个过程复制了四份并且平行放置，但在相位上进行了平移。每个气缸脉冲都是从熟悉的 $1/(1+kx^2)$ 整形器（在最底下一行）中获得的，输入信号是一个余弦波。从第一个汽缸中减掉 0.75（对应于一个周期的 3/4），从第二个气缸中减去 0.5（对应半个周期的平移），以此类推，然后对这些经过平移的信号取余弦值，这样就利用同一个相位器获得了四个余弦相位。使这个接线图有趣的是它在正时和脉冲宽度上加入了抖动。噪声源（右上角）在 20 Hz 左右被滤波以后，以不同的比例馈送给两条延时线。延时读取操作的时间间隔为 5 ms，这产生了"燃油和空气气流被相继馈送给每个气缸"的效果，所以任何抖动图样都会在一个波中在各个气缸内被复制，得出一个颇为真实的结果。一套延时读取对象给脉冲宽度加入了一些噪声，另一套则给点火正时加入了一些噪声。这些噪声只需要很小的值，目的是创建一个细微的效果。另一个需要注意的是，我们改变了脉冲宽度，使它成为速度的一个函数。在低速，脉冲宽度较窄，所以包含了更多的谐波，但随着引擎逐渐加速，脉冲宽度也逐渐展宽。这就避免了引擎在高速时声音过于尖利，并且此时可能会发生混叠，而且这样也模仿了排气阻抗的低通滤波效果。

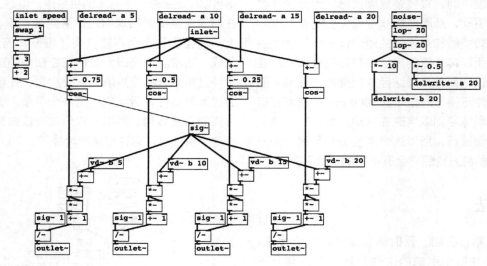

图 45.5　四冲程引擎

始，这里有四个输入口：驱动相位器 d，相位平移控制 p，频率控制 f，以及幅度控制。可以从接线图中看出一个抛物线波形方程 $y=(-4d^2+1)/2$，它把一个以零为中心的相位器转换成了一条圆形曲线。输入的相位器（在 drive 输入口）通过 phase 输入口的数值在 0.0 到 1.0 之间的某

处被分割。减去这个 p 值使相位器回到零，乘以 $1/(1-p)$ 对其进行重新归一化。然后乘以 $12pf$，得到一条远远超过 1 的曲线，并使它与当前相位对齐。对它进行折回，并施加一个抛物线函数，然后用原始相位器的补数作为它的包络，这将产生一些短促的衰减脉冲。我们可以单独放置这些脉冲的相位和频率。所有这些操作的结果是可以给引擎的每一次转动加入当啷声和爆震声，并且可以控制这些噪声的相对音调、强度和位置。虽然有些难以理解，但这类相位相关（**phase relative**）的合成是获得良好结果的一种非常有效的途径。

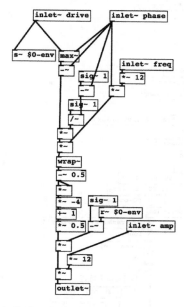

图 45.6 泛音激励

翘曲的圆波导

接下来的子接线图提供了一种获得排气波导的好方法，它能给出令人印象深刻的结果，并且不需要使用多个双向延时和散射连接点。我们拥有的是一个被分成四象限的圆形延时链，延时 e1a 馈送给延时 e2a，e2a 馈送给 e1b，e1b 馈送给 e2b，e2b 反馈给最开始。在圆形的每一点上，我们可以通过输入口 a、b、c 和 d 引入一个新信号，这些代表了沿着排气管发生新激励（由泛音激励器给出）的那些点。真正赋予这个系统特点的是我们能通过对这个波导进行翘曲来完成一种 FM。两个反相延时偏移量对可变延时线进行了调制，所以排气管的总长度保持不变，而信号在每个象限中的运动时间被压缩或扩张了。

高级引擎设计

我们现在有了一套可以相对于驱动相位进行变化的

泛音，有了一个可以改变长度和排气管直径的波导，还有四个传输延时对各个激励施加固定时间的偏移量。时间是独立于相位平移的，因此可以产生出那些需要花一定时间在车身传播的振动，这让我们有一大套控制参数（总共23个）要去设置。高级引擎的接线图如图45.8所示。

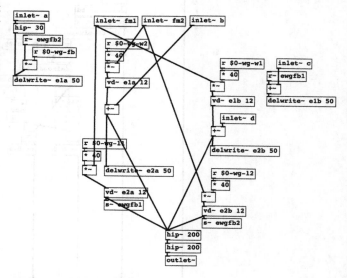

图 45.7 非线性翘曲波导

- 气缸混入量——四缸引擎模型的电平
- 抛物线混入量——整个引擎的振动水平
- 引擎速度——引擎的主频率
- 传输延时 1——第一个泛音的时间延时
- 传输延时 2——第二个泛音的时间延时
- 传输延时 3——第三个泛音的时间延时
- 抛物线延时——活塞对于引擎运动的相对平移
- 翘曲延时——在排气装置中让非线性前后移动
- 波导翘曲——施加到这个波导上的 **FM** 量
- 波导反馈——排气管共振的活跃度
- 波导长度 1——第一象限延时时间
- 波导长度 2——第二象限延时时间
- 波导宽度 1——第三象限延时时间
- 波导宽度 2——第四象限延时时间
- 泛音 1 相位——激励 1 相对于周期的偏移量
- 泛音 1 频率——激励 1 的频谱的最大散布
- 泛音 1 幅度——激励 1 的幅度
- 泛音 2 相位——激励 2 相对于周期的偏移量
- 泛音 2 频率——激励 2 的频谱的最大散布
- 泛音 2 幅度——激励 2 的幅度
- 泛音 3 相位——激励 3 相对于周期的偏移量
- 泛音 3 频率——激励 3 的频谱的最大散布
- 泛音 3 幅度——激励 3 的幅度

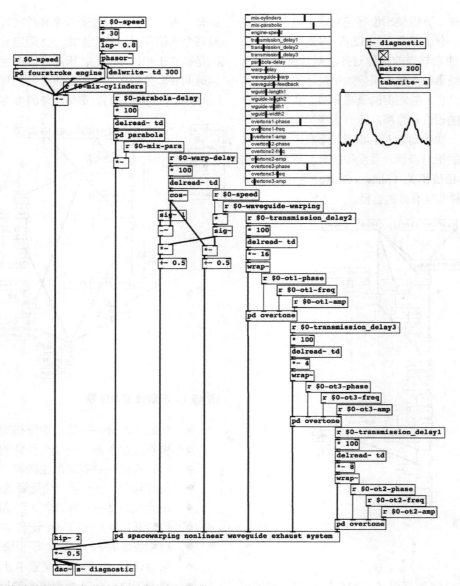

图 45.8　带有多条传输路径和翘曲非线性波导的高级引擎

45.6　结果

源：http://mitpress.mit.edu/designingsound/cars.html。

45.7　结论

从这个接线图可以得到范围很广的轿车和卡车的引擎声。通过改变气缸数量就可以对摩托车或电锯进行建模，不过二冲程引擎的共振特性需要进行进一步分析。可以用一系列激励来表示一个引擎声，这些激励作为一次爆炸的结果，在引擎气缸中开始，最终从多个部件中辐射出来。可变延时网络和反馈环路让我们能够对这些脉冲的传播和共振进行建模。

45.8　练习

练习 1

研究排气共振在二冲程摩托车引擎中充当的更为有趣的角色。为什么摩托车的引擎排量比汽车小，但声音却比汽车更响，即使它有消音器？

练习 2

对大型引擎中一些其他的元素进行建模，比如机械传动。挑选出一个例子进行建模，可以试着做出轮船机舱中不均匀燃烧的爆炸声，或是做一个八缸的螺旋桨推进器引擎。

第46章

实战 23——风扇

46.1 目标

现在考虑一台旋转的风扇。本章关于旋转物体声音的研究对通风设备噪声、螺旋桨飞机以及子弹跳飞等声音也都是有用的，同时，由锋利边缘切割空气引起湍流的基本原理对于制作刀剑的嗖嗖声也会有帮助。

46.2 分析

典型的风扇或推进器是由一些等间隔等尺寸的桨叶组成的，这些桨叶被固定在一个中心节点上，并在一个角向力的作用下旋转。室内通风设备的风扇通常由电动机驱动，而直升机和螺旋桨飞机则使用引擎。这台设备的作用是把机械旋转能转变成流体的运动，实现方法是让桨叶倾斜成某个角度，这样它的侧向运动会产生一个斜面，并以垂直于该斜面的方向对流体施力。风扇、推进器和涡轮之间的差别在于它们的功用。风扇用来使空气运动，推进器用来让它所依附的物体运动，而涡轮则要把流体运动转变为旋转动能。在很大程度上它们所产生的声音并没有受到这些目的的影响。

回忆一下，旋转物体是最简单的物理声源之一。只要这个物体是非规则的，或者它的表面不是完美光滑的，那么当这个物体在做角运动时，它周围的空气就会以相同的频率发生微扰。不过，风扇的声音不是一个正弦，它更像一个噪声源，而站在一个典型的换气扇前的某一个地方，会感受到一个或多或少稳定的气流。所以，我们实际听到的这个声音与风扇的物理原理有什么联系呢？

46.3 模型

图 46.1 所示为具有八个桨叶的风扇的正视图。在某些方面，它是一个规则物体，而不是非规则物体。如果我们加入更多的桨叶，在极限情况下，它将变成一个圆盘，而且旋转它几乎不会产生任何声音，你可能已经注意到，具有很多桨叶的风扇一般更安静。但在这里，桨叶之间有八个间隙，而且每个桨叶都被倾斜了一个角度，所以在前方的某个点上，我们会接收到每次旋转的八个空气脉冲，每次当一片桨叶旋转过来的时候就会形成一次压缩。在这个简单的分析中，我们将把风扇前方的声音建模成一系列脉冲，其频率是旋转频率乘以桨叶的数量。

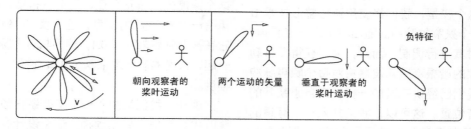

图 46.1 在旋转桨叶周围的压力

让我们换一个角度来看这个过程。图 46.1 所示的其他部分展示了另外一种极限条件，此处我们移走了其他桨叶，只留下一片，此时观察者站在侧面（即站在旋转所处平面）。我们可以把桨叶看成是一根绕着固定点以角速度 ω 旋转的棒子，其长度为 L。由于角速度是固定的，所以这根棒子上的某点移动的距离（这根棒子经过某个时间间隔形成了一个直角三角形的临边和斜边，而该点移动的距离就是这个直角三角形的对边）随着该点与中心距离的增大而增大。因此，桨叶的尖端在空气中的移动速度为 $2\pi L\omega$，这要比中点的移动速度快得多。对于一片 10 cm 长转速为 2000 r/min 的桨叶来说，这个速度大约为 21 m/s，对于一个中等宽度的桨叶来说，这个速度要比雷诺数大，所以我们可以预计到有湍流和由此产生的噪声发出。桨叶的尖端可被看作一个噪声的点声源，而且因为尖端以恒定的角速率运动，所以它的频谱固定保持不变。对于一个更复杂的模型，我们可以考虑来自于桨叶的噪声源被脉动的气流调制的情况，对于所给示例来说，这种情况发生在大约 33 Hz 附近。由于我们有八个桨叶，所以表观频率将为 264 Hz。

但是若听者位于这个旋转的侧向，这将如何影响这个声音？因为桨叶尖端在一个圆周中移动，所以它一直在改变它相对于观察者的位置。在某个点上，桨叶是朝向听者移动的，如图 46.1 中第一个框所示。根据多普勒效应可知，在该点处，我们期待从尖端发出的任何波都被压缩，它们的频率也升高。在下一个框中，我们看到桨叶位于 45° 位置，运动矢量中的一部分指向观察者，另一部分垂直于观察者，并最终在最后一个框中倒退。在该点处，我们期待第二次多普勒频移对波进行扩张，并降低噪声中的频率。

46.4　方法

为了实现这个模型，我们将使用波形整形技术 1/$(1+x^2)$ 来获得一个狭窄的脉冲。随后将引入一些噪声，并用这个脉冲对其进行调制，而且，为了获得多普勒频移，一个适度的谐振带通滤波器将对每个噪声脉冲进行扫频。与我们已经研究过的一样，来自于桨叶的声音取决于听音位置。这可以让我们加入一个有趣的参数，根据观察者相对于旋转平面的角度来改变脉冲、噪声和多普勒频移的混合比例。对于通风设备，这个参数没什么用，但我们随后会看到，对于飞机飞过的声音，它是极其有效的。

46.5　实现

在以 12 Hz 运行的振荡器被乘以了一个缩放因子，然后进行平方，这个缩放因子设置了脉冲的宽度。脉冲的频率为振荡器频率的两倍，因为平方运算对正弦波来说是进行了整流，产生了单向的正值脉冲。脉冲幅度的上限为 1.0，这是在平方以后被加入的，因为当振荡波形为 0.0 时，0.0 + 1.0 = 1.0，并且 1.0 / 1.0 = 1.0。因此，这些脉冲被该操作反转。对于非零及更大的正弦波数值，1/$(1+kx^2)$ 会使它逐渐向零逼近，缩放数值 k 越大，消失的速度越快，此时脉冲变窄，但仍旧维持一个恒定的幅度。因此，振荡器数值为 12 Hz，给出的脉冲位于 24 Hz 处，对于八个桨叶的风扇来说相当于 180 r/min。调整脉冲宽度，看看何时能够获得最佳效果，我觉得数值为 5 时就相当好了。图 46.2 所示为风扇脉冲接线图。

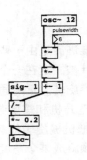

图 46.2　风扇脉冲

这里我们给风扇加入了类噪成分。这个噪声的确切频谱很难预测，但应该可以通过试验获得。桨叶的形状会影响这个声音，一些风扇桨叶具有线性的斜面，而另外一些桨叶则用一条指数曲线或向桨叶尖端增大的曲线来舀动流体。围绕在风扇周围的空气动力学现象——比如涡旋脱落和定常涡旋——能在某些速度和设计中引起相当共振的行为。700 Hz 的数值似乎对于这个速度的风扇正合适，但谐振很低，所以实际上噪声有一个相当宽的带宽，这个类噪部分应该不太响。它在被调制后乘以了 0.4，然后与这个脉冲并行混合在一起，最终的混合声乘以了 0.2，得到一个合理的输出幅度。

现在，我们又加入一个滤波器扫频为快速运动的桨叶尖端模仿多普勒频移。这个设计有一些问题，它对于慢速移动工作得很好，但当速度变得很高时则会出现错误。过快地移动这个滤波器会产生刺耳的调制的人造声，而且虽然 vcf 的设计是很健壮的，但在进行非常急剧地扫频时，很难搭建出没有问题的滤波器。为了规避这一问题，我们不能用狭窄的脉冲对这个滤波器进行扫频，而是使用振荡器的输出。当然，这会出现正负扫频。负周波对于 vcf~ 是没有意义的，但如果你想把这个设计翻译成另外一个实现，那么请你特别留心这个设计所采用的方式，否则你将得到一个不稳定的滤波器。扫频范围介于 0 ~ 600 Hz 之间，谐振为 5。由于调制脉冲比正弦扫频滤波器更窄，所以我们通过改变脉冲宽度得到了一个非常有趣的结果。在脉冲宽度较宽时，会听到一个很不错的嗖嗖声；而当脉冲宽度较窄时，会听到一个紧密的咕噜咕噜声。随着速度改变宽度可以产生一些有趣的启动和关闭效果。

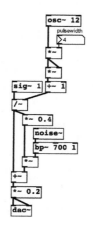

图 46.3　风扇噪声

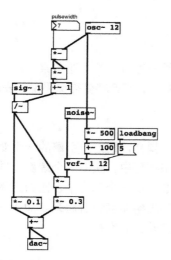

图 46.4　风扇的多普勒频移

接下来再引入一个有趣的技巧。这样操作的一部分原因是要避开滤波器摆率的限制，以求为旋转更快的桨叶获得更好的效果，并且它也让我们能够对这种情况下发生的现象进行恰当地建模。对于非常长的桨叶——比如在飞机推进器上的那些，尖端的速度能达到一个很高的数值。当桨叶的速度接近 340 m/s 时，在桨叶前方会形成一个声压波。从桨叶尖端脱出的脉冲声音不再是平滑的砍伐声，而是变成了响亮的爆裂声，这是因为蓄积的能量被突然间释放。风扇和推进器桨叶的速度几乎始终保持在 1.0 马赫以下，否则它们就会被损坏。使用一个可变延时可以异常简单地对其建模，我们完全移走这个滤波器，并把噪声和脉冲的混合信号送给具有 400 ms 缓冲区的 delwrite~。这些数据被一个可变延时读取，它的索引值被一个振荡器调制。随着索引值的升高，缓冲区中的声音被挤压到一个更小的空间中，这就提高了它的频率，而随着它摆过零点进入负值区域，声音也被拉伸并降低音高。这就是多普勒频移的一般实现，不过这个例子非常粗糙，因为它没有为真实的推进器考虑正确的相位平移。请对不同的脉冲宽度和标有**砍伐（chop）**的数值进行试验，得出一些好的结果。日后，我们将在飞机或直升机推进器中使用这个实现。

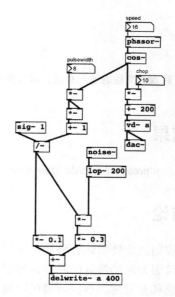

图 46.5　快速的桨叶

最终，让我们把众多风扇中的一个与早先的电动机和管道仿真结合起来，创建出一个完整的效果。这个物体将被放置在一个交互式游戏世界中，作为一个环境氛围关键点，而且如果需要的话还可以带有额外的启动和关闭控制。电动机驱动风扇，两者都被耦合到一个管腔共振器上，该物体可以被空间定位为一个点声源出现在一面墙上，亦可被连接到玩家可以爬行的管道上。在图 46.6 所示的接线图上进行各种变化可以产生出其他静态的机械声音，比如电冰箱或供热设备的声音。

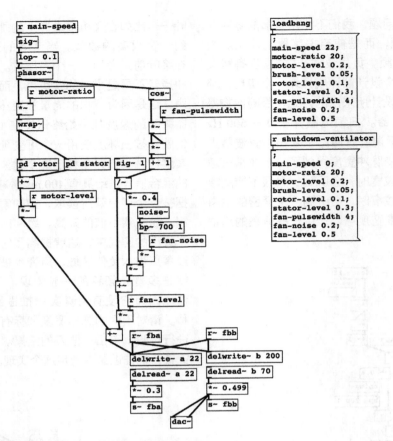

图 46.6　用于游戏的完整的通风系统，带有管道仿真和关闭效果

46.6　结果

源：http://mitpress.mit.edu/designingsound/fans.html。

46.7　结论

一个非规则的旋转物体在移动速度足够快时会产生湍流，而且因为风扇桨叶的移动速度很快，它们会使空气被压缩和变稀薄。根据听者的位置，可以观察到多普勒效应，并且它会调制这个湍流声。

46.8　练习

练习 1

对这种想法进行试验：随着桨叶数量变多，桨叶之间的间隙变小，声音将变得更平滑和安静。

练习 2

通过同步耦合，把先前引擎的一个变种加入到声音强悍的风扇模型中，获得一个螺旋桨推进器飞机的效果。把它放入到一个环境中，比如把飞过效果与改变对推进器的观察角度结合起来。加入一些总体的多普勒移动来完成这个效果。

第 47 章

实战 24——喷气式发动机

47.1 目标

在这次实战中，我们将制作一架喷气式飞机的声音。特别地，我们将集中精力制作在小型商用飞机上常见的涡轮风扇喷气发动机。在军用战斗机上使用的喷气式发动机与这个设计共享了很多公共部分，但为了简化分析，我们将主要关注一个简单发动机设计中的那些显著特征。你可以对这个设计进行外推，为更具体专门的例子加入更多细节。

47.2 分析

操作

涡轮机是在一根轴上安装几个螺旋桨，并且具有大量的桨叶。它的旋转会把空气吸入到一个锥形腔内，空气被压缩并快速逸出进入燃烧室，在那里与汽化的煤油或丙烷相混合，然后这个混合气被火花点燃。随着它从排气系统中排出，膨胀的燃烧产物（大部分是二氧化碳和水蒸气）进一步增加了压力，从而能提供推力。在排气阶段，它驱动第二个涡轮机，该涡轮机与引擎前端的一个大风扇相连，它吸入涡轮机外围的冷空气，并将其混合到排气气流中。一旦被点燃，只要有燃料供给，那么这个过程就能自己永久存在并持续进行。燃烧实际上发生在一个"罐子"的表面，就像灯芯和戴维灯罩一样，它防止火焰熄灭（熄火），这意味着火焰其实不会跑到排气口之外。你所看到的有火焰喷出的飞机实际上是燃料刻意在一个额外的阶段燃烧，即所谓的**加力燃烧（afterburn）**，这种燃烧会提供一些额外的推力。图 47.1 所示为一个中心传动轴，但它是由两个或多个同心转轴组成的。换句话说，涡轮风扇、压缩桨叶和排气涡轮并不需要同步。这样就能在不同的阶段对压力进行精心仔细地控制，防止引擎熄火或过热。

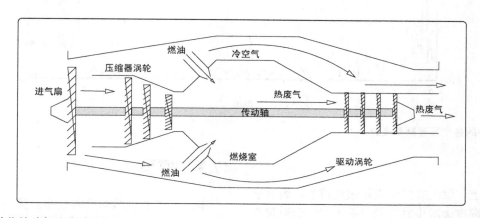

图 47.1 经过简化的喷气式发动机

气体湍流

最初，通过引擎的气流是规则的，并且几乎是薄片状的。当空气从引擎后部排出时可以听到安静且稳定的嘶嘶声，图 47.2 所示为经过很长时间的平均以后

所构建出来的噪声分布图。随着引擎速度的增大在频谱中发生的变化是显而易见的。

一旦燃油被点燃，排气压力就会极大地上升，气流也是超音速的。冷空气与热废气混合起来，形成一系列准周期的圆锥形冲击波从排气装置中喷射出来，这会把噪声强烈地调制到一个带宽受限的频谱中。它填满了中频区域，但最活跃的区域是在 300 Hz ~ 1.2 kHz 之间，表现为从远处听到的爆音或隆隆声，就像是在某个界面上被拖曳的物体所发出的摩擦激励一样。在全速时，湍流非常密集，以至于其频谱接近于白噪声，实质上就是平直的。当能量超过 20 kHz 时，一些涡轮频率成分被向上平移，超出了人耳的听觉极限。最终，排气声呈现出一个经过高通滤波的噪声的撕裂和嗖嗖声，涡轮声再次成为主导。

涡轮声

在很多涡轮上有几十个甚至上百个桨叶错落排列在锥形腔内。即使是 2 000 r/min 这样的低转速，气流的调制也会引起 100 Hz ~ 1 kHz 的可闻振荡，所以可以听到很强的呜呜声。涡轮声中的各个分音是强烈聚集的，这导致处在气流不同阶段的各个桨叶之间出现了复杂的差拍频率。有趣的是，虽然有关这些的动力学很复杂，但频谱的平移几乎是完美线性的，换句话说，只需要知道一个涡轮装置在某一速度下的频谱，我们就可以对它进行向上和向下的平移，产生出具有真实感的结果。

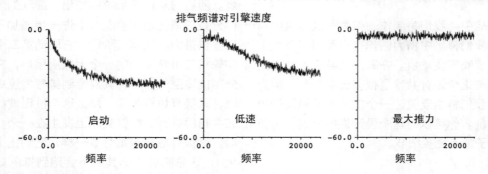

排气频谱对引擎速度

图 47.2　在逐渐上升的引擎速度下得到的平均噪声分布图

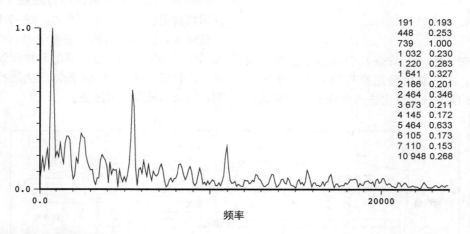

191	0.193
448	0.253
739	1.000
1 032	0.230
1 220	0.283
1 641	0.327
2 186	0.201
2 464	0.346
3 673	0.211
4 145	0.172
5 464	0.633
6 105	0.173
7 110	0.153
10 948	0.268

图 47.3　涡轮中的各个显著频率成分

机壳与共振

在这一点上，喷气式发动机是很独特的，因为它被设计成最大限度地减少驻波和共振（它们会引起机械疲劳）。虽然内表面是光滑的可反光的，但超声波气流意味着这里没有反向传播的逆流。在某种程度上某些速度确实能够加强涡轮的频率成分，但我们可以对除了极低速度以外的所有速度进行一个简化，即忽略机壳对声音的贡献。所有重要的声音都从排气装置的后方发出。

47.3　模型

把两个单独的模型合并起来。第一个模型提供涡轮声，这是一个非谐波频谱，由各个分离的正弦波组成，这些正弦波是通过分析得到的。第二个是受湍流驱动的火焰模型，它是通过对噪声进行仔细地限带和过驱动而得到的。在低速时，涡轮声居于主导地位，但随着速度的上升，它很快就会被一个非常吵的类噪成分完全淹没。

47.4   方法

一个具有五个分音的加性合成的子接线图用来产生涡轮声。各个分析数值乘以了一个速度标量，保持同样的比率。为了得到湍流的气体成分，我们使用了级联的滤波器和非线性函数，用以产生一个随着速度变化的声音：低速时是平稳的低通滤波的嘶嘶声，到高速时则变成高度失真的宽带咆哮声。

47.5   DSP 实现

图 47.4 所示为根据"火焰喷射器"接线图改造的受迫火焰模型。归一化的输入信号在控制推力，它的密度会根据平方规律增长。该响应是这样获得的：让白噪声通过一个固定滤波器，并将其限制到中频，使其柔和地在 8 kHz 附近滚降。一个非常柔和的滤波器在低频端移动，并与第二个固定的高通滤波器相对。这给了我们一个扫频，它会在幅度上有戏剧性的增长，同时又避免了任何会在声音中引起"爆裂"或可闻破碎的极低的频率成分。在乘以 100 左右的数字以后，我们对这个信号进行严苛地限幅，得到一组带宽很宽的谐波。这个信号被送至第二个可变滤波器，利用在 0 ~ 12 kHz 之间的控制输入信号线性地改变频率。当控制值较低时，几乎任何信号都无法通过第一个滤波器，所以低频噪声不会被限幅。在控制值处于中间水平时，通过固定带通滤波器的频率成分达到最大量，所以输出噪声被高度失真和声染色。在控制值较高时，限幅再次变得不太严厉，所以我们会听到一个更为明亮的嗖嗖声。

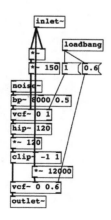

图 47.4   受迫的火焰

在图 47.5 所示的接线图中，我们实现了一个对涡轮分析数据的简化，且仅使用了五个频率成分。通过试验，对以恒定速度运行的引擎进行 60 秒左右的多次分析后取平均值，得到五个最重要的分音（与图 47.3 所示的快照不同）。由分析得出的主要频率为 3 097 Hz、4 495 Hz、5 588 Hz、7 471 Hz 和 11 000 Hz。为了缩放它们，这个列表被拆包，每个频率被转换成一个信号，所以它可以被引擎速度控制平滑地调制。各个单独的 osc~ 振荡器以近似的比率被混入，提供了单独的分音，所以每个分音的相位都是独立的。更好的方法也许是以同步的相位生成这些频率，而且各个分音围绕在较强的中心频率周围形成一个"波瓣"形状，这暗示了 FM 或 AM 也许是一种高效的实现方法。不过，"对每个涡轮进行非同步的驱动"对于这个声音来说似乎是十分重要的，所以，在这种情况下，相互分离的振荡器相位是很好的。在输出之前施加一个小的限幅，这引入了一些边带，可以填充该稀疏频谱中的一些空档。

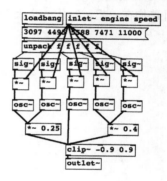

图 47.5   涡轮

直接把这两个声源组合起来。速度控制被转换成一个信号，经过低通滤波器放慢以后，提供一些平滑的变化。一架真正的喷气式飞机无法在不产生任何损坏的情况下超过某一特定的角加速度，所以这个限制器加入了一些真实度。排气湍流和涡轮被调整成使用同样的归一化控制范围进行工作，对应于大约 1 000 ~ 50 000 r/min 的实际角速度。在混合以后，用一个 11 kHz 以上的滚降来去掉高速时出现的某些噪声。当采用一种真实的方式控制这个引擎时，这个音响效果工作得最好，即在点火以后进入初始的"热身"阶段，然后让速度缓慢增大。

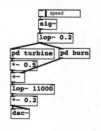

图 47.6   喷气式发动机

47.6　结果

源：http://mitpress.mit.edu/designingsound/jetengine.html。

47.7　结论

喷气式发动机可以用两个分离的过程建模，一个用于涡轮，一个用于排放的气体。排气的频谱取决于气体的速度，并且会根据推力产生相当大的变化。

47.8　练习

练习1

把四个引擎加在一起，制作一个大型的喷气式客机。你能对任何部件提取出公因子，或是进行简化吗？对于差拍和相位现象来说，如果各个引擎的转速略有不同的话，会发生什么？

练习2

把一架简单的喷气式飞机放在一个相对于地面观察者有一定速度的环境下，为这架飞机飞过的声音制作出多普勒效应，让它带有经过缩放的声像定位和幅度曲线。

47.9　致谢

感谢 Earcom 公司的 Paul Weir 提供的喷气式发动机的录音。

第48章

实战 25——直升机

48.1　目标

这里我们要试验的是直升机的声音。本章将探讨复杂的复合声音的概念，这种声音会根据几个部件之间的相互作用以及观察点的不同而发生变化。

48.2　分析

历史

虽然中国古代就有具备旋转旋翼飞行的玩具（竹蜻蜓），莱昂纳多·达·芬奇也基于这个原理提出了一种飞行机器，但直到 1907 年，法国人保罗·科尔尼（Paul Cornu）才制造出了能够载人进行短暂飞行的设备。对于直升机来说，这是一个里程碑，相当于怀特兄弟 1903 年在基蒂霍克进行的那次著名的飞行。此后过了 17 年，埃蒂安·欧赫米彻（Etienne Oehmichen）于 1924 年在空中飞行了 1000 m，又过了 12 年，在 1936 年，德国的福克 - 沃尔夫（Focke-Wulf）Fw 61 成为首架投入使用的直升机产品。设计一架实际使用的直升机会面临非常多的问题，这些问题的解决方案至今仍旧伴随着我们，并且体现在设计的多样性上。

操纵

直升机的声音通常都以主旋翼产生的"哇噗哇噗"声为特色，这当然是直升机声音的一个重要组成部分，但其他部件也担当了同样举足轻重的角色。

引擎

直升机有一台强大的引擎。让一台引擎足够强大且重量足够轻，使其能够举起一架旋转飞行的机器，这是制造直升机所遇到的主要困难之一。为了让你有个概念，我们举个例子：CH-47 "支奴干（Chinook）"运输直升机使用了两台 4 733 马力的哈尼韦尔 55-GA-714A 引擎。它们能产生大约 7 060 kw 的组合动力，相当于一个小镇的电力需求。较早的型号使用了一台

或两台内燃机（有 4 缸、8 缸或 12 缸等各种设计），而且很多今天仍在飞行的直升机都是把一台以上的引擎耦合在同一根传动轴上的。大多数现代设计已经用一台燃气涡轮发动机代替了这种多引擎的设计。

变速箱

在直升机的典型设计中，有三个变速箱，一个用于头顶旋翼的主驱动，一个中等大小的变速箱放在后部，还有一个较小的变速箱放在机尾。这些变速箱都是必备的，因为引擎、主旋翼和尾桨必须均以相互独立的方式旋转，所以需要有各自的离合器和传动装置来传输动力。

旋翼

在经典设计中，两个旋翼在相互垂直的平面内旋转。主旋翼提供升力，而尾桨则提供与主旋翼相反的抵消力矩，防止机身产生自旋。每个旋翼都由独立可控的若干桨叶组成，这些桨叶可以通过液压随动系统调节它们的桨距（pitch）。主旋翼中各个桨叶的组合方式由**总距**（**collective**）控制，它为飞行器提供升力。随着桨叶的旋转，它们在用不同的密度和相对速度切割空气，为了保持稳定同时提供向前的推力，需要用第二个控制——即**周期变距**（**cyclic**）——在旋转过程中的不同点上改变桨叶的桨距。因为桨叶在后侧时会提供更多的升力，所以整个旋翼总成是向前倾斜的，以保持各个桨叶上的压力相等。尾桨不仅用于补偿主旋翼产生的旋转力矩，而且也作为方向舵来让直升机转向。转向的另一种方法是使用周期变距操纵杆向侧方倾斜转弯，所以直升机能有很多自由度。直升机的每个机动动作都要把多个组成部件链接在一起，所以直升机的飞行是件复杂的任务。从我们的角度来说，这会让直升机产生的声音非常有趣。比如，尾桨速度是与主旋翼的角加速度链接在一起的。

各种直升机设计

并非所有型号的直升机都有尾桨。一些直升机使

用反旋桨叶来平衡力矩。这些旋翼可以一上一下安放在同一根传动轴上，也可以一前一后作为两个旋翼纵列放置。支奴干直升机有两个 18.29 m 的三桨叶旋翼，而且这两个旋翼都会旋转到对方的旋转半径之内，所以这两个旋翼的相位是互相锁定的，使得两者永远不会彼此相撞。其他的设计把倾转动力发挥到了极限，引入了一个独立的桨距可调的发动机短舱，比如 1979 年贝尔德事隆（Bell Textron）研制的 301 XV-15 直升机，这种倾转旋翼飞行器使用了 7.62 m 的螺旋桨和两台 1 500 马力的莱康明（Lycoming）LTC1K-4K 引擎，这两台引擎是独立安装的，并能灵活转动，既可以像直升机一样飞行，也可以像飞机一样飞行。其他设计还有无尾桨（NOTAR，NO TAil Rotor）设计——这些设计使用经过涡轮加速的引擎废气作为侧向推力，以及向量式螺旋桨设计（比如 X49-A），这两种设计都能让飞行器更加安静。

还有一些设计的例子，比如弗兰特纳（Flettner）FL 282，这是早期的军用直升机，设计于 20 世纪 40 年代末。它有一台引擎（辐射状的 Bramo Sh 14A 七缸引擎，160 马力的动力输出），该引擎连接到一个 11.96 米的单旋翼上。西科斯基（Sikorsky）S-55/UH 系列（20 世纪 50 年代）是典型的尾桨设计，它使用了一台 800 马力的 Wright R-1-300-3 活塞发动机，主旋翼展 16.15 米。贝尔（Bell）204/205 H-1/UH/AH-1 易洛魁（Iroquois）"休伊（Huey）"直升机（20 世纪 50 年代中期）是经典的中型军用直升机，它是第一批使用喷气式涡轮发动机提供动力的量产直升机。另一个例子是 UH-1B（1965），它使用了一台 960 马力的 T53-L-5 涡轮发动机，并有一个 15 m 旋翼的双桨叶。直升机的主要部件如图 48.1 所示。

直升机的声音

下降气流

假设一架 CH-47 产生的 7 兆瓦动力全都用来让空气运动，我们期待有非常响的声音发出。所幸的是，这些动力中的大部分产生了有用的推力，让旋翼产生了一个亚音速的下降气流。当然，这么大的风将激发很多类噪响应，特别是在高度较低时，此时会产生地面效应和再循环，从而把空气加速到有很高的速度和压强，所以这个声音中有一部分是刮风的急流噪声。它包含了很多高频成分，这些高频在经过一定距离以后会大幅减少，这也是"在远处听直升机的声音是一个削切的效果，而在近处听则是一个复杂得多且嘈杂得多的效果"的原因之一，当直升机飞过头顶或是当它在更高的高度上飞过以后，会听到特别响的声音。

引擎与变速箱

显然，引擎产生了大量的噪声。双引擎要么被连接在一起（因此是同相的），要么其中一个是备用引擎，因此它没有与驱动耦合起来，除非另一台引擎出现了故障，所以在这些设计中我们无法听到预期的引擎差拍的声音。另一方面，非纵列式的垂直起降（VTOL）飞行器有相互独立的引擎，所以这两个引擎都会出现在这个声音中。与排气管相耦合的内燃机引擎和汽车或卡车引擎在声音上不会有太多的不同，并且可以使用脉冲源和波导孔进行相似的建模。气体涡轮更为安静，但会占据不同的频谱，并具有嗖嗖声的特征，这个特征我们在研究喷气式飞机的时候已经见到过。如前所述，高效的机械设备不应该产生太多噪声，但直升机中复杂的传动和变速箱系统为直升机的声音贡献了相当多的内容。这个声音将会是一个高频的啸叫声，或是从引擎源分离出来的呼呼声。

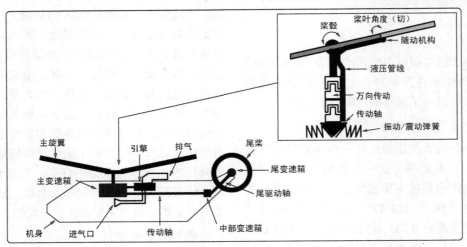

图 48.1　直升机的主要部件以及对旋翼桨叶的操纵

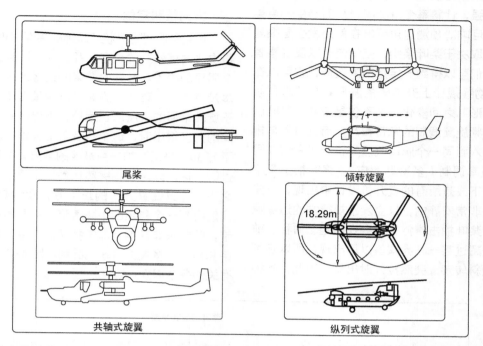

图 48.2 不同的直升机设计展示了不同的尾桨和主旋翼结构。左上图：UH-1 类的经典单旋翼加尾桨。右上图：XV-15 类的倾转旋翼飞行器。左下图：卡莫夫卡系列共轴旋翼。右下图：CH-47 支奴干纵列式旋翼

机身振动

振动会导致机械疲劳，并且它也是令人讨厌的，同时这里还有很多辐射从机身传出去，此时机身充当了机械声的放大器。机身所用的典型材料为铝、钛和玻璃纤维碳化合物。为了减轻重量，它的护板很薄，所以会给总体效果贡献一些中空的金属质感的共振，与大型汽车车身的那种共振相类似。

旋翼

在前面章节中，我们已经研究了风扇，知道它们是如何通过湍流和周期性地压缩与稀薄化空气来产生噪声的。但是，与那些桨叶尖端可以达到超音速的风扇不同，直升机的桨叶速度永远不能超过音速。马赫冲击波会把这样的一个区域撕成碎片，而且，马赫效应也会降低升力。桨叶边缘的速度很少超过 300 米/秒，但空气的压缩和稀薄化所产生的影响仍旧非常重要。周期显然是在变化的，但在飞行过程中，双桨叶旋翼的典型转速 300 r/min 将给出 10 Hz 的频率。在如此大的尺度上，涡流会紧随一个桨叶之后形成，然后又被另外一个桨叶击中。这种密度上的不规则所引起的声音将从一些特定的位置发出，并且相长干涉会产生出具有方向性的模式图样。尾桨越小，其旋转越快，而且与我们已经观察的一样，这是一个独立的速度，它

取决于具体的机动操纵所产生的扭矩。从 2 个桨叶到 16 个桨叶可能会产生 800 r/min（14 Hz）~ 2000 r/min（33 Hz）的频率，所以高至 500 Hz 的任何东西都是可能的。

桨叶噪声和拍击

我们知道，桨叶尖端的速度不能超过声速，所以是什么引起了那个听起来像冲击波似的非常尖利的拍击声？似乎有三个分离的过程对旋翼的声音有贡献。旋转的桨叶产生的声音与 N 字形冲击波没什么不一样，只不过在时间上有所软化，按抛物线规律变化，并且会撤回，然后在中段突然改变方向。这个波形有一个恒定的贡献者，它就是由桨叶的厚度引起的噪声，即所谓的**边缘噪声**（edge noise）。由此我们得到了一个湍流的宽带噪声，它以旋转速率被调制。声音的另一个贡献者是升力或桨叶的桨距，它是空气动力学的特征，是更具音高感觉的。因为桨叶桨距的周期性调制，这部分声音在每次旋转过程中都会变化。最后，还有一个**桨叶拍击**（blade slap），来自于向前桨叶尖端的涡流被拖拉到下一个前进的桨叶中。通过乘坐飞机你可能知道，一个快速移动的物体击中一个密度不同的气穴会产生碰撞声，所以涡流会突然引起脉冲去激励这个旋翼桨叶。它们向内螺旋，通常会击中向后桨叶大概 90% 的长度处。这个激励会随着速度

而改变，但在某些位置上，它们会全部整齐地排列在一起，彼此加强，让斜率变得陡峭，从而产生一声类似于冲击波的巨响。预测这声巨响在何处发生是很复杂的，因为它取决于桨叶桨距、空气流速以及观察者的位置，但我们可以得到一定范围的波形，它可以在"迟钝的按抛物线规律上升下降的波形"与"急剧倾斜的锯齿状波形"之间变化。这不仅是来自于桨叶端流那个受到低频旋翼调制的宽带噪声，而且引擎与排气信号也被纳入到同一个脉动气流中，所以它们以同样的速率被频率调制（多普勒效应）。桨叶拍击声不会在所有条件下或是所有的直升机设计中出现，一些直升机设计是非常安静的，只会发出规律性的边缘噪声和引擎声。桨叶拍击声似乎只会在桨距、面积、前向速度和转速超过某一临界阈值以后出现，所以它可能在直升机倾斜转弯或突然拉升时出现。因此，各种

飞行动作与声音是链接在一起的。

方向性和定位

如果你听过直升机"从远处逐渐飞近、越过头顶、再次飞向远处"的录音，那么你会听到这个声音有三个明显的阶段。最开始是桨叶边缘产生的削切声，根本没有多少引擎声。旋翼抛出的最强压缩波是更接近于旋转平面的，所以在远处，当旋转平面与观察者之间的角度很小时，这个声音听上去很响。在旋转平面下方 30° 是桨叶拍击声最响的地方，所以当直升机飞过时，这部分声音会突然达到一个峰值。在旋转平面之下，并且在直升机的正下方，我们听不到削切声，只能听到一个稳定的下降气流。引擎声由这个气流携带，听起来非常响且非常持续。在直升机的后方，尾桨和排气声将被更清晰地听到。图 48.3 所示为与位置有关的各个因素。

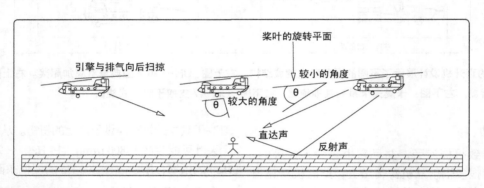

图 48.3　与位置有关的各个因素

除了桨叶角度的改变以外，直达声与反射声的路程差也在一直变化，这形成了一个相位／镶边效果。你也会注意到，在风和日丽的天气里，远处直升机的音量似乎也在变化，就好像是有风在携带这个声音一样。如果这架直升机从侧面几百米远处飞过来，那么削切声会根据位置有涨有落，这是由于空气压缩是有方向性的，就像车轮的轮辐一样向外辐射，产生了那些响点和静点。

48.3　模型

我们最初的模型将包含一个关于简单旋翼的波形特征。在研究了风扇和螺旋桨以后，我们知道，想得到正确的声音类型很简单，只需对一个经过滤波的噪声进行调制。第一个声音成分对应于边缘效应，但这仅是故事的一半，所以为了改善它，需要根据涡流碰

撞和气动升力特征加入第二个声音特征，这两者可以彼此进行相对的相位平移。接下来，我们要构建尾桨和一个带有排气及变速箱噪声的引擎，然后再使用旋翼特征去调制它。最后，加入机身共振与移动效应，完成这个具有真实感的模型。各个参数的数值将根据一般中等尺寸的直升机来选取，并为所有可以进行缩放的元件留出尺寸缩放选项。对于主旋翼的谐波，我们会尝试使用几种预测模型，并把这些与试验数据结合起来。定性地说，桨叶的动作就像一把有弹性的尺子，但它是沿着它的长度受压的。模型是把桨叶看成了受到拉力作用的弹簧，这个拉力来自于旋转的向心力，作用在其长度的 9/10 处。一个是在同样位置受到激励的一个被拉动的中空杆剖面，另外一个模型把这个桨叶看成是一根悬臂杆，它的一端被支撑，另一端被阻尼耦合到传动轴上。

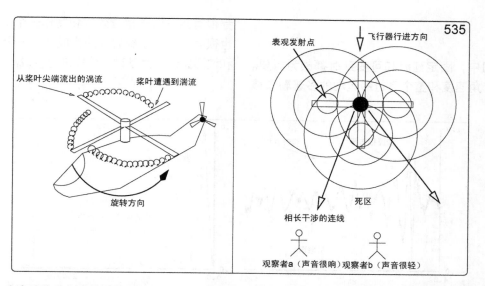

图 48.4　左图：由高速桨叶产生的涡流螺旋进入下一个桨叶；右图：引起方向性响度与相位变化的干涉图样

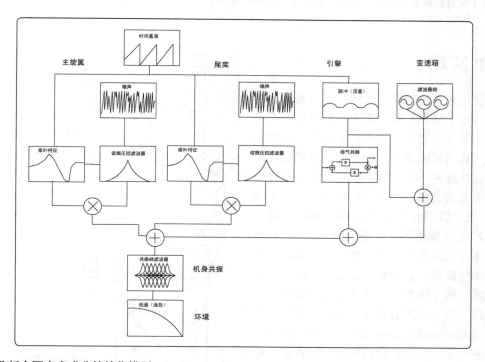

图 48.5　用于分析主要声音成分的简化模型

实际上，桨叶在飞行中会展现出所有这些模型的某些属性。典型的三维尺寸是 10 m 长、0.5 m 宽、0.2 m 厚，杨氏模量和线密度的取值适合于 10 毫米厚的铝质材料。在进行了一些粗略估计并把这三个模型聚合起来以后，我们得到了一个 200 Hz 的图形，它在 $2f$、$2.7f$ 和 $6.2f$ 附近有较强的谐波。实验数据告诉我们，在 80 ~ 300 Hz 之间有两个较强的谐波，它们会在 $2f$ 与 $3f$、$5f$ 与 $6f$ 之间变化。分析也揭示出在一个完好的冲激和几个相距很近的冲激（这可能是录音中

来自于机身或地面的反射声）之间存在一个变化。

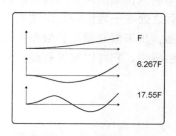

图 48.6　被钳棒子的前三个振动模式

方法

在本练习中，固定延时和可变延时都颇为重要。它们对于桨叶角速度和整个飞行器运动的多普勒频移都很有用，对于相位效应和制作一个引擎/排气系统也很有用。对于旋翼波的合成将以一个倾斜的三角源和波形整形器为基础，分段进行合成。

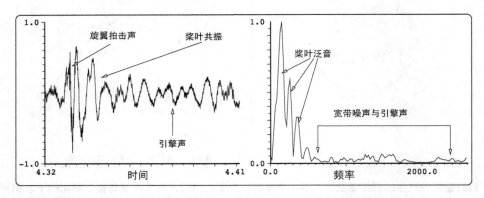

图 48.7　一段关于直升机录音中的单一差拍，展示了引擎声以及 100 Hz 周围的桨叶泛音

48.4　DSP 实现

一开始，我们先考虑这架飞行器的动力来源。在本例中，将使用一个活塞引擎，因为我们已经知道如何为汽车制作引擎了。这里有两个主要部件：活塞脉冲发生器和用于排气管的波导。后者是一个固定滤波器，它会给予这些脉冲一个鸣响，但它也是一个非线性滤波器，担当着失真或波形整形的角色。从图 48.8 顶部的 phasor~ 出发，我们运用多项式 $14x^3-14x^2$ 得到一个"鱼翅"脉冲（就像顶部被弄圆的锯齿波），然后用波形整形器 $1/(1-kx^2)$ 收窄这个脉冲。这个结果是产生一个规律性的爆震声，它带有大量谐波，但这个频谱是带宽受限的。接下来我们把四个延时排成一个环形，并带有反馈；换一种方式来看，这是一个双向延时线。每一对延时的终端对应的是管腔的出口阻抗，由于它们是半开半闭的，因此我们给出一点点反馈作为反射，并抽取出信号的一部分作为输出。中部是一个**散射接头（scattering junction）**，它允许一些后向传播的声音与前向传播的声音相混合。这就像长笛上的音孔，不同之处在于我们使用余弦周期的一部分作为波形整形器，用来限制幅度和散布频谱。我们得到的是一个管腔模型，它可以被过驱动，从而能产生明亮的爆震声。

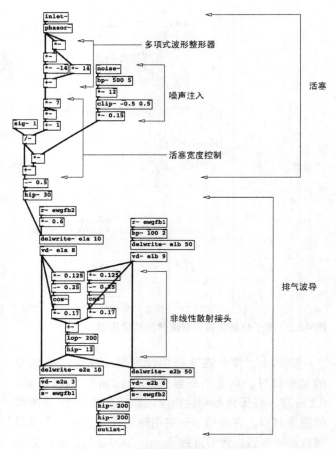

图 48.8　引擎、活塞及排气波导模型

图 48.9 所示为用于主旋翼的冲激发生器，它类似于三角波发生器，其后跟随了一个余弦函数。如果上

升部分与下降部分相等并且是线性的，则会生成稳定
的余弦波。不过，我们引入了一个可变断点，因为幅
度将会随着我们移动断点而发生变化，所以加入了一
个粗略的补偿因子，以保持幅度的平稳。然后使用余
弦周期的第一个八分之一波形把三角波转换成一对曲
线，这两条曲线会在顶点相遇。改变倾斜因子可以把
这个脉冲从一个方向的半抛物线翘曲成另一个方向的
半抛物线，而且在中间我们会看到一定范围的脉冲，
此时可以移动峰值出现的位置[①]。通过使用 vline~ 并带入
一条消息，从节拍器获得定时以后，我们可以改变每
个脉冲的占空比。

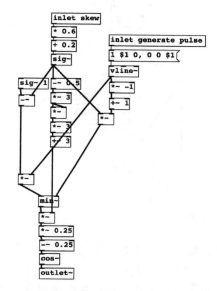

图 48.9 具有可变斜率的非对称三角波

改变一个可变带通滤波器的截止频率和谐振通常
也会改变其输出的幅度。Csound 中有一个名为 reson
的滤波器单元具有一种有趣的属性，能够保持恒定的
幅度。我们现在就尝试制作出一个类似的滤波器，确
切地说，是做出一个带有滤波器的噪声源，这个噪声
源能够始终维持一个恒定的电平，不管我们把滤波器
的频带做得多窄，也不管它在频率上被移到了何处。使
用表达式是很恼人的，因为它们并不是很有效率，但在
本例中，它们提供了一种紧凑的方式来表示两个补偿函
数，这两个函数可以在我们调节频率或谐振时对增益进
行补偿。设计这个接线图时不用这个补偿函数也可以，
但声音会对在该点生成的噪声非常敏感，所以每次移
动频率时都需要非常精准地不断改变增益控制。图
48.10 所示的接线图在主接线图中名为 flatnoise。

[①] 这是相位失真合成的一种形式。

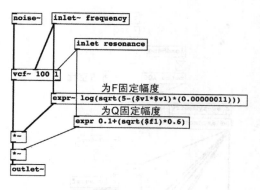

图 48.10 幅度平坦的噪声源

在组装完整的主旋翼之前，还有一个抽象要被多
次使用（见图 48.11），它名为 mdel，是一个可移动的
梳状延时，它有一路直通信号与经过滤波和延时的信
号并行。它的目的是只要它的延时时间被旋翼脉冲源
调制，那么就通过频率调制加入桨叶谐波。实际上我
们得到的是一个 FM 合成器，但它能够对波形形状进
行精确地控制。通过拉伸或挤压这个脉冲的复本来加
入谐波，并把它们彼此混合起来。这与从直升机旋翼
的录音中看到的时域波形有着很好的对应，并且它提
供了桨叶的拍击声。

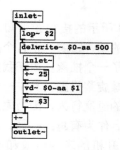

图 48.11 可移动延时

图 48.12 所示为完整的旋翼声模拟器，它使用了
三个可移动的梳状延时，一个设置在比桨叶脉冲的基
频高 10% 的地方，另外两个设置在比桨叶脉冲的基频
低 10% 和 20% 的地方（这些比例影响的是周期而非
频率）。图 48.12 的顶部有一个节拍器用于驱动非对称
脉冲发生器，还有一个接收器用于接收周期控制。我
们还有其他几个控制，它们能产生多种旋翼声。这些
控制中有三个改变噪声滤波器，用于控制由旋翼发出
的宽带边缘噪声，它们设置了频率偏离、基础频率和
噪声频带宽度。平移控制可以改变施加给各个脉冲复
本的 FM 量，并且可以让声音在柔软的嗖嗖声与更硬
的拍击声之间变化。请注意，桨叶特征也通过一个输
出口传出，供后续处理使用；也许我们可以模仿出一
个被破坏的向下气流，并用它来调制这个引擎。

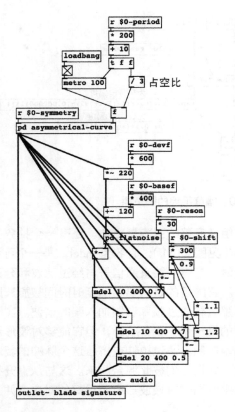

图 48.12　主旋翼

一个固定宽度的脉冲发生器和带通滤波器。在很多录音中，它的旋转速度似乎为主旋翼旋转速度的 3 ~ 5 倍，这似乎很低，但如果飞行器以恒定速度移动并且做功很少，那么转矩可能就较低，不需要尾桨旋转太快。我们为尾桨转速使用一个单独的控制，并且，为了获得具有真实感的效果，当主旋翼的升力增大时，尾桨转速也进行提升。脉冲和扫频噪声被组合起来（回忆一下，vcf~ 降至最低点时，也不会给出"负"频率，所以表面上在 -400 ~ 0 之间摇摆的调制仅仅是被截断了）。因此，噪声的中心约为 250 Hz。

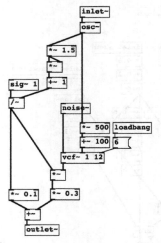

图 48.14　尾桨

根据图 48.13 所示的接线图可知，在父封装里有一个用于主旋翼的图，它展示了各个控制滑块，并把整个接线图变成了一个抽象。最初我曾尝试使用两个这样更为复杂的螺旋桨模型，其中一个用于尾桨，但这似乎是不必要的过度行为，因为尾桨可以用简单得多的结构来实现。作为有趣的一面，我们在这里呈现出来的是改变直升机的表观位置和速度所必需的众多控制。改变脉冲的对称性可以让拍击声和嗖嗖声互换，在它的中点位置，两者会同时出现，并且如果引擎电平也被提升的话，它能对从直升机正下方听到的声音进行很好地近似。靠近任意一侧的数值能给出从前方、后方或侧面听这架直升机的声音，在这些位置，边缘噪声到桨叶拍击声的相位发生了变化。

变速箱是用三个正弦振荡器实现的，它给出了音高较高的呜呜声，这是一个缩减版的涡轮声发生器。齿轮声与引擎声链接在一起，且引擎速度与齿轮频率之比应该是可调整的。较小的电平就能产生令人满意的正确效果，所以齿轮声必须进行某种程度的衰减。这些数字是相当随意的，从一些例子中可以听出，似乎有三个音高更高的频率成分可能分别与三个变速箱相对应，并分别位于引擎基频的 1.5 倍（主变速箱）、2 倍和 10 倍处。最后两个也许是尾桨的传动装置。图 48.15 所示为变速箱声音的接线图。当然，并非所有的直升机都具有这个特征，所以你应该对其他模型进行分析，并对不同的频率比率进行试验。

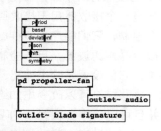

图 48.13　主旋翼的控制电平

图 48.14 实现了一个简单的尾桨的声音，它带有

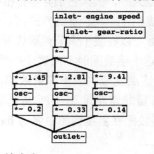

图 48.15　变速箱声音

图 48.16 所示为远距离效果，它包含一个陡峭的低通滤波器，用以对宽带噪声进行滚降。当距离很远时，一个介于 50 ~ 80 Hz 之间的温和的脉动主导了这个声音，并偶尔有脉冲式的旋翼拍击声（在 1 kHz 附近）蹿出，随着直升机逐渐接近，旋翼拍击声和引擎噪声变得更响。我们并没有实现飞过或过顶效果（这个效果留作练习），但旋翼噪声中的一个突然下探和引擎声中的一个峰值是众多录音共有的特征，并且伴随有期待中的多普勒频移。我已经实现了一个经过延时的地面反射声，它会随着距离而发生变化。在大多数飞行器飞过时，你可以非常清晰地听到这个声音，在声音接近时，有一个相位效应会向上扫频，然后随着飞行器的远去而向下回扫。这些元素都被组合到图 48.17 所示的最终声音对象中了。

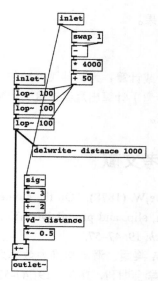

图 48.16 距离滤波器

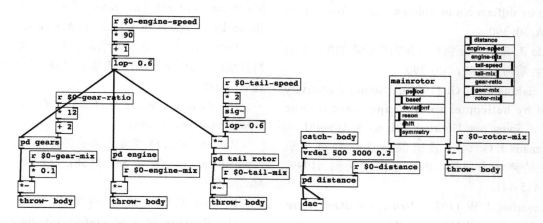

图 48.17 完整的直升机声音对象外加距离滤波器

48.5 结果

源：http://mitpress.mit.edu/designingsound/helicopter.html。

48.6 结论

直升机是由多个部件构成的机器，所以它是一个复合声源。这些部件中的很多在功能上都相互关联，所以某些飞行动作会立即改变声音中的多个部分。这个声音也取决于观察者的位置和直升机的速度、旋转及高度。由各个独立部件——引擎、排气装置、主旋翼、尾桨和变速箱——构建的复合声音可以产生一个令人信服的直升机声源。

48.7 练习

练习 1

找到一个特定的型号去研究。尽可能多地找一些录音示例来研究，修改并调整这个直升机模型，让它能够模仿一种特定的飞行器。

练习 2

完成一个直升机飞过的效果，要对引擎／旋翼的电平以及多普勒频移的电平进行正确地变化。当直升机直接从头上飞过时，为机翼产生的下降气流应加入额外的风声效果。

练习 3

通过分析或计算，为两种飞行动作（比如起飞和向侧方倾斜转弯）计算出尾桨速度、引擎传动和桨叶桨距上的变化。

48.8 参考文献

[1] Froude,W. (1878). "On the elementary relation between pitch, slip, and propulsive efficiency." *Trans. Inst. Naval Arch.* 19: 47–57.

Froude W. 桨距、滑动与推力效率之间的基本关系. 船舶建造学会期刊，1878，19：47-57.

[2] Froude, R. E. (1889). "On the part played in propulsion by differences of fluid pressure." *Trans. Inst. Naval Arch.* 30: 390.

Froude R. E. 流体压强差在推力中扮演的角色. 船舶建造学会期刊，1889，30：390.

[3] Leishmana, J. G. (1999). "Sound directivity generated by helicopter rotors using wave tracing concepts." *J. Sound and Vibration* 221, no. 3: 415–441.

Leishmana J. G. 运用波追踪概念研究直升机旋翼产生的声音方向性. 声音与振动期刊，1999，221(13)：415-441.

[4] Leverton, J. W. (1983). *Helicopter Blade Noise.* Institute of Sound and Vibration Research, University of Southhampton, and Westland Helicopters, Yeovil, England.

Leverton J. W. 直升机桨叶噪声：南安普顿大学声音与振动研究学院，与韦斯特兰直升机公司. 英格兰：约维尔，1983.

[5] McCluer, M. S., Baeder, J. D., and Kitaplioglu, C. (1995). *Comparison of Experimental Blade-Vortex Interaction Noise with Computational Fluid Dynamic Calculations.* American Helicopter Society Annual Forum, FortWorth, Texas.

Mccluer M. S.，Baeder J. D.，Kitaplioglu C. 试验性桨叶涡流交互噪声与流体动力学计算之比较. 美国直升机协会年度论坛. 美国，得克萨斯州，1995.

[6] Olson H. F. (1952). "Resonators and radiators." In *Music, Physics, and Engineering*, chapter 4. Dover.

Olson H. F. 共振体与辐射体. 音乐、物理与工程. Dover 出版社，1952.

[7] Polanco, F. G. (2002). *Determining Beam Bending Distribution Using Dynamic Information.* Airframes and Engines Division, Aeronautical and Maritime Research Laboratory Defence Science and Technology Organisation, Victoria, Australia.

Polanco F. G. 运用动态信息决定梁弯曲分布. 国防科技组织航空与航海研究实验室机身与引擎部，澳大利亚，2002.

[8] Rankine, W. J. M. (1853). *General Law of Transformation of Energy.*

Rankine W. J. M. 能量转换的普遍性原则，1853.

[9] Rankine, W. J. M. (1858). *Manual of Applied Mechanics.*

Rankine W. J. M. 应用力学手册，1858.

[10] Rankine, W. J. M. (1865). "On the mechanical principles of the action of propellers." *Trans. Inst. Naval Arch.* 6: 13–39.

Rankine W. J. M. 推进器动作的力学原理. 船舶建造学会期刊，，1865, 6:13-39.

实战系列——生命体

自我那永不停息的潮水，甚至在你眼前消失。

——Daevid Allen

生物

活生生的生物所发出的声音有两个地方非常明显地区别于其他类型的声音：材料的构成，以及智能。

材料

第一个区别是生物是由什么构成的。实际上其他的物体要么是固体要么是液体要么是气体，而且我们已经对这些形式的一些属性进行了详细分析。但生物是介于这些形态中间的一类存在。当然，它们仍旧由固体、液体和气体构成，因为这是物理学所规定的，但生物组织的各种**属性**并非真得像其他物体那样。最早的生命形式其实是由较长的分子链构成的某种有弹性的果冻一样的东西。最适合用来描述遗留在 36 亿年前沸泥塘中的太古代甲烷微生物的词汇可能就是"某种黏性物质"。大约又花了 30 亿年，直到寒武纪，生物才有了强壮到足以喷出水的外部结构，这可能造就了最早的水下咯吱声。在生命体上今天我们看到了数量庞大的各种各样的材料，种类最丰富的生物仍旧是具有坚硬外骨骼的各种昆虫。但大多数其他生物——比如哺乳动物、鱼、爬行动物——主要都是一个柔软的能变形的细胞组织，它既不能很好地传导声音，也不能很好地振动。事实上，所有生物都已经进化成了避免出现共振的形式，除非这些共振是有用的。

智能

另一个差别就是智能。生命体有意图、有思想、有目的。到目前为止本书已经为读者呈现了逐渐复杂的控制结构。我们已经看到了非膜质物体是完全无生命的，所以它们不会产生声音，除非某物撞击到它们，或是它们在重力作用下下落到某物上。后来我们看到了自然之力是如何通过宏观动力学产生声音的，这些声音由随机的且中性的各种过程决定，并且这些过程都是深奥复杂的。有了机械，我们看到了专门产生周期性动作的可能性，但这些机械都是由智慧生物设计的。所以，现在我们来到了整个框架的最顶端，生命体展现出了所有事物中最复杂的控制结构。通信、警告、回巢信号都是有意图地出现的，实际上 Chion 提出的聆听策略列表（参见第 6 章第 6.5 节）中的大部分都可以转化成一个发声策略列表。它们产生出来的这些信号都精妙得让人难以置信，而且在音调、调制与节奏上富于变化。可能需要用成千上万的参数去捕捉它们。我们仍旧没有理解大多数生物正在试图传达或探索的目的究竟是什么。

行为

为了有助于搞清楚生命体产生声音的意义，我们可以假定两种有用的类型：由运动产生的声音，以及由嗓音发出的声音。

运动

这些声音是生物通过简单的活动发出的声音，唯一的附带条件是它们必须都是主动的声音而非被动的声音，所以，我们不考虑树枝在风中的摇曳，即使这些树是活的。不过，最早的主动发出的通过空气传播的声音可能来自于 25 亿年前的导管植物，这些基于纤维素的生命形式是最早具备足够坚硬强壮的结构从而能够有意图地散播种子的生物。在炎热的夏天，可以听到松果或荆豆荚吐出它们种子时发出的噼啪声。当然，我们所说的运动其实指的是动物的行为——用腿走路或扇动翅膀。

嗓音

嗓音是指生物本身刻意发出的任何声音。昆虫在一起摩擦它们的翅膀可以产生呼叫声，蛇可以发出嘶嘶声，青蛙可以通过喉部的共振腔吹出空气声。最终，通过进化，产生了可以歌唱、尖叫、咆哮、喵喵叫、说话的动物。嗓音区别于其他所有声音的东西是：这些声音是刻意的，是经过设计的。所以动物也是声音设计师。

实战

在本部分有四个实战练习。

- 脚步声：关于动物运动的一个练习。
- 昆虫：看一看嗡嗡飞的苍蝇和唧唧叫的蟋蟀。
- 鸟：鸟类鸣管的声音。
- 哺乳动物：一些基于共振声道的更为复杂的嗓音。

第49章

实战 26——脚步

49.1 目标

关于生命体的第一个实战章节有点不同寻常，我们打算创建出人类脚步的声音，这里会有一些惊奇。可能你认为脚步声是相当简单的声音问题，但实际上它们要比看上去复杂得多。虽然你可能不把脚步声当作"动物的声音"，但这是生物力学方面能够找到的最简单的入门介绍。

我们将进一步阐明控制与合成部分之间的去耦合。行走机制是动物特有的，这个声音是由行走所在的界面决定的。我们将在这次实战以及后面关于鸟声和哺乳动物声音的练习中看到，生命体可以产生复杂的控制信号。与很多连续可控的肌肉相连接的大脑和神经系统有能力产生比我们目前所见的任何机械声音或无生命的自然声源都更为复杂的施力模式。与无生命的物理学一样，我们必须考虑行为和意图，根据这种理解，显然在交互式应用中，过程式音频要优于数据驱动（经过采样的）声音。思考一下行走的复杂性，

你将理解为什么电影艺术家们仍旧在开挖拟音坑来产生细腻的脚步声，为什么采样录制的音频对于视频游戏中的脚步声来说是一个不够灵活的选择。

49.2 分析

我们在走路时会发生什么？这个问题已经得到了详尽的研究，而且仍旧有一些新的见解在不断地涌出，不过这里提供的仅仅是一个经过简化的总结。假设人体处于静止站立的状态，体重均匀地分配在双脚上，脚掌所具有的表面积相对较小，有一个压力施加在地面上，它与地面支撑身体的反作用力相平衡。我们称这个力为**地面响应力**（Ground Response Force，GRF）。较小的表面积意味着较高的GRF，所以用足尖站立将比平脚站立产生更大的压力。随着我们向前移动，体重会从一只脚移动到另一只脚上，能量会通过肌肉消耗，从而推动我们向前走。生物力学势能变成了运动，以及声音和热。

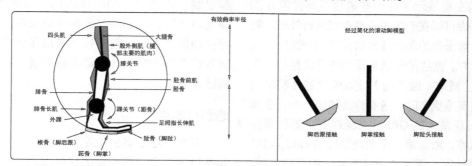

图 49.1 对行走过程中脚所进行的生物力学的总结和简化

脚的动作

脚并不是把自己放在与地面成直角的位置上，每个脚步都有三个阶段。在第一阶段，脚后跟接触地面，这部分要比其余部分重得多，有多根跟骨的脚后跟以踝趾骨为轴，并利用两块肌肉（腓骨长肌和足拇指长伸肌）旋转整个脚。体重随后被平移到外侧跗骨

上，然后每只脚在地面上向前滚动，最终在脚趾（或足尖）上停止。这个过程在图 49.1 所示的第二个框中被简化。可以看出，每只脚的动作就好像是一个圆的外边缘，这个圆的半径大约为整条腿长度的1/3。最后阶段是做功的阶段。力来自于多块肌肉的一套复杂的运用，两块肌肉（股外侧肌、胫骨前肌）负责把腿伸直，并把体重向前推，其他肌肉（对抗肌）用来让

腿弯折并在向前移动的不同阶段保持平衡。

移动的各种模式

我们可以识别出三种不同类型的移动：爬、走和跑。每种模式都是一种不同的运动，具有不同的目的。爬行一般是掠食者的行为，它会让地面上发生的压力变化最小，从而减少声音。奔跑可以让移动的加速度变得最大，而行走则是一种折中行为，它能让移动最大化，同时让能量消耗最小化。身体在这些行为中是以一种钟摆运动的方式在移动的，所以体重会在重心周围前后移动，同时脊柱也会在臀部对身体进行扭曲。这样，能量就能被转化成重力势能并存储下来，从而影响效率。从声音方面来说，这些因素引起了不同的 GRF 压力模式，我们现在就来研究它们。

GRF 压力特征

移动的速度决定了脚与地面接触的时间。任何 GRF 模式图样都会随着施动者速度的变化而被压缩或被扩张，这就是为什么采样录制的脚步声听上去不对的一个原因。每一步的长度必定会随着速度的不同而发生变化，而来自于地面材质相互作用的声音则必须保持恒定，这明显需要运用合成而不是采样。

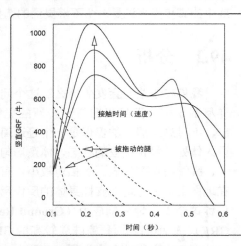
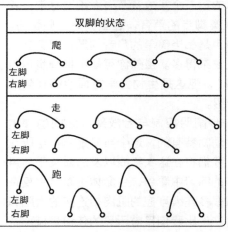

图 49.2　GRF 曲线和脚根据施动者速度产生的状态变化

在每一个行进周期中，根据跑、走或爬的动作，每一步的压力都在改变着状态，所以会看到不同的 GRF 曲线。图 49.2 的左框展示了在一些速度下经过简化的 GRF 曲线，也许你可以在心里对这些曲线进行外推，看看当我们进行非常慢速的爬行或非常快速的奔跑时，这些曲线将走向何方。曲线的形状也受到施动者是否正在加速（做正功）、减速（做负功）或以恒定速度移动的影响。当加速到疾跑状态时，随着你每踏出一步，在脚趾着地阶段将出现最大的 GRF。当减速时，脚后跟压向地面，引起摩擦，所以第一个着地阶段的 GRF 最强。在以恒定速度移动时，脚掌试图尽可能长地保持接触，把体重慢速向前平移，所以此阶段脚掌具有最大的 GRF 和持续时间。影响 GRF 曲线的另一个因素是地面的倾斜度。步行爬山时会更加强调脚趾着地阶段，而沿着缓坡向下走会把 GRF 模式图样向脚后跟方向移动。

各个运动阶段

到目前为止，我们仅考虑了一只脚的各个 GRF 阶段，两只脚之间的相互关系同样也会发生变化，图 49.2 的右框展示了一种经过简化的图解说明。在行走时，两只脚接触地面时间有一个相当可观的交叠，前脚已经进入到第二个阶段以后，后脚才会离开地面。蹑足前行时，我们倾向于尽可能长时间地让双脚都保持在地面上。一旦前进模式变成了奔跑，那么就会出现双脚离地的情况，施动者将蹦跳而行，有时候仅有脚趾着地。

地面材质声学

在知道施动者的速度、体重、大致的脚面积以及具备特定硬度的某种鞋的材料以后，我们就可以得出一条施力曲线，给定了这条曲线，就能近似得出与各种界面产生的声学相互作用。施予地面的冲量是力与接触时间的乘积，它将给我们一个激励脉冲，可以把它用于滤波器组或各种坚硬材料（比如木头、混凝土、石头、金属等）的波导模型中，调节这个脉冲的尖锐程度我们可以引入一种对坚硬程度的测量。对于高共振表面（比如金属板）来说，接触时间会增大阻尼，因此我们要对 GRF 进行积分，以获得一个衰减时间。

颗粒化材质（比如沙砾）可以通过直接用 GRF 驱动一个压碎模型来获得，所以颗粒密度和能量直接正比于压力。非常规材质（比如雪）会发生非对称变形，即摩擦应力引起热、融化、重新黏合并永久地改变结构（把雪挤压成冰），这个过程会产生嘯声。我们也可以在 GRF 上施加阈值，获得非线性效果，比如吱吱作响的木质地板，甚至可以触发游戏中的世界事件，比如冰块破碎。

49.3 模型

我们的模型将被清晰地分成两部分，一部分用于控制，另外一套合成器专门用于地面材质。控制系统对人的行走进行了建模，它包括一个双稳态或往复机制，两条腿，还有两只脚。六个控制部件——每

只脚的脚趾、脚掌和脚后跟——的各个阶段将分两步得出。首先对主振荡器的相位进行分割，得到一对子相位，它们的持续时间和在主周期中的位置可以发生变化。接下来这些子相位被进一步分割成三个 GRF 成分，并被加在一起，形成每只脚的共振曲线。当然，最重要的是需要至少两个能够相互交叠的声音发生器。我们应该意识到，这里并没有限制只能使用一种单一的排他的表面材质。各个合成器可以被混合起来，产生草地、土壤、沙砾的混合物，或任何组合。这允许在改变地形时实现平滑的过渡，而不是为每类材质使用一个分立的声音（这样会在边界处产生声音的突然变化）。由于每种材质都会以不同的方式使用 GRF 曲线，所以要用一个预处理器对曲线进行相应地整形，这个模型在图49.3中进行了总结。

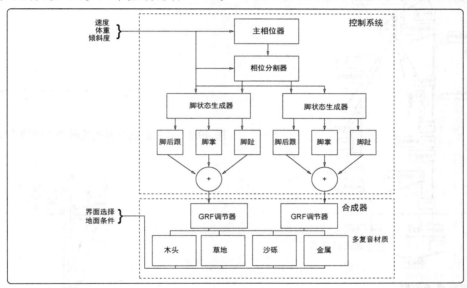

图49.3 过程式脚步声的模型示意图

49.4 方法

这个模型最好采用一个同步系统来实现，它把一个相位器分割成两个窗口。余弦函数的半周期可以用于近似这些发挥作用的压力曲线，但我们可以用多项式来近似图49.2所示的曲线——它的效率与余弦类似，但所得结果要好得多。为了演示这个声音的制作过程，这里将采用粒子合成方式来产生一个沙砾类材质，其他材质将留给读者作为练习。

49.5 实现

让我们从双相位的振荡器开始构建，它能进行可变地交叠。图49.4所示的接线图是一个测试版本，它

最终将变成抽象，虚线下方的两个振荡器在抽象中将被两个输出口替代，上方的滑块则会在抽象中被输入口替代。首先把你的注意力集中在最左侧的那些消息域对象上。这里的目的是当玩家停止移动时关闭两条 GRF 曲线（双脚）的输出，否则，多个材质合成器中的一个可能会处于悬而未决的状态，产生一个持续不断的声音。这部分代码实现的另一个功能是在玩家再次开始移动时重置振荡器相位，所以它始终都是先迈右脚，而不是从上一次停止时所在的状态继续前进。这个接线图的剩余部分是进行信号处理，产生两个相互交叠的状态。从顶部的 图 开始，你可以看到主相位器的频率范围为 0.0 ~ 6.0 Hz，它被馈送给两个相互平行的处理链。这两者都是与频率的变化趋势相反的函数（我们首先取行进速度的补数）。使用 图 把相位

器的最大值限制在某个电平上。我们取那个电平的倒数，并乘以被限位的相位器，因此将幅度值恢复为1.0。这个操作在左右两条支路上都是一样的，只不过右侧支路被偏移了180°，这是通过对信号加入0.5的偏移量并对其进行折回而实现的。对于较小的频率，双脚每个阶段的持续时间接近于1.0，所以GRF曲线将会交叠；对于较大的频率（高速），持续时间趋于零。中间范围是一个关键点，玩家将从行走变为奔跑。这个抽象的最终版本经过了一定程度的调整，产生了一个不错的范围用于行走和奔跑声，如果你确实没有录音样本可以使用，那么你应该自己尝试为频率和交叠点加入偏移量。

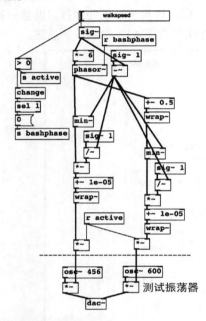

图49.4 双相可变交叠相位器

为了产生GRF曲线的每个部分，我们需要比半余弦更好地近似。请注意，这条多项式曲线被推向了左侧，压力构建得更快，但在第二个拐点以后衰减侧的衰减更慢，这让压力更温和地接近于零。系数1.5和3.3333是通过试验对真实数据进行曲线拟合近似而得到的。这种实现方法一般是三次多项式形式的一种因式分解，它让计算所需的乘法操作次数最少。余弦曲线和多项式脉冲间的比较如图49.5所示。

图49.6中接线图实现的是$1.5(1-x)(nx^3-nx)$，式中$n=3.3333$。令x处于一个归一化范围内，我们可以发现，改变n会减小幅度，加宽脉冲，并减小上升时间，这对于拟合通过试验观察得到的那些GRF压力数值来说是一个完美的组合。观察图49.6所示的处理流程，我们在左侧一列用$1 \times x^2 \times x$得到x^3，然后乘以n得到nx^3。在第二

列中，我们用一个乘法求得nx，然后再用第一项减去这一项得到nx^3-nx。最后再乘以通过第三列得到的$1-x$，并乘以1.5，得到最终的因式分解多项式。当然，最开始乘以1.0是多余的，它最初是为了试验x的另一个系数，但把它留在最终的接线图中仅仅是因为它能够作为信号连接的一个锚点，从而让这个图表更容易阅读。

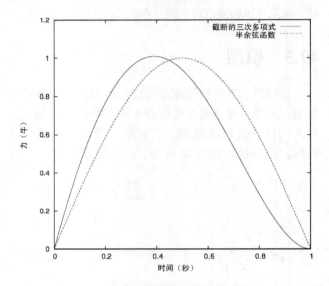

图49.5 余弦曲线与多项式脉冲之间的比较

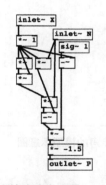

图49.6 使用多项式的脉冲发生器

图49.7所示的是至关重要的GRF曲线发生器。通过分割输入线段的相位，得到三条多项式曲线的叠加（因为输出口暗含了加总运算）。首先我们修改了它的时间，将其压缩到原始时间长度的3/4。接下来是三条平行支路，每条支路都用来分割出原始线段中一个不同的部分，然后减去底部偏移量，令其基线归零，再用一个因子进行缩放，令其回到归一化范围之内。这三个子相位随后分别馈送给三个多项式脉冲发生器。我们构建了三个接收器，可以用来设置脚后跟、脚掌和脚趾的曲线形状，这样就可以在父接线图中进行一些控制了。

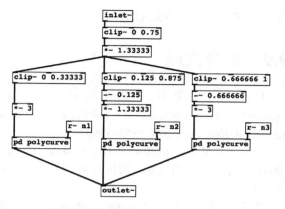

图 49.7 GRF 曲线发生器

在分析能够真正产生声音的接线图之前（这对于本次练习来说并不十分重要），我们先检查一下为了产生具有真实感的脚步模式而设计的最终接线图中的各个元素。在最顶部是我们制作的第一个对象——双相时间基准，这个时间基准会随着频率的下降而让左右两条线段具有更多交叠。把两只脚与这个时间基准相关联，每只脚（含有多项式的 GRF 曲线发生器）对应一个状态。由此产生的控制信号被馈送给一个材质发生器，这个材质发生器可以被调整成我们需要的任何表面。在接线图的中部有一组控制，用于设定施动者的速度，以及脚趾、脚后跟和脚掌滚动的曲线。完整的脚步发生器如图 49.8 所示。

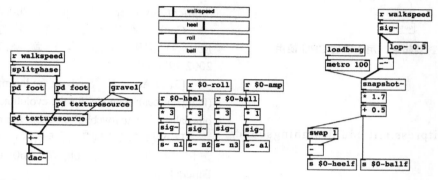

图 49.8 完整的脚步声发生器

请回忆一下，改变这些参数将改变对脚步是在加速还是在减速的感知（做正功还是做负功），或是改变对玩家是沿着斜坡向上走还是向下走的感知。在右侧，我加入了一个二阶控制系统作为演示。这个滤波器和快照单元构成了一个"信号 - 消息"域差分器，当玩家加速前进时，它会给出一个正值，而当玩家减速慢行时，它会给出一个负值。快速移动行走速度（walkspeed）滑块能更多地改变"脚跟 - 脚趾"的比率。

希望你能自己尝试设计各种材质合成器，让它们与这个 GRF 曲线发生器协同工作。这里有很多有趣的可能性，包括把它作为索引值，用来播放存储有各段采样脚步声的颗粒样本播放器。图 49.9 所示为一个颇为深奥的颗粒发生器，它能产生湿漉漉的沙砾类声音。但首先请注意右侧的 DSP 模块控制，脚步声显然是非连续的，所以我们可以在玩家没有移动时关闭音频计算，以此来减少 CPU 消耗。当 `switch~` 被关闭时，基本上该子接线图中的所有运算都从循环中去除了。现在我们来描述一下这个材质发生器。在第一个 `clip~` 之上的各个对象让两个经过滤波的噪声流相除，所得值在经过高通滤波后进行平方运算。显然，当其中一个信号接近零时，将产生一些非常高的信号峰值。这里的想法是按某种分布产生一些尖峰，每个尖峰对应于沙砾的一次嘎吱声。这个接线

图的第二部分是一个调制器，它基于一个进行了低通滤波（在 50 Hz 处）的噪声，并在被极度放大后被限幅在 500 ~ 10 000 之间，它将作为经过 `vcf~` 滤波以后的各个颗粒尖峰的频率值。通过选取合适的数值，可以实现当输入 GRF 曲线增大时，尖峰的密度和音调也同时上升。

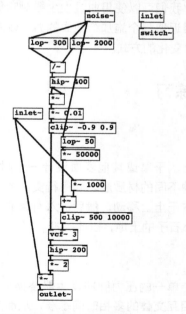

图 49.9 嘎吱作响的沙砾材质发生器

这里还有上述接线图的一个附件。它是一个封装器，即沙砾材质发生器应该被放在这个接线图内部，通过输入口和输出口让这个发生器与外界进行数据交换。它所做的就是查看 GRF 控制信号的电平，决定何时打开或关闭这个材质发生器。由于这个控制是在信号域中，所以我们无法把这段代码放到那个真正的发生器中，因为一旦该发生器被关闭，所有信号运算都将被终止，因此就无法让该发生器知道什么时候应该再被打开。图 49.10 所示为一个封装器。

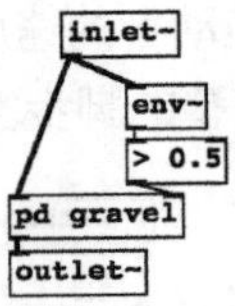

图 49.10 把一个源封装起来，用于节省 CPU 使用

49.6 结果

源：http://mitpress.mit.edu/designingsound/footsteps.html。

49.7 结论

脚步声所包含的内容远远不止简单的叮当声这么少，脚步声是由一个精细的生物力学过程产生的复杂的模式图样，这个生物力学过程牵扯到各块不同的肌肉和脚的不同部位，并且它们会根据施动者的行为而发生变化。我们可以使用曲线发生器对它们建模，用这些发生器近似那个施加给地面的力，以及在不同情况下这个力变化的方式。

49.8 练习

练习 1

为软土、干草或其他表面设计一个材质发生器。尝试在各种不同的材质层之间进行交叉淡化，从而让玩家可以在干土上移动，然后进入有草的土地，随后又进入有小石子的土地，以此类推。

练习 2

用一个单一的压力脉冲发生器替换人脚的 GRF，随后改变相互交叠的多相时间基准，从而为马这样的四腿动物创建模式图样。需要考虑如何为这个动物生成小跑、慢跑和飞奔的模式图样。

49.9 参考文献

[1] Adamczyk, P. G., Collins, S. H., and Kuo, A. D. (2006). "The advantages of a rolling foot in human walking." *J. Exp. Biol.* 209: 3953–3963.

Adamczyk P. G.，Collins S. H.，Kuo A. D. 一只滚动脚在人类行走中的优势. 实验生物学期刊，2006，209：3953-3963.

[2] Cook, P. (2002). "Walking synthesis: A complete system." In *Real Sound Synthesis for Interactive Applications*, chapter 15, pp. 191–200. A. K. Peters.

Cook P. 行走合成：一个完整的系统. 用于交互应用的真实声音合成：第 15 章. A. K. Peters 出版社，2002:191-200.

[3] D'Août, K. "Study of the locomotion of the bonobo (Pan paniscus): A model for the evolutionary origin of human bipedalism." <http://webh01.ua.ac.be/ funmorph/Bipedalism>

D'Août. 倭黑猩猩的行走研究：用于人类两足行走进化起源的一个模型. http://webh01.ua.ac.be/funmorph/Bipedalism.

[4] D'Août, K., Vareecke, E., Schoonaert, K., Declercq, D., Van Elsacker, L., and Aertt, P. (2004). "Locomotion in bonobos (Pan paniscus): Differences and similarities between bipedal and quadrupedal terrestrial walking, and a comparison with other locomotor modes." *J. Ana.* 204(5): 353–361.

D'Août, Vareecke E.，Schoonaert K，等. 倭黑猩猩的行走：双足与四足陆地行走之间的区别与相似，以及与其他运动模式之比较. 解剖学期刊，2004,204(5):353-361.

[5] Mehta, C. (2006). "Real-time Synthesis of Footfall Sounds on Sand and Snow, and Wood." (Granular cell based approach.) Thesis.

Mehta C. 沙滩、雪地与木地上脚步声的实时合成.（基于粒子化单元的方法）学位论文，2006.

[6] Vereecke, E. "Comparison of the bipedal locomotion of gibbons, bonobos and humans." <http://webh01.ua.ac.be/funmorph/evie>

Vereecke E. 长臂猿、倭黑猩猩和人类的双足运动之比较. http://webh01.ua.ac.be/funmorph/evie/.

[7] Willems, P. A., Cavagna, G. A., and Heglund, N. C. (1995). "External, internal, and total work in human locomotion." *J. Exp. Biol.* 198: 379–393.

Willems P. A.，Cavagna G. A.，Heglund N. C. 人类运动中的外功、内功和总功. 实验生物学期刊，1995，198:379-393.

第50章

实战 27——昆虫

50.1 目标

在这里，我们将研究由昆虫发出的一些声音。这些声音中有很多都是非常简单的，但另外一些声音则难以建模。声音上的这种多样性来自于昆虫产生声音的多种方式。有一些声音是纯音，音高很高或接近于超声波的哨声；另一些声音是微小的毛发或身体的其他部位相互摩擦产生的声音，即**摩擦发声（stridulation）**。拍打翅膀产生的波形会遵循昆虫身体的摆动模式。在很多情况下，这些声音是有意的——交配鸣叫、领土示警或是回巢信号，所以昆虫已经进化成能够尽可能响地产生这些声音，并且能够对这些声音进行高度控制。我们的目标是把这个实战章节做得尽可能有趣、尽可能信息丰富，我们会把几种分析与合成方法集合起来，快速浏览多个实例，挑选出一些建模与合成方法来实现它们。最后，将把各种昆虫声集合起来，放到一个环境中，制作一个虚拟的丛林场景。

50.2 分析

每个物种及亚种都会产生不同的模式图样和音调。对于人类来说，这些声音表面上听上去可能是相似的，但昆虫的大脑经过了高度的调谐，能够识别出波形电平上的细微差别。这里至少有三个细节尺度需要考虑，单独的波形是生成机制的结果。在物理学层面上，我们看到了一种基本的发声方法，可能是摩擦身体的某个部位、拍打翅膀，也可能是用肢翼敲击共鸣壳或身体上其他能够产生共鸣的部位。下一个层面是机体组织，它包含了多个循环的集合。甲壳虫鸣叫或蟋蟀唧唧声中微弱的咔嗒声的数量是很重要的，它由该样本生物的生活规律、尺寸和年龄决定。通常，这个层面上的细节是由生物有意控制的，可以被看成是一种**通信交流（communication）**。在更高的一个层面上，我们观察到宏观行为，有时候可能仅仅作为一些统计特征展现出来。一只苍蝇在落脚之前的平均飞行时间、交配鸣叫中被精确的暂停分割开的唧唧声分组的长度等，这些都是声音的宏观特征。

田野中的蟋蟀

在草地这类户外场景中最常见的音响效果就是蟋蟀的唧唧声，其波形如图 50.1 所示。它是一个按规律发出的声音脉冲，每秒大约一至两次，持续时间可以长达数分钟，然后停歇一会儿，再继续开始。对生物学的研究我们知道，蟋蟀通过摩擦细小的毛发产生这些声音，并且运用它的翅膀、硬脂蛋白质隔膜或空气囊袋作为共鸣器。我们来看一段熟悉的北美洲野外录音示例，这段录音的时间长度为几秒。

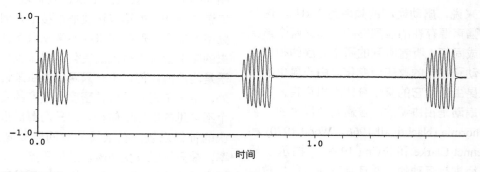

图 50.1 蟋蟀唧唧叫的波形

请注意每组脉冲的规律性，声音的持续时间大约为 0.12 秒，然后有 0.7 秒的暂停。你可以看到另一件有趣的事：每组脉冲精确地由 7 个更小的特征组成。它们从 0.25 的幅度开始，上升至大约 0.5。让我们对其中一个进行放大，看看这个波形和频谱，如图 50.2 所示。

每个脉冲的形状中似乎都有一个类似于抛物线上升的起音，还有一个介于指数与线性之间的尾音，这是受驱共鸣器的迹象。在每个脉冲中都有一组强周期声音，并且带有一个非常强的谐波和一点点类噪的不规则性以及另外两个暗示了锯齿波或弛豫类型特征的谐波。通过对波形进行非常近距离的观察（在这里没有给出图示），我们发现确实就是这种情况——它介于三角波与锯齿波之间，就如同我们对一根灵活的毛发进行刺激所产生的预期一样。第一个谐波（基波）位于 4.5 kHz 处，第二个谐波比基波小很多，位于 9.0 kHz 处，还有一个非常安静的谐波位于 13.5 kHz 附近。在唧唧声的末尾处，脉冲的频率有些轻微下降，对几个实例进行仔细分析可以发现，该频率下落到 3.9 kHz 附近，

这是 600 Hz 的频率变化，即 10% 左右的下落。也许在结束时蟋蟀付出的能量比开始唧唧叫时付出的能量少一些，但一些生物力学研究暗示，某些物种具有长度可变的翅脉，所以这个效果就像是在摩擦一个梳齿尖细的梳子。

在分析过很多唧唧声以后，我们发现有时候在基频附近似乎有两个峰值，其中一个比另一个稍微高一些或低一些。在被分析的这个例子中，这两个频率位于 4.5 kHz 的两侧，比如 4.4 kHz 和 4.6 kHz。这本可以归结为是用一个被反射信号进行调制的结果，但我们知道这段录音是在一片开阔的田野中录制的。原因是蟋蟀有两个翅膀，并且同时被摩擦。为了真实性，是否值得仿制这种双声音源结构呢？对于高质量的音响效果也许是值得的，但对于一个用于实时游戏的近似来说，我们可能会利用仅有一个声源所带来的高效性，并给这个系统加上一些类噪的调制，以帮助频率进行一些扩散。

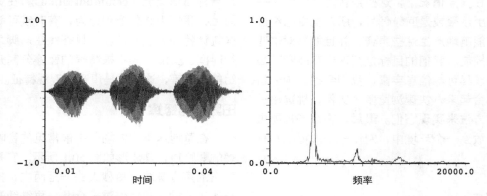

图 50.2　蟋蟀唧唧声的波形特写及频谱

飞行中的昆虫

对于带有同步翅膀肌肉的大型昆虫来说，扇动翅膀的频率在 50 Hz 附近变化，而对于具有独立翅膀控制的小型昆虫来说，扇动翅膀的频率为 2 kHz。这个声音受到两个强声源存在的强烈影响，而这两个声源不必非得同相或同频。听者听到的两个翅膀的相位会随着昆虫的移动和朝向的改变而变化。由于昆虫的尺寸很小，所以昆虫通过它的整个身体发出声音，它的移动与翅膀的扇动是相协调的。普通两翼昆虫的生物力学分析 [Phormia (Nachtigall 1966，Wood 1970) 和 Drosophila (Bennet-Clarke 和 Ewing 1968)] 揭示了翅膀是以八字路径进行运动的，并且具有快速的指数向上的扇动和较慢的线性向下的扇动。翅膀在这两个阶

段之间轮转，在向下扇动时获得推力，然后翅膀向侧向转变角度，快速回到最高位置。直接在昆虫身后测得的压力波形展示出它与这个扇动模式的强相关，如图 50.3 所示。从频谱上说，我们观察到的结果与第二谐波被加重的锯齿波波形很接近，但是，具有恒定频率的这个波形听起来并不像一只两翼昆虫，真实昆虫的频率会发生很大的变化。对于我们来说，空气似乎是均质的，但对于一只两翼昆虫来说，特别是在户外，空气中充满了各种密度和速度的变化。为了在这个不可见的地形中航行，这只两翼昆虫凭借反应非常快的神经系统，在很短的时间里改变扇动翅膀的频率，最多可以改变 20%。这似乎产生了一个不规则的颤声鸣啼式的颤动。经过进化以后具有独立翅膀控制的昆虫，要比不具备这种能力的较大的昆虫敏捷灵活

得多。蚊子和蠓具有轻盈的身体，并从这种独立的翅膀控制中获得了很高的机动性和灵活性，所以几乎能在空中直接空翻。它们在这样做时，会发出类似于合唱的效果，而在一只翅膀放慢速度而另外一只翅膀加快速度时会有一个突然出现的频谱峰值。

蝉

蝉会产生一个快速的类似噪声的咔嗒咔嗒声，这个声音来自于蝉的可变形的翅脉与其腹部的一个半圆形横截面［名为**鼓膜（timbales）**］。随着腹部肌肉的收缩，翅脉也在咔哒作响，它的工作方式与塑料圆帽的按钮一样，向内弯曲。蝉的身体包含有空气囊，可以作为共鸣器来放大这个声音。当肌肉松弛时，翅脉

再次弹出，发出第二个声音。我们把这些姿态中的一个称为一个**唧唧声（chirp）**，更复杂的声音都是由此堆建出来的。快速调制蝉的腹部以产生一个或多或少恒定的类噪的咔嗒咔嗒声。蝉在几种不同的声音之间变换：短促的类似咔嗒声的唧唧叫、规则的长声的唧唧叫、很响的噪声脉冲（像沙子落在纸上）、连续的嗡嗡声。每个唧唧声都由多个微小的咔哒声构成，这些咔哒声的频率在两个中心频率（5 kHz ～ 6 kHz 和 7 kHz ～ 8 kHz）周围变化，带宽为 1 kHz。频率较低的一组要比频率较高的一组更响一些，但我们会在频谱的 6.5 kHz 处看到一个明显的下陷。每个唧唧声的定时是相当规律的，在 0.2 s 的周期中有五个脉冲，调制的频率约为 25 Hz。

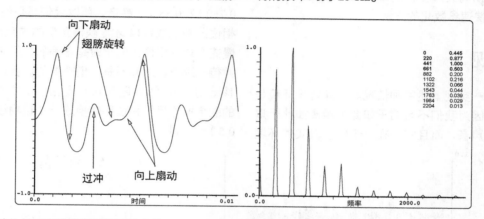

图 50.3　翅膀动作与压力波的相关性（来自于 Bennet-Clark 和 Ewing 1968）

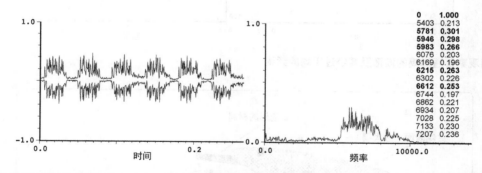

图 50.4　普通北美蝉鸣的波形和频谱（录音由密歇根大学动物博物馆昆虫部的 Thomas E. Moore 博士提供）

仔细看一下，这个声音在微观结构上显然非常嘈杂。每个唧唧声中都有很多个咔嗒声，在 0.02 秒的周期中有 20 个峰值，这给出了一个 1 kHz 的调制。但它们的幅度并不是规则的，事实上，一些咔嗒声完全丢失了，而另一些咔嗒声要比其他声音更聚成一团。对这个窗口中显示的波形求平均频谱，所得结果确认了这个分布是位于 5 kHz 和 9 kHz 之间的两个频带上，并且两者之间有一个间隙。

50.3 模型

蟋蟀声可以用脉冲和共鸣器系统来很好地实现，或是运用 FM 或 AM 进行直接的频谱合成。对于飞虫的模拟，最好是通过研究翅膀振动产生的压力模式图样，并使用波形整形函数去逐段近似，不过也可以用一个脉冲共鸣器模型对飞虫声进行近似。也许最困难的是蝉，因为蝉鸣的频谱密度是由如此多的鼓膜进行

了如此快速的移动而产生的。对此，基于噪声的近似能提供较高的效率，但更为严密的模型（使用多个滤波器）可以产生更自然的声音，但代价也相应上升。

50.4   方法

每种模型都可以采用多种方法。激励源和共鸣器的方法似乎对于大多数情况来说都是最好的，特别是由于很多昆虫都有坚硬的固定的脂质外壳，所以它们本身就是一些固定的滤波器和用于激励的简短尖锐的脉冲。复杂的鸣叫可以在消息域中很好地实现，这似乎是合适的，因为这些蝉鸣都非常具有音乐性。需要关注飞虫飞行期间波形变化的细微之处，所以需要有一种能够进行快速参数化的方法。

50.5   实现

我们将逐一实现上述每种情况。所处背景环境是相当重要的，因为我们不习惯于如此近距离如此干瘪地听到昆虫的声音，而且它们在一个似乎真实的环境之外也无法被辨识。你可能希望用一个林地混响进行聆听试验，或是通过使用略微不同的参数把多个实例放入一个立体声声场中来听到由很多昆虫发出的交响。

50.6   野外的蟋蟀

图 50.6 所示为一个模型。让我们演示一下如何用一种非常高效的方法来制作这个声音，这种方法仅使用一个相位器和一些代价低廉的算术运算。这样我们就能用非常低的 CPU 资源在一个场景中布置许许多多这样的生物声音。

首先设计调制器信号。如果重复时间为 0.7 s，且所需基频为 1.43 Hz。每个脉冲周期为 0.12 s，剩余的 0.7-0.12=0.58 s 为静音，所以我们必须使范围为 1.0 的相位器乘以 0.1714 才能获得正确的占空比。虽然这个慢速变化的相位器的定时是正确的，但它现在移向 1.0 并待在那里，这并不是我们想要的。我们需要它从 0.0 移动到 1.0，然后返回 0.0，这由 $\boxed{\text{wrap}}$ 提供。第一列中的剩余操作是把相位器转换成一个抛物线脉冲 $[-4(x-0.5)^2 + 1]$。

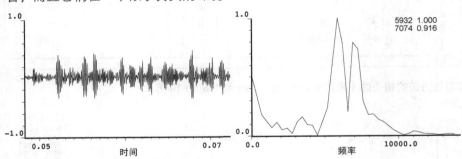

图 50.5   近距离观察普通蝉鸣的波形及其经过平均的频谱

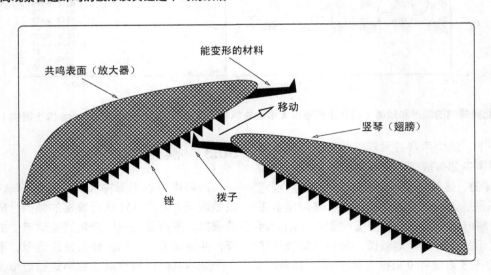

图 50.6   蟋蟀的翅膀

减去 0.5 后用这条线原始幅度的一半把这条线放回到零线周围，然后经过平方得到两条曲线，一条用于正值部分，一条用于负值部分，两者在零点相遇。翻转符号且重新回到中心位置并加上一个偏移量，这使它成为一个位于零之上的圆形峰丘。现在我们有了一个慢调制，那么我们需要得到在每个唧唧声中产生小咔嗒声的那个快速声源。如果每个脉冲为 0.12 s，并且包含 7 段，那么调制的频率应为 58 Hz，所以可以通过让基频乘以 40.6 得到这个频率。对这个值的余弦进行平方将产生正向脉冲，用它可以调制主频率。在右侧，我们用类似的方法从基础相位器中生成出这些频率，$1.43 \times 3147 = 4.5$ kHz，加上频率位于两倍基频处且幅度为三分之一的二次谐波。没有第三个谐波分量似乎已经足够好了，毕竟它非常安静。

残余信号，所以需要进一步用高通滤波移除它。但所得结果听起来太过机械，太不自然，且只有两个频带，所以我加入了额外的两个峰值，它们与基频非常接近，提供了频率很接近的两只翅膀的效果。请注意那个高增益，在被这样一个短脉冲激励时，需要用这个高增益去恢复来自于滤波器的鸣响信号。这产生了一个具有潜在麻烦的接线图，如果各个滤波器没有进行仔细地初始化，那么它可能在启动时产生很响的咔嗒声。在 Pure Data 中它工作得很好，但如果你要把这个接线图移植到别的开发环境中，那么你一定要多加留意，并要确保让滤波器之前的任何信号归零，同时还要防止出现任何初始的直流成分。

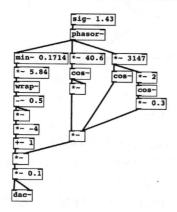

图 50.7 野外蟋蟀的同步 AM 方法

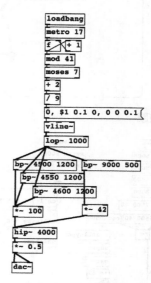

图 50.8 野外蟋蟀声脉冲和带通方法

50.7 野外的蟋蟀 2

作为另一种方案，我们来看实现类似结果的一种不同的方法。我们可以计算出每个咔嗒声相距 17 ms，所以从这个时间基准开始，它是产生持续咔嗒声所采用的速率。这是由 metro 对象完成的。在 0.7 s 的一个周期中，将有多少个脉冲出现呢？用唧唧声周期除以这个脉冲周期得到 700 ms/17 ms=41。所以我们加入了一个计数器和 mod 操作符，把计数限制在这个范围中。为了把这个数字流分割成 7 和 34 两组（剩余的是静音脉冲），我们使用了 moses。所以随着各个脉冲在幅度上增长，这个数字通过加 2 再除以 9，被缩放到 0.2 ~ 1.0 之间，然后作为幅度上限值被带入到 vline 中，得到一个 0.2 ms 的脉冲。因为这些脉冲都有些太尖利了，所以用一个低通滤波器对它进行软化，然后再把它们馈送给一些高谐振带通滤波器，以产生正确的音调。不幸的是，这会留下一个以脉冲速率形式出现的低频

50.8 蝉

图 50.9 所示的图形总结了一种方法。我们最开始对噪声源使用了一些严格的预处理，让它很好地保持在 5 000 ~ 8 000 Hz 的频带范围内。低频区域中那些无关的频率在作为调制的人工产物混合进来以后，似乎对这个声音产生了不好的影响，所以首先把频谱中我们不想要的所有东西清除掉。

两个狭窄的峰值在 5.5 kHz 和 7.5 kHz 处被分割，并受到一个 500 Hz 的调制，它会展宽各个边带，并给出一种与分析中看到的结果类似的时域材质。使用 $1/(1+x^2)$ 从余弦振荡器中生成一个脉冲波，用来调制噪声频带。这个脉冲的宽度和频率都是可控的，以用来设置这个歌唱的鸣叫。从分析录音中听到的三个例子被随机切换。用如此高谐振的滤波器调制这个噪声可

以让这个声音紧密干瘪。对于单个唧唧声很奏效的另一种接线方式是把这些滤波器放在调制器之后，所以它们会在每个唧唧声之后继续鸣响，这可能更像自然模型，但对于快速的调制（鸣叫声中的呼呼声部分），它会把声音弄得一团糟，因为在噪声中出现的新频率成分会与留在滤波器中循环的频率相互作用。

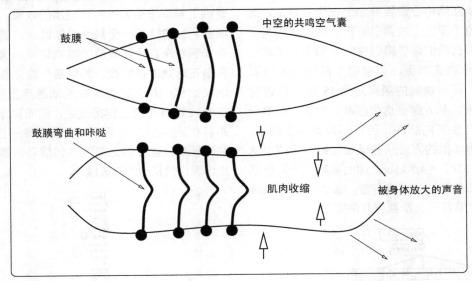

图 50.9　蝉的鼓膜

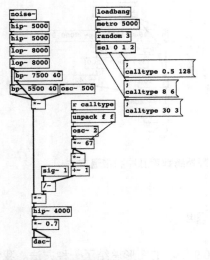

图 50.10　具有三种鸣叫类型的蝉

50.9　家蝇

虽然 Bennet-Clark 和 Ewing（1968）为我们分析的是果蝇，但它能作为一个足够好的模型用于家蝇分析中，最大的区别就是翅膀扇动的频率——典型情况应该是大约 340 Hz。图 50.11 描述了翅膀的运动，图 50.12 是对一个模型的概述。我们的方法是直接在时域进行波形近似。这里有几种可能的解决方案，比如使用波表振荡器或多项式曲线拟合，但在这里我们使用的是逐段近似。

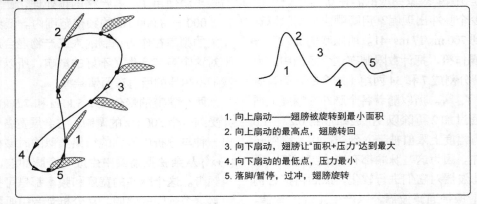

图 50.11　家蝇翅膀的运动

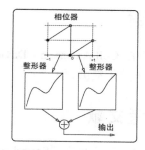

图 50.12　家蝇方法的概述

我们也会利用这一事实——在时间上翻转的信号与前向信号具有相同的频谱，由于是用一个单一的相位器来操作而不是用一个三角波来操作，因此需要更多的技巧。不过，在翅膀向下扇动的部分你会遇到异常现象：时域图看上去是错的，但声音听起来没问题，这仅仅是因为有一些波形在时间上被平移到了错误的地方。从一个相位器开始，获得一个非对称的三角波，它的上升时间大约为下降时间的两倍，如图 50.13（A）所示。

各个 min 对象的结构布局类似于在早先直升机旋翼中使用的那种三角形整形器。如果左支路的乘法器是 0.5，则这个波形将是对称的，不过，我们可以把乘数降为 0.2，这将令该三角形向右倾斜。这也降低了它的幅度，所以额外的缩放因子 6.0 把它带回到 0.0 ~ 1.0 的范围中。

接下来，我们把这个三角形分隔成两个"半周"。我们先来看右侧的那个最近的半周，它给出了翅膀的向上扇动，四次函数给出了一条快速上升的曲线，如图 50.13（C）所示。该曲线随后乘以 2.0，然后加到输出中。与此同时，图 50.13（B）所示的负半周形成了翅膀的向下扇动。回忆一下可知，这给出了最大的压力脉冲，因为翅膀被旋转，可以使家蝇升起。这也产生了一个欠阻尼摇摆的结果。我们对这段曲线进行缩放和折回，然后取余弦值，这样就得到了这个行为，它是一个小的正弦波脉冲。该脉冲经过包络处理以后，被加到原始的向下扇动的半周期上，结果如图 50.13（D）所示。

最终，我们把向上扇动和向下扇动这两部分加在一起，如图 50.13（E）所示（经过了一个高通滤波器）。请注意，选择 750 Hz 左右的频率是为了让图形更好看一些。在图形左侧有一个可调节的参数用于设置预打包缩放的比例。它设置了翅膀共鸣的频率，并且调谐它可以得到正确的欠阻尼响应。接下来我们将把这个接线图做成抽象，用频率和共鸣控制制作一个单一的翅膀对象，然后把两个这样的对象组装成一个完整的家蝇效果。

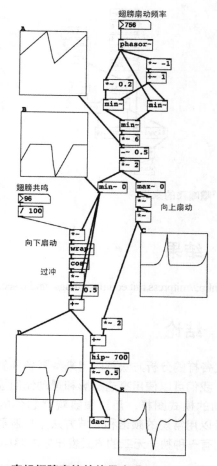

图 50.13　家蝇翅膀直接的信号实现

需要用两个噪声发生器为基本的翅膀运动波形提供变化。第一个噪声发生器工作在 4 Hz 左右，用来调整两只翅膀的扇动频率。分别调制每只翅膀所产生的声音听起来是完全不对的，所以即使我们想要扇动速度有轻微的变化，两只翅膀的扇动速度也必须从同一个源得出。即使家蝇翅膀扇动的平均频率为 340 Hz，但出于一些原因，对这种生物使用 220 Hz 听起来是正确的，所以结果会得到一只相当大的家蝇。对翅膀模型进行一些改造——可能是在较高的频率处进行高通滤波或修改斜率——应该能够得到一些可以在其他频率上工作得很好的例子。这些频率可能是与蚊子等其他昆虫相对应的，但是，任何模型都倾向于有一个"最佳工作区域"，在这个区域中它产生的效果最好。第二个噪声源用来调制共鸣，并给第二只翅膀一个轻微的偏移量，这会产生一个自然的额外的嗡嗡声，就好像家蝇在你周围飞过一样。试着对这个例子进行声像地来回移动，并也用这个位置改变的速率来调制翅膀的共鸣。其接线图如图 50.14 所示。

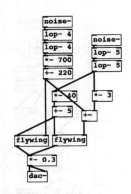

图 50.14　嗡嗡飞的家蝇

50.10　结果

源：http://mitpress.mit.edu/designingsound/insects.html。

50.11　结论

各式各样的分析方法可以用来解释各种复杂的动物声音。我们可以使用高速摄影和慢动作回放来研究翅膀扇动的模式图样，用显微镜观察它们的解剖结构，也可以用常规的频谱和时域方法分析波形。每种动物都拥有一种独一无二的方式发出它的鸣叫。

50.12　练习

练习 1

想象一下你接到了一个任务，要为特定的地点和时间设计一个户外场景。对你希望在该场景中出现的各种生物进行研究，找到这些昆虫鸣叫的录音或研究资料，尽你所能实现其中某些昆虫的鸣叫声。

练习 2

对树螽进行仿真，这是在美国和加拿大常见的一种昆虫。你认为它如何在共鸣上做出变化，才能产生一个颤动的声音？

练习 3

昆虫的鸣叫是具有含义的，它们就像是无线电发射机和接收器，被高度调谐到彼此的声音上一样。制作一对相互通信交流的昆虫，当一只昆虫鸣叫时，另一只做出响应。把它们放到一个立体声声场中，这样你就能听到它们在声场中彼此呼叫声。

50.13　致谢

分析录音由 Coll Anderson、David L. Martin 和 Thomas E. Moore 博士提供。

50.14　参考文献

[1] Aidley, D. J. (1969). "Sound production in a Brazilian cicada." J. Exp. Biol. 51: 325–337.

Aidley D. J. 巴西蝉的发声. 实验生物学期刊，1969，51：325-327.

[2] Alexander, R. D., and Moore, T. E. (1958). "Studies on the acoustical behaviour of seventeen year cicadas." Ohio J. Sci. 38, no. 2: 107–127.

Alexander R. D.，Moore T. E. 十七年蝉的声学行为研究. 俄亥俄州科学期刊，1958，38(2):107-127.

[3] Bennet-Clark, H. C. (1970). "The mechanism and efficiency of sound production in mole crickets." J. Exp. Biol. 52: 619–652.

[4] Bennet-Clark, H. C. (1998). "Size and scale effects as constraints in insect sound communication." Phil. Trans. R. Soc. Lond. B 353: 407–419.

Bennet-Clark H. C. 尺寸和缩放效应作为昆虫声音交流中的限制条件. 伦敦皇家学会哲学期刊，1998，353:407-419.

[5] Bennet-Clark, H. C. (1999). "Resonators in insect sound production: How insects produce loud pure-tone songs." J. Exp. Biol. 202: 3347–3357.

Bennet-Clark H. C. 昆虫发声中的共鸣器：昆虫如何产生响亮的纯音鸣叫. 实验生物学期刊，1999,202:3347-3357.

[6] Bennet-Clark, H. C., and Ewing, A. W. (1968). "The wing mechanism involved in the courtship of Drosophila." J. Exp. Biol. 49: 117–128.

Bennet-Clark H. C.，Ewing A. W. 果蝇求偶中涉及的翅膀扇动机制. 实验生物学期刊，1968，49：117-128.

[7] Chapman, R. F. (1982). The Insects: Structure and Function. Harvard University Press.

Chapman R. F. 昆虫：结构与功能. 1982.

[8] Davis, W. T. (1943). "Two ways of song communication among our North American cicadas." J. NY Ent. Soc. 51: 185–190.

Davis W. T. 北美蝉之间进行鸣叫交流的两种方式. 纽约昆虫学会期刊，1943，51：185-190.

[9] Josephson, R. K., and Halverson, R. C. (1971). "High frequency muscles used in sound production by a

katydid. I. Organisation of the motor systems." *Biol. Bull.*, Marine Biological Laboratory.

Josephson R. K., Halverson R. C. 树蟋发声中使用的高频肌肉：1. 肌肉系统的组织. 生物学会刊. 美国海洋生物学实验室，1971.

[10] Koch, U. T., Elliott, C. J. H., Schaffner, K. H., and Kliendienst, H. U. (1988). "The mechanics of stridulation in the cricket Gryllus campestris." *J. Comp. Physiol. A* 162: 213–223.

Koch U. T., Elliott C. J. H., Schaffner K. H., 等. 田野蟋蟀唧唧声的产生机制. 比较生理学期刊 A，1988,162:213-223.

[11] Nachtigall, W. (1966). "Die Kinematick der Schlagflugelbewmungen von Dipteren: Methodische und analytisch Grundlagen zur Biophysik des Insectenflugs." *Z. Vergl. Physiol.* 52: 155–211.

[12] Wigglesworth, V. B. (1972). *The Principles of Insect Physiology*. Halsted.

Wigglesworth V. B. 昆虫生理学原理. Halsted 出版社，1972.

[13] Wood, J. (1970). "A study of the instantaneous air velocities in a plane behind the wings of certain diptera flying in a wind tunnel." *J. Exp. Biol.* 52: 17–25.

Wood J. 在风洞中飞行的双翅目昆虫翅膀后平面中的瞬时空气速度研究. 实验生物学期刊，1970,52:17-25.

[14] Young, D. (1990). "Do cicadas radiate sound through their ear drums?" *J. Exp. Biol.* 151: 41–56.

Yound D. 蝉是通过它们的耳鼓发出声音么？. 实验生物学期刊，1990,151:41-56.

第 51 章

实战 28——鸟

51.1 目标

了解并合成出鸟类的鸣叫。

51.2 分析

鸟类运用一个名为鸣管的器官发出声音，它相当于人的喉部。哺乳动物的喉部位于气管的上端，与此不同，鸟类的鸣管深入到气管底部，在支气管分叉的地方。鸣管周围是一个气囊，它充当了共鸣器，或是耦合到下面的胸部（通过外鸣膜），所以鸟类不仅通过它们的喙来鸣叫，而且通过整个胸部和喉部进行共鸣。

鸣禽类的鸣管得到了高度的发展，能够完成很多功能：沟通领地和性信息，掠食者报警，以及关于食物的信息等。精巧的鸣啼被认为是为了交配而进行的对健康与智力的展示，但一些鸟类似乎仅仅是因为喜欢鸣啼而鸣啼，或是它们在模仿其他的声音，好像是要试图搞清楚它们世界的意思。鸟类在动物界中是独一无二的，因为它们在发声时能够对两个肺进行分别控制（Suthers 1990）。鸣管、支气管和气管周围的一套复杂的肌肉系统，能够在吸气和呼气时对气压进行调制。这种结构让一些鸟类能够连续不断地鸣啼（夜莺能毫不停歇地鸣啼将近 20 分钟）。对鸣管肌肉的控制让鸟类可以控制鸣啼的幅度和频率。这方面的神经学（Max Michael 2005）和生理学研究已经进行得非常深入了，这是一个令人着迷的过程。

在图 51.1 的中部，你可以看到一个小的三角形部分，它被称为鸣骨，位于一个由柔性组织构成的囊袋的表面。它是一块坚硬的骨质材料，所以它有一定的质量，并能在鸣管腔中从一侧摆到另一侧。这个囊袋在其侧面有紧绷的表皮，被称为半月膜，它能够放大位移而产生声音。在它的正对面，鸣管的外侧，有一个对应的膜，它似乎可以把声音从鸣管中传出去，并传到胸腔中。在支气管间的囊袋的每一侧，有两个唇缘，它允许空气从每个支气管进入。在支气管中的气流被肌肉和软骨所控制，它们的扩张和压缩能控制压力。

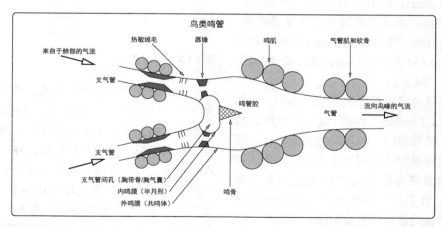

图 51.1　鸟类鸣管的解剖图

压力脉冲是由支气管肌肉与唇缘在鸣管的入口处相作用而产生的。整个鸣管被肌肉环绕，但在向上更靠近气管的地方，还有另外一套肌肉，因此流入和流出鸣管的压力是可控的。声音的产生并没有得到完美地了解，但显然它是各种共鸣的一个组合，这些共鸣来自于各个膜以及唇缘、软骨、气管入口的相互作用，鸟类为了鸣啼而精细地改变了这些阻抗（Fagerlund 2004），它似乎能够用每个支气管中的细微的绒毛（被称为 thermistor）感觉到气流，所以这几乎可以肯定是在充当某种反馈机制。在对鸣管发声的研究中，有一种思路是关注它的 FM/AM 属性。如果假定输出阻抗很高，并且鸣管腔的每一侧都是一个赫尔姆霍茨共振器，那么它的频率就取决于容积，但有效容积会以"反比于鸣管对面所受压力"的方式变化。

鸣骨以胸带骨为轴移动到左侧，它同时减小了容积并增大了这一侧的压力。同时，唇缘移动到一起，限制气流流过这一侧。现在，空气流过对侧的速度很快且压力较低，所以鸣骨又移回到右侧，张开了左唇缘，并放出一股已经聚集的空气。这些空气脉冲进入到共鸣腔中，产生了一个频率脉冲。通过改变鸣肌，鸟类可以控制这些脉冲的频率，并通过改变气管肌肉来控制输出端口的阻抗，从而完成幅度调制。

51.3 模型

Smyth 与 **Smith**（2002a、b）和 **Fletcher**（1993、2000）已经为鸣管内的压力、容积和阻抗搭建出了详尽的模型。我们可以以此为基础构建一个波导模型，但对于实时的过程式音频设计来说，它的计算代价太高。所幸的是，Beckers、Suthers 和 Cate（2003a、b）以及其他研究者已经对频谱特征进行了大量的研究，这让我们可以采用另外一种方法。Kahrs（2001）和其他人已经指出，AM/FM 方法在经过仔细地构建以后，能够产生出非常好的结果。

一些非鸣禽鸟类会发出粗野的混乱的鸣叫，比如海鸥、寒鸦和乌鸦。Fletcher（1993）指出，当肌肉放松而气流很强时，鸣管将以一种混乱的方式动作，所以事实上，一个波导模型可能根本不合适。对于这种情况，我们可以看看带有反馈的 FM，或是其他的准周期非稳态系统。我们应该做的是用一种混合式方法，把各段支气管看成是两个分离的脉冲发生器，并给它们自然的参数。把这些 AM/FM 及一个谐振滤波器组合起来，将得到我们需要的对鸣管和气管的近似。这个合成模型的核心极其简单，但如同我们将会看到的那样，用一种有用的方式控制该模型所需的各个参数是难以处理的。

51.4 方法

两个脉冲波都是由我们熟悉的"对一个余弦进行 $1/(1+x^2)$ 整形"而得到的。环形调制可以把我们需要进行混合的边带的和与差组合起来，形成 FM 阶段使用的载波。两个相互平行的且具备可变谐振的带通滤波器提供了粗略的气管分段，最后阶段的衰减器和高通滤波器完成了像号角一样的鸟喙的工作。每个部件都将被单独检验，然后再装配到一个完整的鸟类鸣啼合成器中。

51.5 DSP 实现

图 51.2 所示为鸟类鸣啼合成器的核心。最左侧的两个输入口用于接收来自于支气管的数据，它们将把脉冲送入环形调制器中。第三个输入口是环形调制器的平衡控制，它将在输入波形的和与差之间变化。环形调制器的输出被第四个输入口的信号值缩放，并加上第五个输入口的数值作为偏移量，这样得到了最底部脉冲振荡器的基频。我们可以通过最后一个输入口改变这个脉冲的宽度。

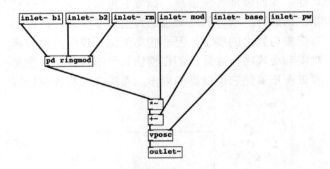

图 51.2 鸣管模型

图 51.3 所示为脉冲振荡器，在父接线图中一共使用了三个这样的脉冲振荡器，其名称为 vposc。两个分别用于每个支气管/唇缘端口，另一个用于鸣管仿真。频率由第一个输入口设置，脉冲宽度由第二个输入口设置。我们往往会在这里使用升余弦并带有一些小的偏离，而脉冲宽度输入口的数值范围在 1.0（升余弦）～3.0（略窄的脉冲）之间。所得结果当然没有以零为中心，所以环形调制器的两个输入都带有直流偏置，这些直流偏置会通过接线图传播出去。为了简化，我们没有把这些脉冲重新调回到以零为中心，

直流分量交由整个链路的后续滤波器来处理。

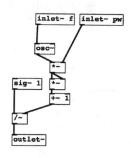

图 51.3 脉冲波振荡器

为了方便，这里再次给出了环形调制器（参见图 51.4）。回忆一下关于整形的章节：两个信号相乘将用两者各个谐波之间的频率差代替这些谐波，而两个信号相加则仅仅是简单的叠加，即两个信号保持不变，但相互结合在一起。对于输入口接收的两个谐波，我们期待可以在输出口出现一个混合物，它有包含四个谐波的潜力，这取决于交叉淡化器的数值。当交叉淡化器的右输入口为 0.0 时，只能产生差频成分，而当数值为 1.0 时只能得到和信号。当值为 0.5 时可以给出两者均等的混合信号。

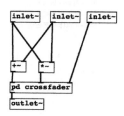

图 51.4 环形调制器

最后还有两个相互平行的滤波器用于气管（参见图 51.5）。这些滤波器把 AM/FM 鸣管的驱动振荡集中到一个更窄的频带中。我们期待可以出现一些多余的调制边带，特别是在低频，那里可能出现一些从零反射回来的边带。所幸的是，所需的频率偏移很温和，因此不会有任何由于"边带高于奈奎斯特频率并被折叠回到高频"而带来的问题。为气管构建一个波导模型是很好的，但我们感兴趣的大多数特征都来自鸣管，所以通过一个更为复杂的输出管道所获得的任何真实感的优势可能都太过微小，与为此付出的额外代价不相配。这个成分的谐振在每次鸣啼中都保持固定，应该介于 2.0 ~ 5.0 之间。

现在，我们想把所有这些部件连接在一起，制作一个完整的鸟鸣模型，所以事情开始变得有趣了。如图 51.6 所总结的那样，一共有 11 个参数。虽然我们已

经抓住了这个声音的精髓——鸟类鸣啼的频谱，但真实的鸟类鸣啼是复杂的，不仅因为产生机制复杂，而且还因为需要用大量的控制数据来运行它。

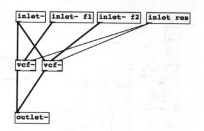

图 51.5 双滤波器的气管近似

参数	取值范围
bp1 左支气管压力（脉冲频率）	0 ~ 10Hz
bp2 右支气管压力（脉冲频率）	0 ~ 10Hz
bw1 左支气管阻抗（脉冲宽度）（标量）	1 ~ 4
bw2 右支气管阻抗（脉冲宽度）（标量）	1 ~ 4
rm 环形调制混合（标量）	0.0 ~ 1.0
mod 调频调制指数（频率）	0Hz ~ 200Hz
bf 鸣管基础频率（频率）	80Hz ~ 1kHz
pw 鸣管脉冲宽度（标量）	0 ~ 4
tf1 第一气管共振峰（频率）	50Hz ~ 3kHz
tf2 第二气管共振峰（频率）	50Hz ~ 3kHz
amp 衰减（绝对fsd）	0.0 ~ 1.0

图 51.6 鸟类鸣啼合成器的各个参数

回到我们早先对于这些生命体的观察，它们发出这些声音是有语义的，即使简单的生命体也会产生出复杂得令人震惊的神经模式图样去控制运动和发声。假设能把鸟类鸣啼简化成每个参数一个包络，并把每个声音都写成持续时间不超过一秒的简短短语。那么我们可以把这些短语连接起来，形成更为复杂精细的鸣啼。如果用包络控制每个参数，让它有起音时间、衰减时间、初始电平和最终电平，我们就有 44 个参数需要控制，对于一个单纯的行为来说，这个参数数量太多了。

回忆一下，对于实时合成，我们始终试图避免访问内存，因为如果每件事都能在寄存器里完成的话，它的速度要快得多，并且内存访问会妨碍 DSP 结构树的并行性。不过，在现在的情况下，我们将选择一种简单的方法来解决问题，有一部分原因是因为它能演示使用数组作为控制包络所带来的乐趣。为了把这个接线图翻译成适合于过程式使用，应该创建一些断点参数列表。这里我将为每个参数创建一个 1 024 点的表格，并且使用 `tabosc4~` 对象读取数据。在补充的在线材料中有一些其他的鸟类鸣啼合成器，它们松散地以本例以及 Hans Mikelson 的 Csound 实现为基础。这些合成器中有一个包含了"自动鸣啼器"，它能随机生

成类似于鸟类鸣啼的表示。这对于虚拟世界的生物来说是很理想的，因为此时我们只想要一些能够一直叽叽喳喳叫个不停的东西，它们能在不需要进一步干涉的情况下产生出有趣的声音。本例对于"制作单个声音实例用于录制样本素材"这类用途是更为有用的。

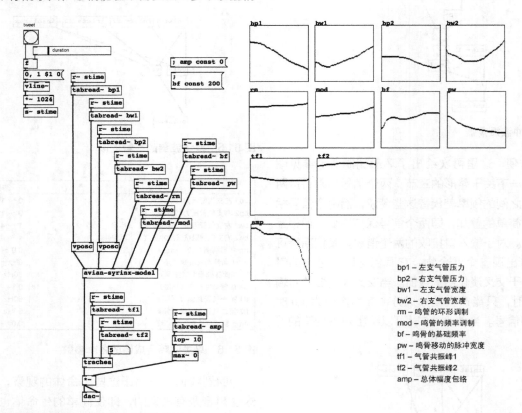

图 51.7　鸟类鸣啼并带有基于表格的控制

51.6　结果

源：http://mitpress.mit.edu/designingsound/birds.html。

51.7　结论

鸟类使用共鸣腔产生声音，这个共鸣腔的作用就像一个调制器一样。鸟类的鸣管是一个由肌肉、膜和软骨构成的复杂器官。即使我们可以模仿它的频域行为，制作复杂的鸣啼仍旧需要对这个合成模型进行复杂的参数化。鸟类鸣啼是一个迷人的课题，人们已经从很多角度对这个问题研究了很长时间。我们可以对各种鸣禽的鸣啼以及各种其他物种产生的奇怪声音进行更深入地研究，但这些都留给了读者的想象力以进一步地进行研究和试验了。

51.8　练习

练习 1

把这些声音使用在猫和其他鸟类上有什么效果？试着扩展这个带宽，让它高于使用 96 kHz 采样频率的还放系统的上限。这会改变其他动物对它的反应方式吗？这对于人类的听觉范围以及真实鸟类鸣啼声中携带的信息有何意义？

练习 2

关于鸟类的录音和文献资料浩如烟海。挑选出一份资料进行研究，尽你所能挖掘出关于这种鸟类的习性、鸣啼和行为特征的更多信息。对这个声音建模，让声音尽可能地接近真实的鸣啼。

练习 3

AM/FM 鸣管模型在非鸣禽的鸣啼声上是如何失败的？你能得到乌鸦或鸭子的呷呷叫声么？哪些更为精细的替代方案可以合成这些物种的叫声？请使用一个类噪的激励器或混沌的振荡器与一个三端口波导来创建海鸥或鸭子叫声。

练习 4

你将如何对真实的鸣啼声进行分析、表示和编写音序？为了模仿真实的物种，试着使用音高跟踪器和FFT 把一些真实的鸣啼声翻译成一些参数列表，用于鸟类合成器。

练习 5

聆听斑尾林鸽或猫头鹰之间的对话。创建一对鸟儿，让它们能够来回鸣啼，做出合适的应答。

51.9 参考资料

[1] Beckers, G. J. L., Suthers, R. A., and Cate, C. (2003a). "Mechanisms of frequency and amplitude modulation in ring dove song." *J. Exp. Biol.* 206: 1833–1843.

Beckers G. J. L.，Suthers R. A.，Cate C. 斑尾林鸽鸣啼中的调频与调幅机制．实验生物学期刊，2003，206：1833-1843.

[2] Beckers, G. J. L., Suthers, R. A., and Cate, C. (2003b). "Pure-tone birdsong by resonant filtering of harmonic overtones." *Proc. Natl. Acad. Sci. USA* 100: 7372–7376.

Beckers G. J. L.，Suthers R. A.，Cate C. 通过对呈谐波关系的泛音进行谐振滤波实现纯音鸟鸣．美国国家科学院院刊，2003, 100：7372-7376.

[3] Brackenbury, J. H. (1989). "Functions of the syrinx and the control of sound production." In *Form and Function in Birds*, ed. A. S. King, and J. McLelland (pp. 193–220). Academic Press.

Brackenbury J. H. 鸣管的功能与发声控制．鸟类形态与功能：King A. S.，Mclelland J. 学术出版社，1989，193-200.

[4] Casey, R. M., and Gaunt, A. S. (1985). "Theoretical models of the avian syrinx." *J. Theor. Biol.* 116: 45–64.

Casey R. M.，Gaunt A. S. 鸟类鸣管的理论模型．理论生物学期刊，1985, 116：45-64.

[5] Fagerlund, S. (2004). "Acoustics and physical models of bird sounds." HUT, Laboratory of Acoustics and Audio Signal Processing, Finland.

Fagerlund S. 鸟类声音的声学与物理模型．赫尔辛基理工大学，声学与音频信号处理实验室．芬兰，2004.

[6] Fletcher, N. H. (1993). "Autonomous vibration of simple pressure-controlled valves in gas flows." *J. Acoust. Soc. Am.* 93: 2172–2180.

Fletcher N. H. 气流中简单压控阀门的自激振荡．美国声学学会期刊，1993，93：2172-2180.

[7] Fletcher, N. H. (2000). "A class of chaotic bird calls." *J. Acoust. Soc. Am.* 108: 821–826.

Fletcher N. H. 一类混沌的鸟鸣．美国声学学会期刊，2000, 108:821-826.

[8] Goller, F., and Larsen, O. N. (2002). "New perspectives on mechanism of sound generation in songbirds." *J. Comp. Physiol. A* 188: 841–850.

Goller F.，Larsen O. N. 关于鸣禽发声机制的新观点．比较生理学期刊A，2002, 188：841-850.

[9] Kahrs, M., and Avanzini, F. (2001). "Computer synthesis of bird songs and calls." In *Proc. of the COST G-6 Conf. on Digial Audio Effects (DAFX-01)*. Limerick, Ireland, Dec. 6–8. DAFX.

Kahrs M.，Avanzini F. 鸟类鸣啼的计算机合成．数字音频效果大会（DAFX-01）COST G-6 会议会议录．利默尼里克，爱尔兰．DAFX 会议，2001[2001-12-06].

[10] Lavenex, P. B. (1999). "Vocal production mechanisms in the budgerigar (Melopsittacus undulatus): The presence and implications of amplitude modulation." *J. Acoust. Soc. Am.* 106: 491–505.

Lavenex P. B. 虎皮鹦鹉的发声机制：幅度调制的存在与意义．美国声学学会期刊，1999, 106:491-505.

[11] Max Michael, D. (2005). "Evolved neural dynamics for synthetic birdsong." Thesis Msc., Evolutionary and Adaptive Systems, Univ. Sussex, Brighton, UK.

Max Michael D. 用于合成鸟鸣声的进化神经元动力学．进化与自适应系统．苏塞克斯大学，2005.

[12] Smyth, T., and Smith, J. O. (2002a). "The sounds of the avian syrinx: Are they really flute-like?" In *Proc. of the 5th Int. Conf. on Digital Audio Effects (DAFX-02)*, Hamburg, Germany, Sept. 26–28. DAFX.

Smyth T.，Smith J. O. 鸟类鸣管的声音：它们真的像长笛么？. 第 5 届数字音频效果国际大会（DAFX-02）会议录 . 德国：汉堡 . DAFX 会议，2002.

[13] Smyth, T., and Smith, J. O. (2002b). "The syrinx: Nature's hybrid wind instrument." First Pan American/Iberian Meeting on Acoustics, Cancun, Mexico, Dec. 2–7.

Smyth T.，Smith J. O. 鸣管：天然的混合管乐器 . 第一届泛美 / 伊比利亚声学会议 . 墨西哥，2002[2002-12-02].

[14] Suthers, R. A. (1990). "Contributions to birdsong from the left and right sides of the intact syrinx." *Nature* 347: 473–477.

Suthers R. A. 完整鸣管的左侧与右侧对鸟鸣的贡献 .《自然》杂志，1990, 347:473-477.

第 52 章

实战 29——哺乳动物

52.1 目标

本章关注的是动物特别是哺乳动物声音的制作。现代的声学和计算研究聚焦于自然语音的合成，关于这个论题有很多书籍和论文。但在这里考虑的是可以适用于从老鼠到狮子的所有动物声音的普遍原则。我们将创建一个简单的声门脉冲源和声道模型，目的是对狮吼声与牛叫声进行试验，然后研究人类元音产生的模型，以此可以构建出歌唱或讲话的合成器。

52.2 分析

哺乳动物发声时会让肺部排出空气，这个气流将经过气管和振动的声门，这个振动被控制张力的肌肉所调谐，然后被声道的其余部分（包括嘴、唇和鼻腔）放大并滤波。各种发音是为了通信交流。它们可以是试图吸引交配对象，或是证明自身的健康、力量和肺活量；它们也可以是一种警告或是对食物的指示，所以必须能够在一定距离上传送；它们也可以是狩猎时用于通知其他同类的定位信号。

电影和动画片中总是需要新鲜有趣的动物声、有意义的发音甚或是说话的动物。交叉合成，使用 LPC 和声码器留下共振烙印或是对真实动物录音进行翘曲，这些都是有用的技术。研究动物及其发音的性质能极大地帮助这个任务的完成。研究者使用合成方法创建动物声音的另一个动机是想要与动物进行沟通。为海豚、海豹、蝙蝠和其他动物制作的合成鸣叫能为动物的行为提供令人着迷的观察，有助于我们了解这些动物。

很多动物都能从其他内容中识别出个体、情绪和意图。母海豹能在成千上万海豹鸣叫中找到她自己的幼崽。在一个基础的层面上似乎所有生物都对于声音沟通有一些共同的理解。大多数人都会被一声狮子的吼叫所吓倒，因为这个声音传达出很大的尺寸和力量。这是生物学和声学中一个活跃的研究领域，所以有很多动物的录音以科学数据的面貌出现供研究使用，因此这里有丰富的内容可以分析。让我们先来回顾一下 Morse（1936）、Fant（1960）和其他人对声带的研究，这些研究已经被认为是关于声带的标准理解。

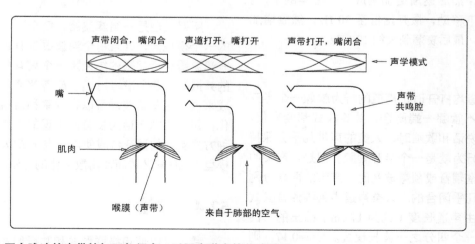

图 52.1　会产生压力脉冲的声带的打开与闭合，以及声道中的共鸣模式

声带

声带或喉膜是呼吸道中一块松散的区域，它周围都是肌肉，用来收缩和拉紧声带。当空气被排出时，它会产生振荡运动，就像气球的颈部一样。空气压力迫使这个受限区域张开，导致一股空气脉冲流出。声带组织的弹性作用与空气流过声带表面的伯努利效应相结合，使声带被回拉，从而再次让气流停止。

我们把这种设备的自然频率记为 F_0，它由声带的尺寸、用于限制它们的肌肉力量以及肺部释放的压力所决定。根据这个动物的尺寸、物种和年龄，声带会有极大的变化。成年男性声音的频率在 100 ~ 200 Hz 左右，成年女性的声音在 200 ~ 300 Hz，儿童的声音最高到 350 Hz。对于猫来说，频率可以高至 500 Hz，而对于水牛、海象和狮子来说，声音可以低到 30 Hz。

我们想知道，在没有声道的其余部分的情况下，声带本身的声音波形是什么样子的？Miller 和 Mathews（1963）与 Rothenberg（1968）找到了逆滤波的方法，运用空气速度测量确定了这个波形是一个略微非对称的脉冲，很像一个收窄的升余弦，它骑乘在来自于肺部的主气流之上。拉紧声带可以略微收窄这个脉冲，并且不改变基频。

当然，并非所有的动物都像人类一样有声带，猴子和海狮都具有类似的生理结构，但缺乏能够产生人类语音的复杂精密的共鸣控制。另一方面，猫和狗用一种不同的机制为组合在一起的几个脉冲产生一种起伏的效果，随着空气移动过柔软松弛的组织，它引起了波浪一样的运动，非常像一面旗子在迎风飘动。因此，脉冲的强度和密度取决于空气流过声带的速度。狮子的吼声最开始也是柔软低沉的，并且具有明显不同的声门脉冲，然后逐渐增加构成一个密集的吼声。其频率也会上下移动，最开始低至 30 Hz，然后增加到大约 240 Hz，最后衰落到大约 120 Hz。

声道

当嘴和声道均打开时，声道的行为就像一个半开的管腔一样，不管哪一端闭合，共鸣模式都会变化。在进行普通的说话和歌唱时，人类的声带几乎会保持闭合，所以其行为就是一个半开管腔。但是，在尖叫或发出一个闭塞辅音或预爆破音时，声带的两端分别是完全张开或几乎闭合的。人类声道中各种浊音模式的自然共振是由声道长度（约为 17 cm）给出的，由此我们得到了一个四分之一波长模式。令 $l=0.17$，则 $F=c/\lambda=c/4l=340/0.68$。这给出了以下频率：500 Hz、1000 Hz、1500 Hz……知道一个动物声带的长度，我们就可以计算出这些特征共振。

发出说话声音的方式

以上列出的长度计算给出了一种一般的共振行为，但大多数动物都能缩短或拉长声道，或是运用其他肌肉结构把声道限制到某些固定位置上。并且，嘴、唇和舌头的形状也可以改变，还有一块名为软腭的组织可以打开和关闭，从而让更多或更少的空气进入鼻腔。

图 52.6 是根据 Fant（1960）理论改编的示意图，它展示了人类声道沿其长度在不同位置上的截面图。截面的形状显然对共振有一些影响，但作为一种简化，我们仅需要考虑横截面的总面积，一些位置要比其他位置宽得多或窄得多。人类与其他哺乳动物之间的区别在于我们有一个固定的喉部，而且它的位置很低，这让我们能够运用声道的全部范围进行沟通交流。其他只能偶尔发音的动物——比如反刍动物——必须把它们的喉部挪开，即把它从接近呼吸道顶端的位置向下移动到一个它可以有效共振的位置。

对于狗和猫来说，这个位移是很大的。对于像马嘶声和喷鼻息这类的声音，大多数物种不需要移动它们的喉部，而且软腭是保持打开的，所以鼻腔共振峰始终存在。对于很响的声音，许多动物会关闭软腭，所以空气不会从鼻腔通过。这在各个动物之间会有很大的不同，但大体的原理是一样的，我们可以把声道简化成一组级联的短管腔模型，它们被一些阻挡物分开，这些阻挡物产生了一些后向传播，并能像一个部分封闭的管腔一样共振。

52.3 模型

所得模型是一组滤波器，每个滤波器对应于声道的一个横截面，并且每个滤波器都有自己的谐振。这些滤波器综合起来的结果是一个具有多个极点和零点的共振峰。各个谱峰用 F_1、F_2 等来表示，对于语音合成来说，这些滤波器可以在频率和谐振上进行动态变化，用于模拟声道为发音而出现的改变。最先利用这种方式实现的语音合成使用了电子 LCR 滤波器（Klatt 模型），后来又转而使用数字化的方法。

52.4 方法

我们可以使用级联形式和并行形式的谐振带通滤波器。声带源可以是脉冲发生器的变种，用来为宽度和聚集性提供控制。所有人声和动物声显然都需要大量使用动态滤波器。在语音合成中，问题是如何控制这些滤波器去建模那些精细复杂的声道发声，但对于动物声音来说，我们可以使用更粗糙的控制姿态。

52.5 DSP 实现

接下来有两个简短的示例，一个是制作动物的声音，另一个是制作人类的元音。

动物声音

图 52.2 所示为一个精细复杂的脉冲源，看上去有点像常规的 $1/(1+kx^2)$ 波形整形器，它带有 cord width 输入口，用于控制脉冲宽度。不过，请注意在顶部平行运行的那个额外的余弦函数，它与另一个余弦构成了调制，用来产生一组周波，对它们的每个圆瓣都进行了良好地整形。第一个余弦被升至 0 以上，其行为就像第二个余弦的一个窗函数。因为这条曲线（被 cord ripple 缩放）产生了一个包含更多周期的更高的频率，所以它会让每个声门咔嗒声中的脉冲数量增加，并改变频谱。在经过整形获得宽度可控的单极性脉冲以后，一些噪声被这个信号调制，然后混合进来，从而提供了一个类噪的成分。noisiness 输入口对脉冲和经过调制的噪声进行了交叉淡化。带有大量波纹和一些噪声的狭窄脉冲给出了一种刺耳的、沙砾感的、咆哮般的激励，而很少或没有波纹和噪声的宽阔脉冲则给出了一种平滑的、嗡嗡作响的声源。

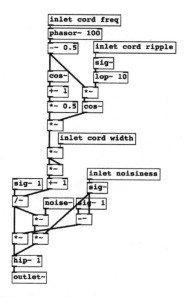

图 52.2 "拍动的"波形整形器

在图 52.3 所示的接线图中，我们看到了如何对声道进行建模。在人类声道中我们需要进行单独的共振峰控制，与此不同，这个模型包含了一组滤波器，它们的行为像一个梳状滤波器。这些滤波器之间的间隔、总共覆盖的频率范围、总体谐振，都可以通过输入口进行控制。即使 [bp~] 接收消息域控制的对象不能很好地改变它们的中心频率，它们似乎也能工作得很好，有几声咔嗒声被听到，但很少。如果你对此并不满意，那么可以试着把它们都换成 [vcf~]，并在各个频率控制上加入更多的平滑，或是试着完全替换成一个基于可变延时的梳状滤波器。

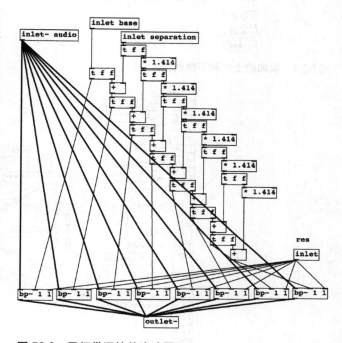

图 52.3 平行带通梳状滤波器

需要用某种方式来提供发音方法，所以图 52.4 是一个包络，它给出了一个被翘曲的半余弦周期，你可以单独调整它的上升侧和下降侧。这条曲线扫过了余弦函数的四分之一，所以我们需要一个 $\pi/2$ 的乘法器，然后转向并翻转回零。上升和下降时间被存储在 [float] 对象中，而上升时间与下降时间之间的平衡被用来对它们进行缩放。我们不想让输出保持为零，所以没有给每个参数一个偏移量，而是在输出之前加上了 0.25。

把声带的脉冲源、声道梳状谐振器、发音包络与一些控制组合起来，我们得到了图 52.5 所示的接线图。各个控制用于为发音者设置脉冲宽度、波动、脉冲基础频率和频率偏移、脉冲噪声、声道共振、长度特征、持续时间、上升/下降。它可以产生一些有趣的声音，从可爱的小猫到令人讨厌的怪兽。

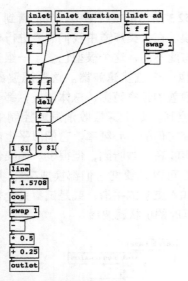

图 52.4　柔和的上升和下降曲线

人类的元音

　　元音最强烈的特征是前两个共振峰 F_1 和 F_2 之间的关系，所以可以在一个二维图中编排两者，这个二维图给出了一个"元音空间"。双元音带有两个元音，比如在单词 about 中的 aʊ。毫不奇怪，常见的双元音在元音空间中也是相互靠近的邻居。为了在元音之间移动并产生自然的语音，需要一种插值方法对滤波器的各个参数进行平滑变形。虽然动物声音并没有像语音那样的复杂特征，但它们确实也在遵守同样的几何规律和共振规律，这些规律描述了由各种模式构成的一个可能空间，所以加入插值也应该会对动物声有所帮助。

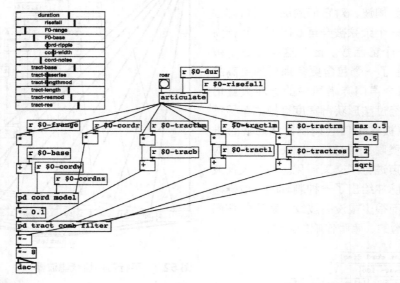

图 52.5　动物声音发生器

　　人类声道如图 52.6 所示，它只有三个带通滤波器，每个滤波器用于一个共振峰。这些频率以三元素列表的形式被存储在消息域中，并被解包给每个滤波器。当该接线图被初始化、这些滤波器被冲洗时，请小心会有烦人的噗声发出。

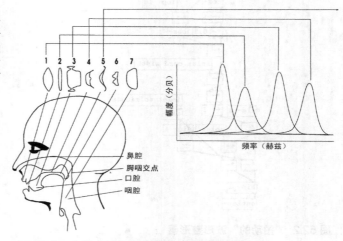

图 52.6　人类声道及其模型（一组滤波器）

元音	例子	F1	F2	F3
i:	Meet	280Hz	2250Hz	2900Hz
i	Ship	400Hz	1900Hz	2550Hz
ɛ	Pet	550Hz	1770Hz	2490Hz
æ	Cat	690Hz	1660Hz	2490Hz
ʌ	Love	640Hz	1190Hz	2390Hz
u:	Root	310Hz	870Hz	2250Hz
u	Hook	450Hz	1030Hz	2380Hz
ə	About	500Hz	1500Hz	2500Hz
ɑ:	Father	710Hz	1100Hz	2640Hz

图 52.7 人类元音共振峰列表（由 Tim Carmell 汇编整理，俄勒冈大学口语理解中心频谱数据库）

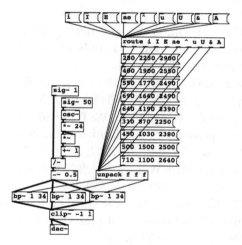

图 52.8 "非中央元音盒"：对于元音的人类声道共振

52.6 结果

源：http://mitpress.mit.edu/designingsound/mammals.html。

52.7 结论

声道模型本质上就是一组编排好的带通滤波器，用来模拟一条直径变化的狭长通路。把类噪或类咔哒声的脉冲激励送入声道模型中可以产生动物声。通过为声道模型选取适当的共振峰频率就可以产生人类元音的声音。

如果你打算进一步对语音进行试验，那么为了解决控制数据复杂度的问题，几乎肯定需要文本文件或数据库输入。你也许喜欢学习 IPA 语音符号并研究语言学和语音学给出的一些参考符号，然后再进行尝试，比如文本 - 语音系统。对于各种复杂的动物声音，为了解释声音中到底有些什么，你会发现使用 Praat（见下文）或其他优秀的频谱分析系统会很有用。

其他工具

阿姆斯特丹大学语音科学学院的 Paul Boersma 和 David Weenink 开发的 Praat 软件是一个非常优秀的分析与合成环境。它对于所有平台都是免费的，可以直接从网上下载。如果你需要好的频谱图和元音分析工具的话，请下载并试验这款软件。

52.8 练习

练习 1

挑选一种动物进行研究。挑一种你可以找到大量良好录音的动物，并花时间听它的声音。使用分析工具绘制出不同鸣叫的 F_0 频率，试着画出声道的共振峰。对它的发声器官、肺活量以及发声习性进行生物学评估，并且看看你是否能够尽可能好地合成出这种动物。

练习 2——高阶练习

尝试做出动物说话的声音。这是游戏、童话和儿童媒体经常需要的一种声音设计技能。"怪医生杜利特"接线图可能就是某种类型的交叉合成，在这里你把激励和共振隔离开，然后把类似于人类的声道共振峰姿态施加到它们身上。用子带声码器、LPC、傅里叶分析或你喜欢的任何其他变换进行试验，分析这些数据，并分离出各个成分。你将发现把浊音（有音高的元音）和清音（摩擦音、爆破音等）分隔开会有极大的好处。如果想让这个混合式声音是可以理解的，那么把最初人类演员的声音混合进来一部分是至关重要的。

52.9 参考文献

[1] Charrier, I., Mathevon, N., and Jouventin, P. (2002). "How does a fur seal mother recognize the voice of her pup? An experimental study of Arctocephalus tropicalis." *J. Exp. Biol.* 205: 603–612.

Charrier I.，Mathevon N.，Jouventin P. 海狗妈妈如何识别出她的幼崽的声音？关于亚南极海狗的一项实验研究. 实验生物学期刊，2002，205：603-612.

[2] Erkut, C. (1998). *Bioacoustic Modeling for Sound Synthesis: A Case Study of Odontoceti Clicks*. Helsinki University of Technology, Lab. of Acoustics and Audio

Signal Processing, Espoo, Finland.

Erkut C. 用于声音合成的生物声学建模：齿鲸吸气声的案例研究.芬兰：声学与音频信号处理实验室，1998.

[3] Fant, G. (1960). *Acoustic Theory of Speech Production*. Mouton. (Second printing, 1970.)

Fant G. 语音生成的声学理论.Mouton 出版社（1970 年第二次印刷），1960.

[4] Fant, G. (2000). "Half a century in phonetics and speech research." FONETIK 2000, Swedish phonetics meeting, Sk ¨ ovde, May 24–26. Dept. Speech, Music, and History, KTH, Stockholm.

Fant G. 半个世纪以来的语音学与语音研究.瑞典语音学会议，2000[2000-05-24].

[5] Farley, G. R., Barlow, S. M., Netsell, R., and Chmelka, J. V. (1991). *Vocalizations in the Cat: Behavioral Methodology and Spectrographic Analysis*. Research Division, Boys' Town National Research Hospital, Omaha.

Farley G. R.，Barlow S. M.，Netsell R.，等.猫的发音：行为方法论与频谱图分析.奥马哈：博伊斯镇国家研究医院研究部，1991.

[6] Fitch, W. T. (2000). "Vocal production in nonhuman mammals: Implications for the evolution of speech." *The Evolution of Language: Proceedings of the 3rd International Conference*, pp. 102–103.

Fitch W. T. 非人类哺乳动物中的发音生成：语音进化的意义.语言的进化：第三届国际会议会议录，2000：102-103.

[7] Fitch, W. T. (2006). "Production of vocalizations in mammals." In *Encyclopedia of Language and Linguistics*, edited by K. Brown, pp. 115–121. Elsevier.

Fitch W. T. 哺乳动物中发音的产生.语言与语言学百科全书.Brown K. Elsevier 出版社，2006，115-121.

[8] Fitch, W. T., and Kelley, J. P. (2000). "Perception of vocal tract resonances by whooping cranes, Grus Americana." *Ethol.* 106, no. 6: 559–574.

Fitch W. T.，Kelley J. P. 对美洲鹤声道共振的感知.动物行为学，2000，106(6):559-574.

[9] Hillenbrand, J., Getty, L. A., Clark, M. J., and Wheeler, K. (1995). "Acoustic characteristics of American English vowels." *J. Acoust. Soc. Am.* 97: 3099– 3111.

Hillenbrand J.，Getty L. A.，Clark M. J. 美国英语元音的声学特征.美国声学学会期刊，1995,97:3099-3111.

[10] Mergell, P., Fitch, W. T., and Herzel, H. (1999). "Modeling the role of nonhuman vocal membranes in phonation." *J. Acoust. Soc. Am.* 105, no. 3: 2020– 2028.

Mergell P.，Fitch W. T.，Herzel H. 对非人类声带膜在发声中的角色进行建模.美国声学学会期刊，1999, 105(3):2020-2028.

[11] Miller, J. E., and Mathews, M. V. (1963). "Investigation of the glottal waveshape by automatic inverse filtering." *J. Acoust. Soc. Am.* 35: 1876(A).

Miller J. E.，Mathews M. V. 用自动逆滤波对声门波形整形进行研究.美国声学学会期刊，1963, 35:1876.

[12] Miller, R. L. (1959). "Nature of the vocal cord wave." *J. Acoust. Soc. Am.* 3l: 667–679.

Miller R. L. 声带波的特性.美国声学学会期刊，1959, 31:667-679.

[13] Morse, P. M. (1936). *Vibration and Sound*. McGraw-Hill.

Morse P. M. 振动与声音.McGraw-Hill 出版社，1936.

[14] Ohala, J. J. (1994). "The frequency codes underlies the sound symbolic use of voice pitch." In *Sound Symbolism*, L. Hinton, J. Nichols, and J. J. Ohala (eds.), Cambridge University Press. 325–347.

Ohala J. J. 构成嗓音音高的声音符号化使用基础的频率编码.声音符号化.Hinton L.，Nichols J.，Ohala J. J. 编.剑桥大学出版社，1994:325-374.

[15] Peterson, G. E., and Barney, H. L. (1952). "Control methods used in a study of the vowels." *J. Acoust. Soc. Am.* 24: 175–184.

Peterson G. E.，Barney H. L. 元音研究中运用的各种控制方法.美国声学学会期刊，1952, 24:175-184.

[16] Riede, T., and Fitch, W. T. (1999). "Vocal tract length and acoustics of vocalization in the domestic dog Canis familiaris." *J. Exp. Biol.* 202: 2859–2867.

Riede T.，Fitch W. T. 声道长度与家犬发声的声学.实验生物学期刊，1999, 202:2859-2867.

[17] Rothenberg,M. (1968). "The breath-stream dynamics of simple-released-plosive production." In *Bibliotheca Phonetica* VI. Karger.

Rothenberg M. 产生简单释放爆破音的呼吸气流动力学.语音学文库 VI. Karger 出版社，1968.

[18] Stevens, K. (1998). *Acoustic Phonetics*. MIT Press.

Stevens, K. (1998). *Acoustic Phonetics*. MIT Press.

Stevens K. 声学语音学.MIT 出版社，1998.

[19] Sundberg, J. (1991). "Synthesising singing." In *Representations of Music Signals*,chapter 9, ed. G. De Poli, A. Piccialli, and C. Roads. MIT Press.

Sundberg J. 歌唱的合成.音乐信号的表示方式：De poli G.、Piccialli A.，Roads C. MIT 出版社，1991.

[20] Weissengruber, G. E., Forstenpointner, G., Peters, G., Kubber-Heiss, A., and Fitch, W. T. (2002). "Hyoid apparatus and pharynx in the lion (Panthera leo), jaguar (Panthera onca), tiger (Panthera tigris), cheetah (Acinonyx jubatus), and domestic cat (Felis silvestris f. catus)." *J. Anat. (London)* 201: 195–209.

Weissengruber G. E.，Forstenpointner G.，Peters G.，等.狮、美洲豹、虎、猎豹和家猫的舌骨器官与咽.解剖学期刊（伦敦），2002, 201:195-209.

实战系列——破坏

砰，砰，砰，砰，
砰，砰，砰，
砰，砰，砰，砰，
砰，砰，砰。

——"德国人的枪"，Pvt. S. Baldrick（1917）

杀死东西

我们现在不可避免地要从生命走向死亡，到了让东西爆炸并让它们彼此残杀的时候了。这个题目的有趣之处在于我们已经习惯的声学规则中有很多将被打破。在已经见过的例子中，唯一具有可比性的是雷声，在当时我们并没有探索那些具有更多困难细节的冲击波。由于有爆炸和超声波事件，声音开始以一些奇怪的方式表现出来了，正是它们赋予这些声音以特色，并且让它们变得有趣。

实战

在本部分有三个实战练习。

- 枪：超声子弹、自动开火、再装弹的声音。
- 爆炸：冲击波的奇怪行为和高动态的气体。
- 火箭筒：对一件复杂的游戏武器的全面研究。

致谢

感谢 Charles Maynes 为轻武器章节的研究而提供的帮助。

第53章

实战 30——枪

53.1 目标

本次实战的目的是研究并做出枪声，这是战斗游戏和动作电影的必需之物。此外，我们还会看到如何加入再装弹的声音，这些声音重新使用了模型中的某些部分，得到了一个一致的模块化的对象。

53.2 分析

听听意大利式的西部片中的枪声：这些枪声带有非常大的混响，并会一直延续下去，而且还有近乎滑稽的跳弹声，即使当子弹击中某人时也是如此。在开放环境下录制的任何枪声中都有一个巨大的部分，那就是混响。这些生动的效果是日后要用来修饰你的作品的东西，但现在，我们将聚焦在纯净的、无效果的枪声上，它不带有任何混响。所以，第一步是把真实的枪声从环境效果中独立出来，在消声室中录制的真实枪声是非常短的，它不仅仅是一个噪声脉冲，而且还从它的物理过程中涌现出一个清晰的结构。首先我们要想到大部分枪支都是由几个部分构成的。步枪的枪托通常都很大很重，用来稳定枪支。军用战斗武器往往会为了轻盈灵活而构建，所以这里会有设计上的折中。厚重大块的枪托会在开火时吸收更多的冲击，显然它在携带时也更笨重，所以很多军用的步枪设计都使用了一种弹簧加载机构，用于缓解一部分后坐力的冲击。因此，枪托的主要作用是在肩膀处把武器耦合到身体上。还有三个部件对于枪声有显著意义。枪管是一个坚固的圆形管腔，它的直径很小，这与该枪支所用的弹药口径是相适合的。它的长度对于所产生的声音具有一定意义，对于同样的口径，较短的枪管产生的声音较响。把枪管连接到枪托上的是枪身，它包含几个轻型部件，它们通常都由钢铁制成：弹簧、扳机机构以及安放弹药的弹夹。枪身周围其他的木质或金属部件有时候被称为**木柄（furniture）**。单发步枪的结构就是这些部件，但对于自动连发步枪和一些手枪来说，还有一个可拆卸的弹夹，它安放在底座之下，里面含有更多的子弹，而且还有一个弹簧能够把这些子弹送入弹仓。

引爆

一些初始能量存储在被压缩的弹簧中。当你扣动扳机时，这根弹簧击发一个撞针，它会撞击黄铜弹壳的底部。每发子弹的底部都是一个起爆药，它被放在一个很薄的黄铜泡中。炸药——有时候是一种不稳定的金属雷汞——会在撞击时引爆。它仅仅是一点微小的弹药，不会比一支玩具手枪更大，但它会引爆子弹壳主体部分中的主体无烟火药（硝化纤维和一硝基甲苯）。因为这是一种高爆炸药，所以引爆几乎瞬间发生，不像使用黑火药的加农炮或烟火那样发生"爆燃"（普通燃烧）。实际的引爆周期非常快[1]。炸药的分解速度在 5 000 ~ 8 000 m/s 之间，所以一个 10 mm 的弹壳在 2 μs 之内就用完了它所有的弹药。在这个时间之内，有大量的能量被释放出来。为了对这些数字有一个感性认识，假设有一颗步枪子弹以 800 m/s 的速度飞行，那么它包含的动能与一辆以 80 km/h 行驶的 500 kg 重的摩托车拥有的动能一样，这是因为快速的引爆时间导致了高速，而动能的计算公式为 $E=1/2mv^2$，其中 m 为质量，v 为速度。动能的范围从手枪的 11 KJ/kg 到狙击步枪的 500 KJ/kg。由于大量的能量在短时间内被释放，所以功率非常高，对于一颗步枪子弹来说可以高至 500 吉瓦。所以，弹壳爆炸的声音就像一个单一的极响的爆音，对此我们有一个名称：冲激。

―――――――――

[1] 为了防止过多的爆炸威力损伤枪管，引爆是被阻尼的。

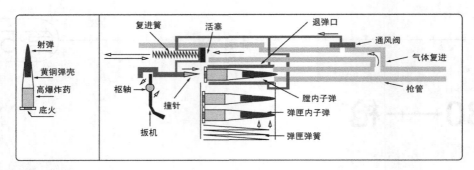

图 53.1 自动步枪运转的示意图

激励

当弹壳引爆时，它会让其他所有的东西都振动。冲击波通过其他部件向外运动，仿佛这支枪已经在枪膛处被严重撞击一样。一篇分析指出，开枪的声音是枪身的响应与弹壳引爆所产生的冲激所进行的卷积。这个激励波主要是纵向的，它在枪管（通常是钢制的）中的速度与引爆速度匹配得很好，为 5 000 m/s。大约有 10% 的爆炸能量在武器的机械振动中损失掉，考虑到能量的初始值很大，所以这个损失的能量仍旧相当可观。弹匣、枪托和枪身充当了放大和辐射这个能量的角色。没有内部后坐力阻尼，它就好像是你用一个锤子猛击枪托和枪身一样。结果，声音中的这部分极大地取决于枪支的构造。

排气与通风

热膨胀气体推动子弹沿枪管前进，枪管中的膛线让子弹产生自旋，使其在飞行中保持稳定，所以子弹的速度会被这个过程放慢。摩擦在枪管上施加了第二个力，力的方向与子弹的运动方向相同。高压波引起枪管向外辐射声音，但这个声音与子弹脱离枪管时气体发出的巨大声音相比是微不足道的。子弹身后排出了 100 升的氮、氯和氢的热气，它们在空气中的爆炸引发了一道火光。这个声音被称为**枪口特征（muzzle signature）**，它的频率要比冲击波激励的频率低得多，更像是一只爆裂的气球，并且它的持续时间为几个毫秒。它占据了子弹能量的 20%。一些枪支的设计中包含了枪管气孔或枪口制退器，用以减小后坐力，这种设计延长了除气时间，把更多的低频声音能量引向了枪支的侧面。

复进与自动武器

在自动武器中，膨胀废气中的一部分被抽出，用于驱动一套**复进（recoil）**系统。这套系统对撞针簧进行重新压缩，并驱使一套机械装置把用过的弹壳弹出去，把弹匣中的另一枚子弹推入枪膛，并打开阀门排放复进气体。这个接收器包含弹匣扣件的托架，它与枪栓和闭锁凸耳是分离的。当这些部件移动位置以便于自动半自动手枪和步枪重装子弹时，它们的动作产生出机械声，这些声音有助于识别这件武器。

一些武器——比如 M16——没有使用气体复进活塞，但使用了一套**导气系统（gas impingement system）**，在这套系统中，废气直接循环到武器中。在机关枪使用的 Sear 系统中，如果扳机没有处于能够钩住撞针活塞的位置，那么另一颗子弹就会被射出，这个过程会以一种振荡的形式持续进行，它从每颗爆炸的子弹中获取能量，并以弹簧与复进枪膛共振所设定的频率进行连发。弹簧的硬度和气体的压力决定了这个速率，所以当（导气系统中的）气杆变脏时，连发的速率会下降，因为气道被弹药残留物淤塞。在半自动武器中，每次扣动扳机只会发射一颗子弹，然后整套机械机构又循环回去并自我重置，准备好下一次击发。一种名为"撞火（bump firing）"的技术可以对全自动射击进行模仿。

热能与被循环的机械能最高可以占据子弹能量的 40%，所以需要进行一些冷却以防止自动武器过热和卡壳。这带来了一种笨拙的设计的折中，因为为了这个目的必须要留出一片较大的区域。在 AK-47 的设计中，气体复进管道在枪管之上保持暴露，以便在空气中冷却，而其他设计则与枪身耦合，让其充当辐射器。当然，这也会是一个很好的声音辐射器。

子弹声音

经过枪管摩擦以后，剩余爆炸能量的 30% 变成了子弹的动能。枪管中的空气在子弹前面运动，速度要比声速更快。因此，子弹的弹头尖端在冲出枪口时携带了一个超声冲击波。当子弹从位于发射线下游的观察者眼前飞过时，这个扰动听上去像一声巨响。由于它比来自于开火枪支的枪口特征移动得更快，所以会先听到这个声音。如果你听到了一发子弹的声音，那么你没事儿，子弹没有打中你——然后你听到了枪响，这通常都会在几秒钟以后。

相对强度和位置

射击者——特别是使用消声武器的射击者——所听到的声音是由激励脉冲和除气产生的回声所主宰的。在这个位置，枪口特征受到相位对消的影响，由于空气与枪支产生了位移而使感知到的强度降低。但是顺着子弹的发射方向，在与发射线构成 45° 的锥体中，这个声音是不同的。在小于 1 m 时，枪口特征的强度介于 140 ~ 160 dB SPL 之间，到 10 m 时就衰落到 130 dB SPL。相反，枪身和枪托的激励可能低至 100 dB SPL。在顺着子弹发射方向录制的任何录音中，后者几乎都没有什么意义。

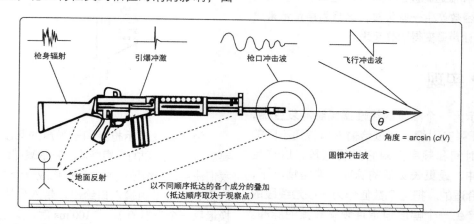

图 53.2　对枪声有贡献的各个波形

随着子弹向前运动，它将会产生一个冲击波，该冲击波在子弹身后以锥形散布。这个冲击波的形状是一个 N 字形波，带有快速的上升、线性的渐变和快速的回跳。在射击者的位置上观察，与枪口的冲击波相比，这个声音仅仅是刚刚能被听到，但在射击者前方，这是一个更响的声音成分。冲击波的散布角度取决于 $\sin^{-1}(c/V)$，其中 V 是子弹的速度，c 是声速。典型的子弹速度以及冲击波角度为 680 m/s（此时锥体角度为 30°）~ 850 m/s（此时锥体角度为 25°）。当子弹精确地以声速 $c=V=340$ m/s 运动时，冲击波的角度为 90°，所以它的移动方向与子弹相同。在枪支的侧面，有一个由多个声音产生的混合声，这些声音的相对时间取决于角度和距离。

即使在开放空间，也总会有一个回声，它是枪口特征以及子弹飞过声音的地面反射。我们也期待听到来自于周围建筑物、树木的环境反射，以及来自于远处物体的后期回声。安装在架子上的大型枪械与地面相耦合，能够通过地面传播冲击波，这个速度要比空气中的声速快五倍，所以在致密的（花岗岩）地形中，这些声音可能在射弹之前到达，为炮击目标提供一个短暂的警示。让我们总结一下塑造出这个声音的那些构成声音和因素：

- 引爆冲激（军火特征）。
- 除气（枪口特征）。
- 枪身鸣响（武器装备特征）。
- 自动连发（机械特征）。
- 子弹飞行（超声波爆裂声，马赫特征）。
- 前次反射声（子弹飞行与枪口的地面反射）。
- 环境（树木，建筑物）。
- 观察者位置（射击者，沿着子弹射出方向，或在侧面）。
- 在地表下的传播，来自于重武器。

53.3　模型

我们的模型将由几个分离的组件构成，每个组件产生一个简短的声音，这些声音混合起来提供了一个适合于某一观察点的叠加声音。每个声音成分都有一个延时，使其与其他声音有一个偏移量。滤波器组生成了枪身的模型特征。当这个滤波器组被一个合适的摩擦模式激励时，还可以用来处理各种噪声，比如重新装弹、枪栓上膛、弹匣滑落等声音。

53.4　方法

引爆由一个线性调频脉冲提供。我们无法用数字合成的方法产生一个在几毫秒短的时间内具有合适的高能量的冲激，因为只有几个样点可以使用。一个非常短（大约 10 ms）的正弦扫频可以产生正确的效果。枪口冲击波的频率要比这低得多，但这一次我们还是会用一个 100 Hz 附近的短促扫频来获得所需的密度。枪身用一组带通滤波器来仿真，武器的激励用简短的噪声脉冲表示。N 字形波的冲击特征直接由 `vline~` 对象产生，并且用一个经过延时和低通滤波的版本表示地面反射。使用 `tanh~` 或波表转移函数产生一些失真，这将为声音带来更多的高频能量，让声音变得明亮起来。

53.5 DSP 实现

图 53.3 所示为一个高效的线性调频脉冲发生器，这个发生器用于弹壳引爆。通过给输入口传递不同的数字，可以在时间和频率上对它进行缩放，以产生更短更高的脉冲，或更长更低的脉冲。典型情况下，30 ~ 60 ms 是合适的。把这个数值作为一条短线段的衰减时间，以产生一个幅度恒定且频率衰减的脉冲。幂函数中的 64 和 1.05 两个数值产生了一个从 10 kHz 开始向下至几百赫兹的扫频，历时大约 50 ms。对余弦函数施加 −0.25 的偏移量可以得到一个从零开始并且以零结束的正弦波脉冲。

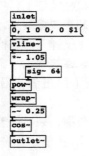

图 53.3   弹壳线性调频脉冲

对于枪管末端的枪口发出的巨响，这里使用了一种类似的方案。这一次，我们想得到一个频率约为 150 Hz 的脉冲，并且在频率上的衰减较小。在图 53.4 所示的接线图中，你会注意到，我们也用衰减线对这个脉冲进行了包络处理，所以它不像引爆脉冲那样维持恒定的幅度，而是会逐渐淡出。从这里给出的参数可知，波形将有 2^2=4 个周期。典型的持续时间为 20 ~ 40 ms，在这个周期里，我们将获得一个最高频率介于 100 ~ 200 Hz 之间的脉冲。再一次，从 −0.25 开始产生一个从零开始的正弦波，所以我们可以把它与先前的脉冲混合起来，并且不会产生爆音。事实上，

从被分析的一些实例中可知，引爆和枪口特征之间可能有 1 ~ 2 ms 的短暂延时。这是子弹以大约 700 m/s 的速度在 1 m 长的枪管中飞行所花费的时间。

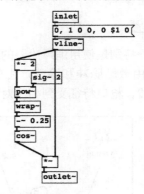

图 53.4   枪管声波

为了激发表示枪身和子弹声的滤波器组，我们需要制作一个简短的噪声脉冲。它的衰减时间很短，所以我们使用三个级联的平方运算构成一个衰减，衰减时间约为 200 ms（由输入口给出，带入到线段发生器中替换最后一个消息值）。在 100 ms 时，这条线位于其初始幅度的 0.003906 倍处，这几乎听不见。使用白噪声是因为这个滤波器将呈现出枪身、枪管和子弹爆裂声的复合共振，而且我们需要多个频带构成一个较宽的范围。图 53.6 所示的一组相互平行的带通滤波器构成了枪身的共振。这个图被接成了一个抽象，所以我们可以用第一个创建参数来固定这个共振，第三个输入口的数值可以用来覆盖任何创建参数。第二输入口会给出一个由八个中心频率构成的列表，该列表经过解包后被发送给每个滤波器。这些频率在整个声音中保持固定不变。

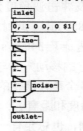

图 53.5   激励噪声

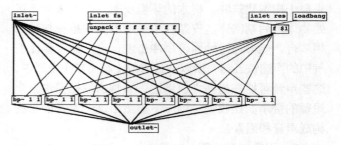

图 53.6   枪身共振

为每个共振设置频率是很耗费时间的，所以可以用一个随机化器接线图帮助我们找到好的数值，如图53.7所示。通常，四个介于200～800 Hz之间的频率能为枪身共振组成一个很好的共振峰，而另外一组在2.5 kHz附近的频率则能很好地用于枪管辐射。当你找到了一组合适的数值以后，请把它保存为一个消息块列表，作为武器特性的一个预置。使用 `until` 让八个介于100～3 100之间的随机数值相继附加到一个列表上，该列表将被发送给滤波器组。你可能想对两个四滤波器组进行试验，使用两个滤波器——一个被延时，用于枪口爆炸和枪身，一个未被延时，用于子弹声音，可以真实地让这件武器从观察点向射击方向瞄准。换句话说，如果观察点从射击者平移到被射目标上，那么各个成分之间的相互关系会发生改变。事实上，这种技术在真实生活中被解析地（反向）使用，用于瞄准敌人的狙击手。

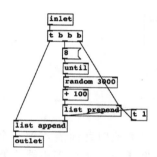

图 53.7 随机化器

为了产生冲击波，我们需要一个简短的N字形波和一个晚几毫秒且受阻尼的地面反射。图53.8中输入口接收到一条bang消息，这将创建一条值为2.0的浮点消息。该数值加上1.0以后与它本身被一起打包到一个列表中，这两个数字表示了N字形波的持续时间和渐变时间。将其带入到用于 `vline~` 的消息中，我们得到：延时0.0秒后在1.0毫秒内上升到1.0，延时1.0毫秒（从最开头算起）后在$1 ms内移动到-1.0，延时$2毫秒以后（从最开头算起，这里$2=$1+1.0）在1.0 ms内移动到0.0。这个对称的N字形波脉冲的一个复本经过延时后又被截止频率为100 Hz的低通滤波器 `lop~` 拖慢，产生一个被反射的镜像，它可以被调整，用以修改子弹飞过的表观高度。图53.9给出了完整的枪声合成器，并带有一些附加内容。各个数字块用来调节引爆脉冲、枪管特征和噪声延时时间，以及各个部件启动时刻间的延时。组合后信号的所有部分经过滤波器组进行处理，该滤波器组的谐振和中心频率可以在接线图的中部设置。可以使用 `tanh~` 函数施加一些

失真（如果无法使用 `tanh~`，则可用一个波表查找表替代），这有助于产生出一个录制的枪声的感觉，因为这种录音总会出现电平过载。该接线图还加入了自然的压缩，这些压缩是通过枪管和观察者耳朵中的饱和来施加的。最终信号中的一部分被延时并送往 `rev3~` 混响单元。请记住，通常不是由游戏声音开发者为声音添加混响，混响应该取自适合上下文情景的关卡几何地图，否则当玩家从发出回响的城市街道移动到一个配备家具的房间内部时，声音会完全错误。不过，在设计枪声时，这种混响的"甜味佐料"对于聆听我们所做的这些如此简短的声音是一种有用的辅助。把这个过程式枪声发生器嵌入到一个武器模型时，应该移除这些代码，把混响留给由实时环境所决定的后续设计。

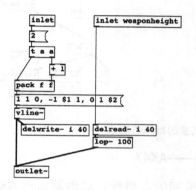

图 53.8 N字形波冲击特征

53.6 武器声音的变种

与广为接受的观点相反，在相当远的距离上任何人都无法分清各种枪炮之间的差别。这是因为武器声音中独一无二的枪身激励在超过100 m以后就消失殆尽了。不过，不同的口径是很容易区分的，所以100 m远时步枪会因为子弹的尺寸而听起来与手枪不同。在经过了很远的距离以后，如此简短的激波会因为大气的影响而散布开，所以包含混响在内的各种环境因素决定了这个声音。因此，武器的变化是在射击者位置处所特有的声音属性，这个观察点在武器的正后方，在此处，枪口特征要弱得多，枪身激励则能被清晰地听到。虽然全部的喷射时间（引爆和枪口爆发）可能只有2 ms，但枪身持续鸣响的时间要长得多，也许能达到几百毫秒。其他可以用来辨别武器的属性包括自动连发的速率，每个弹匣连续发射子弹的数量等。

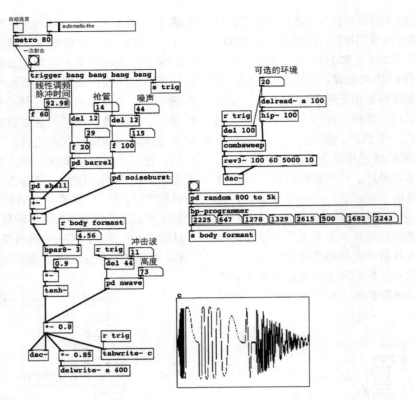

图 53.9　完整的枪声仿真

攻击步枪——AK47

　　对于最初的木质枪托的俄罗斯产 AK47（不是中国产的塑料或开放式枪托），在射击者位置上能够很好地把爆裂声与枪身特征分开。在冲激之后大约 90 ms 后会有一个突出的木质敲打声。

攻击步枪——M16

　　与 AK47 相比，M16 是件轻武器，装弹以后的重量为 7 ~ 9 磅（3.18 ~ 4.08 kg）。方形断面的钢托架会使枪身共振产生一种中空和轻金属的"咚咚"声。

狙击步枪——简短尖利的爆裂声

　　这种步枪枪口的初速很高。很多人会以为狙击步枪是一支游戏中的"大枪"，实际上很多狙击步枪是 5.56mm 口径的，它的声音更短更硬。尺寸较大的 Barrett 和 L96 使用大口径子弹 [12.7mm BMG（白朗宁机枪弹）]，并且 Barrett 是侧面引火的，目的是移除一些闪光并抑制输出强度，因此它产生了一种特殊的"飕飕"声。一枚 5.56mm 子弹的飞行速度很高，可以达到 930 米 / 秒，而一枚 12.7mm BMG 子弹的枪口初速约为 988 米 / 秒。12.7mm 产生的冲击波要响得多，在频率上也宽得多，这为周围环境提供了更大的激励。

消声

　　让气体在脱离枪口之前流入到一个更大的容积中，这可以降低声音。步枪消声器（最大可以达到 20 mm）将重新塑造这个爆炸声，给出一个不同的声音。这也影响了射弹速度，令它变慢。

半自动冲锋枪

　　这些枪支会产生一种紧密的、气状的、较小的枪身声。Uzi、H&K Mp5 以及类似的 9 mm 枪支都有相似的鸣响，它们明显不如步枪粗鲁，听上去更像一支快速击发的手枪。

步枪，大口径手枪 9mm 马格南左轮手枪

　　这些枪支射出的是一枚亚音速弹头或有覆层的子弹，这些子弹不会产生马赫冲击波。黑火药的喷射时间要比高速步枪子弹的喷射时间更长，30 ~ 80 ms。被严重消声的子弹也会比声速跑得慢。

53.7　重新装弹

　　让我们扩展这支枪，使它包含一个重新装弹的声音。这个操作是滑动枪栓，以此拉紧撞针簧。由于我

们已经为这支枪创建了枪身谐振滤波器，那么为什么不重新使用它呢？这正好展示出过程式声音的模块化构建不仅给出了很好的效率，而且也导致了一种自动的内聚效果：如果枪身发生改变，那么射击和重新装弹的声音会自动被校正。

图 53.10 是一个名为 pd reload 的附加的子接线图的最顶层，它包含了另外两个子接线图，两者在时间上被一个 200 ms 的延时间隔开。在接收到 bang 消息时，它首先产生摩擦滑动效果，然后产生闭锁枪闩的声音（由几个咔嗒声组成）。这里的想法是不让这些声音完全有它们的特点，我们简单地制作出这些声音，仿佛它们是与枪身相隔离的。当它们被馈送给枪身滤波器时，我们应该得到与射击声相匹配的正确效果，让整体效果听上去像一个统一一致的物体。

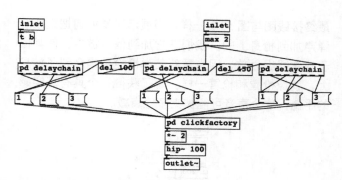

图 53.11 闭锁机制咔嗒声序列

为了给闭锁机制编排咔嗒声序列，我们使用了一对级联延时链。这些延时链的输入口从左向右传播一条 bang 消息，所以每个后续的延时链都被连接到上一个延时链的末端。它提供了一个初步的音序器。请注意，这就是我们制作时钟机构声音时采用的方法。向名为 pd clickfactory 的子接线图（参见图 53.12）分别发送包含浮点数 1、2、3 的消息，就能产生三簇分离的咔嗒声。每个延时链的第二输入口用于缩放总体时间，所以我们可以加快重新装弹动作的速度，同时不影响音调或构建这个重新装弹声音中的那些较小的微事件之间的间距。

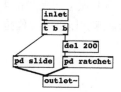

图 53.10 组合在一起的重新装弹源

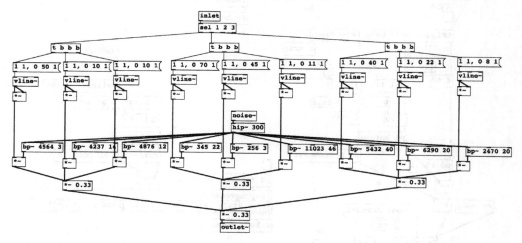

图 53.12 咔嗒声工厂：用于重新装弹的金属咔嗒声

现在看看如何制作真正的咔嗒声簇。图 53.12 中的接线图看上去应该很熟悉，它就是我们用在钟表对象上的那个粗暴实现。几个被狭窄滤波的噪声作为声源，用来模仿各个机械部件的简短碰撞，每个噪声频带都有它自己的短暂包络。它们被分成三簇并被调谐，从而让声音听起来像一个就位的小掣子、一个棘齿，以及最终停下发出的金属声。

在闭锁声之前的是一个滑动噪声，它表示枪栓被拉回，并且与导槽的侧壁相互摩擦。金属与金属相互叠置引起的噪声具备一个特点：在 1 kHz ~ 5 kHz 之间的某处有一个峰值。它取决于该金属表面的抛光情况，即它的粗糙或光滑程度如何。这个峰值取决于这两个部件以什么速度进行相互摩擦。当枪栓移入时，它能自由振动的量较小，所以随着枪栓被进一步拉动，这个声音中的一个成分会略微上升。200 ms 的线段被转换成一条按平方规律变换的曲线，它令带通滤波器在 200 Hz ~ 4.7 kHz 之间进行扫频，该滤波器与一个高于 1 kHz 的高通滤波器级联。图 53.14 所示的最终接线图与图 53.9 一样，但展示了是如何把重新装弹声加到枪身上的。我们把它加到信号链中，使其位于滤波器组之前，因为重新装弹枪栓被耦合到了枪身上，就像枪膛和枪管一样。为了获得一个具有真实感的平衡，这个声音可能被更多地衰减。

53.8 结果

源：http://mitpress.mit.edu/designingsound/guns.html。

53.9 结论

总起来说，枪声由几个部分构成，它们的确切组合方式取决于观察者所在的位置。为了对枪支开火进行模拟，我们可以在一个只有几毫秒的时间尺度内把这些成分组合起来。对于射击者而言，枪支的不同材料构成和结构对于这个声音都会产生影响，但沿着子弹射出的方向，大多数枪支的声音都是一样的。枪口特征具有方向性，子弹也会产生一个无法在枪支后面听到的声音，但这个声音对于在子弹行进路径侧面的观察者来说却很响。我们可以把枪身共振（用来对枪声进行声染色）与摩擦模式图样组合起来，以获得操作枪支的声音。

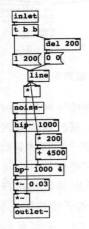

图 53.13　滑动摩擦源

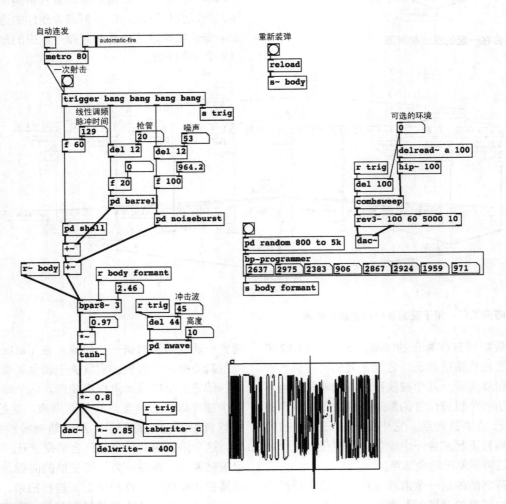

图 53.14　把重新装弹声加到枪身上

53.10　练习

练习1

创建正确的声音定位，产生距离开火位置 500 m 处听到的子弹声，已知子弹以 680 m/s 的速度从你眼前 50 m 处飞过。

练习2

对子弹的外形、飞行弹道学、自旋、翻腾、锥旋进行研究。尝试创建出亚音速子弹飞过或跳弹效果的声音。

53.11　参考文献

[1] Maher, R. C. (2006). "Modeling and signal processing of acoustic gunshot recordings." In *Proc. IEEE Signal Processing Society 12th DSP Workshop*, pp. 257–261, Jackson Lake, WY, September 2006. IEEE.

Maher R. C. 声学枪声录音的建模与信号处理 . 电气与电子工程师协会信号处理委员会第 12 届数字信号处理研讨会会议录 . 怀俄明州 . IEEE，2006:257-261[2006-09].

[2] Maher, R. C. (2007). "Acoustical characterization of gunshots." In *Proc. IEEE SAFE 2007: Workshop on Signal Processing Applications for Public Security and Forensics*, pp. 109–113. Washington, D.C., April 2007.

Maher R. C. 枪击的声学特征 . 电气与电子工程师协会 SAFE 2007：信号处理在公共安全与取证方面的应用研讨会会议录 . 华盛顿特区，2007:109-113[2007-04].

[3] Pääkkönen, R., and Kyttala, I. (1992). *.308 suppression*. Finish Ministy of Labour.

Pääkkönen R.，Kyttala I.308 消声 . 芬兰劳动部，1992.

[4] Stoughton, R. (1997). "Measurements of small-caliber ballistic shock waves in air." *J. Acoust. Soc. Am.* 102, no. 2: 781–787.

Stoughton R. 空气中的小口径弹道冲击波的测量 . 美国声学学会期刊，1997, 102(2):781-787.

第54章

实战 31——爆炸

54.1 目标

我们将要研究各种不同类型的爆炸及其声音。电影和游戏中使用的很多爆炸声都是普通的现成的录音，这些声音与它们所配合的画面没太大关系。通常，这些声音都是从音响效果资料库中寻找的一些元素，并使用新的效果对其进行改头换面。因为爆炸声涉及的物理原理相当复杂，我们不可能把这些内容都覆盖到。在本章中有希望实现的是为考虑一个爆炸声的真实度或它所传递的感觉提供一些知识，包括能量、距离、持续时间、环境以及次生效应。

54.2 分析

爆炸是能量的一种突然释放，通常（但也并非总是）会导致空气压力的快速变化，并形成一个冲击波，它的传播速度比声速还快。被升高的压力——被称为**超压力（overpressure）**——从爆炸源向外运动。其后也可以跟着空气的负向流入（作为初始爆炸的反作用），有时候还会产生更具破坏性的结果。快速的冲击波给爆炸产生一种破裂效应或**震力（brisance）**，而较慢的爆炸是**推进物（propellant）**，它会逐渐地把东西推走。

典型的超压力曲线如图 54.1 所示。在第一阶段，空气压力非常快速地变强。这条线几乎是竖直的，并伴随一个超声冲击波。接下来，它以较慢的速率衰减，然后过冲变为负值，产生一个"爆炸气浪"，它可以把被第一个冲击波削弱的窗户和结构破坏掉。接着还会进一步发生压力变化，因为空气将稳定下来并重新回到大气压。

破裂

并非所有的爆炸都需要炸药。处在高压之下的任何可压缩流体都可以引起爆炸，如果它所在的容器坏了的话。锅炉爆炸或被压缩的高压气筒坏了的话都会产生破坏性的后果。它通常都是从一个薄弱点出现的小泄露开始，然后导致一个连锁反应（被称为"流体锤效应"），让容器破裂。值得指出的是，并非所有爆炸都会释放出热，快速升华的二氧化碳可以在开采挖掘中用作安全炸药，爆炸的实际效果是让周围的材料冷却下来。火山、间歇泉和地震都是具有爆炸威力的自然现象，它们都是由于流体压力或材料应力在被积累之后有了一个突然的释放而产生的。

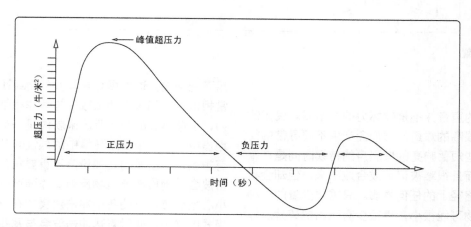

图 54.1　在与爆炸有一定距离的某处的超压力

爆燃

正在燃烧的燃料与氧气的混合物会释放出炽热的废气，其体积要比先前混合物的体积更大。如果它们被放置在一个密封容器中，那么压力会持续增大，直到容器破裂。并且，反应速度通常会随着压力的增大而加快，所以单独的黑色火药仅仅会发出嘶嘶声，但它如果被放在封闭空间中就会爆炸。推进物在早期枪炮（比如加农炮）中的这种使用被称为"低级炸药"动作。

燃烧

即使没有任何容器，比例正确的混合物也可以猛烈地燃烧。电影中的爆炸就是易爆炸的空气蒸气混合物的一种燃烧。由好莱坞制造的大部分爆炸都是用煤油完成的，煤油能够安全地被使用，除非刻意地对其进行汽化。它可以产生一种很棒的发光和冒烟的效果，但又没有震力。此时需要配上一些巨大爆炸的声音，因为这种燃烧的超压力波非常柔和。当然，这并不意味着蒸汽燃烧没有危险，燃料空气弹可以因为它们消耗了环境中的氧气而产生负向过压，从而引起巨大的破坏力，摧毁建筑物。

引爆

烈性炸药会以极快的速度在整个物体上经历一个化学连锁反应。由较小的起爆药量引发的冲击波会在整个材料中传播，扰乱化学键。这些化学键分解并释放更多的能量，推动冲击波继续向前。在引爆波背后，炸药膨胀，通常是膨胀为各种气体的混合物，这个混合物随后可以继续爆燃。从技术上说，任何移动速度快于声速的冲击波都是一种烈性炸药。引爆速度的范围可以从在 340 m/s 几乎到 10 000 m/s。

烈性炸药武器

你可能正在为游戏和电影中的音响效果创建各种各样的炸弹、手榴弹等。这些武器不仅包含能够引爆的烈性炸药，它们通常还被一个坚固的容器所环抱，这个容器被设计成可以碎裂。这意味着在炸药燃烧时，压力极高，而且因为这种燃烧被容器维持，所以这些武器中有一些会产生最响的爆炸声。从爆炸中射出的榴霰弹碎片能够以超音速飞行，最初能够达到引爆的速度，所以它们就像我们先前研究过的子弹一样，拖尾出一个分离的马赫冲击波，并在它们经过时产生一个爆裂声。

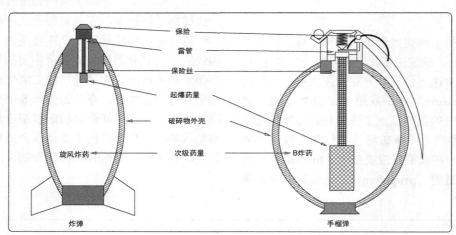

图 54.2　爆炸装置

爆炸声

爆炸产生的声音并不是破坏力的指示器。民用炸药使用了震力很高的炸药，它们会产生不同寻常的简短的声音。这些短暂响亮的爆裂声的持续时间是在毫秒量级上的，而且很难被记录或合成出来，但却会粉碎冲击波传播路径上的任何物质。只需要少量的这种炸药，气态产物可能很小，也很少有飞出的碎片。炸药仅仅是削弱了那些承重结构，引起目标物在重力作用下的倒塌。这些爆炸声与我们曾经研究过的枪声非常相似，它们极大地依赖于与爆炸相耦合的材料，例如，引爆爆裂的炸药听起来就像一扇门被极其猛烈地击中。在一个复杂环境中的烈性炸药的声音是特别有趣的，冲击波的叠加扮演了重要角色，因为各个冲击波会被地面或建筑物反射。炸弹可以在地面之上被小心地引爆，以使各个冲击波集中在一种特定的破坏模式图样中，此时直达冲击波会与那些被反射的冲击波相遇。在一个城市环境中听到的炮火或手榴弹声可能会产生出奇怪的呜呜声、摆动的噪声以及其他次生效应，因为冲击波被聚集到拐角处。

爆炸的运动

蘑菇云在很多爆炸中都会出现，但最为人熟知的是原子弹爆炸所产生的蘑菇云，它是一个环形的热气流动（参见图54.3）。这种向上运动源于爆炸中心上方的对流和在外侧下落的冷空气的向下流动。当观察者与火球有一定距离时，会听到一种有趣的声音。燃烧气体所发出的亚音速咆哮声沿着两条路径前进，一条为直达路径，另一条为反射路径。由于气体球在向上运动，所以在观察点会出现干涉，使它听上去像梳状滤波器向下被扫频。这个声音的抵达时间要比初始冲击波的隆隆声晚得多。

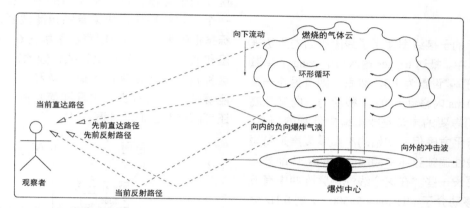

图54.3 由移动声源产生的梳状滤波和相位效应

相互作用效应

我们已经注意到，一些声音是由受到爆炸力激励的结构所产生的。门和架子可能发出嘎吱声，物体可能被掀翻，榴霰弹的碎片会击中静止的障碍物。其他的声音可能是断断续续的，比如散落的玻璃、破碎的混凝土等，这些都在爆炸点的附近产生了次级声源。此外，比在空气中传播的冲击波更早到达的早期地下波会让靠近观察者的物体移动。

介质效应

从爆炸中心及其周围传来的声音是在超压力特征的顶部传播的。它具有一个效应，仿佛爆炸是在快速地向着观察者移动，然后又逆着观察者移动，同时改变听到的音高，就像移动声源产生的多普勒效应一样。超声冲击波确实是来自于一个被压缩成单一波阵面的初始冲击波的声音。在距离很远处，这个冲击波减慢为接近声速的速度并且膨胀扩大，此时它把被压缩的声波释放到一个单一的沉闷的砰声中。这一点以后的声音听上去可能是减速的或是后退的。虽然这个冲击波可以包含高频成分，但在负向超压力的后期阶段抵达远处观察点的那些频率会被减慢成一堵由低频构成的墙。这给人产生的印象是爆炸持续了较长的时间，但其实它并没有持续那么长的时间。

54.3 模型

为一个爆炸事件构造出详尽复杂的物理模型是不可能的，所以任何模型必然都是频谱的、近似的。我们必须力图把下列特征混合起来：

- 早期的地面波（预先的隆隆声或沉闷的砰声）。
- 初始的冲击波前沿（膨胀的 N 字形波）。
- 来自于移动火球的燃烧气体（相位效应/咆哮）。
- 碰撞和碎片（类噪材质）。
- 频率上的相对性的移动（时间膨胀和压缩）。
- 各个分立的环境反射（回声和混响）。

54.4 方法

这个接线图与前面章节中的雷声实例有些类似，那是另外一种类型的爆炸。同样，这次的方法是要按层次构建声音，关注上述讨论的每种特征。一个简短的线性调频脉冲形成了起音，接着用被整形的噪声产生响亮的冲击波，然后用经过低通滤波的噪声制作隆隆的火球。除了初始的冲激脉冲，其余两个成分都相对于起始点进行了略微的延时，而且两者都可以被馈送给两个效果器。第一个效果器是一个移动的可变延时，它产生了由于爆炸周围介质的扭曲而产生的多普勒类效应；第二个效果器是一个慢变化的梳状滤波器，它产生了上升火球的效果。

54.5　DSP 实现

冲击波脉冲

图 54.4 所示的子接线图使用了线段折回的方法来获得线性调频脉冲。抵达 trigger 输入口的 bang 消息激发了一条消息把 `line~` 设置为 1.0，然后立即有另外一条消息让 `line~` 在 10 ms 内移动到 0.0。移动的方向是从高到低，因为我们想要的声音是权重偏向低频的声音，对这个信号进行平方确保了初始的高频爆裂声是简短的，同时这个线性调频脉冲中频率较低的主体部分和尾部持续时间更长一些。在这个线性调频脉冲中有五个周期，扫频移动介于 1/10 ms × 5=500 Hz 到 0 Hz 之间。停在 0 Hz 意味着这里将有一个直流偏置，所以 `hip~` 担当了直流陷阱的角色，把信号拽回到零。这将产生一个漂亮的沉闷的重击声，它就是我们想要的。

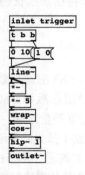

图 54.4　初始冲击波的线性调频脉冲

冲击波噪声

虽然图 54.5 所示的接线图似乎相当复杂，但它仅仅是经过滤波的噪声和带有一些附件的波形整形器，使用这些附件来把波形整形器的行为设置正确。左输入口来的浮点数触发一条下降的直线，这条直线会根据它的值对 `vcf~` 的频率进行扫频，起点是最大值 7 kHz。`pow` 用来产生一条曲线，让小的差值产生较大的扫频。请注意，这些冲击波相当短，只有 30 ms。我们用逐渐减小的亮度快速地相继触发多个这样的冲击波。滤波器响应是与截止频率成反比的，

所以明亮的冲击波（Q=1.5）具有较宽的带宽，而较低沉的冲击波（Q=5）具有更多的谐振。噪声通过这个滤波器，然后被放大和限幅。这个过载给我们一个类似于随机方波的噪声源，即为一种或开或闭的数字噪声。现在到了有趣的地方了，把这个信号（它在向下扫频）加到一条快速变化的直线上，然后再取余弦值，我们得到了"正弦噪声"，它在频率上有很大的变化，但其幅度值被限定在 -1.0 ~ 1.0 之间。这让我们可以做出非常剧烈的频率扫频，同时保持一个恒定的幅度，如果单独用滤波器来实现这种目标是很困难的。这个噪声被聚集在 6 kHz 附近的一个温和通带中，并被产生正弦扫频的这条线段所调制。这种技术可以用来产生碎片类和粉碎类效果，我们能够得到非常响亮、刺耳和简短的噪声扫频，并且还可以控制它们的音调。

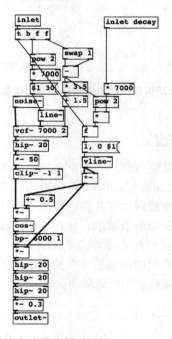

图 54.5　类噪冲击波发生器

对冲击波的控制

图 54.6 所示的接线图产生了一系列简短的冲击波。所有工作都是在消息域内完成的。当一条 bang 消息抵达时，它通过一系列延时触发多个随机数，产生进一步的延时或输出数值。从左上角开始，初始的 bang 消息被延时 30 ms，或者按 spread 输入口提供的数值进行延时，最小为 5 ms。进一步生成三个随机数，其中两个用于设置延时时间，第三个数字被加上一个偏移量（8）并乘以 1/200，然后输出。另外两个数字将稍后抵

达，因为它们是在途中被随机量延时的。增大 spread 会延长每个事件之间的间隔，但也有可能让第二与第三冲击波相距非常近。在实际应用中，这似乎工作得很好，因为在很多爆炸录音中，冲击波之后都立即有两声"砰-砰"声跟在后面，这可能是由地面反射引起的。所以，我们得到了由三个递增的随机数组成的序列，这三个数字之间具有可调整的间隔。这个子接线图的输出馈送给前面提到的噪声发生器，产生三个快速地相继出现的刺耳噪声冲击波。

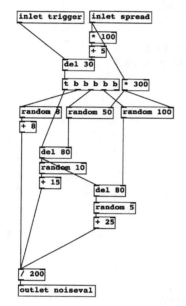

图 54.6 冲击波控制

火球

这是最后一个声音层，它给出了爆炸声中那个撼人心魄的部分：一个长长的隆隆声。它的持续时间被固定为 8 秒，不过你也可以给它加一个控制。上升时间并不是即刻，大约 100 毫秒的数值似乎更好一些，而且我已经使用了一个消息域中的 line，所以滤波器的截止频率和幅度可以用同一条线段来控制。低通噪声以很小的量进行上下扫频（从 40 Hz 上升到 140 Hz，然后缓慢回落）。用四次曲线对幅度进行调制可以得到一个很不错的类似于混响的尾音，同时为前 2 s 提供了丰满的整体。请注意，在移除直流分量之前有一个相当高的增益因子（10），这让该子接线图的输出相当响。这样你就可以在该火球的隆隆声上运用音量控制了，同时仍旧能够让它过载，在后面的 clip 中产生额外粗壮的效果。图 54.7 所示为火球隆隆声的子接线图。

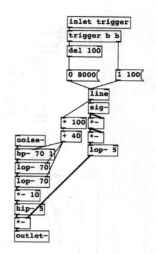

图 54.7 火球的隆隆声

环境效果

图 54.8 所示为两个环境效果，它们能极大地增强我们的爆炸声。第一个是"压力波效果"，左输入口接收的信号除了进行一次低通滤波以外，几乎无影响地被送至输出口。该信号中的一部分被抽取出来，馈送到延时缓冲区中，在 500 ms 之后，它出现在 vd~ 的输出口，而这个信号的一部分被馈送回延时器用于再循环。最终的净效果是一个普通的回声，直到 trigger 输入口接收到一条 bang 消息为止。在一条 bang 消息到达并经历了一个短暂的延时以后，一条较长的慢速线段开始启动，它开始缩短这个延时。这将让仍旧在缓冲区中循环的任何信号的音高都被升高。它类似于在音乐中经常使用的磁带延时效果器，但用在爆炸这种情形下，它是在模仿在冲击波后面的压力波对回声进行时间压缩所产生的效果。

第二个效果是梳状滤波器，它出现在图 54.8 的右半部分。在这种情形下，输入信号直接进入延时缓冲区，它有三个抽头，分别位于 10 ms、10+width ms 和 10+2×width ms 处。把它们组合起来就得到了相位器/镶边器，并且带有能够对声音进行染色的凹口。当这个滤波器向下扫频时，将产生上升火球的效果，在这种效果中，直达声与地面反射声之间的相互关系更加密切了。

把所有部件组装在一起，就得到了图 54.9 所示的接线图，它包含三个部分：冲激脉冲、冲击波噪声、火球隆隆声。这些成分可以被混合起来，并路由给各个效果器，以产生正确的混音结果。这个接线图还为延时偏移量、相对音量、效果深度和扫频时间提供了控制。

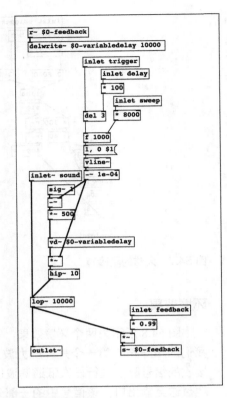

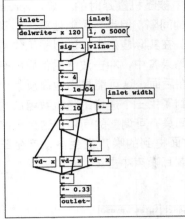

上图：扫频的梳状滤波器
左图：可变延时的压力波效果

图 54.8　压力波效果和梳状滤波器效果

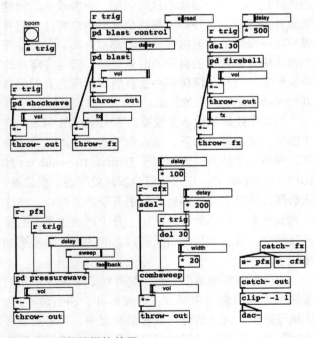

图 54.9　完整的爆炸效果

54.6　结果

源：http://mitpress.mit.edu/designingsound/explosions.html。

54.7　结论

爆炸产生了一个高压波，它会激发周围的环境。烈性炸药产生了一个超声冲击波，并且还有一些较慢速的波紧随其后。我们可以使用多个声音层对爆炸的声音建模，从而利用这些层创建出每个物理效果。

54.8　练习

练习 1

执法部门使用的城市枪火侦测器是如何工作的？这些侦测器如何能区分枪声与烟火声？对烈性炸药和低级炸药的高质量录音进行研究，分析它们在最初起音部分的差异。

练习2

为战斗游戏中使用的高爆手榴弹创建一个简短的、猛烈的声音。你如何用游戏世界中的混响来定位和染色这个爆炸？这个声音与闪光（眩晕）手榴弹有什么区别？遮挡物扮演了什么角色？这与超声波和亚音速波有什么区别？

练习3

你需要为一个非常大但很远的爆炸创建声音效果。考虑各个部分的声染色和定时，与地震一样，考虑那些靠近观察者的对象，这些物体如何对那些强大的低频成分进行响应？

54.9 参考文献

[1] Brode, H. L. (1956). *The Blast Wave in Air Resulting from a High Temperature*, High Pressure Sphere of Air. Res. Mem. RM-1825-AEC, Rand Corporation, Santa Monica, CA.

Brode H. L. 高温高压空气球在空中导致的冲击波. 研究备忘录 RM-1825-AEC，美国加利福尼亚州：RAND 公司，1956.

[2] Olsen, M. E., Lawrence, S. W., Klopfer, G. H., Mathias, D., and Onufer, J. T. (1980). *Simulation of Blast Waves with Headwind*. NASA Ames Research CenterMoffett Field, CA 94035.

Olsen M. E.，Lawrence S. W.，Klopfer G. H.，等. 对逆风冲击波的仿真. 美国加利福尼亚州 94035：美国国家航空航天局埃姆斯研究中心，莫菲特场，1980.

[3] Yngve, G. D., O'Brien, J. F., and Hodgins, J. K. (2000). "Animating explosions." In *SIGGRAPH 2000*, New Orleans, LA. ACM.

Yngve G. D.，O'Brien J. F.，Hodgins J. K. 对爆炸进行动画模拟. 美国计算机协会计算机图形专业组 2000. 新奥尔良，美国路易斯安那州，美国计算机协会，2000.

第 55 章

实战 32——火箭筒

55.1 目标

没有哪种游戏中的武器能像火箭筒那样给人带来满足感（除了室内近距离战斗 [CQB] 中的链锯）。本章是关于武器的最后一章，除了展示如何制作火箭筒的声音以外，我们还要逐渐引入一些在游戏中使用的声音对象的设计理念。我们将用一种略微不同的方式完成这个实现，考虑各种状态，以及一个声音对象中的各个成分如何相互作用。在枪声的例子中曾经看到过重装子弹声被加入到一个现有的枪身上，与此类似，过程式音频会使用一种强大的原则，那就是可重用性。因为篇幅所限，这是在本书中能够呈现的最复杂的例子，同时，这个例子将给你一些关于过程式声音对象所需编程策略的概念。

55.2 分析

让我们简短地复习一些技术数据。为了真实感，必须区分那些表面上类似但实际上差异很大的武器。从技术上说，火箭筒要么是一种单兵防空武器（比如"毒刺 [stinger]"防空导弹），要么是靠火箭推进的榴弹（比如 RPG7 火箭炮）。前者是完全无后坐力的，它有一个开放的后背，而后者则是部分开放的，它被设计成能够产生一个反压力，并能给予相当程度的反弹，这影响了发射的声音。同样不要与无后坐力的步枪或炮（比如 Carl Gustav 或 M67）相混淆，这类无后坐力的武器会在枪/炮筒中烧掉所有的推进物，但会使用配重或后坐力排风口。我们将把 M72A2/A3 LAW（轻型反坦克武器）作为目标模型用于这个练习。这种 1 kg 重的火箭弹的尺寸为 51 cm × 66 mm，它有六个由弹簧承载的尾翼，这些尾翼能够弹出，帮助导弹在以 145 m/s 的速度飞行时保持稳定。合金炮筒长 93 cm，它采用了一种用后即弃的外壳设计，能发射一枚有效射程为 200 m 的火箭弹，总炮击范围为 1 kg。与很多 HEAT（反坦克高爆弹）或 RPG 火箭筒

一样，弹头会在超时一定时间后或在击中了足够坚硬的物体以后爆炸。很多游戏中的武器——比如《半条命（Half-life）》中的火箭筒——都采用了被夸大的燃烧时间。典型的肩扛发射火箭筒在两秒之内就能把所有推进物燃烧完，然后由它的动量完成剩余的射程。为了艺术的真实性，我们将用 M72 的技术规格作为指引，同时把发射筒做成可重新装弹的，并且让火箭弹燃烧的时间更长一些。

55.3 模型

从声学上说，未装弹的空炮筒（两端都是开放的）就像一个全波长的共振器一样，其波长 $\lambda = l = 0.93$，所以频率 $f = c\lambda = 336\text{Hz}$，并且带有全部谐波。当有一枚射弹在炮筒中时，我们得到一个闭合管腔的四分之一波长共振器，因此 $\lambda/4 = 0.93 \sim 0.51$，所以频率 $f = 571\text{Hz}$，并带有奇次谐波。那么，振动模式是什么？对于一支 66 mm × 1 m 的铝管来说，第一圆周模式约在 40 kHz（对于薄壁管，$f = \sqrt{E/\mu}/\pi d$，其中 μ 为质量密度，E 为弹性的杨氏模量，d 为管子的直径）处出现，这个频率太高了，与我们的合成没有关系。另一方面，第一与第二弯曲模式大约出现在 300 Hz 和 826 Hz 处，而纵向振动（在管子上下）约在 3200 Hz。这让我们知道了在处理装弹炮筒和空炮筒时、在扔掉炮筒时、或者在用一枚新火箭弹重新装弹时，声音应该会在何处出现。

55.4 方法

大多数工作都由那些构成管筒模型的窄带滤波器来完成，这让我们能够轻松地把表观容量由装弹变为空仓。各个操作声是用简单的加性方法完成的。火箭弹本身将使用被梳状滤波的噪声以及它自己的共振管腔模型，这个模型仍旧采用窄带滤波器的方法实现。

55.5　DSP 实现

为了理解这个练习的意义，我们需要先对整个系统有一个概览。

图 55.1 所示为顶层接线图。这里没有任何连接，仅仅是一堆子接线图，还有一些动作按钮排列在左侧，用于与各个子接线图中的受控目标进行通信。第一个子接线图用于维护系统状态。第二个子接线图是枪膛，它把管腔模型封装起来，用于控制它是满的还是空的。接下来的两个子接线图用于处理重新装弹、操作声和扳机咔哒声。最后的三个子接线图用于处理实际发射火箭弹：管腔反压力模型、枪膛退出效果，还有一个真实的火箭弹（这个火箭弹本身由一个管腔模型构成）。图 55.2 所示的是一幅动作 - 状态图，它有助于解释各个组成成分及其相互关系，你可以看到这里实际有两个物体存在于环境中——发射筒和火箭弹。在开火之

前，它们将被耦合，即火箭弹被装载到发射筒中。在开火以后，两者分离，火箭弹加速离去。聆听位置将靠近发射筒，因为这个声音是从玩家的视角被渲染的。发射筒由一个声学管腔模型构成，它有几组振动模式用于装弹和卸下的声音。这个系统带有六个动作：火箭筒重新装弹、火箭筒开火、卸下发射筒、火箭弹燃烧、火箭弹撞击目标、火箭弹超时。

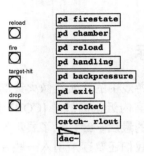

图 55.1　顶层接线图

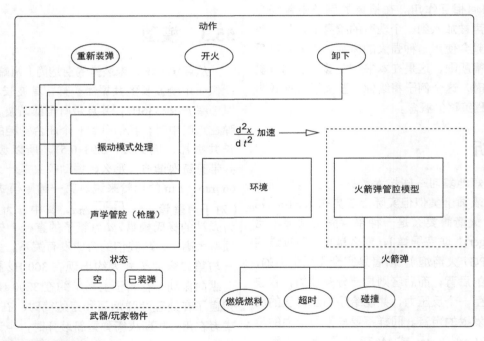

图 55.2　这个声音对象的动作和状态

发射筒

对于发射筒，图 55.3 所示的接线图可知它是由四个带通滤波器构成的。放置在发射筒中作为激励源的信号通过 catch~ 抵达目的地。该信号中有一小部分被直接馈送给主输出母线，而其余部分则进入与其平行的各个滤波器中。发射筒的等效长度由参数 chamberf 设

定。它乘以一系列系数，变为奇次倍数（1,3,5,7）或奇偶倍数（2,3,4,5）。内部参数目的地 chamberclosed 设置这个管腔模型是半开放的（装载了火箭弹）还是全开放的（火箭弹已被发射），而这个管腔的共振由 chamberres 获得。

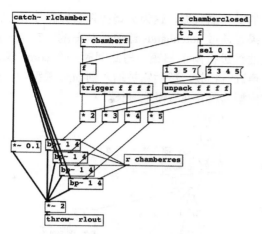

图 55.3　发射筒

开火状态

现在来看图 55.4，这是控制开火状态的接线图。当开火按钮被按下时，bang 消息被 firebutton 获取，触发存储在浮点块中的数值。该数值要么为 1（当发射筒为空时），要么为 0（当发射筒装有火箭弹时）。如果它为 1，则该 bang 消息通过 moses 的右输出口传送，并在 10 ms 延时之后激活开火声，此外就没有任何动作了。如果发射筒装有火箭弹，则该消息通过 moses 的左输出口传送，触发一系列事件。首先，一条消息被发送到浮点块的冷输入口，即告知"发射筒现在为空"。所以在这里火箭筒在维护它自己的状态，或满或空。与此同时，另外两条消息通过延时来安排时间，从而为发射火箭弹设置发射筒的各个谐波和共振。bang 消息也被发送给另外一个子接线图，用于产生响亮的反压力声，这是一种沉闷的重击声。

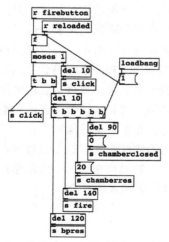

图 55.4　系统状态

为了理解这一系列操作如何产生出发射火箭弹的声音，请参阅图 55.5，该图展示了一枚火箭弹从火箭筒飞出的过程。当火箭弹处于火箭筒中时，形成了一个很短的半开管腔。当火箭弹被发射时，这个管腔的长度迅速增长，然后当火箭弹离开火箭筒时，这个管腔将突然变成一个全开放的管腔。

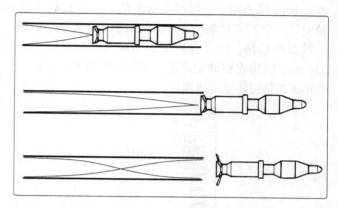

图 55.5　装弹发射筒和未装弹（已经开火）发射筒的声学行为

发射

当火箭弹离开发射筒时（参见图 55.6），line 对象扫过发射筒频率，产生火箭弹飞出的效果。当装有火箭弹时，火箭弹会在火箭筒内占据一半多一点的空间，所以这个扫频介于 230 ~ 530 Hz 之间（为了碰到共振）。与此同时，对经过带通滤波的 1700 Hz 的噪声脉冲施加一个尖锐的曲线化的包络，然后将其馈送至火箭筒管腔中。在火箭弹离开发射筒的那一时刻，该接线图会接收到一条 bang 消息，用于切换发射筒的模式，产生一个很好的听上去空荡荡的鸣响。在火箭弹离开发射筒之后，噪声冲击波会持续大约 500 ms，这给发射筒提供一些鸣响时间，并融合到下一个声音成分中。

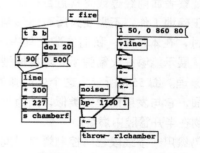

图 55.6　飞离发射筒的声音

如此快速的加速让来自于火箭弹的气体无法以足够快的速度从发射筒中逸出。即使在火箭弹完全脱离发射筒之前，发射筒内也建立起了相当大的压力。一旦火箭弹离开，发射筒的两端将全部开放，这个额外的压力会被更快地释放。这个效果就是在枪声练习中为枪管气体膨胀所建模型的一个更驯服的版本。它是在 100 Hz 附近的一个低频"轰隆"声。

图 55.7 所示的接线图负责这个工作。当 bpres 接收到 bang 消息时，该接线图被激活，这条 bang 消息触发了一个 vline~ 对象。这里还使用了另一条陡峭的幂函数曲线包络，其上升时间为 100 ms，衰减时间为 320 ms。噪声在被调制后进行了猛烈的限幅，得到一个很强的被过驱动的爆震声。

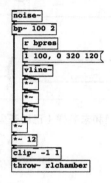

图 55.7 反压力

火箭弹

火箭弹本身应该是一个单独的对象，不过在本次练习中它被包含在同一个接线图示例中。理想情况下，这个火箭弹模型应该发出一个对真实火箭弹声音准确的表示，它应该在燃料快速燃烧完毕的简短过程中发出更响亮更有力的声音。然后应该对这个声音施加用于运动的环境模型，以便在射击者的视角上产生一个由距离引起的衰减且沉闷的效果。

如果正确地完成了这个双对象的实现，那么当这个声音在观察者面前经过或是接近目标时，这个实现应该立即正确地工作，不需要为所有情形制作单独的声音。不过，在本例中，我们仿造了其中一些声音，仅仅是为了展示能够在火箭弹所处环境模型中运用的一些基本原理。图 55.8 所示为这个火箭弹的接线图。在很多方面，它与发射筒模型类似，因为火箭弹无非就是推进物在半开管腔中燃烧。

这次仍然用一条线段包络控制燃烧时间，不过这次我们在主调制器上使用一条平方根形状的曲线。燃料燃烧的效果很有趣，随着时间的推移，越来越大的表面面积在燃烧，产生的压力也越来越大。但是，与此同时，管腔的容积也在增大，这降低了音调。这些动力学现象并没有彼此完全抵消，但它们产生了一套

有趣的变化的共振，这为火箭弹声音赋予了特征。燃料效果是通过 notchbands 滤波器获得的，它用一条幂函数曲线进行向上扫频，与此同时一个 comb 滤波器对噪声进行扫频，然后它被输入到 pipe 模型中，这个管腔模型的尺寸在缓慢地增长。

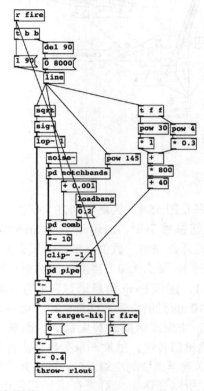

图 55.8 火箭弹

对于单兵携带的 SAM（比如毒刺导弹），火箭弹以极高的速率加速前进，能够在燃料完全燃烧完毕时到达 4 马赫的速度。这意味着会有一个极端向下的多普勒频移，并且在发射后不久的某个时间点上，在射击者的位置上将不会再听到声音。这里我们在真实度与艺术效果之间进行了折中。为火箭弹声音加入的一些排气抖动（exhaust jitter）是在伪造风切变的环境效果以及强烈的地面效果。最终，我们需要在火箭弹击中目标时以某种方式关闭这个声音。可能你想下载这些接线图代码，而不是自己搭建它们，但你完全可以仅用书中给出的接线图实现这个火箭弹声音，图 55.9 中已经给出了火箭弹声音的各个内部组成成分，我们不再对它们进行更深入的讨论。

重新装弹

为了给火箭筒重新装弹，需要有一枚新的火箭弹滑入到发射筒中。当它完全就位以后，火箭弹会与击发火机构互锁。这个声音的第一部分应该是摩擦噪

声，在此期间，发射筒长度（处于半开模式）以相反于发射的方式被扫过，所以发射筒越来越短。闭锁的声音是两个咔嗒声，它们按照装弹配置被施加到发射筒膛内。所需的全部成分都在图 55.10 中已经示出。当 reloadbutton 接收到一条 bang 消息时，会触发一些操作声，发射筒被切换到闭合模式并对它的共振进行

配置，然后一条缓慢的线段对发射筒膛频率进行扫频。摩擦由一些被高通滤波的单极性窄带噪声产生，这些噪声位于 6 kHz 附近。用于闭锁机构的咔嗒声由 5 kHz 附近的噪声脉冲产生，这些脉冲的持续时间为 20 ms，并且带有一个平方规律的包络。这个子接线图还用 loadbang 对发射管进行了一些初始化。

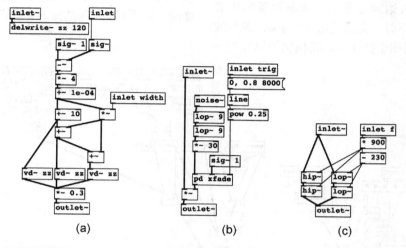

图 55.9 从左到右：（a）梳状滤波器。（b）排气抖动。（c）陷波滤波器

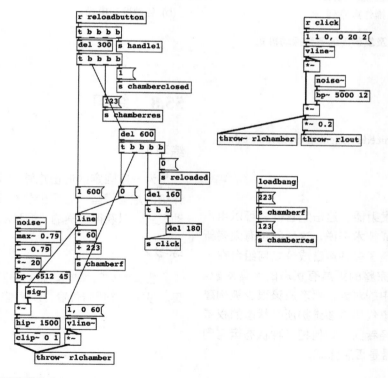

图 55.10 用于发射筒重新装弹声音

操作声

图 55.11 所示为操作声序列和发射筒的振动模式。正弦波振荡器产生两个弯曲模式和一个纵向模式。把这些模式经过环形调制的版本和直接结合的版本混合在一起，就得到了关于发射筒侧面与边缘碰撞的各种正确属性。这些短促的声音也要被馈送给声学管腔模型，同时还有一个直达声信号（被外表面辐射出去的）。当发射筒被卸下时，会通过由多个 `delay` 对象构成的一个简短序列激发四个操作声。它模仿了尾部的一

声碰撞和短暂地来回弹跳并激发了一些侧面碰撞。为重新装弹而触发的操作声是一个更为短促的版本，它仅仅激发了一个更为安静的尾部碰撞，因为火箭弹再次碰到了发射筒。在一个合适的游戏环境中，这些声音可以被来自于动画的实时数据所参数化，特别是卸下火箭筒的各种碰撞声应该源自游戏的物理引擎。当然，考虑到发射筒的状态，所以当发射筒为空时和装弹时，应该听到不同的卸下火箭筒的声音。

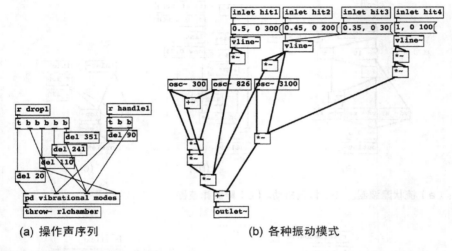

(a) 操作声序列　　　　　　　(b) 各种振动模式

图 55.11　操作声序列以及发射筒的各种振动模式

55.6　结果

源：http://mitpress.mit.edu/designingsound/rockets.htm。

55.7　结论

火箭弹、枪榴弹发射器、迫击炮管等都可以用声学管腔建模。就合成或技术来说，这里并没有太多新东西，但我们已经知道了多种声音成分如何组合在一起，构建出一个更为完整的更具有状态的声音对象。严格地说，对于游戏中的对象，状态应该很少被构建到声音本身中，主对象代码应该维护所有状态的权威版本。不过，我们已经看到了如何把各种状态运用到物体上，比如一件武器是否装弹。

55.8　练习

练习 1

为一座固定的迫击炮管制作音响效果。使用一个详细的炮管模型，它至少要有五种声学模式和三种振动模式，以获得正确的"榴弹从炮管中落下"的声音。

练习 2

尝试给火箭弹模型加入多普勒频移和更好的环境效果。设定一个听音位置，以便能听到火箭弹接近飞过。

实战系列——科学幻想

太空：最后的战线。

—— Gene Roddenberry

科幻、幻想与非现实

在介绍机器声音时，我们探讨过"超现实"，即利用合成的与解析的声音设计使我们能够从一个在现实中已经确定的基础出发向外延展并超越现实。显然我们可以运用机械和物理学知识，单凭想象创造出任意设备。现在我们就打算向前跨出一步，进入到非现实的领地中。不过，可能你并不想完全放弃已有的各种技术，因为它们是从经验中升华出来的，你将意识到不再需要用它们来做支持。在这点上我们获得了自由。在某种程度上，这也是我们为什么要如此努力地学习这么多原理规则：仅仅是为了放开它们。钢琴家练习各种音阶，仅仅是为了能够愉悦地演奏音乐，这与放弃常识且完全恣意地即兴发挥并不是一回事。正相反，现在是从另一个侧面审视声音设计的时候了，这需要同样多的思考与巧妙的应用。从此以后，我们需要对各种声音中的含义更为敏感。幻想中的各种设备——比如飞行汽车、光剑、远距离运送装置、太空飞船引擎等——的创建都像创建真实声音一样困难，也许更难，因为自然界没有给我们现成的蓝图。此时需要发挥隐喻、明喻、拟声、毗连等方法的力量。如果说到目前为止我们从事的都是技术性的写作，那么从现在开始就要谱写声音设计的"诗篇"了。

合成器与科幻声音设计

合成器与科学幻想有着共同的历史背景。整个20世纪50年代、60年代和70年代都贯穿着对于新的有趣声音的不懈追求，用魔法和惊奇激发听者的热情。当时驱动这一过程的是人们对合成器的理解——认为合成器有着无限的可能性，就好像当1969年人类登上月球时，我们觉得人类似乎有着无限的可能性一样。虽然我们现在生活在一个更为"黑暗"的时代，技术经常被认为是一个可怕阴暗的敌人，但我们不应该忘记合成的科幻的声音所拥有的乐观主义根基，它携带着不可思议的、迷人的、奇妙的内涵。

Barron夫妇是早期著名的开拓者，这个夫妻团队为1956年的影片《禁忌星球（The Forbidden Planet）》工作。Krell和来自于id的怪兽所发出的声音是使用一个能自毁的电子线路产生的，即使这不是最实用的合成声音的方法，它也是一个意义深远的艺术工作。直到今天，他们的工作仍旧是独一无二的。后来，在英国，BBC公司的Briscoe和Mills建立了Radiophonic Workshop（无线电乐声工场），这是培育新技术声音设计的温室，那里聚集了各路天才的先锋闯将（Hodgson、Baker、Derbyshire、Oram、Clarke、Kingsland、Limb、Howell和Parker），他们对声音创作的各种新方法进行不断试验。

Radiophonic Workshop全盛时期的丰富产出证明，发现新的声音制作方式的这种想法显然是一个巨大的成功。电视系列剧[比如《异世奇人（Doctor Who）》和《夸特马斯（Quatermass）》]中使用的那些奇怪独特的噪声来自于定制的模块式合成器、光学傅里叶变换以及混合式机电信号发生器。随后，与所有革命一起，它走过了头，陷入了一场反向运动。随着科幻在流行度上的退潮，对合成与非真实声音的反冲占据了统治地位，直到20世纪70年代末，乔治·卢卡斯（George Lucas）和本·博特（Ben Burtt）再次举起了火炬。他们使用获得了巨大成功的《星球大战（Star Wars）》的特许经营权创立了Skywalker Sound公司，延续了"为幻想世界的故事创造性地运用合成方法"这一传统。如今，这一传统如以往一样强大，并且出现了像《星际迷航（Star Trek）》这样以合成作为声音设计的核心的长期上演的影片。

当然，并非所有的科幻声音都是合成出来的，你也不应该把数字合成当作制作任何类型声音设计的万能药。你将会看到，我们打算实现的这些声音中有两个是对真实世界声源所创建的声音的数字化仿真。声音设计已经走向成熟，变为一种艺术，纯粹的合成已经在传统录音的身旁找到了自己的位置。影片和游戏中的现代幻想声音设计依靠的是合成方法与真实声音的杂交、交叉合成和混合。作为当代艺术大师，大卫·兰德尔·索姆（David Randall Thom）说："（用合成器）创造非现实声音非常容易。"我认为他的意思是说，通过使用这种方法，有趣的合成声音的空间非常广阔，很容易让人迷失，并可能得到一个没有任何语义的声音。所以，为这一任务运用合成方法需要的不是像使用录音素材时那样对声音的含义给予同样的

关注，它所需的要多得多。这也是我为什么把很多人觉得"纯属娱乐"的这一章留在了最后：仅从你的想象出发，运用合成方法进行工作，这需要用到目前已经积累的全部知识，才可能得到好的结果。

实战

- 传送器：创建一个向下照射光柱的效果。
- 计算机的喋喋不休：R2D2 和其他的计算机唠叨声。
- 红色警报：太空船警报声（高级分析）。

第 56 章

实战 33——传送器

56.1　目标

创建《星际迷航（Star Trek）》中的一个传送器（Transporter）声音。

56.2　分析

背景

传送器能对任意物体的全部量子态进行扫描，运用海森堡补偿器移除测量的不确定性，然后把这个质量 - 能量信息转移到 40×10^3 km 之内的某个远处。Emory Erickson 博士在二十二世纪初发明的这台设备可以通过扫描、发射和重组，在 2 ~ 2.5 s 内把物体实时传送出去。任何人只需简单地站在这道光柱之下就会消失，并且在另外某个地方重新出现。这显然包含有相当可观的能量，因为所有质量必须被转化为能量，然后再被转换回来。

传送器的声音

我们怎么构建这个声音呢？想象一下你在 20 世纪 60 年代接受了为传送器设计声音的任务。传送是一个过程，一种渐进的移动的过程，所以它应该有一个开始，积累增强，然后结束的过程。显然，这是一个错综复杂的事件，而这个声音要能够对此进行反映。对于一种奇怪神秘的能量过程的使用暗示了这个声音中要存在某种神奇的东西。《星际迷航：下一代（The Next Generation，TNG）》[1] 的创作者 Roddenberry 没有彻底地解释这个过程，星际舰队的操作手册也没有彻底地解释这个过程，无论如何，它似乎应该是原始系列（The Original Series，TOS）中的一个声音，以镲片或风竖琴为基础，有可能还要与早期的声码器组合使用。声码器是一种实时效果器，它对两个信号

进行操作，产生第三个新的声音。一组具有固定间隔的窄带滤波器的输出幅度受到另外一组用于分析声音的滤波器的输出幅度的控制，因此，被分析声音的频谱被施加到任何通过第一个滤波器组的声音上。在 TNG[2] 中，这个声音被略微发展了，但仍旧保持了很多初版的特征。这两个例子共享了一些重要特征，其中之一就是音阶。这些窄带噪声的频带位于 440 Hz 的 A 之上的 C 开始的全音音阶上，并且向上扩展了几个八度。第二个特征是频带的波状或摇曳状调制，它与一个缓慢向上的扫频结合在一起。

56.3　模型

我们将合成一个复杂的金属质感的频谱，就像镲片一样，并且把它送到一组窄带滤波器中，这些滤波器是按照一个全音音阶间隔排列的。

56.4　方法

我们将直接固定这些频带的频率，方法是重复地对基频乘以一个全音的频率比 1.12247。使用 12 个频带足以得到普通的效果，并让完整的接线图能够在本书中展示出来，如果想得到更好的声音，你可以加入更多的频带。对于镲片的粗略近似是通过对三角波进行频率调制，然后用镶边器扫过这个信号而得到的。额外加入的简单混响让这个音响效果更为平滑一些。

---

[1]　原始系列是在 1966 年到 1969 年播出的。

[2]　TNG（《The Next Generation（下一代）》在 1987 年到 1994 年播出，它加入了很多最初的声音设计。

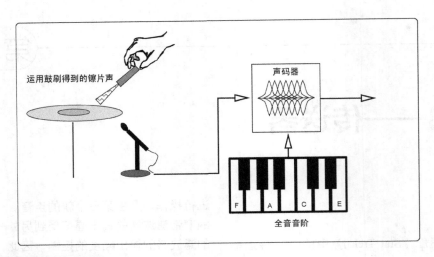

图 56.1 传送器声音的一种可能的制作机制

56.5 DSP 实现

这个接线图的大部分都在图 56.2 中展示出来了。左上角是镲片材质的信号源，它是由使用三角波的两级调频过程构成的。频谱的中心频率比 466 Hz 的 B♭稍高一些。通过对边带间隔与调制量进行选择，我们将得到一个密集的频谱。这个频谱被馈送给延时缓冲区 x，它在内存中占据的空间可以存储 120 ms 的声音。

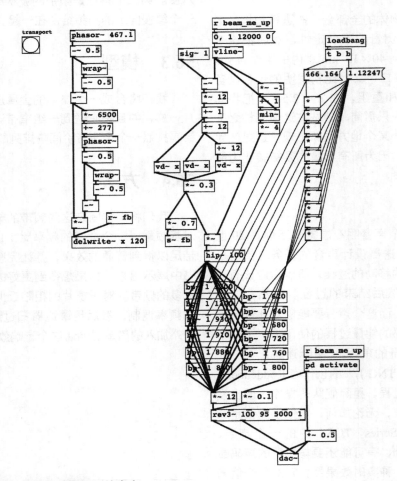

图 56.2 与《星际迷航》中的传送器相似的声音

接线图的中部是镶边器，它由三个可变延时 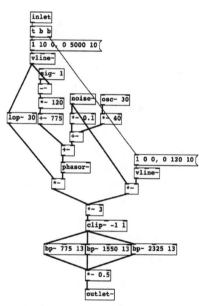 构成，每个延时的间距为 12 ms，并且还有一条反馈回路回到 delwrite~。一旦通过 beam-me-up 从底部接收到一条开始消息，它就会产生 12 s 长的扫频。这个线段包络也用来控制被镶边噪声的幅度，然后再把它送入滤波器组。

十个相互平行的带通滤波器构成了图 56.2 底部的滤波器组（在图中它们挤在了一起，但你应该能够看得懂，因为它们都是并联的）。它们的谐振范围在 1 200（对于最低频）到 800（对于最高频）之间，这意味着它们的输出实际上是一个正弦波。这个频率间隔是从接线图右侧的乘法链中获得的，基频为 466 Hz，频率间隔为 1.12247。所有滤波器的总和被馈送给混响器单元。

为了完成这个音响效果，图 56.3 给出了一个传送器激活声音的接线图，这也是一个调频过程。它在主接线图中位于接近底部的地方，当 beam_me_up 按钮被按下时接收到一条消息来启动它。

图 56.3 传送器的激活

56.6 结果

源：http://mitpress.mit.edu/designingsound/transporter.html。

56.7 结论

密集的金属质感的频谱可以通过调频方法廉价地获得，可以使用合唱为声音加入运动，音阶可以利用基频与间隔乘法器来获得。最重要的是，我们能够制作出可以暗示某种假想的物理过程的音响效果。

56.8 练习

练习1

全音音阶在这个效果中有何重要意义？

练习2

研究 TNG 中传送器的音响效果，并尝试用一个更高质量的声码器来模仿它。这里有一些闪光的效果，可能是用树铃做的，你如何能够把它合成出来？

56.9 参考文献

Joseph, F., et al. (1975). *Star Fleet Technical Manual*. Ballantine Books.

Joseph F.，等 . 星际舰队手册 . Ballantine 出版社，1975.

第 57 章

实战 34——R2D2

57.1 目标

本次实战的目标是制作"机器人的喋喋不休"，这种声音在太空飞船、计算机房和有关机器人的电影桥段中经常听到。这里将展示一种实现，模仿《星球大战》中的 R2D2 机器人，并以此例激发你的灵感，为你的科幻需求创作出其他类似的接线图。

57.2 分析

关于《星球大战》中的声音已经有了大量的文献，并且我的意图也不是在这里精确复制出 R2D2 的声音，而是用这些接线图给出一种相对简单的方法来获得类似的效果。通过观察可知，《星球大战》系列电影中的 R2D2 听起来像一些熟悉的东西，它与鸟鸣有些共同之处。黑鸟的鸣啼在频谱和幅度上展现出了一些与这个可爱的铁皮罐头类似的特征：调制扫频，音高和调制扫频，只有音高扫频，稳定的音高，持续的鸣叫并伴有间断，非常断续地鸣叫。我曾经好奇过一段时间，R2D2 声音中的一部分是否是经过处理的鸟鸣，它可能用的是环形调制。另一个让我想到的声音是 303 的酸性声音，特别是那些音高上的滑动，所以这是一个暗示：锯齿波和接近自激振荡的谐振滤波器在其中起了一定的作用。事实上，R2D2 的声音中有很多都是声音设计师 Ben Burtt 在一台 ARP2600 合成器上实现的，但并非所有声音都是用合成方法制作的。大约有一半的声音由电子方式生成，"其余的声音是 Ben Burtt 用水管、口哨和人声发音组合出来的。[①]" 本章最后的 Pure Data 接线图看起来颇为复杂，但其实不是。它看起来很吓人只是因为需要使用大量的单元来制作它，但它的操作理论与核心的合成方法实际上都非常简单。如果你已经完成了前面所有的实战练习，那么一旦做出这个接线图，你就会大笑：它怎么如此简单。

[①] http://filmsound.org/starwars/burtt-interview.htm。

57.3 模型

为了制作喋喋不休的计算机声，我们打算对一个简单合成器的参数空间进行完全的随机化。通过对定时与随机变量的分布进行选择，赋予这个声音一定的特征，但我们不会限制这些数值，只不过是要让它们保持在切合实际的范围之内。

57.4 方法

这个接线图采用了调频（FM）合成。严格地说，它实际上是相位调制（PM），但这产生了非常类似的结果。

57.5 DSP 实现

随机线段的滑动

这是该接线图中使用最频繁的结构之一，它是一个随机数值发生器。当接收到一条 bang 消息时，它并不总是生成一个新的随机数，你可以把它称为一个"随机的随机数发生器"，其接线图如图 57.1 所示。它首先生成一个随机数来决定是否要生成下一个随机数。这里有几个变种，你将看到它们要么输出一个随机数，即从一个数值立即阶跃到另一个数值，要么输出一条线段，即从前一个数值滑动到新的数值上。这个滑动时间始终都是从节拍器的周期衍生出来的。节奏速度通过每个随机化器的 r period 获得，这会让滑动随着节奏速度的变化而变短或变长。这里的诀窍是不要始终滑动或始终阶跃，它会随机选择每次以哪种方式动作，其中也包括可以选择什么都不做。

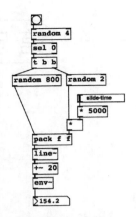

图 57.1　一个"随机的随机数发生器"

FM 合成器

　　这是使用 FM 接线图的核心合成模块，它在图 57.2 中示出，并断开了一些控制，所以你可以看到这个实际合成器部分是很简单的。使用该例中的那些控制器将让你了解它可能会实现什么声音。唯一值得指出的是，我们需要驱使调制与指数值达到远远超出普通范围的程度，从而刻意引入折叠回来的混叠。为什么呢？因为这样它的声音听起来更冷，更具科技感，就这样。在最终的接线图中有级联的 lop~ 和 hip~ 单元，用来消除真正低频和高频成分，除此以外我们没有打算像对待乐器那样去控制频谱或限制信号，我们实际上想让它听起来更杂乱一些。

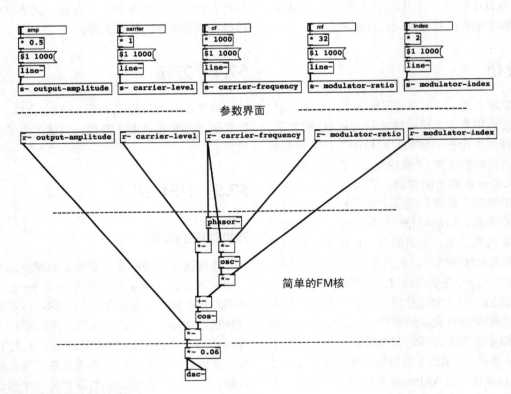

图 57.2　用于计算机声的 FM 合成器

完整的接线图

　　最终的接线图所做的就是把随机数值发生器连接到载波频率、调制波频率、调制指数和接线图的输出幅度上。这里有几个常数用于设置一些数值的偏移量，确保它们不会过高或过低，就这么多。这些常数中有一些用来让它保持听起来很可爱并且不骇人。如果你想扩展数值范围并获得不同的效果，可以试着把载波缩放值从 0.6 改为一个更大的数值。该接线图的操作是完全自动和随机的。把它打开以后，你不会知道接下来会发生什么，它可能有一段时间不会产生任何好的声音，但有时候它会产生非常棒的计算机喋喋不休的声音，如图 57.3 所示。

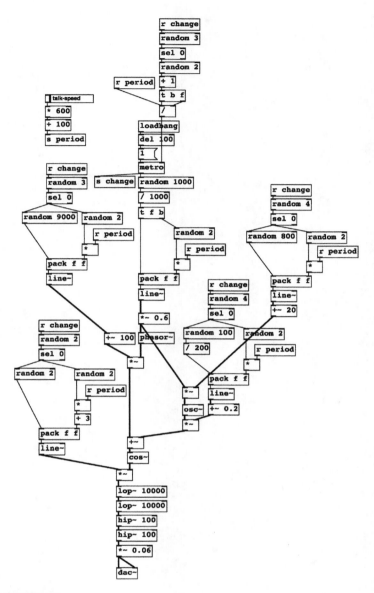

图 57.3　喋喋不休的 R2D2 计算机声

57.6　结果

源：http://mitpress.mit.edu/designingsound/r2d2.html。

57.7　结论

空想出来的计算机声音可以用哔哔声和口哨声来产生，并由一个随机发生器进行序列化。把这些随机数值运用到一个简单合成器的参数空间上，可以产生大量的素材用于离线（非实时）声音设计。

57.8　练习

练习1

聆听《星际迷航》或其他电影中关于计算机房间环境声的桥段。尝试重新创建出你听到的这些声音材质。

练习2

对状态机（state machine）、分形吸引子（fractal attractor）、闭合几何序列（closed geometric sequence）和混沌方程（chaotic equation）进行研究，把它们作为其他的可能方式来创造出复杂的、伪随机的控制。

第 58 章

实战 35——红色警报

58.1 目标

创建原始《星际迷航》系列的"红色警报！"中的警笛声，并再学习一些分析技巧。

58.2 分析斯波克？

经典的"红色警报"警笛声在星际迷航的 TOS 和 TNG 系列中都有使用，它已经成为科幻片中具有标志性的参考点，它最近还曾出现在 2008 年 Ben Burtt 制作的动画片《机器人总动员（WALL-E）》中。我们将使用免费的 Praat 分析软件完成这个任务。从众多与《星际迷航》相关的网站中选择一个下载原始的红色警报声，把这个文件保存为单声道的 .wav 文件。打开 Praat 并选择 Read → Read from file（读取→从文件读取）来加载这个音响效果。现在将在对象列表中看到这个文件。选中它，并执行 Analyse → Periodicity → To pitch（分析→周期性→音高），选择 1000 Hz 作为音高的最高值。点击 OK，当它完成分析以后，你应该会看到列表中出现了一个新对象。现在，在图像窗口中拖曳选框选择一片新区域。从对象列表中选择那个新创建的 pitch（音高）对象，并选择动作菜单中的 Draw → Draw（绘制），把 200 ~ 1 000 Hz 作为频率范围。图 58.1 所示的图线描述了基频的运动，这立即给了我们一些有价值的信息。请注意，音高扫频的曲线既不是线性的，也不是按某个幂函数上升的，而是圆形的（抛物线的），它在接近末端时上升的速度要慢得多。

这幅图并没有告诉我们确切的扫频频率在哪里，你可能也注意到它有一些不规则。不用担心这些，因为表观抖动是由这种准确的音高绘制算法导致的。我们想知道的是起止频率，并要让一个函数能够在它们之间拟合。为了找到起止频率，请再次选择 pitch 对象（如果它还没有被选中的话），并且从动作菜单中

执行 Query → Get minimum（获取最小值）。我的机器很确信地告诉我起始音高为 367.395 367 014 085 2 Hz，让我们取 367 Hz，不过我知道你的例子可能会有所变化。再次使用 Query → Get maximum（获取最大值），发现最终音高大约为 854 Hz。

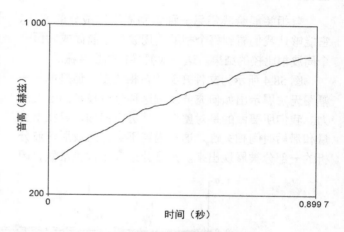

图 58.1 TOS 中红色警报警笛声的基频图线

总体频谱和共振峰

现在看一下这个声音中的能量都集中在哪里。我们没有采用通常的短时间窗频谱分析，而是在这个声音的整个持续时间内为所有频率槽点绘制了一幅平均图。选中这个 sound 对象，用 Analyse → Spectrum → To LTAS (pitch corrected)（分析→频谱→To LTAS[经过音高校正]）得到图 58.2 所示的柱状图。可以立即看到在低频有两个显著的峰值。选中 LTAS 对象以后，可以用 Query → Get frequency of maximum 查看最大值的频率。返回值应该为 1450 Hz 左右。图 58.3 所示为整个文件的详细频谱，从中可以清晰地看到有两块能量聚集，以及在它们周围被激发的一簇泛音。第一块能量大约在 700 ~ 800 Hz 附近，第二块能量更为密集和响亮，在大约 1500 Hz，它具有两个峰值。

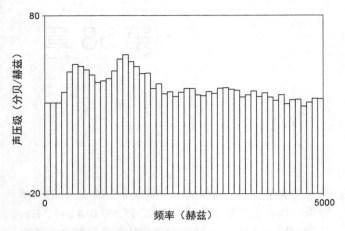

图 58.2　对整个声音进行频率槽分析

自相关

　　自相关能给我们另一种识别周期性成分的方法。它能够让我们看到每个相继的周波与它前面或后面一个周波相比较的结果。这一次要寻找的是共振。

　　图 58.4 所示为文件开头的自相关图，但是单一一幅图无法展示出如何充分发掘这种分析技术的最大潜力。我们所要做的是对整个文件进行扫描，寻找不变量和滞后时间相关性，这些内容不会作为波形谐波分析的一部分被展现出来。尺度让这项工作更难做，因

　　为自相关系数是对逐个样点进行计算的。由于该文件的采样速率为 11 025 Hz，所以对于滞后时间 t_1 来说，把一个数字转换为频率需要 $f=11025/t_1$。基频出现在大约 30 个样本上，即 11025/30=367.5Hz。

　　我们对这个文件进行扫描可以看出，自相关会根据波形的周期进行变化。但这里也会有一些数值似乎是保持固定不变的，不论它们从哪里冒出来。这些就是混响或共振，它们揭示了声音中固定的声学结构。在 163 个、247 个和 269 个样点上出现了一些较强的数值，分别对应于 67 Hz（14.7 ms）、44.6 Hz（22.4 ms）和 41 Hz（24.3 ms）。其他数值没有列在这里，但被加入到了实现中——35 ms、11 ms 和 61 ms。

波形、谐波结构

　　虽然频谱在整个文件中有很大的变化，但图 58.5 所示的频谱快照是这个波形的一个典型情况，它的整体谐波形状呈现出锯齿波的特征，具有等间距分布的奇次谐波和偶次谐波。这里有两件事需要提及，首先，第二个谐波被显著放大了。这告诉我们，如果假设该波形最开始是一个弛豫类型的锯齿波振荡器，那么该波形会遇到一些谐波失真，使得二次谐波被放大。其次，随着基频向上扫频，一些谐波暂时消失了，这告诉我们在固定的声学结构中存在一些反共振。

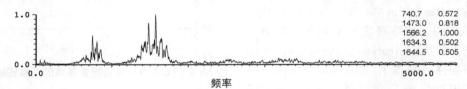

740.7	0.572
1473.0	0.818
1566.2	1.000
1634.3	0.502
1644.5	0.505

图 58.3　整个文件的总体频谱

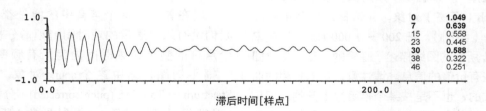

0	**1.049**
7	**0.639**
15	0.558
23	0.445
30	**0.588**
38	0.322
46	0.251

图 58.4　文件开头的自相关图

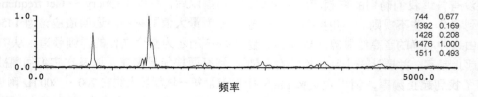

744	0.677
1392	0.169
1428	0.208
1476	1.000
1511	0.493

图 58.5　典型波形的短窗频谱

58.3 模型

现在我们已经通过分析得到了一个频谱模型。在不知道《星际迷航》的红色警报声**到底是什么**的情况下，我们只能猜测它的物理构成。我能够想到的最接近的声音就是海军护卫舰上的警报声，它类似于一种由压缩空气驱动的双音，而不是高音汽笛或圆柱形警报器声。这个快速的频率上升时间似乎进一步印证了这种假设，一个快速的上升和迅速地建立频率曲线以及带有锯齿波特征的波形在暗示我们：这个声音的核心是某类声学弛豫振荡器，可能是某种由气流驱动的振膜。

58.4 方法

为了得到一个带有二次谐波失真的锯齿波，我们可以使用切比雪夫多项式，不过，其余的谐波特征似乎像一个锯齿波，但由于它有一些猛烈的非线性且具有很强的频带散布，所以我们可以走一条捷径，只给这个波形加多一点的二次谐波。一个在被分析范围内的扫频将被一个快速上升并且下落的幅度包络所调制，这个声音的其余特征将通过固定的基于延时的共振器和尖锐的滤波器产生。

58.5 DSP 实现

让我们从主振荡器开始（参见图 58.7）。它的频率始于 360 Hz（比我们分析的数值略低一些），并在 900 ms 内上升至 847 Hz。为了得到一条圆形曲线，我们对这条线段取平方根。这个频率扫频驱动一个 phasor~，该相位器被重新放置在以零为中心的位置，以避免扰乱滤波器和共振器。它在与一些额外的二次谐波（0.3）混合以后，进行直流陷波，移除相位器频率短暂为零时的任何偏移量。幅度控制位于共振器**之前**，因为我们想让它们像一个受到振荡器激励的系统那样工作，进行一些持续的鸣响。

在图 58.6 所示的图形中可以看到一个相当标准的结构被做到了抽象中，该抽象把以毫秒数表示的延时时间作为第一个也是唯一一个创建参数。这个延时反馈元件将被用来制作共振器，反馈电平被固定在 0.6。该延时器仅用于短延时，所以只分配了 100 ms 的缓冲区。在图 58.7 的中间部分可以看到该抽象的几个实例，这些实例的延时时间是根据自相关分析指出的那些固定模式而设置的。除了五个相互平行的共振以

外，还加入了环绕所有共振的一个 61 ms 的环路，以求加入一些回响度。这个数值是通过聆听来选择的，目的是避免在错误的地方对声音进行过多染色而干扰其他共振。所有共振器被加总以后，通过一个 hip~ 移除所有可能在延时环路中被累积的低频循环，然后对信号进行猛烈地限幅，从而让各个频带散布开，让声音变得更为明亮尖利。在最后输出之前，又用一组平行的 bp~ 分别在 740 Hz、1.4 kHz、1.5 kHz 和 1.6 kHz 处加入了较强的共振峰。

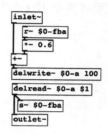

图 58.6 延时反馈元件

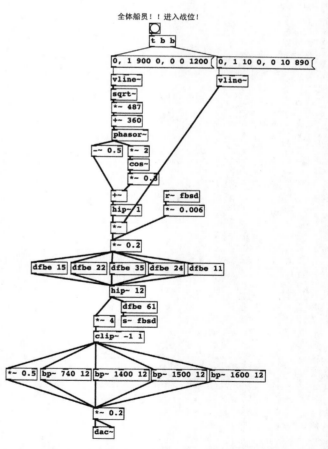

图 58.7 完整的接线图：锯齿波 + 二次谐波，共振器，失真，后滤波产生固定共振

58.6　结果

源：http://mitpress.mit.edu/designingsound/redalert.html。

58.7　结论

即使对于"一个声音到底是什么"没有丝毫线索，我们仍旧可以通过分析来攻克它，并且通常能够通过寻找可理解的各种特征来获得近似的结果。如果我们能假设一种物理模型并猜测出这个声音可能是由什么构成的话，我们的工作能做得更好。各种强大且免费的工具（通常都是为语音分析而设计的）可以让我们对现有的声音进行解构。

58.8　练习

警报声、高音汽笛和气喇叭声之间的本质区别是什么？请尝试合成出火车或轮船的汽笛声。

烟火：大型烟火表演。由 Joh Sullivan 提供，PDPhoto.org。

蜜蜂：在花朵上采蜜的蜜蜂。由 Jon Sullivan 提供，PDPhoto.org。

子弹：对 5.56mm 口径步枪射出的一枚子弹所拍摄的高速摄影。

得到了版权所有者 Andrew Davidhazy 教授的许可。罗彻斯特理工学院图像与摄影技术系。

直升机：MH-60S 骑士鹰直升机。

公共域照片（经过修改的）。图像 ID：080205-N-5248R-005。

美国海军照片，由大众传媒特种官兵三级军士 Sheldon Rowley 于 2008 年 2 月 5 日拍摄。

鸟：飞行中的蜂鸟。由美国鱼类和野生动物服务组织（US Fish and Wildlife Services）提供。

龙卷风：1981 年 5 月 22 日美国俄克拉荷马州考代尔上空的风暴（经过修改的）。

公共域照片，图像 ID：nssl0054。

NOAA（美国国家海洋和大气管理局）的美国国家剧烈风暴实验室图片库（National Severe Storms Laboratory Photo Library）。

拍摄者未知。

闪电：午夜的多道从云层到地面的闪电。

公共域照片，图像 ID：nssl0010。

NOAA 的美国国家剧烈风暴实验室。

拍摄者：C. Clark。

水花飞溅：水滴形成的一朵"皇冠"。

得到了版权所有者 Andrew Davidhazy 教授的许可。罗彻斯特理工学院图像与摄影技术系。

火：气体火焰。由 Steven Kreuzer 通过 burningwell.org 提供。